U0171218

新印象

NEW IMPRESSION

吴洪晨 —— 编著

Unreal Engine 4 游戏开发基础与实战

场景设计 + 编程基础 + 架构设计 + 蓝图设计

人民邮电出版社
北京

图书在版编目（CIP）数据

新印象Unreal Engine 4游戏开发基础与实战 / 吴洪晨编著. -- 北京 : 人民邮电出版社, 2022.8
ISBN 978-7-115-58904-0

Ⅰ. ①新… Ⅱ. ①吴… Ⅲ. ①游戏程序－程序设计－教材 Ⅳ. ①TP317.6

中国版本图书馆CIP数据核字(2022)第010011号

内 容 提 要

这是一本通过实例讲解如何使用 Unreal Engine 4（以下缩写为 UE4）进行游戏开发的教程。

全书共 9 章，包含 9 个游戏开发实例。第 1～8 章分别针对 UE4 软件操作、Actor、碰撞处理、角色类与玩家控制器、用户界面、动画蓝图、人工智能等技术模块，以游戏开发实例的形式进行讲解；第 9 章结合这些技术模块进行综合游戏的开发实训。为了帮助初学者快速入门，本书安排了“学前导读”，用于介绍 UE4 的基础知识，有需求的读者可以在深入学习之前了解一下。另外，建议读者在学习本书之前了解一下三维基础知识。随书附赠 9 个游戏实例的开发源文件和发布文件，读者可以边学边练，以提高学习效率。

本书适合作为游戏开发初学者的参考用书，也可以作为游戏开发相关专业的教学用书。

♦ 编　　著　吴洪晨
　责任编辑　张丹阳
　责任印制　马振武
♦ 人民邮电出版社出版发行　　北京市丰台区成寿寺路 11 号
　邮编　100164　　电子邮件　315@ptpress.com.cn
　网址　http://www.ptpress.com.cn
　北京宝隆世纪印刷有限公司印刷
♦ 开本：787×1092　1/16
　印张：17.5　　　　2022 年 8 月第 1 版
　字数：505 千字　　　　2024 年 8 月北京第 4 次印刷

定价：168.00 元

读者服务热线：(010)81055410　印装质量热线：(010)81055316
反盗版热线：(010)81055315
广告经营许可证：京东市监广登字 20170147 号

数艺设｜诚意出品

新印象

Unreal Engine 4 游戏开发通关攻略

精选原书游戏制作全过程

免费大放送

原书作者【吴洪晨】亲自示范

高清教学不放过每一个细节

场景设计 + 编程基础 + 架构设计 + 蓝图设计

4 大技术应用实战

9 个游戏
完整开发过程重现

760 分钟 +
完整演示流程

领取方式

添加助教即可免费获取

注：本教程仅限购买《新印象 Unreal Engine 4 游戏开发基础与实战》图书才可获得，每个 ID 仅能领取 1 次。

解锁课程后，您能获得：

01

760 分钟完整游戏开发项目实战课程

9 个游戏开发 760 分钟 + 的项目实战示范课程，由本书作者吴洪晨匠心录制。高清的画质，详细的解说，帮助看清每个操作细节，明白每个操作原理，辅助图书，让学习效果加倍。

02

赠送电子文档和音效素材文件

提供一个电子文档，详解综合项目开发全过程，与视频结合学习，效果更佳。分享音效素材文件，供练习使用。

03

老师游戏开发实用技能分享

助教老师会不定期分享老师多年积累的游戏开发经验和更新实时的工作技能！在不断的耳濡目染中积累经验，提高技术水平，在游戏开发的道路上顺畅前行。

04

便捷学习方式随想随学

数艺设在线平台上课，手机、iPad、电脑随想随上，不受终端限制！

注：请读者注意，本书及教程所有内容均依据 Unreal Engine 4 版本编写。

快添加助教老师微信

一起为成为
游戏开发工程师
努力吧！

助教二维码

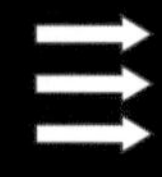

第4章 角色类与玩家控制器：平台跳跃游戏

■ 学习目标 掌握玩家控制器的设定方式

第5章 初识用户界面：赛车游戏计分系统

■ 学习目标 掌握用户界面的作用和功能

第6章 用户界面进阶与简单动画蓝图：换装游戏

■ 学习目标 掌握用户界面的配置方法

第7章 动画蓝图进阶：跑酷游戏

■ 学习目标 掌握动画蓝图的编辑方法

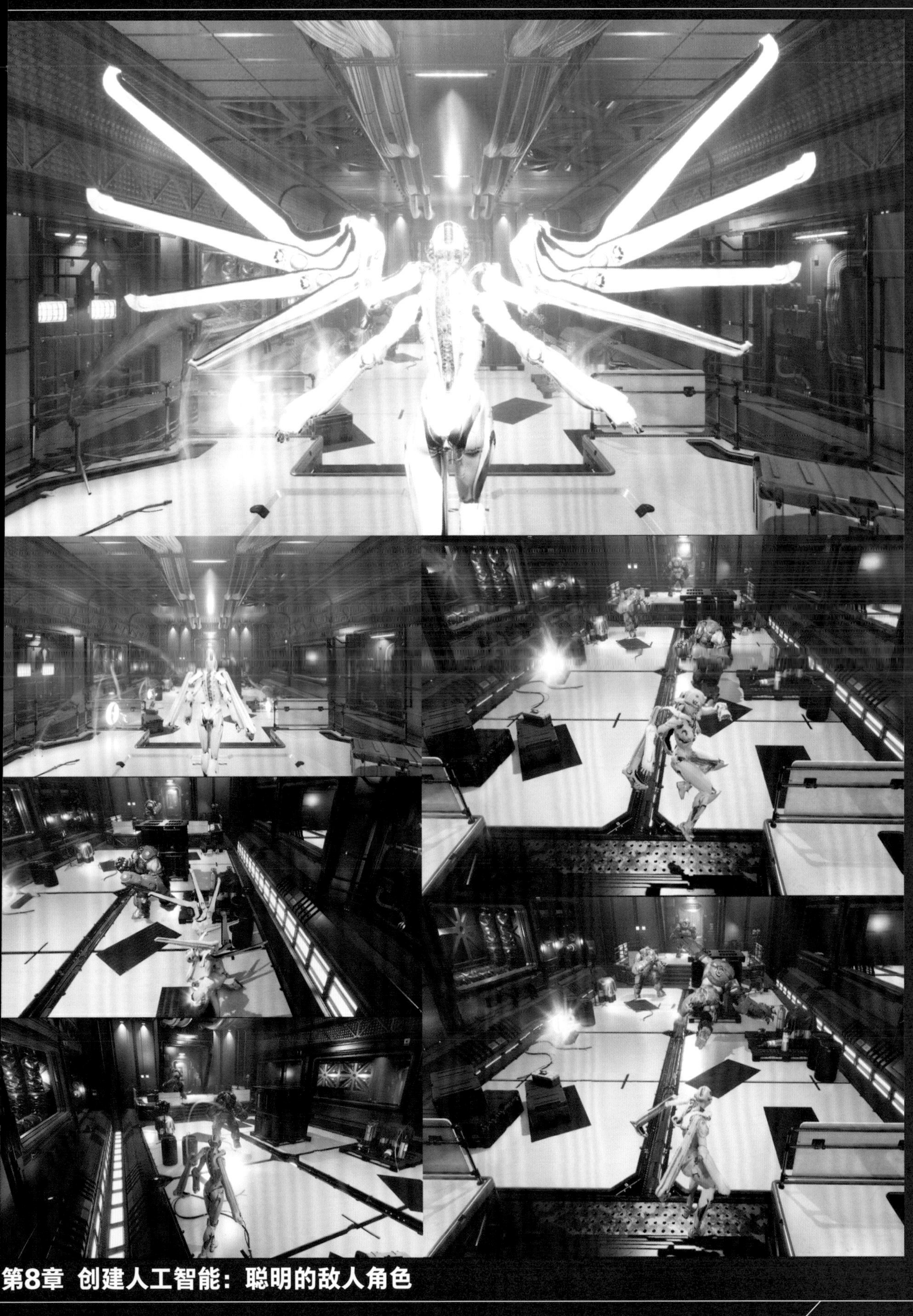

第8章 创建人工智能：聪明的敌人角色

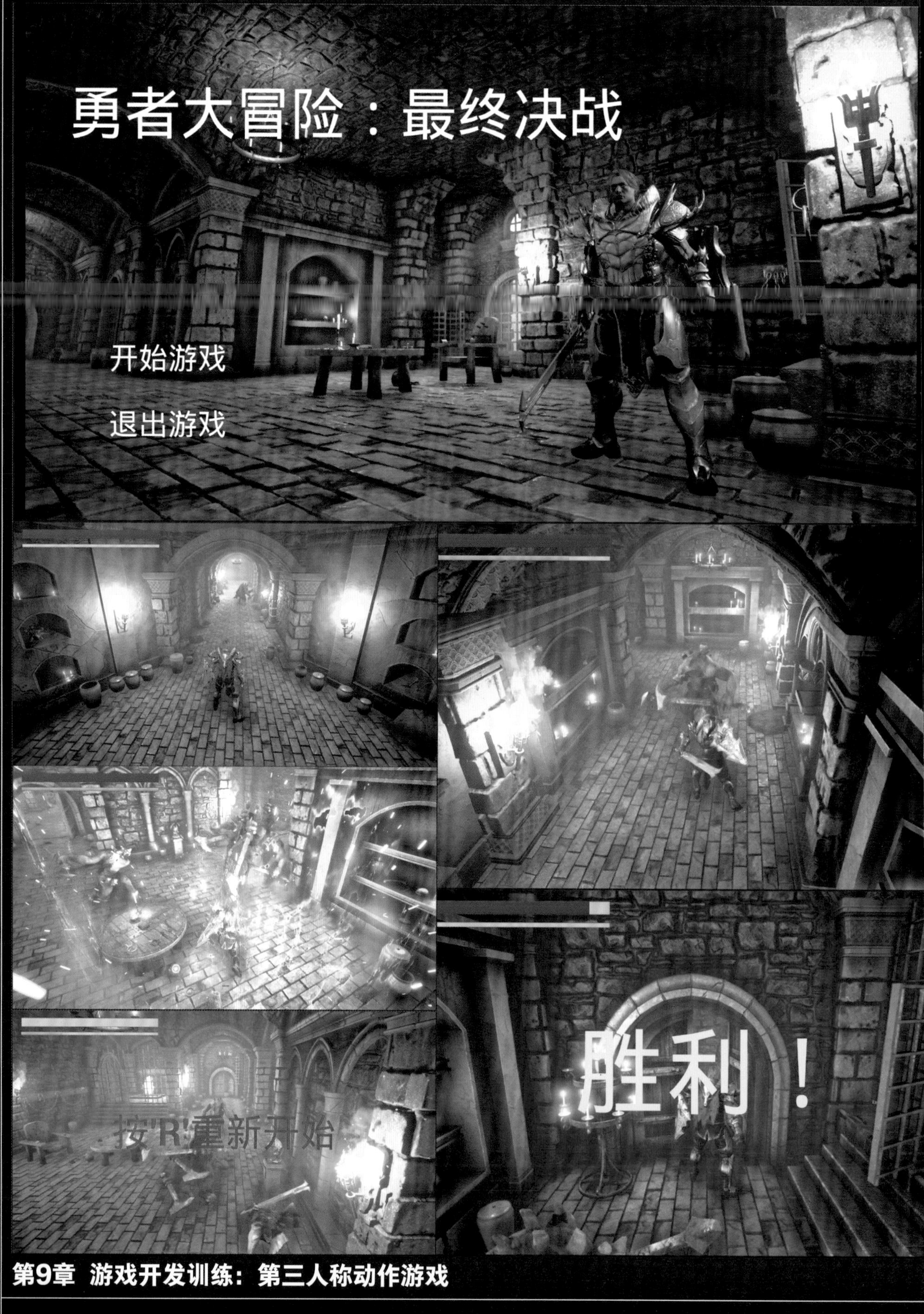

第9章 游戏开发训练：第三人称动作游戏

■ 学习目标 对UE4的动画功能进行综合运用

前言

关于本书

本书主要服务于想要从事游戏开发行业的读者群体，是一本以“如何使用UE4的相关功能进行游戏开发”为核心的实例型教程。不同于其他主讲UE4功能的传统图书，本书将重点放在游戏实例的开发过程上，也就是项目流程和项目经验上，而非罗列UE4的参数界面。通过学习本书，读者将掌握9个游戏的开发过程，并举一反三，掌握UE4的游戏开发流程与方法。

创作目的

游戏开发在相当长的一段时间内是普通人不敢涉猎的领域。随着游戏和互联网行业的发展，游戏开发的神秘面纱逐渐被揭开，同时伴随而来的问题也越来越多。

“游戏开发就是编程吗？”“游戏开发是建模吗？”“进行游戏开发必须会UE4吗？”“学会UE4就可以开发游戏吗？”“为什么UE4的操作这么复杂？”“学习UE4需要具备什么基础？”……

其实目前很多人没有弄明白UE4和游戏开发的关系，甚至认为UE4就是游戏开发。正是为了解答这些问题，才有了这样一本讲解如何进行游戏开发的案例教程。

本书内容

本书共9章，包含9个游戏实例。为了方便读者学习，本书所有实例均配有相应的教学视频。另外，在“学前导读”中重点介绍了UE4的应用领域、基本操作、蓝图的相关概念等，让读者在正式学习前对UE4有一个基本的认识。

第1章 熟悉UE4的操作：搭建一个房子，主要帮助读者熟悉UE4的操作和工作流程，为后续的学习打下基础。

第2章 掌握Actor：飞碟躲障碍游戏，通过制作飞碟躲障碍游戏来详细讲解Actor的功能和用法。

第3章 碰撞处理：密室逃脱游戏，通过制作密室逃脱游戏来讲解碰撞关系和碰撞逻辑。

第4章 角色类与玩家控制器：平台跳跃游戏，通过制作平台跳跃游戏来讲解角色类，以及如何让玩家控制角色进行游戏。

第5章 初识用户界面：赛车游戏计分系统，通过制作赛车游戏计分系统让读者了解用户界面的各种元素，并掌握它们的制作方法。

第6章 用户界面进阶与简单动画蓝图：换装游戏，通过制作换装游戏对知识点进行总结和预习，为后续的动画蓝图学习做准备。

第7章 动画蓝图进阶：跑酷游戏，通过制作跑酷游戏讲解动画蓝图中“混合空间”的相关知识，并尝试制作更复杂的动画蒙太奇。

第8章 创建人工智能：聪明的敌人角色，通过制作聪明的敌人角色讲解如何制作非玩家操控的敌人角色，且让其具有一定的自主行为，能够与玩家角色进行对抗。

第9章 游戏开发训练：第三人称动作游戏，提供了一个开放题目，即第三人称动作游戏，读者可以根据书中的提示自己制作该游戏，也可以观看教学视频学习，并在学习资源中查阅蓝图设置。

作者感言

非常荣幸能收到人民邮电出版社数字艺术分社的邀请，也非常高兴能完成本书的创作。对于游戏引擎，我从UE3时期就开始接触了，并被其强大的表现力深深吸引，5年的UE4开发经验让我成为独立游戏制作人。为了让更多对游戏感兴趣的朋友学习到游戏开发技术，也为了让国内独立游戏创作环境有更好的发展，我在Bilibili技术区分享了不少UE4的初级课程，并收获了一些鼓励和好评。与制作分享课程不同，在创作本书时，我在UE4官网查阅了相关文档，并与业内技术人士探讨，力求语言表述通畅，逻辑严谨。另外，本书内容仅代表个人观点，如果读者在学习过程中有不同的意见，欢迎指出并讨论。

吴洪晨

2022年2月

资源与支持

本书由"数艺设"出品,"数艺设"社区平台(www.shuyishe.com)为您提供后续服务。

配套资源

游戏开发源文件: 全书9个游戏实例的源文件包。

游戏发布文件: 全书9个游戏实例的发布文件。

资源获取请扫码

"数艺设"社区平台,为艺术设计从业者提供专业的教育产品。

与我们联系

我们的联系邮箱是szys@ptpress.com.cn。如果您对本书有任何疑问或建议,请您发邮件给我们,并请在邮件标题中注明本书书名及ISBN,以便我们更高效地做出反馈。

如果您有兴趣出版图书、录制教学课程,或者参与技术审校等工作,可以发邮件给我们。如果学校、培训机构或企业想批量购买本书或"数艺设"出版的其他图书,也可以发邮件联系我们。

如果您在网上发现针对"数艺设"出品图书的各种形式的盗版行为,包括对图书全部或部分内容的非授权传播,请您将怀疑有侵权行为的链接通过邮件发给我们。您的这一举动是对作者权益的保护,也是我们持续为您提供有价值的内容的动力之源。

关于"数艺设"

人民邮电出版社有限公司旗下品牌"数艺设",专注于专业艺术设计类图书出版,为艺术设计从业者提供专业的图书、视频电子书、课程等教育产品。出版领域涉及平面、三维、影视、摄影与后期等数字艺术门类,字体设计、品牌设计、色彩设计等设计理论与应用门类,UI设计、电商设计、新媒体设计、游戏设计、交互设计、原型设计等互联网设计门类,环艺设计手绘、插画设计手绘、工业设计手绘等设计手绘门类。更多服务请访问"数艺设"社区平台www.shuyishe.com。我们将提供及时、准确、专业的学习服务。

目录

学前导读

简单来说，UE4是制作游戏的引擎。在讲解相关技术之前，有必要搞清楚下面6个问题。

第1个：游戏引擎是什么？

第2个：UE4的应用领域有哪些？

第3个：UE4的安装与配置是怎样的？

第4个：UE4有哪些基本操作？

第5个：UE4的蓝图是什么？

第6个：UE4有哪些专业术语？

如果不解决这6个问题，读者在后续的学习中可能会处于迷糊的状态，甚至无法完全明白书中到底在讲解什么，无法理解知识的脉络。

一、游戏引擎是什么

本书介绍的UE4是一个游戏引擎，它的中文名称为“虚幻引擎4”，读者可以将它简单地理解为制作游戏的软件，例如，制作视频的软件叫剪辑软件，编辑文档的软件叫办公软件，制作3D模型的软件叫建模软件，而制作游戏的软件就叫游戏引擎。那么游戏引擎是如何产出游戏的呢？

在建模软件中制作出游戏需要的模型、动画等美术资源，然后在代码编辑器中编写好程序代码，最后使用游戏引擎将美术资源和程序代码结合在一起，就制作出了游戏。其流程如图0-1所示。

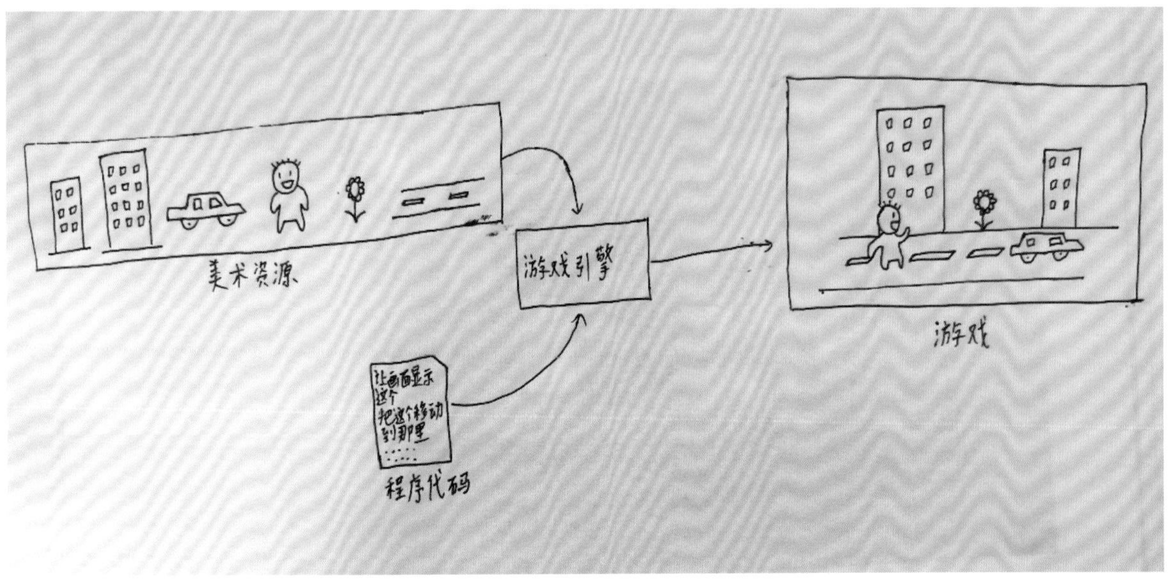

图0-1

通过这个流程图，可以总结出游戏开发的内容和游戏引擎的作用，主要有以下两点。

第1点：制作游戏必不可少的两个要素是美术资源和程序代码。

第2点：游戏引擎是融合美术资源和程序代码的重要软件。

因此，类似于汽车引擎是控制汽车运作的核心，游戏引擎是整个游戏的核心。

二、UE4的应用领域

游戏开发

目前，许多热门的游戏都是使用UE4开发的，如《最终幻想Ⅶ：重制版》，它是《最终幻想》系列的新作，如图0-2所示。

UE4还可以用来开发2D游戏。如《歧路旅人》，该游戏凭借精致的像素画风和唯美的光影效果被开发商定义为“HD-2D”风格，深受玩家喜爱，如图0-3所示。

图0-2

图0-3

建筑设计

建筑设计师利用UE4强大的渲染功能可以制作出逼真的室内外场景，设计出理想的建筑样式，如图0-4所示。不仅如此，UE4的实时渲染功能还可以用于制作以假乱真的场景，让用户以第一视角在场景内自由走动。因此，一些室内设计公司使用UE4制作VR室内场景，让用户仿佛身临其境，体验理想的房屋样式。

汽车与运输

UE4可以用于制作逼真的汽车数字展厅，使参观者有很强的沉浸式体验，如图0-5所示。同样，使用UE4在设计工作中可以进行各种仿真测试，生成清晰的可视化数据。

图0-4

图0-5

广播与实况活动

UE4拥有“广播与实况活动”功能模块，如图0-6所示，它能结合电视节目中的虚拟与现实，为观看者带来全新的视听体验。

影视

UE4的“影视”功能模块如图0-7所示。从第一部3D动画电影到现在的电影工业，影视作品的画质技术突飞猛进，现在使用UE4可以制作各种类型的影片、动画。

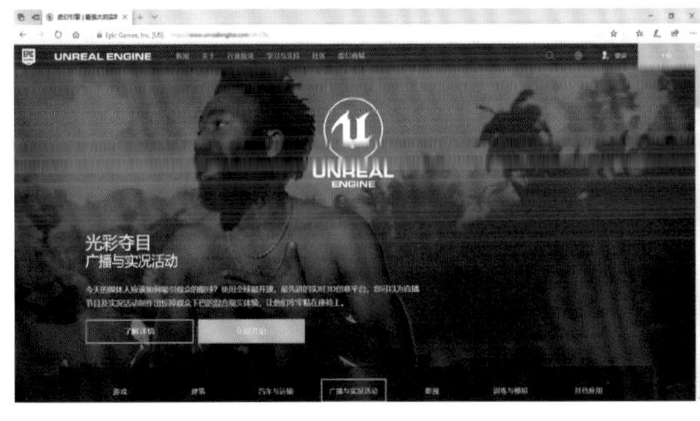

图0-6

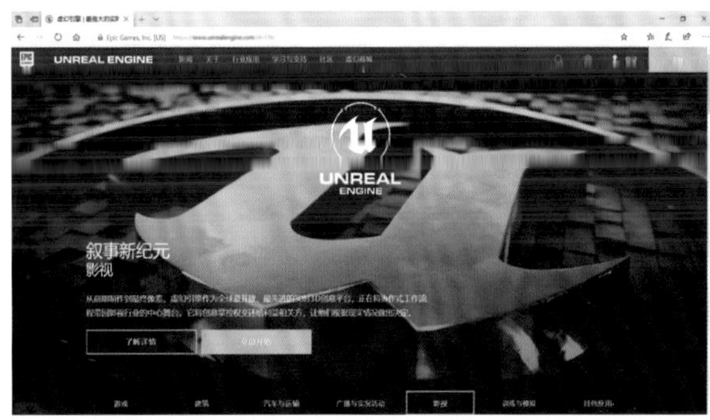

图0-7

仿真模拟

UE4的“训练与模拟”功能模块如图0-8所示。由于技术水平有限，以前很多领域的生产结果只能在纸上演算或用“简陋”的画质进行模拟。现在使用UE4可以对生产结果进行仿真模拟与训练，并达到照片级的渲染效果，从而预判推演结果。

其他应用

作为实时3D创造平台，UE4还有更多的应用场景和领域值得探索，如图0-9所示。

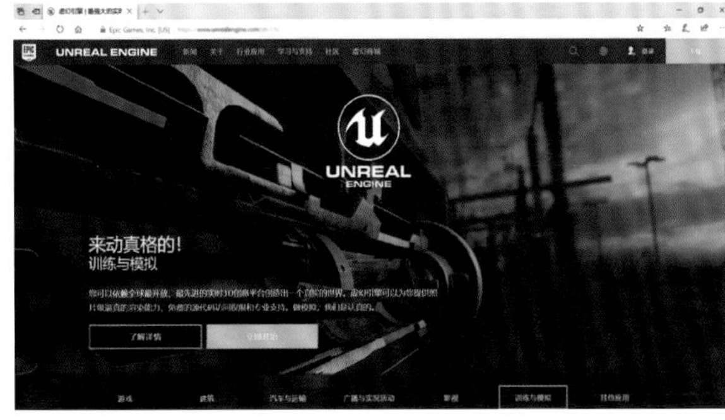

图0-8

图0-9

三、UE4的安装与配置

相比其他软件比较简单的“下一步”式安装方法，UE4的安装和配置涉及很多方面的内容，下面进行详细说明。

注册并登录账号

要想获取UE4的安装程序，需要注册一个Epic Games账号。

01 打开UE4官网首页，单击页面中的“立即开始”按钮，如图0-10所示。因为本书主要讲解UE4的游戏开发技术，所以选择“发行者许可”，如图0-11所示。注意，UE4完全支持免费使用，只有在成功发行游戏后才需要支付分成费用。

图0-10

图0-11

02 进入“需要身份验证”界面，单击“注册”，如图0-12所示。此时，页面会跳转到注册界面，在这里根据实际情况输入对应的个人信息，然后勾选所有协议，最后单击“继续”按钮，如图0-13所示。

图0-12

图0-13

03 进入用户条款界面，勾选所有复选框，表明已阅读并同意《终端用户协议》，单击“接受”按钮，如图0-14所示。

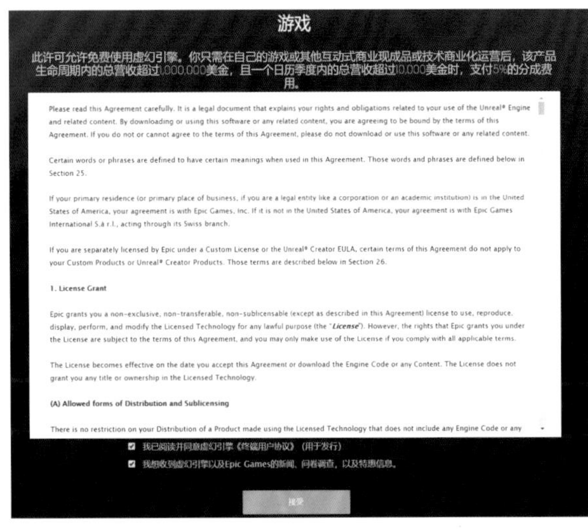

图0-14

04 此时，浏览器会自动下载Epic Games启动器的安装程序，如图0-15所示。如果浏览器没有自动下载，可以单击“立即下载”按钮。下载完成后，找到下载好的安装文件，如图0-16所示。

图0-15

图0-16

安装Epic Games启动器

Epic Games启动器的安装方法比较简单，下面进行简单说明。

01 双击下载好的安装程序，选择Epic Games启动器的安装路径，这里选择默认路径，单击“安装”按钮，如图0-17所示。注意，如果将Epic Games启动器安装在固态硬盘中，软件的启动速度会更快。

02 Epic Games启动器自动进行安装，如图0-18所示。在安装过程中，可能会多次弹出“你要允许此应用对你的设备进行更改吗”对话框，单击“是”按钮即可。Epic Games启动器安装完成后会自动验证更新并进行下载，如图0-19所示。在这段时间无须进行任何操作，耐心等待即可。

图0-17

图0-18

图0-19

03 当Epic Games启动器完成更新后会出现登录界面，输入之前注册账户所用的账号和密码，单击“现在登录”按钮即可登录Epic Games启动器，如图0-20所示。可以勾选“记住我”复选框，这样下次登录就不用输入账号和密码了。

04 进入Epic Games启动器的主界面，如图0-21所示。计算机的桌面上也有了Epic Games启动器的快捷方式，如图0-22所示。

图0-20

图0-21

图0-22

安装UE4

前面都是安装UE4的准备工作，下面介绍如何在Epic Games启动器上安装UE4。本书将使用UE4的4.22.3版本进行讲解，建议读者也选择同样的版本进行安装。

为什么不使用更新的版本呢？因为每次发布新版时，UE4都会出现一些小bug（程序错误），只能通过后期迭代不断完善。这里的4.22.3表示4.22版本经过了3次迭代，属于比较稳定的版本，更利于学习。当然，读者也不必担心版本之间的差异，因为每个版本的操作基本相同。

01 在Epic Games启动器中切换到“库”选项卡，读者可以将这里理解为UE4的安装界面，如图0-23所示。

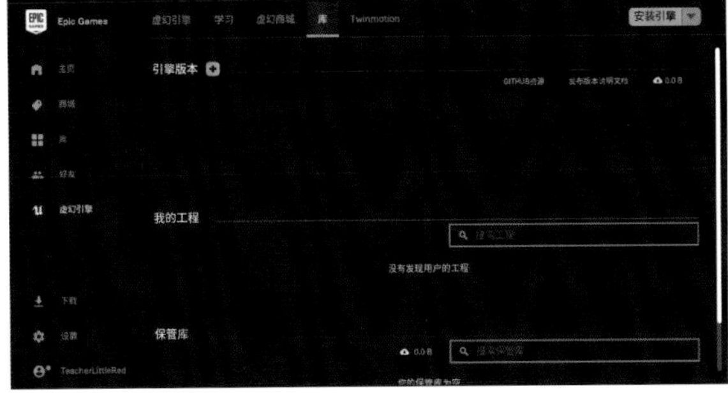

图0-23

02 单击“引擎版本”旁边的“+”按钮，这时候会出现一个当前最新版本的UE4图标，单击UE4图标后的下拉按钮▼，选择“4.22.0”，如图0-24所示。注意，即使这里选择“4.22.0”，安装的也是4.22.3版本的UE4。

03 单击“安装”按钮，如图0-25所示。在弹出的窗口中选择安装路径，笔者选择的是默认路径，如图0-26所示。注意，UE4大概要占用20GB的空间，请确保安装磁盘有足够的剩余空间。

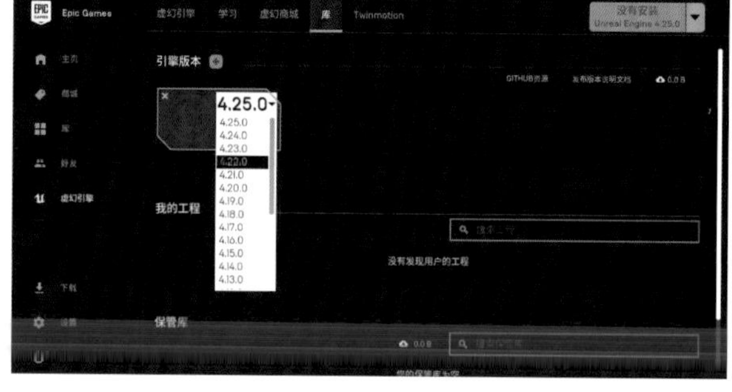

图0-24

图0-25

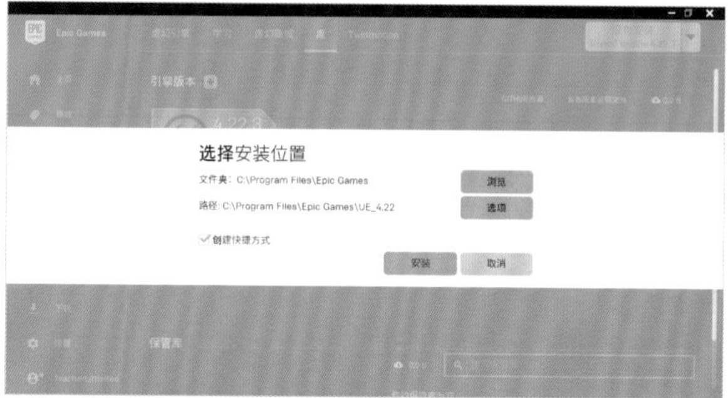

图0-26

04 确认安装路径后，单击“安装”按钮，UE4初始化完毕后就开始下载，版本已经自动变成了图0-27所示的4.22.3。当下载并安装完后，图标颜色会由之前的浅色变成深色，且出现“启动”按钮，如图0-28所示。

图0-27

图0-28

虚幻商城

虚幻商城提供很多资源，包括模型、动画、粒子特效、音乐和音效等美术资源，甚至包括蓝图程序资源，内容非常丰富。本书会使用虚幻商城的免费资源来制作各种游戏，凡是从虚幻商城获取的资源（包括免费和付费资源），都是可以商用的，如图0-29所示。

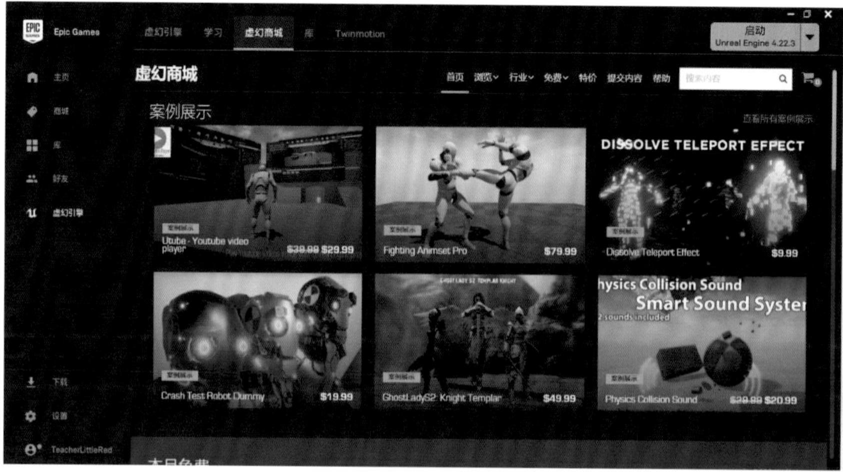

图0-29

官方教程

切换到“学习”选项卡，可以看到UE4的一些官方教程，读者可以利用空闲时间来拓展学习，如图0-30所示。

单击“在线文档”，浏览器会自动打开UE4的官方文档，如图0-31所示。这份文档详细地介绍了UE4的各种功能和蓝图节点的详细信息，读者可以把这份文档当成“字典”使用。

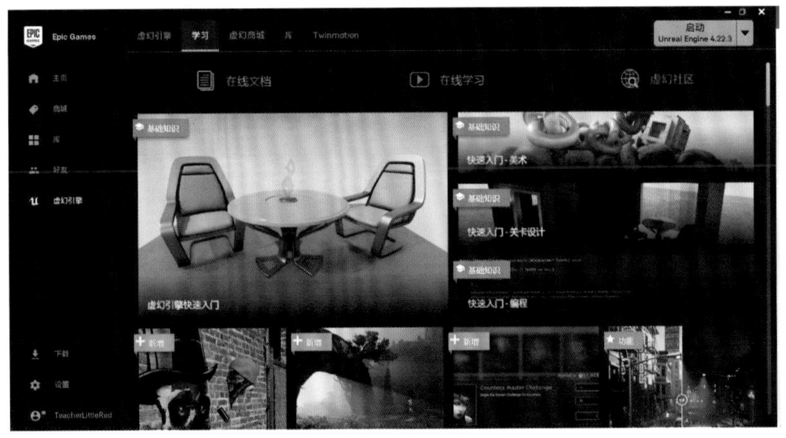

图0-30

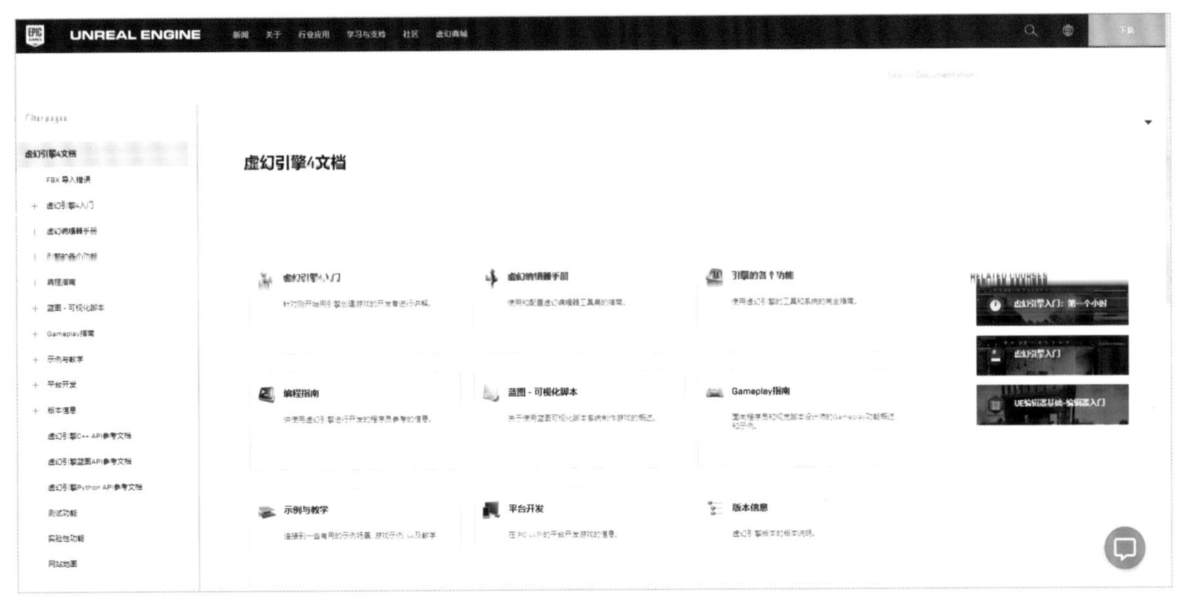

图0-31

四、UE4的基本操作

本书主要内容为游戏开发实例，实例步骤中有一些UE4基本操作的描述，为了方便初学者系统学习，这里分别介绍创建项目、编辑器主界面、运行游戏、打包项目和运行打包好的游戏的相关方法。

创建项目

01 单击Epic Games启动器中的“启动Unreal Engine 4.22.3”按钮或“启动”按钮，启动UE4，如图0-32所示。

图0-32

02 等待Epic Games启动器加载完毕，打开“虚幻项目浏览器”窗口，这就是创建项目的窗口。可以发现UE4自带许多预设好的游戏模板，如第一人称射击、飞行、横板、2D横板、第三人称、俯视角、飞行射击和赛车等，如图0-33所示。

03 这里选择第三人称游戏的模板。首先在“新建项目”选项卡的“蓝图”子选项卡中选择“Third Person”，然后检查项目设置的3个选项，分别为“桌面/主机”“最高质量”“没有初学者内容”（默认设置，如果不一致则改动），接着设置项目存储位置并为项目命名，单击“创建项目”按钮，如图0-34所示。

图0-33

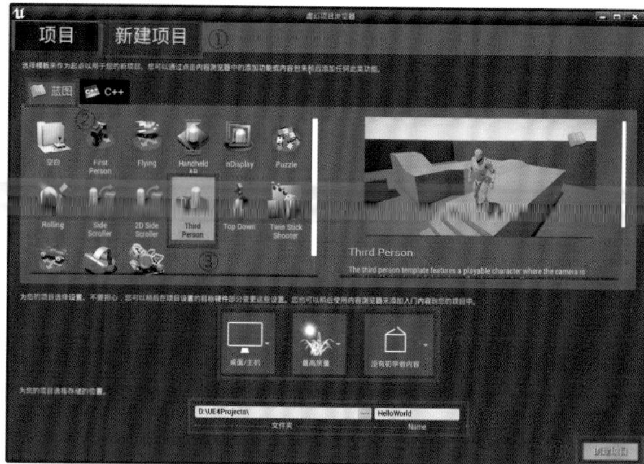

图0-34

这里解释一下相关参数。

“桌面/主机”表示这个项目要运行在PC（个人计算机）或主机（PS4、Xbox、Switch等）平台。

“最高质量”表示这个项目要以最好的画质来呈现，不出现低画质的情况。

“没有初学者内容”表示这个项目不需要“初学者内容”包，即UE4自带的一些美术资源。

编辑器主界面

创建项目后，打开编辑器主界面。为了方便讲解，这里先为各个部分编号，如图0-35所示。

图0-35

①窗口选项卡：与浏览器中的网页选项卡类似，用于切换窗口。

②工具栏：在工具栏中可以看到比较常用的工具，如“保存当前关卡”“Settings”“Blueprints”“Build”“播放”，这些工具在之后的项目中会经常用到，这里不展开介绍。

③视口：用于呈现当前游戏的样貌，按住鼠标右键在“视口”面板中拖曳鼠标可以控制视角，可以通过按键来控制角色的动作，如图0-36所示。角色动作与按键关系如表0-1所示。注意，需要先按住鼠标右键才能进行键盘操作。

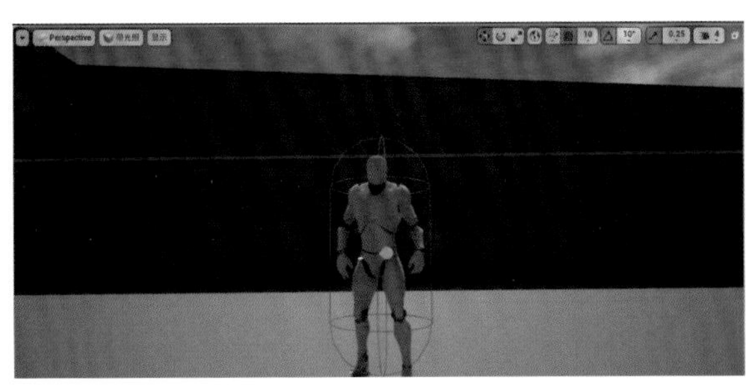

图0-36

表0-1

操作	快捷键
向前移动	W、↑、8（副键盘）
向后移动	S、↓、2（副键盘）
向左移动	A、←、4（副键盘）
向右移动	D、→、6（副键盘）
向上移动	E、PageUp、9（副键盘）
向下移动	Q、PageDown、7（副键盘）
放大	C、3（副键盘）
缩小	Z、1（副键盘）

④模式：编辑器的模式，包括“放置”“绘制”“地形”“植物”“集合体”，本书均使用“放置”模式；将“模式”面板中的“立方体”拖曳到场景中，如图0-37所示。

⑤内容浏览器：其中显示游戏需要的各种文件资源，可以在“内容浏览器”面板中管理项目中的资源，对文件执行复制、移动、删除、查找和创建等操作。

⑥世界大纲视图：其中显示地图中的所有物件，“世界大纲视图”面板中已经选择的名为“Cube”的项对应④中的立方体，如图0-38所示。

⑦细节：呈现物件的各种属性，在之后的学习中要经常对其进行操作。

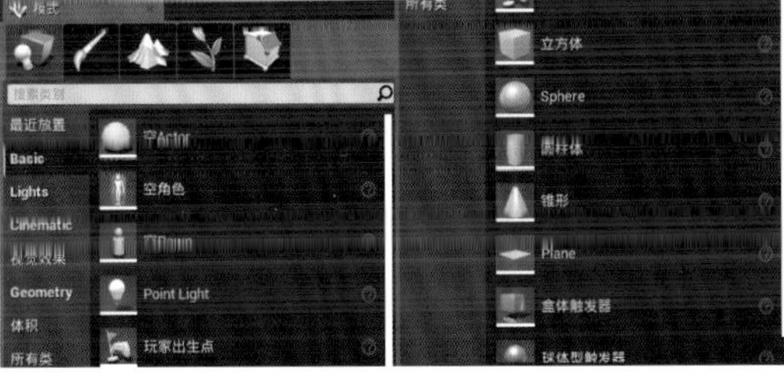

图0-37

图0-38

运行游戏

前面已经了解了UE4的编辑器主界面和简单的操作，那么如何运行游戏呢？

01 在工具栏中单击“播放”按钮，如图0-39所示，游戏就会开始运行。

图0-39

02 单击“视口”面板，鼠标指针消失，表示已经进入游戏中，如图0-40所示。现在可以使用鼠标来控制视角，使用W键、A键、S键和D键来控制人物的移动，使用Space键控制人物的跳跃。

03 按Esc键即可退出游戏。现在游戏界面的大小、比例与“视口”面板的大小、比例相同，但是每个玩家的显示器可能不一样，因此需要设置游戏在运行时以单独的画面出现，画面比例保持16：9。单击“播放”按钮旁边的下拉按钮▼，选择“新建编辑器窗口（在编辑器中运行）”命令，如图0-41所示。

图0-40

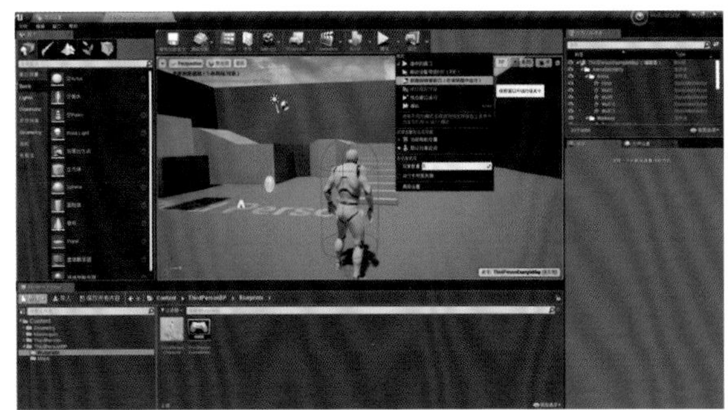

图0-41

04 这时会打开一个新窗口运行游戏，单击此窗口就可以进入游戏并控制人物的移动，如图0-42所示。新窗口的比例是16：9，这个比例与平时正常的游戏画面比例一致。在之后的项目中将始终使用16：9的画面比例来制作游戏。

05 按Esc键后，新窗口消失，“视口”面板发生了变化，如图0-43所示。如果再次运行游戏，则弹出新窗口。

图0-42

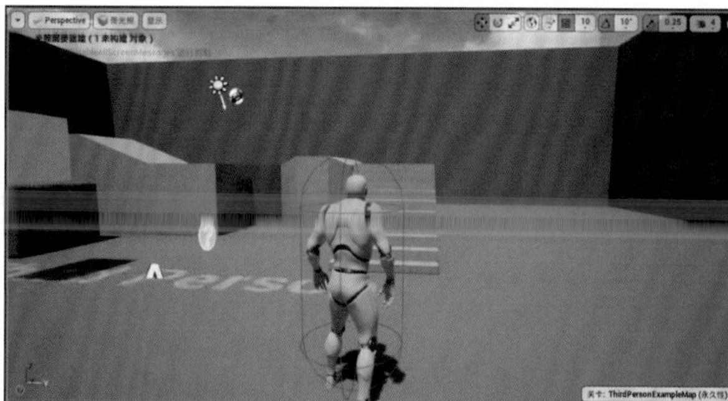

图0-43

06 “视口”面板的左上角有一行“光照需要重建（1未构建对象）”的红字，这是因为在场景中添加了一个立方体，这个立方体在场景中是静态的，但是它的阴影信息是实时计算的。为了节省系统资源，可以将静态物体的阴影信息计算好，将阴影以类似静态图片的方式投射并显示在地面上，这一过程叫作构建。现在提示“未构建对象”，即这个立方体的阴影信息是实时计算的，可以构建以节省系统资源。单击工具栏中的“Build”按钮，如图0-44所示。界面右下角会显示光照构建的进度，如图0-45所示。构建完成之后，“消息日志”窗口会提示“0个错误，0个警告”，表示光照构建成功，如图0-46所示。

未保存的内容后会出现“*”，例如，现在编辑器主界面中窗口选项卡的后方就出现了“*”，如图0-47所示。

单击“内容浏览器”面板中的“保存所有内容”按钮，打开“Save Content”对话框，“ThirdPersonExampleMap”和“ThirdPersonExampleMap_BuiltData”即当前的地图和与之对应的构建信息，单击“保存选中项”按钮即可保存相应内容，如图0-48所示。

图0-44

图0-45

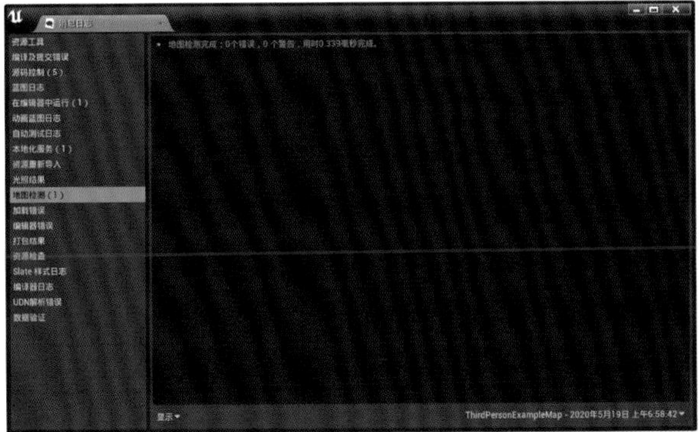

图0-46

ThirdPersonExampleMap*

图0-47

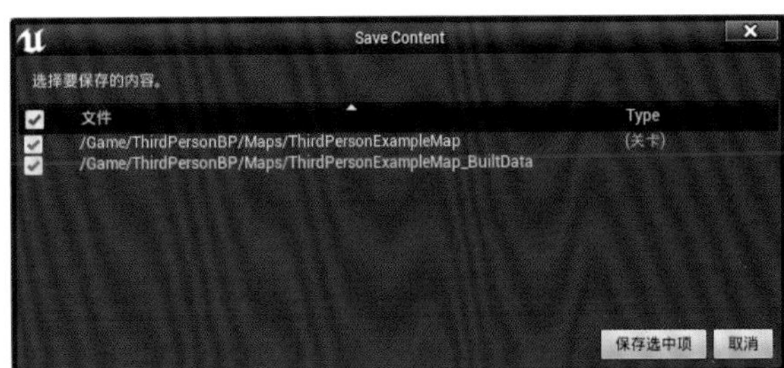

图0-48

打包项目

“我在UE4中做好的游戏，如何让其他人玩到呢？”这是很多人的疑问。要想让别人玩到我们制作的游戏，显然不能让别人也下载一个UE4，否则对玩家来说太痛苦了。可以把游戏项目打包，形成一个可以脱离UE4单独运行的游戏。

01 切换到编辑器主界面，单击“内容浏览器”面板中的“保存所有内容”按钮，将当前的项目保存。在“模式”面板上方的“文件”下拉菜单中选择“打包项目”中的“打包设置”命令，如图0-49所示。

02 进入打包设置的界面，设置“Project”的“Build Configuration”为“Shipping”，如图0-50所示，将项目打包的编译配置由开发配置改为发布配置，让项目开发时保留的一些额外信息在打包后的游戏中不显示。例如，之前界面左上角显示的一段话仅限于在开发状态显示，在打包后的游戏中不会显示。

图0-49

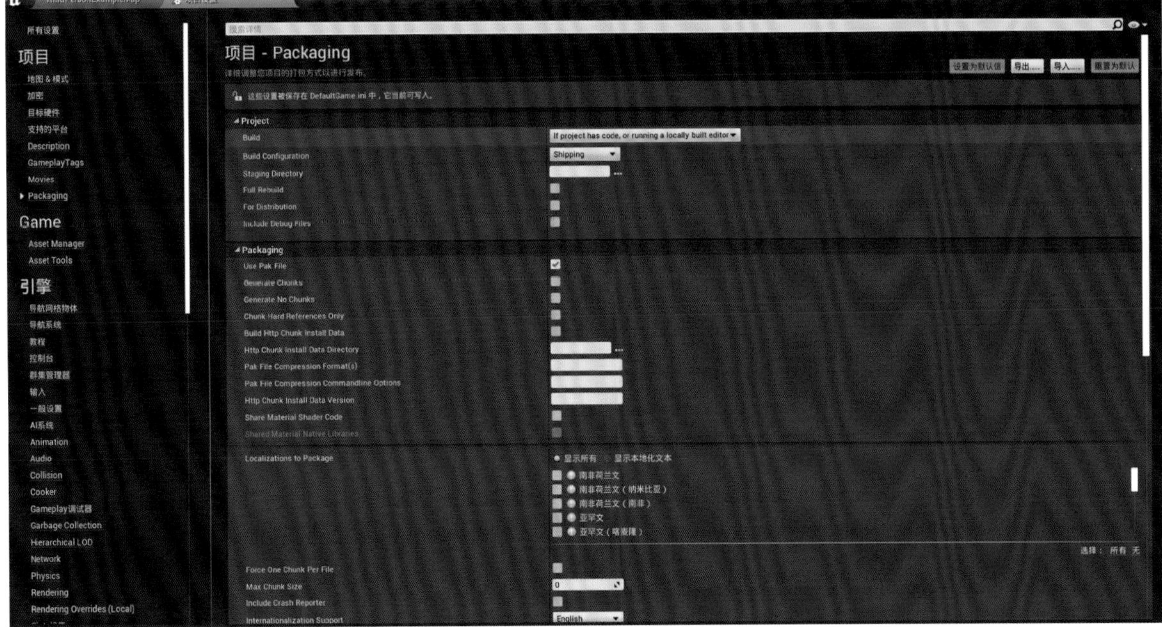

图0-50

03 展开“List of maps to include in a packaged build”，在界面右侧单击“…”按钮■，选择路径，找到项目的默认地图并进行设置，例如，地图的路径为“Content\ThirdPersonBP\Maps”，地图的文件名为“ThirdPersonExampleMap”，如图0-51所示。

04 展开“Packaging”，勾选“Create compressed cooked packages”复选框，让打包后的游戏文件更小。现在已经设置好打包的相关参数，切换到编辑器主界面，在“文件”下拉菜单中选择“打包项目”中“窗口”的“Windows(64位)”命令，如图0-52所示。注意，如果计算机的操作系统是32位，那么就选择“Windows(32位)”命令。

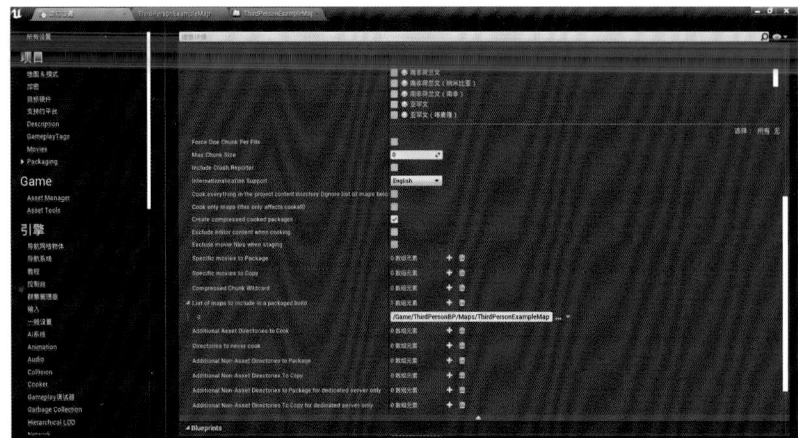

图0-51

图0-52

05 将打包项目保存到计算机的磁盘中，如图0-53所示。编辑器主界面右下角会提示正在打包项目，如图0-54所示。

图0-53

图0-54

运行打包好的游戏

在计算机中可以找到刚才保存的打包好的游戏，如图0-55所示。下面介绍如何运行打包好的游戏。

打开文件夹“WindowsNoEditor”，找到与项目同名的“HelloWorld.exe”文件，双击该文件即可运行游戏，如图0-56所示。注意，只需要双击以.exe为后缀名的文件即可。这时游戏会以全屏运行，如图0-57所示。注意，这时不能按Esc键退出游戏，只能按快捷键Alt+Tab切出游戏，然后在任务管理系统中关闭游戏。

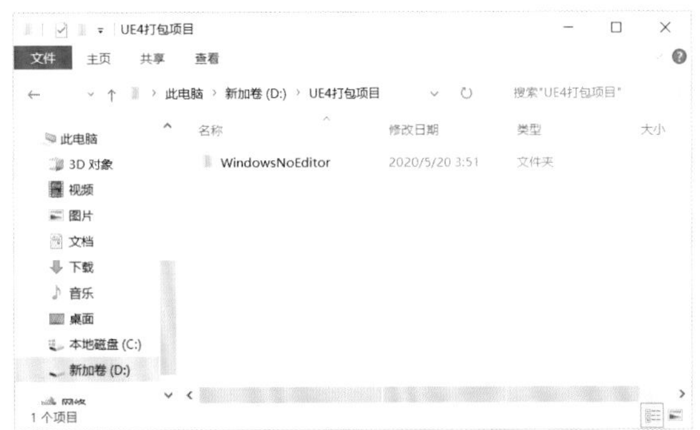

图0-55

图0-56

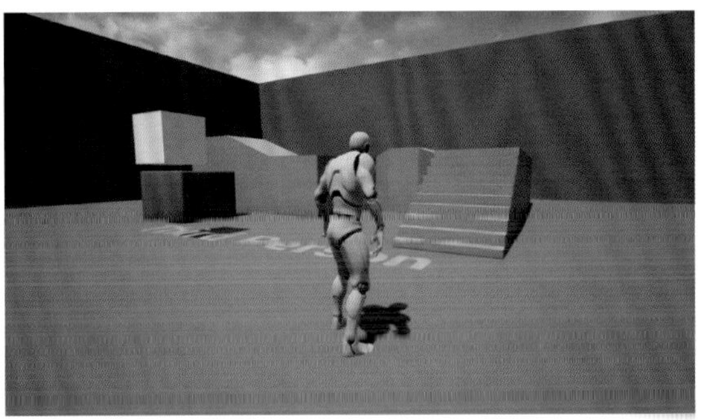

图0-57

五、UE4的蓝图

接下来体验一下“写代码”的乐趣。我们之前简单了解了UE4的蓝图编程，不用写代码就可以制作简单的程序，下面来体验一下蓝图编程。

什么是蓝图

蓝图是UE4中的一种可视化编程语言，基本单位是节点，每个节点都有属性或功能，通过连接各节点就可以实现游戏的各种功能。为了更好地认识蓝图，这里以图0-58所示的草图来说明。

想要控制玩家角色向前走，不仅需要用蓝图实现按下按键玩家角色向前走的功能，还要有对应的角色模型和角色走路的动画。“控制玩家的蓝图”中包含3个不同的方块，分别代表3个节点。

第1个：按W键。

第2个：玩家角色。

第3个：向前走。

这3个节点只有相互连接，才能实现“按下按键让玩家角色向前走”的功能。学习蓝图编程，就是学习“为了实现某个功能，需要使用哪些节点，如何连接这些节点”。

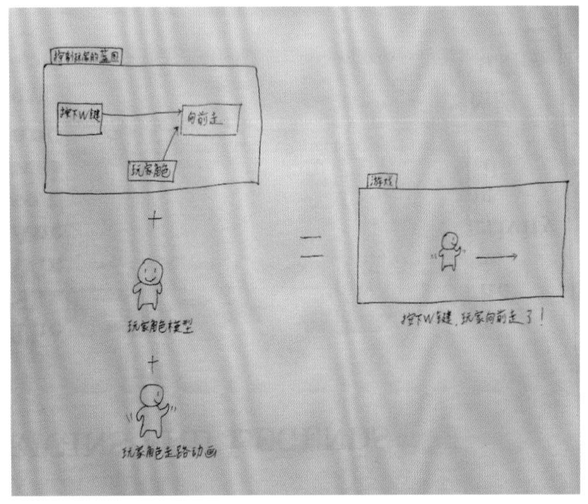

图0-58

关卡蓝图

使用关卡蓝图可以控制当前的关卡，还可以对当前场景的地图进行操作。

01 单击“Blueprints”后的下拉按钮▼，在下拉菜单中选择“打开关卡蓝图”命令，如图0-59所示。

02 拖曳编辑器主界面上方的选项卡，将关卡蓝图选项卡放在主界面选项卡的右边，方便在主界面和关卡蓝图界面间快速切换，关卡蓝图界面如图0-60所示。关于蓝图的操作，本书正文中进行了详细描述，这里不进行讲解。

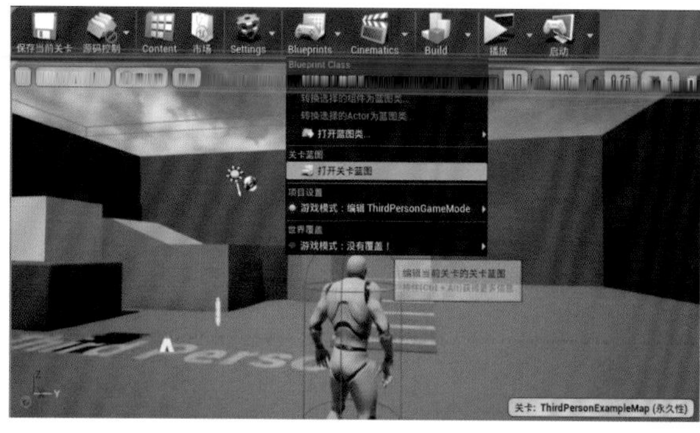

图0-59

图0-60

类蓝图

“类”在面向对象程序设计语言中是一个非常重要的概念，本书正文会对“类”进行详细介绍。要知道“世间万物都可以作为类”，所以地图中的天空、太阳和小白人等都可以作为类，而控制它们行动的蓝图就叫类蓝图。

动画蓝图

动画蓝图是一种新蓝图，可以将它理解为“控制模型动画播放的蓝图”。在“内容浏览器”面板的“Content\Mannequin\Animations”路径下找到资源“ThirdPerson_AnimBP”，它就是一个动画蓝图，如图0-61所示。双击并打开该动画蓝图，可以发现，动画蓝图的界面和其他蓝图不太一样，如图0-62所示。

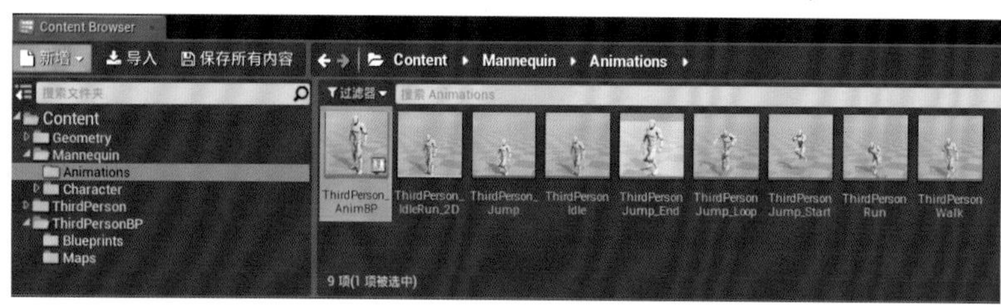

图0-61

图0-62

六、UE4的专业术语

最后简单介绍UE4中常用的一些专业术语，以便读者进行之后的学习。同时，读者也可以查看UE4官方文档来了解更多的专业术语。

项目（Project）：一个游戏工程文件就是一个项目。

组件（Component）：附加在某个物件上的某项功能，组件不可独立存在，例如，一直跟随在小白人身后拍摄的摄像机就是一个组件，只有在小白人身上附加一个摄像机组件，在控制小白人移动时视角才能一直跟随在小白人身后，而跟随拍摄就是摄像机组件的功能。

关卡（Level）：也常常被称作地图或者场景，例如，小白人四处走动的场景就是一个关卡。

第1章 熟悉UE4的操作：搭建一个房子

■ 学习目的

在学习本章之前，读者已经了解了虚幻引擎的概念，明白了如何新建项目并打包，同时尝试了使用蓝图来实现简单的游戏逻辑。本章介绍 UE4 中的坐标、光源和材质等知识，这些知识是 UE4 操作的基础知识，贯穿之后的所有内容，请务必熟练掌握。

■ 主要内容

- 添加太阳与天空
- 平移、旋转、缩放
- 世界坐标与局部坐标
- 光源类型和光源的移动性
- 创建材质和最终材质输出节点
- 使用三维向量设置基础颜色
- 为模型设置材质
- 获取更多材质

1.1 概要

下面将通过搭建一个简单的场景来学习相关知识。这个场景非常简单，搭建场景的过程就像搭积木一样。本章需要搭建图1-1所示的房子。

图1-1

在进行操作之前先做好准备工作。创建一个项目，打开Epic Games启动器，在“库”选项卡右上角单击“启动”按钮，打开“虚幻项目浏览器”窗口，切换到“新建项目”选项卡，选择“空白”模板、“具有初学者内容”，设置“Name”(名称) 为“House”，这表示这个项目要搭建一个房子的场景，当然也可以按照个人喜好命名，确认后单击“创建项目”按钮，参数设置如图1-2所示。项目创建好后的编辑器主界面如图1-3所示。

图1-2

图1-3

场景中有一套桌椅的模型，同时“内容浏览器”面板中多了一个“Starter Content”文件夹，这个文件夹包含“初学者内容”，其中包含了一些美术资源，如模型、材质等，而且场景中的这套桌椅模型就在“初学者内容”中。

1.2 搭建场景

本节开始使用“初学者内容”中给定的美术资源来搭建场景。当然，如果读者可以很轻松地掌握UE4的基础操作，也可以自由发挥，不一定要跟随本节的场景搭建步骤进行操作。

1.2.1 添加太阳与天空

01 要搭建场景，需要先新建一个关卡。在“内容浏览器”面板中单击鼠标右键，选择“关卡”命令，如图1-4所示。建议将这个关卡命名为“MainMap”，如图1-5所示。

图1-4

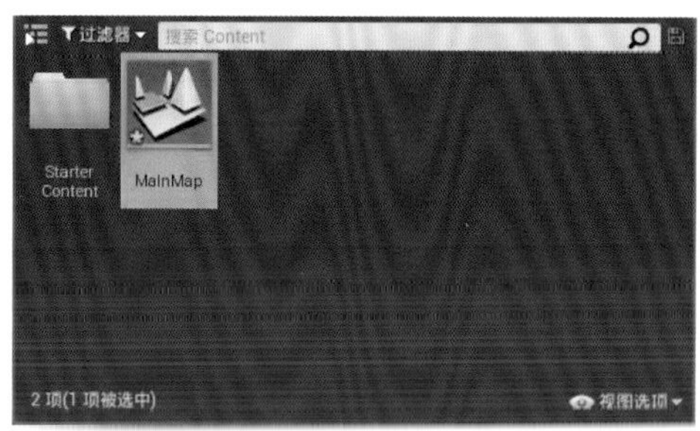

图1-5

02 双击“MainMap”，在弹出的提示窗口中单击“保存选中项”按钮，就可以将“MainMap”保存。打开关卡后，发现场景中一片漆黑，什么东西也没有，如图1-6所示。

> **技巧提示** “MainMap”是新建的空场景，没有灯光，一片漆黑，所以需要添加一些物件，让场景中出现天空与太阳。

图1-6

03 在“模式”面板中，切换到“Lights”选项卡，选择“定向光源”，如图1-7所示，将其拖曳到场景中，发现“世界大纲视图”面板中多了一个“DirectionalLight”，这表示“定向光源”成功添加到了场景中，如图1-8所示。

图1-7

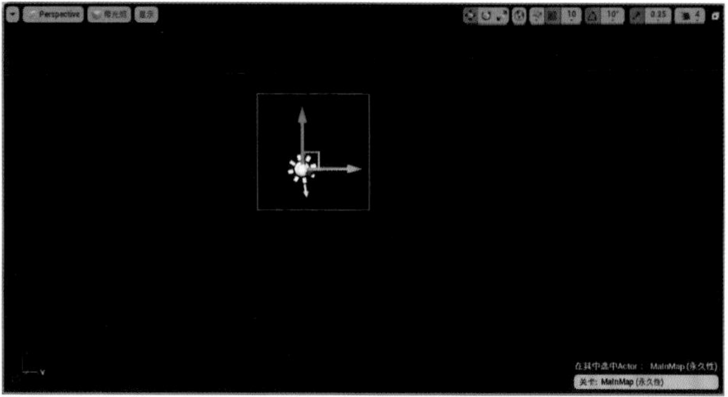

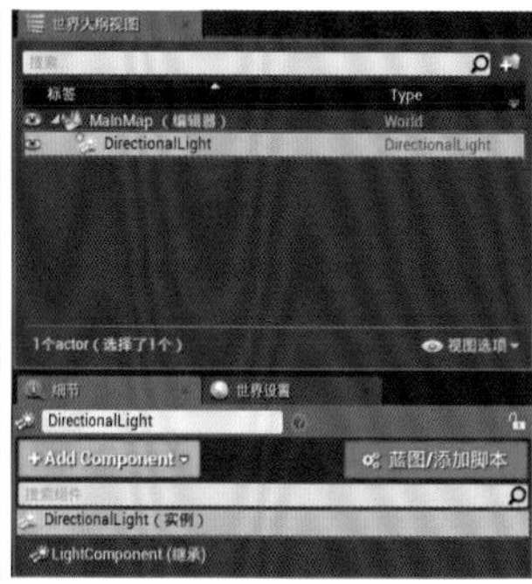

图1-8

04 观察“细节”面板，发现“Transform”选项的“位置”处有x、y、z这3个坐标值，这3个坐标值代表当前选择的“DirectionalLight”的位置，坐标值右侧还有一个黄色的“重置”按钮，单击它，x、y、z坐标值归零，如图1-9所示。

技巧提示 “重置”按钮的功能是恢复选项值的默认值。当“细节”面板中的某项值发生变化后，就会出现这个按钮，单击它可以把该项的值恢复为默认值。同时也可以根据值后是否存在“重置”按钮来判定该值是否改动过。这个小技巧要牢记。

当“定向光源”的“位置”坐标值归零以后，“定向光源”在场景中消失了，这是因为它的位置在场景的坐标原点。这时双击“世界大纲视图”面板中的“DirectionalLight”，就能够看见它了。

注意，当场景中添加了较多物件，找不到需要编辑的物件时，在“世界大纲视图”面板的列表中可以轻松找到，双击相应的选项就可以把镜头对准目标物件。

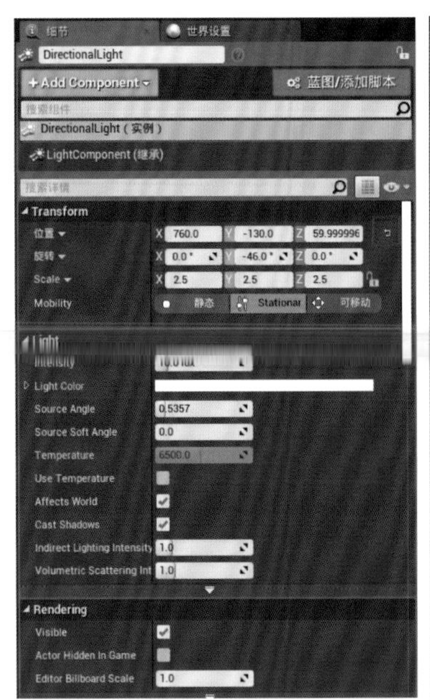

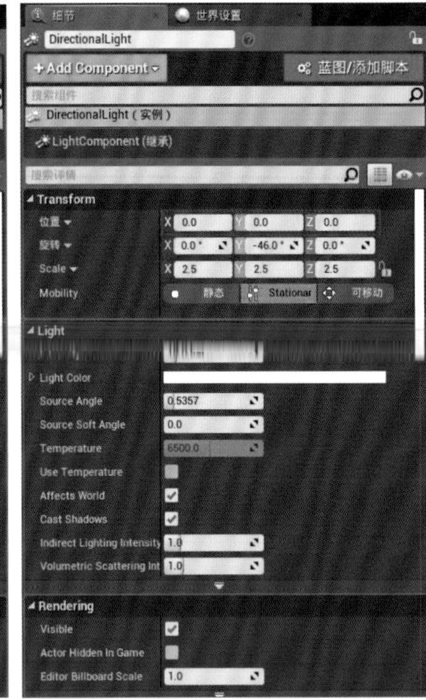

图1-9

05 “定向光源”在场景中呈现为“太阳+箭头”的形式，其实“定向光源”就是UE4中的太阳光，但是为什么添加了太阳光后，场景还是一片黑暗呢？这是因为必须要有天空太阳光才能显示，天空是太阳的载体，所以需要添加一个天空。在“模式”面板的搜索框内输入“sky”(大小写均可)，找到“BP_Sky_Sphere”，如图1-10所示。

图1-10

06 将“BP_Sky_Sphere”(天空)拖曳到场景中，整个场景变成了橙红色，类似于黄昏的场景，如图1-11所示。这是因为还没为场景指定一个太阳。在“细节”面板中展开“默认”选项，设置“Directional Light Actor”为添加到场景中的“DirectionalLight_1”，如图1-12所示。

图1-11

图1-12

07 为天空指定好太阳后，蓝色的天空终于出现了，天空中还有几朵白云在飘动。注意，这里也需要单击“Transform”选项的“位置”参数后的“重置”按钮，将天空的“位置”归零，如图1-13所示。

图1-13

技巧提示 现在已经成功地在场景中添加了太阳与天空，建议将现在的场景保存。

可以在“项目设置”中更改默认地图。选择“项目设置”卡，在“地图&模式”设置中，将“Default Maps”中的“Lditor Startup Map”和“Game Default Map”都更改成自己创建的场景“MainMap”，如图1-14所示。其中“Editor Startup Map”代表编辑器启动时默认打开的地图，“Game Default Map”代表整个游戏的默认地图，将这两项都设置成“MainMap”后，再打开项目就会直接加载这个地图，将项目打包后，再打开游戏也会默认加载此地图。

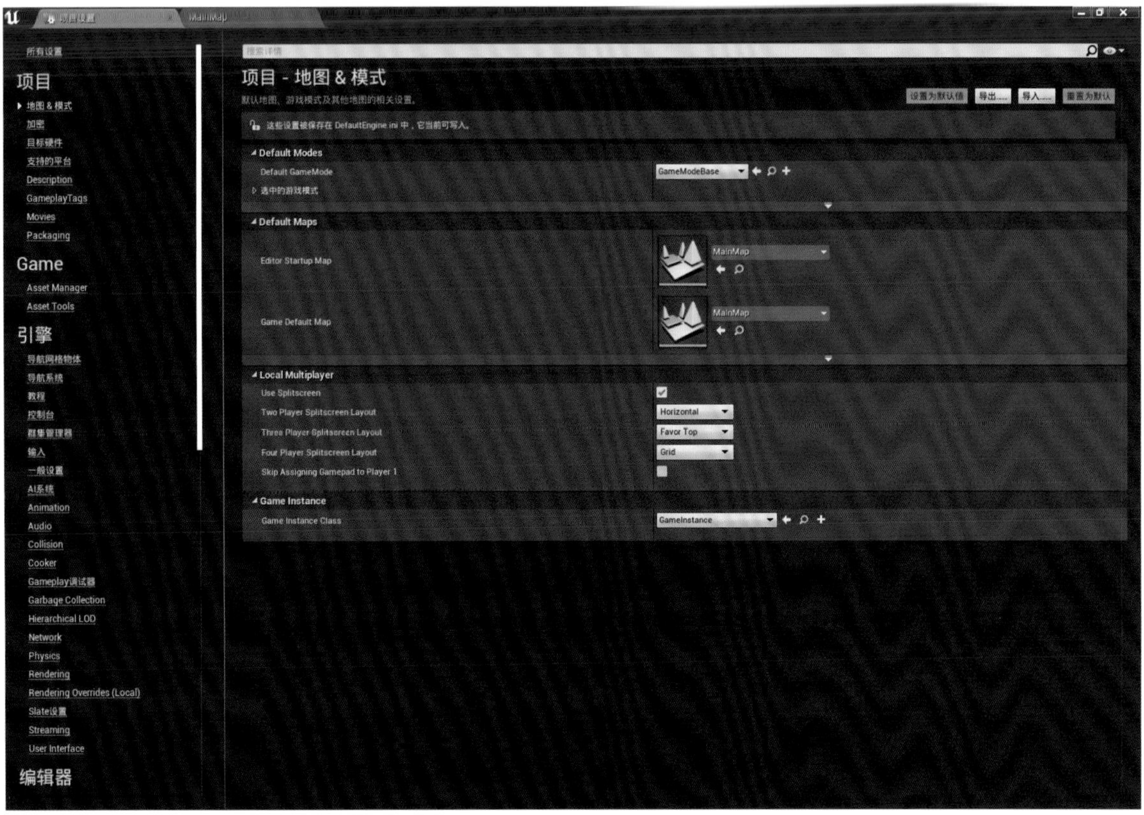

图1-14

1.2.2 平移/旋转/缩放

选择“MainMap”选项卡，回到编辑器主界面，现在已经有了天空和太阳，下面需要为场景添加一个地面。

01 在“模式”面板中选择并拖曳“立方体”到场景中，同时将此立方体的“位置”归零，如图1-15所示。

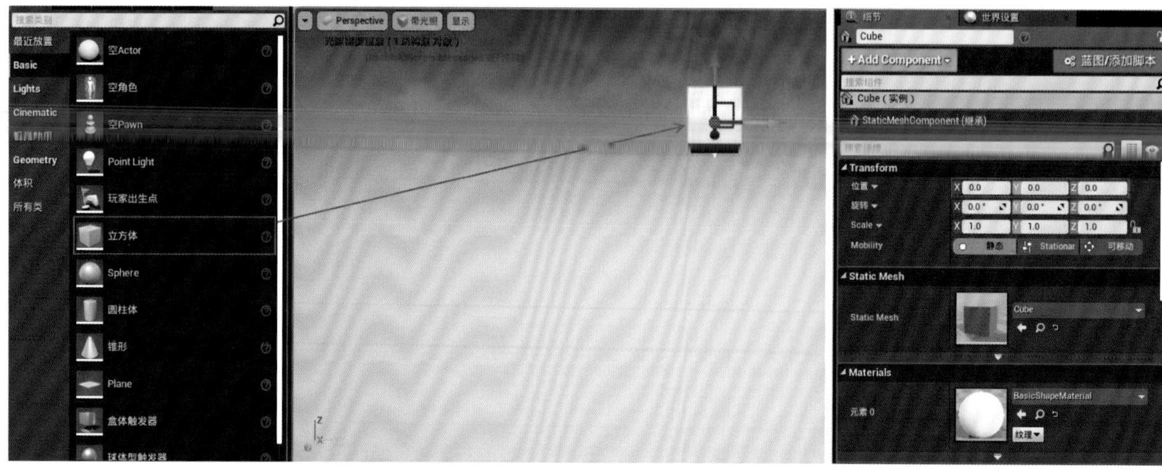

图1-15

技巧提示 这个立方体将作为场景中的地面，但它太小了，显然不像地面，可以改变它的长和宽来扩大面积。

02 在场景中移动视角，让视线可以看到立方体的斜上方，这样便于观察与调整立方体，如图1-16所示。界面右上角的第一组按钮从左至右分别代表“平移”、“旋转”和“缩放”，编辑器默认选择的是“平移”，该按钮用于平移物体。

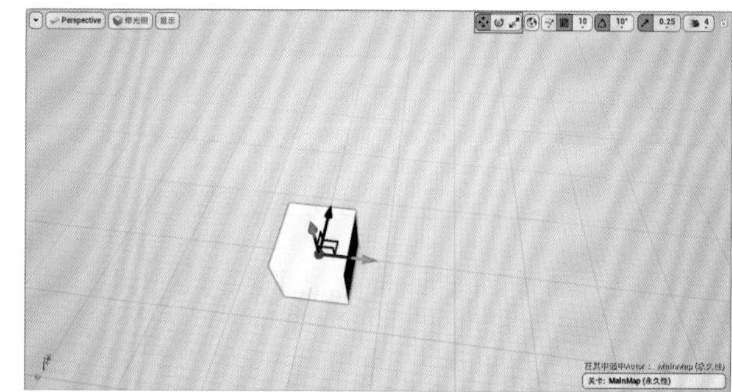

图1-16

03 单击“旋转”按钮，会发现物体上的3个坐标轴变成了3个圆弧，如图1-17(左）所示。与“平移”相同，可以拖曳任意一个圆弧，改变物体在其对应轴上的角度，从而旋转物体。目前不需要改变立方体的角度，所以旋转完立方体就将“细节”面板中的“旋转”坐标值全部归零，如图1-17(右）所示。

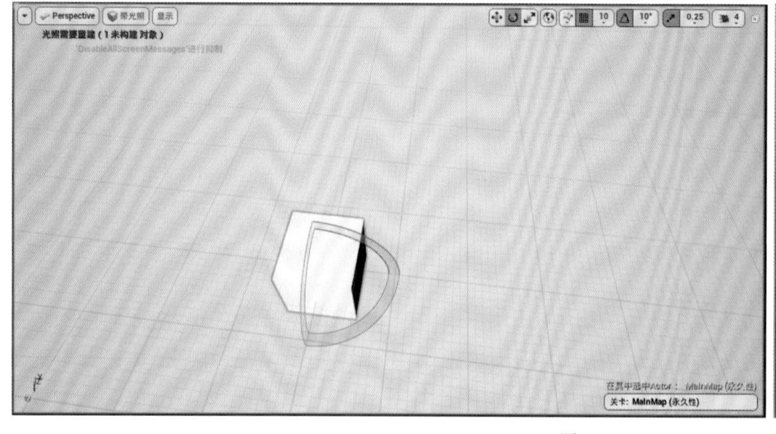

图1-17

技巧提示 在旋转物体时出现的红色、绿色、蓝色3个圆弧分别称为Roll轴、Pitch轴和Yaw轴，分别对应x轴、y轴、z轴。

04 单击“缩放”按钮，会发现物体的3个坐标轴的箭头变成了3个立方体，如图1-18所示。同样，可以拖曳任意一个方向的立方体来改变物体在对应轴上的大小。

05 为了把立方体调整成地面的形状，需要增加它的长和宽，并保持高度不变，即拖曳x轴、y轴，保持z轴不变，这样立方体的面积就会慢慢变大。在“细节”面板中将“Transform”选项中的“Scale”设置为(10,10,1)，参数设置及效果如图1-19所示。

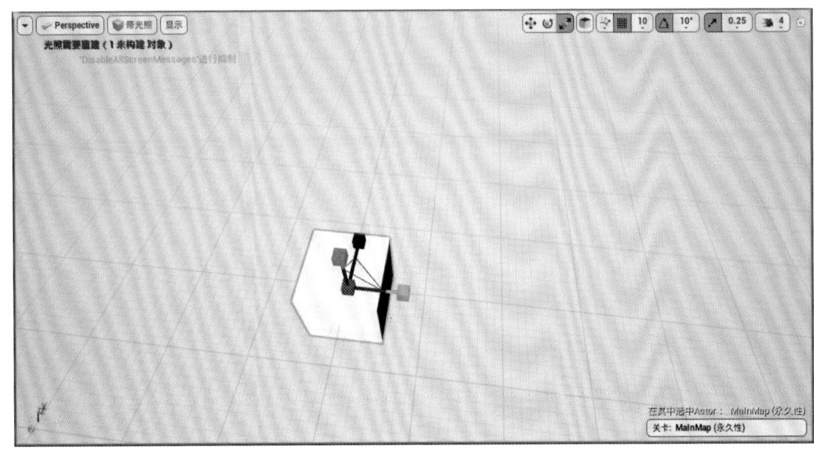

图1-18

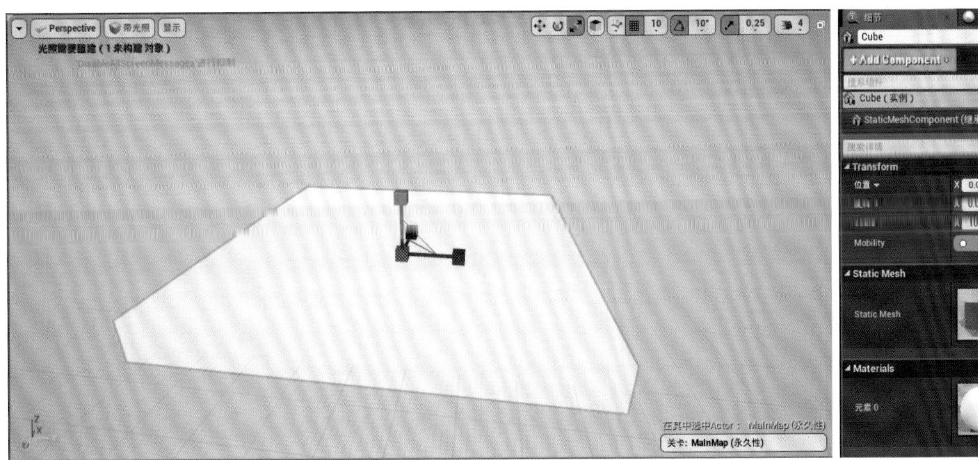

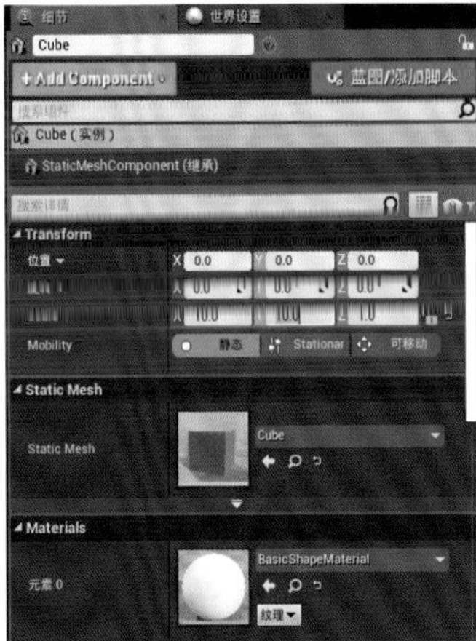

图1-19

1.2.3 世界坐标与局部坐标

下面通过旋转操作来说明世界坐标和局部坐标的区别。

01 往场景中拖曳一个“立方体”，并单击“视口”面板中的“旋转”按钮，将坐标轴切换成圆弧，以旋转物体，如图1-20所示。

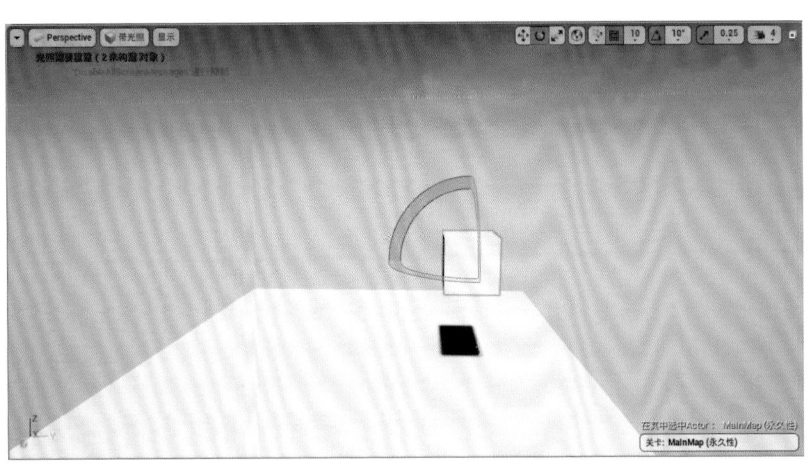

图1-20

02 选择一个轴旋转物体，例如，拖曳蓝色的圆弧，让物体沿z轴顺时针旋转20°，如图1-21所示。

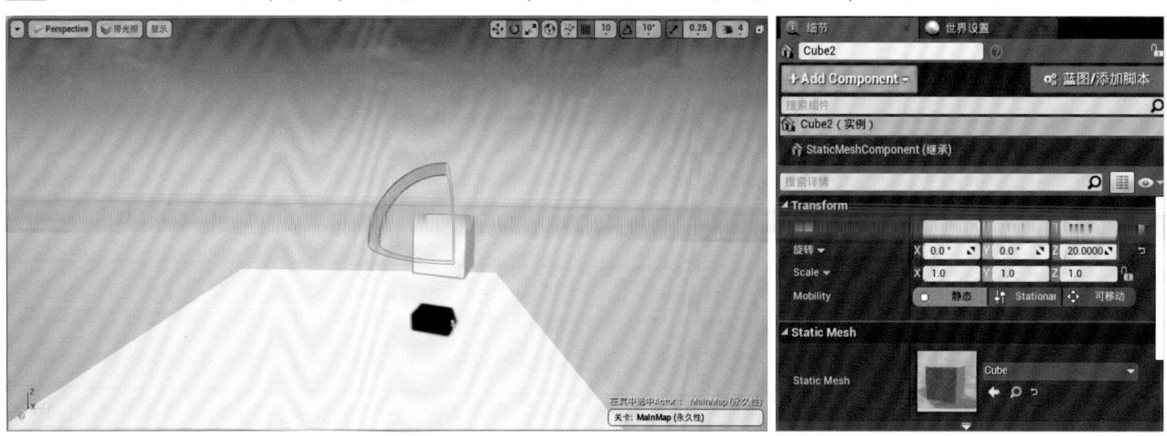

图1-21

03 将物体旋转一定角度后，单击“平移”按钮，如图1-22所示。界面右上角的“地球”表示当前处于世界坐标，这个工具是用来切换世界坐标和局部坐标的。

04 单击“地球”按钮，会发现“地球”变成了一个立方体，同时，物体上3个坐标轴的方向也发生了变化，如图1-23所示。

图1-22

图1-23

技巧提示 对比图1-22和图1-23，不难发现，两图中物体上的坐标轴方向发生了变化，而物体本身没有发生变化，这说明场景的参考系发生了变化。

图1-22中的物体坐标属于世界坐标，坐标轴以整个场景为参照物，可以看出是直上直下的效果。图1-23中的物体坐标属于局部坐标，坐标轴以物体本身为参照物，随物体角度的变化而变化。

读者可以这样理解：世界坐标是向东南西北移动的，局部坐标是向前后左右移动的。在之后的场景搭建中，适当地切换世界坐标和局部坐标，可以更灵活地调整物体的位置、角度和大小，多加练习，可以达到事半功倍的效果。

1.2.4 添加静态网格物体

现在开始正式搭建房子，因为1.2.3小节中的立方体暂时用不到，所以选择它，按 Delete键将其删除。

01 在“内容浏览器”面板中寻找需要的模型，在地面上放一个椅子模型，这个模型的存储路径为“Content\StarterContent\Props”，文件名为“SM_Chair”。调整椅子的位置和角度，设置“位置”为（60,320,50）、“旋转”为（0°,0°,210°），如图1-24所示。读者可以按照自己的喜好摆放椅子的位置，不必和书中完全一致。

图1-24

技巧提示 就像搭积木一样，读者可以在场景中摆放各种物品。“Props”文件夹中的所有模型就是“积木”。观察这些模型，可以发现一个规律，即它们的文件名开头都是“SM”，代表“Static Mesh”，翻译为“静态网格”。

所谓静态网格物体，简单来说就是游戏场景中所有不会动的物体，如地面、椅子、墙壁、石头、花草树木等。这些物体是将美术人员通过建模软件制作的3D模型导入UE4后生成的，所以也把静态网格物体称为“模型”或“建模”。后续内容中将“静态网格物体”简称为“模型”。

02 添加一个桌子，将其放在椅子的左边。选择名为“SM_TableRound”的模型，将其拖曳到场景中，设置“位置”为(−50,210,50)，如图1-25所示。

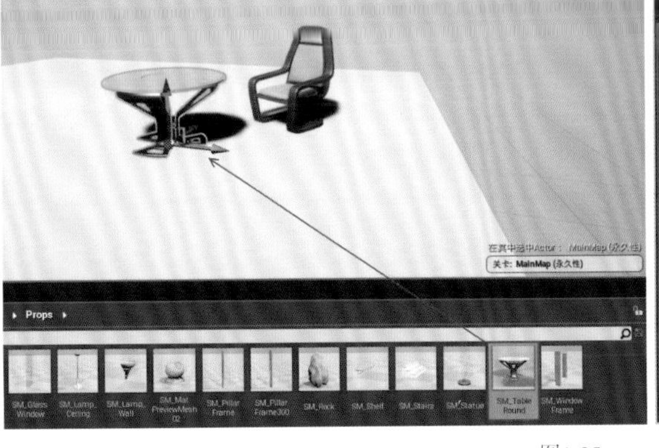

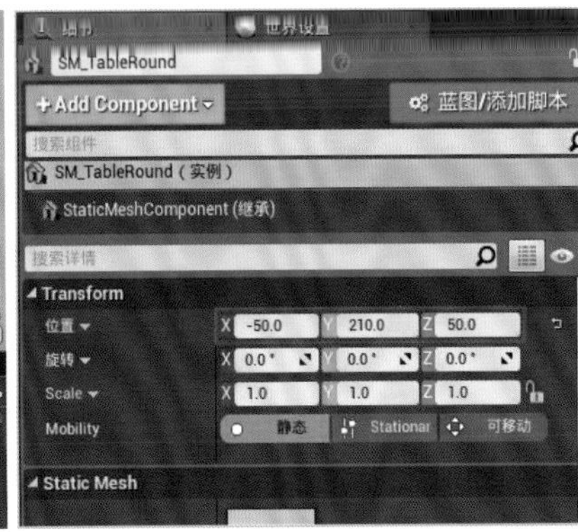

图1-25

03 在桌子上添加一个雕塑。拖曳“SM_Statue”模型到场景中，设置“位置”为(−50,210,120)，如图1-26所示。

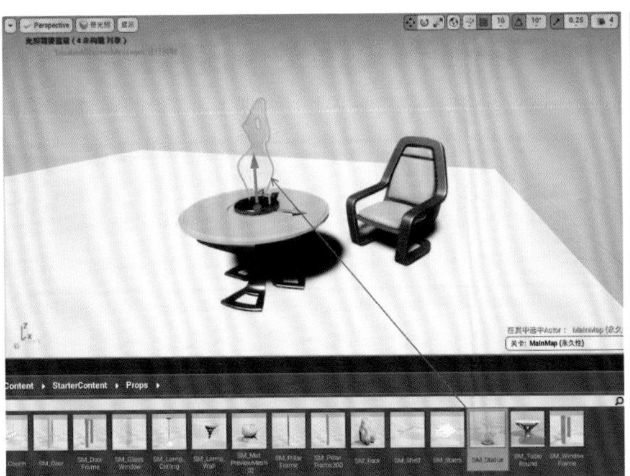

图1-26

04 添加一面墙壁。打开“Content\StarterContent\Architecture”文件夹，拖曳“Wall_400×400”模型到场景中，设置“位置”为（390,40,50）、“旋转”为（0°,0°,90°），如图1-27所示。

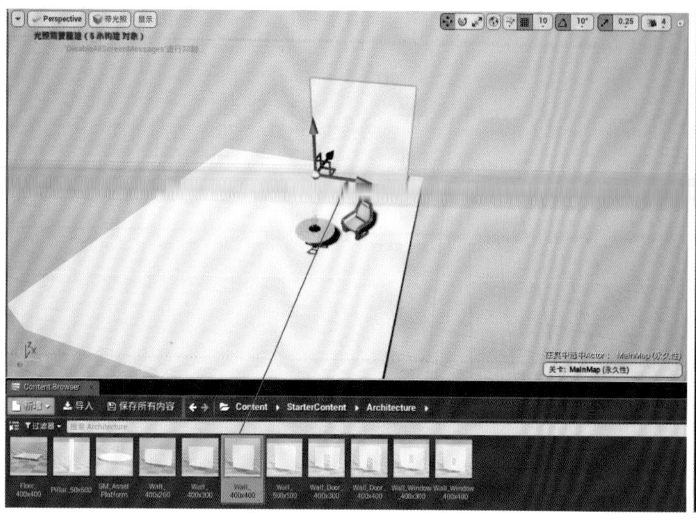

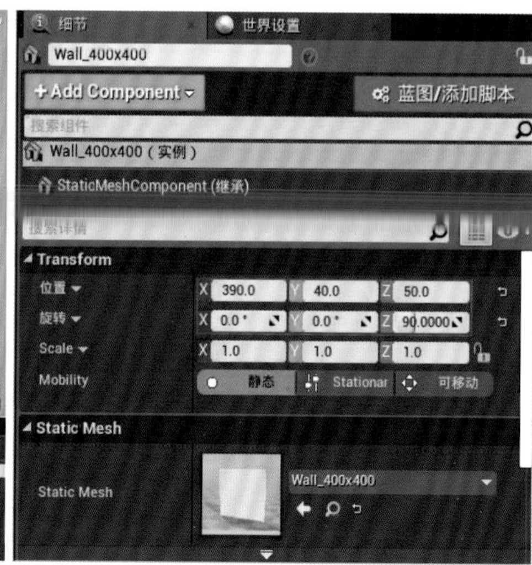

图1-27

05 快速复制墙壁。选择这面墙壁，按住Alt键并单击绿色的y轴，然后按住鼠标左键向左拖曳，新的墙壁就出现了，松开Alt键并释放鼠标，设置新墙壁的“位置”为（390,−360,50），保持“旋转”不变，如图1-28所示。

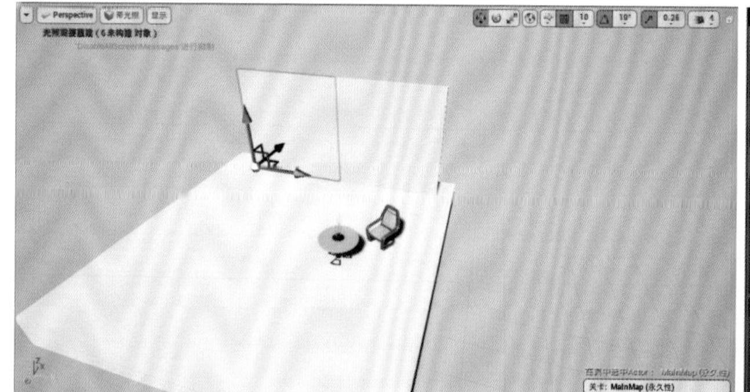

图1-28

技巧提示 选择想要复制的物体，按住Alt键，然后拖曳其中一个坐标轴，松开Alt键并释放鼠标即可复制物体。这个小技巧在搭建场景时比较常用，尤其是在需要批量添加物体的时候，如批量增加墙壁、路面、草地、树木等。

06 再复制一面墙壁，设置“位置”为（0,−360,50），然后将其旋转90°，即设置“旋转”为（0°,0°,−0°），如图1-29所示。现在会发现一个问题，左边这面墙壁虽然是白色的，但是它的阴影太重，看起来像刷了黑漆一样，这不符合现实世界的阴影逻辑。

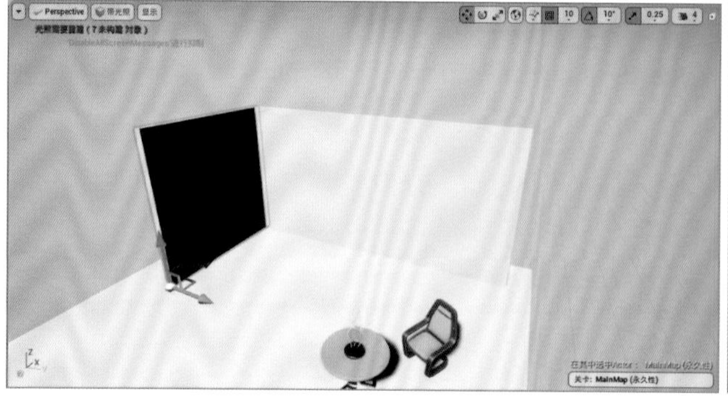

图1-29

07 打开“模式”面板中的“Lights”选项卡，拖曳“天空光源”到场景中，此时左边墙壁的阴影颜色就变浅了，显得更加真实和自然，如图1-30所示。

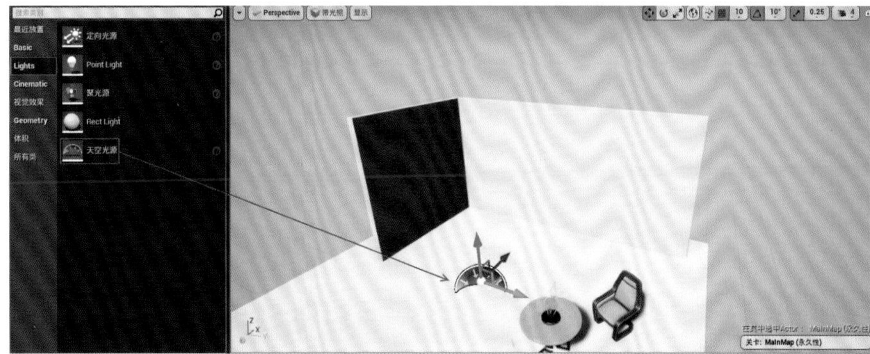

图1-30

08 将“天空光源”的“位置”归零，如图1-31所示。这样“天空光源”就会移动到地面以下，可以避免在后续的操作中误选它。

图1-31

技巧提示 “天空光源”会将远处物体（如大气层、云或者山等）作为光源应用于场景中，使场景的光线更加自然。一般情况下，场景中都要添加“天空光源”。

09 复制左边的墙壁，设置新墙壁的“位置”为（-400，-360,50），如图1-32所示。

图1-32

10 按住Ctrl键，单击图1-32所示的左边墙壁，这样就同时选择两面墙壁了。松开Ctrl键，按住Alt键，拖曳坐标轴，将两面墙壁同时复制，然后设置“位置”的y轴坐标值为450，如图1-33所示。

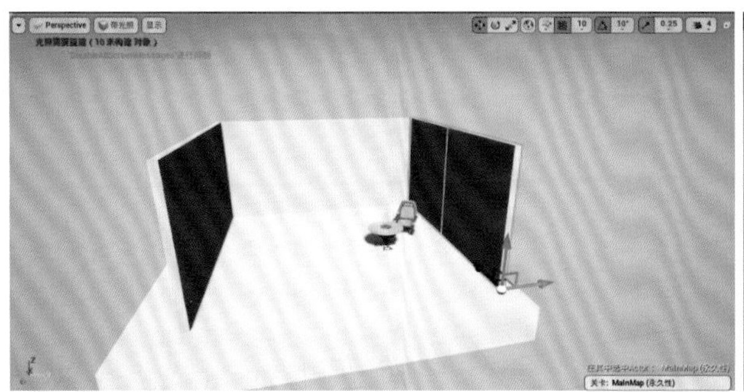

图1-33

11 后面和两侧的墙壁都制作好了，下面搭建房子的正面，即在房子两侧各添加一个框架。返回“Content\StarterContent\Props”文件夹，拖曳“SM_PillarFrame”模型到场景中，设置“位置”为(−390,440,50)、“旋转”为(0°,0°,−90°)，如图1-34所示。

图1-34

12 复制“SM_PillarFrame”模型，设置“位置”为(−390,−350,50)，“旋转”为(0°,0°,−270°)，如图1-35所示。

图1-35

13 添加门框。拖曳“SM_DoorFrame”模型到场景中，设置“位置”为(−390,−270,50)，如图1-36所示。

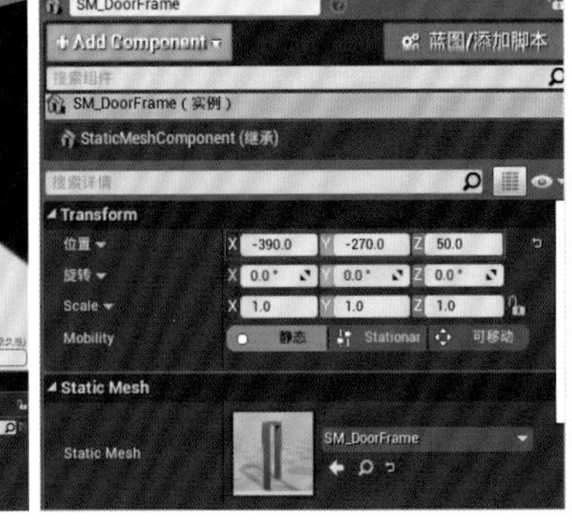

图1-36

14 添加门。拖曳“SM_Door”模型到场景中，设置“位置”为(−400,−220,50)，如图1-37所示。

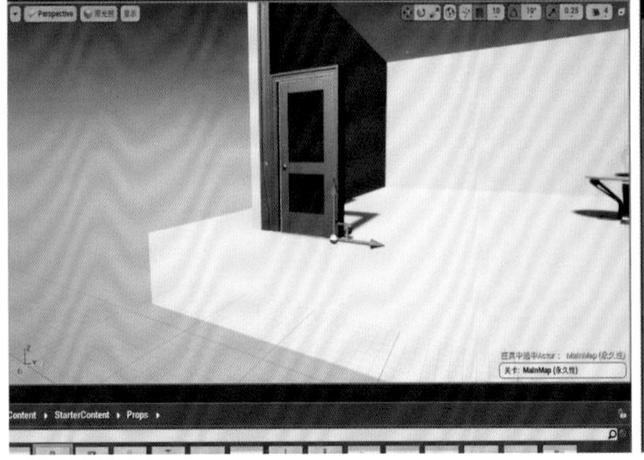

图1-37

技巧提示 在使用鼠标拖曳坐标轴调整门的位置时，会发现无论怎么调整，门都不能与门框严丝合缝。这是因为坐标轴每次移动的分度太大，细微处无法精细控制。可以单击"视口"面板右上角的"对齐尺寸"按钮▦，将坐标轴的移动分度调小，这里将"对齐尺寸"设置为"5"，如图1-38所示。

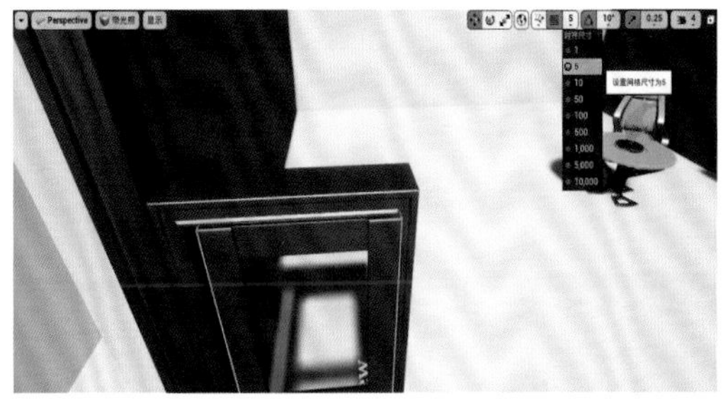

图1-38

15 调整门的位置。可以发现，将坐标轴的移动分度变小，就能更加精确地调整位置。将门的"位置"调整为（10,1,10），这样门与门框就会精准地结合在一起，如图1-39所示。

技巧提示 除了"位置"网格的"对齐尺寸"可以设置，"旋转"和"缩放"的"对齐尺寸"也可以设置，相关按钮分别为"位置"网格"对齐尺寸"右边的两个按钮。"对齐尺寸"设置得越小，操作就越精准；"对齐尺寸"设置得越大，操作就越快速，但精度会有所降低。要针对不同大小的场景和物体，设置合适的"对齐尺寸"参数。

图1-39

16 在门框与右侧墙壁之间添加玻璃。拖曳"SM_Glass Window"模型到场景中，设置"位置"为（-390,420,50）、"Scale"为（1,6.375,2），如图1-40所示。

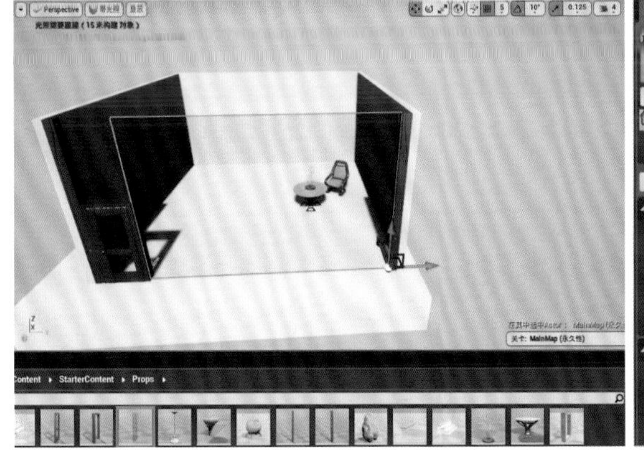

图1-40

17 在门框上方添加一小块玻璃。拖曳"SM_GlassWindow"模型到场景中，设置"位置"为（-390,-218,262）、"Scale"为（1,1.125,0.9375），如图1-41所示。

图1-41

18 添加房顶。打开“模式”面板的“Basic”选项卡，拖曳“立方体”到场景中，如图1-42所示。

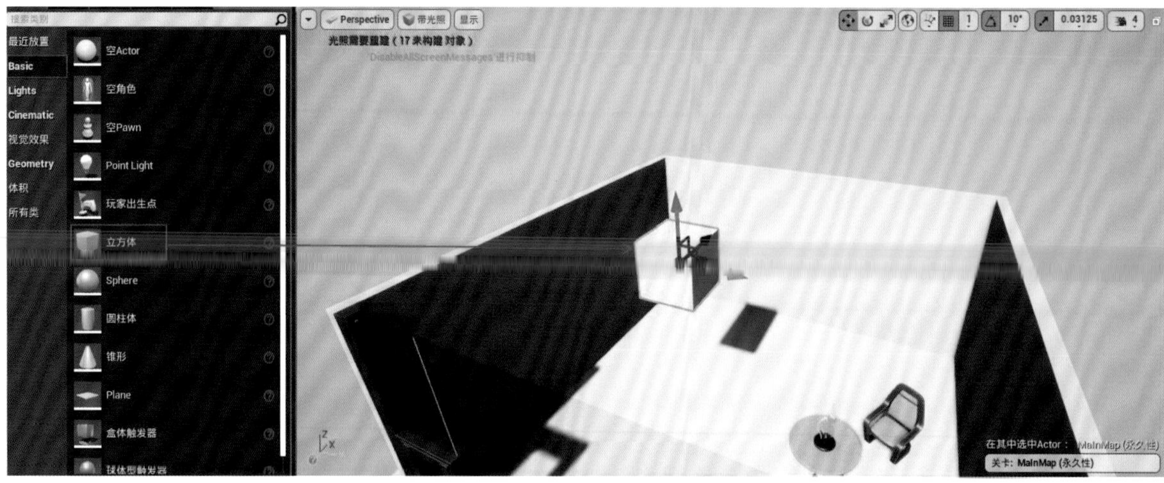

图1-42

19 设置立方体的“位置”为（5,48,440）、“Scale”为（8.5,8.5,0.25），制作好的房顶如图1-43所示。

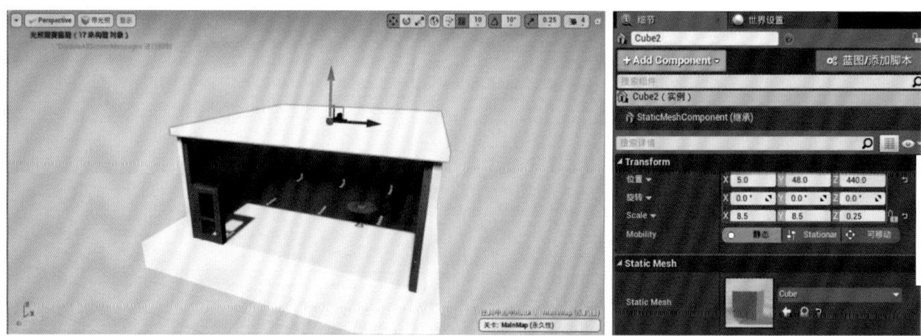

图1-43

20 在房子外面添加草、石头和长椅。拖曳“SM_Bush”模型到场景中，设置“位置”为(−480,390,50)；拖曳“SM_Rock”模型到场景中，设置“位置”为(−440,450,50)、“Scale”为(0.25,0.25,0.25)。再复制一个石头，设置“位置”为(−470,360,50)，保持“Scale”不变。拖曳“SM_Couch”模型到场景中，设置“位置”为(−460,180,50)、“旋转”为(0,0,180)。效果如图1-44所示。

图1-44

技巧提示 至此，房子的搭建就算是基本完成了，读者不要忘记保存所有内容。总的来说，这部分知识没有什么难点，都是一些类似搭积木的拖曳操作。下一节将学习光源的相关知识。

1.3 光源类型

本节将主要介绍场景光源的相关知识。光源主要包含“定向光源”“点光源”“聚光源”3种，它们是游戏开发中常见的3种光源，读者务必掌握其原理和操作方法。

1.3.1 定向光源

“定向光源”就是场景中的太阳光，可以在“细节”面板中调整它的角度、光线强度和颜色等，并以此模拟不同时间段的太阳光。另外，“定向光源”的位置对场景的光线没有影响，可以把“定向光源”放在场景的任意处，一般放在坐标原点。

观察图1-45所示的效果，所有物体的阴影都是朝正北方的，这表明场景中的太阳光在x轴上与房子平行，在z轴上与房子存在夹角。在大多数游戏中，不同场景或者不同时间段的太阳光的照射角度是不同的，那么如何改变太阳光的照射角度呢？

图1-45

这需要调整“定向光源”的角度。在“世界大纲视图”面板中选择“DirectionalLight”，调整其角度，将红色的x轴顺时针旋转50°，设置“细节”面板中的“旋转”为（59.76°，−27.54°，−38.42°），这时会发现场景中的阴影角度发生了变化，这表明太阳光照射的角度发生了变化，如图1-46所示。

图1-46

技巧提示 如果读者在实际生活中观察不同时段的太阳，就会发现当阴影朝向西北方（也就是当前场景中阴影的方向）时，太阳在房子的东南方。太阳从东方升起，所以现在场景中的时间应该是早晨，此时的天空不应该是天蓝色，而应该是紫红色。

为了模拟真实的天空，选择“世界大纲视图”面板中的“BP_Sky_Sphere”，在“细节”面板中找到“默认”中的“Refresh Material”，勾选后面的复选框，可以发现天空的颜色发生了变化，即天空变成了紫红色，这正是早晨天空的颜色，如图1-47所示。

"Refresh Material"的功能就是刷新天空的材质，让天空的颜色效果与太阳的角度相符合，以此模拟一天中不同时段的太阳光。通常情况下，每调整一次"定向光源"的角度，就要刷新一次天空的材质。

图1-47

1.3.2 点光源

"点光源"指由一个点出发，并以该点作为原点向四周发光的光源，类似灯泡。读者可以在"细节"面板中调整光照强度、光线颜色和光线半径等参数。通常情况下，"点光源"作为一定范围内的局部光源来使用，如灯光和烛光等。

01 添加上房顶后，发现房间的很大一部分被阴影遮盖了，为了让房间更明亮，可以在房间中添加几盏灯照明。拖曳"SM_Lamp_Wall"到场景中，设置"位置"为（130,440,270）、"旋转"为（0°,0°,−90°），如图1-48所示。

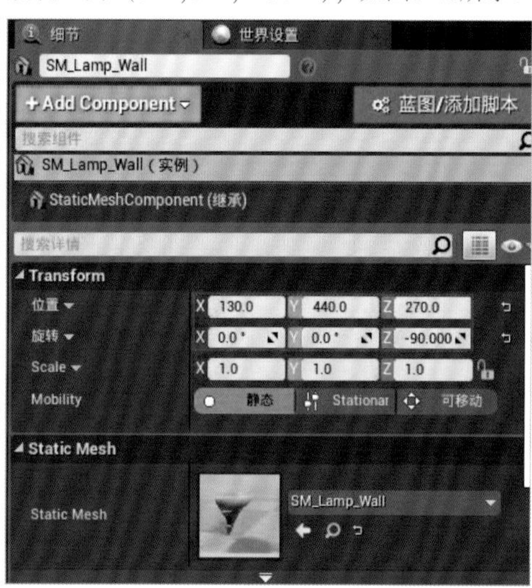

图1-48

02 让灯发光。选择"模式"面板中的"Lights"选项卡，拖曳"PointLight"到场景中，设置"位置"为（130,410,300），把它放到灯的附近，让灯看起来仿佛在发光，如图1-49所示。

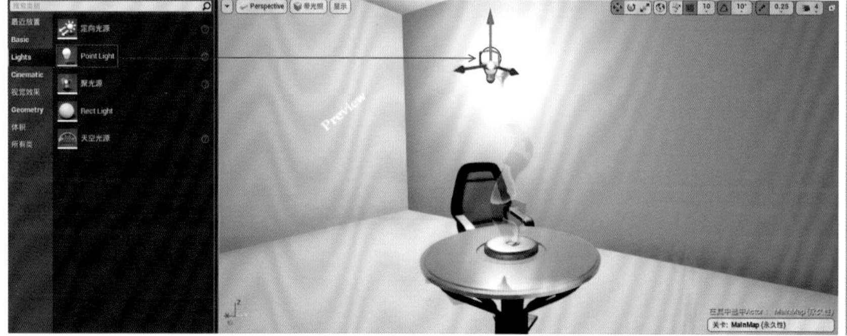
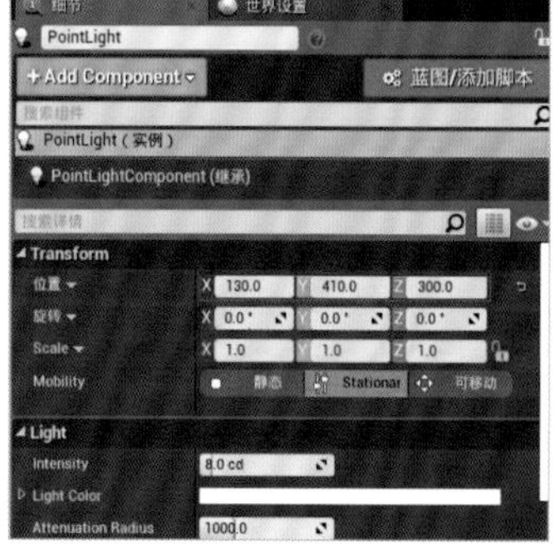

图1-49

03 将刚刚添加的“PointLight”附加到灯模型上，在“世界大纲视图”面板中选择“PointLight”，按住鼠标左键，向下滚动滚轮，将其拖曳到“SM_Lamp_Wall”上，如图1-50所示。

04 目前“PointLight”就作为“SM_Lamp_Wall”的子物体附加到了灯模型上，选择“SM_Lamp_Wall”，再次调整其位置时，“PointLight”也会随之移动，两者成为一个整体，如图1-51所示。

图1-50

技巧提示 将一个物体附加到另一个物体上，父物体的前方会出现一个小箭头，子物体相对父物体有一定的缩进。附加子物体的操作是一个常用的小技巧，例如，场景中的一个物体由多个部件组成，如果让一个父物体包含多个子物体，就可以将这些部件物体作为一个整体进行移动、旋转等操作，这样比依次操作每个小部件要便捷很多。

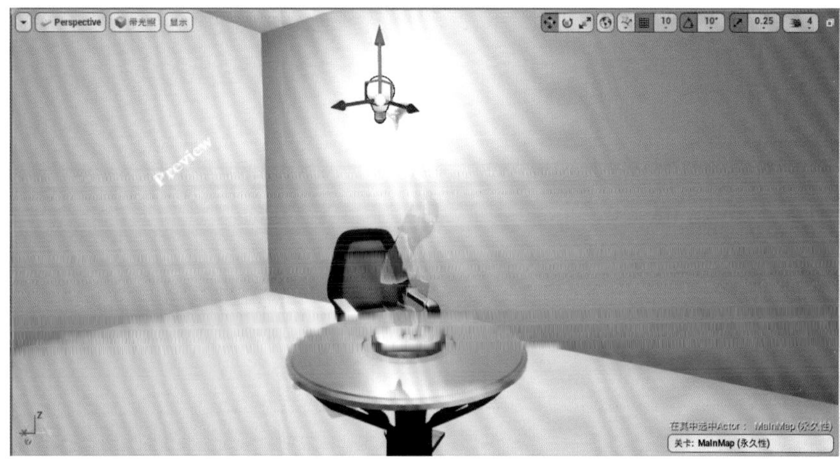

图1-51

1.3.3 聚光源

与“点光源”类似，读者可以将“聚光源”理解为从圆锥体中的单个点发出光的光源，它通常用于模拟车灯或手电筒的光等，可以在“细节”面板中调整光照强度、光线颜色等。

01 只添加一盏灯还不足以照亮整个房间，所以需要在天花板上添加一盏吊灯。拖曳“SM_Lamp_Ceiling”到场景中，设置“位置”为（160, 50,427），参数设置及添加吊灯模型后的效果如图1-52所示。

图1-52

02 使吊灯发光。打开“模式”面板中的“Lights”选项卡，拖曳“聚光源”到场景中，设置“位置”为（160, 50,300），如图1-53所示。

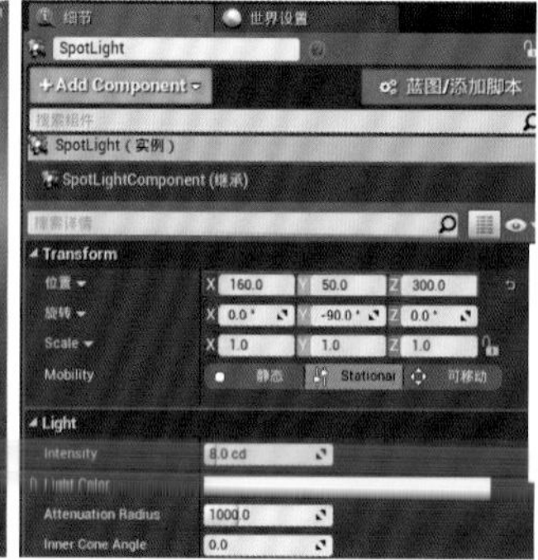

图1-53

03 调整“聚光源”的光线照射角度。在“细节”面板的“Light”中设置“Inner Cone Angle”为62，“Outer Cone Angle”为68，使“聚光源”照射的范围更大，如图1-54所示。

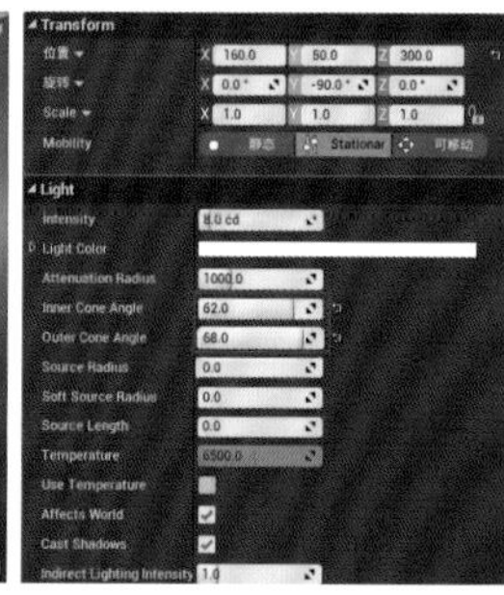

图1-54

04 将“聚光源”作为子物体附加到吊灯模型上，使其与吊灯成为一个整体，以方便调整，如图1-55所示。

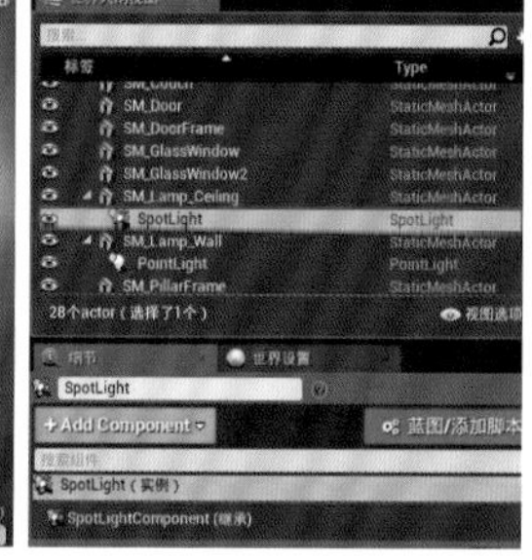

图1-55

1.4 构建光照

整体观察当前场景，如图1-56所示，“视口”面板的左上角出现“光照需要重建（62未构建对象）”的文字，同时阴影上有若干“Preview”的字样。

图1-56

技巧提示 在前面读者了解了构建光照的相关概念，这里详细介绍一下。

在当前场景中，添加的光源包括“天空光源”“定向光源”“点光源”“聚光源”，这些光源会发出光线，而在光线照射不到的地方，就会形成阴影。当拖曳光源到场景中后，光线会经过多次反射，形成光亮的地方和阴暗的地方，但是受限于计算机性能，默认不会真实地模拟光线走过的路径。因为实时模拟光线走过的路径非常耗费计算机性能和时间，降低开发效率。为了提高开发效率，UE4会临时生成简单的光影以供预览，即现在看到的效果是临时、不真实的光影效果。

因此，当场景光源全部搭建完毕后，可以通过构建光照让UE4慢慢模拟每个光源的照射路径，生成接近真实的光影效果，这就是构建光照的作用。

构建光照的步骤很简单，只需单击工具栏中的“Build”按钮，如图1-57所示。这时UE4开始计算光线经过的路径，界面左下角会出现“正在构建光照”的提示。构建光照的过程需要耗费很长的时间，请耐心等待构建光照完成。

构建光照完成后的效果如图1-58所示，可以看到，场景中的光影效果比较自然。需要注意的是，只要场景中的物体位置或光源位置发生变化，就需要重新构建光照。总之，只要发现“视口”面板左上角有红字“光照需要重建”，就需要重新构建光照。

图1-57

图1-58

1.5 光源的移动性

所有光源都有“移动性”属性，该属性有3个不同的可选属性值，分别是“固定光源”“静态”“可移动”。下面以当前场景中的“点光源”为例来说明这3种可选属性值的区别。

1.5.1 固定光源

在“世界大纲视图”面板中选择之前添加的“PointLight”，在“细节”面板的“Transform”选项中找到“Mobility”，该“PointLight”的移动性处于“Stationary”状态，即“固定光源”状态，如图1-59所示。

图1-59

技巧提示 “固定光源”是保持位置固定不变的光源，但可以改变该光源的光照强度和颜色等。也就是说，在“Stationary”状态下，可以改变光源的光照强度和光线颜色，只要保持光源的位置不变，就不需要重新构建光照。

现在可以尝试改变“点光源”的光照强度。在“细节”面板的“Light”中找到“Intensity”，将其值设置为40cd，光照强度变大，周围的环境变得更亮了，但是UE4没有提示需要重新构建光照，如图1-60所示。

技巧提示 在这3种光源中，“固定光源”具有最好的质量、中等的可变性，以及中等的性能消耗。一般情况下，“固定光源”用于模拟类似闪烁的霓虹灯的光源，即位置不变、颜色和光照强度不断变化的光源

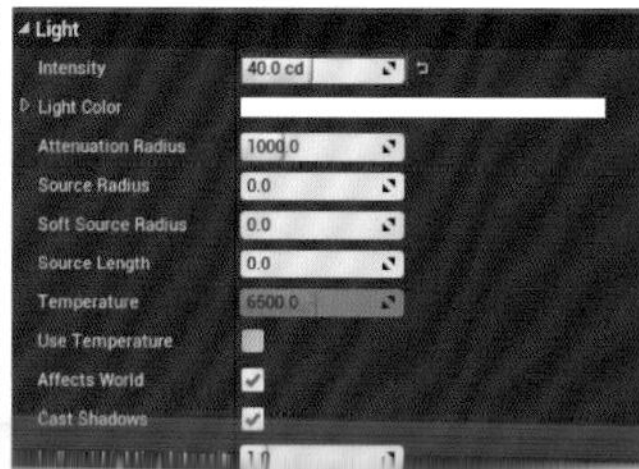

图1-60

1.5.2 静态光源

将“Mobility”设置为“静态”，会发现“视口”面板的左上角提示“光照需要重建（23未构建对象）”，如图1-61所示。这是因为“静态光源”是在运行时完全无法更改属性或移动的光源。在“静态”状态下，光源无论是位置变化，还是光照强度、光线颜色等变化，都需要重新构建光照。注意，“静态”状态下的光源最不耗费计算机性能。

在这3种光源中，“静态光源”的质量为中等，可变性为最低，性能消耗为最低。一般情况下，“静态光源”用于模拟路灯等位置、颜色和光照强度不变的光源。

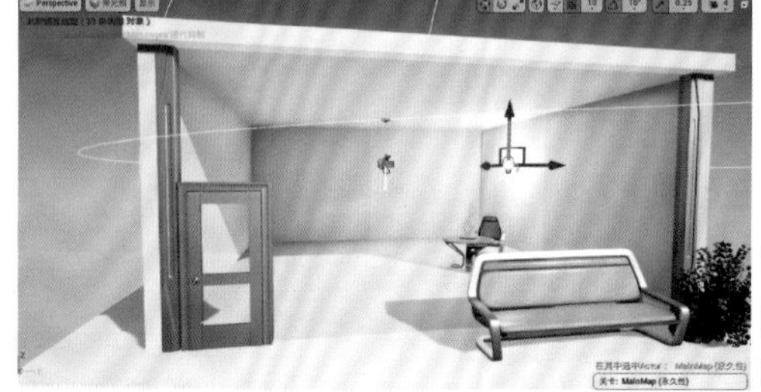

图1-61

1.5.3 可移动光源

将“Mobility”设置为“可移动”，会发现“视口”面板左上角的“光照需要重建（23未构建对象）”消失了，如图1-62所示。这是因为“可移动光源”是动态光源，可以实时改变该光源的位置、颜色和光照强度等参数，完全不需要重新构建光照，但它也是最耗费计算机性能的。

在这3种光源中，“可移动光源”最消耗计算机性能。一般情况下，“可移动光源”用于模拟类似行走的人物拿着的手电筒这样的光源，这类光源的位置会变化，光照强度和颜色也可能会变化。

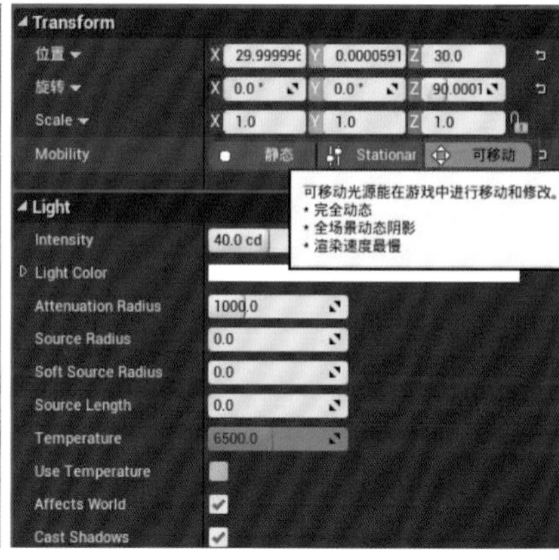

图1-62

1.6 材质

现在场景中的地面、墙壁，以及房顶都是白色的，需要进一步完善，给它们"上色"，即添加材质。材质是物体表面的质地表现，例如，现在场景中的地面是由白色的石膏制作的，那么白色石膏就是一种材质。

1.6.1 创建材质

返回"Content"目录，在"内容浏览器"面板的空白处单击鼠标右键，在弹出的快捷菜单中选择"材质"命令，如图1-63所示。因为笔者想得到一个绿色的地面，所以将材质命名为"Green"，如图1-64所示。

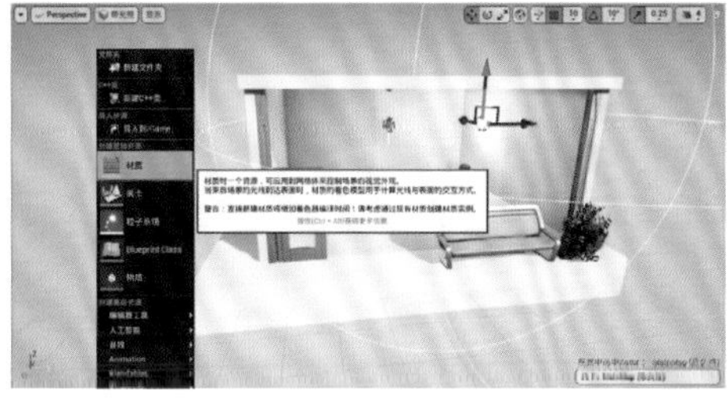

图1-63

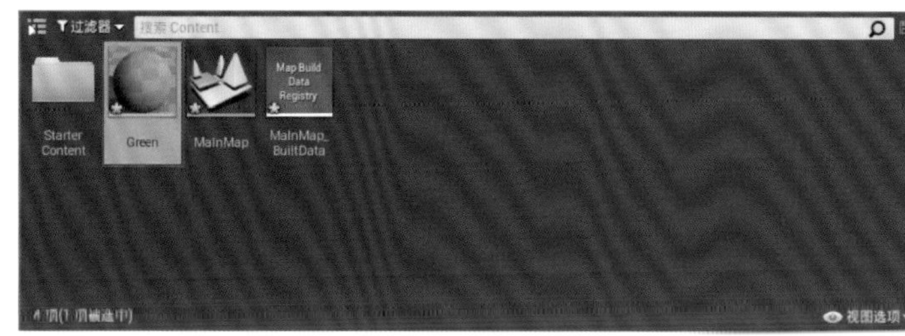

图1-64

技巧提示 当退出UE4时出现图1-65所示的"消息"对话框，单击"是"按钮即可将材质保存。

图1-65

1.6.2 最终材质输出节点

双击创建的材质"Green"，将出现的选项卡拖曳到"MainMap"选项卡的右边，这样便于在编辑器主界面和材质编辑界面间自由切换。这时可以看到名为"Green"的节点，即"最终材质输出节点"，该节点包含了该材质的全部信息，包括颜色、反光度和粗糙度等，如图1-66所示。编辑"最终材质输出节点"中的各种信息可以得到想要的材质。

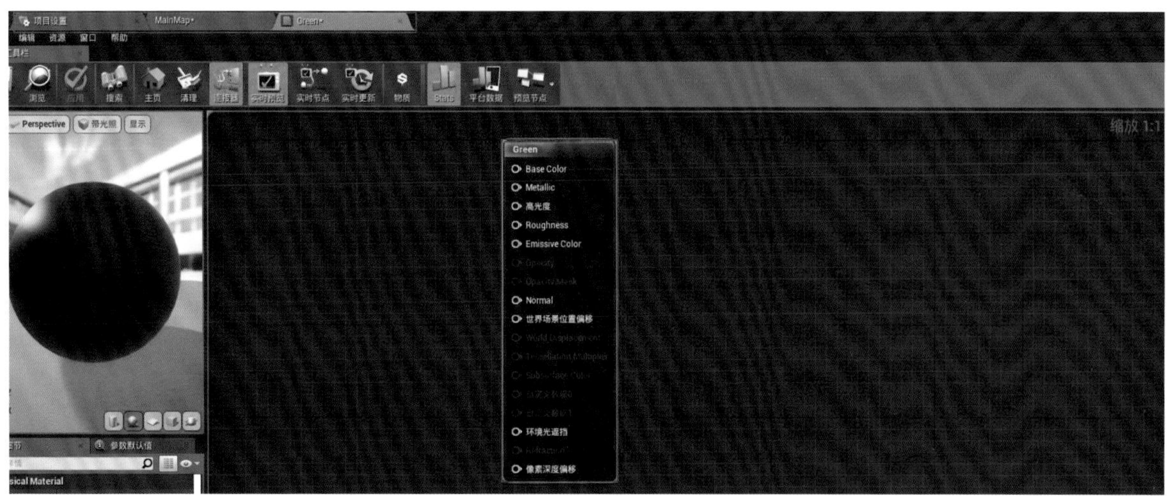

图1-66

验证码：12760

1.6.3 使用三维向量设置基础颜色

01 在“最终材质输出节点”左边的空白处单击鼠标右键，在弹出的菜单中搜索“constant”，找到并选择“Constant3Vector”，如图1-67所示。“Constant3Vector”节点如图1-68所示，它是一个三维向量节点，其默认值是（0,0,0），代表黑色。

图1-67

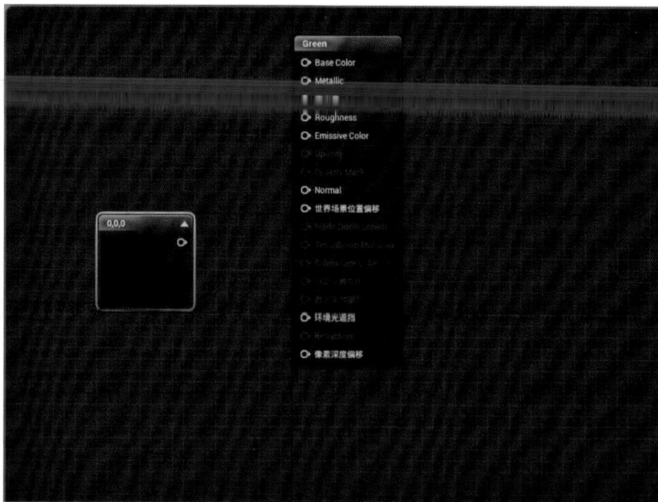

图1-68

02 双击该节点的黑色区域，打开“取色器”对话框，在取色盘上拖曳鼠标，选择绿色，然后将取色盘右边第2个名为“value”的颜色条向上拖曳，就可以得到一个鲜艳的绿色，如图1-69所示。

03 单击“确定”按钮后“取色器”对话框消失，“Constant3Vector”节点的颜色变成了绿色，同时节点的参数也发生了变化，如图1-70所示。

04 单击“Constant3Vector”节点绿色区域右边的圆形标志，按住鼠标左键不放，向外拖曳出一条线，然后将这条线连在“最终材质输出节点”的“Base Color”左边的圆形标志处，释放鼠标左键，这样两个节点就连在一起了，如图1-71所示。此时会发现界面左侧的材质球已经变成了绿色。操作完成后，单击工具栏中的“保存”即可保存材质。

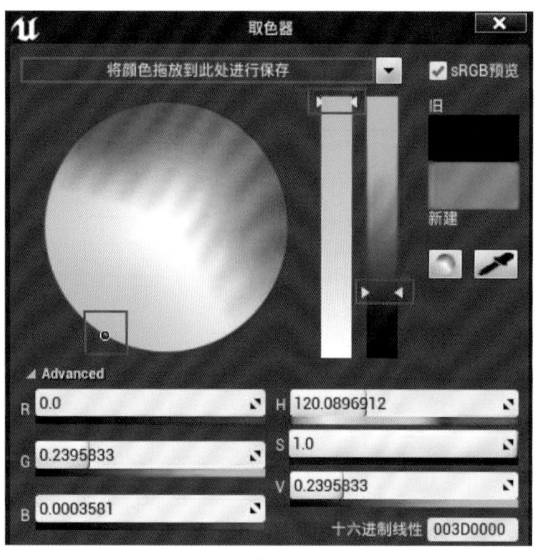

图1-69

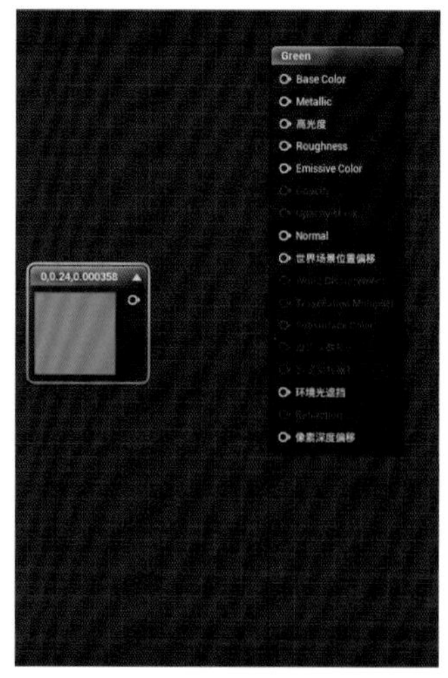

图1-70

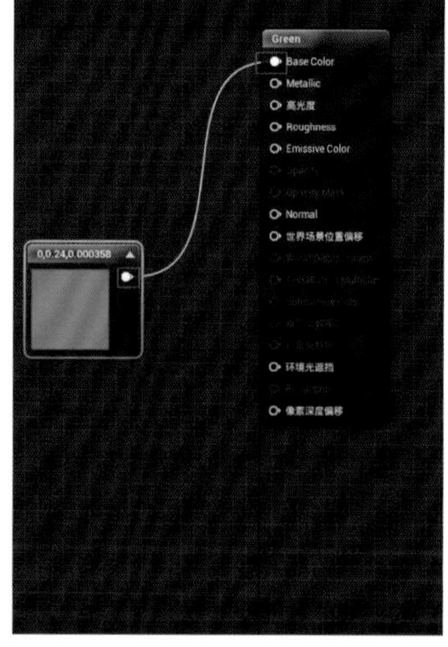

图1-71

技巧提示 材质节点的连接操作与蓝图节点的连接操作是相同的。

1.6.4 为模型设置材质

为模型设置材质，只需把对应的材质拖曳到对应的模型上即可。

01 选择界面顶部的“MainMap”选项卡，返回编辑器主界面，拖曳“Green”材质到场景的地面上，地面就变成了绿色，如图1-72所示。

02 为墙壁和房顶设置对应的材质。打开“Content\StarterContent\Materials”文件夹，拖曳“M_Brick_Clay_New”材质到墙壁上，为6面墙壁都贴上砖块材质，如图1-73所示。

图1-72

图1-73

技巧提示 注意，要先移动到房间内部再去拖曳材质，不用把砖块材质贴到玻璃上。如果操作错误，可以按快捷键Ctrl+Z撤销操作。

03 拖曳“M_Ceramic_Tile_Checker”材质到房顶上，为天花板设置大理石材质，如图1-74所示。

04 观察整个场景，发现地面的材质太显眼，与整体风格不符，拖曳“M_Wood_Floor_WalnutPolished”材质到地面上，将地面改为木制地板效果，如图1-75所示。至此，材质添加完成，整体效果如图1-76所示。

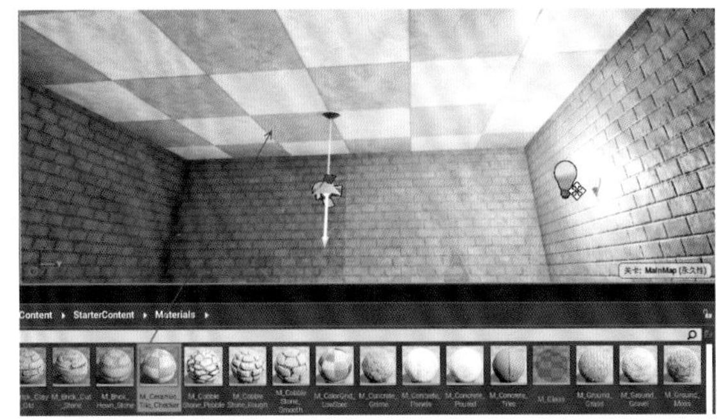

图1-74

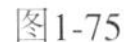

图1-75

图1-76

1.6.5 获取更多材质

读者可以按照自己喜欢的风格为物体设置不同的材质，不必和示例一样。读者也许会有这样的疑问：材质不够用怎么办？

别担心，可以在虚幻商城获取更多材质。打开Epic Games启动器中的“虚幻商城”，单击“浏览”，选择“材质”，这里提供了海量的材质资源，其中还有非常多的免费资源，如图1-77所示。

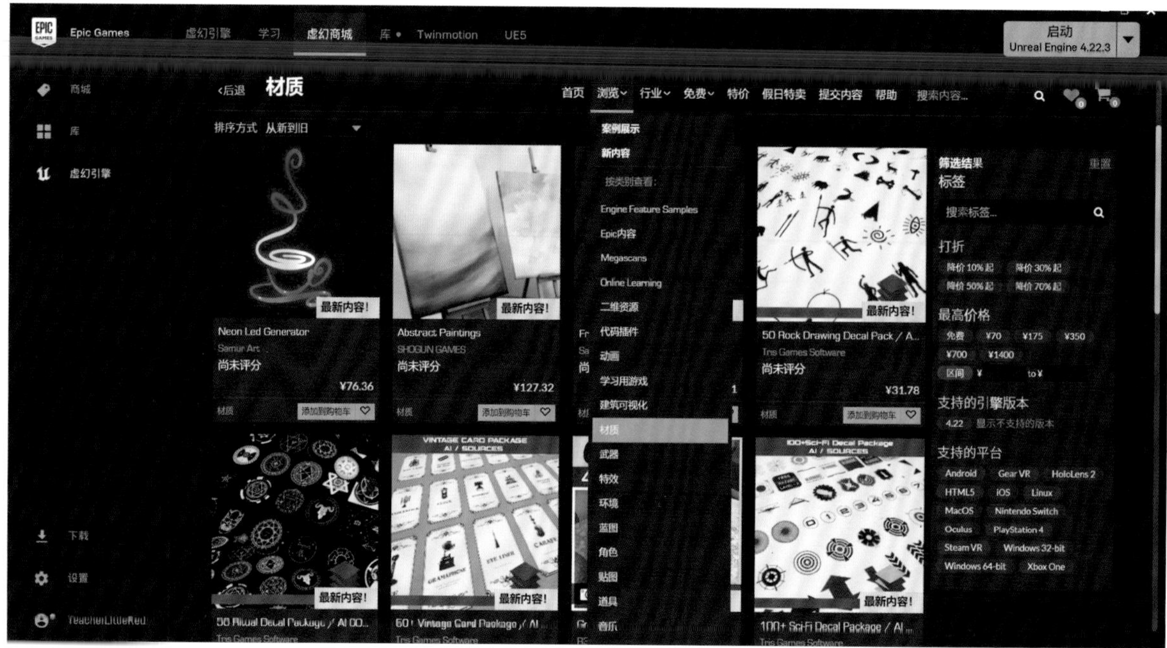

图1-77

技术答疑：如何为场景添加“后处理”效果

通常我们可以对场景进行进一步微调，为其添加“后处理”效果，让整个场景更加美观。

01 选择“模式”面板中的“体积”选项卡，将“Post Process Volume”拖曳到场景中，如图1-78所示。这个体积的作用就是为场景添加曝光、对比度、色调、景深、光晕等一系列摄影中常见的效果，使整个场景呈现更好的效果。

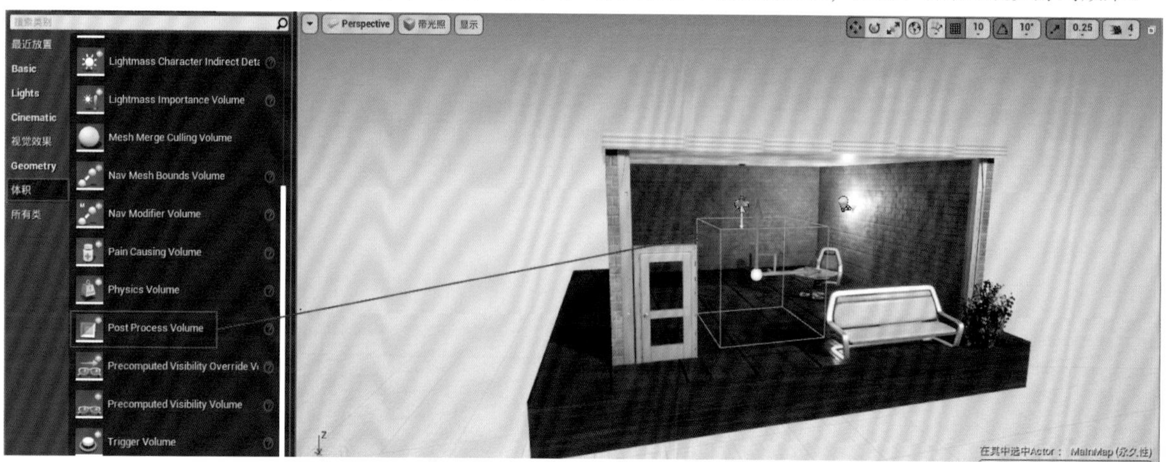

图1-78

02 在“细节”面板的“Post Process Volume Settings”中勾选“Infinite Extent (Unbound)”复选框，如图1-79所示。勾选此复选框的目的是将“后处理”效果应用于整个场景。如果不勾选此复选框，那么“后处理”效果只应用于该体积覆盖的范围。

图1-79

03 设置“后处理”效果。将“Post Process Volume”体积的“位置”归零，以免它在场景中被误操作，然后在“细节”面板中展开“Lens”的“Exposure”，勾选“Exposure Compensation”“Min EV100”“Max EV100”复选框，将它们均设置为1，这表示将场景的曝光增加1，使整体场景更亮。展开“Lens Flares”，勾选“Intensity”复选框，设置参数值为5，表示让场景中的光源显示出一道明显的光晕。具体参数和效果如图1-80所示。

图1-80

04 展开“模式”面板中的“视觉效果”，拖曳“大气雾”到场景中，如图1-81所示。“大气雾”会让场景远处起雾，就像现实世界一样，即大气中含有雾气，越远的物体就越朦胧。将“大气雾”的“位置”归零，以免它在场景中被误操作，如图1-82所示。

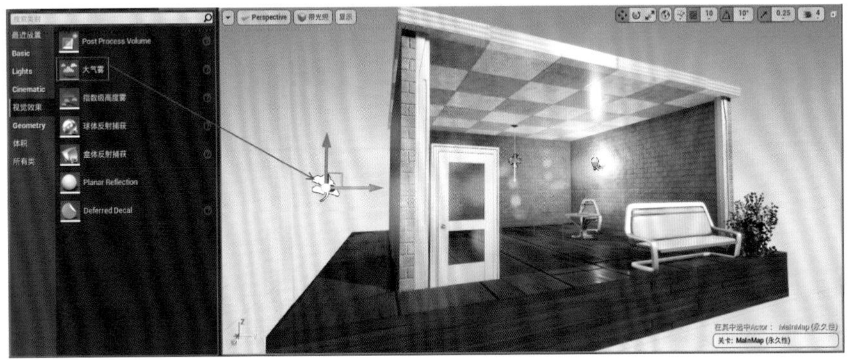

图1-81

图1-82

05 现在场景搭建完毕，保存所有内容。在工具栏中单击“播放”后的下拉按钮▼，选择“新建编辑器窗口（在编辑器中运行）”命令，使游戏在16：9的窗口中运行，如图1-83所示，效果如图1-84所示。

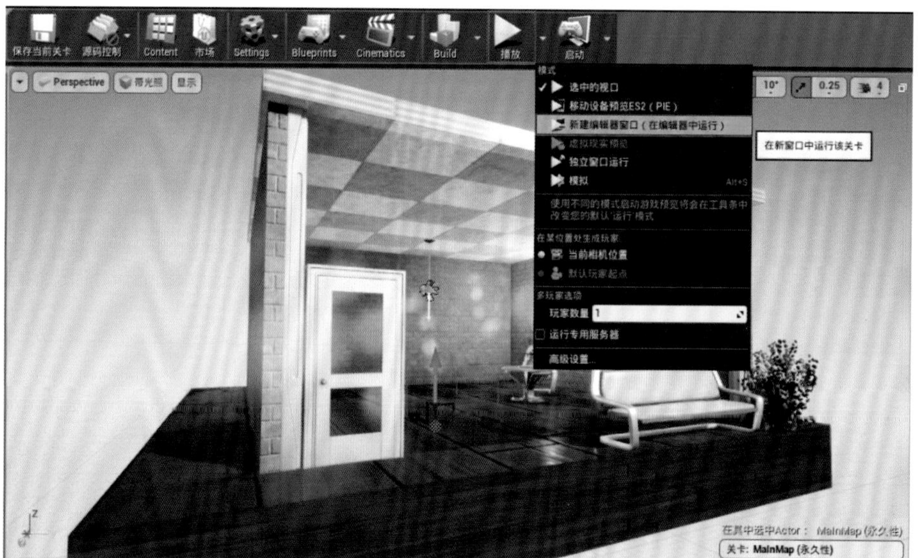

图1-83

图1-84

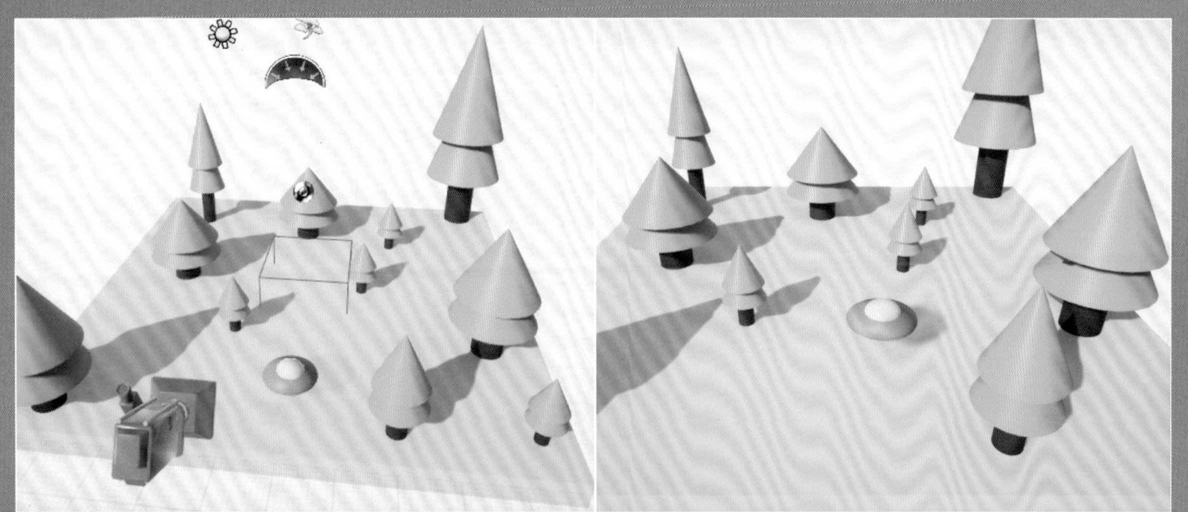

第 2 章 掌握Actor：飞碟躲障碍游戏

■ 学习目的

学完第 1 章内容后，读者已经基本掌握了 UE4 的基本操作。本章将正式学习蓝图编程，即让游戏“动”起来，主要内容包含类、对象、Actor 等。

■ 主要内容

- 游戏中的类与对象
- 创建Actor类的方法
- “静态网格体”组件
- 在关卡中添加摄像机
- 输入事件
- 变量
- Tick事件
- 在场景中添加障碍物

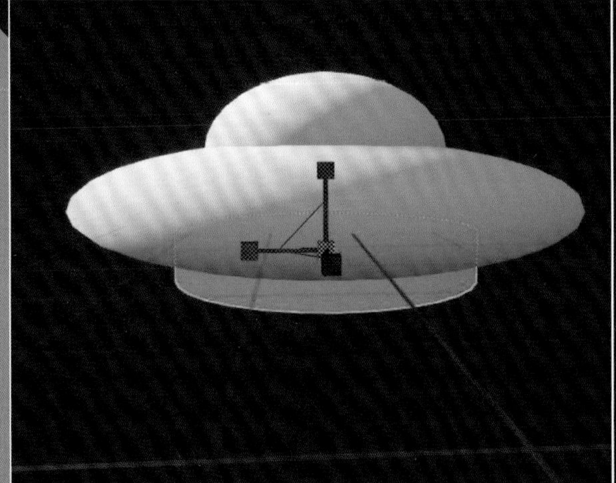

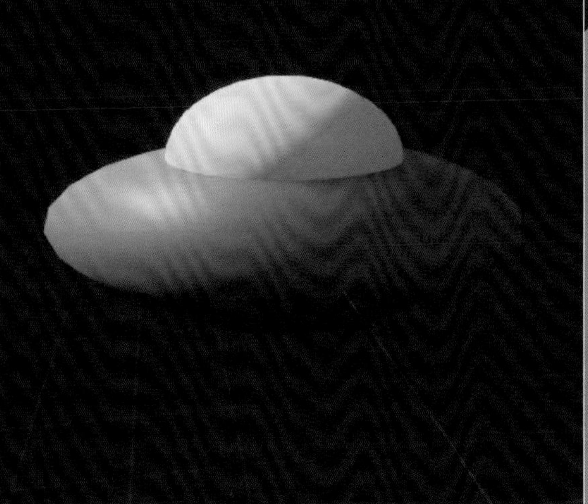

2.1 概要

下面将介绍UE4中Actor的相关概念，并制作一个简单的飞碟躲障碍游戏。

要制作的飞碟躲障碍游戏的玩法很简单，使用W键、S键、A键、D键分别控制飞碟在“前”“后”“左”“右”方向上的移动，使飞碟躲避场景中的障碍，游戏运行画面如图2-1所示。

图2-1

01 创建项目。启动UE4，在“新建项目”选项卡中，选择“空白”模板，选择“没有初学者内容”，设置项目名为“UFO”，如图2-2所示。

02 因为选择的是“没有初学者内容”的空白模板，所以新建一个带有天空和地面的空场景，如图2-3所示。下面就将这个场景作为游戏场景。

图2-2

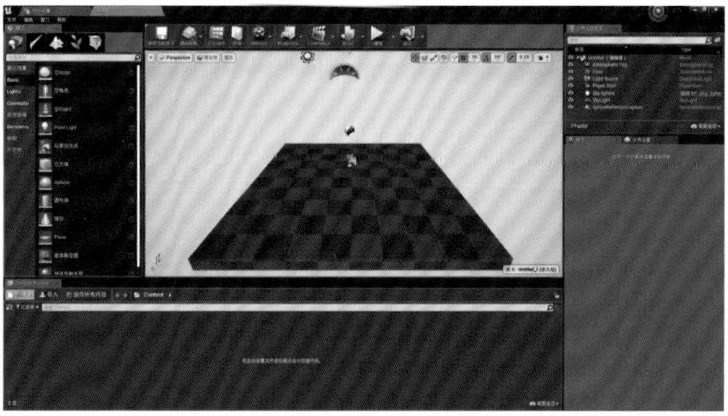

图2-3

03 单击工具栏中的“保存当前关卡”按钮，将当前场景保存，并将关卡命名为“MainMap”，单击“保存”按钮，当前关卡和光照信息就显示在“内容浏览器”面板中了，如图2-4~图2-6所示。

图2-4

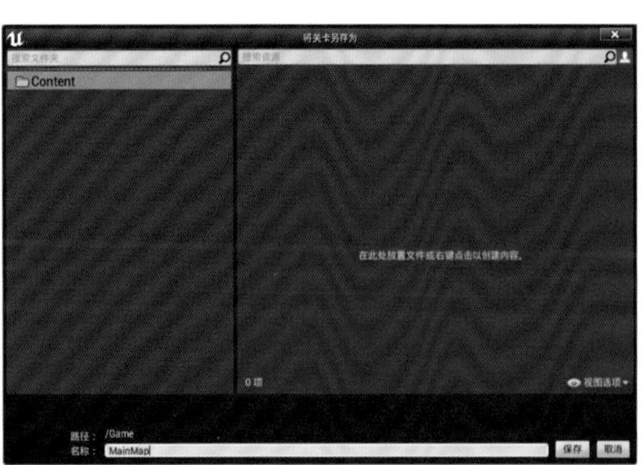

图2-5

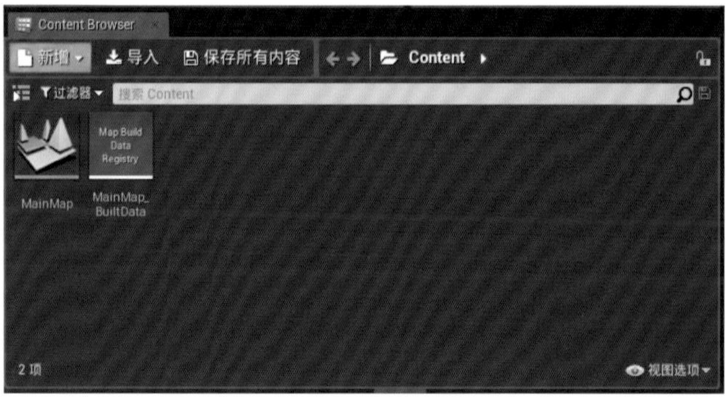

图2-6

04 选择“项目设置”选项卡，这里与第1章的操作相同，即在“地图&模式”设置中将“Default Maps”中的“Editor Startup Map”和“Game Default Map”都更改为刚才保存的场景“MainMap”，如图2-7所示。

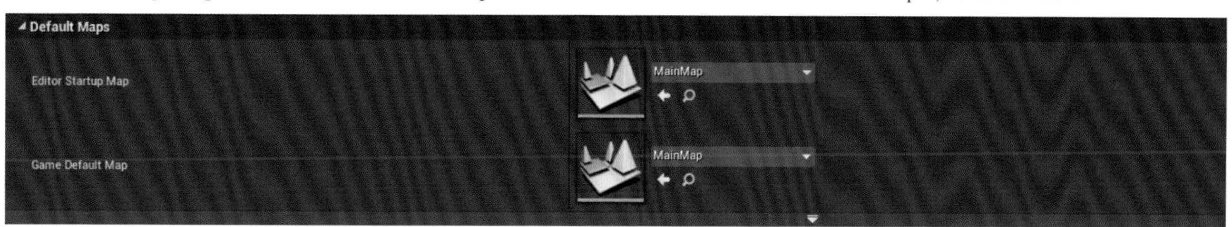

图2-7

技巧提示 选择界面上方的“MainMap”选项卡，切换回编辑器主界面，即完成准备工作。

2.2 初识类与对象

在开始操作之前，先介绍两个重要的概念——类（class）与对象（object）。这两个概念源自面向对象程序设计语言，类是对一类事物的统称，而对象指的是具体事物。类与对象的概念将会贯穿之后的所有章节，同时它们也是面向对象程序设计语言的重要概念，请务必理解。

2.2.1 类

说到类，可以先对其组词，如“类型”“类别”“种类”。可以看出，类是对某一类事物的统称，如果这些事物具有相同的特征，就将它们归为一个类别。这样就可以推出类的概念——类是对现实生活中具有共同特征的事物的抽象概括。

汽车是一个类，奶茶是一个类，手机是一个类。同样，生活中还有无数个类——飞机类、书类、人类等，可以说，世间万物都可以是类。

1.属性与行为

每个类有自己的属性和行为，属性指类自身存在的一些参数，行为指这个类具有的一些功能。如“汽车”类，它的属性有“最高时速”“车身长度”“载重量”等，它的行为有“向前跑”“向后倒”“左右转弯”等。同理，对于“手机”类，它的属性有“屏幕分辨率”“处理器频率”“内存大小”等，它的行为有“打电话”“发短信”“看视频”“玩游戏”等。

2.父类与子类

类与类之间存在继承关系，被继承的类叫作父类，继承父类的类叫作子类。“汽车”类中可以有“小轿车”类、“大卡车”类、“救护车”类、“跑车”类等，那么“汽车”类就是这些车类的父类，各种不同的车类就是“汽车”类的子类。

子类必须具有父类所有的属性和行为，但子类也可以有自己特有的属性和行为。“小轿车”类、“大卡车”类、“救护车”类、“跑车”类等都具有其父类（“汽车”类）的所有属性与行为，即每类车都有“最高时速”“车身长度”“载重量”等属性和“向前跑”“向后倒”“左右转弯”等行为。

前面提到，每个子类除了继承父类的所有属性与行为，还具有自身特有的属性与行为。“救护车”类有鸣叫的警灯，车内还有各种医疗设备，这是它特有的属性；同样，“救护车”类的功能是抢救病人，这是它特有的行为。因此，可以得出一个关于类的趣味性结论：父亲有的，孩子都会继承；孩子有的，父亲不一定有。

2.2.2 对象

类是对一类事物的抽象概括，对象则是指具体的事物。例如，“奶茶”是一个类，“在读者桌子上放着的这杯奶茶”就是一个对象；“老师”是一个类，“读者的班主任王老师”就是一个对象。

对象是一个类的具体体现，对象有其对应类的属性和行为。“老师”类有“姓名”“身高”“职务”等属性，以及“讲课”等行为。它对应的对象“读者的班主任王老师”当然也有“姓名”“身高”“职务”等属性，以及“讲课”等行为。

一个类可以有多个对象。类的实例化结果就是对象，而对一类对象的抽象概括就是类。类与对象的关系就像是模具与铸件的关系：类是模具，使用模具可以铸造多个相同形状的铸件，这些铸件就是对象。

2.2.3 游戏中的类与对象

游戏中也存在类与对象的概念。在动作游戏中，玩家操控的“主角”是一个类，该类的属性包括“生命值”“攻击力”“防御力”“等级”等，行为包括“移动”“攻击”“防御”“闪避”等；“敌人”也是一个类，该类的属性同样包括“生命值”“攻击力”等，行为包括“移动”“攻击”等。当然，“敌人”类还可以是“小怪”类、“精英怪”类和“Boss”类的父类，因为“小怪”类、“精英怪”类和“Boss”类这3个类都具备“敌人”类的所有属性和行为，而这3个类又有各自特有的属性和行为。同理，“主角”类和“敌人”类可以是“角色”类的子类，因为“主角”和“敌人”都是游戏中的角色，而作为父类的“角色”类，其属性可以有“生命值”，行为可以有“移动”。

在游戏开发中，类与对象的概念相当重要。因为一个完整的游戏包含众多角色与各种各样的交互方式，所以游戏中会涉及非常多的类，通过这些不同的类在每个关卡中实例化出众多对象。因此，合理设计每个类各自的属性和行为，以及类之间的继承关系，是很复杂的。

2.3 Actor——所有类的父类

掌握了类和对象的基本概念后，开始学习UE4中的第1个类——Actor类。Actor类是UE4中基本的类，游戏中的一切物件都属于Actor类，游戏人物属于Actor类，树属于Actor类，石头属于Actor类，天空属于Actor类，定向光源也属于Actor类。当然，这样举例并不严谨，根据前面提到的概念，类之间是存在继承关系的，所以准确地说，游戏中一切类的父类都是Actor类，例如，游戏人物类的父类是Actor类，天空类的父类是Actor类。另外，也不要混淆类与对象，类的实例化结果就是对象，所以更加严谨的说法是：场景1中的天空对象与场景2中的天空对象都是由天空类实例化出来的，而天空类的父类是Actor类。

2.3.1 创建Actor类

现在要创建一个Actor类，将此Actor类作为飞碟以供玩家控制。

01 在“内容浏览器”面板的空白处单击鼠标右键，在弹出的菜单中选择“Blueprint Class”命令，然后在“选取父类”对话框中单击“Actor”按钮 Actor ，将新建的“Actor”类命名为“UFO”，如图2-8~图2-10所示。

图2-8

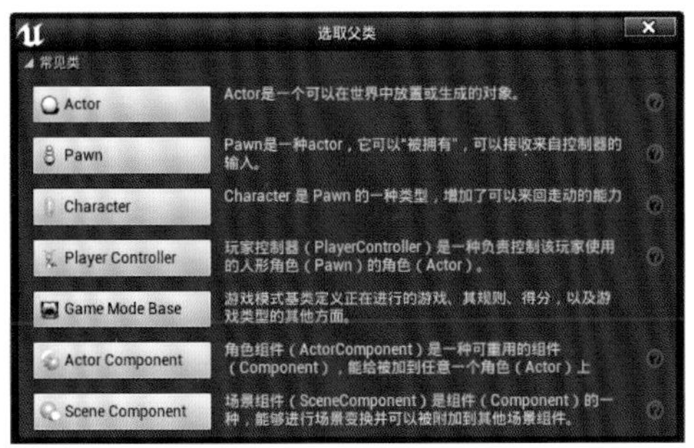

图2-9

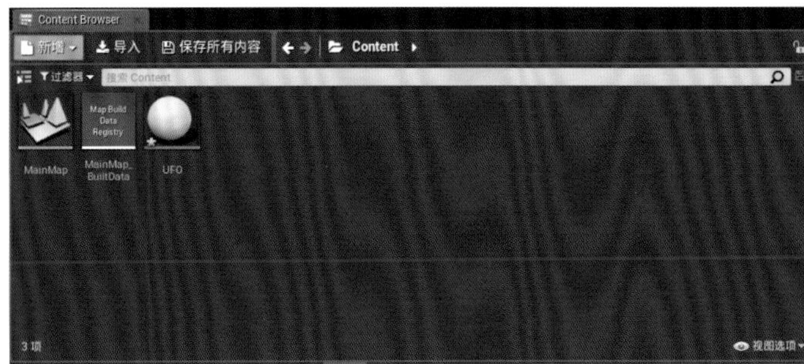

图2-10

02 双击新建的"UFO"，拖曳界面上方的"UFO"选项卡到"MainMap"选项卡的右边，如图2-11所示，这样便于在"Actor"编辑窗口和编辑器主界面之间快速切换。

图2-11

技巧提示 之后会有很多次拖曳选项卡的操作，其操作简单，不再赘述，读者可以根据需要灵活地拖曳各选项卡到合适的位置。另外，如果连接了多个显示器，还可以将不同的选项卡拖曳到不同的显示器上，以提高开发效率。

2.3.2 使用"静态网格体"组件制作飞碟

在"Actor"编辑窗口中会发现现在"视口"面板中只有一个白色的球体，这是此Actor类的根组件（又称为场景组件）。组件是附加在Actor类上的功能，不同的组件为Actor类提供不同的功能，例如，根组件提供了"可以拖曳Actor类对象到场景中任意位置"的功能。也就是说，Actor类有了根组件，就可以将它拖曳到场景中，并改变其位置。需要注意的是，根组件是Actor类中默认存在的，不可以删除。如果想制作飞碟，就要使此Actor类有显示模型的功能，需要为此Actor类添加一个"静态网格体"组件来显示模型。

01 在"Components"面板中单击"+Add Component"按钮+Add Component，选择"Sphere"，如图2-12所示。将添加的组件名称改为"Body"，如图2-13所示。"视口"面板中出现了一个大的球体模型，显然"Sphere"组件的作用就是显示一个球体的"静态网格体"。

02 将添加的组件命名为"Body"，这表示这个球体模型将作为飞碟的主体。选择"Body"，在"细节"面板的"Transform"选项中更改"Scale"为（1,1,0.25），如图2-14所示。这样可以使球体模型扁一些，看起来更像飞碟，如图2-15所示。

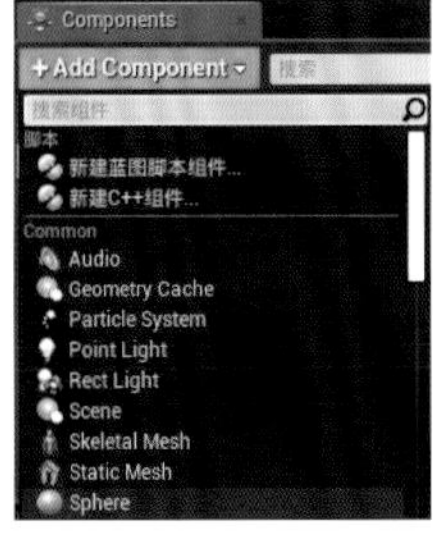

图2-12

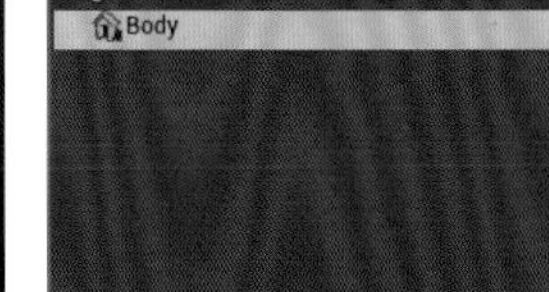

图2-13

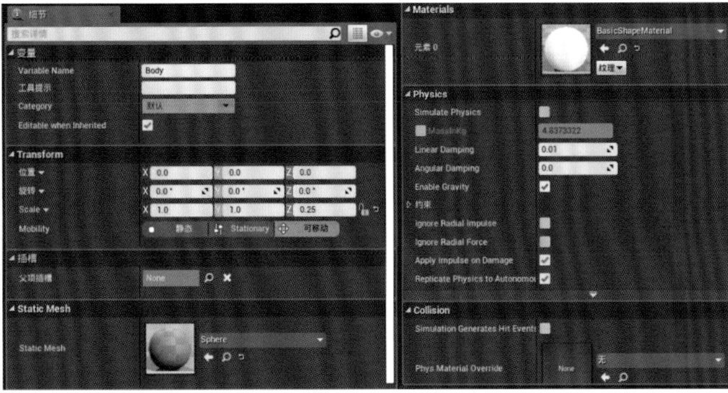

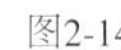

图2-14

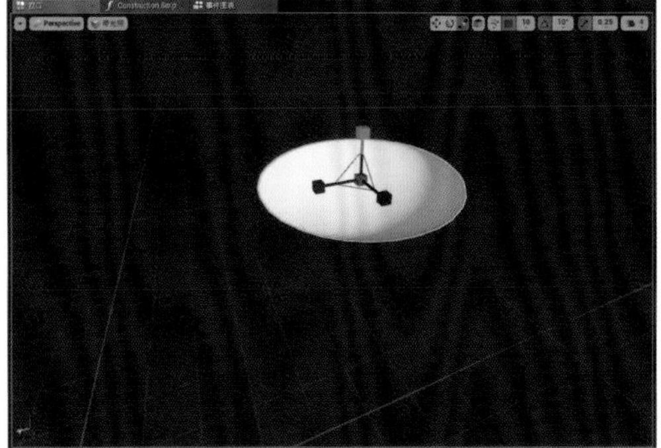

图2-15

技巧提示 读者还可以在"视口"面板中通过拖曳3个坐标轴来改变球体模型的大小。

03 调整飞碟的形状。在“Components”面板中选择“Body”，然后单击“+Add Component”按钮 +Add Component ，仍然选择“Sphere”，并将新添加的组件命名为“Top”，如图2-16所示。现在“Top”在“Body”之下，也就是“Top”是“Body”的子级，这样“Top”的位置与“Body”的位置就相对不变，即二者是一个整体。

04 将“Top”作为飞碟的驾驶舱。选择“Top”，然后在“细节”面板的“Transform”选项中更改“位置”为(0,0,40)、“Scale”为(0.5,0.5,1.25)，如图2-17所示。现在飞碟的样子渐渐显现出来，如图2-18所示。

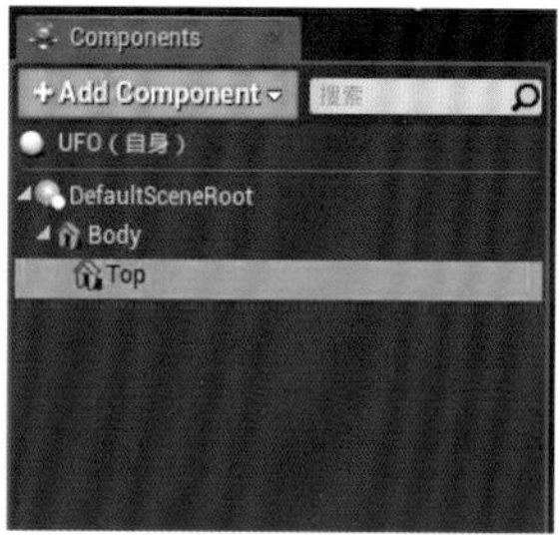

图2-16

图2-17

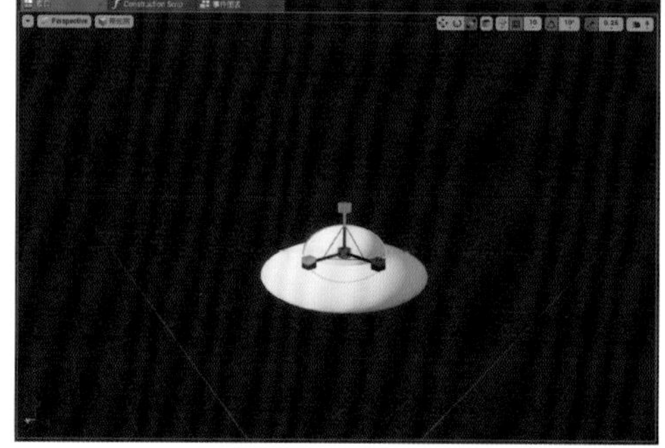

图2-18

05 在飞碟的底部添加一个圆柱体发动机。在“Components”面板中选择“Body”，然后单击“+Add Component”按钮 +Add Component ，选择“圆柱体”组件，如图2-19所示。将新添加的组件命名为“Bottom”，如图2-20所示。

技巧提示 “圆柱体”组件位于弹出列表的下方，要滚动鼠标滚轮往下翻动列表才能找到。

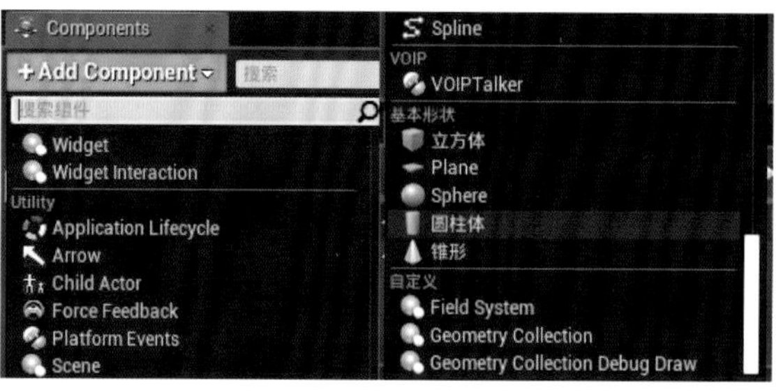

图2-19

图2-20

06 选择“Bottom”，然后在“细节”面板的“Transform”选项中更改“位置”为(0,0,−40)、“Scale”为(0.625,0.625,0.375)，如图2-21所示。观察“视口”面板，飞碟的外形制作完成，如图2-22所示。

图2-21

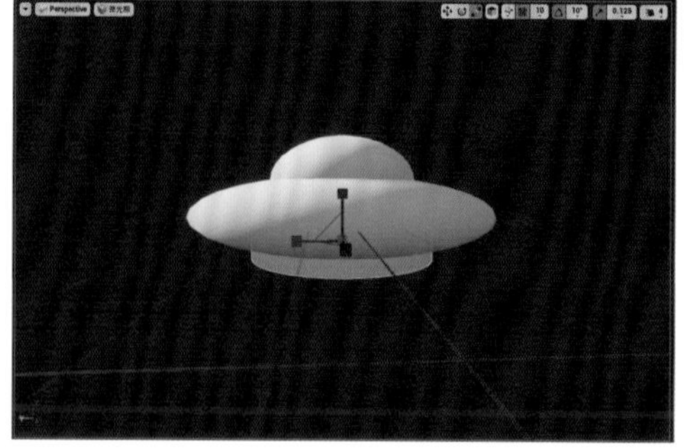

图2-22

07 飞碟的外形制作完成后，下面为它添加颜色。回到编辑器主界面，在“内容浏览器”面板中创建几种不同颜色的材质，创建材质的步骤在第1章中已经介绍过，此处不再赘述。这里创建了棕色、绿色、灰色、红色和黄色5种颜色的材质，如图2-23所示。读者也可以根据自己的喜好，创建不同颜色的材质。

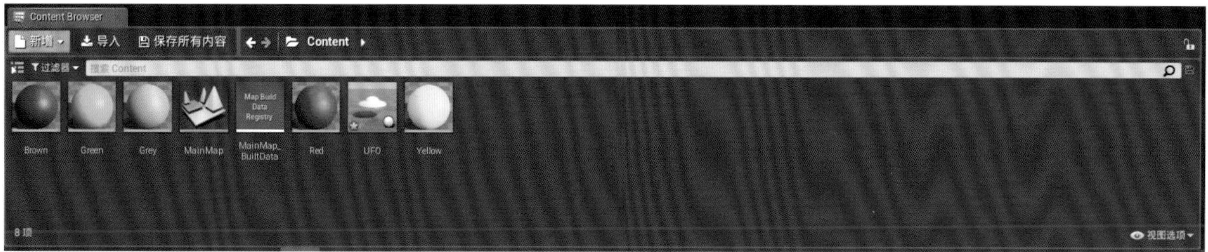

图2-23

08 切换到“UFO”选项卡，将创建好的材质添加到飞碟上。在“Components”面板中选择“Body”，如图2-24所示。将“细节”面板的“Materials”中的“元素0”设置为“Grey”，即灰色材质，如图2-25所示。

图2-24

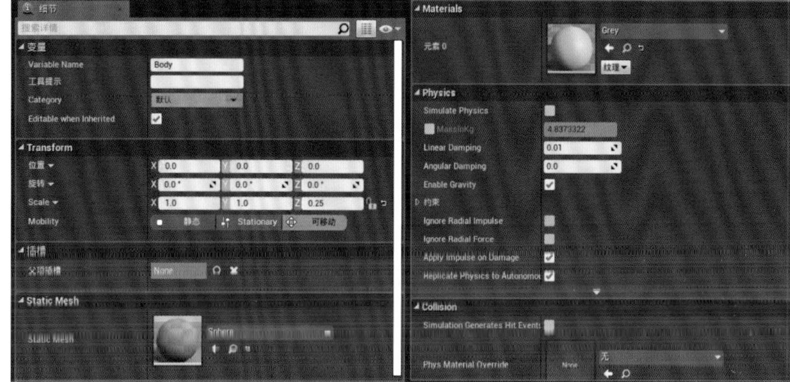

图2-25

09 在“Components”面板中选择“Top”，如图2-26所示。将“细节”面板的“Materials”中的“元素0”设置为“Yellow”，即黄色材质，如图2-27所示。

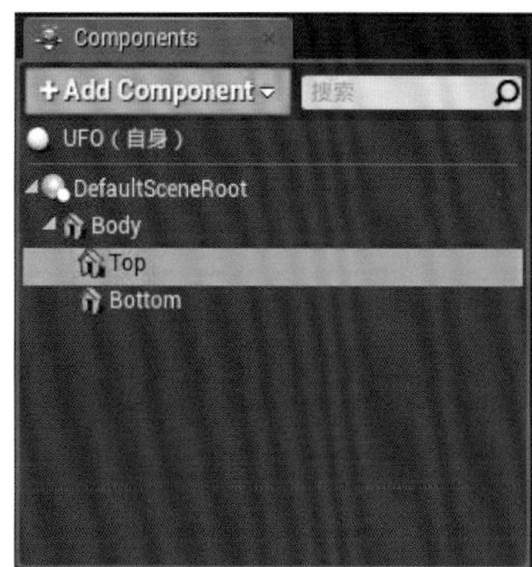

图2-26

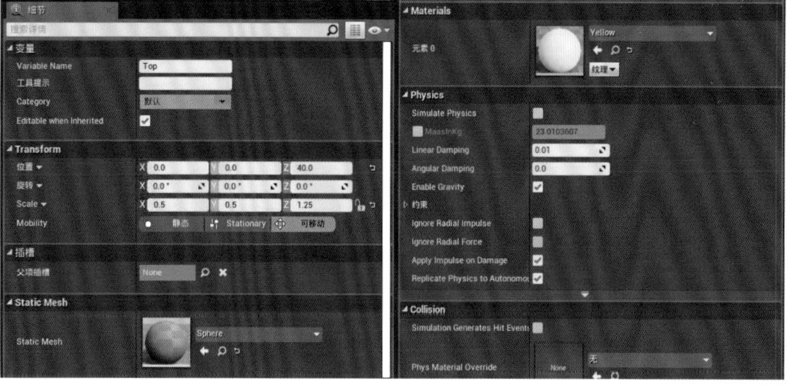

图2-27

10 在“Components”面板中选择“Bottom”，如图2-28所示。将“细节”面板的“Materials”中的“元素0”设置为“Red”，即红色材质，如图2-29所示。

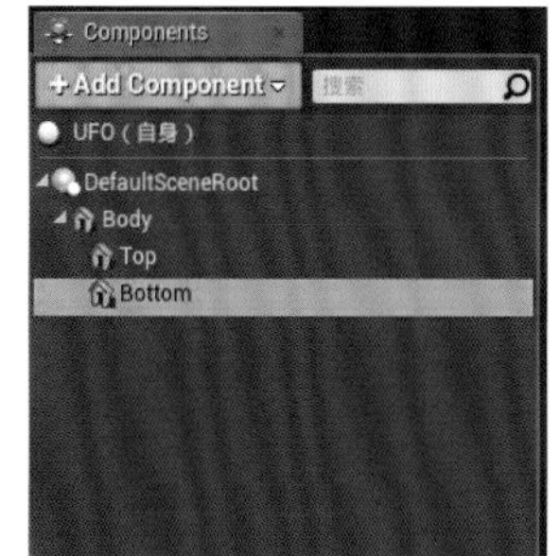

图2-28

图2-29

11 现在观察"视口"面板，飞碟的颜色设置好了，如图2-30所示。读者可以为飞碟的每个部件设置不同颜色的材质，不必和书中的一致。

12 单击工具栏中的"编译"按钮，如图2-31所示，编译出计算机能"明白"的指令。注意编译操作在之后的学习中比较常用，只要当前类发生变动，就要对该类进行编译，编译通过后游戏才可以正常运行。

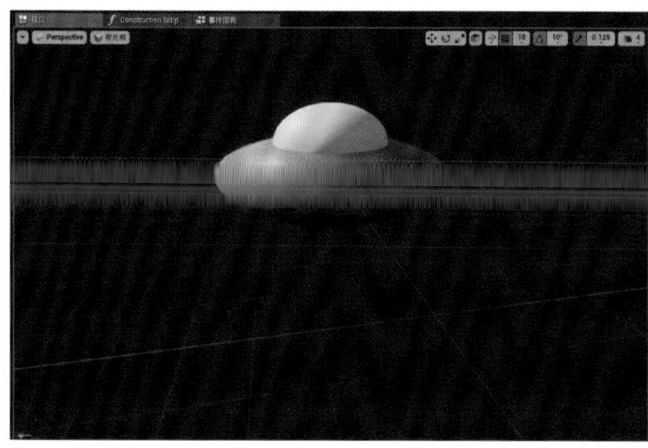

图2-30

13 编译好之后，"编译"按钮上会显示一个绿色的"√"，如图2-32所示。这表示当前的操作无误，然后单击其右边的"保存"按钮，即可将此Actor类保存。

图2-31

图2-32

2.3.3 在关卡中添加摄像机

选择"MainMap"选项卡，切换到编辑器主界面，现在对场景进行修改。

01 在"世界大纲视图"面板中选择"Player Start"，如图2-33所示，然后按Delete键将其删除。

技巧提示 在本项目中不需要玩家起始点，因为它会争夺操作权，在游戏中不需要移动自身的位置和视角，只要一个固定的视野即可，所以将"Player Start"对象删除，然后在场景中添加一个摄像机，这样在运行游戏时视野就会固定不变。

图2-33

02 在"模式"面板中选择"所有类"选项卡，向下滑动列表并找到"Camera"类，如图2-34所示，将其拖曳到场景中，此时会实例化一个"Camera"对象，然后修改"细节"面板的"Transform"选项中的"位置"为(-840,0,440)、"旋转"为(0°,-30°,0°)，接着将"Auto Player Activation"中的"Auto Activate for Player"设置为"Player 0"，如图2-35所示。这样就可以在进入游戏后以摄像机的视角观察场景，如图2-36所示。

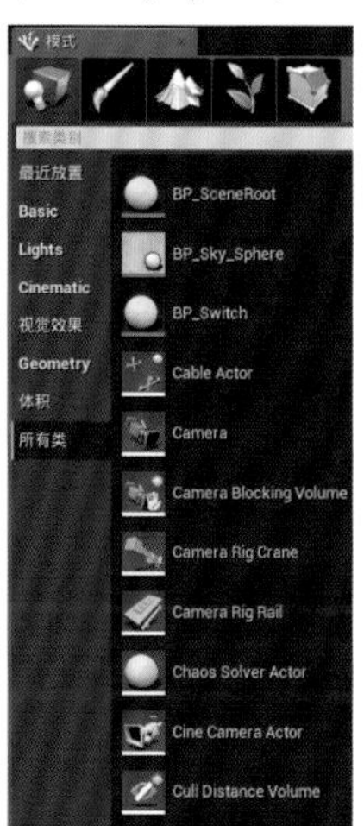

图2-34

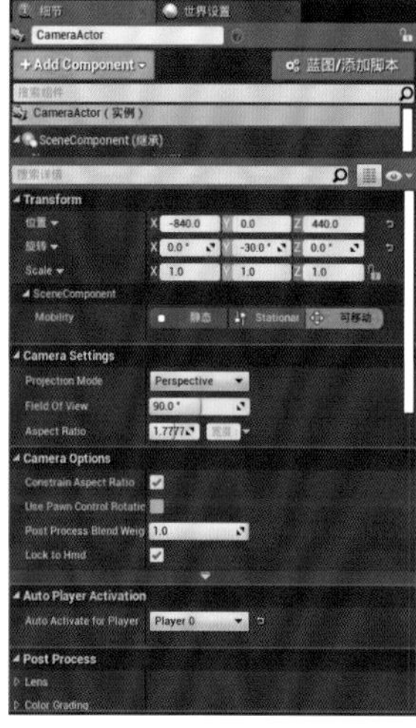

图2-35

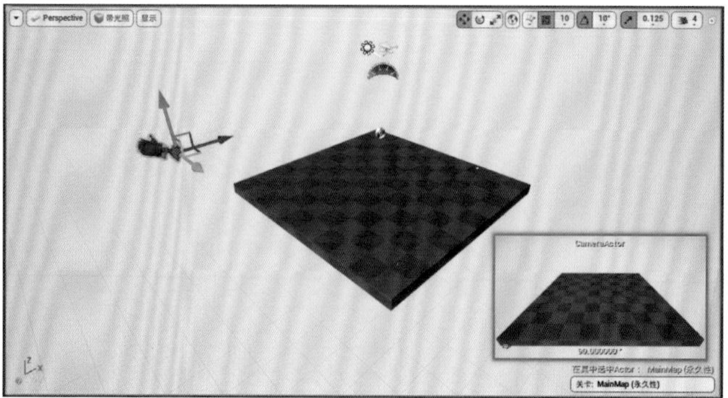

图2-36

03 播放游戏，可以看到目前以摄像机的视角观察场景，并且无法使用按键和鼠标来移动位置和旋转视角，如图2-37所示。

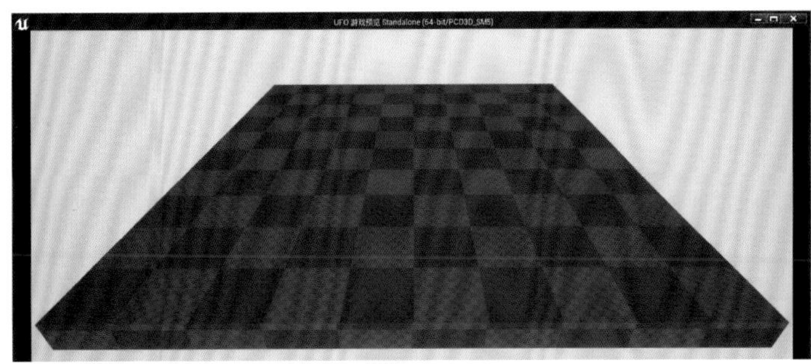

图2-37

2.4 让飞碟动起来

下面开始编写蓝图程序，使玩家可以通过按键控制飞碟移动。退出游戏的播放，切换到“UFO”选项卡，选择“事件图表”选项卡，切换到“事件图表”面板，将在此面板中编写可以使飞碟动起来的蓝图程序，如图2-38所示。

图2-38

2.4.1 输入事件

在“事件图表”面板的空白处按住鼠标右键不放，将面板向左拖曳，使得面板中有足够的地方放蓝图节点。在面板上单击鼠标右键，在弹出的菜单中的搜索框内输入“w”，在搜索结果中找到并选择“W”，如图2-39所示。效果如图2-40所示。

图2-39

图2-40

技巧提示 这个新生成的“W”节点的名称前有一个“键盘”图标，这代表此节点是一个输入事件，即当按下或松开某个按键时，会发生某种动作。显然，这个“W”节点的意思就是当按下或松开W键时，会发生某种动作。为了明确“输入事件”的概念，下面做个简单的试验。

01 将鼠标指针放在"W"节点的"Pressed"后面的五边形图标上，按住鼠标左键并拖曳，拉出一条线，然后释放鼠标左键，在弹出的菜单的搜索框内输入"print"，找到并选择"Print String"，如图2-41所示。这样"W"节点就和"Print String"节点连在一起了。将"Print String"节点的"In String"后的搜索框内容改成"按下W"，如图2-42所示。

图2-41

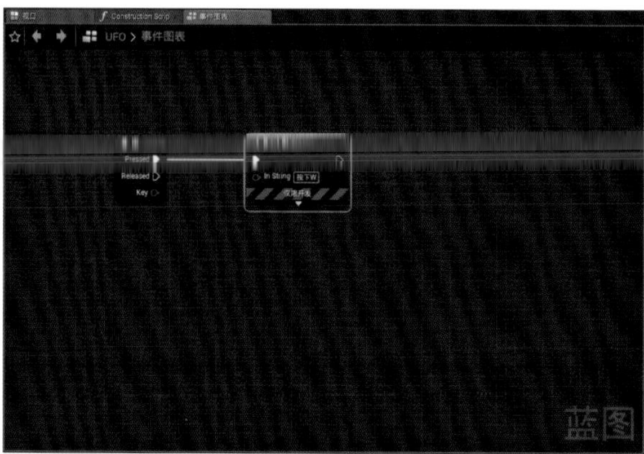

图2-42

技巧提示 这段蓝图程序很好理解，当按W键时，屏幕上显示字符串"按下W"。另外，在蓝图程序编辑好之后，单击工具栏中的"编译"按钮，如图2-43所示。

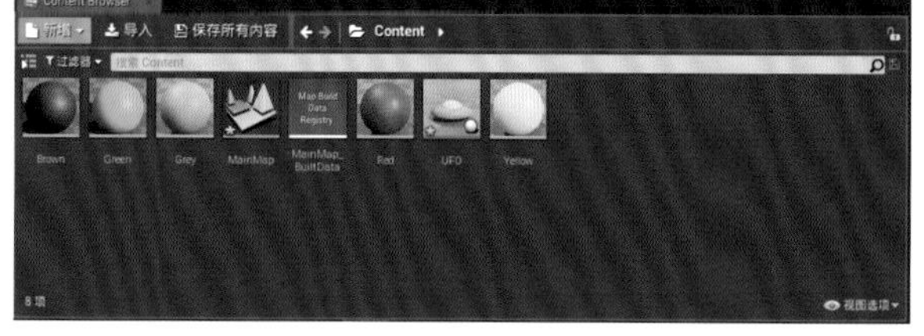

图2-43

02 切换到编辑器主界面，要将这个飞碟"Actor"类添加到场景中，程序才能起作用。在"内容浏览器"面板中拖曳"UFO"到场景中，如图2-44所示。在"细节"面板的"Transform"中设置"位置"为（–380，10，80），将"Input"中的"Auto Receive Input"设置为"Player 0"，如图2-45所示。设置"Auto Receive Input"的目的是在场景中注册Actor，用来接收键盘的输入信息，如图2-46所示。

图2-45

图2-46

技巧提示 再次说明:"内容浏览器"面板中的"UFO"是一个Actor类，拖曳到场景中的"UFO"是一个Actor类对象，将类拖曳到场景中的操作就相当于类实例化生成对象的操作。

另外，一定不要忘记将"细节"面板的"Input"中的"Auto Receive Input"设置为"Player 0"，否则就接收不到键盘的输入信息。

03 播放游戏，这里需要单击弹出的游戏视口，待鼠标指针消失后，按W键，会发现窗口的左上角显示"按下W"文字，如图2-47所示。读者可以尝试多按几次，每按一次，就会显示一遍文字。

技巧提示 为什么要在游戏播放后单击弹出的视口呢？因为编辑器的面板比较多，每个面板都有可能接收输入的信息，单击游戏播放视口后发现鼠标指针消失，表明已经激活了游戏运行的视口，告诉编辑器现在想要操作游戏，之后所有的操作均可以被当前运行的游戏接收。

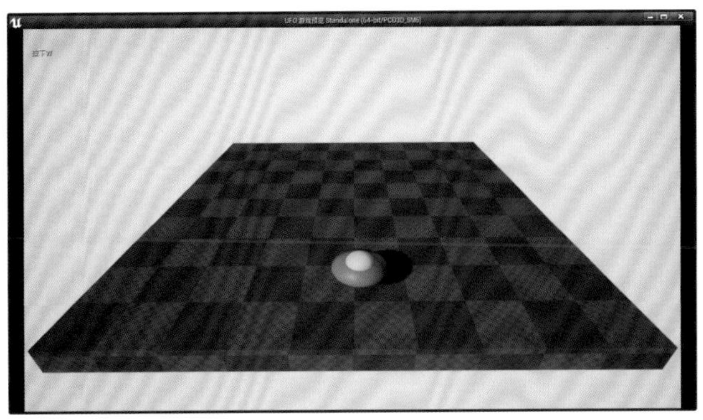

图2-47

04 退出游戏的播放，切换到"UFO"的"事件图表"面板，在"W"节点的"Released"引脚处拖曳出一条线，连接一个"Print String"节点，在"In String"中输入"放开W"，如图2-48所示。

05 这段蓝图程序的作用显而易见，按W键会显示"按下W"，释放W键就会显示"放开W"。编译后播放游戏，按W键，然后释放，"视口"面板左上角显示了两条信息，分别是"放开W"和"按下W"，如图2-49所示。

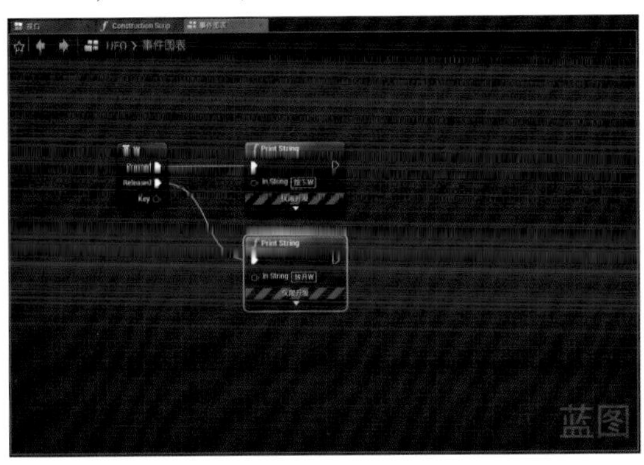

图2-48

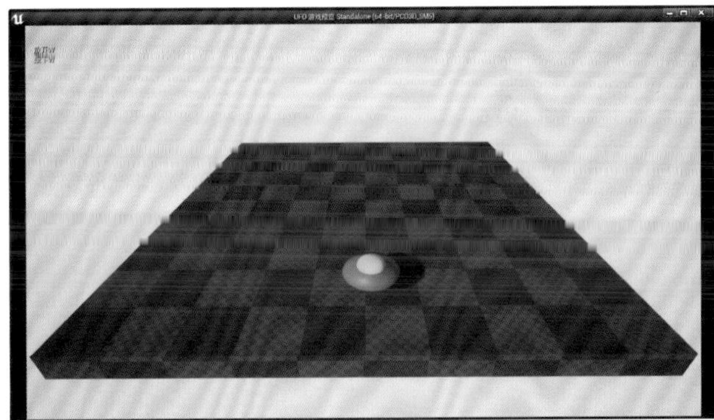

图2-49

技巧提示 读者可以多按几次"W"键试一试，这两条信息总会交替显示，表明蓝图程序起作用了。通过这个例子，我们可以知道，当按下或者释放某个按键时，引擎就会按照我们编写的蓝图程序来执行不同的行为，这就是输入事件的作用。

2.4.2 变量

使用不同按键的输入事件节点可以接收对应按键的输入信息，那么如何才能实现使用按键控制飞碟移动呢？在解决这个问题之前，先要学习变量这个概念。

变量是一个可以不断变化的值，可以将它理解为容器。这些容器中保存着数值，数值具有不同的类型，例如，文字"读者好"和数字"123"都是值，但二者的类型不同。变量是存放数值的容器，例如，存放文字的变量叫作字符串型变量，存放整数的变量叫作整型变量，存放小数的变量叫作浮点型变量等。

在众多类型的变量中，有一种变量叫作向量型变量，它主要用于存放方向数值。向量是数学中的概念，可以用来描述方向。想要使用按键控制飞碟移动，就要使用按键改变向量型变量的值，使不同的按键对应不同的方向。这里不引入过于复杂的概念，读者可以先按照下面的步骤在UE4上操作，之后再详细讲解。

01 切换到"UFO"的"事件图表"面板，框选之前添加的两个"Print String"节点，按Delete键将这二者删除。然后依次搜索"S""A""D"，分别将"S""A""D"的输入事件节点添加进来，并摆放整齐，如图2-50所示。

02 新建一个向量型变量。在“我的蓝图”面板中单击“变量”栏后的“+”按钮，这时会出现一个变量，将其命名为“Direction”，如图2-51所示。

03 选择这个变量，在“细节”面板中将“变量”中的“变量类型”设置为“Vector”，如图2-52所示。此变量成为一个向量型变量，可以用于存储方向信息。

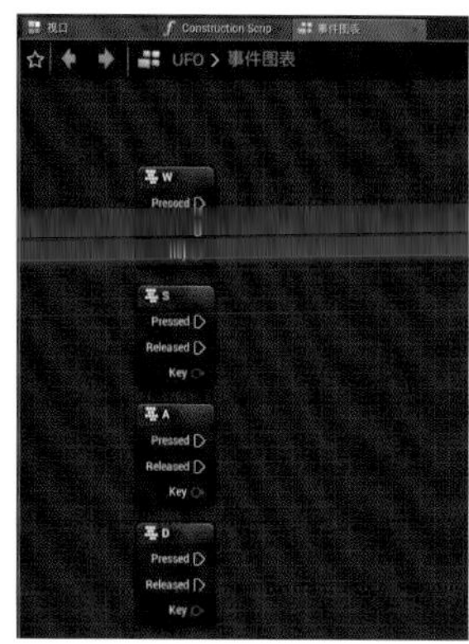

图2-50

图2-51

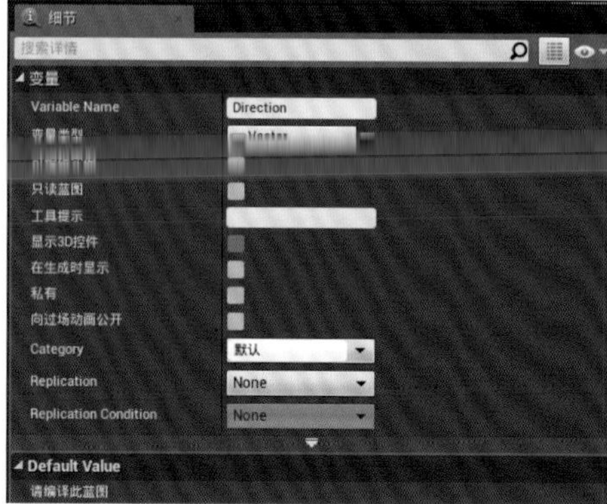

图2-52

04 将“我的蓝图”面板中的“Direction”变量拖曳到“事件图表”面板中，如图2-53所示。选择“设置Direction”，如图2-54所示。现在带有数值搜索框的变量节点就添加进来了，如图2-55所示。

图2-53

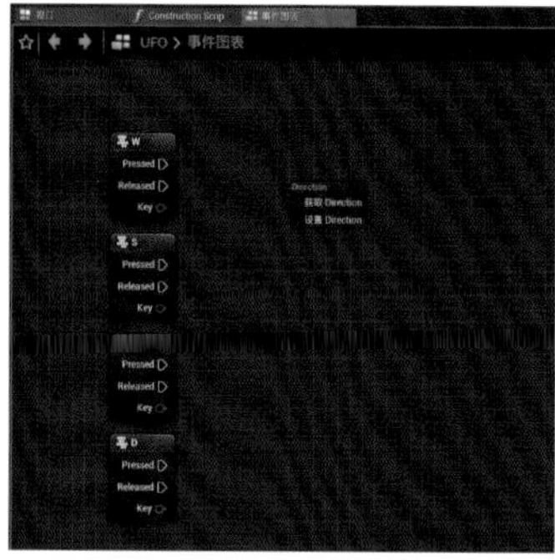

图2-54

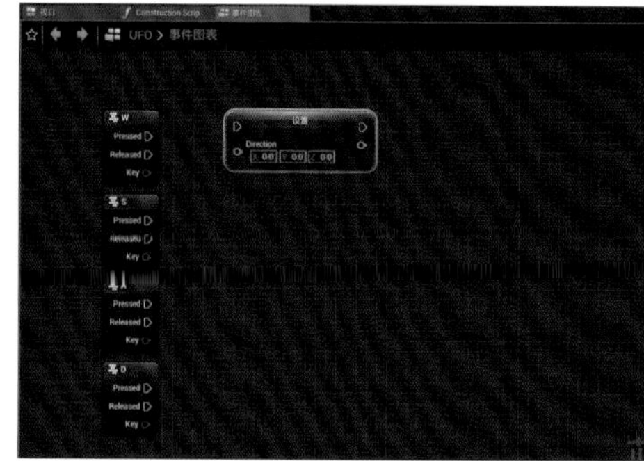

图2-55

05 在“设置”节点上单击鼠标右键，在弹出的菜单中选择“复制”命令，如图2-56所示。现在已经将当前节点复制了一个。也可以选择此节点，按快捷键Ctrl+C复制，按快捷键Ctrl+V粘贴，如图2-57所示。注意，复制好此节点后建议调整一下位置，将节点摆放整齐。

06 使用复制操作，将此节点依次复制6个，即一共得到8个“设置”节点。调整它们的位置，使之呈2列4行摆放，如图2-58所示。

图2-56

图2-57

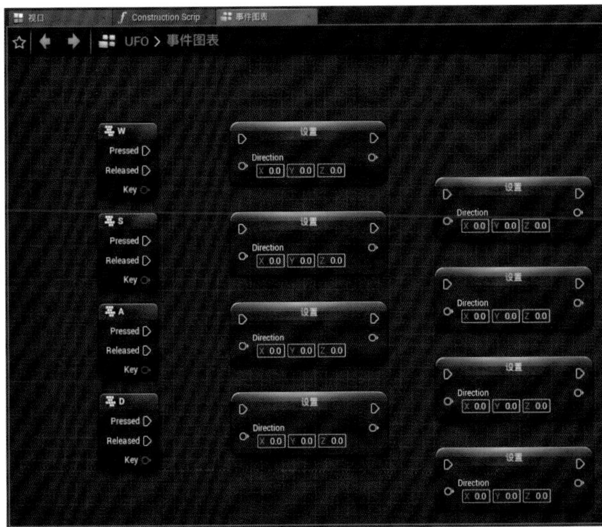

图2-58

07 为各节点设置相应的值并连接节点。将第1列的4个“设置”节点从上到下分别设置为（5,0,0）、（−5,0,0）、（0,−5,0）、（0,5,0），第2列的4个“设置”节点值均保持（0,0,0）不变；将4个输入事件节点的“Pressed”从上到下依次连接到第1列的4个“设置”节点；将“Released”从上到下依次连接到第2列的4个“设置”节点，如图2-59所示。

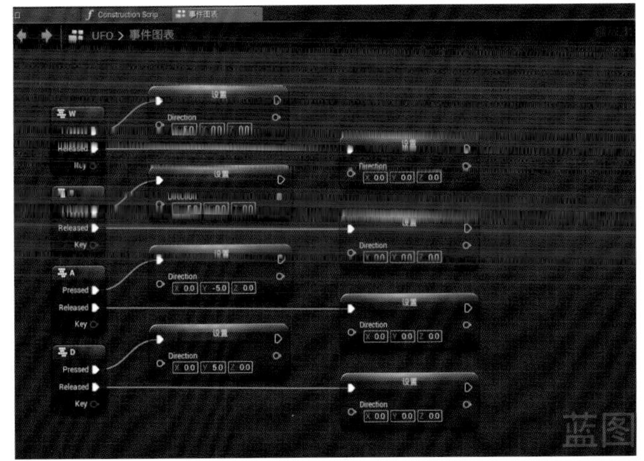

图2-59

技巧提示 请读者仔细对照节点的数值和连线，务必保证操作和图中的完全一致。

目前变量与输入事件连接好了，这段蓝图程序的大致意思：当按某一方向键时，存储方向的变量的值就会改变，此时变量中描述的方向与按下按键的方向对应。为了方便读者理解，这里具体说明。

如果按W键，向量的值就变成（5,0,0），即在x轴方向上的值加了5，对应到场景中，x轴的朝向与摄像机的朝向相同，也就是飞碟的前方；如果按S键，向量的值变成（-5,0,0），x轴上的值变成负数，就是前方的反方向，所以它表示的是飞碟的后方；如果释放按键，向量的值变成（0,0,0），它不表示任何方向。

也就是说，只要按某个方向对应的按键，飞碟就有往某个方向移动的趋势。但是现在飞碟只是有移动的趋势，还不能移动，因为没有添加能够使飞碟移动的节点。

2.4.3 Tick事件

下面继续添加节点，让飞碟可以移动。读者可以先按照下面的步骤进行操作，之后笔者会进行总结。

01 按住鼠标右键并拖曳“事件图表”面板，将面板向右移动，将默认存在的“事件Tick”节点显示出来，然后从“事件Tick”节点后的▷引脚处拖曳出一条线，释放鼠标，在弹出的菜单中的搜索框内输入“addactor”，找到并选择“AddActorWorldOffset”命令，如图2-60所示。调整此节点的位置，将其摆放整齐，如图2-61所示。

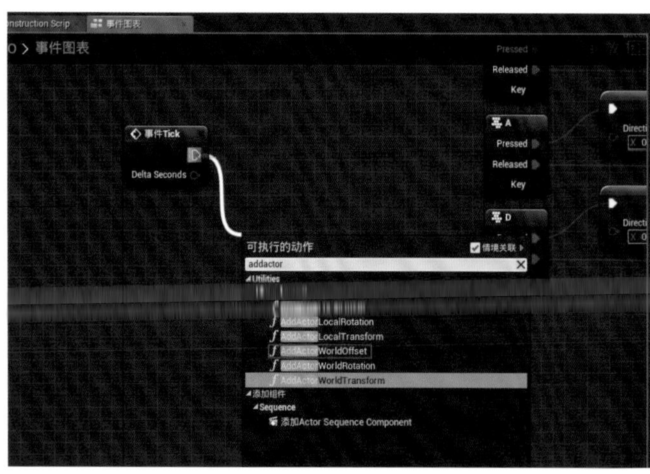

图2-60

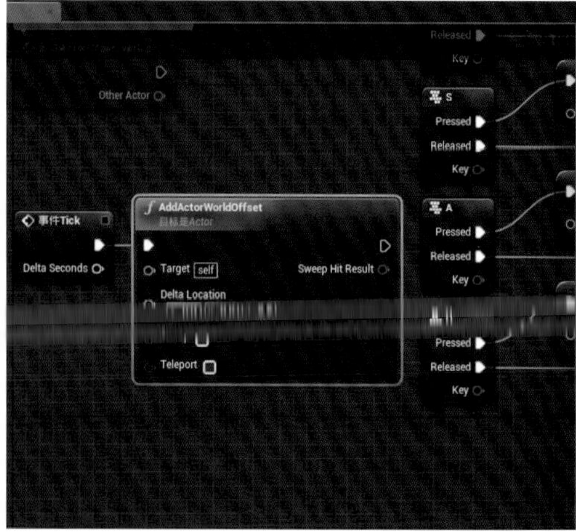

图2-61

02 在“我的蓝图”面板中拖曳“Direction”变量到“事件图表”面板中，选择“获取Direction”命令，将不带数值搜索框的变量节点添加进来，然后将此变量与“AddActorWorldOffset”节点的“Delta Location”相连，如图2-62~图2-64所示。

图2-62

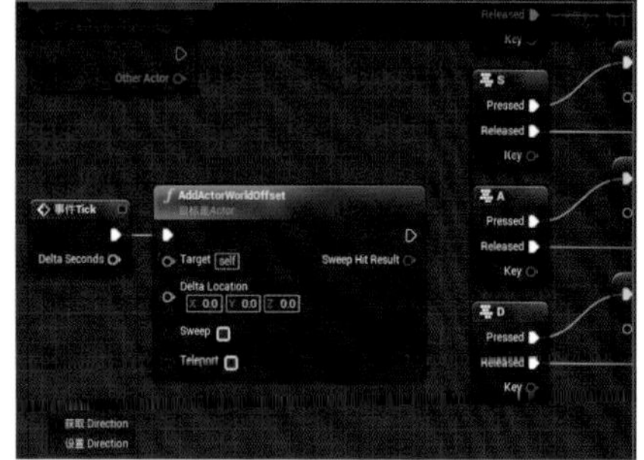

图2-63

图2-64

技巧提示 现在蓝图程序都写好了，这段程序的意思：按照向量描述的方向，随时改变飞碟的位置。

其中“AddActorWorldOffset”节点是一个函数，它的作用是设置Actor的位置，它有两个比较重要的参数：“Target”，即目标，也就是这个函数作用于谁，这里默认为“self”，就是作用于自身，即设置自己的位置；“Delta Location”，即位置的变化，将它与“Direction”变量相连，就可以得出“Actor想往哪个方向变化多少”，这样就可以改变Actor的位置，如图2-65所示。

“事件Tick”节点每帧执行一次，例如，游戏的运行帧数是60帧，这代表计算机每秒要绘制60张画面，此时“事件Tick”节点每秒执行60次。所以可以将此节点理解为“每时每刻都在执行的节点”。将此节点与“AddActorWorldOffset”节点相连，表示飞碟的位置每时每刻都在改变。而飞碟的位置改变多少由向量型变量来描述，通过输入事件节点实现用按键控制向量型变量的值，这样就可以实现使用按键控制飞碟移动的功能。另外，向量为（0,0,0）时，代表位置改变为0，也就是没有改变，所以当释放按键后，飞碟就不移动了。

请读者对照图2-65检查自己的蓝图，如果无误，单击工具栏中的“编译”按钮，然后切换到编辑器主界面。

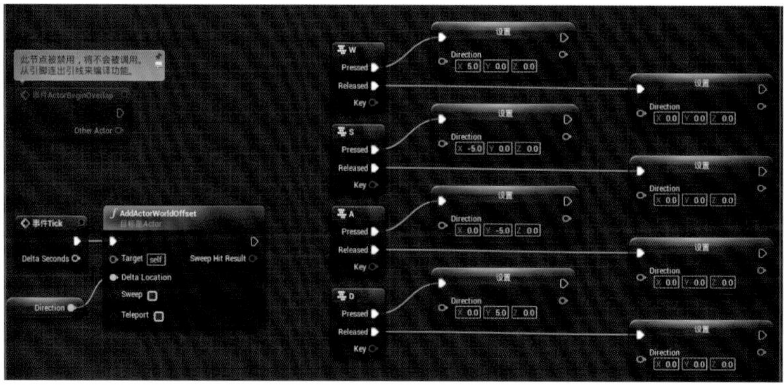

图2-65

2.5 在场景中添加障碍物

播放游戏查看效果，如图2-66所示。现在可以按W、S、A、D键来控制飞碟在前、后、左、右方向上的移动。不过，只是在空旷的地面上移动有点无聊，所以可以在地面上添加一些障碍物来增加游戏的趣味性。

停止播放游戏，在“模式”面板的“Basic”中拖曳“立方体”“圆柱体”“锥形”等简单几何体到场景中，并改变其位置和大小。在“圆柱体”上放两个“锥形”，为“圆柱体”设置棕色材质，为“锥形”设置绿色材质，这样一棵树就做好了。然后复制出多棵树，改变每棵树的大小，这样就形成了不同的树。接着为地面设置黄色材质以表示土地，这样就搭建出了一个小树林场景。最后构建光照，如图2-67所示。效果如图2-68所示。

图2-66

图2-67

图2-68

在播放游戏并试玩后会发现以下两个问题。

第1个：当飞碟碰到障碍物时并不会停下来，而是直接穿过障碍物，即发生了“穿模”现象。

第2个：当按某个按键不松开时又按下了另一个按键，这时只要松开其中一个按键，飞碟就会停止运动。

出现这些问题是因为程序不严谨，毕竟现在掌握的知识还比较少，在之后的学习过程中会制作出越来越完善的项目。

技术答疑：如何改变飞碟的速度

读者也许会觉得飞碟的速度太慢或太快，那么如何方便快捷地改变飞碟的速度呢？这里依然可以采用变量来控制。

01 新建一个浮点型变量，用来改变飞碟的速度。切换到“UFO”选项卡，单击“我的蓝图”面板中的“变量”后的“+”按钮，新建一个变量，将其重命名为“Speed”，如图2-69所示。

图2-69

02 选择这个变量，在“细节”面板中将“变量”中的“变量类型”设置为“Float”，如图2-70所示。这样此变量就是一个浮点型变量，可以用于存储小数。

03 单击工具栏中的“编译”按钮，在“细节”面板中可以为“Speed”变量设置默认值。将“Default Value”中的“Speed”设置为1，这表示飞碟速度与当前速度相同，如图2-71所示。

图2-70

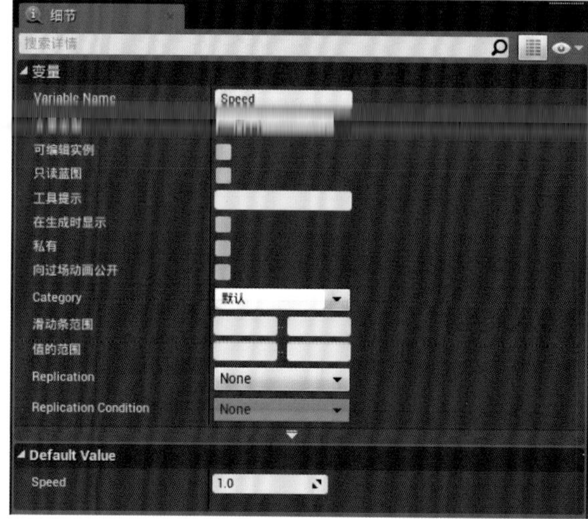

图2-71

04 在“我的蓝图”面板的“变量”中选择“Speed”，如图2-72所示，将其拖曳到“事件图表”面板中的“事件Tick”节点附近，选择“获取Speed”，如图2-73所示。这样存有小数的“Speed”节点就添加好了，如图2-74所示。

05 在“Speed”节点尾端拉出一条线，在弹出的菜单中的搜索框内输入“*”，找到并选择“vector*float”，如图2-75所示。这样就添加了一个向量与小数相乘的节点，如图2-76所示。

图2-72

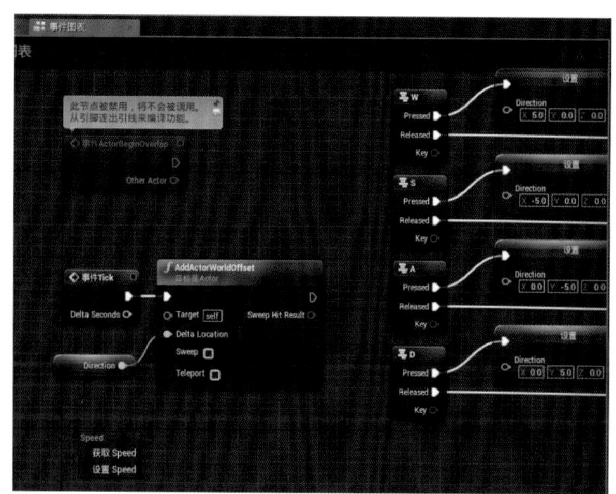

图2-73

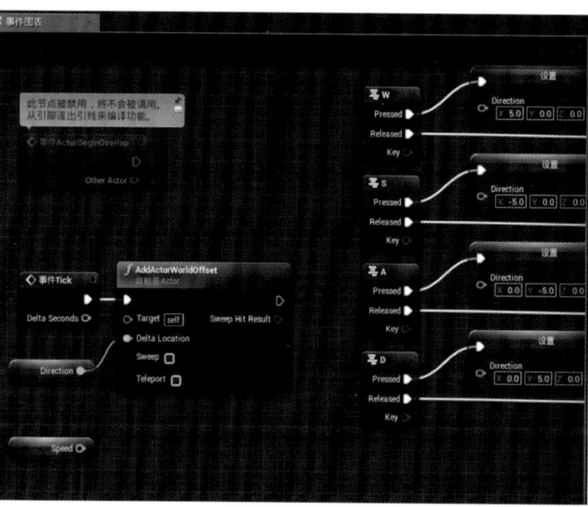

图2-74

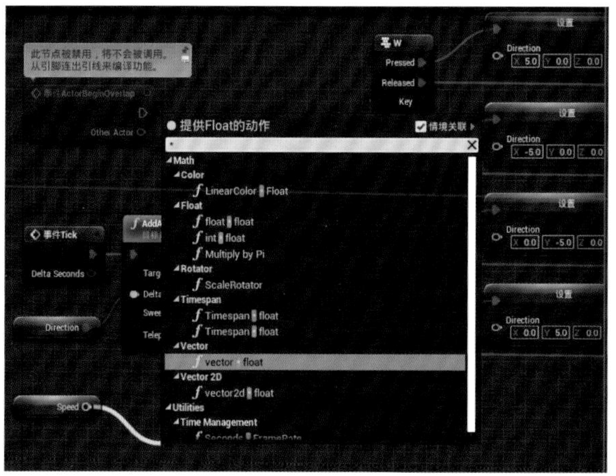

图2-75

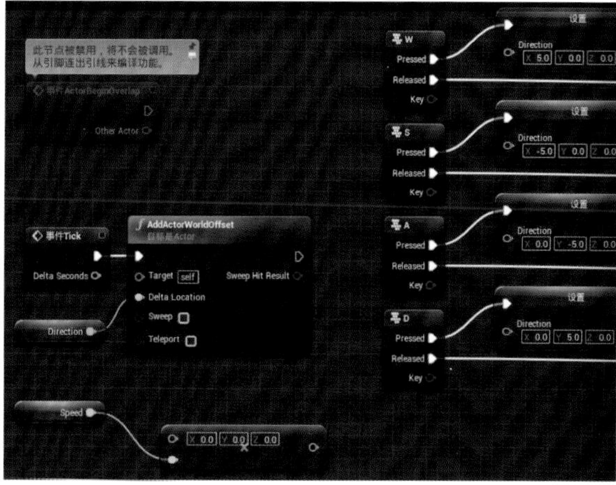

图2-76

06 在“Direction”节点尾端的引脚上单击鼠标右键，在弹出的菜单中选择“断开到AddActorWorldOffset(Delta Location) 的连接”命令，这样就将与此节点相连接的“AddActorWorldOffset”节点断开了，如图2-77和图2-78所示。

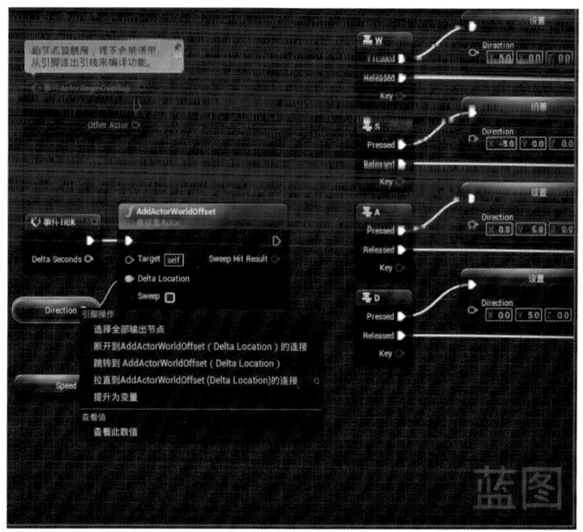

图2-77

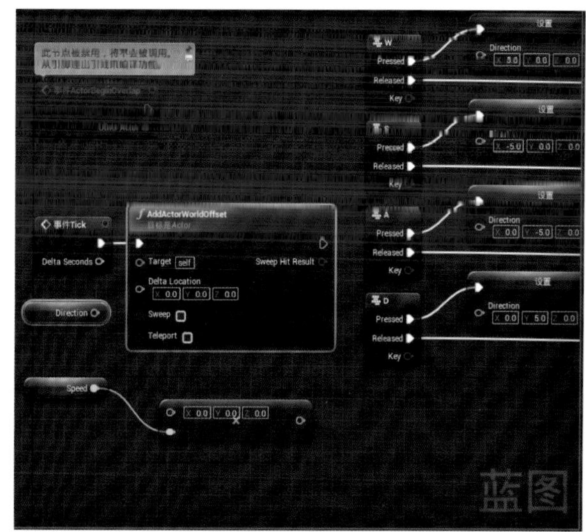

图2-78

07 将“Direction”节点与“vector*float”节点相连，然后将“vector*float”节点与“AddActorWorldOffset”节点的“Delta Location”处相连，接着整理各节点的位置，如图2-79所示。

技巧提示 现在蓝图程序修改完成了。这里做出的修改不多，就是将描述方向的向量与一个小数相乘，并将二者相乘后的结果赋给“Delta Location”。向量是一个既有方向又有长度的量，将向量与小数相乘，可以改变向量的长度。当前向量的长度是5，小数的值是默认值1.0，所以飞碟的速度没有变化，只要改变小数的值，也就是改变“Speed”变量的值，飞碟的速度就会发生变化。

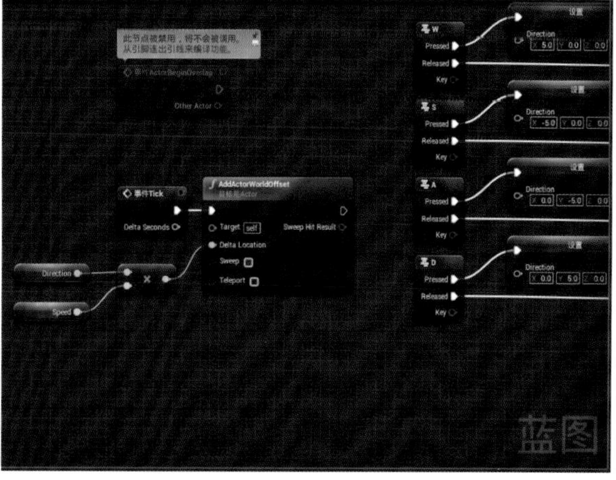

图2-79

08 改变“Speed”变量的值。在“我的蓝图”面板的“变量”中，单击“Speed”后面的“眼睛”按钮，会发现“眼睛睁开了”，如图2-80所示。

09 现在已经将“Speed”变量公开了，切换到编辑器主界面，在“世界大纲视图”面板中选择“UFO”，如图2-81所示。此时，“细节”面板中多了“默认”，将“Speed”值设置为2，如图2 82所示，这样飞碟的速度就变为原来的2倍。

图2-80

图2-81

图2-82

技巧提示 播放游戏查看效果，会发现飞碟的移动速度变快了。读者也可以将“Speed”设置为大于0且小于1的小数，这样飞碟的速度就比原来慢。总之，读者可以通过设置“Speed”的值来调整飞碟的速度，“Speed”的值为多少，飞碟的速度就是原来速度的多少倍。

第3章 碰撞处理：密室逃脱游戏

■ 学习目标

本章将介绍更多关于 Actor 的知识，同时引入一些新的知识，主要包括游戏开发中的重要技术——碰撞。碰撞是很多游戏都避不开的一个事件，它是游戏的重要组成部分，请读者务必掌握。

■ 主要内容

- 制作门的Actor类
- 门的碰撞事件
- 布尔型变量
- 制作钥匙的Actor类
- 钥匙的碰撞事件
- 播放音效
- 使用钥匙开门
- 设计密室逃脱地图

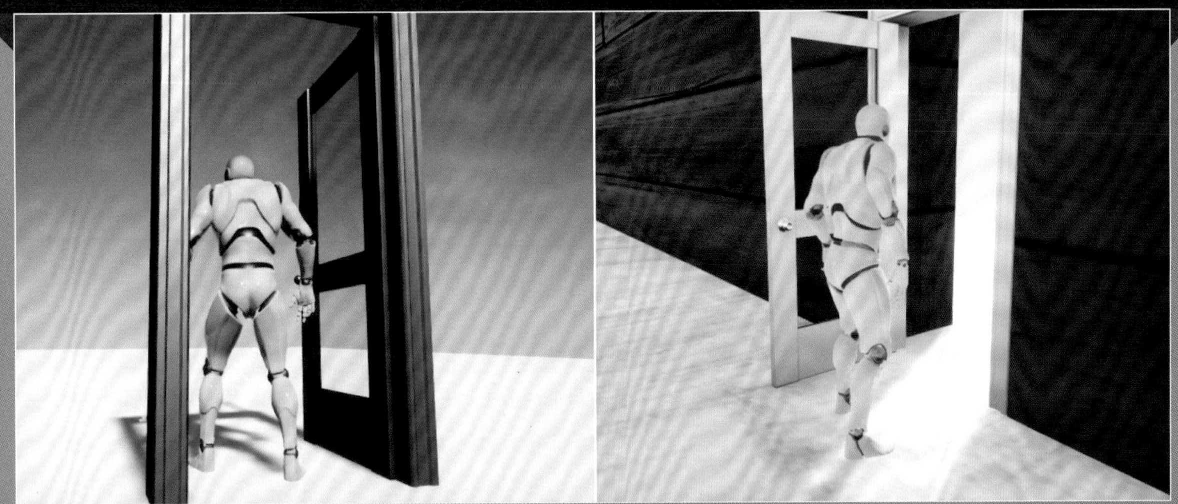

3.1 概要

游戏中的碰撞指两个物体相遇并重叠。在很多类型的游戏中都要处理各种各样的碰撞，例如，武器与角色碰撞时角色的生命值就会减少，道具与玩家碰撞时玩家就能将道具“捡起”或者“吃掉”，油罐与车辆碰撞时车辆会损坏。

下面将制作与玩家发生碰撞后可以自动开启的门，以及可以被玩家“捡起”并能够解锁指定门的钥匙，并以此搭建关卡来制作一款简单的密室逃脱游戏，如图3-1所示。

图3-1

01 创建项目。启动UE4，在“新建项目”选项卡中选择“Third Person”和“具有初学者内容”，然后将项目命名为“Room”，如图3-2所示。

02 在“内容浏览器”面板的“Content”目录中新建一个关卡，将其命名为“MainMap”，并将此关卡作为游戏的主场景，如图3-3所示。

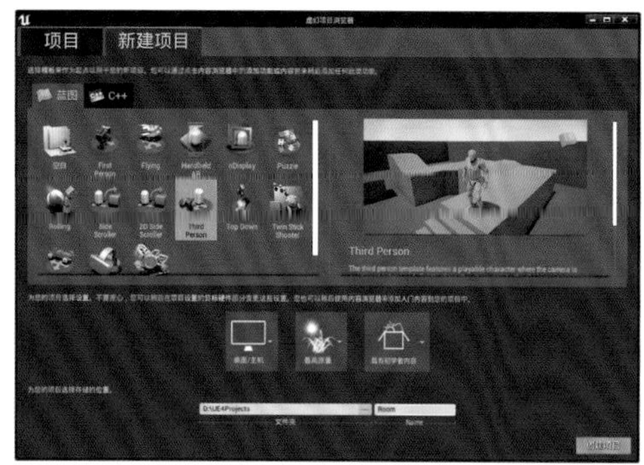

图3-2

图3-3

03 双击“MainMap”打开关卡，在弹出的窗口中单击“保存选中项”按钮来保存新建的关卡。在场景中依次添加“定向光源”、“BP_Sky_Sphere”(天空)、“天空光源”和“大气雾”，并将这些物件的“位置”归零，同时在“细节”面板中将“BP_Sky_Sphere”的“Directional Light Actor”设置为“DirectionalLight”，使蓝天出现。设置完成后的效果如图3-4所示。

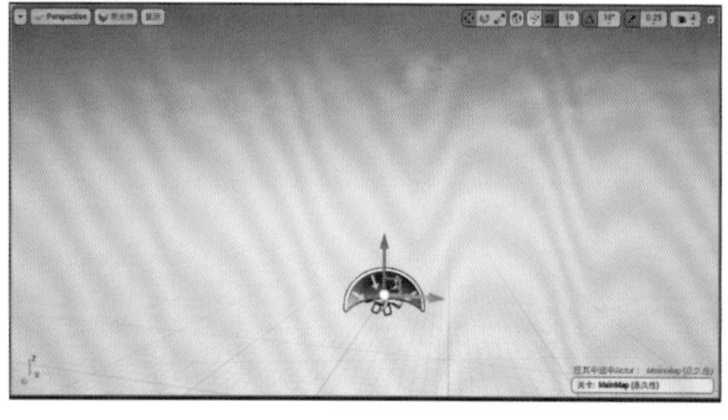

图3-4

04 选择“项目设置”选项卡，在“地图&模式”中将“Default Maps”中的“Editor Startup Map”和“Game Default Map”都设置为“MainMap”，如图3-5所示。

图3-5

技巧提示 切换回编辑器主界面，单击“内容浏览器”面板中的“保存所有内容”按钮来保存现在的场景，保存完成后，准备工作就完成了。

3.2 自动打开的门

本节将制作一个可以与玩家交互的门。当玩家靠近门时，门就会自动打开；当玩家远离门时，门就会自动关闭。要实现这样的功能，需要使用蓝图为门编写交互逻辑。

3.2.1 制作门的Actor类

通过对上一章的学习，读者知道一个带有交互逻辑的物件可以作为一个Actor类，然后实例化出Actor对象并将其添加到场景中，所以可以将与玩家交互的门制作成Actor类。

01 在“内容浏览器”面板的“Content”(目录)中新建一个Actor类，将其命名为“DoorAuto”，这表示它是一个能自动打开的门，如图3-6所示。

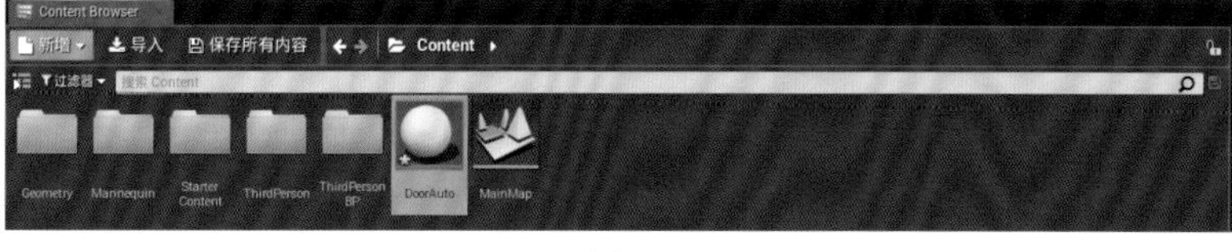

图3-6

02 双击“DoorAuto”，将界面上方的“DoorAuto”选项卡拖曳到“MainMap”选项卡的右边，方便界面间相互切换。在“DoorAuto”的“Components”中单击“+Add Component”按钮+Add Component，选择“Static Mesh”，如图3-7所示。为“DoorAuto”添加一个“静态网格体”组件，并将组件命名为“DoorFrame”，即门框，如图3-8所示。

03 拖曳“DoorFrame”到“DefaultSceneRoot”上，这样“DoorFrame”就成了此Actor类的根组件，如图3-9所示。

图3-7

图3-8

图3-9

04 为“DoorFrame”组件添加模型。在“Components”面板中选择“DoorFrame”，在“细节”面板的“Static Mesh”中将“Static Mesh”设置为“SM_DoorFrame”，如图3-10所示。现在搜索“doorframe”来快速找到门框模型，并将其拖曳到场景中。观察“视口”面板，门框模型已经被添加进来了，如图3-11所示。

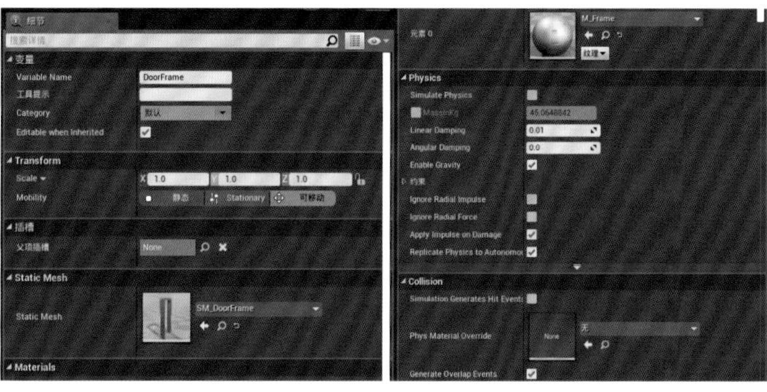

图3-10

图3-11

05 添加门的组件及其模型。在“Components”面板中单击“+Add Component”按钮 +Add Component ，选择“Static Mesh”，并将组件命名为“Door”，如图3-12所示。

06 选择“Door”组件，在“细节”面板的“Static Mesh”中将“Static Mesh”设置为“SM_Door”。同样，搜索“door”来快速找到门的模型并将其拖曳到场景中。调整门模型的位置，将“Transform”选项中的“位置”设置为（0,45,0），如图3-13所示。观察“视口”面板，门已经被门框框住了，位置合适，如图3-14所示。

图3-12

图3-13

图3-14

07 单击工具栏中的“编译”按钮，切换到编辑器主界面，将门添加到场景中。在添加门之前需要先添加一个地面，在“模式”面板中，切换到“Basic”选项卡，将“Plane”拖曳到场景中，在“细节”面板中将其“位置”归零，并调整其大小，将“Transform”选项中的“Scale”设置为（40,55,1），如图3-15和图3-16所示。

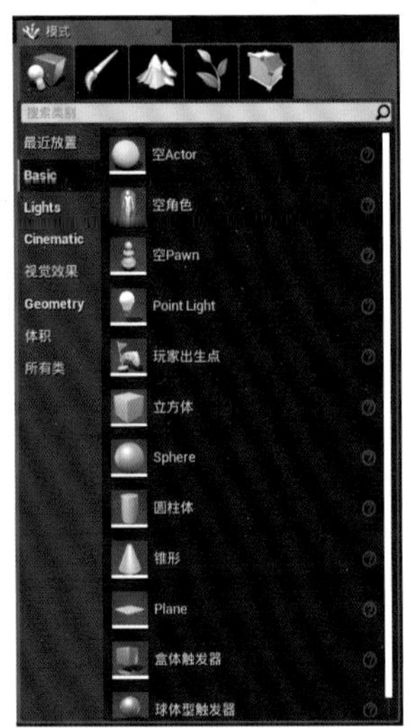

图3-15

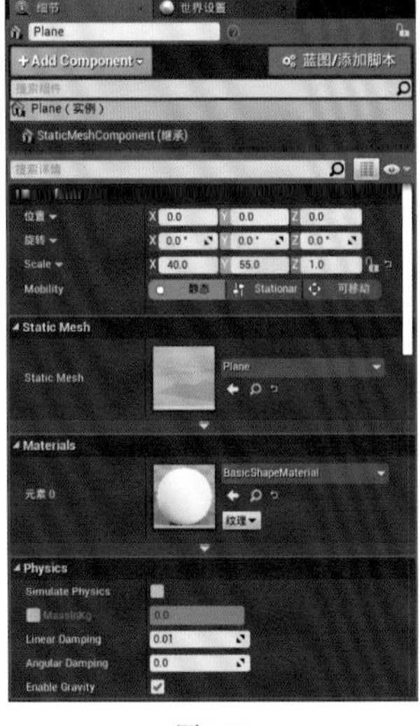

图3-16

08 观察“视口”面板，一个白色的平面被添加进来了，如图3-17所示。注意，“Plane”是一个单面的“静态网格体”，如果将视角移动到这个平面的底部，会发现平面消失了，这是因为材质只能附着在单面，所以从其他面观察时，是看不到材质的。

图3-17

技巧提示 游戏中通常会使用这种单面材质的模型，玩家看不到的地方就不显示，这样做的目的是减少计算机硬件的负载，从而保护计算机的性能。

09 将“模式”面板的“Basic”选项卡中的“玩家出生点”拖曳到场景中，将“细节”面板的“Transform”选项中的“位置”设置为（-1570,1305,92），如图3-18~图3-20所示。

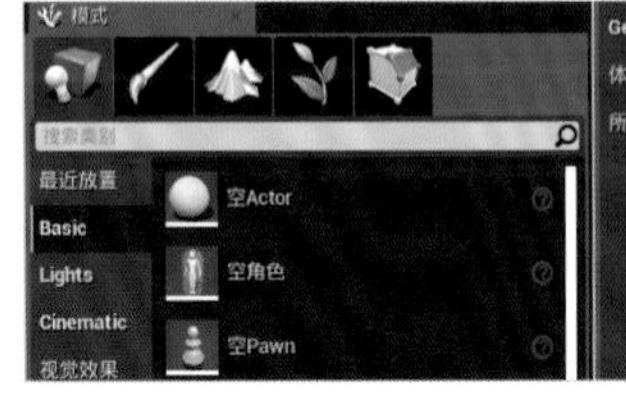

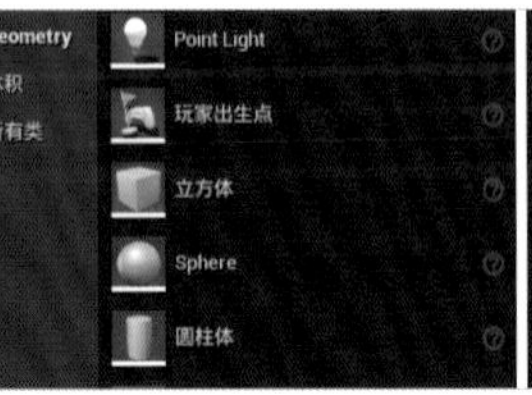

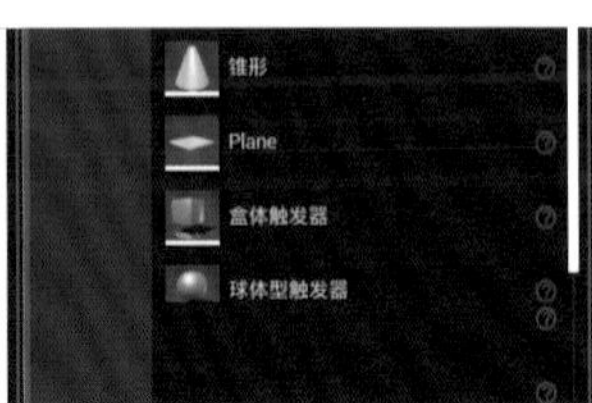

图3-18

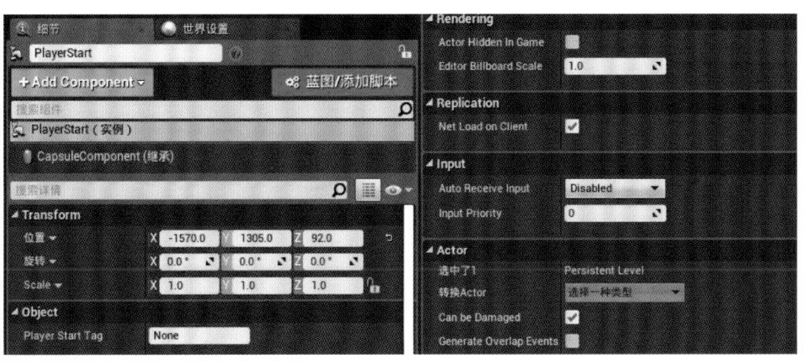

图3-19

图3-20

10 将门添加到场景中。在“内容浏览器”面板中拖曳“DoorAuto”到场景中，然后将“细节”面板的“Transform”选项中的“位置”设置为（－1285,1345,0），即门位于“玩家出生点”的前方，如图3-21~图3-23所示。

图3-21

图3-22

图3-23

11 播放游戏，会发现控制小白人通过门时门并没有阻挡小白人，小白人直接穿过了门，即发生了“穿模”现象，如图3-24所示。

12 这并不是我们想要的效果，我们需要让门阻挡小白人前进。退出游戏的播放，在“内容浏览器”面板中打开“Content\StartContent\Props”目录，双击“SM_Door”，在“静态网格体”编辑界面中单击界面上方的“Collision”，选择“添加盒体简化碰撞”命令，观察“视口”面板，会发现一个绿色的线框包裹住了门模型，这样门可以对小白人产生阻挡作用，如图3-25~图3-27所示。

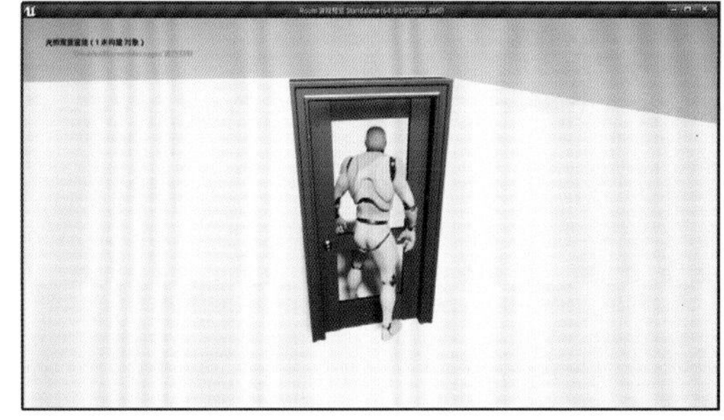

图3-24

图3-25

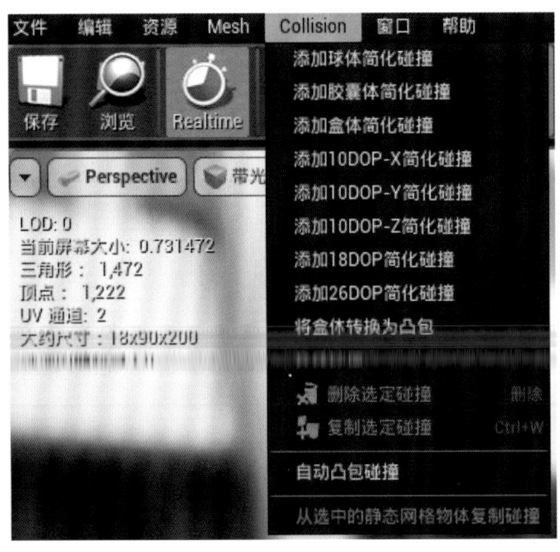

图3-26

图3-27

13 单击工具栏中的“保存”按钮，然后单击“SM_Door”选项卡后的“×”按钮来关闭此选项卡。再次播放游戏，可以看到门能够阻挡小白人前进了，“穿模”问题得到解决，如图3-28所示。

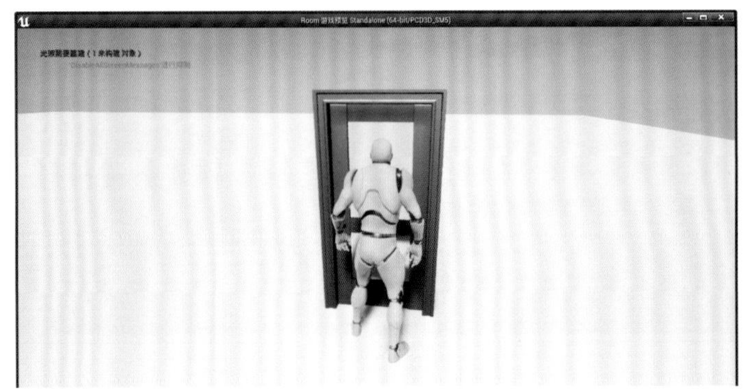

图3-28

3.2.2 门的碰撞事件

当小白人走到门前时，要使门做出一些动作，就要使用碰撞事件。下面通过一个操作来讲解碰撞事件。

01 切换到“DoorAuto”界面，在“Components”面板中选择根组件“DoorFrame”，单击“+Add Component”按钮 +Add Component，选择“Box Collision”，并将该组件命名为“Trigger”，这表示此“Box Collision”组件将作为触发器来触发门的动作，如图3-29~图3-31所示。

图3-29

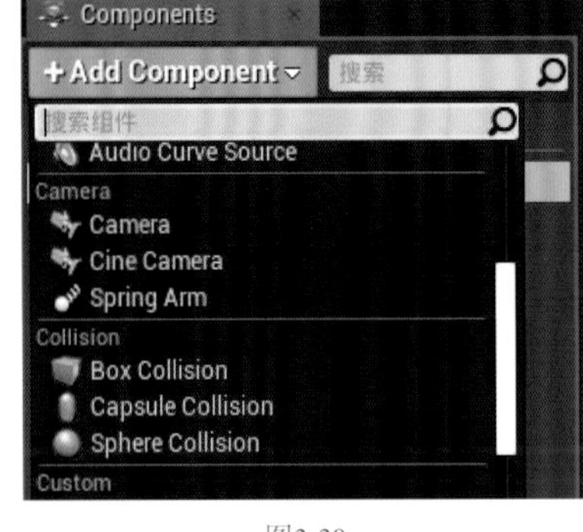

图3-30

图3-31

02 在“Components”面板中选择“Trigger”，在“细节”面板的“Transform”选项中设置“位置”为（0,0,35）、“Scale”为（3.25,1.5,1），使“Trigger”的范围覆盖门的前后方，如图3-32和图3-33所示。

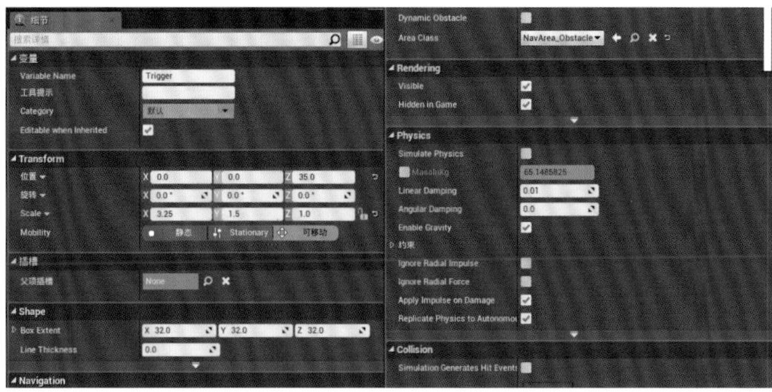

图3-32

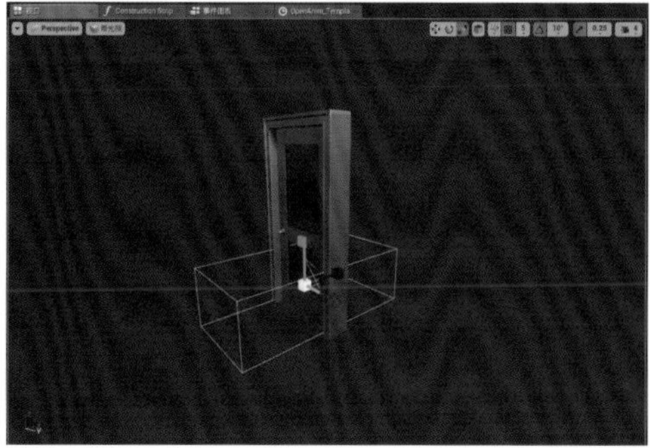

图3-33

03 选择“事件图表”选项卡，在“事件图表”面板中编写蓝图程序。选择“Components”面板中的“Trigger”，如图3-34所示。然后在“事件图表”面板的空白处单击鼠标右键，在弹出的菜单中选择“为Trigger添加事件”命令，接着在“Collision”中选择“添加On Component Begin Overlap”，这样开始重叠时的碰撞事件节点就添加好了，如图3-35和图3-36所示。

图3-34

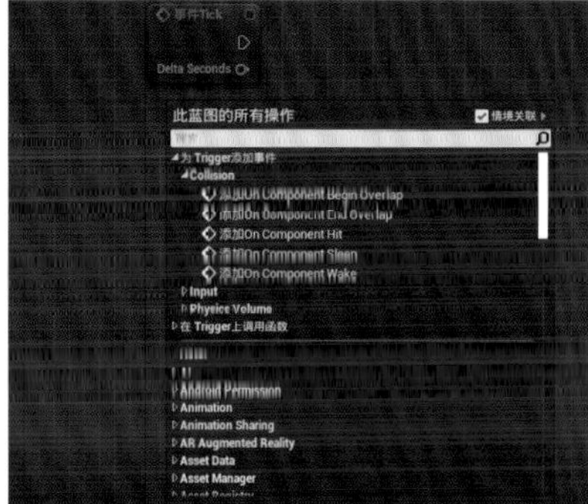

图3-35

图3-36

04 在“Components”面板中选择“Trigger”，在“事件图表”面板的空白处单击鼠标右键，在弹出的菜单中选择“为Trigger添加事件”命令，然后在“Collision”中选择“添加On Component End Overlap”，这样结束重叠时的碰撞事件节点就添加好了，如图3-37和图3-38所示。

05 在这两个事件节点的后面分别连接一个“Print String”节点，并在“On Component Begin Overlap(Trigger)”节点后连接的“Print String”节点的“In String”后输入“接触门”；同样，在“On Component End Overlap(Trigger)”节点后连接的“Print String”节点的“In String”后输入“离开门”，如图3-39所示。

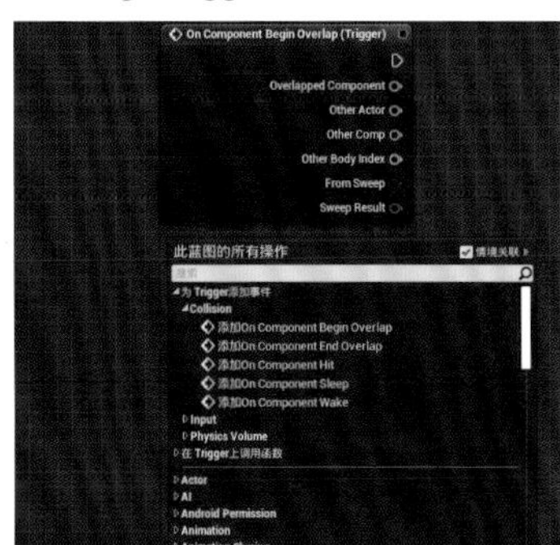

图3-37

图3-38

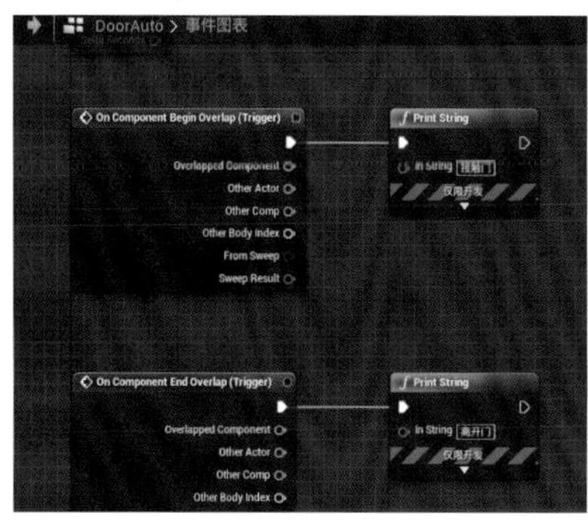

图3-39

技巧提示 当玩家控制小白人移动到门前方的“Trigger”组件的覆盖范围内时，屏幕上显示“接触门”的字样；当玩家控制小白人离开门前方的“Trigger”组件的覆盖范围时，屏幕上显示“离开门”的字样。“On Component Begin Overlap(Trigger)”节点表示当有物件与“Trigger”组件的线框重叠时，也就是碰到线框时，运行该节点后面连接的程序；同样，“On Component End Overlap(Trigger)”节点表示当物件与“Trigger”组件的线框不重叠时，运行该节点后面连接的程序。

这两个节点属于碰撞事件节点。另外，这两个节点中还有许多参数引脚，这些参数目前用不到，可以不用掌握。

06 单击工具栏中的“编译”按钮，播放游戏。和预想的效果一致，当小白人走到门前时，界面左上角显示“接触门”，如图3-40所示。当小白人向后远离门时，界面左上角显示“离开门”，如图3-41所示。

图3-40

图3-41

3.2.3 时间轴

要让门动起来，就需要使用时间轴节点，请读者按照以下步骤进行操作，然后笔者再解释程序的逻辑。

01 切换到“DoorAuto”界面的“事件图表”面板，将两个“Print String”节点删除，如图3-42所示。

02 在“事件图表”面板的空白处单击鼠标右键，在弹出的菜单中的搜索框内输入“时间轴”，找到并选择“添加时间轴”命令，将新添加的时间轴节点命名为“OpenAnim”，这表示此时间轴节点将作为开门动画的运动轨迹，如图3-43和图3-44所示。

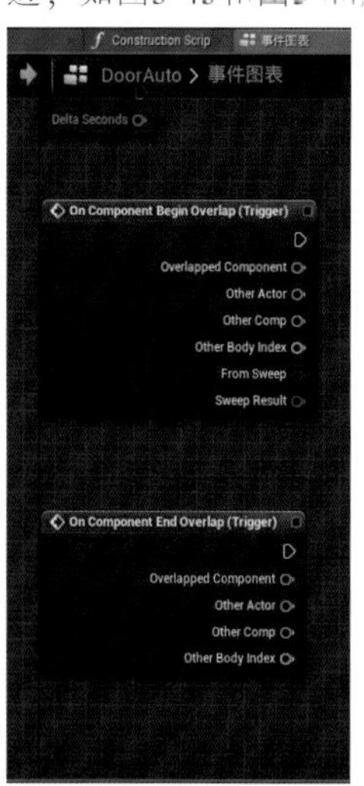

图3-42

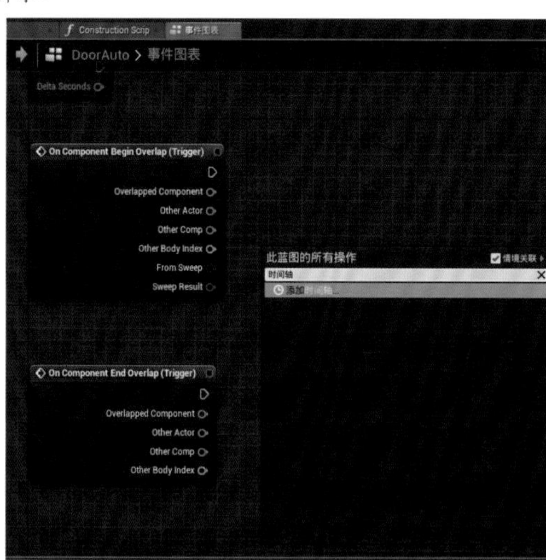

图3-43

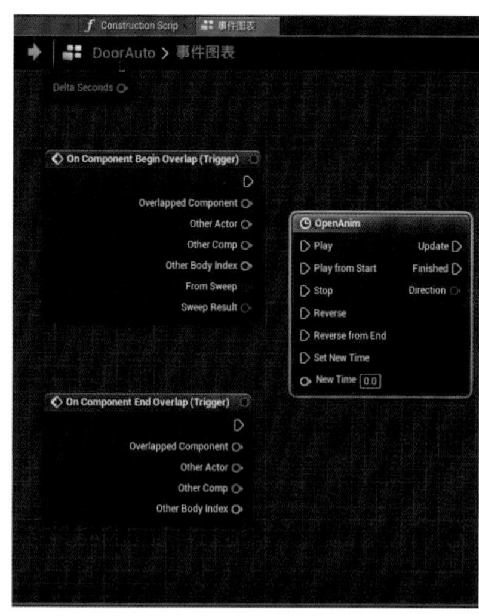

图3-44

03 双击“OpenAnim”节点，打开时间轴编辑面板，如图3-45所示。在此面板中将“Length”设置为2，然后单击“f+”按钮，将新建的轨迹命名为“Open”，如图3-46和图3-47所示。

图3-45

图3-46

图3-47

04 在坐标原点附近单击鼠标右键，在弹出的菜单中选择"添加关键帧到CurveFloat_1"命令，此时坐标系中会出现一个坐标点，选择它并设置其横坐标"Time"为0，纵坐标"Value"为0，即此点位于坐标原点，如图3-48和图3-49所示。

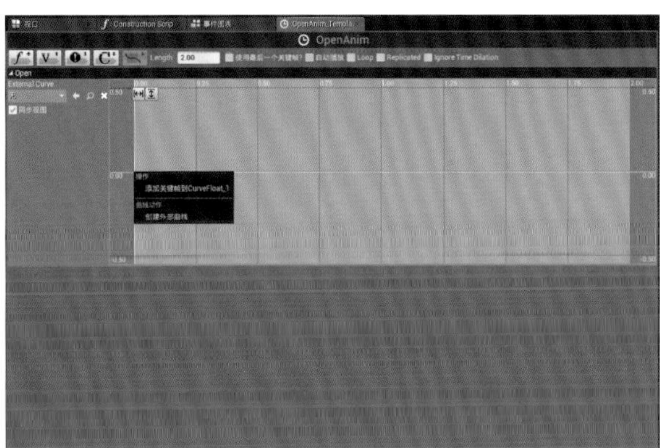

图3-48

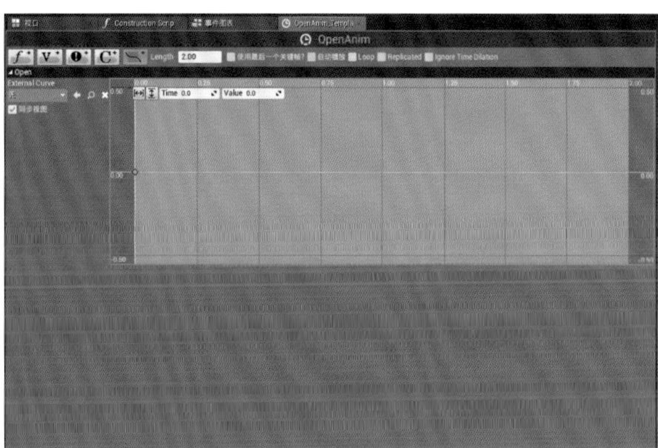

图3-49

05 在坐标系的右上方单击鼠标右键，在弹出的菜单中选择"添加关键帧到CurveFloat_1"命令，选择这个新添加的坐标点，设置其横坐标"Time"为2，纵坐标"Value"为90，如图3-50和图3-51所示。

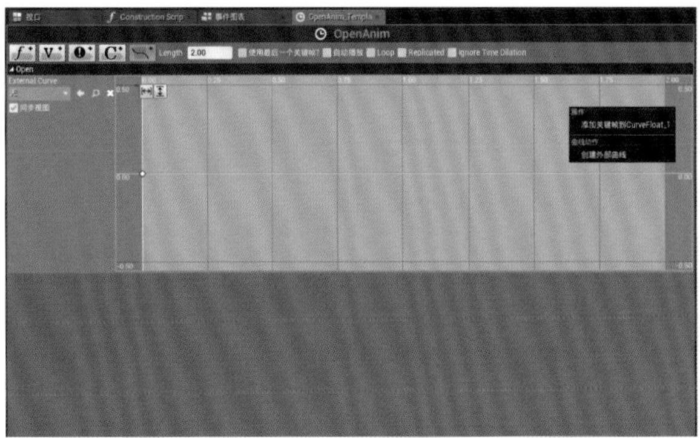

图3-50

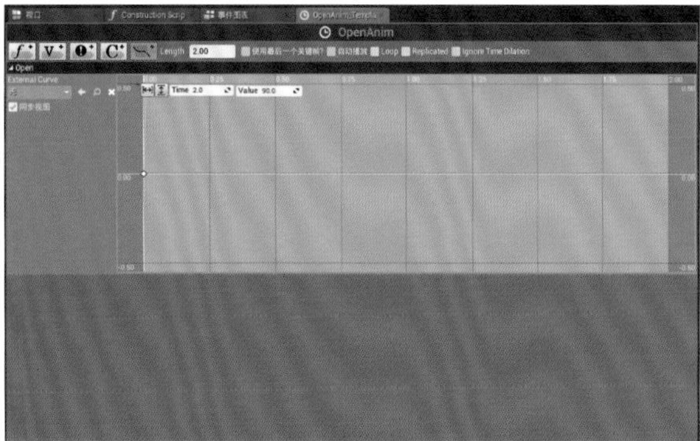

图3-51

06 这时会发现刚才新建的坐标点不见了，这是因为坐标轴范围太小，无法显示。依次单击坐标系左上方的"水平缩放"按钮和"垂直缩放"按钮，分别将坐标系在水平方向和垂直方向缩放到合适的尺寸，这样就能同时看到两个坐标点，也能发现这两个坐标点连成了一条直线，如图3-52所示。

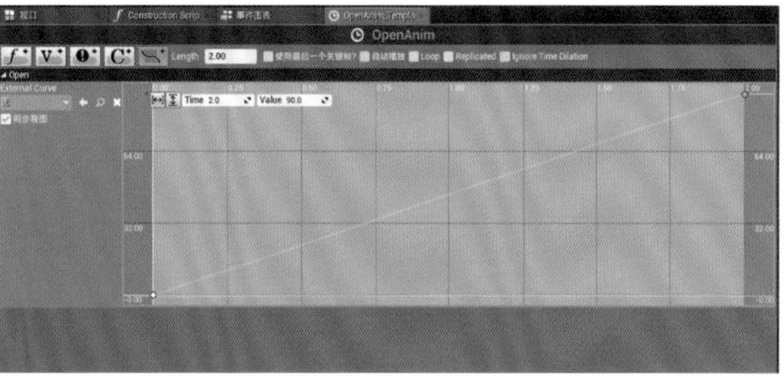

图3-52

07 再次选择位于原点的坐标点，然后单击鼠标右键，在弹出的菜单中勾选“Auto”复选框，会发现这条直线变成了平滑的曲线，如图3-53和图3-54所示。

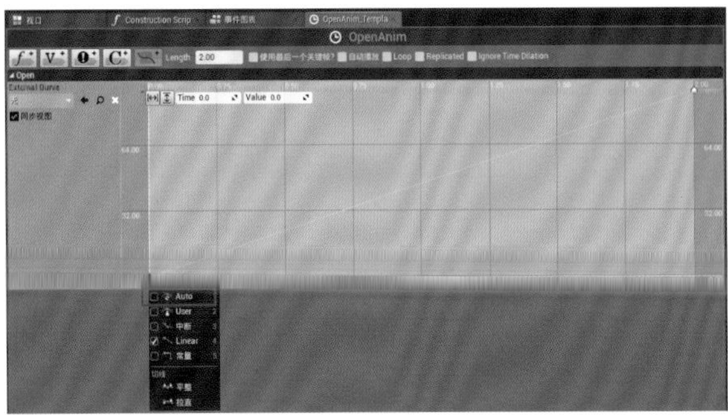

图3-53

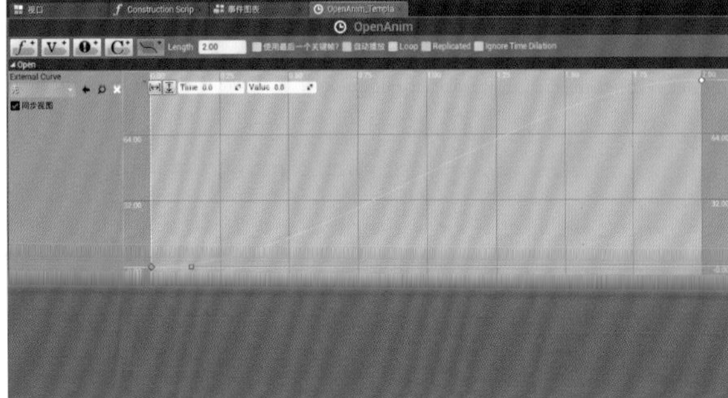

图3-54

08 编辑好坐标点后切换到“事件图表”面板，将“Components”面板中的“Door”组件拖曳到“事件图表”面板的空白处，如图3-55和图3-56所示。

图3-55

图3-56

09 单击“Door”节点后的引脚，按住鼠标左键向后拖曳鼠标拉出一条线，释放鼠标，在弹出的菜单中的搜索框内输入“rotation”，如图3-57所示，找到并选择“SetRelativeRotation”命令，会发现“SetRelativeRotation”节点的“Target”引脚已经与“Door”节点的引脚自动相连了，如图3-58所示。

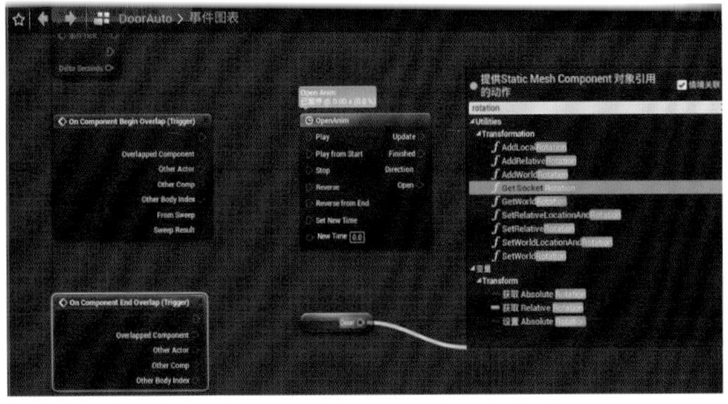

图3-57

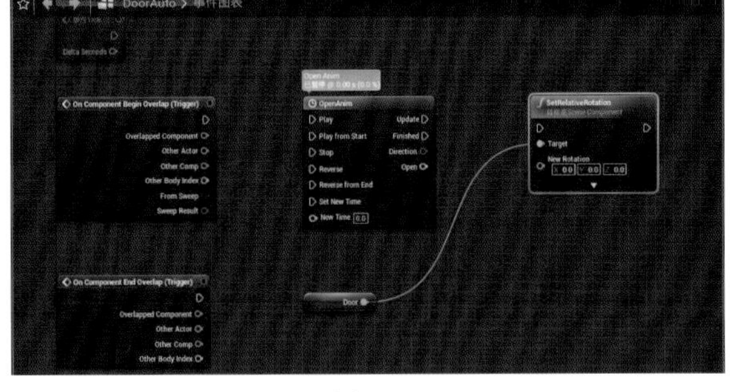

图3-58

10 在“SetRelativeRotation”节点中“New Rotation”的引脚上单击鼠标右键，选择“分割结构体引脚”命令，会发现“New Rotation”的参数被分割成了3个单独的参数，如图3-59和图3-60所示。

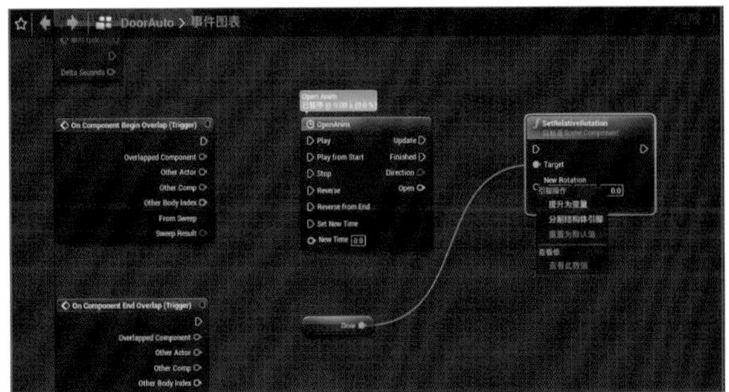

图3-59

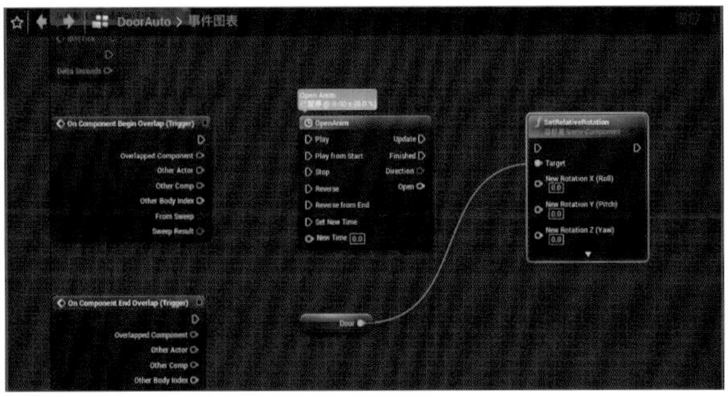

图3-60

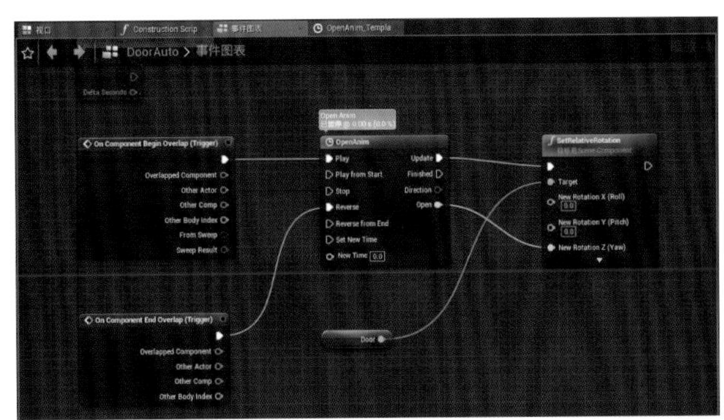

图3-61

11 连接上述节点。将“On Component Begin Overlap(Trigger)”节点的输出项连接到“OpenAnim”节点的“Play”输入项，将“On Component End Overlap(Trigger)”节点的输出项连接到“OpenAnim”节点的“Reverse”输入项，将“OpenAnim”节点的“Open”引脚连接到“SetRelativeRotation”节点的“New Rotation Z(Yaw)”引脚，将“OpenAnim”节点的“Update”输出项连接到“SetRelativeRotation”节点的输入项，连接完成后的蓝图如图3-61所示。

技巧提示 现在蓝图制作好了。当玩家走到门附近时，门就会按照设定好的轨迹进行旋转，即开门；当玩家远离门时，门就会按照设定好的轨迹反向运行，从而实现反向旋转，即关门。所谓设定好的轨迹，就是之前编辑好的时间轴节点。

“OpenAnim”节点的“Open”就是之前添加的平滑曲线，而曲线两端的坐标点叫作关键帧。根据坐标点的坐标值，可以看出关键帧就是在特定时间的值，第1个关键帧表示在第0秒时值为“0”，第2个关键帧表示在第2秒时值为“90”，这两个关键帧之间的平滑曲线的意义：在2秒的时间内，数值从“0”逐渐平滑地过渡到“90”，即“Open”参数的值在2秒内从“0”变化到“90”。

将“Open”连接到“SetRelativeRotation”节点的“New Rotation Z(Yaw)”处，表示目标组件的旋转轴z轴（Yaw轴）会在2秒内相对于其父项旋转90°。目标组件为“Door”，其父项为“DoorFrame”，也就是说在2秒内门会相对于门框旋转90°。

“OpenAnim”节点的“Play”输入项表示正向播放设定好的轨迹；“Reverse”输入项表示反向播放设定好的轨迹；“Update”输出项表示随时更新当前轨迹的数值，将它与“SetRelativeRotation”节点相连，就可以实时控制门的开启与关闭。

12 单击工具栏中的“编译”按钮，切换到编辑器主界面，播放游戏，当小白人走到门前时，门会缓缓打开，如图3-62所示。当小白人远离门时，门会缓缓关闭，如图3-63所示。但会发现一个问题，那就是小白人无法通过门，即门开后小白人并不能走进去。

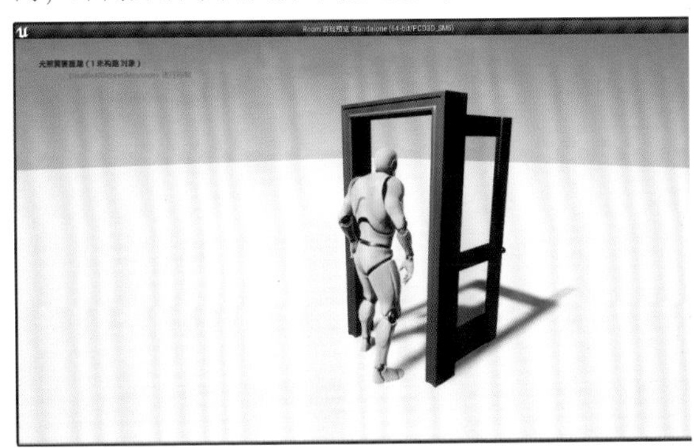

图3-62

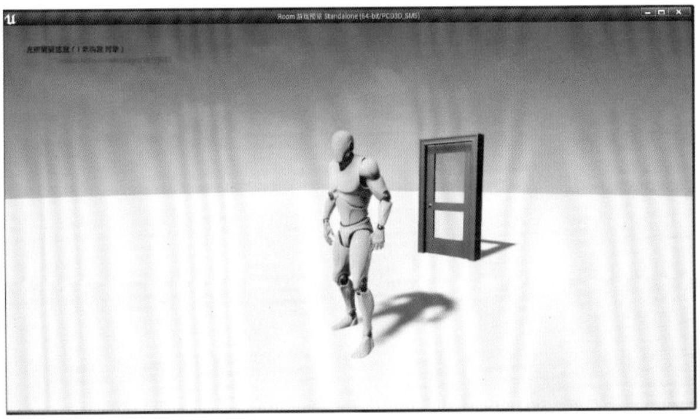

图3-63

13 无论门开与否，小白人都会被阻挡，无法通过，这是因为门框太小。要解决这个问题非常容易，切换到“DoorAuto”界面，在“Components”面板中选择根组件“DoorFrame”，如图3-64所示。在“细节”面板的“Transform”选项中将“Scale”更改为（1.2,1.2,1.2），如图3-65所示。这样会增大整个门框的大小，如图3-66所示。

图3-64

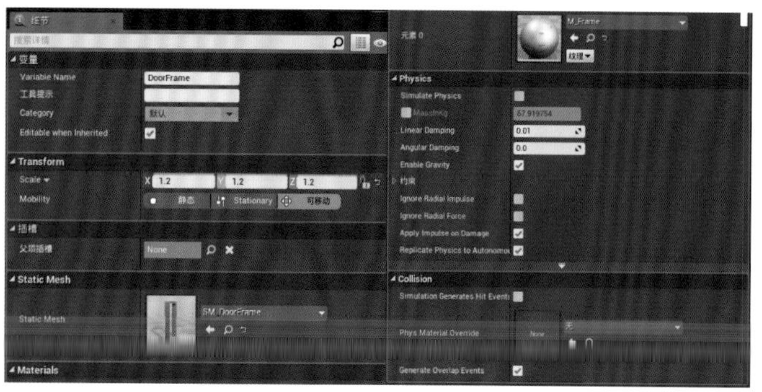

图3-65

图3-66

14 单击工具栏中的“编译”按钮，切换到编辑器主界面，播放游戏。现在上述问题解决了，小白人可以顺利通过自动打开的门，如图3-67所示。

图3-67

3.3 碰到即可获得的钥匙

密室逃脱游戏的核心在于寻找钥匙给门开锁，如果场景中只有自动开闭的门，那就不是密室逃脱游戏。所以下面要实现通过钥匙开门的功能，而实现此功能的前提是制作一把可以被玩家“捡起”的钥匙。

3.3.1 布尔型变量

在制作钥匙之前，先要进行一些准备工作。在“内容浏览器”面板中打开“Content\ThirdPersonBP\Blueprints”目录下的“ThirdPersonCharacter”类，此类就是目前控制小白人的蓝图类，里面含有实现用按键控制小白人进行各种操作的蓝图程序。

在“我的蓝图”面板中单击“变量”后面的“+”按钮，添加一个新的变量，将变量命名为“HaveKeyA”，如图3-68所示。观察“细节”面板，可以看到“变量类型”为“布尔型”，如图3-69所示。

> **技巧提示** “布尔型”变量的值只有“真”和“假”两种结果，此类型的变量一般用于判断。新建的“HaveKeyA”变量将用于判断小白人是否拥有A号钥匙，此变量也成了小白人蓝图类中的一个新属性。新建好变量后单击工具栏中的“编译”按钮，然后关闭“ThirdPersonCharacter”类即可。

图3-68

图3-69

3.3.2 制作钥匙的Actor类

01 切换到编辑器主界面，在“内容浏览器”面板的“Content”目录下新建一个Actor类，将其命名为“KeyA”，如图3-70所示，此Actor类将作为A号钥匙的类。

图3-70

02 双击“KeyA”，在“Components”面板中单击“+Add Component”按钮+Add Component，选择“Static Mesh”，并将组件命名为“Key”，如图3-71和图3-72所示。

03 为“Key”组件设置模型。在“细节”面板中将“Static Mesh”中的“Static Mesh”设置为“SM_CornerFrame”，如图3-73所示。为了方便讲解，这里将“初学者内容”中的金属块模型作为钥匙，将该模型的“Transform”选项中的“位置”设置为（0,0,80），即抬高金属块的位置，使其浮在空中，如图3-74所示。

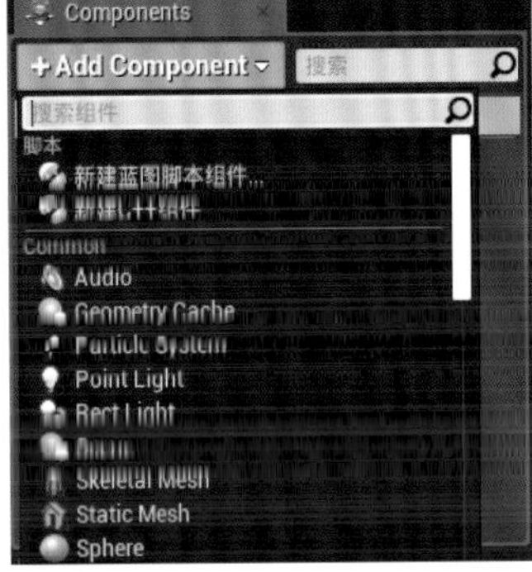

图3-71

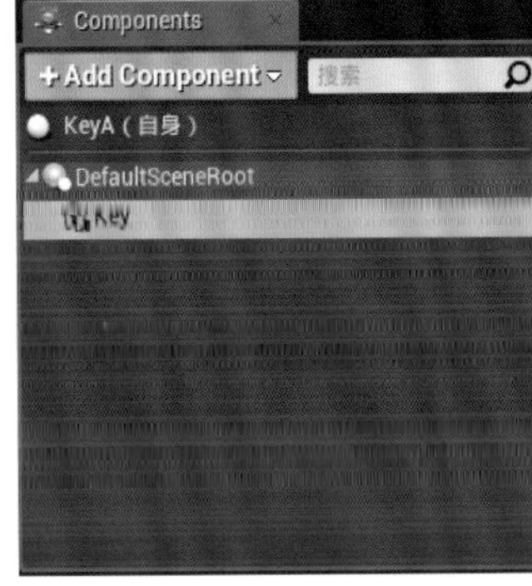

图3-72

图3-73

图3-74

3.3.3 钥匙的碰撞事件

本小节将编写钥匙的蓝图程序。

01 在“Components”面板中选择“Key”，如图3-75所示。打开“事件图表”面板，添加一个“Key”组件的碰撞事件节点，在空白处单击鼠标右键，在弹出的菜单中选择“为Key添加事件”中“Collision”的“添加On Component Hit”命令，如图3-76和图3-77所示。

图3-75

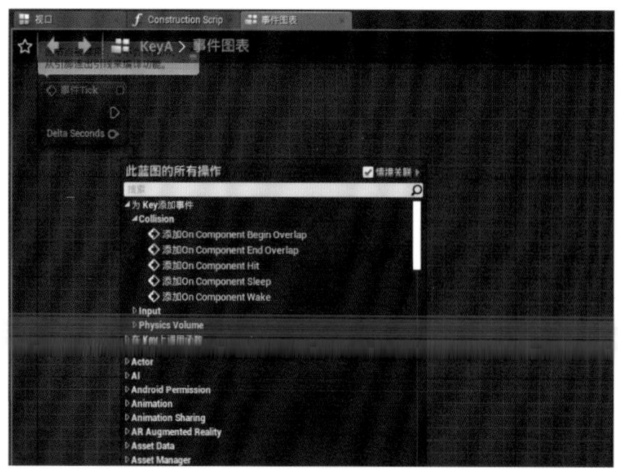

图3-76

图3-77

02 在“On Component Hit(Key)”节点的“Other Actor”引脚处拖曳出一条线，释放鼠标后在弹出的菜单中的搜索框内输入“third”，找到并选择“类型转换为ThirdPersonCharacter”命令，如图3-78所示。

03 在“类型转换为ThirdPersonCharacter”节点的“As Third Person Character”引脚处拖曳出一条线，释放鼠标后在弹出的菜单中的搜索框内输入“keya”，找到并选择“设置Have Key A”命令，如图3-79所示。

04 将“类型转换为ThirdPersonCharacter”节点的输出项连接到“设置”节点的输入项，并勾选“设置”节点的“Have Key A”复选框，使此布尔型变量的值为“真”，如图3-80所示。

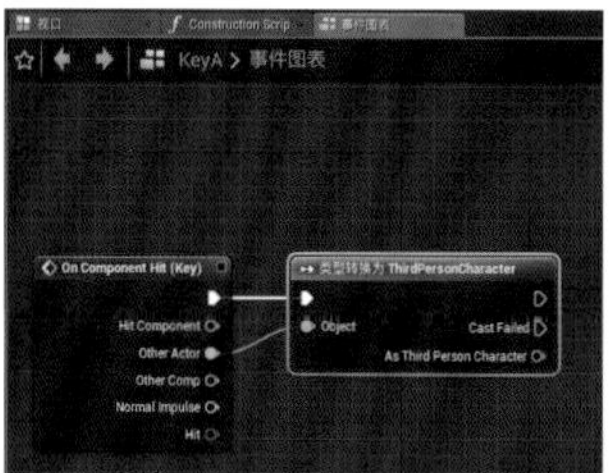

图3-78

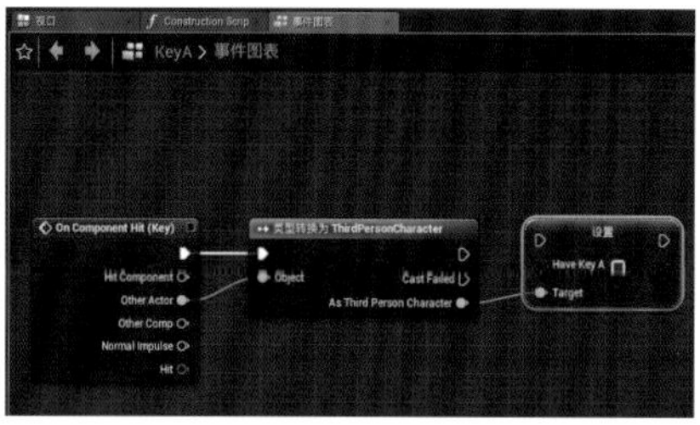

图3-79

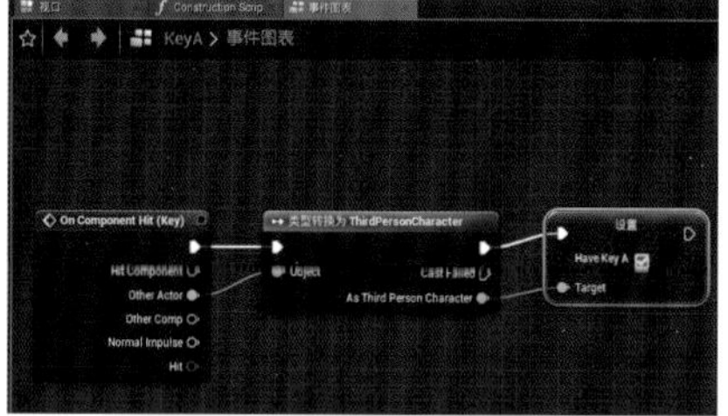

图3-80

05 从“设置”节点的输出项处拖曳出一条线，释放鼠标后在弹出的菜单中的搜索框内输入“destroy”，找到并选择“Destroy Actor”命令，如图3-81所示。

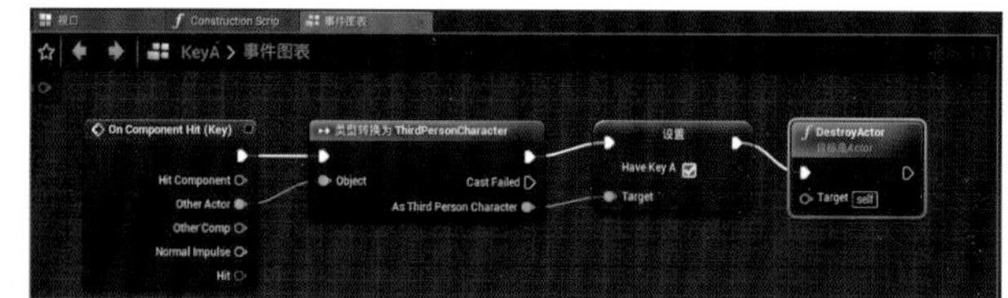

图3-81

技巧提示 目前，蓝图程序编写完成。当玩家碰到钥匙时，小白人中的“HaveKeyA”变量值就会变为“真”，表示玩家现在已经获得了A号钥匙，然后销毁钥匙Actor对象，即场景中的钥匙消失了。

注意，与门的“On Component Begin Overlap”节点不同，这次使用了“On Component Hit”节点，此节点也属于碰撞事件节点。二者的区别：“On Component Hit”节点适用于实心物体，与实心物体的碰撞可以看作“撞击”，“撞击”只能发生在物体表面，否则就会发生“穿模”；“On Component Begin Overlap”节点适用于空心的区域，与空心的区域碰撞可以看作“重叠”，“重叠”允许穿过物体，所以有“开始重叠”和“结束重叠”两种情况。

“On Component Hit(Key)”节点的“Other Actor”表示“碰到‘Key’组件的Actor”，即任何Actor对象碰到Key组件，都会成为“Other Actor”。这样一来，“Other Actor”所指的范围很广，为了缩小范围，就需要将“Other Actor”转换为“ThirdPersonCharacter”类（即小白人蓝图类），从而对小白人蓝图类的“HaveKeyA”变量进行操作。

另外，类似于“类型转换为ThirdPersonCharacter”的节点叫作类型转换节点，此类节点常常用于蓝图间的信息传递，是实现蓝图通信的方法之一，在一般的游戏开发中经常使用到。本段程序在钥匙Actor类中对小白人蓝图类中的变量进行操作，这就属于蓝图间的信息传递。

06 单击工具栏中的“编译”按钮，切换到编辑器主界面，将“内容浏览器”面板中的“KeyA”拖曳到场景中，调整“KeyA”对象的位置，使其在“玩家出生点”附近，如图3-82和图3-83所示。

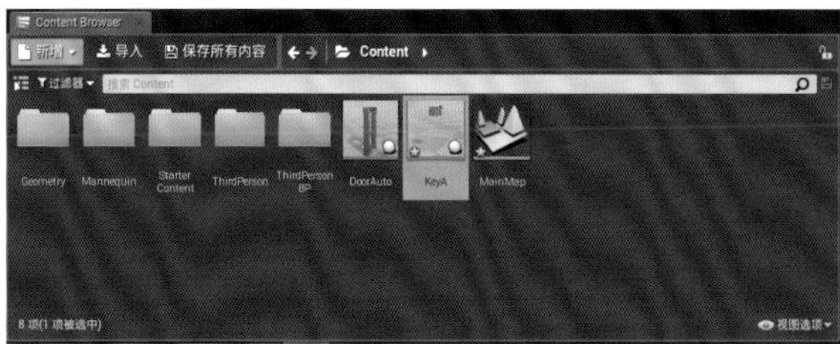

图3-82

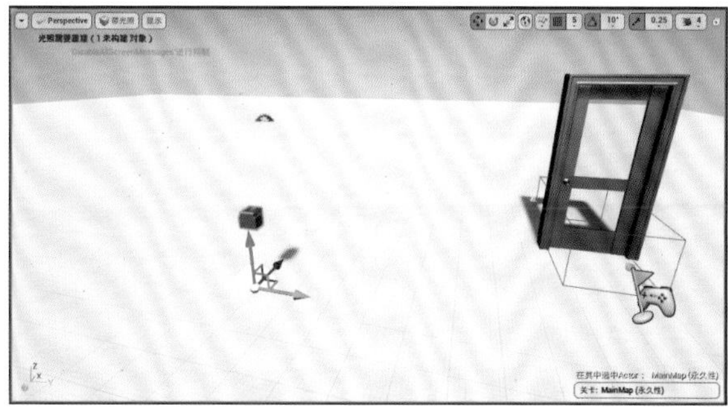

图3-83

07 播放游戏，如图3-84和图3-85所示。当小白人碰到钥匙时，钥匙就消失了，就如同小白人已经“捡起”了钥匙。同时，在后台程序中，小白人的“IHaveKeyA”变量值已经变为“真”了。

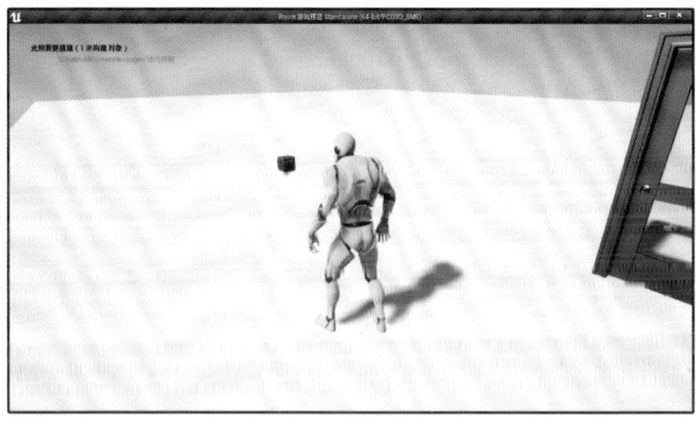

图3-84

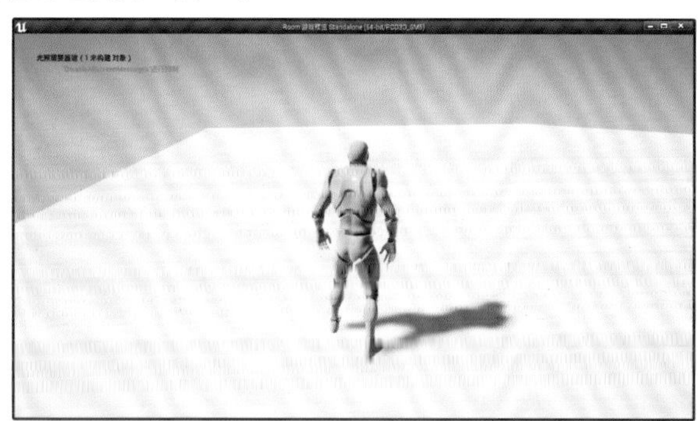

图3-85

3.3.4 播放音效

钥匙碰到小白人后就消失，这样的“捡起”效果可能不太明显，玩家可能会注意不到已经“捡起”钥匙。为了给玩家更明显的提示，可以在发生碰撞时播放音效。

01 退出游戏的播放，在“内容浏览器”面板中，单击“导入”按钮，如图3-86所示。在弹出的“导入”对话框中找到本书配套资源中的“pick_up_key.wav”文件，如图3-87所示。将该音频文件导入，如图3-88所示。

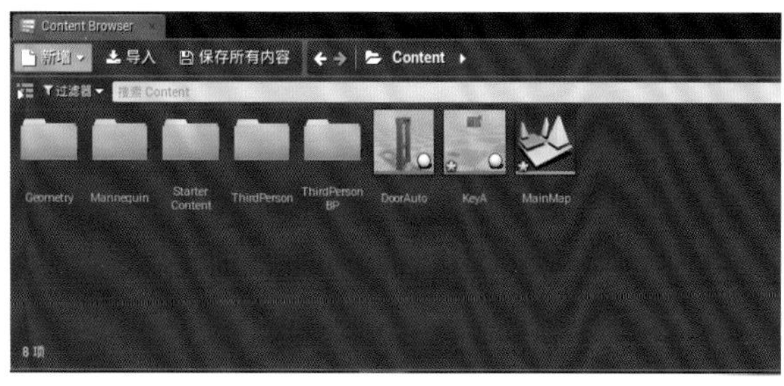

图3-86

图3-87

图3-88

02 切换到“KeyA”界面的“事件图表”面板，在“DestroyActor”节点的输出项处拖曳出一条线，释放鼠标后，在弹出的菜单中搜索“playsound”，找到并选择“Play Sound 2D”命令，如图3-89所示。

03 单击“Play Sound 2D”节点中“Sound”后的“选择资源”按钮，在弹出的菜单中的搜索框内输入“pick”，找到并选择“pick_up_key”命令，如图3-90所示。

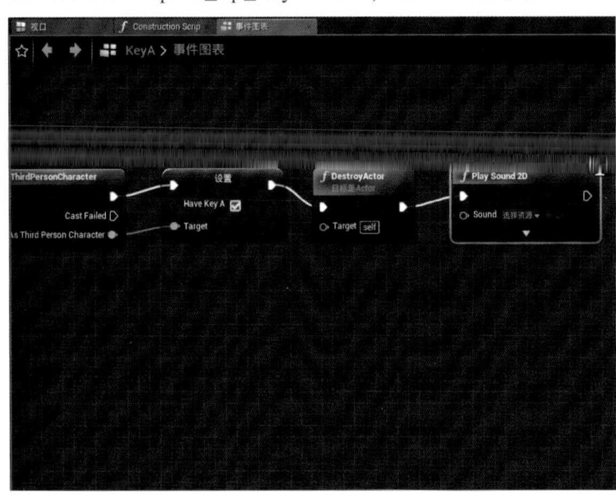

图3-89

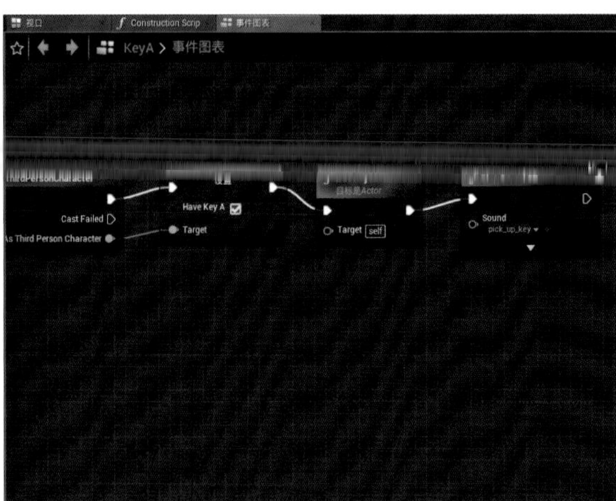

图3-90

技巧提示 “Play Sound 2D”节点的作用就是播放音频，而此节点中“Sound”后面设置的资源就是要播放的音频文件。单击工具栏中的“编译”按钮，切换到编辑器主界面，播放游戏。当小白人碰到钥匙后，钥匙消失，同时播放音频，这样就会给玩家一个明确的提示，告诉玩家已经获得了钥匙。

3.4 使用钥匙开门

现在钥匙已经制作完成，下面要新建一个与“KeyA”类相对应的“DoorKeyA”类，使其实现用A号钥匙打开A号门。制作A号门不需要重新编写蓝图程序，在“DoorAuto”类的基础上修改即可。

01 在“内容浏览器”面板中选择“DoorAuto”，单击鼠标右键，在弹出的菜单中选择“复制”命令，将新复制出来的类命名为“DoorKeyA”，如图3-91~图3-93所示。

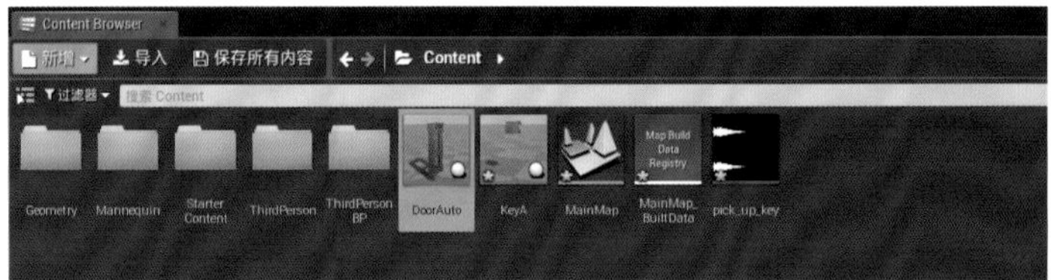

图3-91

图3-92

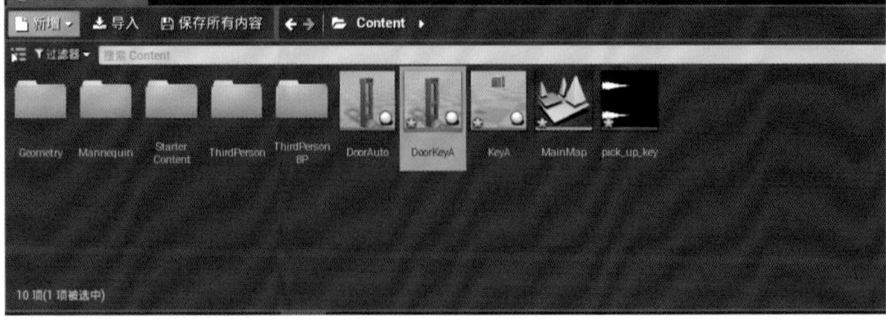

图3-93

02 双击“DoorKeyA”，切换到“事件图表”面板，断开“On Component Begin Overlap(Trigger)”节点输出项与“OpenAnim”的“Play”输入项的连接，如图3-94所示。

03 将其他节点调整到合适的位置。为“On Component Begin Overlap(Trigger)”后方留出一片空白区域，然后在“On Component Begin Overlap(Trigger)”节点的“Other Actor”引脚处拖曳出一条线，释放鼠标后在弹出的菜单中的搜索框内输入“third”，找到并选择“类型转换为ThirdPersonCharacter”命令，如图3-95所示。

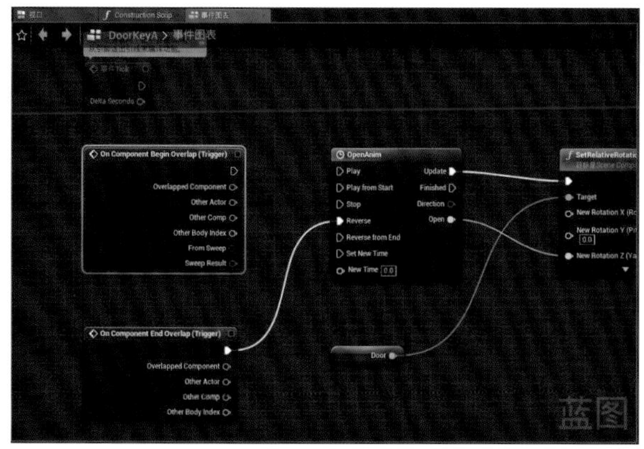

图3-94

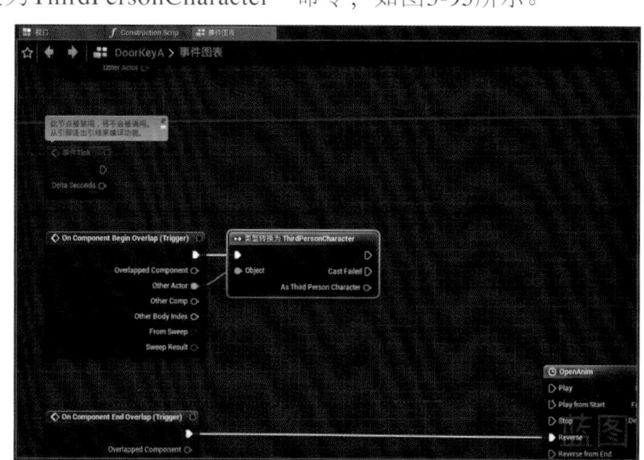

图3-95

04 在“类型转换为ThirdPersonCharacter”节点的“As Third Person Character”引脚处拖曳出一条线，释放鼠标后在弹出的菜单中的搜索框内输入“keya”，找到并选择“获取Have Key A”命令，如图3-96所示。

05 在“Have Key A”节点的引脚处拖曳出一条线，释放鼠标后在弹出的菜单中的搜索框内输入“if”，找到并选择“分支”命令，如图3-97和图3-98所示。

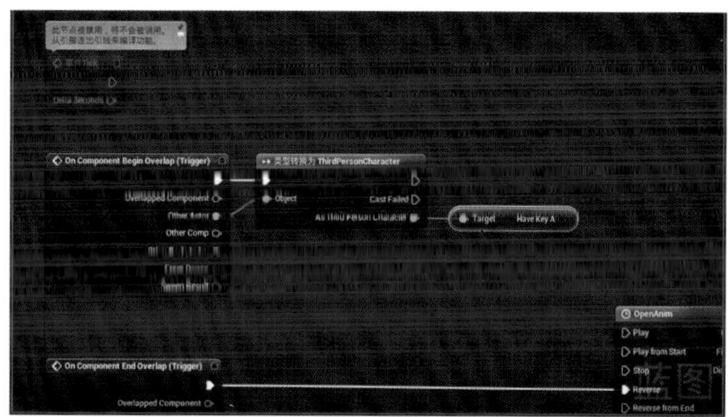

图3-96

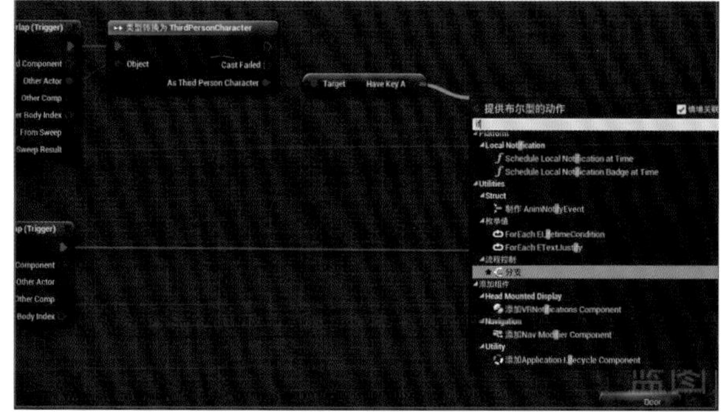

图3-97

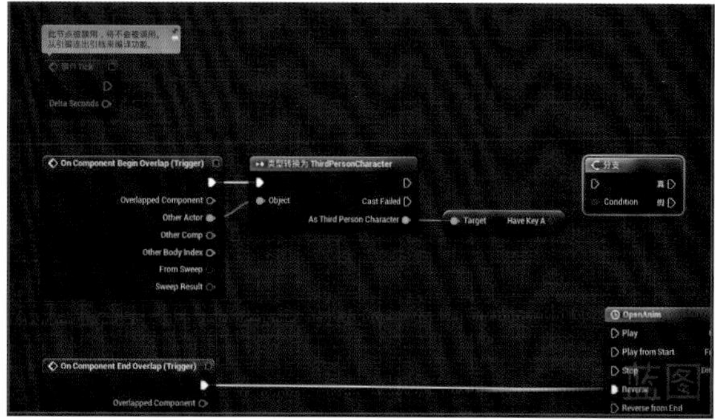

图3-98

06 将“类型转换为ThirdPersonCharacter”节点的输出项连接到“分支”节点的输入项，然后将“分支”节点的“真”输出项连接到“OpenAnim”节点的“Play”输入项，如图3-99所示。蓝图程序修改完成，全部的节点连接情况如图3-100所示。

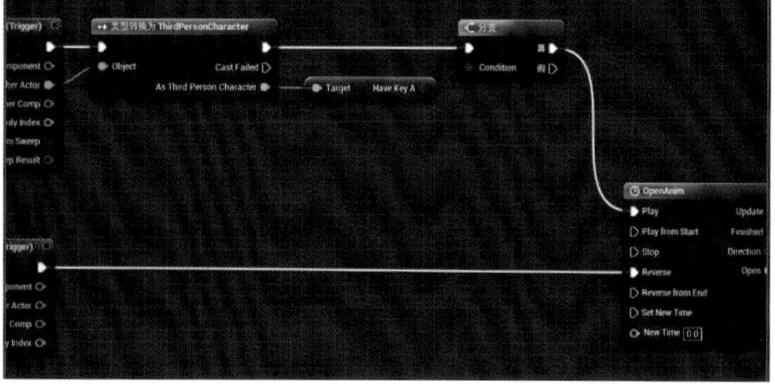

图3-99

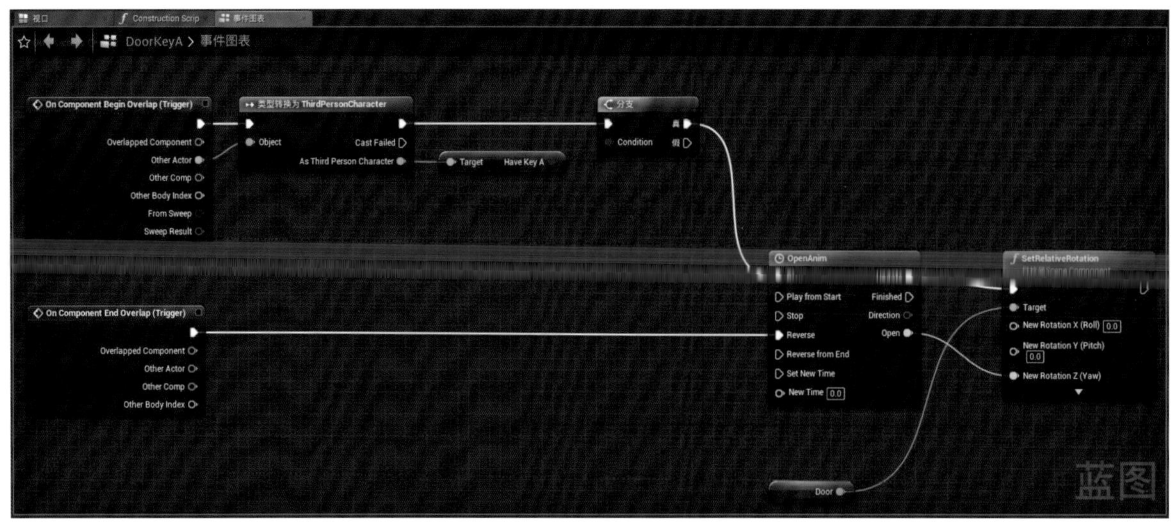

图3-100

技巧提示 这里修改了"On Component Begin Overlap(Trigger)"节点后面的逻辑。当小白人移动到门前方"Trigger"组件的线框范围内时，检查小白人的"HaveKeyA"变量是否为"真"，如果为"真"，则播放开门动画。

"分支"节点的作用是判断布尔型变量的真假，不同的判断结果会执行不同的命令。在本段程序中，"分支"节点判断"HaveKeyA"变量的真假，如果此变量为"真"，则开门，因为此"分支"节点的"真"输出项后连接了开门的逻辑；如果此变量为"假"，则什么都不做，因为此"分支"节点的"假"输出项后没有连线。

07 单击工具栏中的"编译"按钮，切换到编辑器主界面，在"内容浏览器"面板中拖曳"DoorKeyA"到场景中，调整"DoorKeyA"对象的位置，将其放在"DoorAuto"对象的旁边，如图3-101和图3-102所示。

图3-101

图3-102

08 播放游戏，可以看到当小白人没有拿到钥匙时走到A号门前，门是不会打开的；当拿到钥匙后走到A号门前，门就会打开，如图3-103~图3-105所示。

图3-103

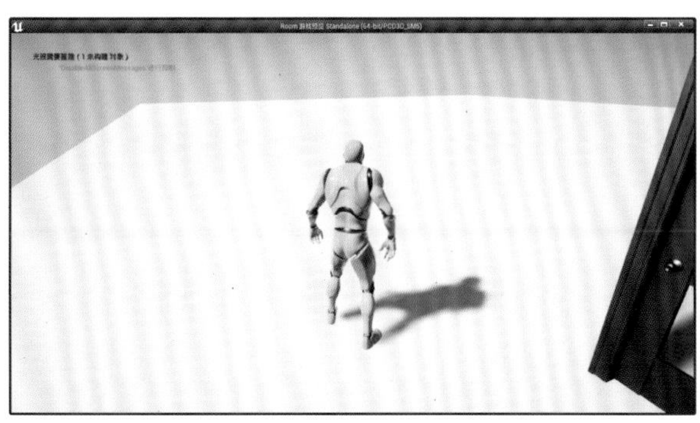

图3-104

图3-105

3.5 设计密室逃脱地图

现在所有的技术问题都解决了，那么赶快设计一个密室逃脱的地图吧！笔者画了一张密室平面图，如图3-106所示。密室被一面墙分成了两个区域，玩家在下面的区域，要想逃出密室，就要打开A号门，而打开A号门的A号钥匙在上面的区域。玩家需要通过自动门到上面的区域拿到A号钥匙，再回来打开A号门，即可成功逃脱。

01 根据平面图搭建场景。可以使用"立方体"作为墙壁，然后将"初学者内容"中提供的相应材质拖曳到墙壁和地面上，场景就搭建完成了，如图3-107所示。

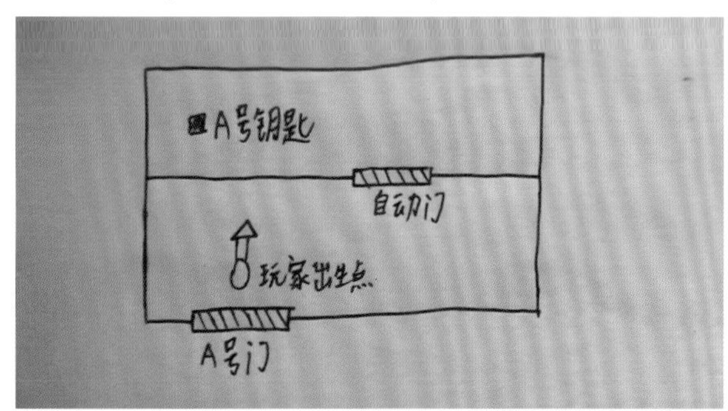

图3-106

图3-107

02 播放游戏并试玩，可以发现开始时打不开A号门，如图3-108所示。小白人通过自动门进入上面的区域，如图3-109所示。小白人去拿A号钥匙，如图3-110所示。小白人通过自动门返回下面的区域，如图3-111所示。小白人打开A号门逃脱，如图3-112所示。

图3-108

图3-109

图3-110

图3-111

图3-112

技术答疑：如何设计更加有趣的地图

搭建完本章的场景并试玩游戏后，读者有没有觉得这个密室逃脱游戏过于简单了呢？好像很容易就从密室逃出来了。那么怎样才能增加场景复杂度，设计出更加有意思的地图呢？答案是增加更多的钥匙和与之对应的门。前面已经制作出了A号钥匙和A号门，下面制作B号钥匙和B号门，使用对应的钥匙打开对应的门，这样地图就有趣多了。

01 在“内容浏览器”面板中打开“Content\ThirdPersonBP\Blueprints”目录下的“ThirdPersonCharacter”类，在“我的蓝图”面板中单击“变量”后的“+”按钮，新建一个布尔型变量，将其命名为“HaveKeyB”，此变量用来表示小白人是否拥有B号钥匙，如图3-113所示。

图3-113

02 单击工具栏中的“编译”按钮，切换到编辑器主界面。在“内容浏览器”面板中切换到“Content”目录下，复制“KeyA”，将复制出的类命名为“KeyB”。然后复制“DoorKeyA”，将复制出的类命名为“DoorKeyB”，如图3-114所示。

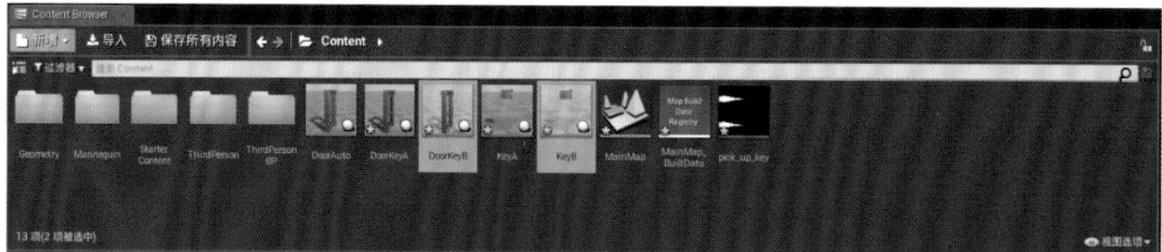
图3-114

03 双击“KeyB”，切换到“事件图表”面板，删除“设置”节点，如图3-115和图3-116所示。

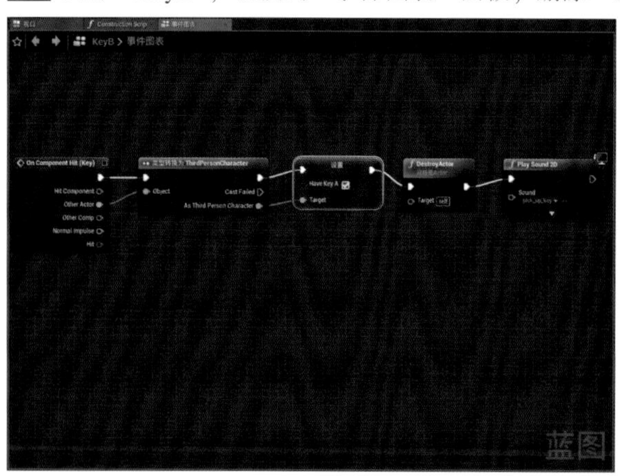
图3-115

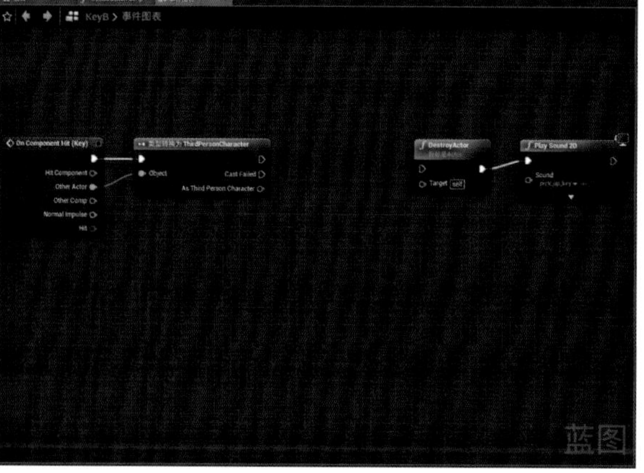
图3-116

04 之后的操作与3.3.3小节的类似。在“类型转换为ThirdPersonCharacter”节点的“As Third Person Character”引脚处拖曳出一条线，释放鼠标后在弹出的菜单中的搜索框内输入“keyb”，找到并选择“设置Have Key B”命令，如图3-117所示。

05 将“类型转换为ThirdPersonCharacter”节点的输出项连接到“设置”节点的输入项，并勾选“设置”节点的“Have Key B”复选框，使此布尔型变量的值为“真”，然后将“设置”节点的输出项连接到“DestroyActor”节点的输入项，如图3-118所示。

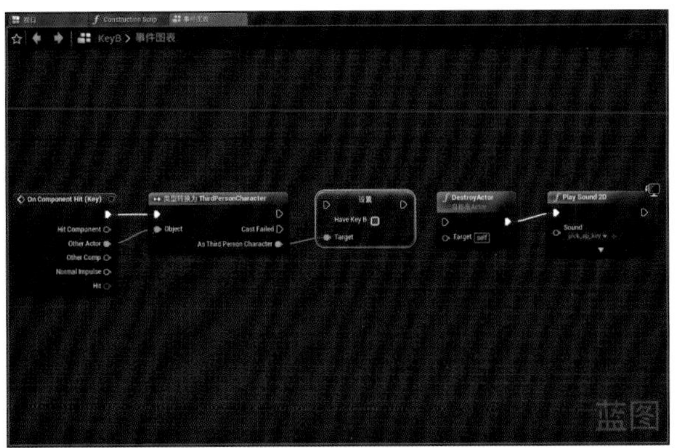

图3-117

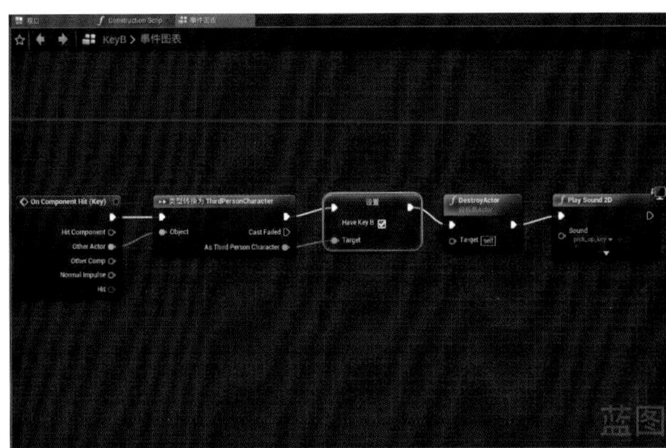

图3-118

技巧提示 相较于“KeyA”的蓝图程序，这里只是将“设置Have Key A”替换成“设置Have Key B”，程序的逻辑没有变。当B号钥匙碰到小白人时，就将小白人的“HaveKeyB”变量设置为“真”，这表示小白人已经拥有了B号钥匙。

06 单击工具栏中的“编译”按钮，切换到编辑器主界面。双击“DoorKeyB”，切换到“事件图表”面板，将“Have Key A”节点删除，如图3-119和图3-120所示。

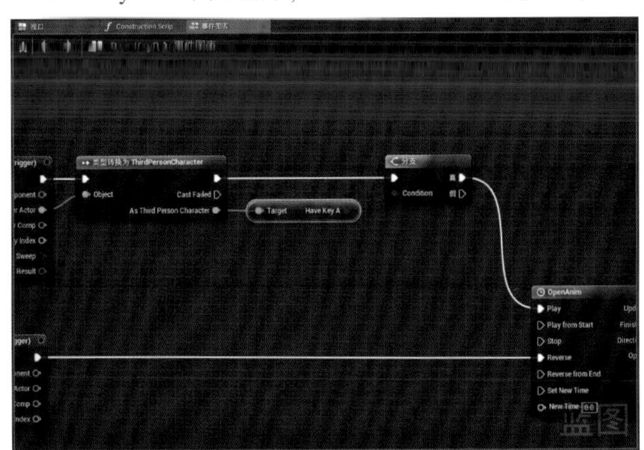

图3-119

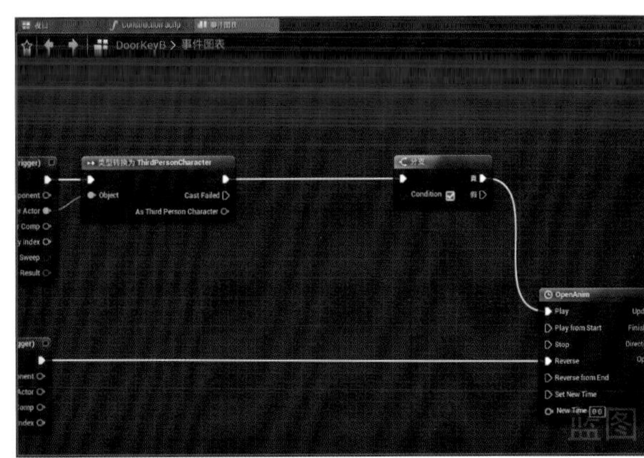

图3-120

07 与3.4节类似，在“类型转换为ThirdPersonCharacter”节点的“As Third Person Character”引脚处拖曳出一条线，释放鼠标后在弹出的菜单中的搜索框内输入“keyb”，找到并选择“获取Have Key B”命令，然后将“Have Key B”节点的引脚连接到“分支”节点的“Condition”引脚，如图3-121所示。

技巧提示 相较于“DoorKeyA”的蓝图程序，这里只是将“Have Key A”节点替换成了“Have Key B”节点，程序的逻辑不变。当小白人走到B号门前的碰撞区域时，检查小白人是否拥有B号钥匙，如果拥有B号钥匙，则打开B号门。

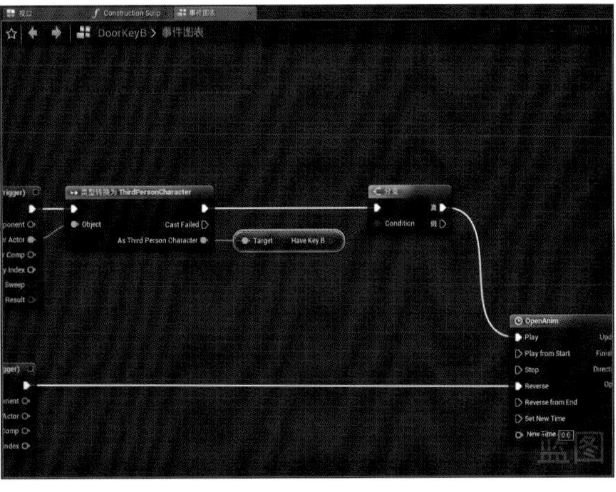

图3-121

08 单击工具栏中的“编译”按钮，切换到编辑器主界面。制作好B号钥匙和与之对应的B号门后，需要重新设计地图，将这二者加入其中，密室的平面图如图3-122所示。

09 按照密室的平面图搭建场景，将B号钥匙和B号门拖曳到场景中，增加一面墙，把相应材质拖曳到墙上，完成后的场景如图3-123所示。

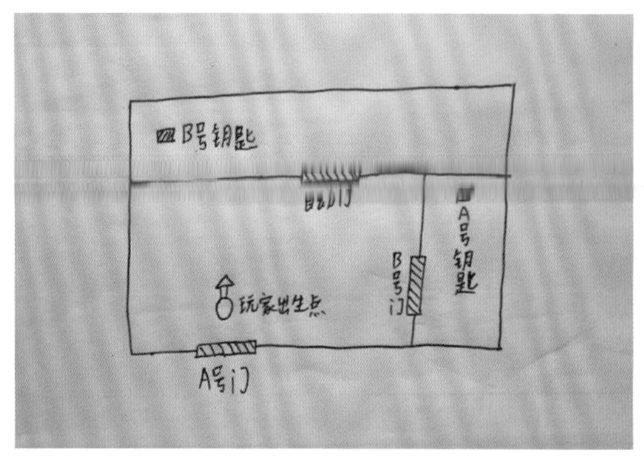

图3-122

图3-123

技巧提示 由图可知，密室被分成3块区域。A号门依旧是密室的出口，但这次将A号钥匙锁在了下面区域的右侧区域。所以玩家要先通过自动门，到上面区域拿到B号钥匙，然后通过自动门返回下面区域，接着打开通往下面区域的右侧区域的B号门，拿到A号钥匙，最后才能打开A号门成功逃脱。

10 播放游戏并试玩。可以发现开始时打不开A号门和B号门，如图3-124所示。小白人通过自动门进入上面区域，如图3-125所示。小白人去拿B号钥匙，如图3-126所示。小白人通过自动门返回下面区域，如图3-127所示。小白人打开B号门进入下面区域的右侧区域，如图3-128所示。小白人去拿A号钥匙，如图3-129所示。小白人打开A号门逃脱，如图3-130所示。

图3-124

图3-125

图3-126

图3-127

图3-128

图3-129

图3-130

技巧提示 现在的地图是不是比之前更有趣呢？当然，还可以复制更多的钥匙的Actor类和门的Actor类，然后将它们分别修改成C号、D号、E号……同时要记得在小白人蓝图中添加相应的布尔型变量。

总之，钥匙和门越多，关卡就越复杂，读者可以尽情发挥想象力，搭建富有挑战性的关卡。如果对自己的设计能力有信心，还可以将项目打包，分享给身边的小伙伴试玩，看看能否将他们难住。

第4章 角色类与玩家控制器：平台跳跃游戏

■ 学习目的

通过对前面几章的学习，读者对Actor已经有了充分的了解。本章将介绍进阶的知识点角色类与玩家控制器，并制作一个可以操控的玩家角色。很多游戏都有一个玩家可以控制的角色，通常是人物，也有些游戏的玩家角色是动物或者其他各种各样的东西。总之，可以被玩家控制的角色就属于玩家角色。

■ 主要内容

- 创建与更改游戏模式
- 创建玩家角色蓝图
- 创建玩家控制器
- 弹簧臂与摄像机
- 使用自定义事件实现角色移动
- 坐标轴映射与动作映射
- 使用Jump函数实现角色跳跃功能
- 角色转身与视角旋转

4.1 概要

下面将使用蓝图制作一个玩家角色类，就像UE4自带的第三人称模板，玩家可以使用按键控制人物四处走动和跳跃，使用鼠标调整视角。笔者将制作一款平台跳跃游戏，搭建一个游戏场景，玩家可以控制角色在平台间跳跃，最终到达目标地点，如果跳跃过程中角色跌落到地面上，游戏将重新开始。游戏画面如图4-1所示。

01 创建项目。在“新建项目”选项卡中，选择“空白”和“没有初学者内容”，将项目命名为“PlatformJump”，如图4-2所示。

图4-1

图4-2

02 将当前默认的关卡保存，以便之后在此场景中进行相关测试。单击工具栏中的“保存当前关卡”按钮，在弹出的对话框中将关卡命名为“TestMap”，然后单击“保存”按钮，如图4-3和图4-4所示。在“内容浏览器”面板中可以看到刚才保存的关卡，如图4-5所示。

图4-3

图4-4

图4-5

03 项目已经创建好了，不要关闭项目，下面为项目导入需要的美术资源。这里从虚幻商城获取美术资源，打开Epic Games启动器，切换到“虚幻商城”选项卡，在搜索框中输入“Advanced Village Pack”进行搜索，找到同名的资源，如图4-6所示。

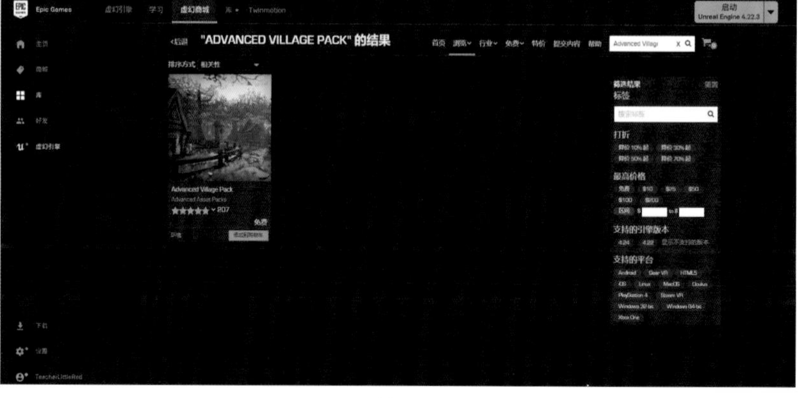

图4-6

04 单击此资源，打开内容详情界面，可以看到此资源的详细介绍。此资源是一个卡通风格的村庄场景，将使用它作为平台跳跃游戏的主场景，单击“免费”按钮，即可获取此资源，如图4-7所示。

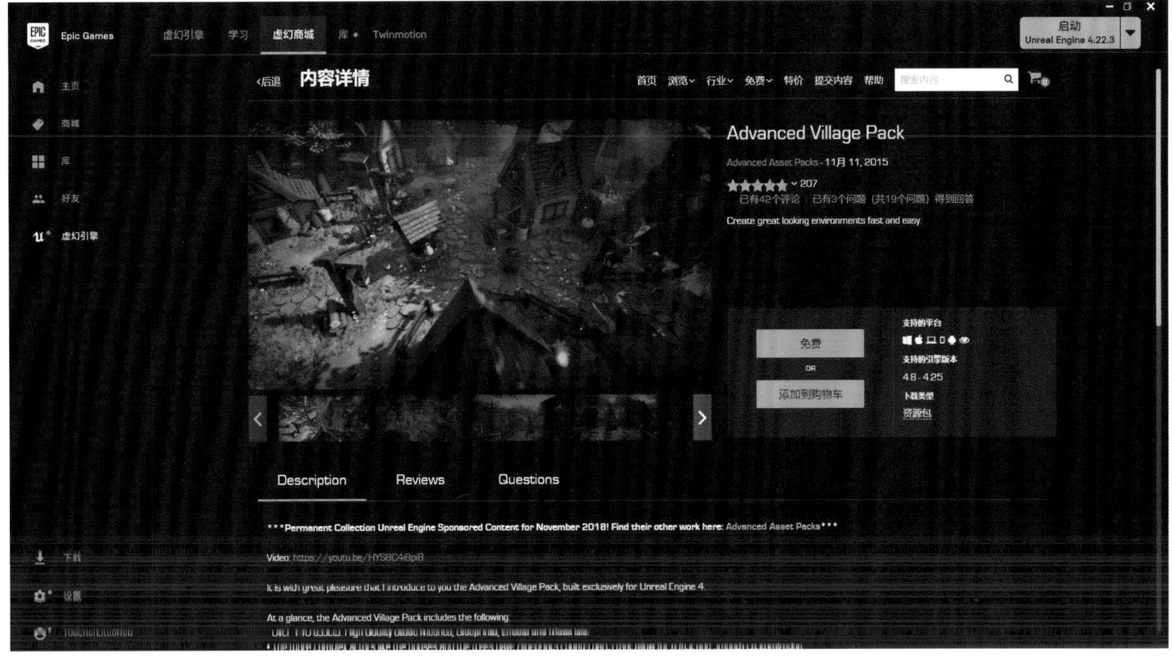

图4-7

05 成功获取资源后，能看到“免费”按钮就变成了“添加到工程”按钮，单击“添加到工程”按钮，如图4-8所示。在弹出的窗口中选择“PlatformJump”项目，然后单击“添加到工程”按钮，就可以将美术资源添加到项目中，如图4-9所示。

图4-8

图4-9

技巧提示 这是第一次使用这个美术资源，所以Epic Games启动器会自动将此资源下载到本地，需要等待资源下载完成，如图4-10所示。此资源下载完成后，“添加到工程”按钮会再次出现，如图4-11所示。

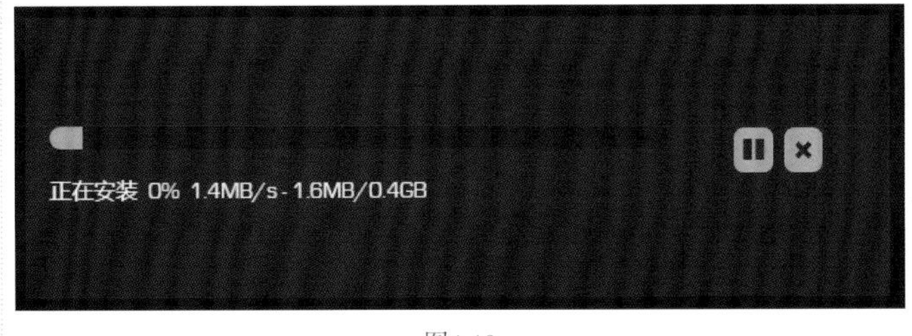

图4-10

图4-11

06 选择界面上方的"库"选项卡，回到UE4启动界面，在"保管库"中可以看到刚才获取的"Advanced Village Pack"资源，如图4-12所示。获取的资源都会出现在"保管库"中，可以在任何项目中使用"保管库"中的资源。

07 返回编辑器主界面，可以在"内容浏览器"面板中找到"AdvancedVillagePack"文件夹，这表示"Advanced Village Pack"资源已经添加到项目中了，如图4-13所示。

图4-12

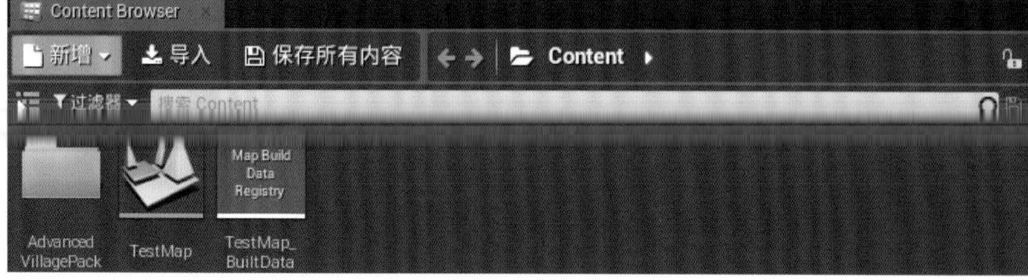

图4-13

4.2 GamePlay框架

许多大型的产品都有框架，框架用来承载产品的组成部分，例如，汽车的框架承载引擎、车轮、电气系统等重要的部件。一个完整的游戏也需要有一个框架，用来承载游戏的各个组成部分，这样的框架叫作GamePlay框架。下面就来学习搭建一个GamePlay框架。

4.2.1 创建游戏模式

游戏模式是GamePlay框架的根基，它用来描述游戏的规则、得分，以及游戏类型等关键信息。下面就来创建一个游戏模式。

在"内容浏览器"面板中单击鼠标右键，在弹出的菜单中选择"Blueprint Class"命令，在"选取父类"对话框中单击"Game Mode Base"按钮，将新建的游戏模式类命名为"PlatformJumpMode"，它将是一个平台跳跃类游戏的游戏模式，如图4-14~图4-16所示。

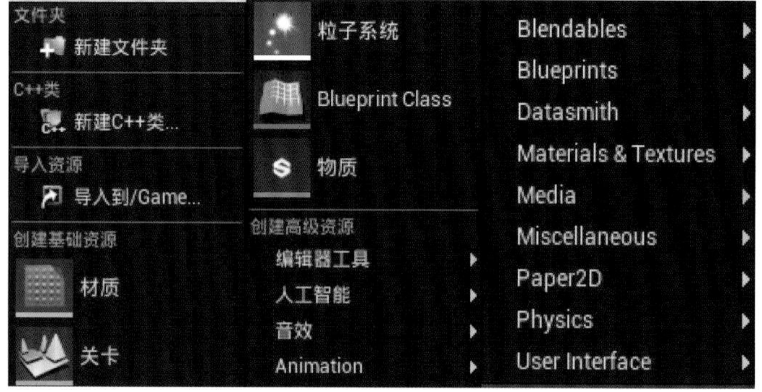

图4-14

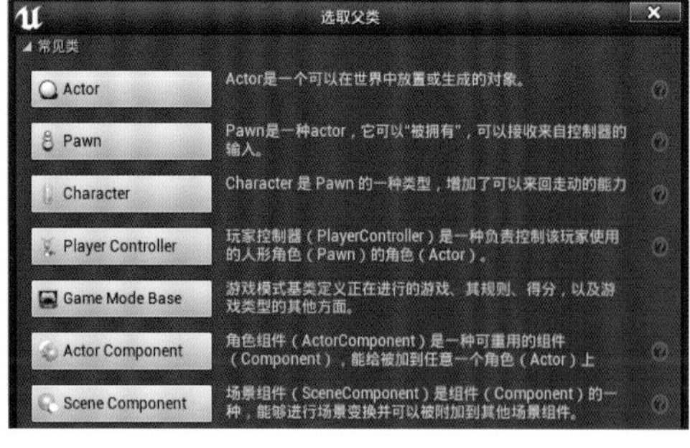

图4-15

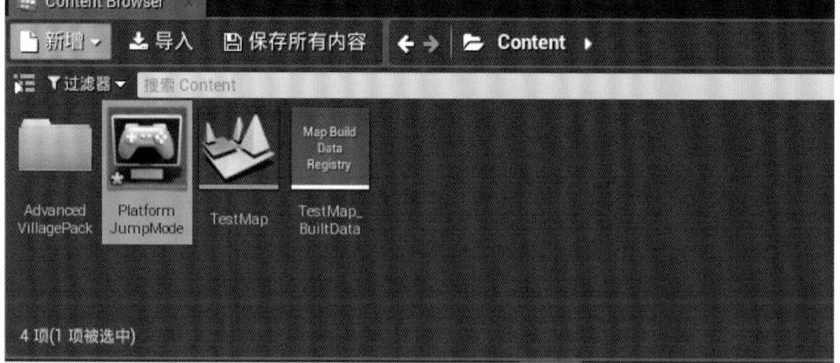

图4-16

技巧提示 游戏模式已经创建好了，它是整合游戏各部分的蓝图类，因为还没有创建游戏的其他部分，所以暂时用不到这个游戏模式，下面创建其他蓝图类。

4.2.2 创建玩家角色蓝图

玩家可以操控的角色也是一个蓝图类，之前用到的小白人角色就属于玩家角色蓝图。下面创建一个玩家角色蓝图类。

在“内容浏览器”面板中单击鼠标右键，在弹出的菜单中选择“Blueprint Class”命令，在“选取父类”对话框中单击“Character”按钮，将新建的角色蓝图类命名为“PlayerChar”，表示此蓝图类将作为玩家角色，如图4-17~图4-19所示。

图4-17

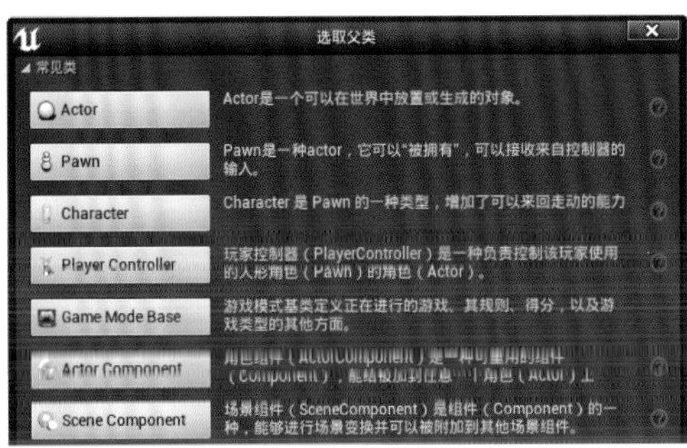

图4-18

图4-19

技巧提示 Character类是Pawn类的子类，Pawn类是Actor类的子类，它们的继承关系如图4-20所示。前面介绍了Actor类用于表示场景中的一切物体，它的子类Pawn类用于表示可以被操控的Actor类，它相比于父类增加了“可以被操控”这一修饰条件，功能被细化。Pawn类的子类是Character类，它的功能相对于Pawn类再次被细化，增加了走动、跳跃和游泳等人形角色特有的功能。通常情况下，凡是主角是人类的游戏，都会使用Character类作为玩家角色，如果敌人也是人类，Character类也会作为敌人角色。

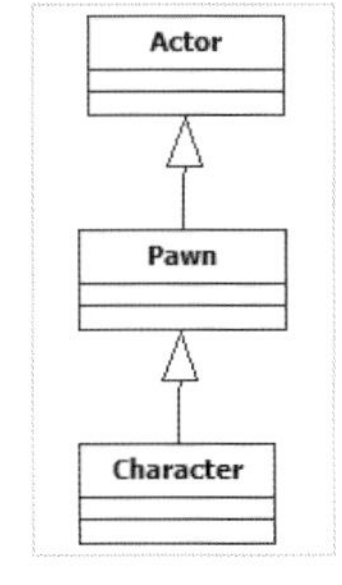

图4-20

4.2.3 创建玩家控制器

有了玩家角色还不够，想要控制玩家角色，还要创建一个玩家控制器。

在“内容浏览器”面板中单击鼠标右键，在弹出的菜单中选择“Blueprint Class”命令，在“选取父类”对话框中单击“Player Controller”按钮，将新建的玩家控制器命名为“PlayerCharController”，表示它是支配“PlayerChar”的控制器，如图4-21~图4-23所示。

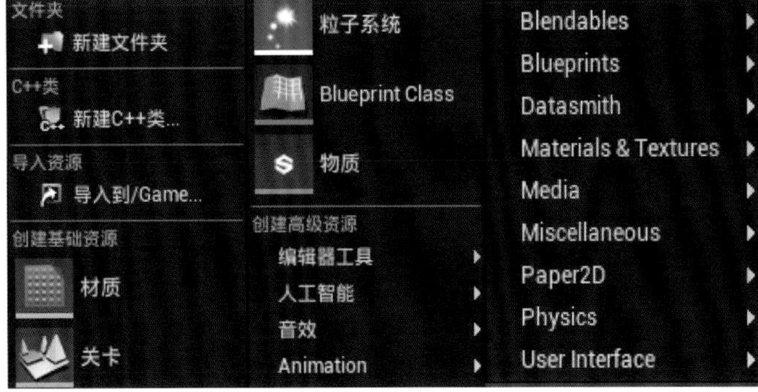

图4-21

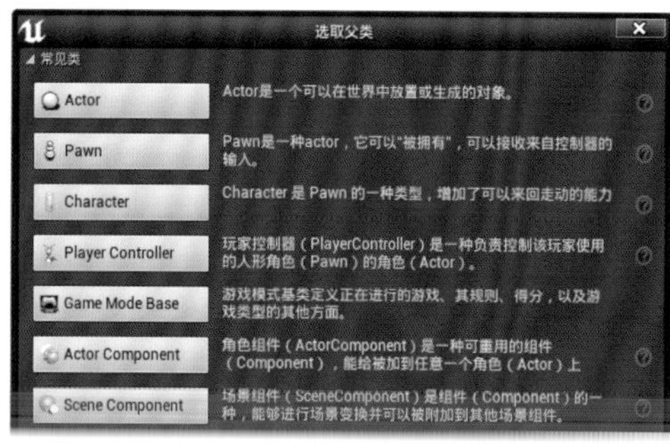

图4-22

图4-23

技巧提示 读者可以将PlayerChar蓝图类看成“肉体”，将PlayerCharController蓝图类看成“灵魂”，“灵魂”可以支配“肉体”，即玩家控制器可以控制玩家角色。

4.2.4 更改游戏模式

现在需要的各个蓝图类都创建好了，需要通过游戏模式将各部分整合到一起，让各蓝图类相互关联。

01 双击刚才创建的“PlatformJumpMode”类，可以在“细节”面板的“Classes”选项中看到默认游戏模式的参数设置情况，如图4-24所示。

02 修改参数设置。将“Player Controller Class”设置为“PlayerCharController”，将“Default Pawn Class”设置为“PlayerChar”，如图4-25所示。

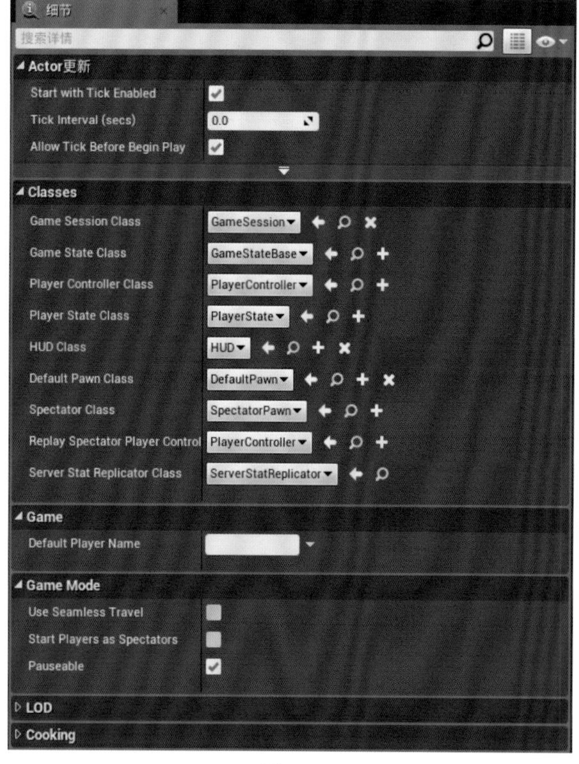

图4-24

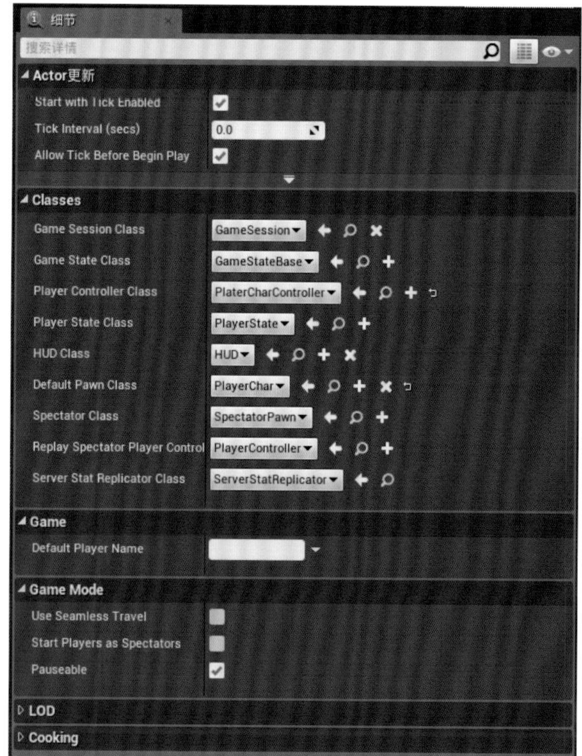

图4-25

技巧提示 现在“PlatformJumpMode”游戏模式描述了“使用‘PlayerCharController’玩家控制器来控制‘PlayerChar’默认玩家角色”这一信息。

03 单击工具栏中的“编译”按钮，然后关闭当前界面。下面要应用修改好的游戏模式，选择“项目设置”选项卡，在“地图&模式”中将“Default Modes”中的“Default GameMode”设置为“PlatformJumpMode”，如图4-26所示。这样游戏开始时UE4就会应用“PlatformJumpMode”游戏模式。

图4-26

现在GamePlay框架搭建完毕，可以返回编辑器主界面，准备进行下一步操作。

4.3 玩家角色蓝图

可以被玩家控制的角色叫作玩家角色，玩家角色就是游戏的主角。下面使用玩家角色蓝图制作游戏的主角——一个小兔子角色。

4.3.1 制作游戏主角

01 准备一些不同颜色的材质，它们将用于主角模型。这里创建了黑色、橘色和粉色3种材质，分别将它们命名为“Black”“Orange”“Pink”，如图4-27所示。

02 在“内容浏览器”面板中双击“PlayerChar”，打开玩家角色蓝图界面，观察“Components”面板，可以发现“Character”类已经添加好了一些默认组件，如图4-28所示。

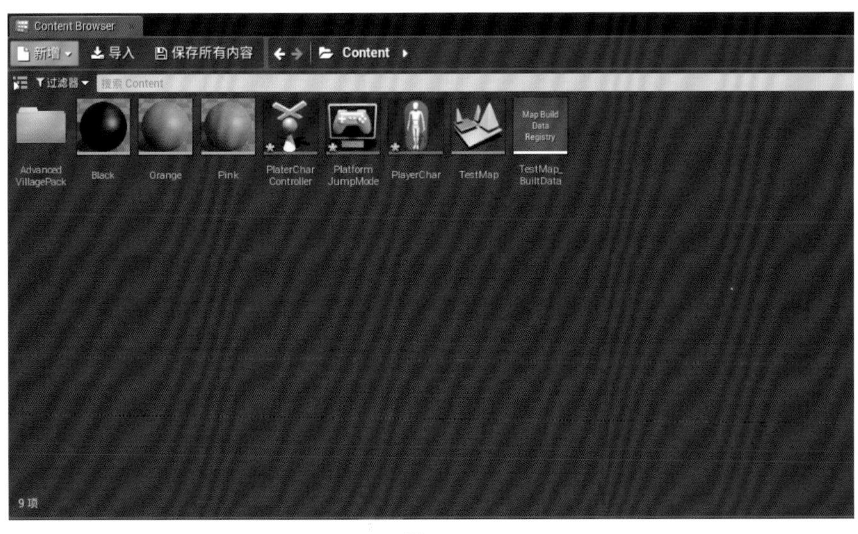

图4-27

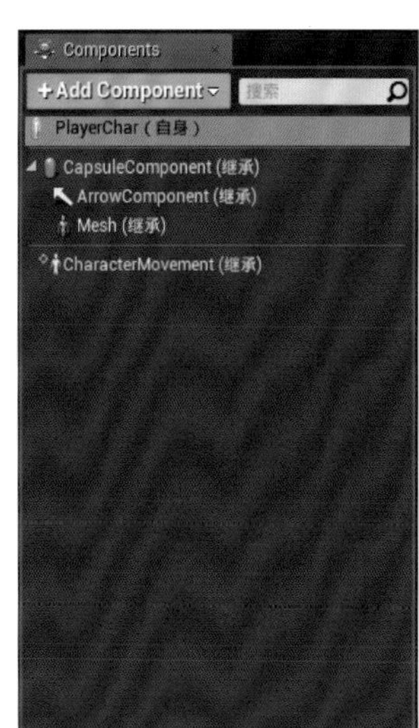

图4-28

技巧提示 “CapsuleComponent”是根组件，它是一个胶囊体，用于包裹角色模型。它的子组件“ArrowComponent”是一个箭头模型，用来表示角色朝向，角色朝向即箭头方向；子组件“Mesh”是网格体组件，用于显示角色模型。

除了以上组件，还有“CharacterMovement”组件。它是Character类特有的组件，此组件中含有角色移动的各种重要参数，如最大行走速度、跳跃高度、转身速度等，后面会详细说明。

下面制作游戏主角模型。读者还记得之前做过的飞碟模型吗？这里仍然使用相同的方法，利用简单几何体来制作一个小兔子模型，蹦蹦跳跳的小兔子适合作为平台跳跃游戏的主角。

03 在“Components”面板中选择“Mesh”，然后单击“+Add Component”按钮+Add Component，找到并选择“锥形”，将其命名为“Body”，在“细节”面板中将“位置”设置为（0,0,–5），将材质设置为“Orange”，观察“视口”面板，将这个橘色的圆锥作为兔子的身体，如图4-29~图4-32所示。

图4-29

图4-30

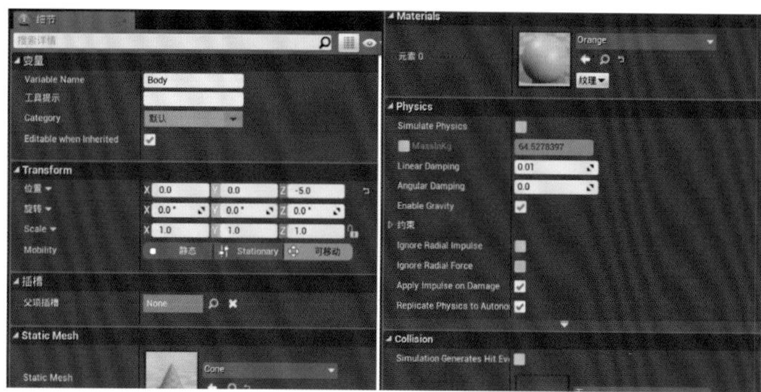

图4-31

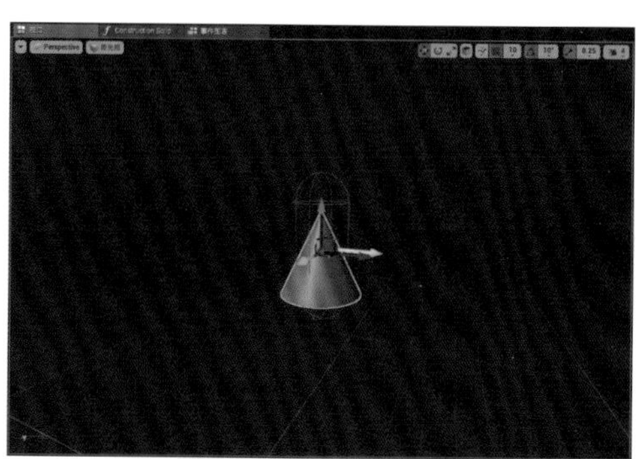

图4-32

04 在“Components”面板中选择“Body”，然后单击“+Add Component”按钮+Add Component，找到并选择“Sphere”，将该球体命名为“Head”，在“细节”面板中设置球体的“位置”为（0,0,35）、“Scale”为（0.875,0.875,0.875），材质保持默认设置，观察“视口”面板，将这个白色的球体作为兔子的头，如图4-33~图4-36所示。

图4-33

+Add Component 搜索
PlayerChar（自身）
CapsuleComponent (继承)
ArrowComponent (继承)
Mesh (继承)
Body
Head
CharacterMovement (继承)

图4-34

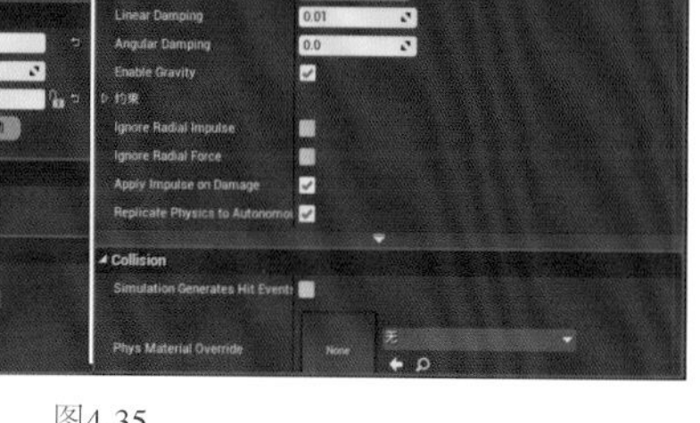

图4-35

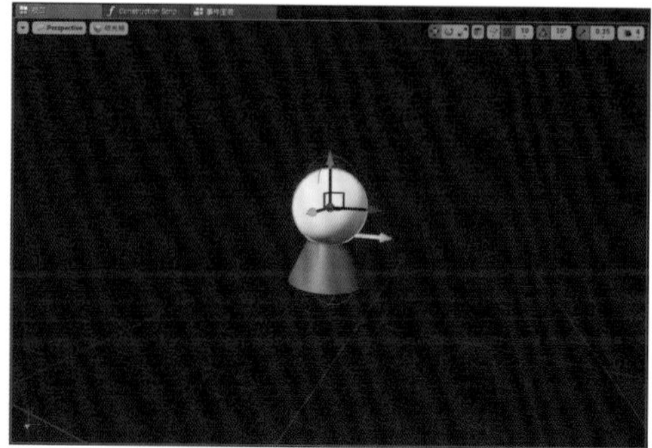

图4-36

05 在“Components”面板中选择“Head”，然后单击“+Add Component”按钮 +Add Component ，找到并选择“Sphere”，将该球体命名为“EyeR”，在“细节”面板中设置球体的“位置”为(43.857,15,−0.714)、“Scale”为(0.125,0.125,0.125)(在实际设置时UE4可能会产生些许误差)，将材质设置为“Black”，观察“视口”面板，将这个黑色的球体作为兔子的右眼，如图4-37~图4-40所示。

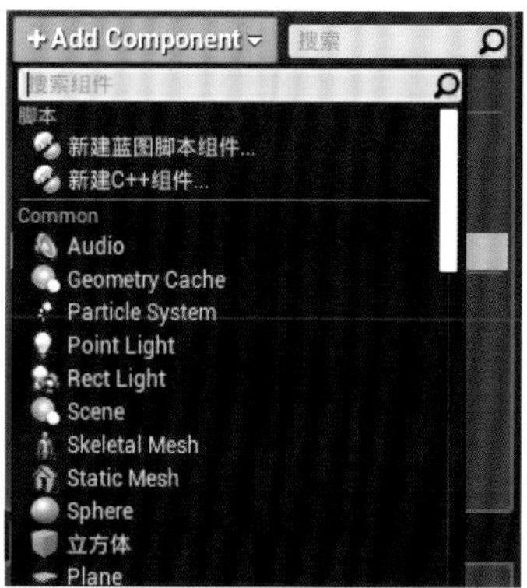

图4-37

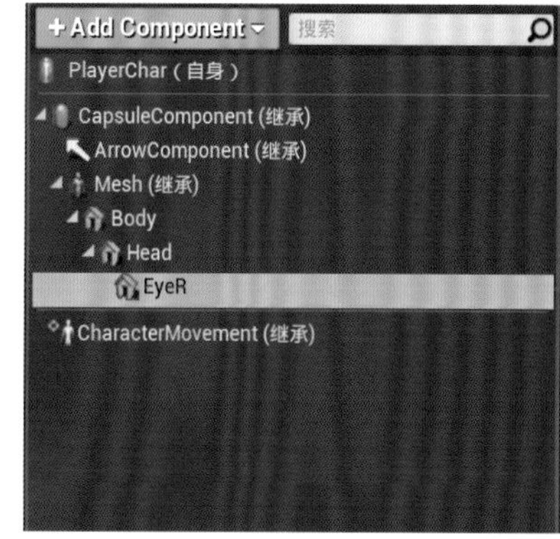

图4-38

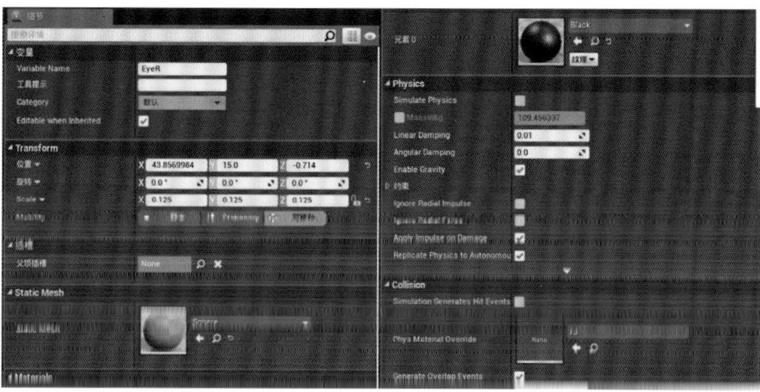
图4-39

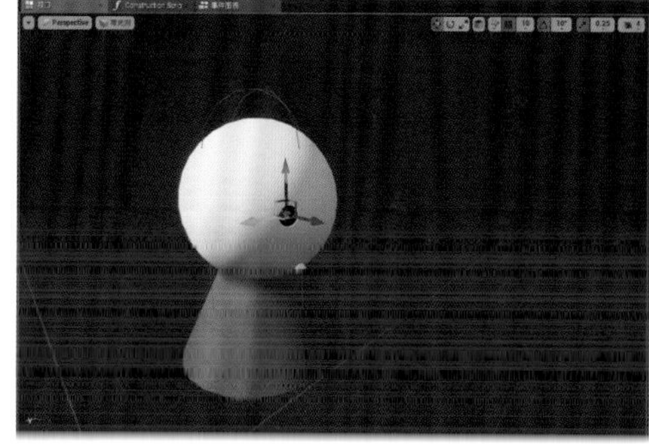
图4-40

06 在“Components”面板中选择“Head”，然后单击“+Add Component”按钮 +Add Component ，找到并选择“Sphere”，将该球体命名为“EyeL”，在“细节”面板中设置球体的“位置”为(43.857,−15,−0.714)、“Scale”为(0.125,0.125,0.125)，将材质设置为“Black”，观察“视口”面板，将这个黑色的球体作为兔子的左眼，如图4-41~图4-44所示。

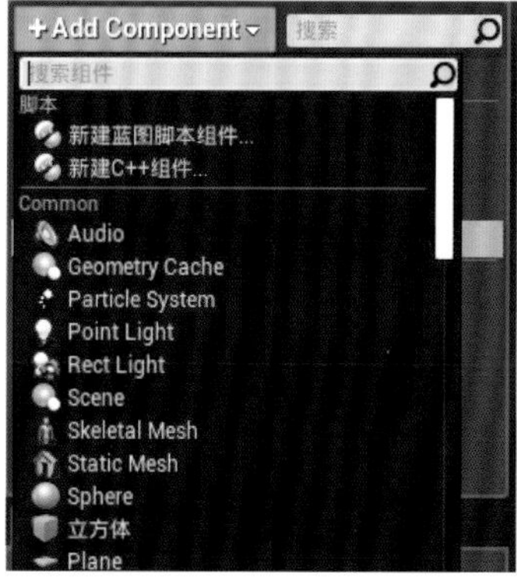

图4-41

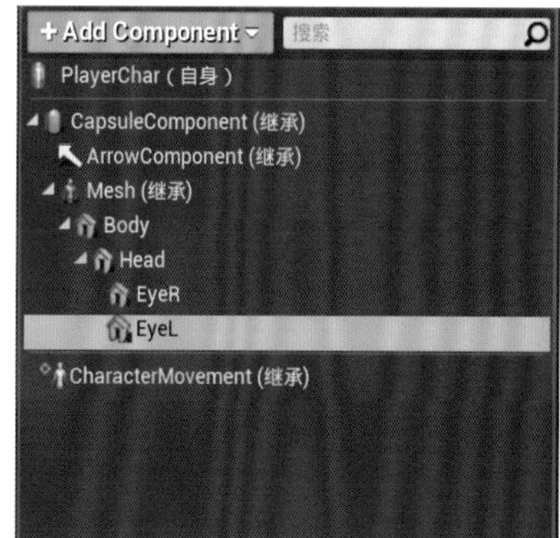

图4-42

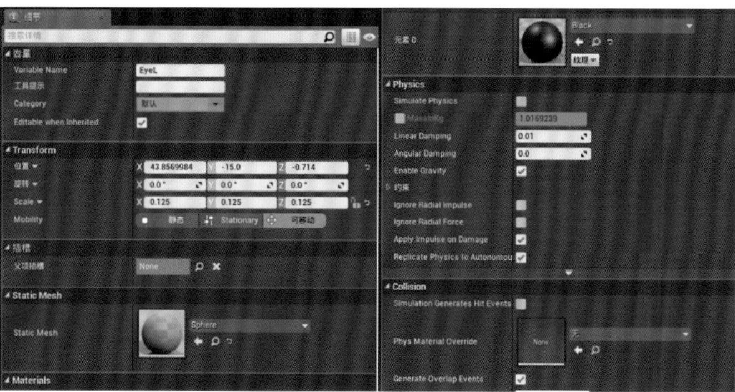
图4-43

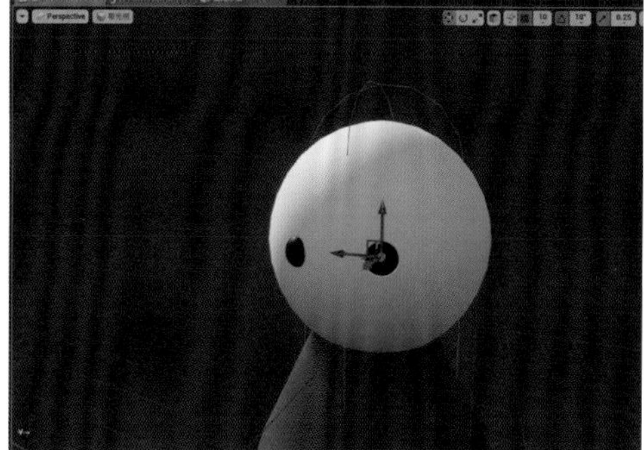
图4-44

07 在“Components”面板中选择“Head”，然后单击“+Add Component”按钮+Add Component，找到并选择“Sphere”，将该球体命名为“Nose”，在“细节”面板中设置“位置”为(48.857,0,-11.429)、“Scale”为(0.0625,0.0625,0.0625)，将材质设置为“Pink”，观察“视口”面板，将这个粉色的球体作为兔子的鼻子，如图4-45~图4-48所示。

图4-45

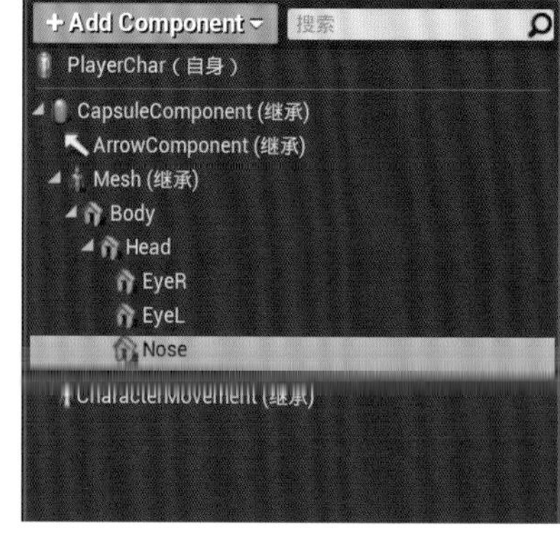

图4-46

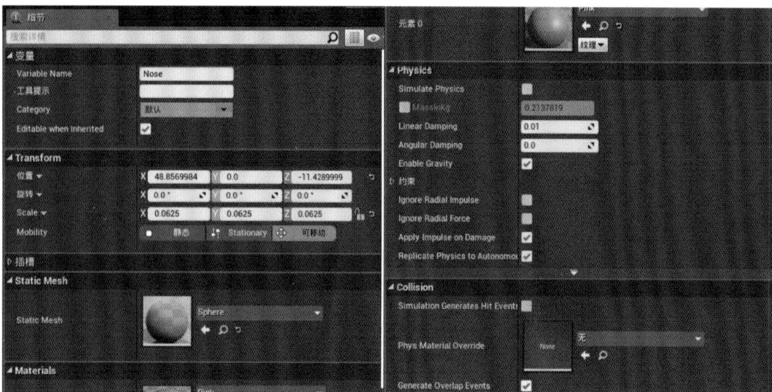

图4-47

图4-48

08 在“Components”面板中选择“Head”，然后单击“+Add Component”按钮+Add Component，找到并选择“Sphere”，将该球体命名为“EarR”，在“细节”面板中设置“位置”为(10.286,25,50)、“旋转”为(0°,-20°,0°)、“Scale”为(0.3125,0.28125,1.125)，材质保持默认设置，观察“视口”面板，将这个白色的几何体作为兔子的右耳，如图4-49~图4-52所示。

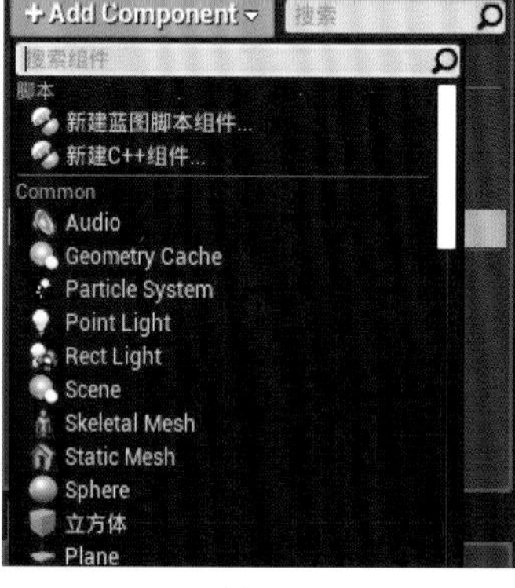

图4-49

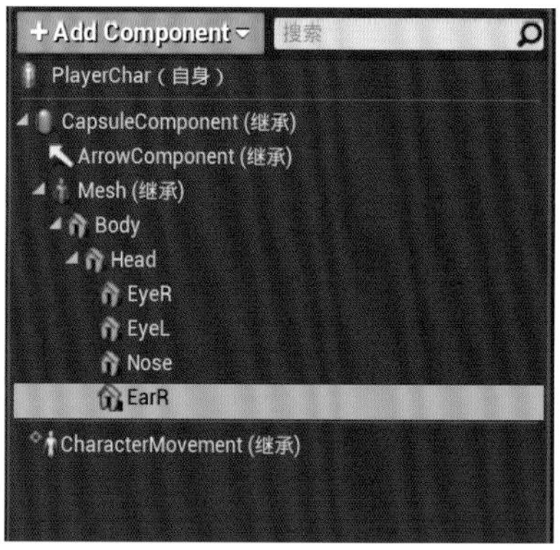

图4-50

图4-51

图4-52

09 在“Components”面板中选择“Head”，然后单击“+Add Component”按钮+Add Component，找到并选择“Sphere”，将该球体命名为“EarL”，在“细节”面板中设置“位置”为(10.286，－25,50)、“旋转”为(0°,－20°,0°)、“Scale”为(0.3125,0.28125,1.125)，材质保持默认设置，观察“视口”面板，将这个白色的几何体作为兔子的左耳，如图4-53~图4-56所示。

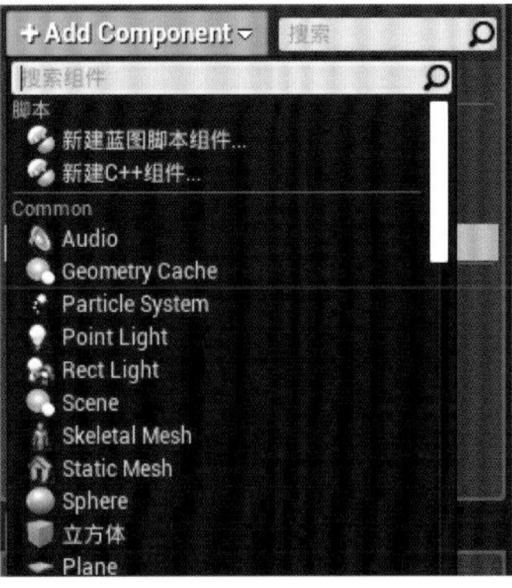

图4-53

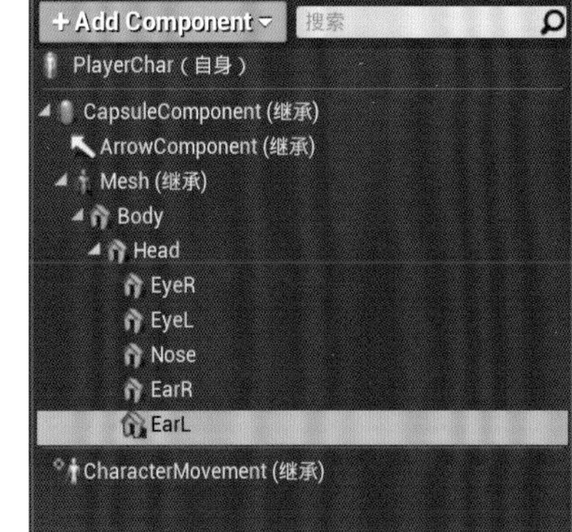

图4-54

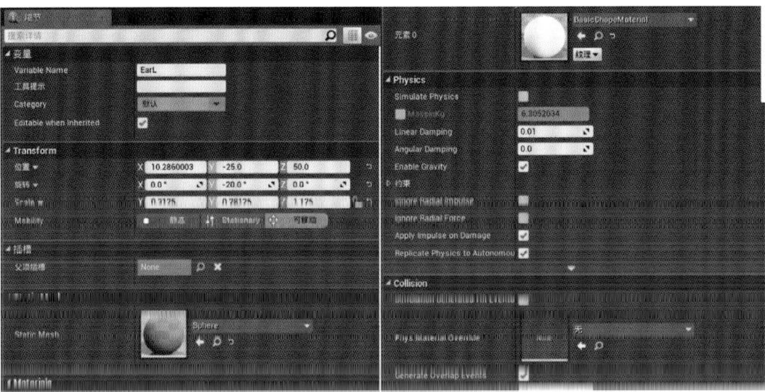

图4-55

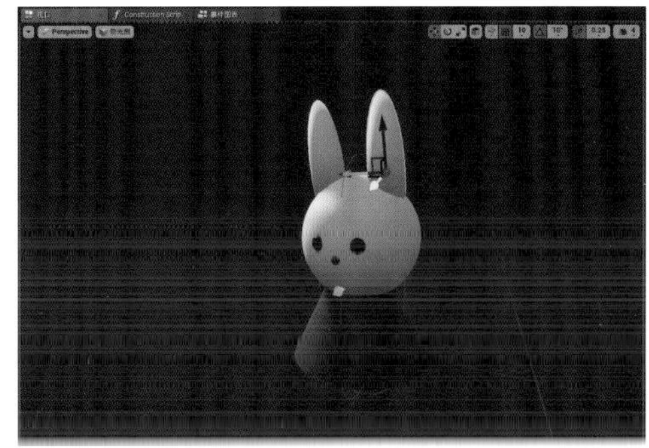

图4-56

10 在“Components”面板中选择“Body”，然后单击“+Add Component”按钮+Add Component，找到并选择“Sphere”，将该球体命名为“HandR”，在“细节”面板中设置“位置”为(0,41.17,－18.214)、“旋转”为(－40°,0°,0°)、“Scale”为(0.28125,0.28125,0.5625)，材质保持默认设置，观察“视口”面板，将这个白色的几何体作为兔子的右手，如图4-57~图4-60所示。

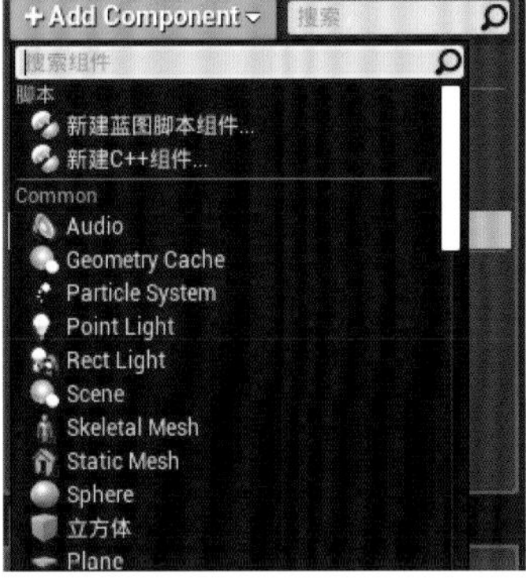

图4-57

图4-58

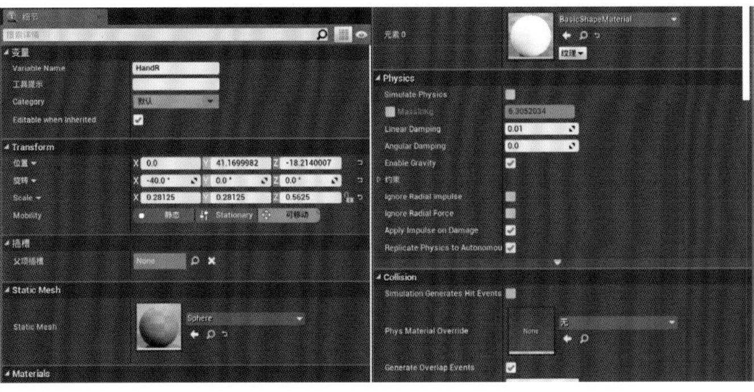

图4-59

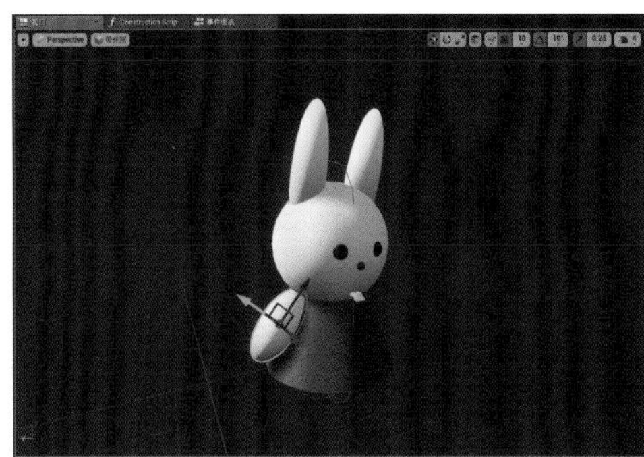

图4-60

11 在“Components”面板中选择“Body”，然后单击“+Add Component”按钮 +Add Component ，找到并选择“Sphere”，将该球体命名为“HandL”，在“细节”面板中设置“位置”为(0, −41.17, −18.214)、“旋转”为(40°,0°,0°)、“Scale”为(0.28125,0.28125,0.5625)，材质保持默认设置，观察“视口”面板，将这个白色的几何体作为兔子的左手，如图4-61~图4-64所示。

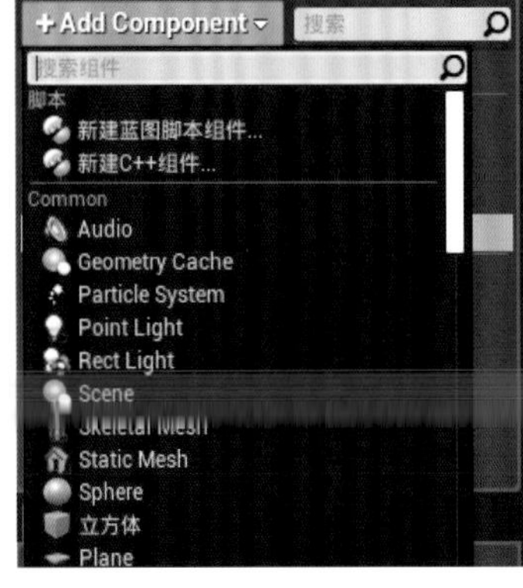

图4-61

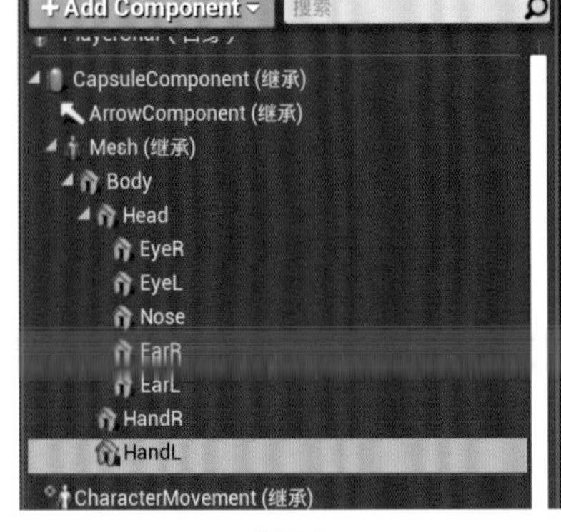

图4-62

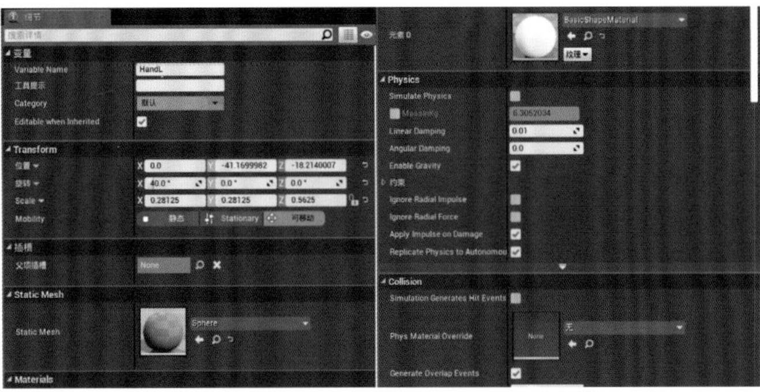

图4-63

图4-64

12 在“Components”面板中选择“Body”，然后单击“+Add Component”按钮 +Add Component ，找到并选择“Sphere”，将该球体命名为“LegR”，在“细节”面板中设置“位置”为（0,20,−60）、“Scale”为（0.25,0.25,0.5），材质保持默认设置，观察“视口”面板，将这个白色的几何体作为兔子的右腿，如图4-65~图4-68所示。

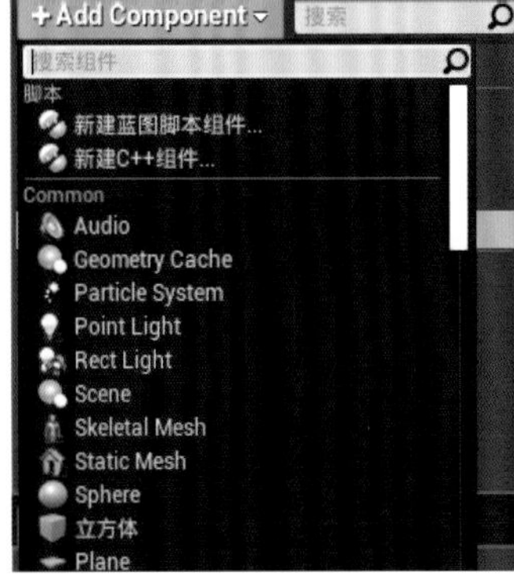

图4-65

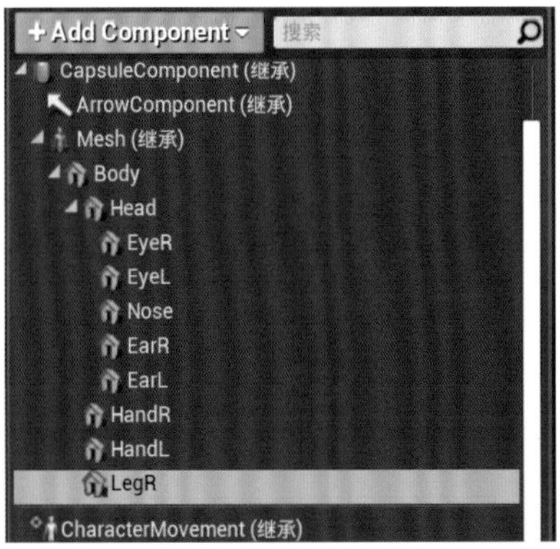

图4-66

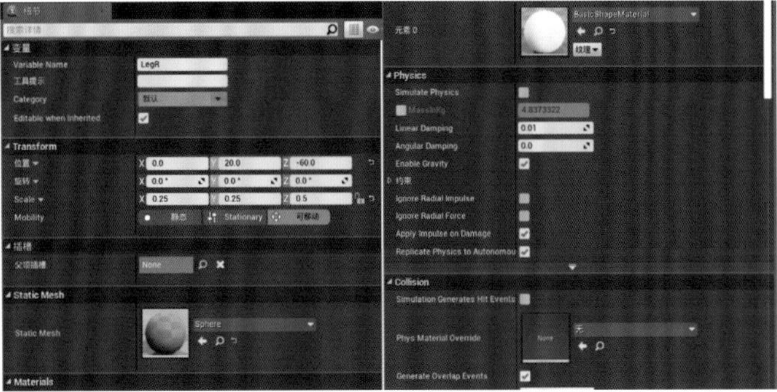

图4-67

图4-68

13 在"Components"面板中选择"Body"，然后单击"+Add Component"按钮 +Add Component ，找到并选择"Sphere"，将该球体命名为"LegL"，在"细节"面板中设置"位置"为（0，-20，-60）、"Scale"为（0.25,0.25,0.5），材质保持默认设置，观察"视口"面板，将这个白色的几何体作为兔子的左腿，如图4-69~图4-72所示。

图4-69

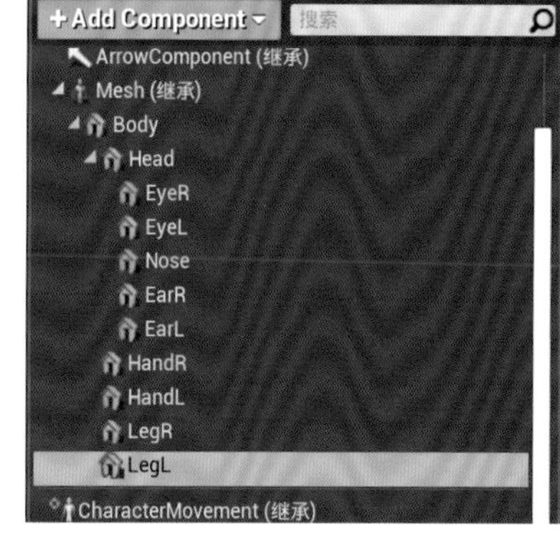

图4-70

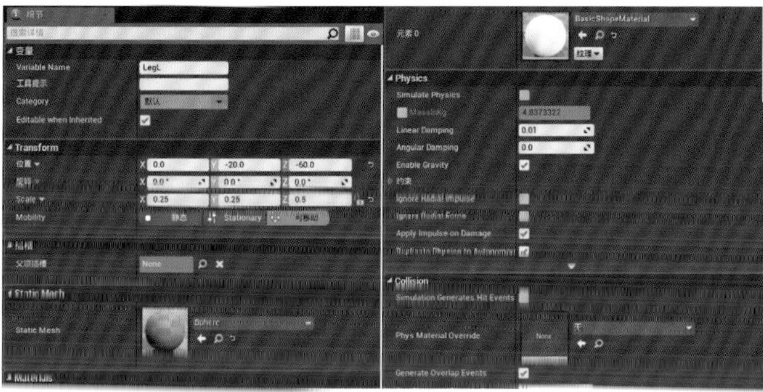

图4-71

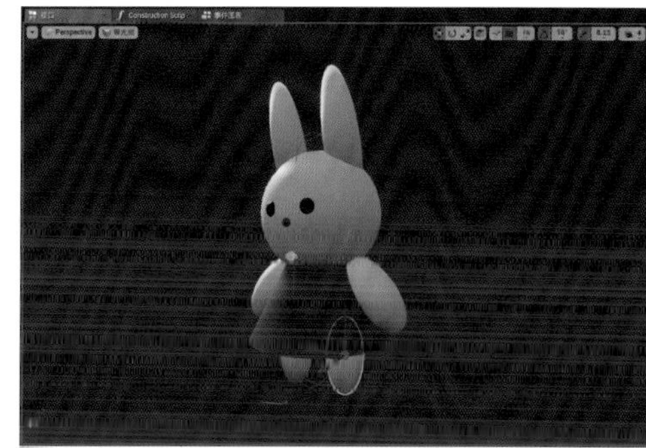

图4-72

14 在"Components"面板中选择"Body"，然后单击"+Add Component"按钮 +Add Component ，找到并选择"Sphere"，将该球体命名为"Tail"，在"细节"面板中设置"位置"为（-50，0，-40）、"Scale"为（0.15625,0.15625,0.15625），材质保持默认设置，观察"视口"面板，将这个白色的球体作为兔子的尾巴，如图4-73~图4-76所示。

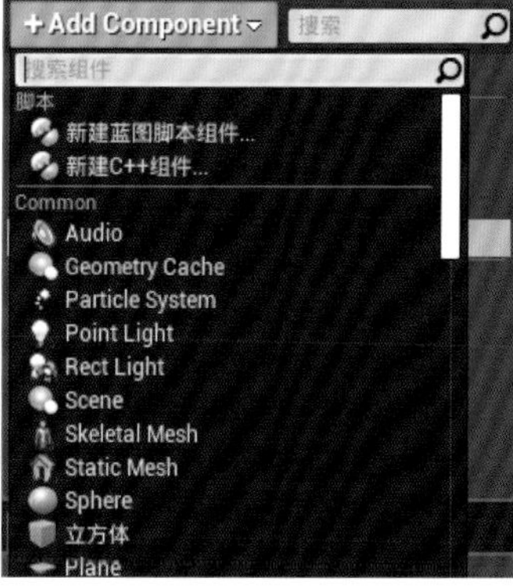

图4-73

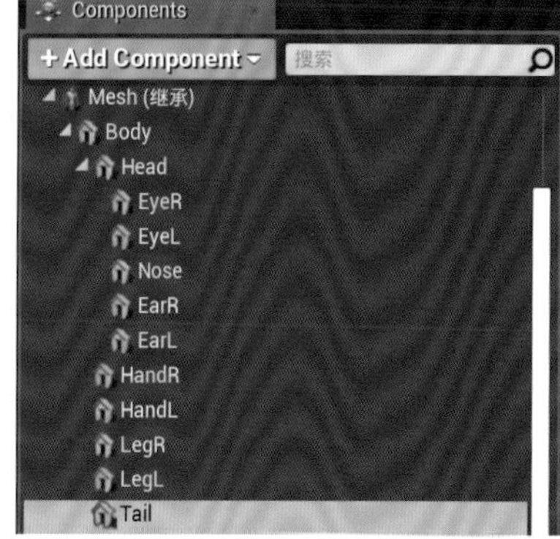

图4-74

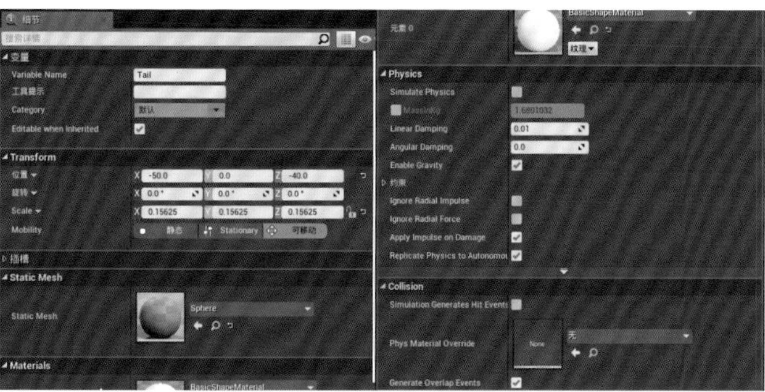

图4-75

图4-76

15 制作好的兔子模型如图4-77所示。再次对照“Components”面板中兔子各部分的层级关系，确保无误，如图4-78所示。

图4-77

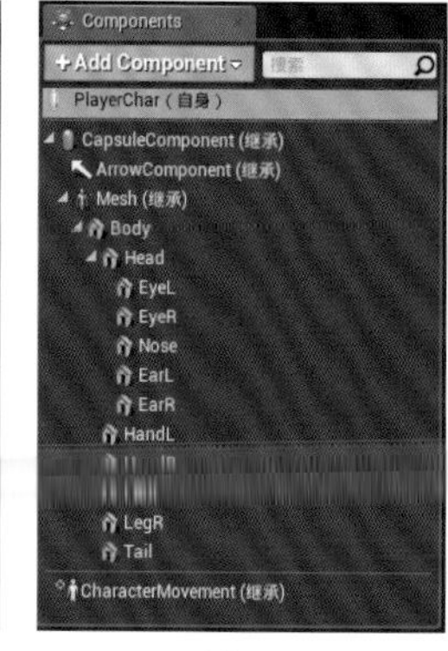

图4-78

4.3.2 弹簧臂与摄像机

只有主角模型还不够，还需要添加一个可以一直跟随主角拍摄的摄像机，同时还要有一个作为摄像机吊杆的弹簧臂。

01 添加弹簧臂。在“Components”面板中，选择根组件“CapsuleComponent(继承)”，然后单击“+Add Component”按钮 +Add Component，找到并选择“SpringArm”，在“细节”面板中设置“位置”为（0,0,70），在“Camera”中将“Target Arm Length”设置为500，这表示弹簧臂的长度，观察“视口”面板，会发现兔子后面多了一条红线，这就是用来连接摄像机的弹簧臂，如图4-79~图4-83所示。

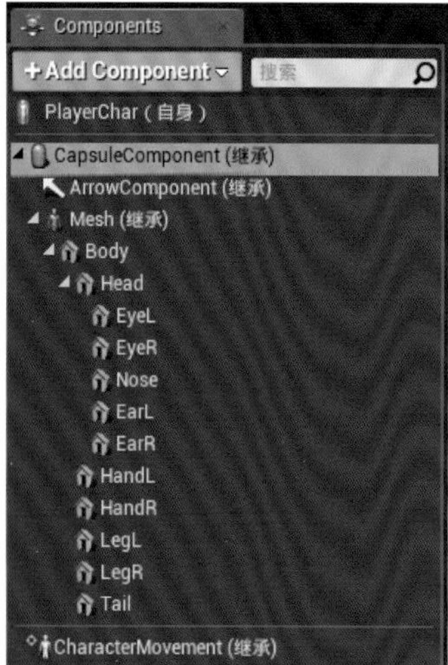

图4-79

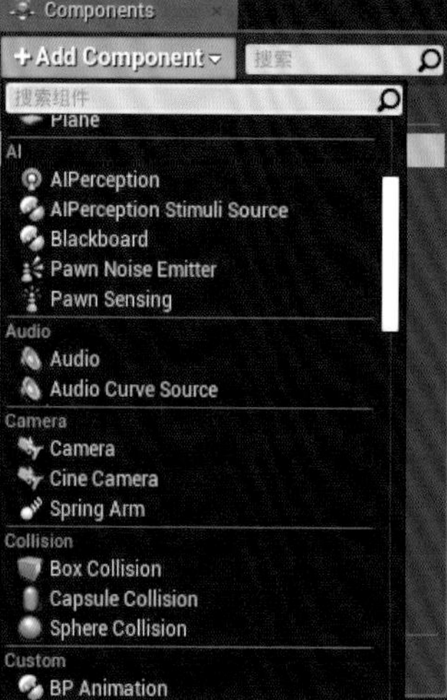

图4-80

图4-81

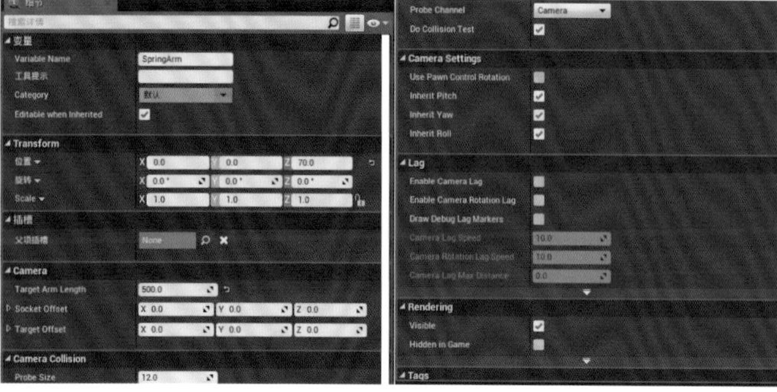

图4-82

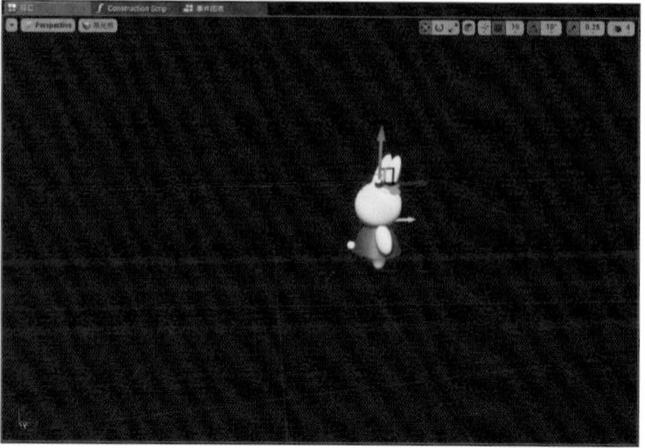

图4-83

02 添加摄像机。在“Components”面板中选择“SpringArm”，然后单击“+Add Component”按钮 +Add Component ，找到并选择“Camera”，观察“视口”面板，兔子后面多了一个摄像机，如图4-84~图4-87所示。

图4-84

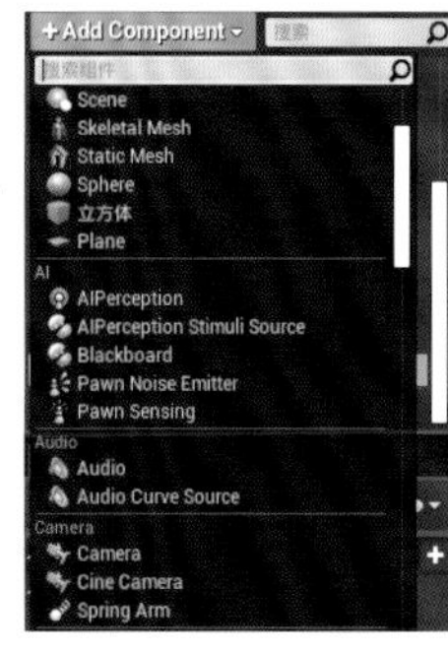

图4-85

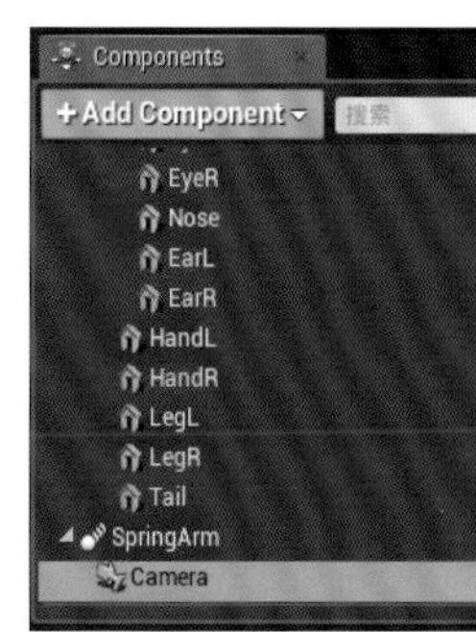

图4-86

技巧提示 摄像机的作用是一直跟随玩家角色拍摄，当玩家角色移动时，摄像机也会在玩家角色背后跟随移动，其效果就像是摄影师扛着摄像机追在主角身后拍摄一样，这也是大多数第三人称游戏常用的视角。弹簧臂的作用是连接人物和摄像机，可以通过调整弹簧臂的长度来改变摄像机与人物之间的距离。同时，弹簧臂还可以避免摄像机“穿墙”，例如，人物与墙壁之间的距离比人物与摄像机之间的距离小时，弹簧臂就会自动缩短长度，使摄像机拉近，让人物与摄像机之间的距离小于人物与墙之间的距离，从而避免摄像机陷入墙壁。

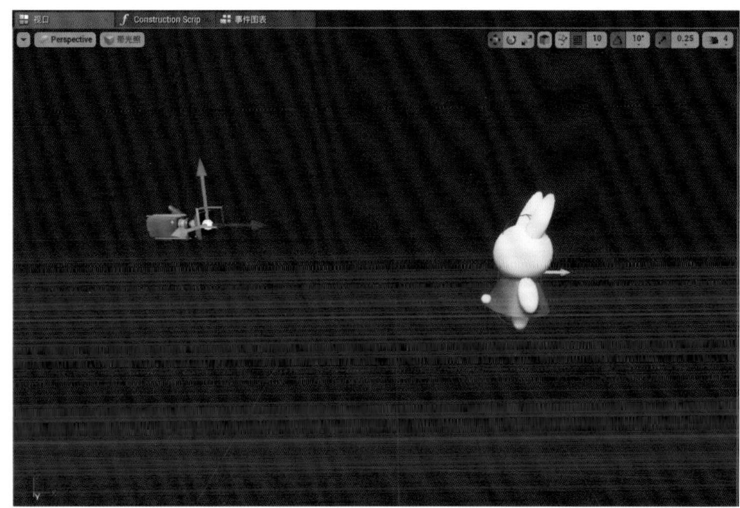

图4-87

4.3.3 使用自定义事件实现角色移动

一个类可以具有各种属性和行为，玩家角色类也是如此，下面就要设计玩家角色类的属性和行为。作为可以被玩家控制的角色，移动速度、移动方向等参数就是它的属性，向前、后、左、右移动就是它的行为。与移动相关的参数可以在“CharacterMovement”组件中进行调整，而角色向前、后、左、右方向移动的功能需要编写蓝图程序来实现。

01 切换到“事件图表”面板。在面板的空白处单击鼠标右键，在弹出的菜单中的搜索框内输入“custom”，找到并选择“添加自定义事件”命令，将节点命名为“DoMoveForward”，如图4-88和图4-89所示。

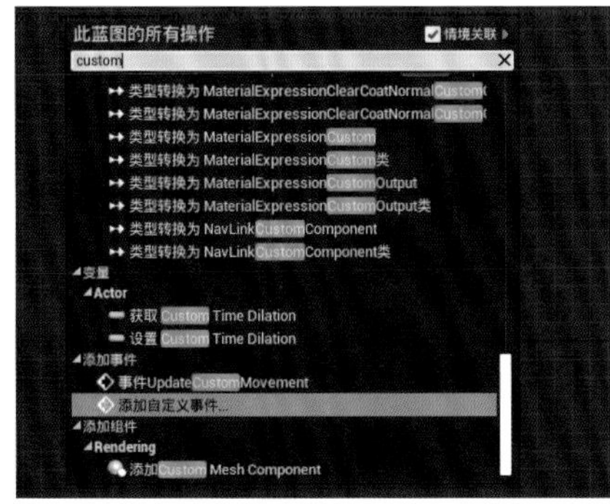

图4-88

图4-89

02 选择“DoMoveForward”节点，在“细节”面板中单击“Inputs”后面的“+”按钮，为事件添加一个输入参数，将该参数命名为“Axis Value”，设置数据类型为“Float”，如图4-90所示。

03 从“DoMoveForward”节点的输出项处拖曳出一条线，释放鼠标后在弹出的菜单中的搜索框内输入“addmove”，找到并选择“Add Movement Input”命令，如图4-91所示。

图4-90

04 在“事件图表”面板的空白处单击鼠标右键，在弹出的菜单中的搜索框内输入“getcontrol”，找到并选择“Get Control Rotation”命令，如图4-92所示。

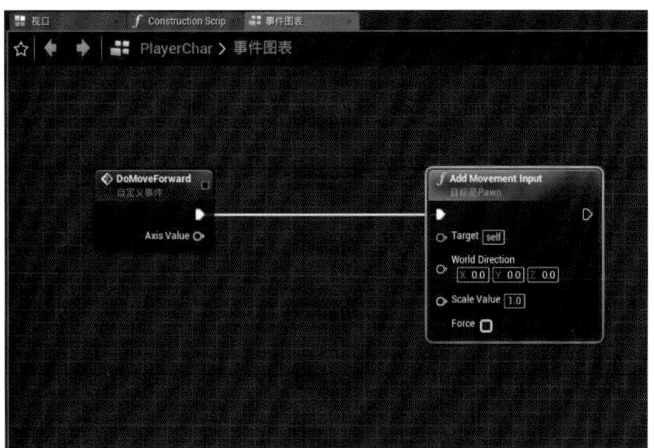

图4-91

图4-92

05 从“Get Control Rotation”节点的“Return Value”引脚处拖曳出一条线，释放鼠标后在弹出的菜单中的搜索框内输入“getforward”，找到并选择“Get Forward Vector”命令，如图4-93所示。

06 将“Get Forward Vector”节点的“Return Value”引脚连接到“Add Movement Input”节点的“World Direction”引脚，将“DoMoveForward”节点的“Axis Value”引脚连接到“Add Movement Input”节点的“Scale Value”引脚，如图4-94所示。

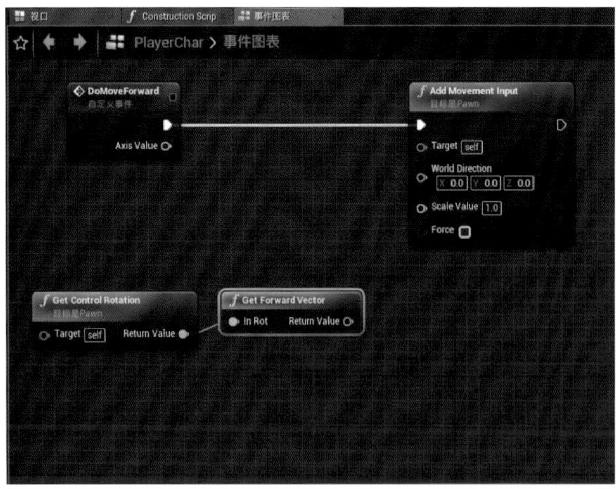

图4-93

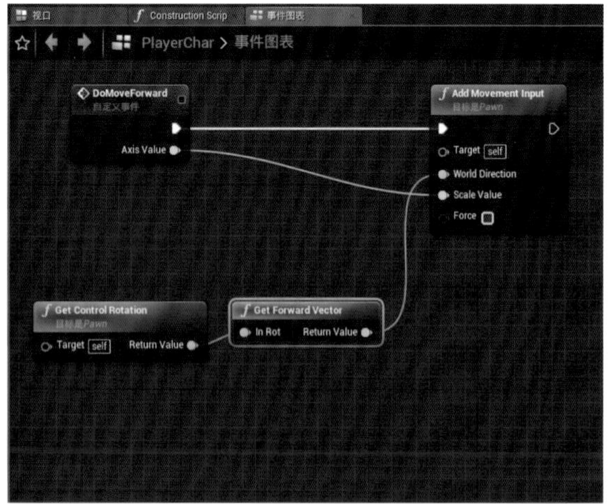

图4-94

07 在“事件图表”面板的空白处单击鼠标右键，在弹出的菜单中的搜索框内输入“custom”，找到并选择“添加自定义事件”命令，将节点命名为“DoMoveRight”，如图4-95和图4-96所示。

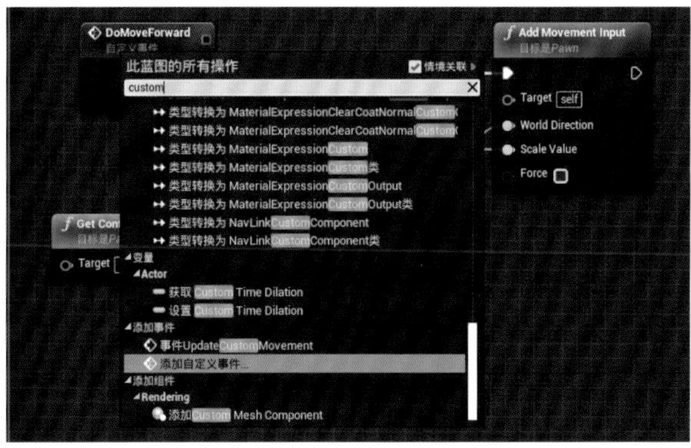

图4-95

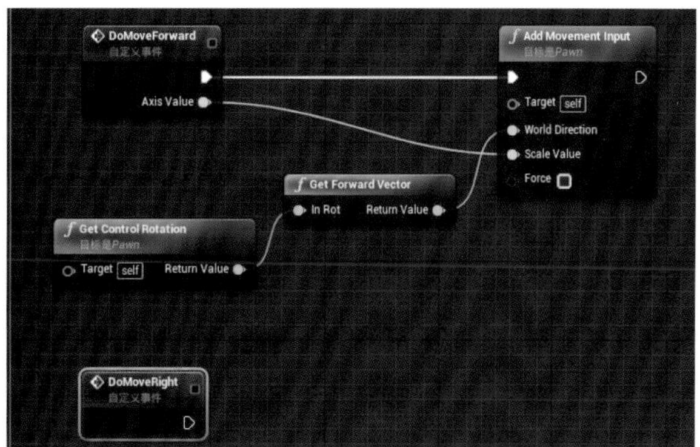

图4-96

08 选择“DoMoveRight”节点，在“细节”面板中单击“Inputs”后面的“+”按钮，为事件添加一个输入参数，将该参数命名为“Axis Value”，设置数据类型为“Float”，如图4-97所示。

09 从“DoMoveRight”节点的输出项处拖曳出一条线，释放鼠标后在弹出的菜单中的搜索框内输入“addmove”，找到并选择“Add Movement Input”命令，如图4-98所示。

图4-97

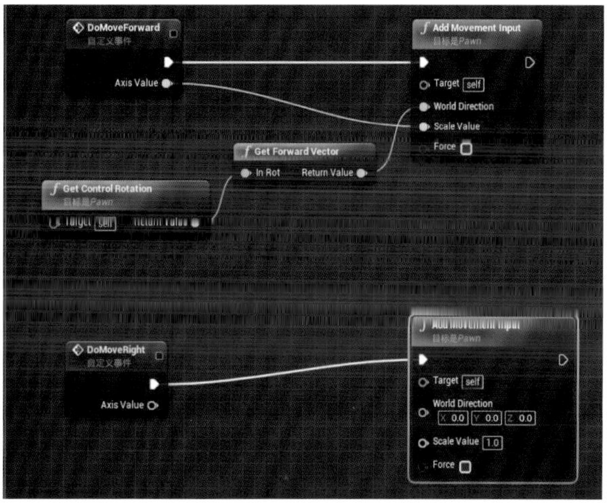

图4-98

10 从“Get Control Rotation”节点的“Return Value”引脚处拖曳出一条线，释放鼠标后在弹出的菜单中的搜索框内输入“getright”，找到并选择“Get Right Vector”命令，如图4-99所示。

11 将“Get Right Vector”节点的“Return Value”引脚连接到“Add Movement Input”节点的“World Direction”引脚，将“DoMoveRight”节点的“Axis Value”引脚连接到“Add Movement Input”节点的“Scale Value”引脚，如图4-100所示。

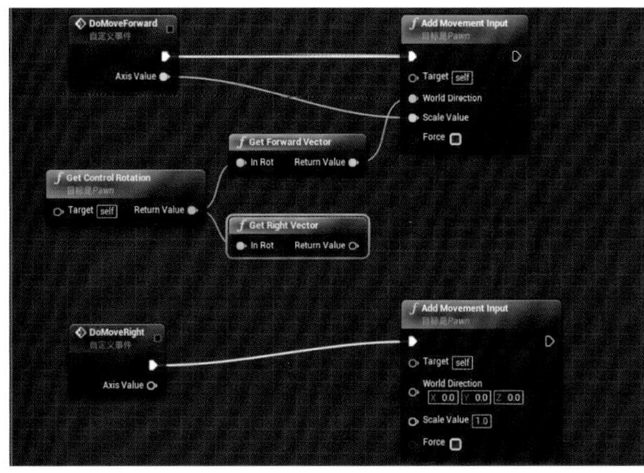

图4-99

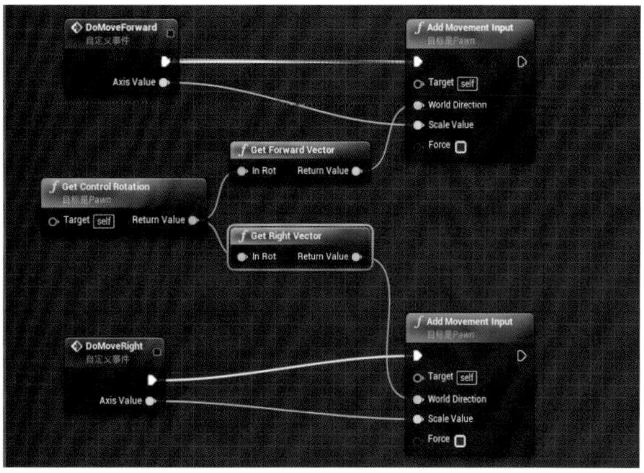

图4-100

技巧提示 当“DoMoveForward”事件发生时，若“Axis Value”的值为正数，则角色向前走；若“Axis Value”的值为负数，则角色向后走。同理，当“DoMoveRight”事件发生时，若“Axis Value”的值为正数，则角色向右走；若“Axis Value”的值为负数，则角色向左走。

“DoMoveForward”节点和“DoMoveRight”节点属于自定义事件。简单来说，自定义事件要靠其他程序调用才能触发，所以现在虽然实现了角色向前、后、左、右移动的功能，但没有其他程序调用，角色是移动不了的。同样，这两个自定义事件中的“Axis Value”参数也要从其他程序中获得。若想要使用按键控制角色移动，需要通过玩家控制器调用这两个事件。

“Add Movement Input”节点是一个函数，它的功能是驱动角色移动。它有两个重要参数：“World Direction”和“Scale Value”。

“World Direction”是一个方向向量，表示移动的方向。使用“Get Control Rotation”函数获取玩家控制器的旋转，然后连接“Get Forward Vector”函数获取向前的向量，将得到的方向信息传给“World Direction”参数。这样“Add Movement Input”函数就知道“朝向玩家控制器的前方”的方向是“向前”的方向。同理，通过“Get Right Vector”函数获取向右的向量，将得到的方向信息传给“World Direction”参数。这样“Add Movement Input”函数就知道“朝向玩家控制器的右方”的方向是“向右”的方向。“玩家控制器的旋转”可以理解为摄像机的朝向，例如，“Add Movement Input”函数理解的“向前”的方向，就是摄像机前方的方向；同理，“Add Movement Input”函数所理解的“向右”的方向，就是摄像机右方的方向。

“Scale Value”是一个小数（浮点数）类型的值，它表示程度，数值越大，程度就越深。例如，“Scale Value”的值为1，那么角色就会以最大速度移动；如果为0.5，角色就会以最大速度的一半移动；如果为-1，角色就会向反方向以最大速度移动（角色的最大速度可以在“CharacterMovement”组件中进行设置）。

理解本小节的操作后，单击工具栏中的“编译”按钮，切换到编辑器主界面，准备进行下一步操作。

4.4 输入映射

第2章的飞碟游戏实现了按下按键控制飞碟移动的功能，当时将按键输入事件直接写在蓝图程序中，但这样做存在一些弊端：一是每个按键事件编写后不易更改，如“按W键向前移动”事件，如果后期需要将其改成“按↑键向前移动”，则需要改写蓝图程序，对于比较复杂的项目，这样做效率很低；二是不易实现多设备操作，例如，使用手柄摇杆操作飞碟移动，也需要更改蓝图程序。为了解决这些弊端，可以通过设置输入映射来达到在不改变蓝图程序的情况下更改按键的目的。

4.4.1 坐标轴映射

01 添加坐标轴映射。选择“项目设置”选项卡，找到并选择“引擎-输入”，在“Bindings”中单击“Axis Mappings”后面的“+”按钮，然后展开其所有子项，将坐标轴映射命名为“MoveForward”，将下面的按键设置为“W”，这表示W键映射向前移动，如图4-101所示。

图4-101

02 单击“MoveForward”后面的“+”按钮，将新增的按键设置为“S”，并将后面的“Scale”设置为－1，这表示S键映射向前的反方向移动，也就是向后移动，如图4-102所示。

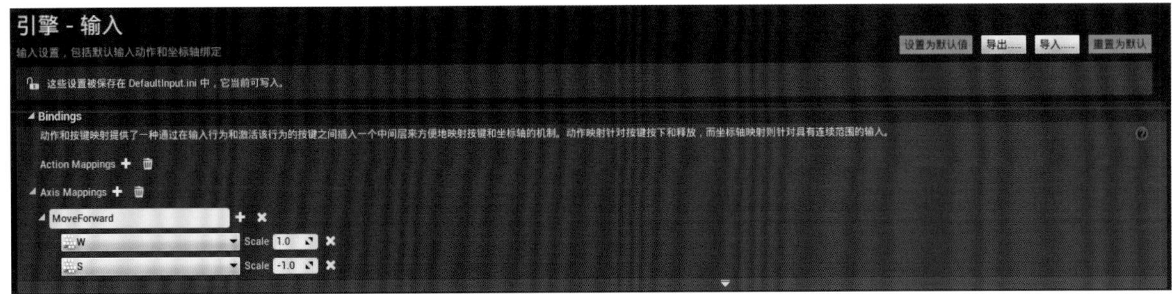

图4-102

03 将向左、右移动的坐标轴映射也设置好。单击“Axis Mappings”后面的“+”按钮，将新的坐标轴映射命名为“MoveRight”，将下面的按键设置为“D”，这表示D键映射向右移动；单击“MoveRight”后面的“+”按钮，将新增的按键设置为“A”，并将后面的“Scale”设置为－1，这表示A键映射向左移动，如图4-103所示。

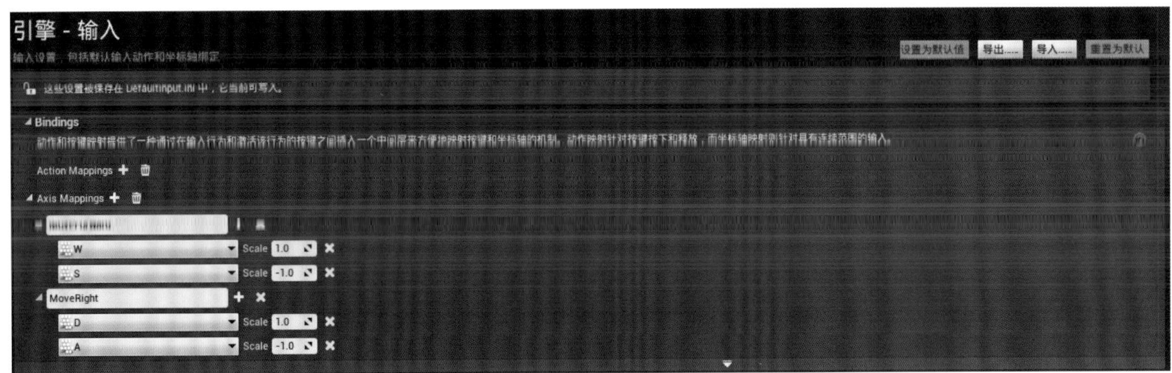

图4-103

04 将之后要用到的坐标轴映射都设置好。单击“Axis Mappings”后面的“+”按钮，将新的坐标轴映射命名为“LookUp”，将下面的按键设置为“鼠标Y”，并将“Scale”设置为－1，这表示“向下滑动鼠标”映射视角向上转动，如图4-104所示。

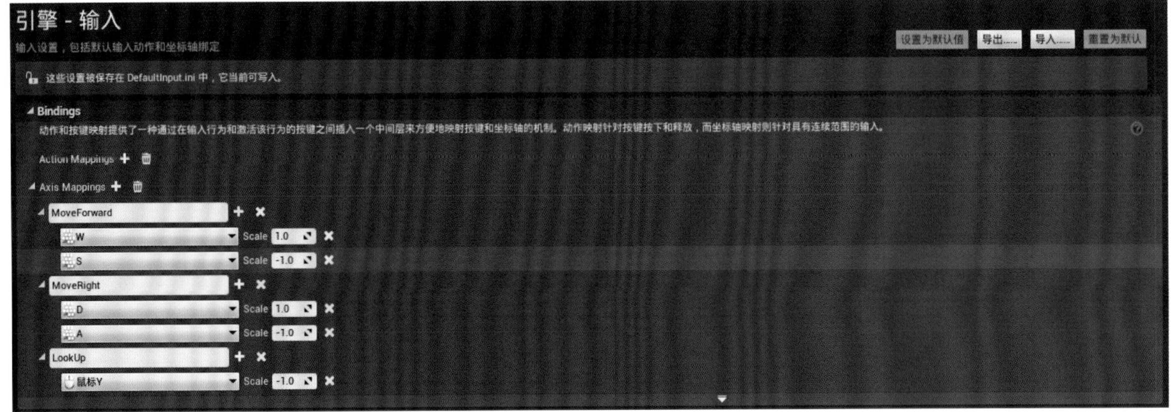

图4-104

05 单击“Axis Mappings”后面的“+”按钮，将新的坐标轴映射命名为“LookRight”，将下面的按键设置为“鼠标X”，这表示“向右滑动鼠标”映射视角向右转动，如图4-105所示。

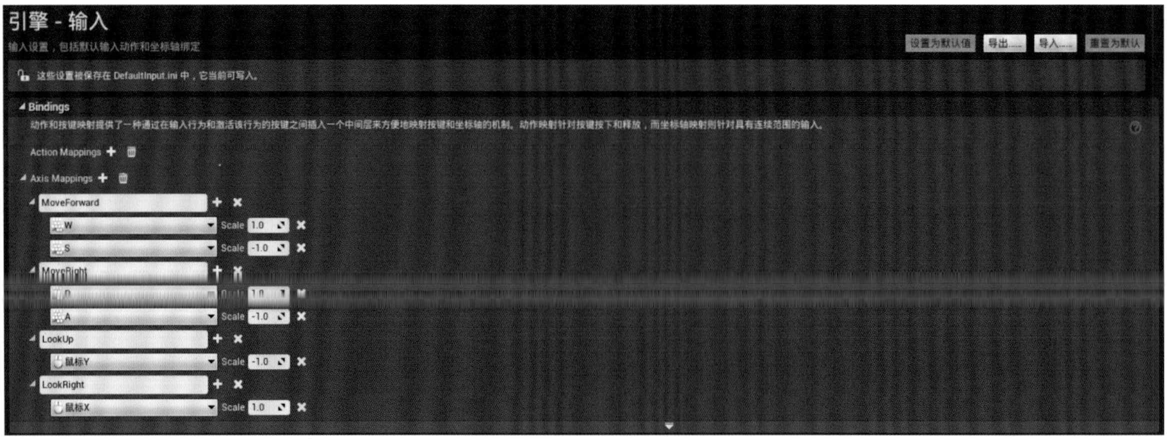

图4-105

技巧提示 坐标轴映射通常用于含有不同"程度"的行为，例如，使用鼠标旋转视角，速度可快可慢，快速滑动鼠标，视角旋转快；缓慢滑动鼠标，视角旋转慢。这是一种"程度"，是线性、平滑的变化。

4.4.2 动作映射

在"Bindings"中单击"Action Mappings"后面的"+"按钮，展开其所有子项。将动作映射命名为"Jump"，将下面的按键设置为"空格键"，这表示空格键映射跳跃，如图4-106所示。

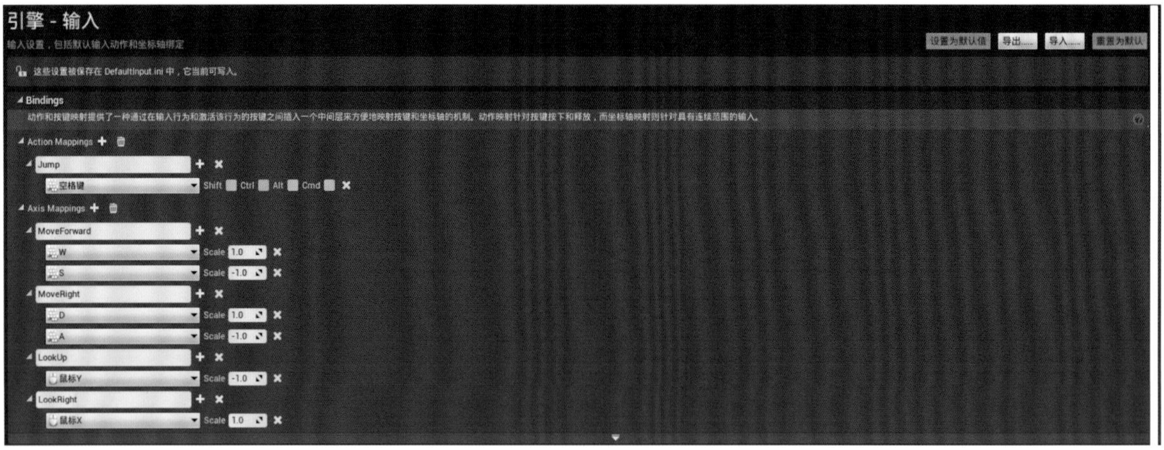

图4-106

技巧提示 本项目只需一个跳跃的动作映射，与坐标轴映射不同的是，动作映射通常用于固定的行为，例如，按空格键表示跳跃，按鼠标左键表示攻击等。这些动作是固定的，不存在不同的"程度"，这是一种离散、突然的变化。

4.5 玩家控制器

现在玩家角色拥有了向前、后、左、右移动的能力，但是想要通过按键控制玩家角色移动，需要使用玩家控制器来实现。切换到编辑器主界面，在"内容浏览器"面板中双击"PlayerCharController"，打开玩家控制器蓝图界面，切换到"事件图表"面板。下面将使用坐标轴事件调用玩家角色蓝图中的移动事件，并以此实现通过按键控制玩家角色移动的功能。

01 在“事件图表”面板的空白处单击鼠标右键，在弹出的菜单中的搜索框内输入“movef”，找到并选择“坐标轴事件”下面的“MoveForward”命令，如图4-107和图4-108所示。

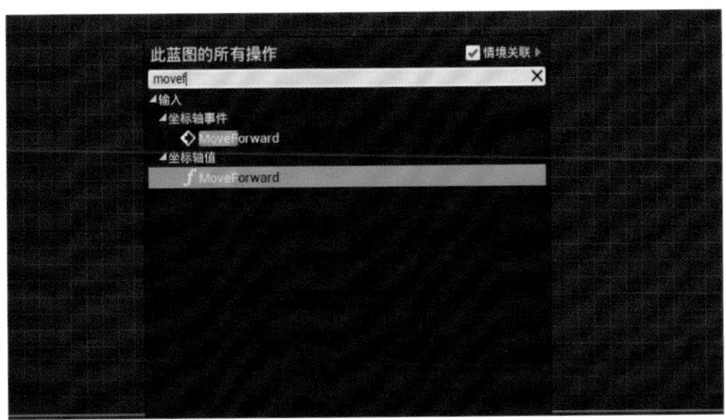

图4-107

图4-108

技巧提示 注意“坐标轴值”下面也有一个“MoveForward”，不要混淆，应选择“坐标轴事件”下面的“MoveForward”。

02 在“事件图表”面板的空白处单击鼠标右键，在弹出的菜单中的搜索框内输入“getplayer”，找到并选择“Get Player Pawn”命令，如图4-109所示。

03 从“Get Player Pawn”节点的“Return Value”引脚处拖曳出一条线，释放鼠标后在弹出的菜单中的搜索框内输入“playerchar”，找到并选择“类型转换为PlayerChar”命令，如图4-110所示。

图4-109

图4-110

04 从“类型转换为PlayerChar”节点的“As Player Char”引脚处拖曳出一条线，释放鼠标后在弹出的菜单中的搜索框内输入“domove”，找到并选择“Do Move Forward”命令，如图4-111所示。

05 将“输入轴MoveForward”节点的输出项连接到“类型转换为PlayerChar”节点的输入项，将“输入轴MoveForward”节点的“Axis Value”引脚连接到“Do Move Forward”节点的“Axis Value”引脚，如图4-112所示。

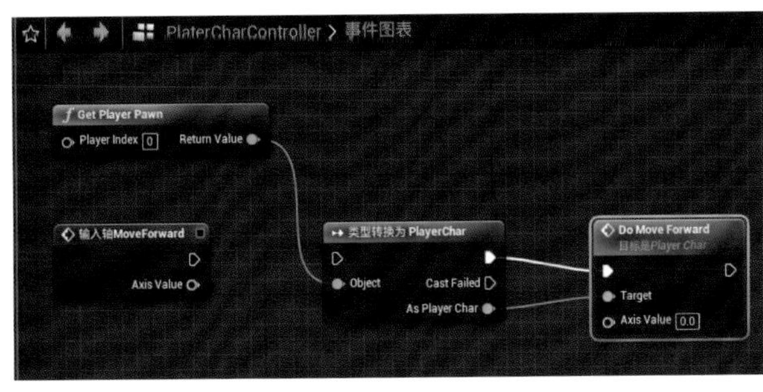

图4-111

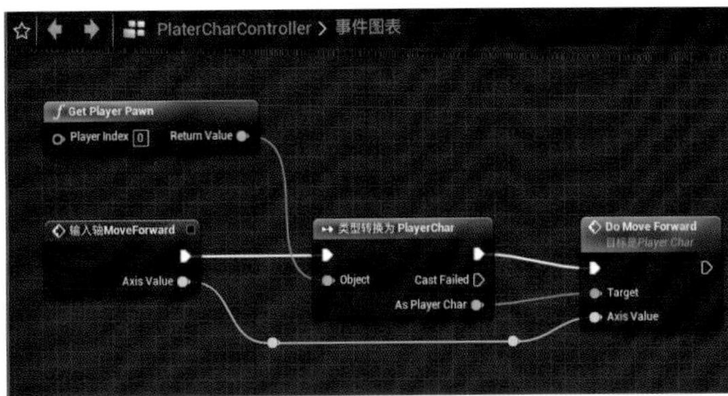

图4-112

技巧提示 在连接线上双击鼠标左键，双击处会出现一个引脚点，可以拖曳这个点来改变连接线的摆放效果，使蓝图节点的布局更加整洁。

06 在“事件图表”面板的空白处单击鼠标右键，在弹出的菜单中的搜索框内输入“mover”，找到并选择“坐标轴事件”下面的“MoveRight”命令，如图4-113和图4-114所示。注意“坐标轴值”下面也有一个“MoveRight”，不要混淆。

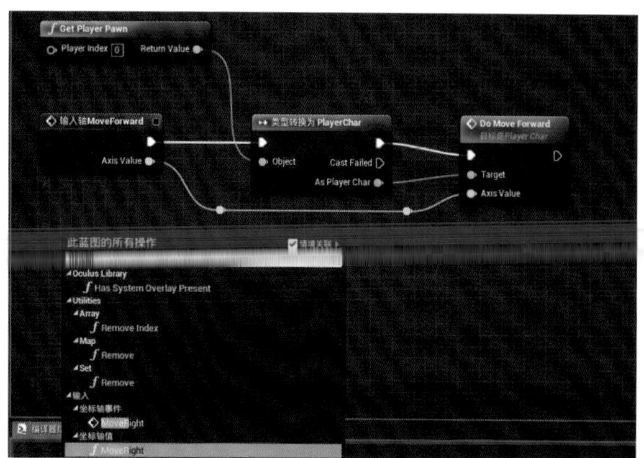

图4-113

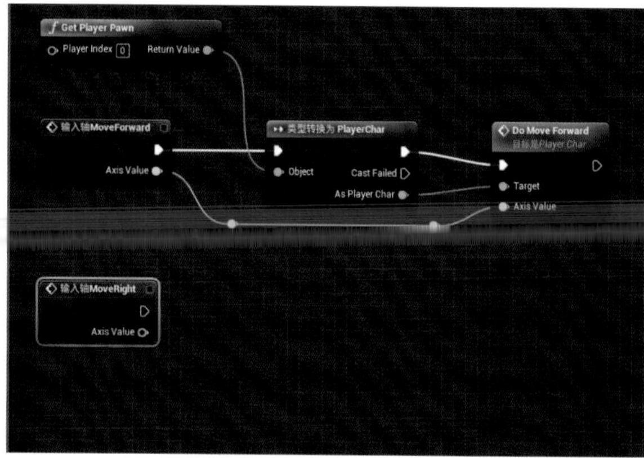

图4-114

07 从“Get Player Pawn”节点的“Return Value”引脚处拖曳出一条线，释放鼠标后在弹出的菜单中的搜索框内输入“playerchar”，找到并选择“类型转换为PlayerChar”命令，如图4-115所示。

08 从刚添加的“类型转换为PlayerChar”节点的“As Player Char”引脚处拖曳出一条线，释放鼠标后在弹出的菜单中的搜索框内输入“domove”，找到并选择“Do Move Right”命令，如图4-116所示。

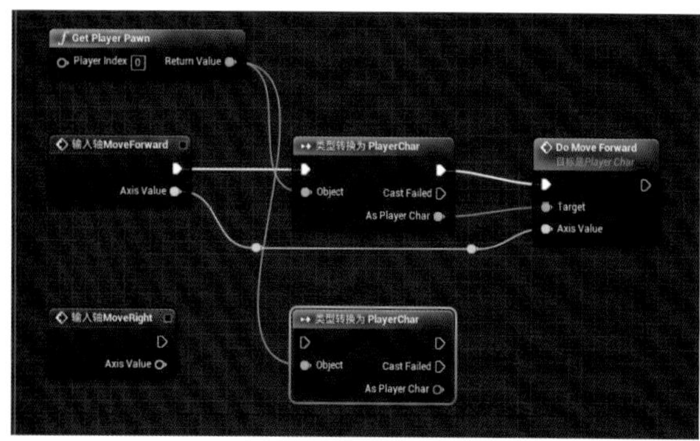

图4-115

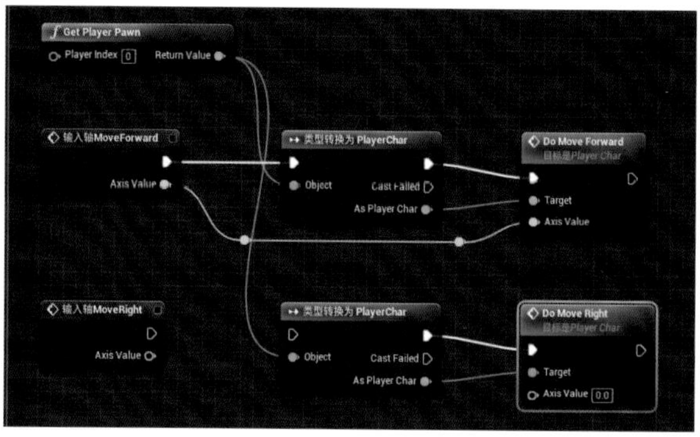

图4-116

09 将“输入轴MoveRight”节点的输出项连接到“类型转换为PlayerChar”节点的输入项，将“输入轴MoveRight”节点的“Axis Value”引脚连接到“Do Move Right”节点的“Axis Value”引脚，如图4-117所示。

10 单击工具栏中的“编译”按钮，返回编辑器主界面，播放游戏。可以按W键、S键、A键、D键分别控制角色在前、后、左、右方向上的移动。可以发现，游戏的操作手感相较于之前的飞碟游戏有了很大的提升，现在可以非常流畅地控制小兔子四处移动，如图4-118所示。

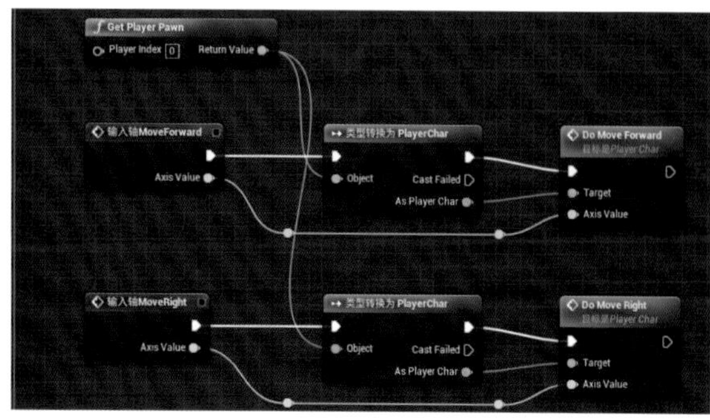

图4-117

图4-118

技巧提示 当输入轴事件“MoveForward”发生时，UE4就调用玩家角色蓝图“PlayerChar”中的“DoMoveForward”事件，使玩家角色向前移动。输入轴事件“MoveForward”发生，即按W键，这是前面设置好的坐标轴映射。同理可知，当输入轴事件“MoveRight”发生时，也就是按D键时，就调用玩家角色蓝图“PlayerChar”中的“DoMoveRight”事件，使玩家角色向右移动。

在设置坐标轴映射时，也将反方向的按键设置好了。当按S键时，输入轴事件“MoveForward”的参数“Axis Value”为“-1”，此参数的值传递给“PlayerChar”的“DoMoveForward”事件中的“Axis Value”，从而使玩家角色向后移动。同理，当按A键时，玩家角色会向左移动。

另外，要想使用玩家角色蓝图“PlayerChar”，就要先使用“Get Player Pawn”节点获取玩家“Pawn”，再将玩家“Pawn”转换成具体的PlayerChar类。

4.6 跳跃

跳跃在各种游戏中都很常见，同时也是许多游戏的核心功能，如《超级马里奥兄弟》这款游戏，跳跃既是过关的必备技能，也是击败敌人的攻击手段。本章的平台跳跃游戏的玩法也受到了“马里奥”系列的启发。下面讲解如何实现跳跃功能。

4.6.1 使用Jump函数实现角色跳跃功能

01 切换到“PlayerCharController”的“事件图表”面板，在画板空白处单击鼠标右键，在弹出的菜单中的搜索框内输入“jump”，找到并选择“输入动作Jump”命令，如图4-119所示。

02 从“Get Player Pawn”节点的“Return Value”引脚处拖曳出一条线，释放鼠标后在弹出的菜单中的搜索框内输入“playerchar”，找到并选择“类型转换为PlayerChar”命令，如图4-120所示。

03 从“类型转换为PlayerChar”节点的“As Player Char”引脚处拖曳出一条线，释放鼠标后在弹出的菜单中的搜索框内输入“jump”，找到并选择“Jump”命令，如图4-121所示。

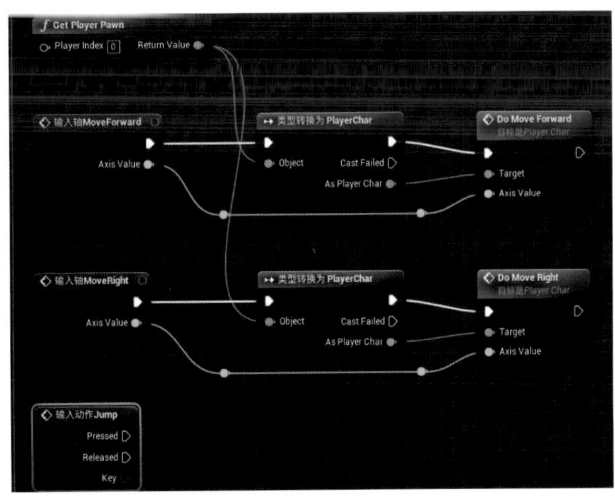

图4-119

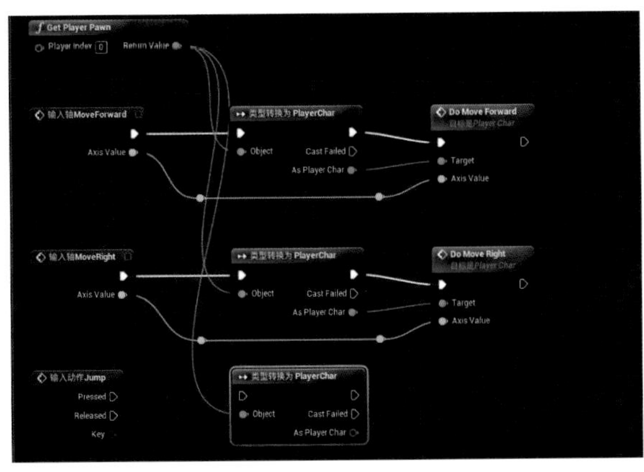

图4-120

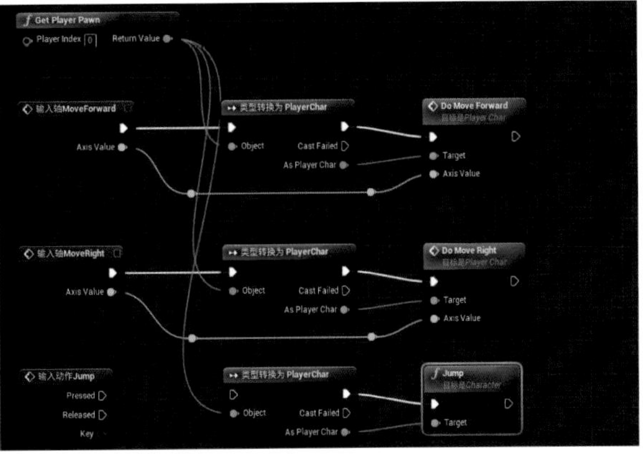

图4-121

04 将“输入动作Jump”节点的“Pressed”输出项连接到“类型转换为PlayerChar”节点的输入项，如图4-122所示。

05 单击工具栏中的“编译”按钮，切换到编辑器主界面，播放游戏。按Space键，角色就可以跳起来了，如图4-123所示。

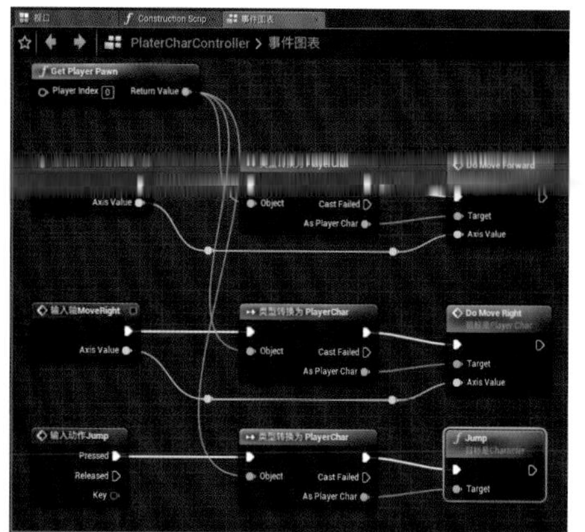

图4-122

图4-123

技巧提示 当输入动作“Jump”发生时，也就是按Space键时，玩家角色“PlayerChar”就会调用Jump函数执行跳跃动作。其中Jump函数是Character类自带的函数，无须自己编写，此函数的作用是使角色向上跳跃，使用起来非常方便。

4.6.2 实现更好的跳跃手感

角色的跳跃很好实现，但操作手感不好提升。当前游戏的跳跃手感不是很好，角色跳跃的高度很低，且在空中无法控制。这样就显得角色很笨重，玩家不易控制。

01 切换到“PlayerChar”界面，在“Components”面板中，选择“CharacterMovement(继承)”组件，如图4-124所示。

02 在“细节”面板中设置“Character Movement (General Settings)”中的“Gravity Scale”为3，“Character Movement: Walking”中的“Max Walk Speed”为700，“Character Movement: Jumping/Falling”中的“Jump Z Velocity”为1200、“Air Control”为1，如图4-125所示。

图4-124

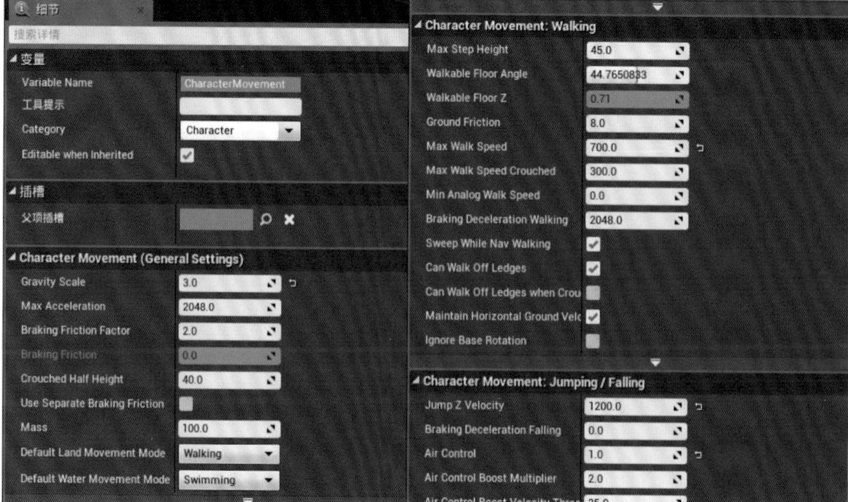

图4-125

03 设置“Character Movement(Rotation Settings)”中的“Rotation Rate”为(0,0,750)，如4-126所示。

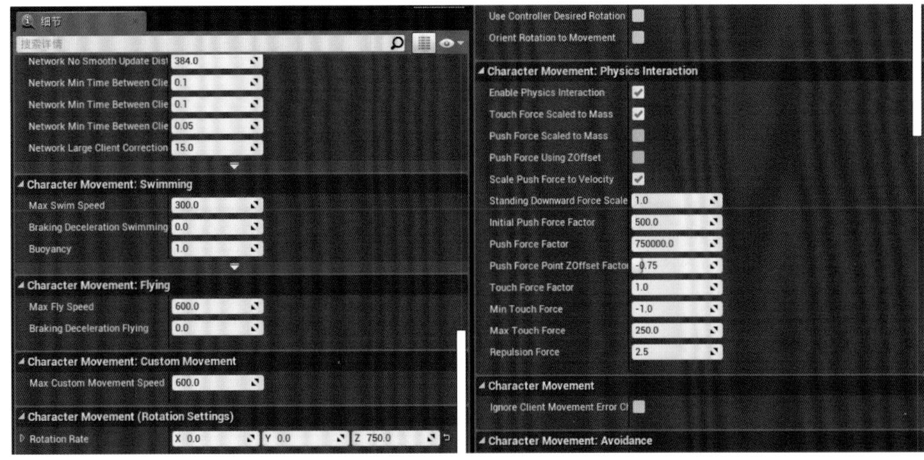

图4-126

技巧提示 “Gravity Scale”代表重力倍数，数值越大，角色受到的重力越大。“Jump Z Velocity”代表角色向上跳跃时的初始高度，数值越大，跳跃高度越大。

将“Gravity Scale”设置为3、“Jump Z Velocity”设置为1200，让角色受到较大的重力，同时增大角色跳跃时的初始高度。这样就可以让玩家感受到角色跳跃时强劲的力量，而之前默认设置下角色的跳跃有种轻飘飘的感觉，缺乏重量感。

“Air Control”代表角色在空中的受控制程度，数值越大，就能越好地控制角色在空中的移动。其中“0”为最小，表示角色在空中完全不受控制，起跳后无法改变角色的移动方向；“1”为最大，表示角色在空中的移动操作与在地面无异。将“Air Control”设置为1，可以让角色在空中灵活移动。

“Max Walk Speed”代表角色的最大移动速度，数值越大，移动速度越快。将“Max Walk Speed”设置为700，可以让角色的移动速度更快。

“Rotation Rate”代表角色的转向速率，数值越大，对应轴的旋转速度越快。将“Rotation Rate”的z轴设置为750，可以让角色向左右转身的速度更快。

04 单击工具栏中的“编译”按钮，切换到编辑器主界面，播放游戏来试试手感。可以发现角色跳得更高了，同时角色也可以在空中移动，这样一只更灵敏的小兔子就做好了，如图4-127所示。

图4-127

4.7 角色转身与视角旋转

现在已经可以通过按键来控制小兔子四处移动和跳跃了，但小兔子在移动时的朝向不能改变，只能向前、后、左、右平移。一般的第三人称游戏不仅可以控制人物转身和改变朝向，还可以用鼠标控制视角，也就是通过鼠标转动镜头。下面就来实现这两个功能。

4.7.1 让角色能够转身

01 实现角色转向。切换到“PlayerChar”界面，在“Components”面板中选择“PlayerChar(自身)”，在“细节”面板中取消勾选“Pawn”中的“Use Controller Rotation Yaw”复选框，如图4-128和图4-129所示。

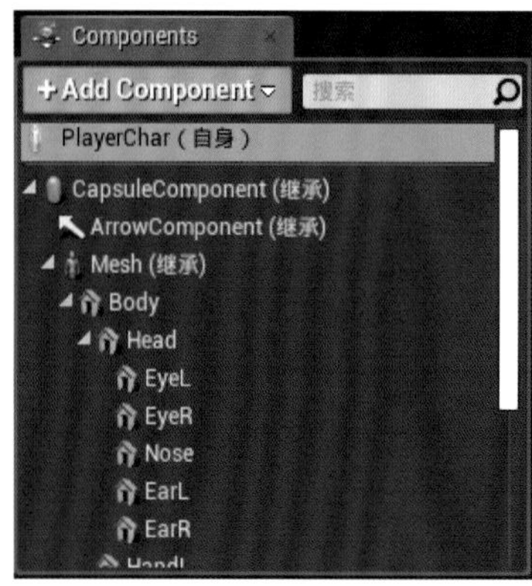

图4-128

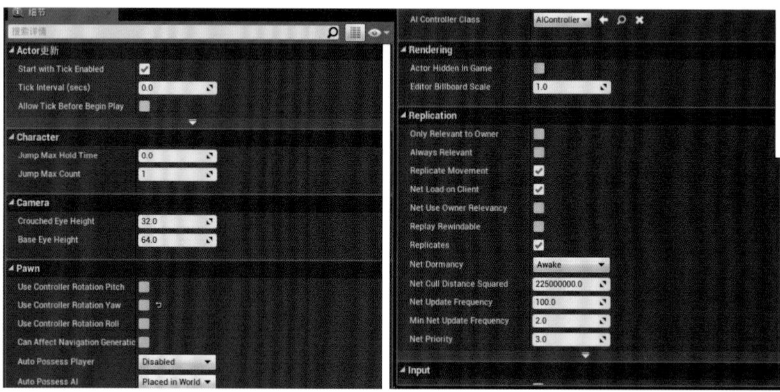

图4-129

技巧提示 此项设置表示当控制角色左右转向时，视角不跟随角色转动。

02 在“Components”面板中选择“SpringArm”组件，如图4-130所示。在“细节”面板中勾选“Camera Settings”中的“Use Pawn Control Rotation”复选框，如图4-131所示。当按A键或D键时，角色不进行左右平移，而是会左右转向。

图4-130

图4-131

03 在“Components”面板中选择“CharacterMovement(继承)”组件，如图4-132所示。在“细节”面板中勾选“Character Movement(Rotation Settings)”中的“Orient Rotation to Movement”复选框，如图4-133所示。当按住A键或D键时，角色转向后会持续朝转向方向移动。

图4-132

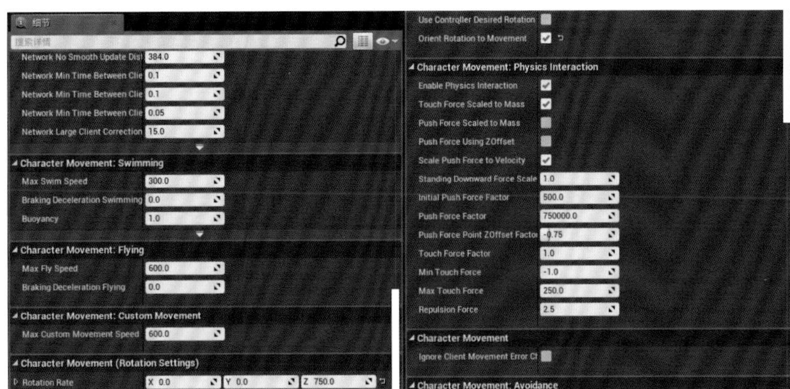

图4-133

04 单击工具栏中的“编译”按钮，切换到编辑器主界面，播放游戏。现在按A键或D键时，角色可以转身了，如图4-134所示。

图4-134

4.7.2 滑动鼠标控制视角

下面在玩家控制器中编写旋转视角的蓝图程序。

01 切换到“PlayerCharController”的“事件图表”面板，在此面板的空白处单击鼠标右键，在弹出的菜单中的搜索框内输入“lookup”，找到并选择“坐标轴事件”下面的“LookUp”命令，如图4-135和图4-136所示。注意“坐标轴值”下面也有一个“LookUp”，不要混淆。

图4-135

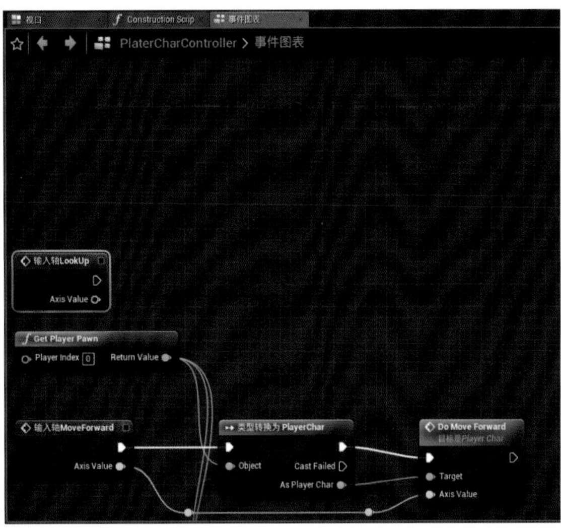

图4-136

02 从“Get Player Pawn”节点的“Return Value”引脚处拖曳出一条线，释放鼠标后在弹出的菜单中的搜索框内输入“playerchar”，找到并选择“类型转换为PlayerChar”命令，如图4-137所示。

03 从“类型转换为PlayerChar”节点的“As Player Char”引脚处拖曳出一条线，释放鼠标后在弹出的菜单中的搜索框内输入“addcontrol”，找到并选择“Add Controller Pitch Input”命令，如图4-138所示。

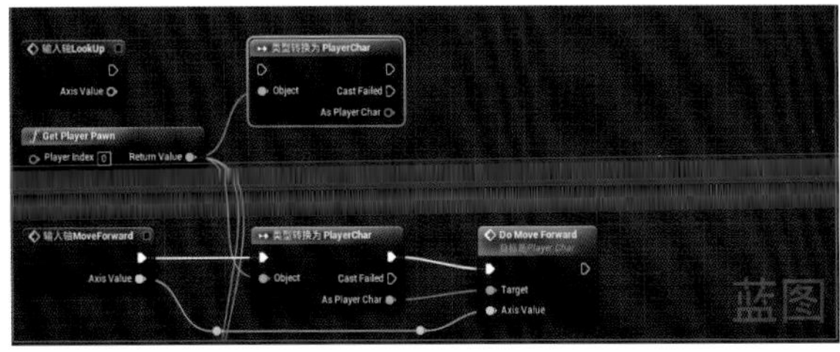

图4-137

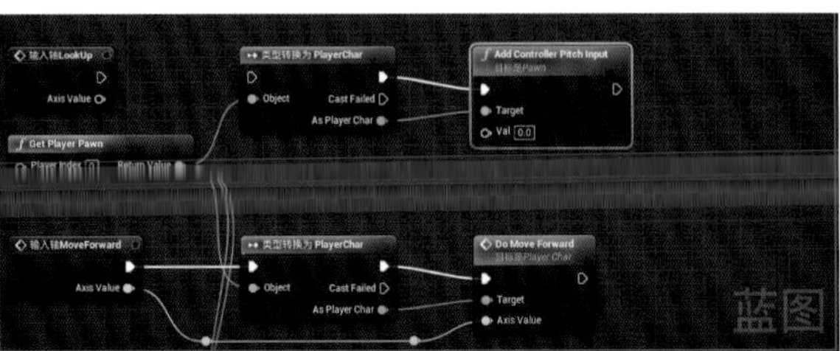

图4-138

04 将“输入轴LookUp”节点的输出项连接到“类型转换为PlayerChar”节点的输入项，将“输入轴LookUp”节点的“Axis Value”引脚连接到“Add Controller Pitch Input”节点的“Val”引脚，如图4-139所示。

05 在“事件图表”面板的空白处单击鼠标右键，在弹出的菜单中的搜索框内输入“lookright”，找到并选择“坐标轴事件”下面的“LookRight”命令，如图4-140和图4-141所示。注意“坐标轴值”下面也有一个“LookRight”，不要混淆。

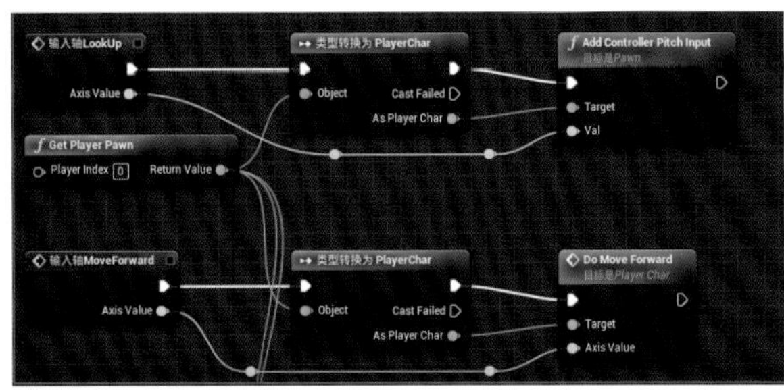

图4-139

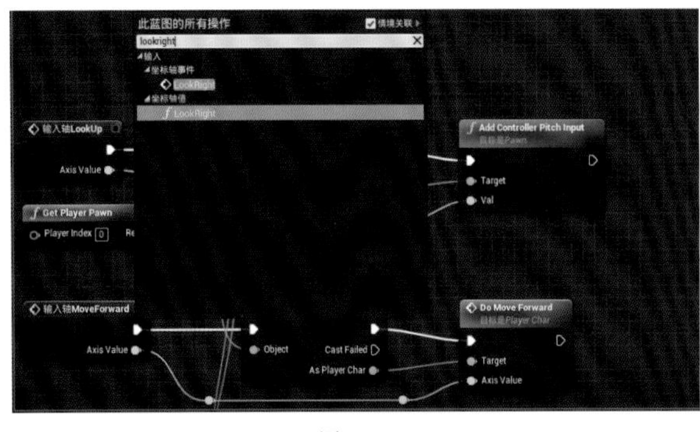

图4-140

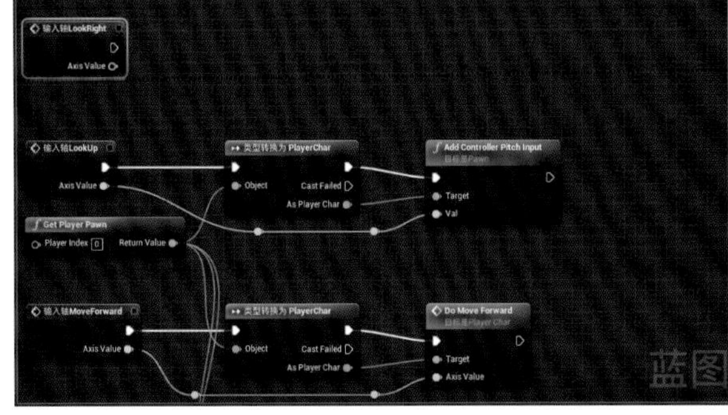

图4-141

06 从“Get Player Pawn”节点的“Return Value”引脚处拖曳出一条线，释放鼠标后在弹出的菜单中的搜索框内输入“playerchar”，找到并选择“类型转换为PlayerChar”命令，如图4-142所示。

07 从“类型转换为PlayerChar”节点的“As Player Char”引脚处拖曳出一条线，释放鼠标后在弹出的菜单中的搜索框内输入“addcontrol”，找到并选择“Add Controller Yaw Input”命令，如图4-143所示。

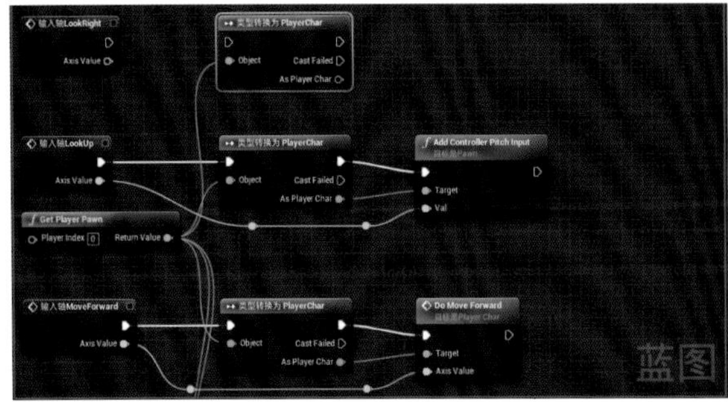

图4-142

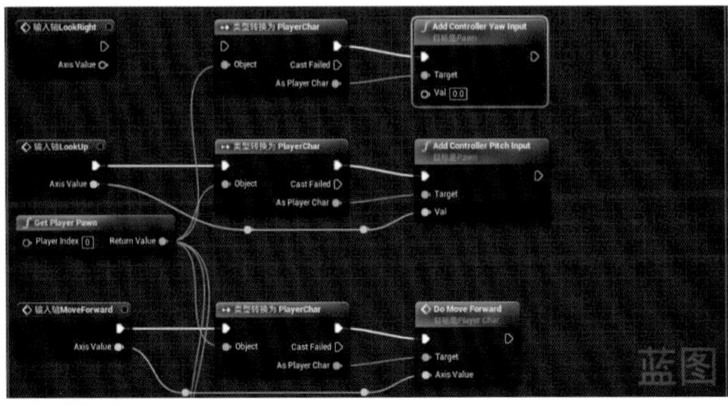

图4-143

08 将“输入轴LookRight”节点的输出项连接到“类型转换为PlayerChar”节点的输入项，将“输入轴LookRight”节点的“Axis Value”引脚连接到“Add Controller Yaw Input”节点的“Val”引脚，如图4-144所示。

09 单击工具栏中的“编译”按钮，切换到编辑器主界面，播放游戏。滑动鼠标，可以自由旋转视角，如图4-145所示。至此，主角小兔子已经全部制作完成，小兔子可以四处移动与跳跃，同时可以用鼠标控制视角。

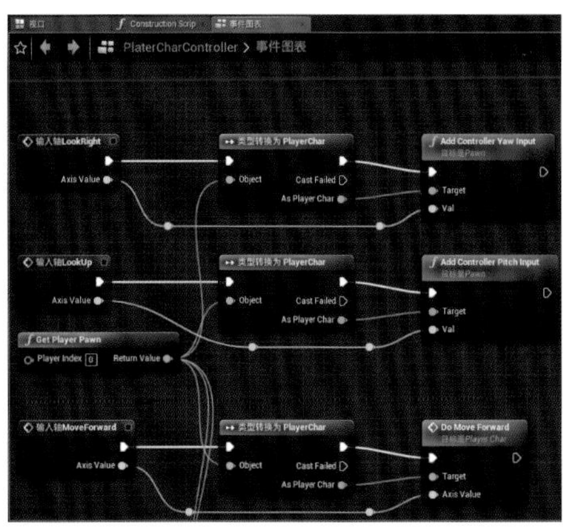

图4-144

图4-145

技巧提示 当输入轴事件“LookUp”发生时，也就是上下滑动鼠标时，若向下滑动鼠标，则“Axis Value”的值为正数，调用玩家角色蓝图“PlayerChar”中的“Add Controller Pitch Input”函数，向上转动镜头，使视角朝上。同理，若向上滑动鼠标，则“Axis Value”的值为负数，向下转动镜头，使视角朝下。

当输入轴事件“LookRight”发生时，也就是左右滑动鼠标时，若向右滑动鼠标，则“Axis Value”的值为正数，调用玩家角色蓝图“PlayerChar”中的“Add Controller Yaw Input”函数，向右转动镜头，使视角朝右。同理，若向左滑动鼠标，则“Axis Value”的值为负数，向左转动镜头，使视角朝左。

“Add Controller Pitch Input”函数的功能是向上下转动镜头，当“Axis Value”的值为正时，向上转动镜头；为负时，向下转动镜头。同理，“Add Controller Yaw Input”函数的功能就是向左右转动镜头，当“Axis Value”的值为正时，向右转动镜头；为负时，向左转动镜头。

4.8 搭建场景

01 在“内容浏览器”面板中打开“Content\AdvancedVillagePack\Maps”目录，双击打开“AdvancedVillagePack_Showcase”关卡，如图4-146和图4-147所示。初次打开此关卡可能要加载一段时间，请耐心等待着色器编译完成。

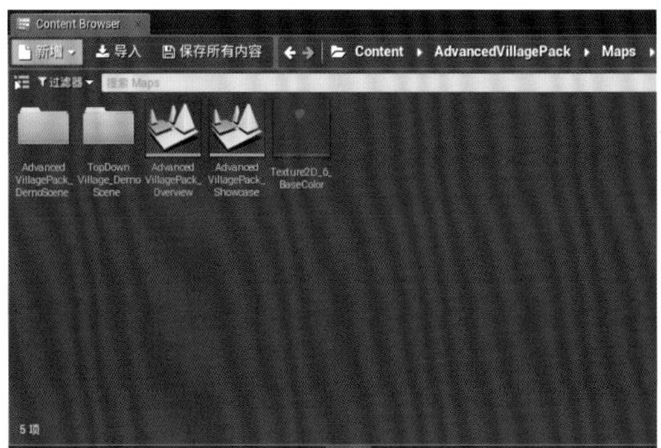

图4-146

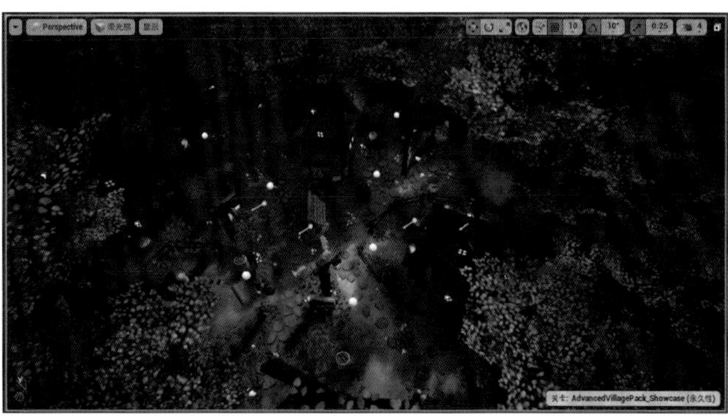

图4-147

02 单击工具栏中的“Blueprints”按钮，在弹出的菜单中选择“打开关卡蓝图”命令，如图4-148所示。在“关卡蓝图”的“事件图表”面板中将“事件BeginPlay”节点的输出项与“Delay”节点的输入项之间的连接断开，如图4-149所示。

图4-148

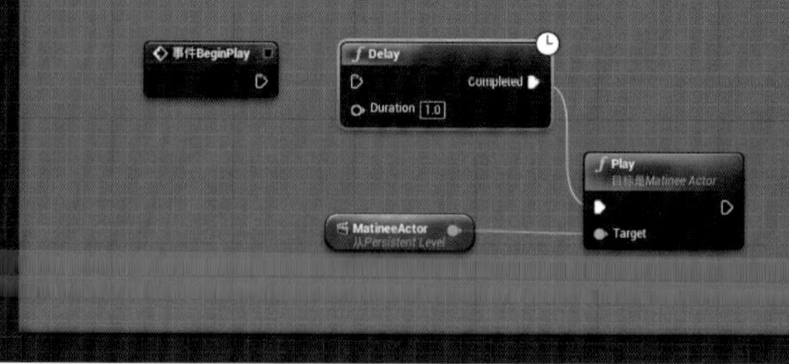

图4-149

技巧提示 这段蓝图程序是资源自带的，其功能是在开始游戏时播放一个简单的过场动画。因为平台跳跃游戏不需要此功能，所以断开“事件BeginPlay”节点后面的连接，使其后面的程序不执行。

03 单击工具栏中的“编译”按钮，关闭“关卡蓝图”界面，选择“项目设置”选项卡。在“地图&模式”设置中将“Default Maps”中的“Editor Startup Map”和“Game Default Map”都设置为“AdvancedVillagePack_Showcase”，如图4-150所示。这样编辑器和游戏的默认地图就变成了当前的卡通森林场景，以后启动该项目时就会自动打开此场景。

图4-150

04 切换到编辑器主界面，正式搭建场景。在“模式”面板中，找到“Basic”选项卡下的“玩家出生点”，将其拖曳到场景中，在“细节”面板中设置“位置”为(-2365,-6430,252)、“旋转”为（0°,0°,110°），如图4-151~图4-153所示。

图4-151

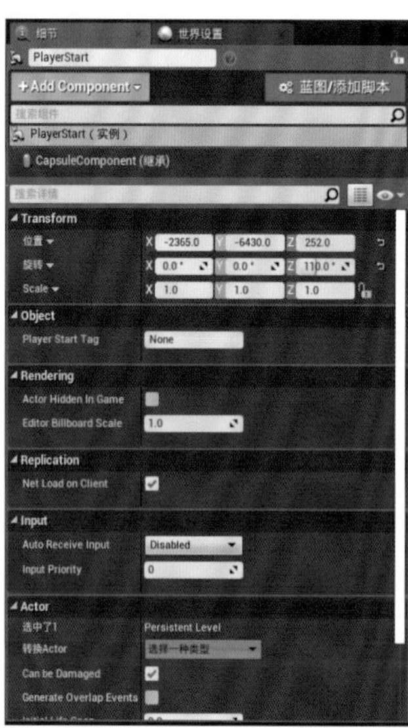

图4-152

图4-153

05 在“内容浏览器”面板中，打开“Content\AdvancedVillagePack\Meshes”目录，拖曳“SM_Barrel”到场景中，在“细节”面板中设置“位置”为（−2365，−6430，0），让木桶模型在角色的脚下，如图4-154~图4-156所示。

图4-154

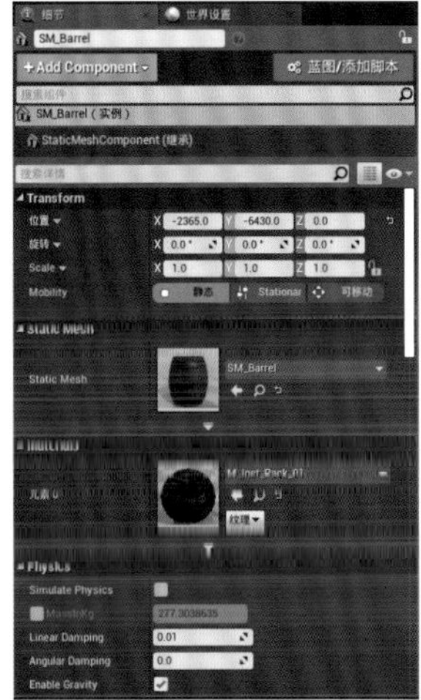

图4-155

图4-156

06 现在播放游戏，如图4-157所示。可以发现小兔子已经站在木桶上了，但小兔子是模糊的，这是因为场景中开启了景深效果，使得一定距离内的物体变模糊了。

07 将焦距调整到合适的范围可以解决这个问题。在“世界大纲视图”面板的搜索框内输入“post”，找到并选择“GlobalPostProcess\PostProcessVolume”，在“细节”面板中找到“Lens”中的“Depth of Field”，将“Focal Distance”设置为600，如图4-158和图4-159所示。播放游戏查看效果，可以发现小兔子变清晰了，如图4-160所示。

图4-157

图4-158

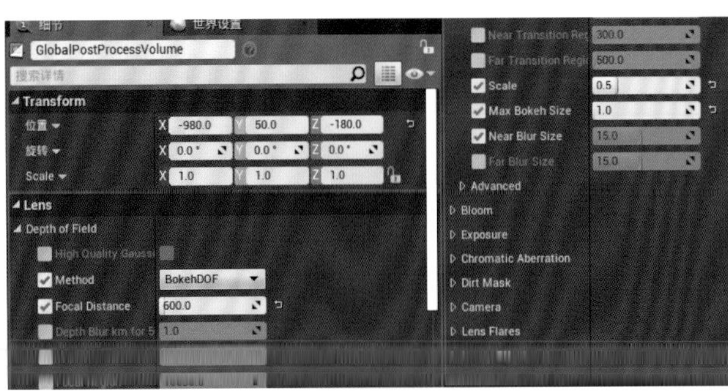

图4-159

图4-160

08 搭建场景。在“内容浏览器”面板中拖曳“SM_Log_Var02”到场景中，在“细节”面板中设置“位置”为(–2390, –6175, 120)、“旋转”为(90°, 0°, 0°)、“Scale”为(4.15625, 1.6875, 4.15625)，如图4-161~图4-163所示。

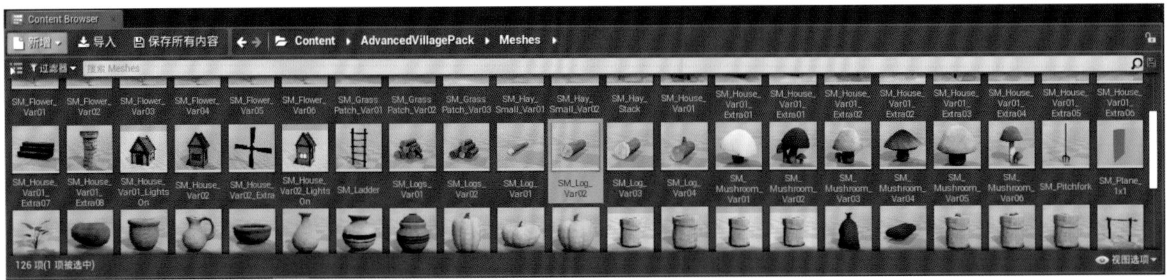

图4-161

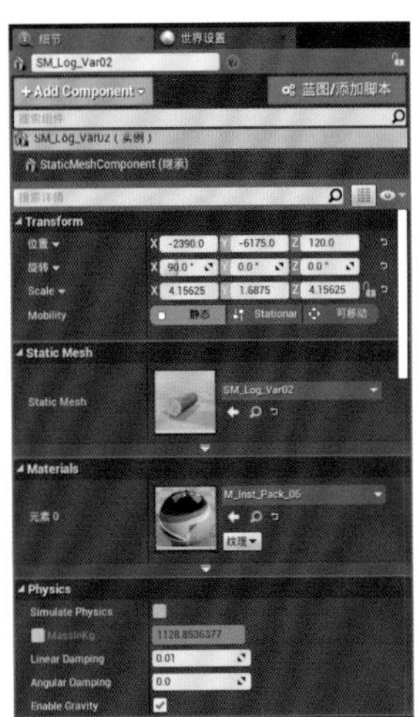

图4-162

图4-163

09 在“内容浏览器”面板中拖曳“SM_Ladder”到场景中，在“细节”面板中设置“位置”为(–2565, –5530, 435)、“旋转”为(64.421°, 12.7°, 38.256°)、“Scale”为(1.15625, 1.15625, 1.15625)，如图4-164~图4-166所示。

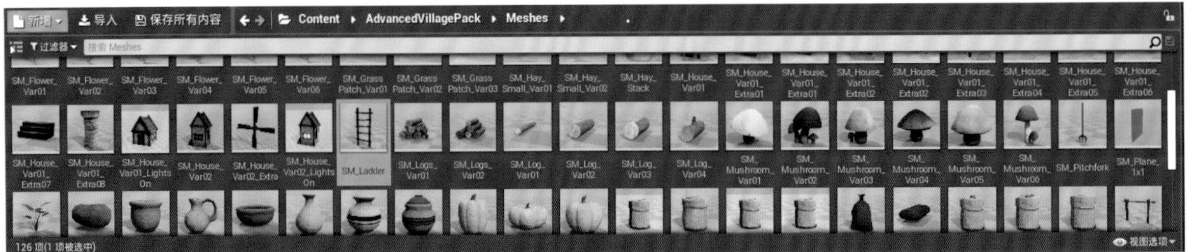

图4-164

图4-165

图4-166

10 在“内容浏览器”面板中拖曳“SM_Crate_Closed”到场景中，在“细节”面板中设置“位置”为(−3105, −5080, 380)、“旋转”为(0°, 0°, −50°)、“Scale”为(1.25, 1.25, 1.25)，如图4-167~图4-169所示。

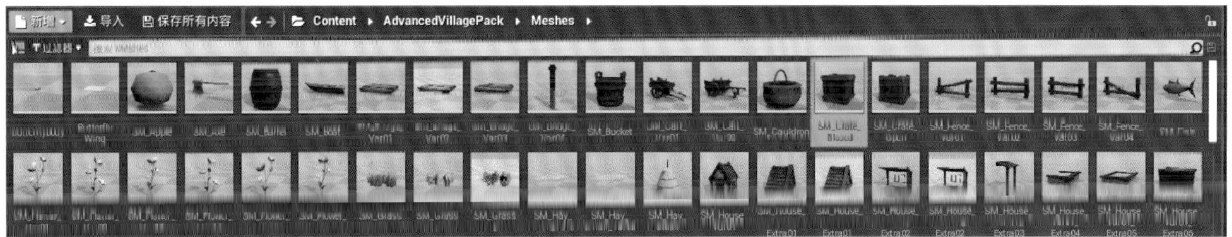

图4-167

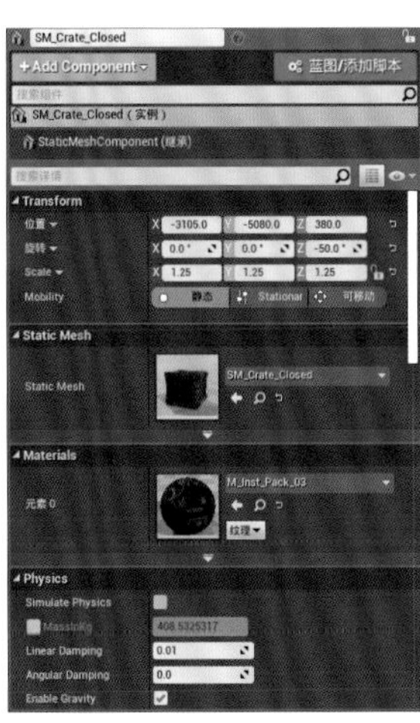

图4-168

图4-169

11 在“内容浏览器”面板中拖曳“SM_Treestump_Var01”到场景中，在“细节”面板中设置“位置”为(−3470, −5565, 405)、“Scale”为(2.46875, 2.46875, 2.46875)，如图4-170~图4-172所示。

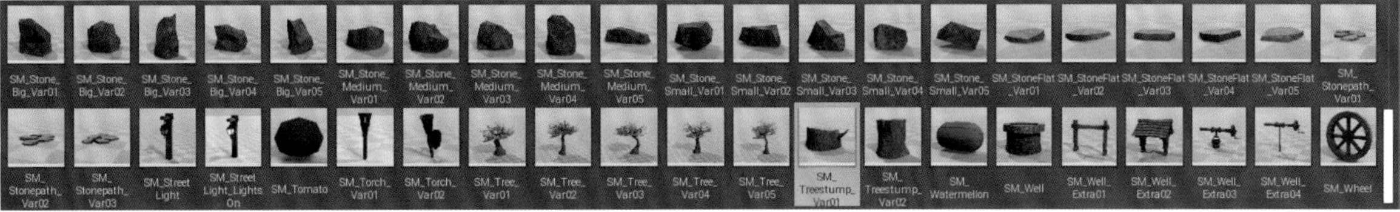

图4-170

图4-171

图4-172

12 在“内容浏览器”面板中拖曳“SM_Log_Var01”到场景中，在“细节”面板中设置“位置”为(−3295，−6290，580)、“旋转”为（20°，0°，30°）、“Scale”为（5.46875，5.46875，5.46875），如图4-173~图4-175所示。

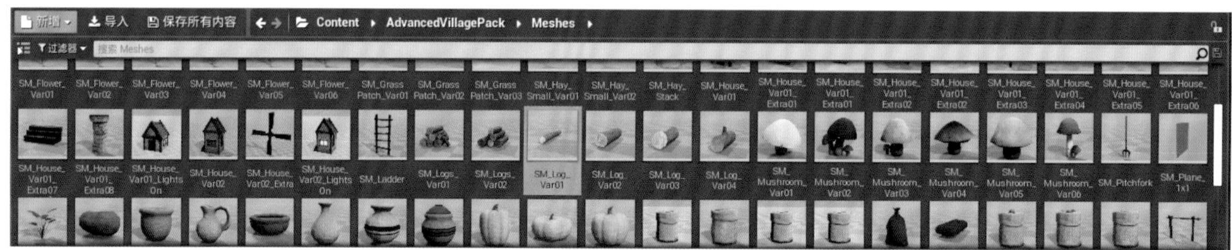
图4-173

图4-174

图4-175

13 在“内容浏览器”面板中拖曳“SM_House_Var01_Extra06”到场景中，在“细节”面板中设置“位置”为(−2935，−6740，565)、“旋转”为（0°，0°，−120°）、“Scale”为（1，2.4375，1.53125），如图4-176~图4-178所示。

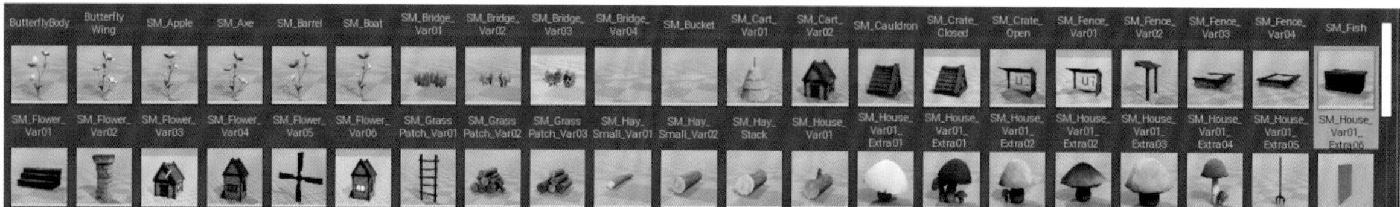
图4-176

图4-177

图4-178

14 在“内容浏览器”面板中拖曳“SM_House_Var01_Extra03”到场景中，在“细节”面板中设置“位置”为(–2310，–6895，0)、“旋转”为（0°，0°，70°）、“Scale”为（1.9375，1.96875，1.90625），如图4-179~图4-181所示。

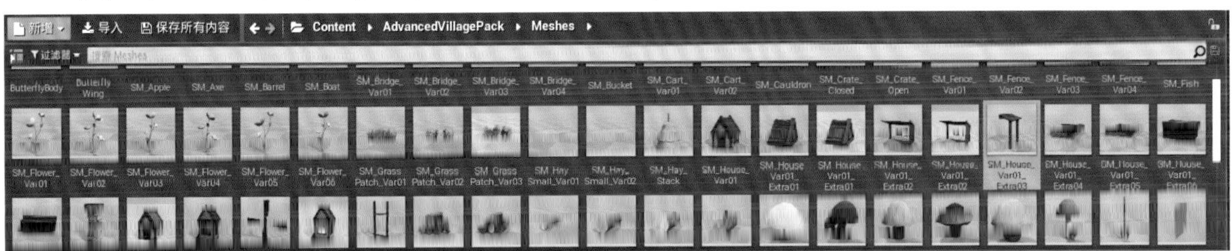

图4-179

图4-180

图4-181

15 在“内容浏览器”面板中拖曳“SM_House_Var01_Extra08”到场景中，在“细节”面板中设置“位置”为(–1640，–7055，640)、“旋转”为（0°，0°，–40°）、“Scale”为（1.78125，1.78125，1），如图4-182~图4-184所示。

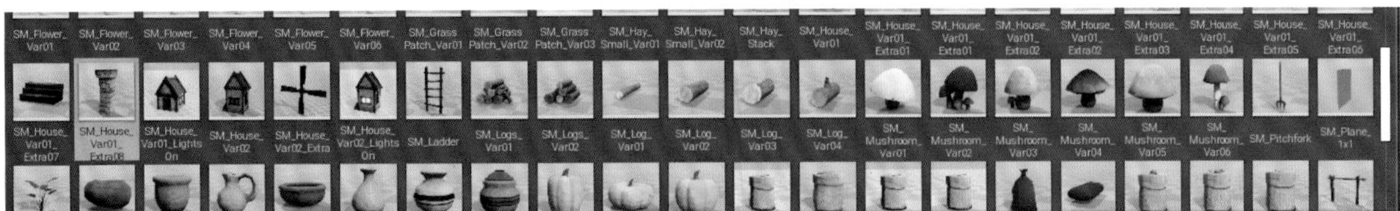

图4-182

图4-183

图4-184

16 在场景中已经添加了许多可以跳上去的平台，现在播放游戏试玩一下。尝试依次跳上各个平台，最后到达屋顶的烟囱上就算挑战成功，如果中途跳到地面上，就返回起点的木桶上重新挑战。玩家站在木桶上开始游戏，如图4-185所示。跳到第一个树墩上，如图4-186所示。跳到井口上方，如图4-187所示。跳到梯子上，如图4-188所示。跳到屋顶的箱子上，如图4-189所示。跳到浮空的树墩上，如图4-190所示。跳到连接屋顶的独木桥上，如图4-191所示。通过独木桥，走到屋顶的平台上，如图4-192所示。跳到瓦片上，如图4-193所示。看准时机，躲过风车扇叶，跳到烟囱上，挑战成功，如图4-194所示。

图4-185

图4-186

图4-187

图4-188

图4-189

图4-190

图4-191

图4-192

图4-193

图4-194

技术答疑：角色落地后如何自动回到起点

为了让场景的交互性更强，当玩家失误使角色落到地面时，可以让角色自动回到起点的木桶上，以便玩家重新开始游戏。为了实现此功能，可以创建一个Actor类作为游戏的失败体积。

01 在“内容浏览器”面板中打开“Content”目录，在此面板的空白处单击鼠标右键，在弹出的菜单中选择“Blueprint Class”命令，在“选取父类”对话框中单击“Actor”按钮，将新建的“Actor”类命名为“FailVolume”，表示这是一个失败体积，角色碰到此体积就会自动返回起点，如图4-195~图4-197所示。

图4-195

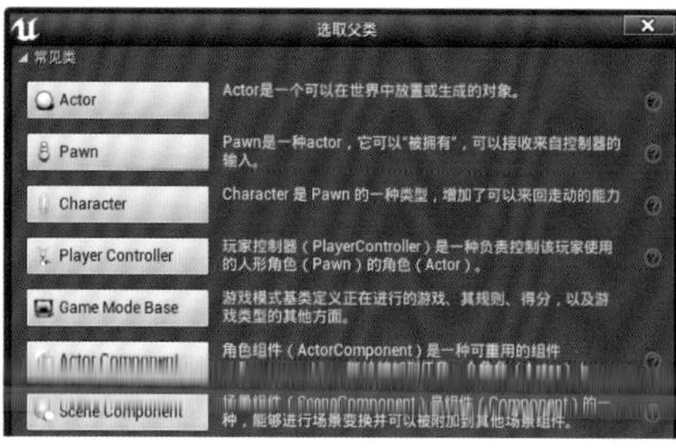

图4-196

图4-197

02 双击“FailVolume”，打开蓝图编辑界面。在“Components”面板中单击“+Add Component”按钮 +Add Component ，在弹出的菜单中找到并选择“Box Collision”命令，添加一个盒体碰撞组件，其名称保持默认的“Box”即可，如图4-198~图4-200所示。

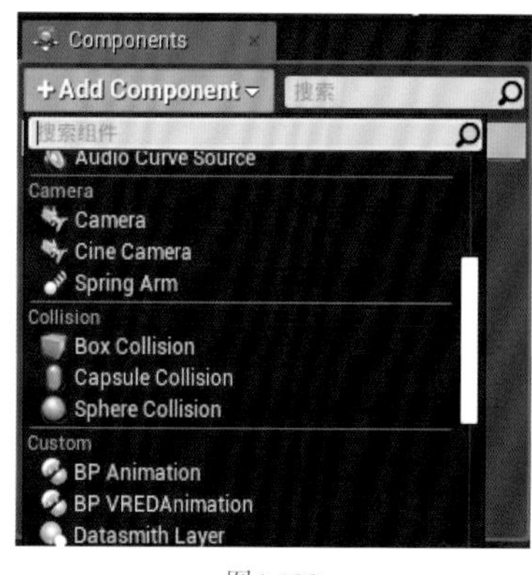

图4-198

图4-199

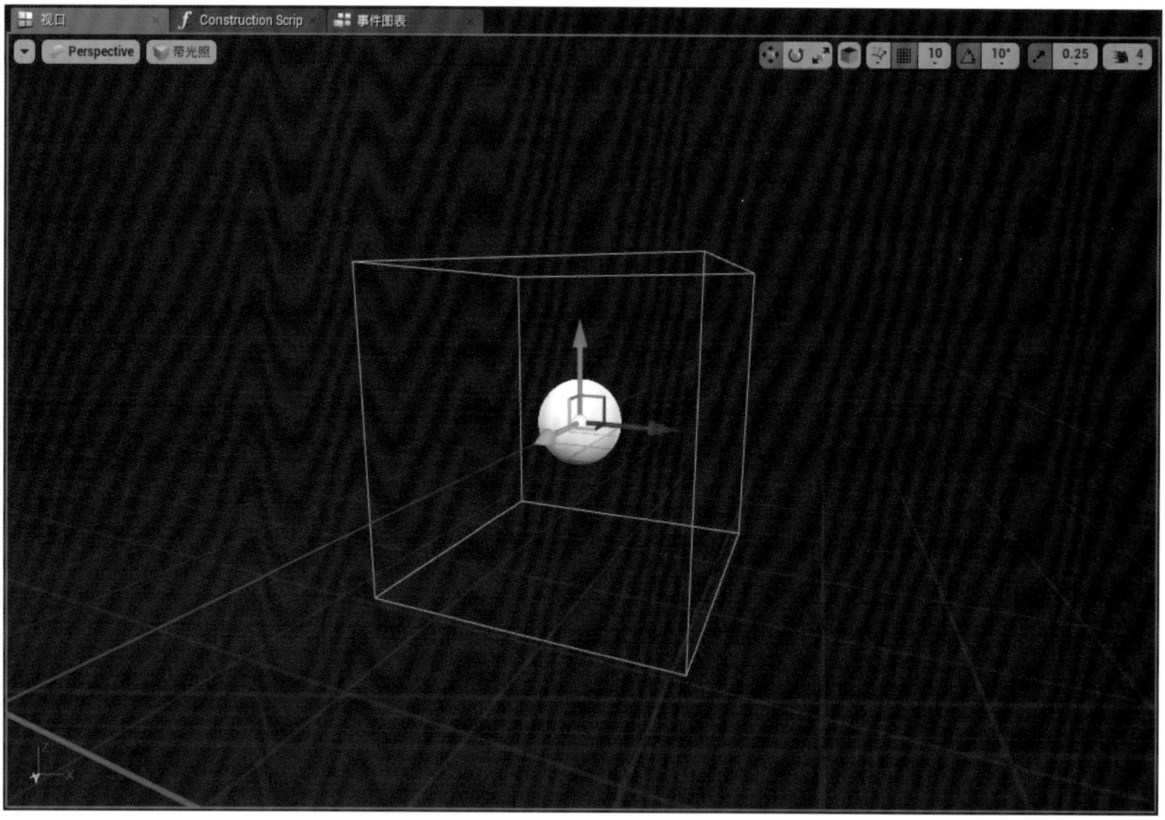

图4-200

03 为“Box”组件添加一个碰撞事件。在“Components”面板中选择“Box”组件，切换到“事件图表”面板，在此面板的空白处单击鼠标右键，在弹出的菜单中选择“为Box添加事件”中“Collision”的“添加On Component Begin Overlap”命令，如图4-201~图4-203所示。

图4-201

图4-202

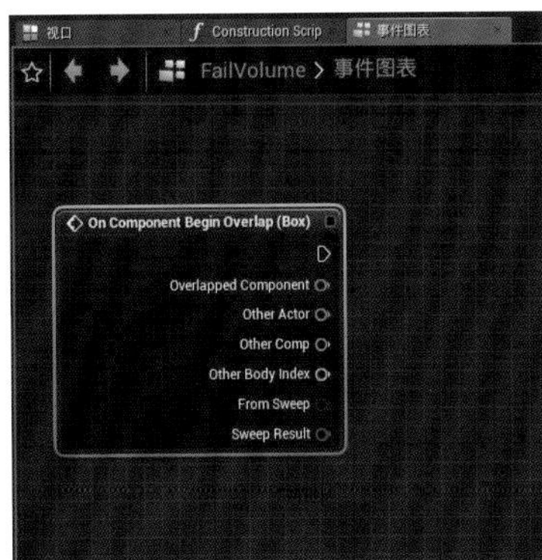
图4-203

04 从“On Component Begin Overlap(Box)”节点的“Other Actor”引脚处拖曳出一条线，释放鼠标后在弹出的菜单中的搜索框内输入“playerchar”，找到并选择“类型转换为PlayerChar”命令，如图4-204所示。

05 从“类型转换为PlayerChar”节点的“As Player Char”引脚处拖曳出一条线，释放鼠标后在弹出的菜单中的搜索框内输入“setactorlocation”，找到并选择“SetActorLocationAndRotation”命令。设置“SetActorLocationAndRotation”节点的“New Location”为（-2365，-6430，252）、“New Rotation”为（0，0，110），如图4-205所示。

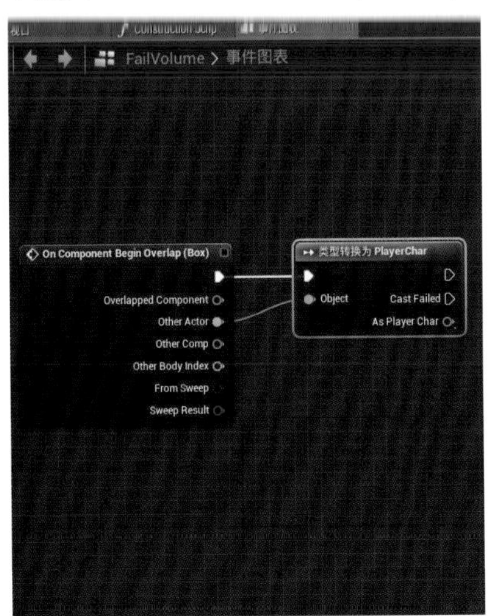
图4-204

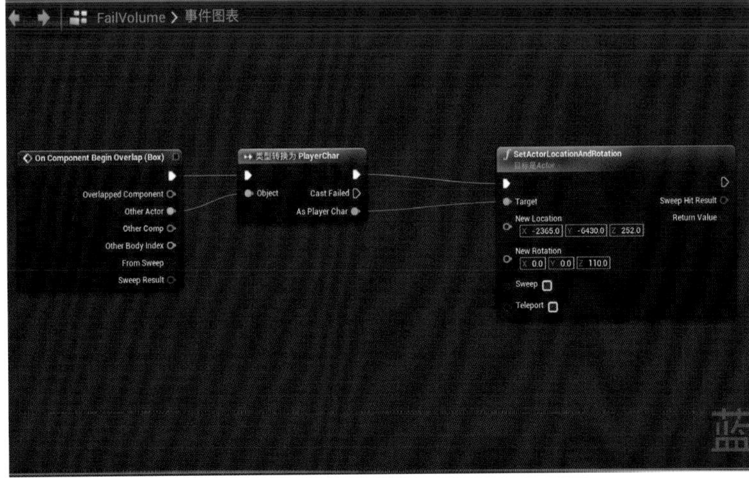
图4-205

技巧提示 当玩家角色“PlayerChar”碰到“Box”时，设置“PlayerChar”的“位置”为（-2365，-6430，252）、“旋转”为（0°，0°，110°）。此“位置”和“旋转”与场景中“玩家出生点”的“位置”和“旋转”相同，也就是说，将“PlayerChar”的“位置”和“旋转”设置为起点的“位置”和“旋转”，就可以实现自动回到起点的功能。

“SetActorLocationAndRotation”函数是Actor类中的函数，因为Character类的“PlayerChar”继承自Actor类，所以它也可以调用此函数。此函数的作用是将目标Actor的“位置”和“旋转”设置为指定的数值，从而实现改变Actor的位置和角度的功能。

06 单击工具栏中的“编译”按钮，切换到编辑器主界面。在“内容浏览器”面板中拖曳“FailVolume”到场景中，在“细节”面板中设置“位置”为（－2140,－5770,25）、“Scale”为（93.4375,93.4375,1），使这个失败体积接触并覆盖地面，如图4-206~图4-208所示。

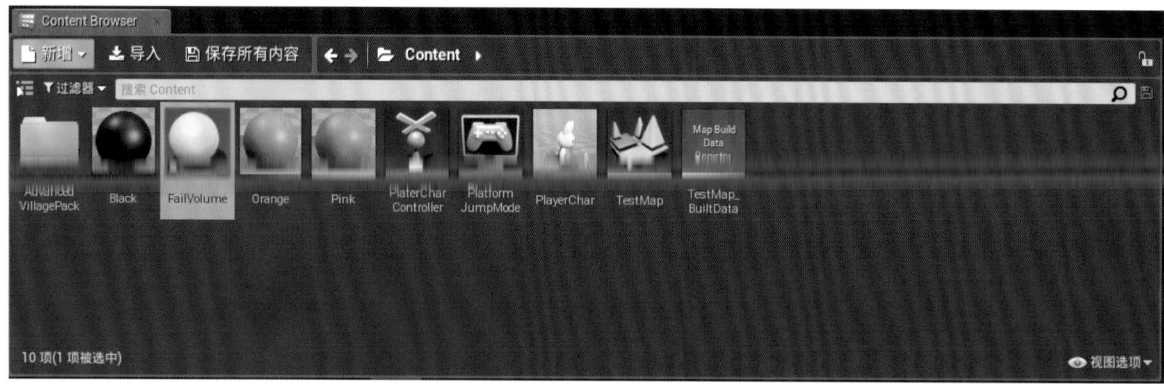

图4-206

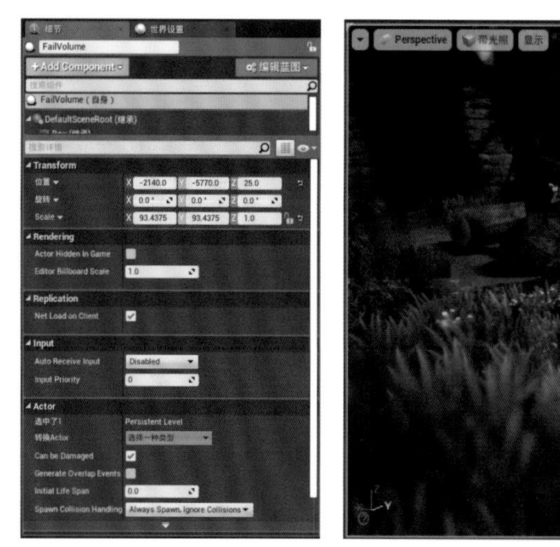

图4-207

图4-208

技巧提示 播放游戏，可以发现当角色落到地面后，角色会立刻回到木桶的起点上，以便再次挑战。

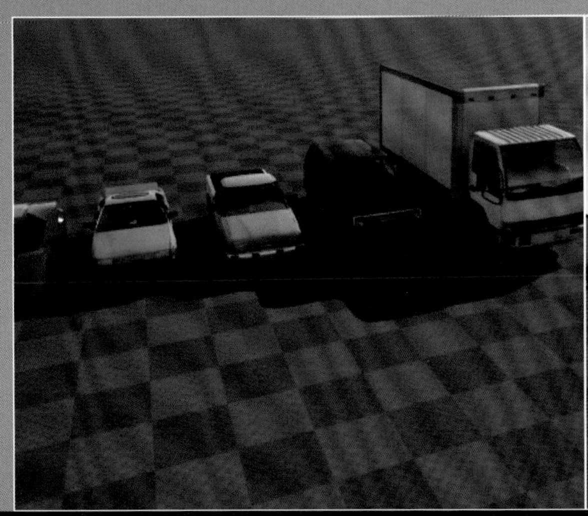

第5章 初识用户界面：赛车游戏计分系统

学习目的

用户界面（User Interface，UI）是每个游戏必须具备的元素。用户界面中通常含有当前游戏的各种信息，如玩家的生命值、得分、任务目标等，它是玩家快速获取游戏信息的窗口，在一个游戏中起着至关重要的作用。

主要内容

- 编辑输入映射
- 更换场景并编辑游戏模式
- 制作反光效果材质
- 制作得分方块
- 创建用户界面
- 使用“Text”组件显示分数
- 将得分绑定到“Text”组件
- 显示用户界面

5.1 概要

下面将制作一个赛车游戏的计分系统。玩家可以驾驶车辆“吃掉”红色的方块来得分，每“吃掉”一个方块就增加1分，同时屏幕上会显示玩家当前的分数，游戏画面如图5-1所示。

图5-1

01 创建项目。在“新建项目”选项卡中，选择“空白”和“具有初学者内容”，将项目命名为“ScoringSystem”，如图5-2所示。

02 导入美术资源。打开Epic Games启动器，切换到“虚幻商城”选项卡，在搜索框中输入“Vehicle Variety Pack”进行搜索，找到同名的资源，如图5-3所示。

图5-2

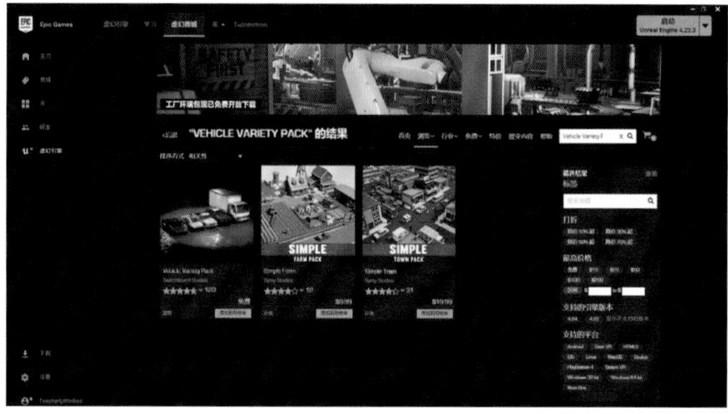

图5-3

03 单击资源，打开内容详情界面。此资源是一个车辆资源包，其中包含多种车辆模型以及控制车辆的蓝图程序。下面将使用里面的蓝图程序制作赛车游戏。单击“免费”按钮获取此资源，将它添加到“ScoringSystem”项目中并等待它下载完成，如图5-4和图5-5所示。

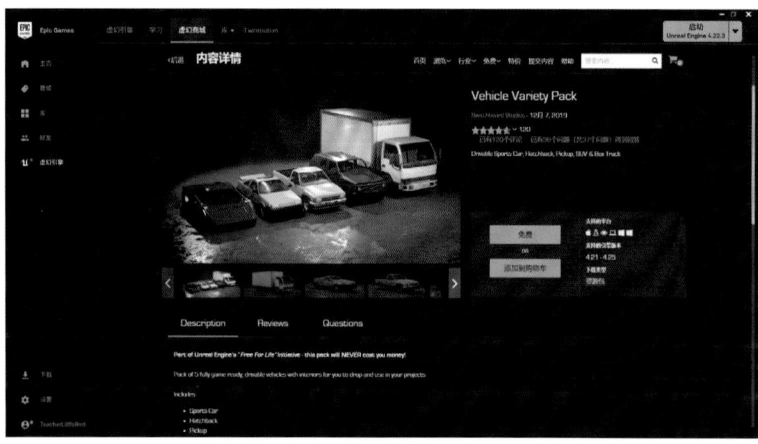

图5-4

图5-5

04 在搜索框中输入“Modular Building Set”进行搜索，找到同名的资源，如图5-6所示。

05 单击资源，打开内容详情界面。此资源是一个带有马路的城市场景。下面将使用它作为赛车游戏的主场景。单击“免费”按钮获取此资源，将它添加到“ScoringSystem”项目中并等待它下载完成，如图5-7和图5-8所示。

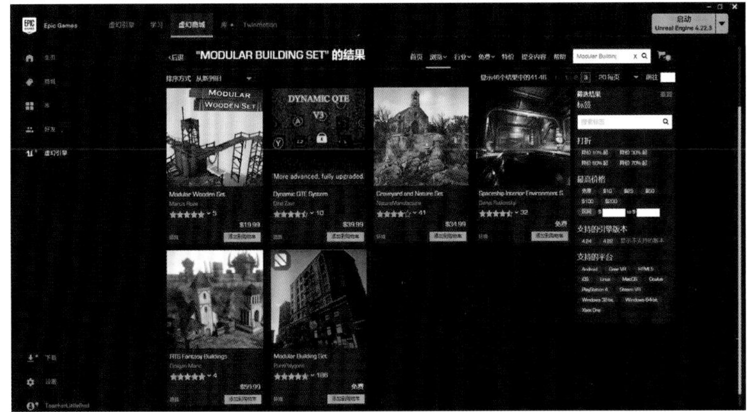

图5-6

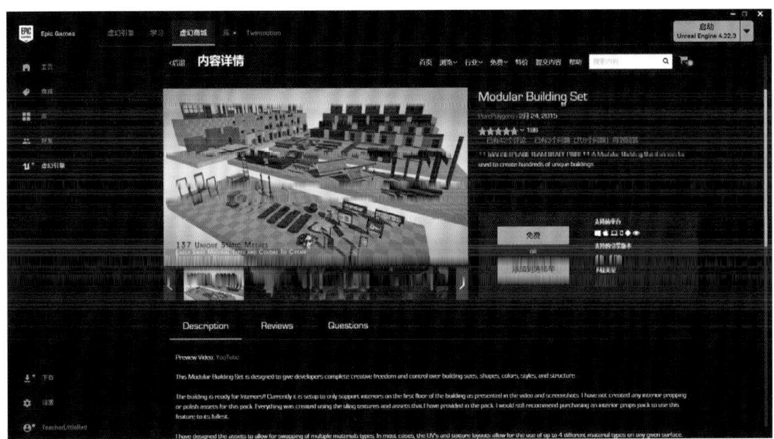

图5-7

图5-8

06 返回编辑器主界面，可以在“内容浏览器”面板中看到“ModularBuildingSet”文件夹和“Vehicle VarietyPack”文件夹，如图5-9所示。

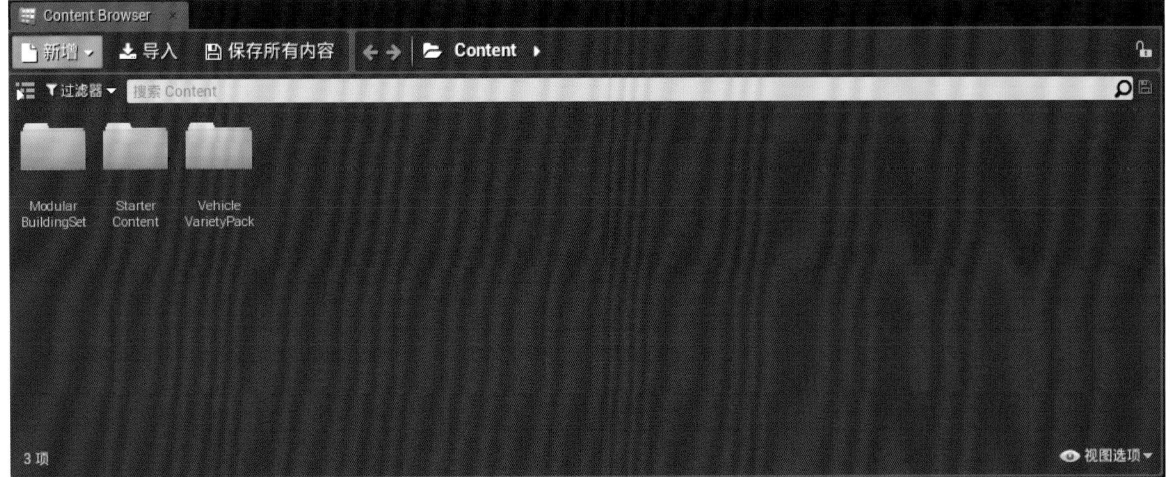

图5-9

5.2 准备赛车游戏

下面要制作一个赛车游戏，玩家可以使用键盘控制车辆移动。本项目不必从零开始编写赛车游戏的蓝图程序，因为“Vehicle Variety Pack”资源中已经有现成的控制车辆的蓝图程序，稍作改动即可使用。

5.2.1 编辑输入映射

01 打开“Vehicle Variety Pack”资源中包含的赛车游戏场景。在“内容浏览器”面板中打开“Content\VehicleVarietyPack\Maps”目录，打开“Playground”关卡，如图5-10和图5-11所示。

02 播放游戏。这是一个标准的第三人称赛车游戏，主角是一辆SUV，现在无法通过按键来操控车辆，任何输入都不起作用，如图5-12所示。

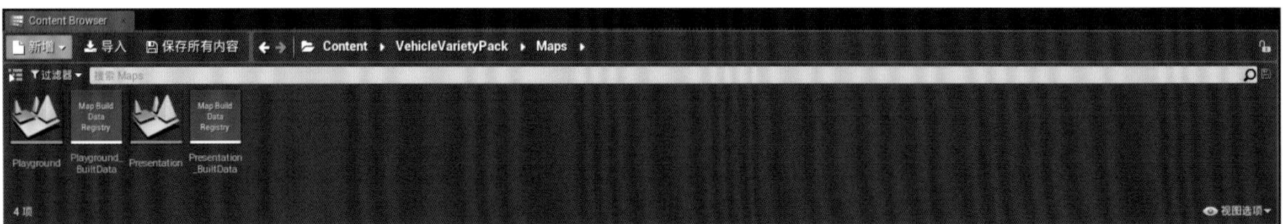

图5-10

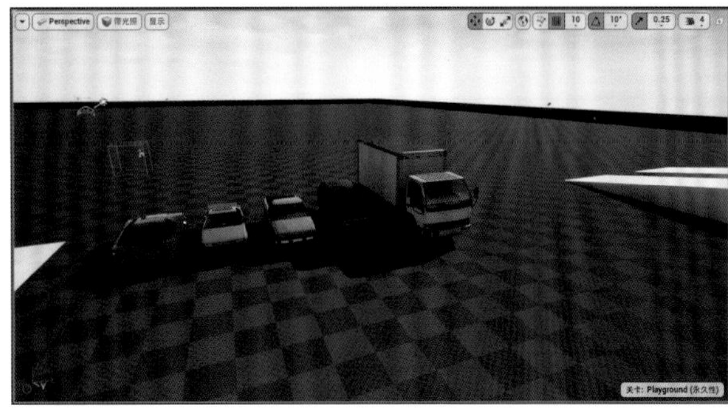

图5-11

图5-12

技巧提示 现在还没有编辑输入映射，虽然蓝图程序是正常的，但是UE4不知道哪个按键对应哪个输入事件。想要控制车辆移动，要看蓝图程序中包含哪些输入事件，然后为这些输入事件映射对应的按键。

03 在“内容浏览器”面板中，打开“Content\ VehicleVarietyPack\Blueprints\SUV”目录，双击“BP_SUV”，如图5-13所示。切换到“事件图表”面板，所有的输入事件节点下方都显示了黄色的“WARNING”字样，这表示编译时UE4发出警告，同时“编译器结果”面板中也有对这些警告的文字说明，如图5-14和图5-15所示。

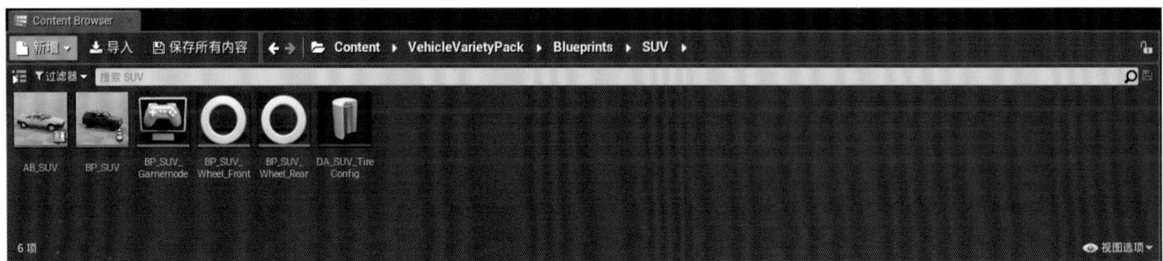

图5-13

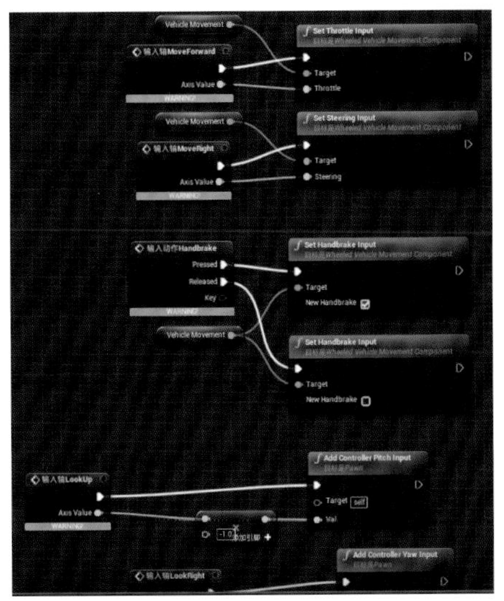

图5-14

技巧提示 发出警告的原因很简单，即UE4不知道哪个按键对应哪个输入事件。上述蓝图程序中有“MoveForward”“MoveRight”“Handbrake”“LookUp”“LookRight”输入事件，下面就为这些输入事件绑定各自对应的按键。选择“项目设置”选项卡，选择“引擎 - 输入”，在“Bindings”中编辑输入映射。因为在第4章中已经讲过设置输入映射的方法，所以这里不再赘述。参照蓝图程序中输入轴事件与输入动作事件的名称，分别设置与之对应的坐标轴映射与动作映射，并设置合适的按键。

图5-15

04 在“Action Mappings”中添加动作映射“Handbrake”，将按键设置为“空格键”，表示刹车操作。在“Axis Mappings”中添加坐标轴映射“MoveForward”，将正按键设置为“W”，表示向前行驶；将负按键设置为“S”，表示向后行驶。添加坐标轴映射“MoveRight”，将正按键设置为“D”，表示向右转向；将负按键设置为“A”，表示向左转向。添加坐标轴映射“LookUp”，将正设置为“鼠标Y”，表示向上滑动鼠标，视角向上转动（因为蓝图中的“LookUp”事件的“Aixs Value”乘以−1后才被传出，所以输入轴映射的设置为正即可）。添加坐标轴映射“LookRight”，将正设置为“鼠标X”，表示向右滑动鼠标，视角向右转动，如图5-16所示。

05 切换到编辑器主界面，播放游戏。现在可以正常操控车辆移动，同时可以用鼠标调整视角，如图5-17所示。

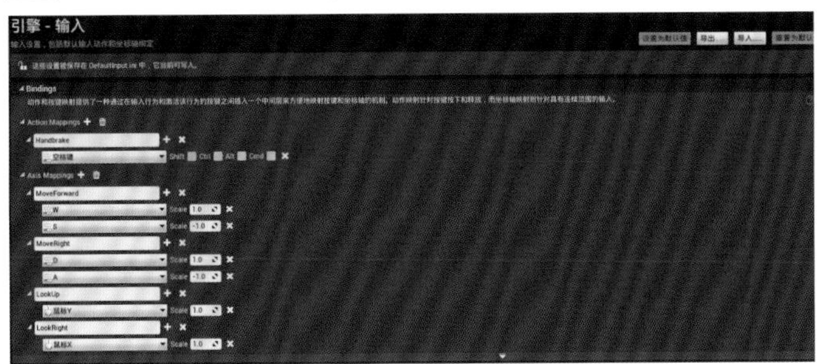

图5-16

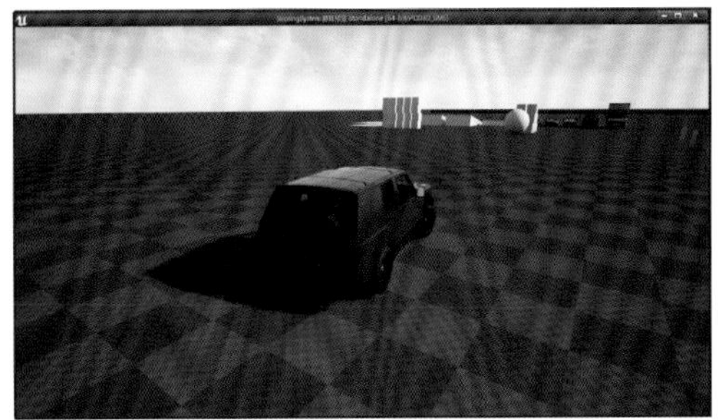

图5-17

5.2.2 更换场景并编辑游戏模式

下面更换游戏的主场景，并使用游戏模式整合场景与车辆。

01 在“内容浏览器”面板中，打开“Content\ModularBuildingSet”目录，双击“Demo_Scene”关卡，如图5-18所示。这是一个细节丰富的城市场景，如图5-19所示，将它作为游戏的主场景。

图5-18

图5-19

02 在工具栏中单击“Blueprints”按钮，在弹出的菜单中选择“打开关卡蓝图”命令，然后在“关卡蓝图”的“事件图表”面板中将“事件BeginPlay”节点的输出项与“Play”节点的输入项之间的连接断开，如图5-20和图5-21所示。

图5-20

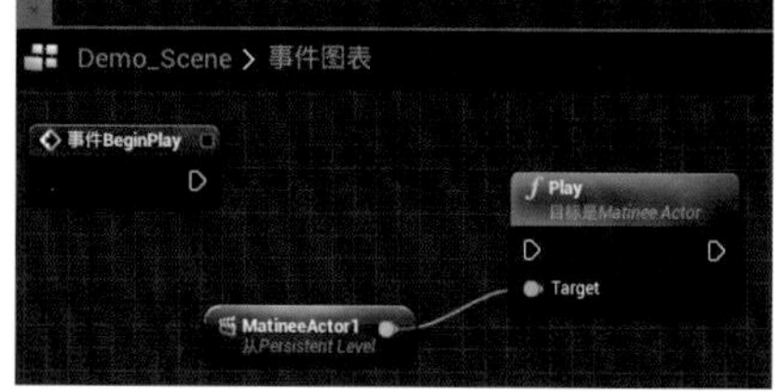

图5-21

技巧提示 与第4章的关卡蓝图类似，这段蓝图程序是资源自带的，其功能是在开始游戏时播放一个过场动画。赛车游戏不需要此功能，断开“事件BeginPlay”节点后面的连接，后面的程序就不会执行。

03 单击工具栏中的“编译”按钮，关闭“关卡蓝图”界面，切换到编辑器主界面，下面创建一个新的游戏模式。在“内容浏览器”面板中打开“Content”目录，在面板空白处单击鼠标右键，在弹出的菜单中选择“Blueprint Class”命令，在“选取父类”对话框中单击“Game Mode Base”按钮，将新建的游戏模式类命名为“CarMode”，表示这是一个赛车类的游戏模式，如图5-22~图5-24所示。

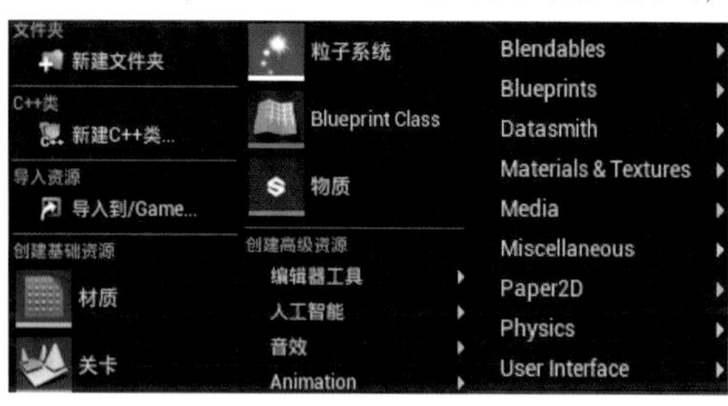

图5-22

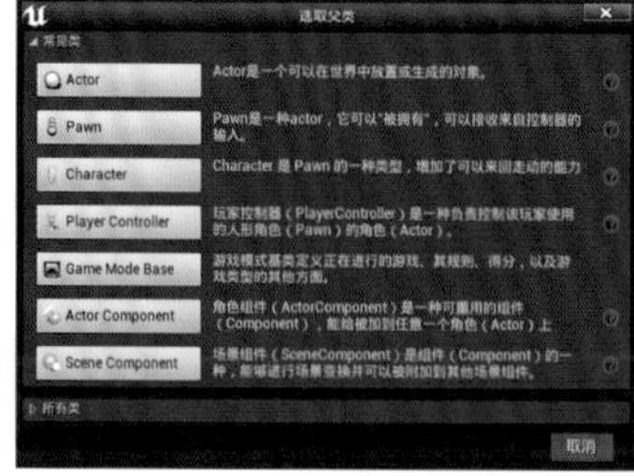

图5-23

图5-24

技巧提示 双击“CarMode”，在“细节”面板中将“Classes”选项中的“Default Pawn Class”设置为“BP_SUV”，游戏的主角就是刚才的那辆SUV。

04 单击工具栏中的“编译”按钮，选择“项目设置”选项卡。在“地图&模式”中将“Default Modes”中的“Default GameMode”设置为“CarMode”，将“Default Maps”中的“Editor Startup Map”和“Game Default Map”都设置为“Demo_Scene”，如图5-25所示。这样游戏框架就搭建好了，在游戏开始时打开作为默认关卡的城市场景，玩家可以控制主角车辆自由行驶。

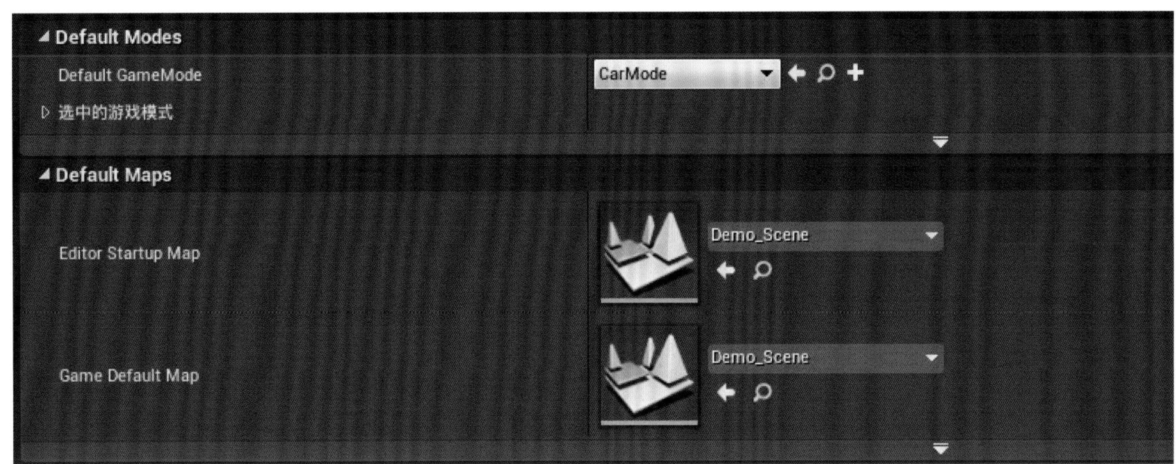

图5-25

05 切换到编辑器主界面，更改玩家的起点。在“世界大纲视图”面板的搜索框内输入“player”，找到并选择“Player Start”命令。在“细节”面板中，设置“位置”为（165，–7860，125）、“旋转”为（0°，0°，90°），如图5-26~图5-28所示。

06 播放游戏。车辆在斑马线后蓄势待发，现在可以操控车辆在城市的马路上自由行驶，如图5-29所示。

图5-26

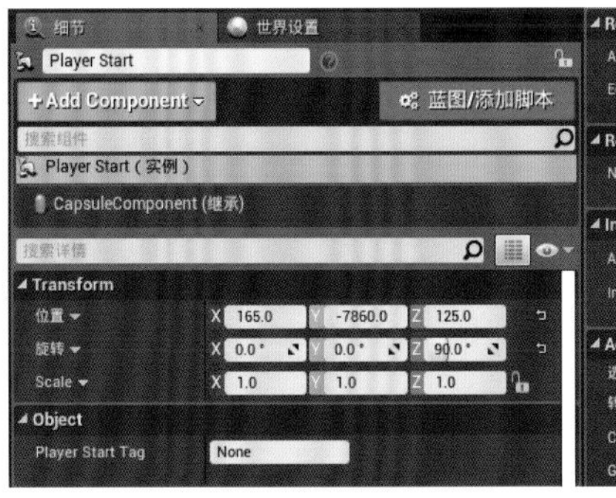

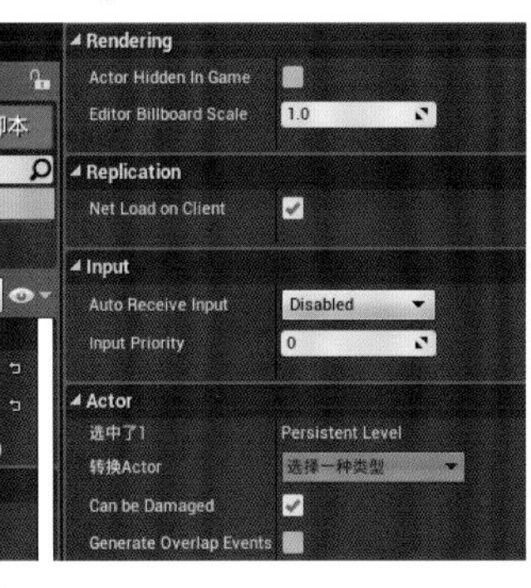

图5-27

图5-28

图5-29

技巧提示 因为改变了“Player Start”的位置，所以场景中的光照信息发生了变化，“视口”面板的左上角出现“反射采集需要重建（1未构建）”的字样。单击工具栏中的“Build”按钮，重新构建场景的光照，这样反射采集就重建好了。

5.3 碰到方块就得分

赛车游戏已经准备好了，下面制作得分方块。当车辆碰到方块时，方块消失，同时获得分数，可以制作一个Actor类来实现这样的功能。

5.3.1 制作反光效果材质

在制作得分方块之前，需要制作方块的材质。读者在前面已经学会了如何创建有颜色的材质，现在学习如何让材质具有反光效果。

01 在“内容浏览器”面板中打开“Content”目录，在面板空白处单击鼠标右键，在弹出的菜单中选择“材质”命令，将新创建的材质命名为“RedReflect”，表示这是一个有反光效果的红色材质，如图5-30和图5-31所示。

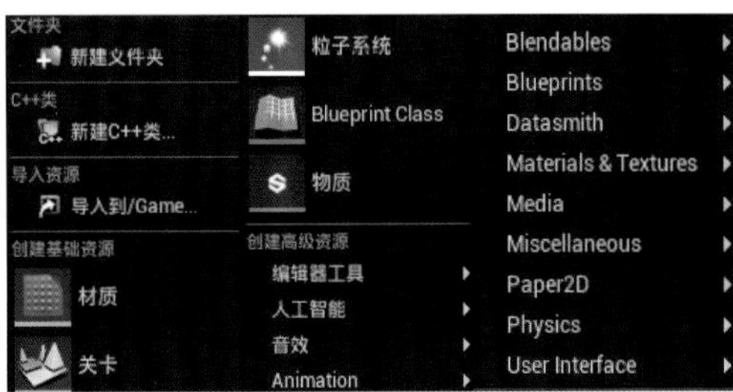

图5-30

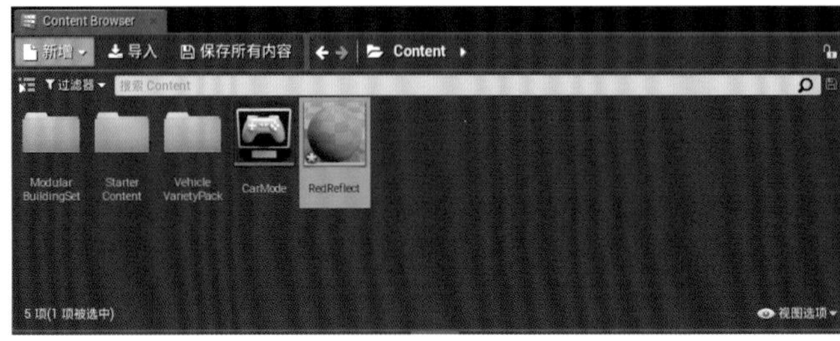

图5-31

02 双击“RedReflect”材质，为它设置基础颜色。其操作和之前一样，将“Constant3Vector”节点的引脚连接到“RedReflect”节点的“Base Color”引脚，将“Constant3Vector”节点的颜色设置为红色，如图5-32和图5-33所示。

03 从“RedReflect”节点的“Roughness”引脚处拖曳出一条线，释放鼠标后在弹出的菜单中的搜索框内搜索“constant”，找到并选择“Constant”命令，如图5-34和图5-35所示。

图5-32

图5-33

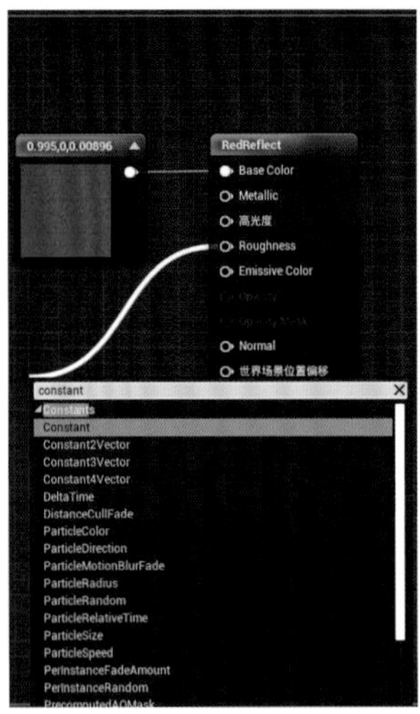

图5-34

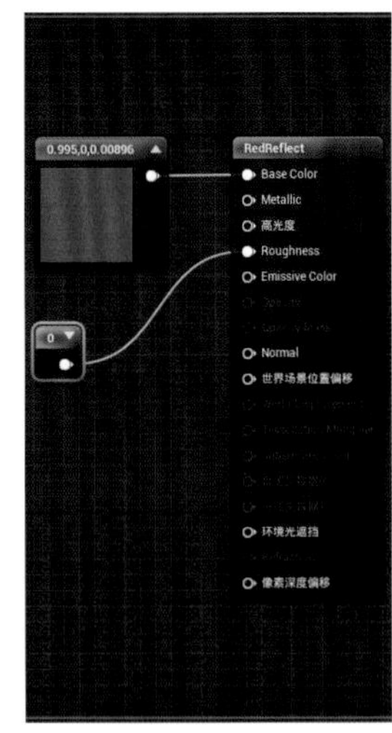

图5-35

04 目前“Constant”节点默认为“0”，让它保持默认值不变。将“0”节点连接到“RedReflect”节点的“Roughness”引脚后，“视口”面板中的材质表面已经变得非常光滑，如图5-36所示。

05 单击工具栏中的“应用”按钮，然后关闭当前界面。切换到编辑器主界面，在“内容浏览器”面板中可以看到“RedReflect”材质已经制作完成，如图5-37所示。

图5-36

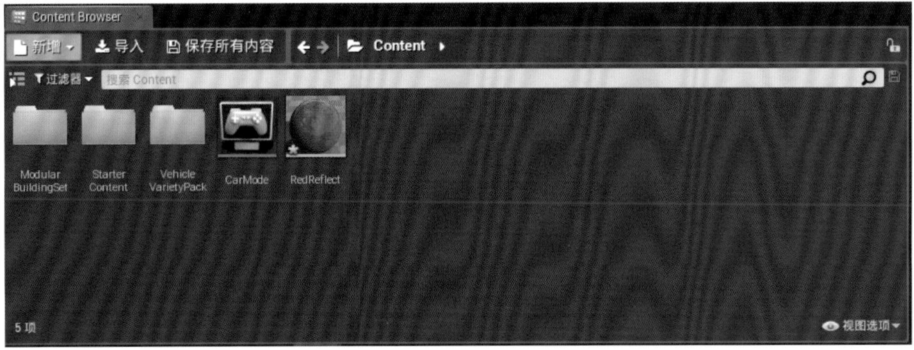

图5-37

技巧提示 “Constant”节点是一个一维向量，它的数值范围是0~1，选择此节点后可以在“细节”面板中调整它的参数。“RedReflect”节点的“Roughness”表示材质的粗糙程度。当“Roughness”为“0”时，表示材质完全不粗糙，也就是光滑；当“Roughness”为“1”时，表示材质非常粗糙，其表面不会产生任何反光效果。

5.3.2 制作得分方块

01 在“内容浏览器”面板中的空白处单击鼠标右键，在弹出的菜单中选择“Blueprint Class”命令，在“选取父类”对话框中单击“Actor”按钮，将新建的Actor类命名为“ScoreCube”，表示这是一个碰到即可得分的方块，如图5-38~图5-40所示。

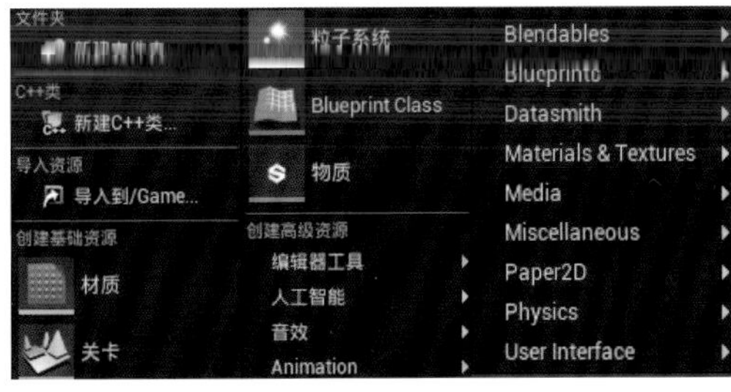

图5-38

图5-39

图5-40

02 双击“ScoreCube”，在“Components”面板中单击“+Add Component”按钮，在弹出的菜单中找到并选择“立方体”命令，在“细节”面板中将此方块的材质设置为“RedReflect”，如图5-41~图5-44所示。

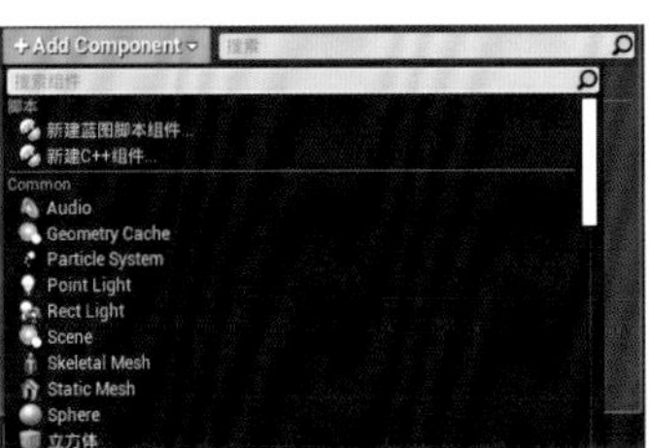

图5-41

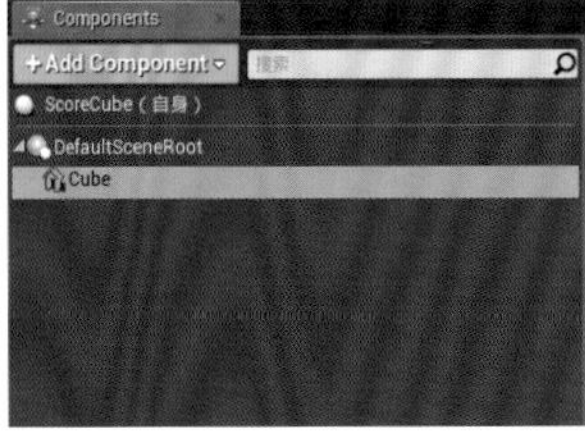

图5-42

图5-43

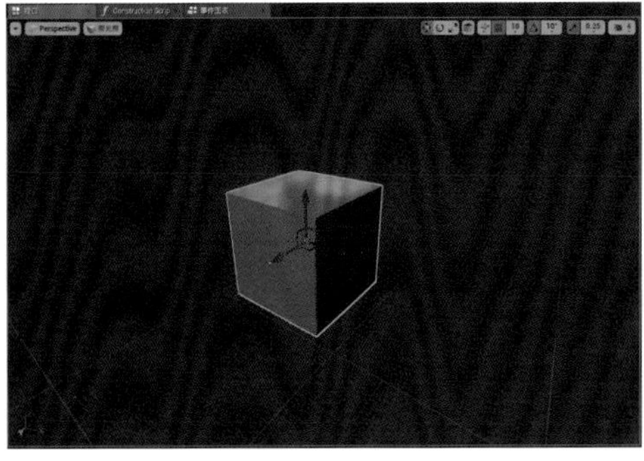

图5-44

03 在"Components"面板中选择"Cube"，单击"+Add Component"按钮 +Add Component ，在弹出的菜单中找到并选择"Sphere Collision"命令，在"细节"面板中将此球体碰撞体积的"Scale"设置为(3.75,3.75,3.75)，如图5-45~图5-49所示。

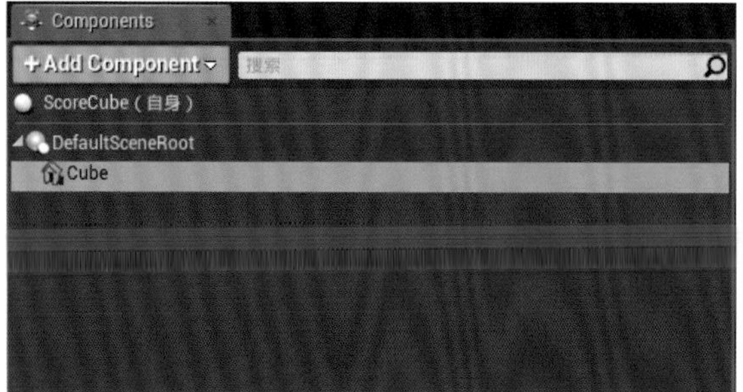

图5-45

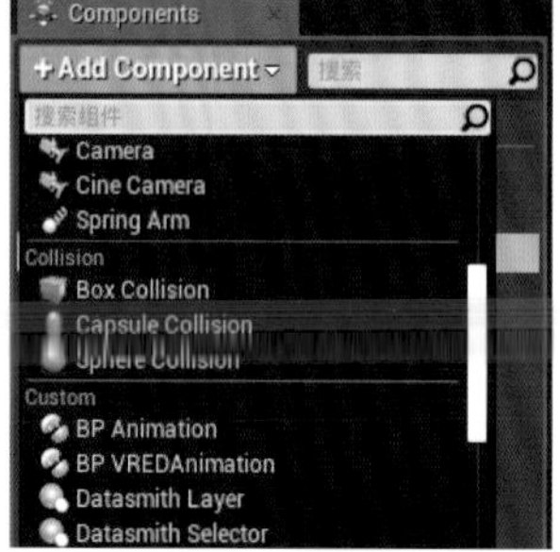

图5-46

图5-47

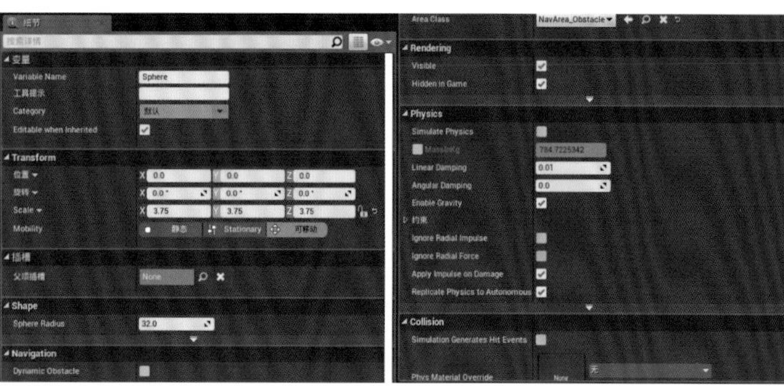

图5-48

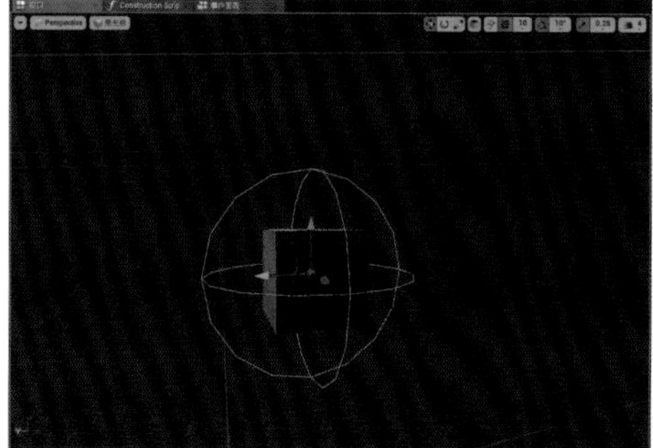

图5-49

04 在编写得分方块的蓝图程序之前，要让车辆拥有一个用于存储分数的变量。切换到"BP_SUV"蓝图界面，在"我的蓝图"面板中单击"变量"后的"+"按钮 + ，将新建的变量命名为"Score"，它表示车辆获得的分数。在"细节"面板中将"变量"中的"变量类型"设置为"整数"，如图5-50和图5-51所示。

技巧提示 下面制作蓝图，单击工具栏中的"编译"按钮，切换回"ScoreCube"蓝图界面。

图5-50

图5-51

05 在"Components"面板中选择"Sphere"组件，切换到"事件图表"面板，在此面板的空白处单击鼠标右键，在弹出的菜单中选择"为Sphere添加事件"中"Collision"的"添加On Component Begin Overlap"命令，如图5-52~图5-54所示。

图5-52

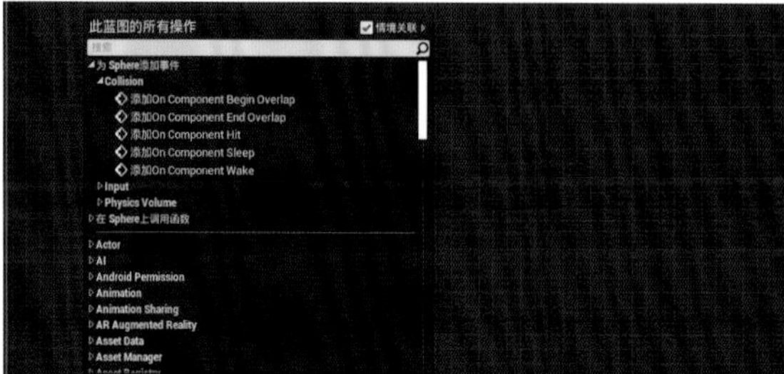

图5-53

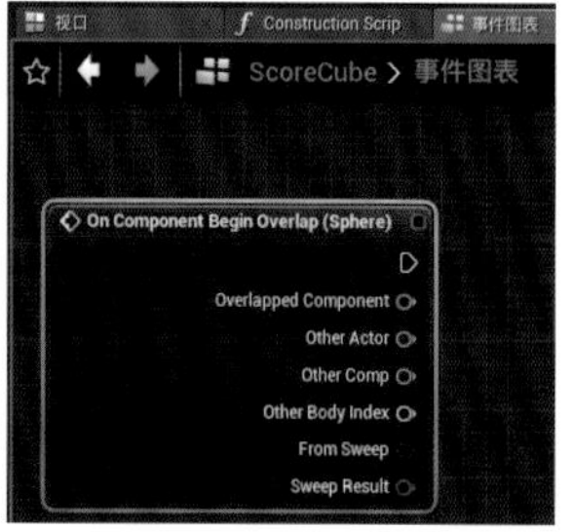

图5-54

06 从“On Component Begin Overlap(Sphere)”节点的“Other Actor”引脚处拖曳出一条线，释放鼠标后在弹出的菜单中的搜索框内输入“suv”，找到并选择“类型转换为BP_SUV”命令，如图5-55所示。

07 从“类型转换为BP_SUV”节点的“As BP SUV”引脚处拖曳出一条线，释放鼠标后在弹出的菜单中的搜索框内输入“score”，找到并选择“获取Score”命令，如图5-56和图5-57所示。

图5-55

图5-56

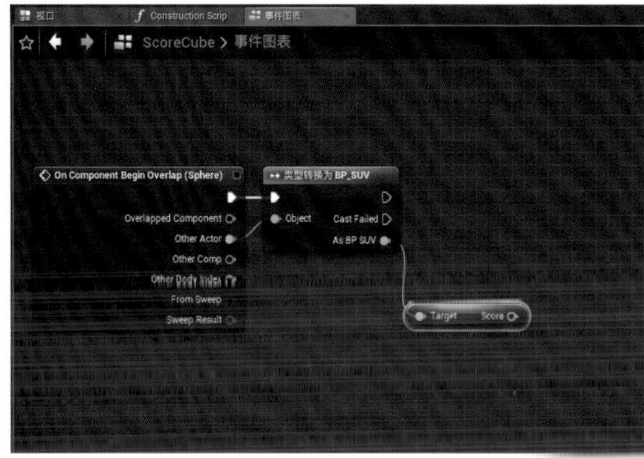

图5-57

08 从“类型转换为BP_SUV”节点的“As BP SUV”引脚处拖曳出一条线，释放鼠标后在弹出的菜单中的搜索框内输入“score”，找到并选择“设置Score”命令，如图5-58和图5-59所示。

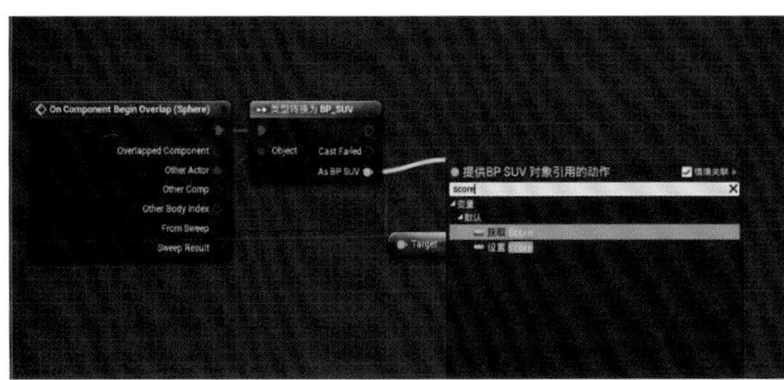

图5-58

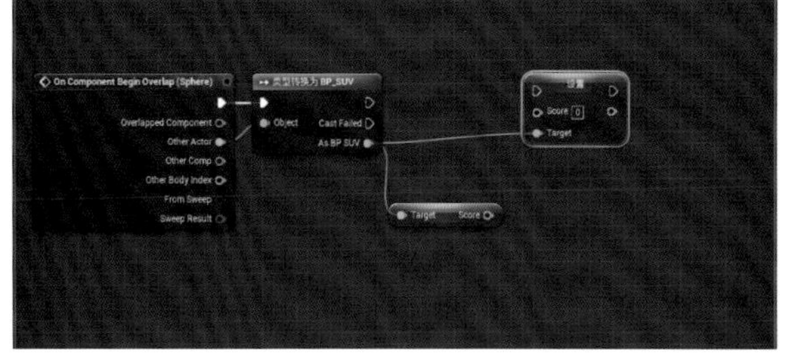

图5-59

09 从“Target Score”节点的“Score”引脚处拖曳出一条线，释放鼠标后在弹出的菜单中的搜索框内输入“+”，选择并找到“integer + integer”命令，如图5-60和图5-61所示。

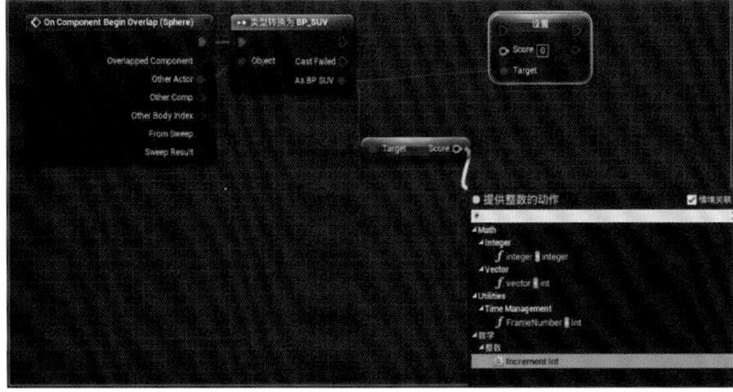

图5-60

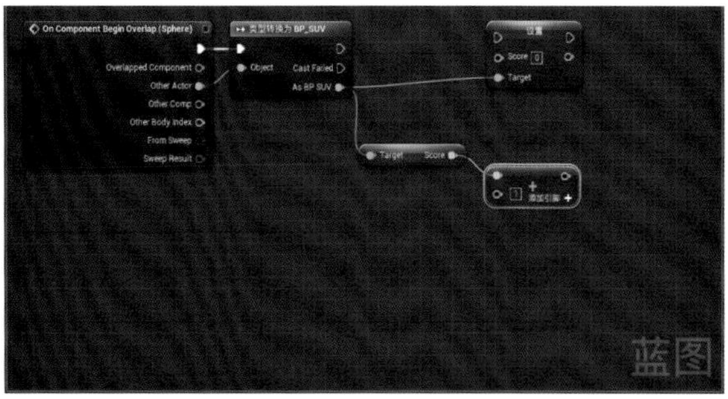

图5-61

10 将“+”节点的输出引脚连接到“设置”节点的“Score”引脚，将“类型转换为BP_SUV”节点的输出项连接到“设置”节点的输入项，如图5-62所示。

11 从“设置”节点的输出项处拖曳出一条线，释放鼠标后在弹出的菜单中的搜索框内输入“destroy”，找到并选择“DestroyActor”命令，如图5-63所示。

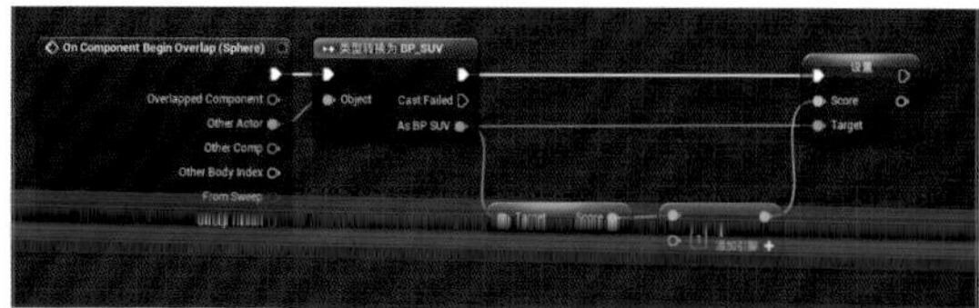

图5-62

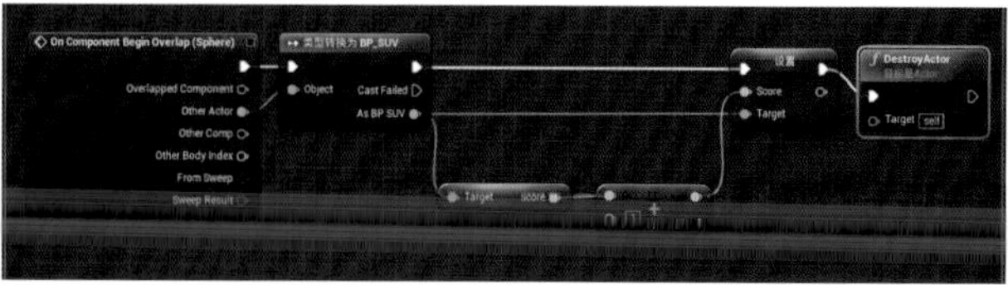

图5-63

技巧提示 当“SUV”碰到得分方块外的球体碰撞体积时，“BP_SUV”车辆蓝图类的“Score”变量的值就加1，即获得1分，最后销毁Actor，使得分方块消失。

“获取Score”节点（“Target Score”节点）从“BP_SUV”类中读取变量“Score”；“设置Score”节点对变量“Score”进行指定的设置；“+”节点将两个整数相加，再将计算结果输出。加数是变量“Score”的值，被加数是1，它们的和又传给了变量“Score”，也就是变量“Score”的值加1。这是一个简单的自加算法，运用此算法就可以实现车碰到方块后加1分的运算逻辑。

5.4 制作计分界面

制作好得分逻辑后，还要将玩家获得的分数显示在屏幕上，这时就要使用用户界面。

5.4.1 创建用户界面

在“内容浏览器”面板中的空白处单击鼠标右键，在弹出的菜单中选择“User Interface”中的“控件蓝图”命令，将新建的用户界面命名为“ScoreUI”，如图5-64~图5-66所示。设置好后双击“ScoreUI”，为设计用户界面做准备。

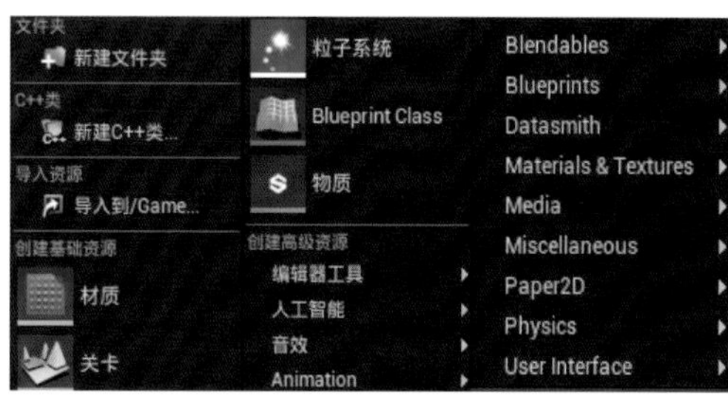

图5-64

图5-65

图5-66

5.4.2 使用“Text”组件显示分数

玩家获得的分数是一段文字，要在用户界面上显示文字信息，需要使用“Text”组件。下面将“Text”组件添加到用户界面中。

01 在“控制板”面板中将“通用”中的“Text”组件拖曳到“视口”面板中，如图5-67所示。在“细节”面板中，将“插槽（Canvas Panel Slot）”中的“位置X”设置为105，将“位置Y”设置为410，如图5-68和图5-69所示。

图5-67

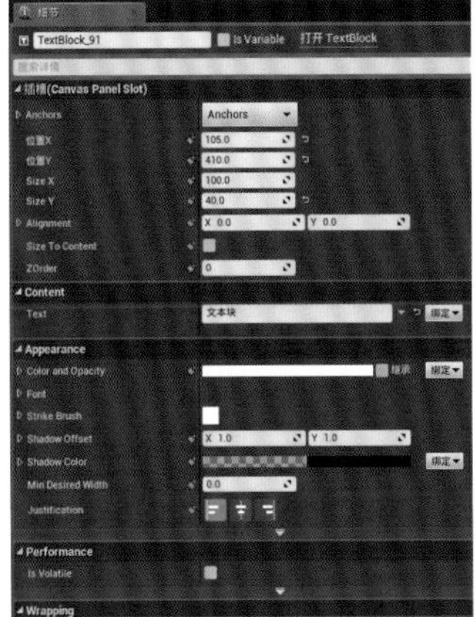
图5-68

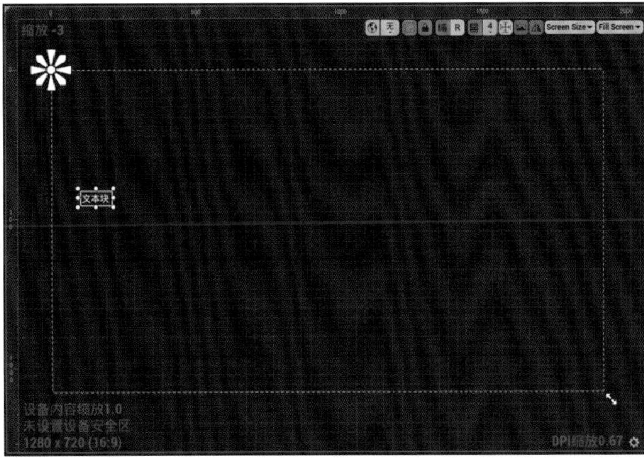
图5-69

技巧提示 现在“Text”组件已经添加完成，可以在“视口”面板中看到一个16：9的矩形虚线框，这个框的范围就是实际游戏画面中呈现给玩家的屏幕范围。可以发现刚才添加的“Text”组件就在屏幕中，同时在“细节”面板中将它的位置调整到屏幕的左侧偏上处。

02 “Text”组件显示的默认文本是“文本块”，现在将它改动一下。在“细节”面板中找到“Content”，将“Text”设置为“分数：”，如图5-70和图5-71所示。

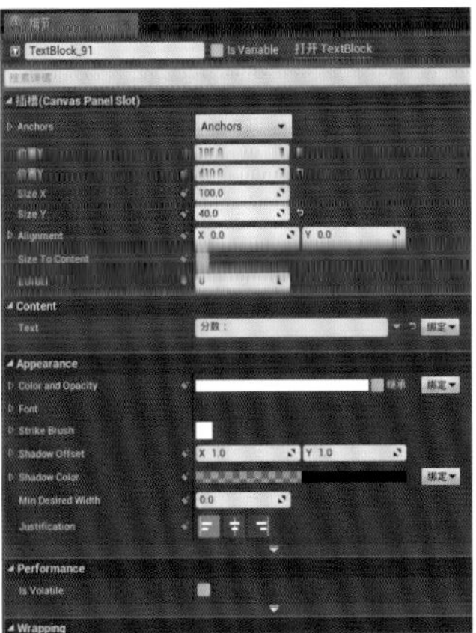
图5-70

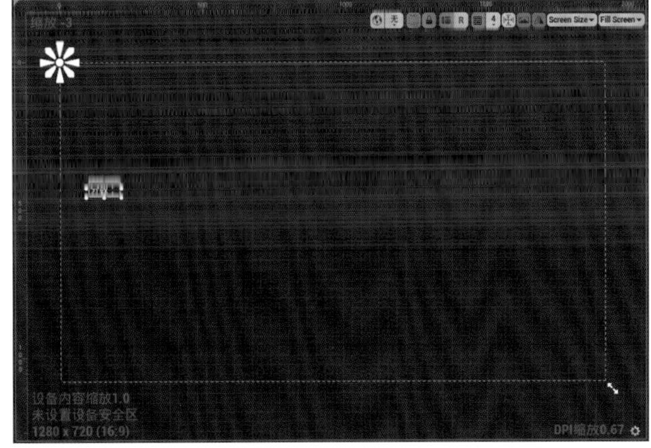
图5-71

03 现在文本已经修改了，但是其字号相对于整个屏幕有点小，需要进行调整。在“细节”面板中找到“Appearance”中的“Font”，将“Size”设置为“60”，这样字号就变大许多，然后勾选“插槽（Canvas Panel Slot）”中的“Size To Content”复选框，让组件的大小自动适应文本内容，如图5-72和图5-73所示。

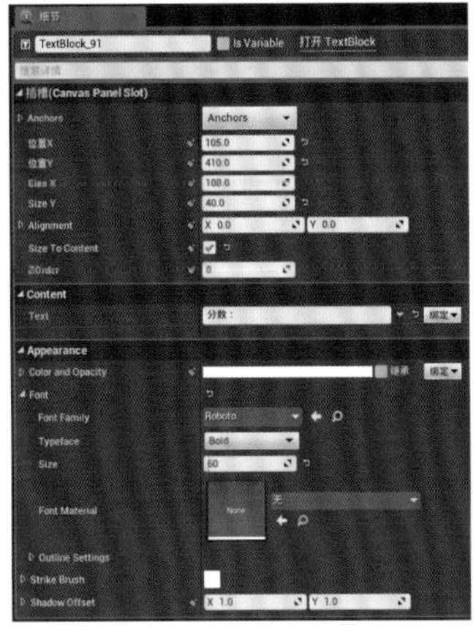
图5-72

图5-73

技巧提示 文本“分数:”添加完成，这是一段固定不变的文字信息，直接显示在屏幕上即可。玩家获得的分数是一个可变的数字，需要再添加一个新的“Text”组件，并通过程序控制它的数值。

04 在“控制板”面板中拖曳“Text”组件到“视口”面板中，在“细节”面板中将“插槽（Canvas Panel Slot）”的“位置X”设置为350、“位置Y”设置为410，勾选“Size To Content”复选框，然后将“Content”的“Text”设置为0，将“Appearance”中“Font”的“Size”设置为60，如图5-74~图5-76所示。

图5-74

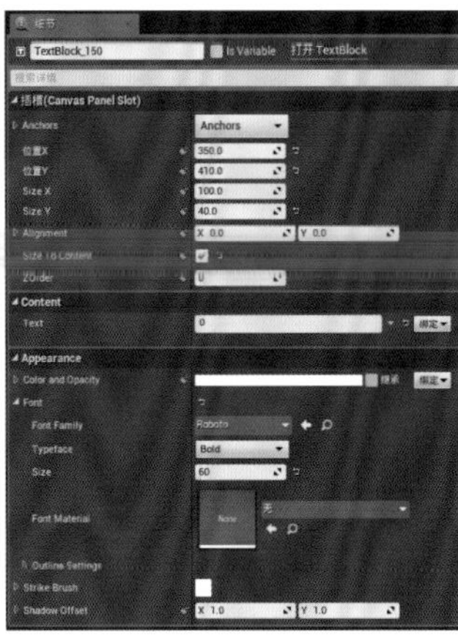

图5-75

图5-76

5.4.3 将得分绑定到“Text”组件

下面将编写蓝图程序，使文本“0”成为一个可变的量。

01 在“细节”面板中，单击“Content”中“Text”后面的“绑定”按钮，在弹出的菜单中选择“+创建绑定”命令，此时界面自动切换到“Get Text 0”面板，可以在此处编写蓝图程序，如图5-77和图5-78所示。

02 在“Get Text 0”面板空白处单击鼠标右键，在弹出的菜单中的搜索框内输入“getplayer”，找到并选择“Get Player Pawn”命令，如图5-79所示。

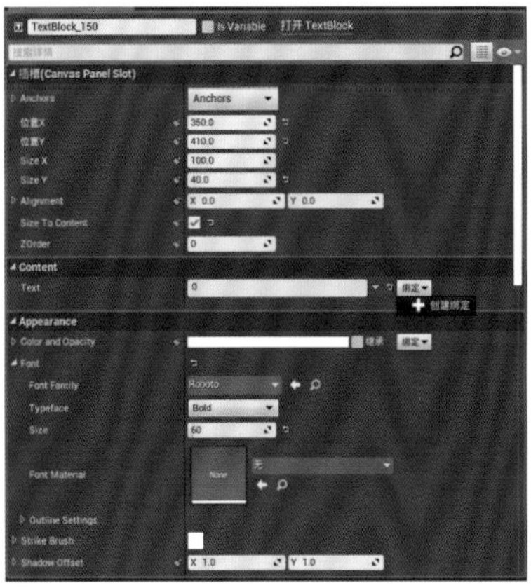

图5-77

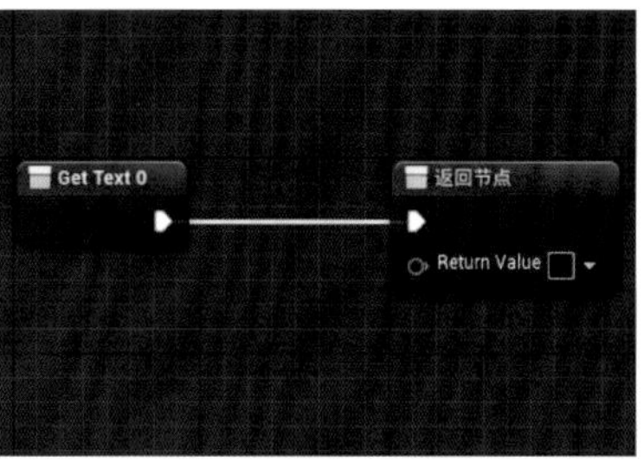

图5-78

图5-79

03 从“Get Player Pawn”节点的“Return Value”引脚处拖曳出一条线，释放鼠标后在弹出的菜单中的搜索框内输入“suv”，找到并选择“类型转换为BP_SUV”命令，如图5-80所示。

04 从“类型转换为BP_SUV”节点的“As BP SUV”引脚处拖曳出一条线，释放鼠标后在弹出的菜单中的搜索框内输入“score”，找到并选择“获取Score”命令，如图5-81所示。

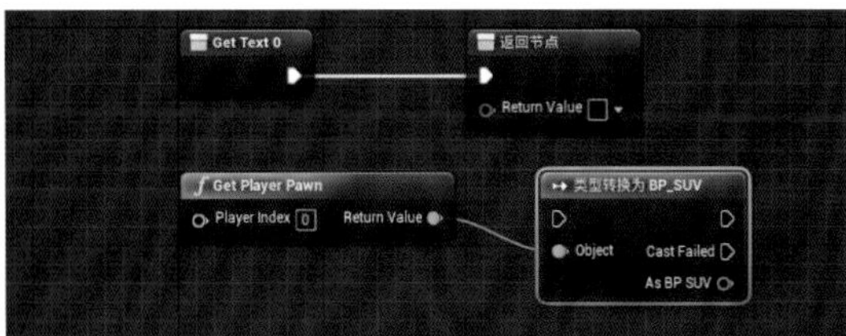

图5-80

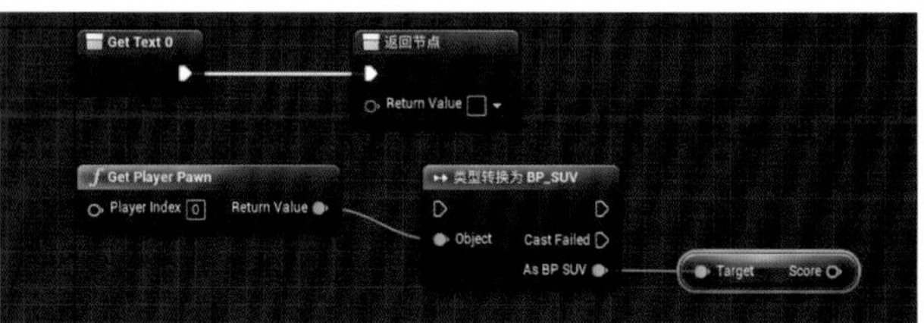

图5-81

05 将"Get Text 0"节点的输出项与"返回节点"的输入项之间的连接断开，将"Target Score"节点的"Score"引脚连接到"返回节点"节点的"Return Value"引脚，将"Get Text 0"节点的输出项连接到"类型转换为BP_SUV"节点的输入项，将"类型转换为BP_SUV"节点的输出项连接到"返回节点"节点的输入项，如图5-82所示。

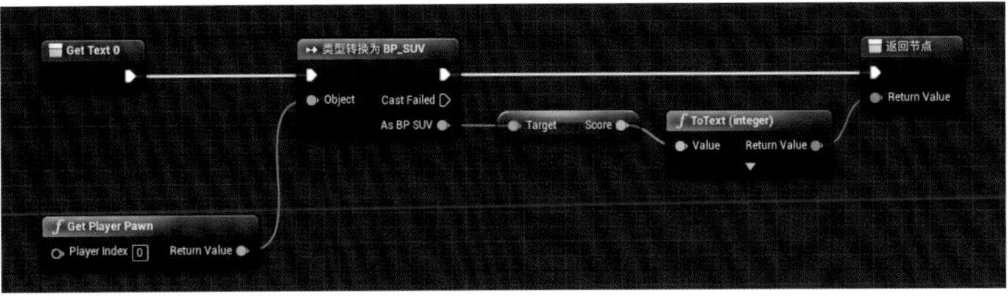

图5-82

技巧提示 "Get Text 0"是一个函数，它的功能是从车辆蓝图"BP_SUV"中获得"Score"变量，并将变量的值传给"Text"组件，这样"Text"组件就可以知道车辆蓝图中的分数信息，从而显示对应的分数。

当"Target Score"节点的"Score"引脚与"返回节点"节点的"Return Value"引脚连接时，它们之间会自动生成一个"ToText(integer)"节点。这是一个数据类型的转换节点，它的作用是将整数类型的数据转换为文本类型的数据。因为在车辆蓝图"BP_SUV"中的"Score"变量里存放的是整数类型的数据，而"Text"组件只能识别文本类型的数据，所以需要此转换节点将数据类型进行转换。

处理完成后，单击工具栏中的"编译"按钮，切换到"BP_SUV"蓝图界面，进行下一步操作。

5.4.4 显示用户界面

用户界面的蓝图程序写好后要在车辆蓝图中使用此界面，让此界面显示到游戏画面中。

01 在"事件图表"面板的空白处单击鼠标右键，在弹出的菜单中的搜索框内输入"begin"，找到并选择"事件BeginPlay"命令，如图5-83所示。

02 从"事件BeginPlay"节点的输出项处拖曳出一条线，释放鼠标后在弹出的菜单中的搜索框内输入"createwidget"，找到并选择"创建控件"命令，出现了"构建NONE"节点，如图5-84所示。

03 单击"构建NONE"节点中"Class"后的"Select Class"，在弹出的菜单中选择"ScoreUI"命令。此时节点名称变成了"创建Score UI控件"，如图5-85所示。

图5-83

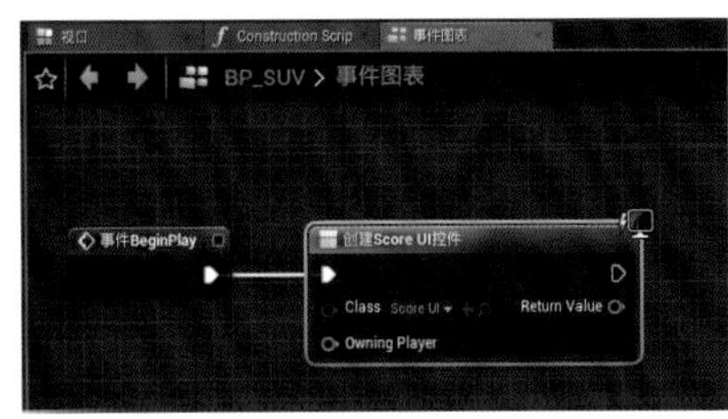

图5-84

图5-85

04 从"创建Score UI控件"节点的"Return Value"引脚处拖曳出一条线，释放鼠标后在弹出的菜单中的搜索框内输入"addto"，找到并选择"Add to Viewport"命令，如图5-86所示。

05 单击工具栏中的"编译"按钮，切换到编辑器主界面，播放游戏。用户界面已经显示到屏幕中，如图5-87所示。

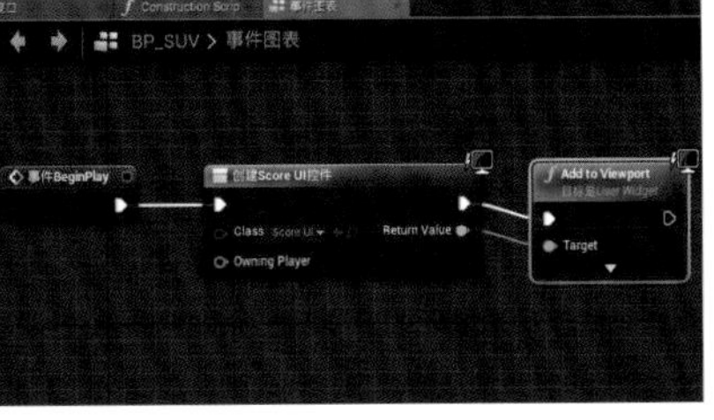

图5-86

图5-87

技巧提示 当游戏开始时，将制作好的"ScoreUI"界面显示到屏幕上。"创建控件"节点的作用是将指定的用户界面构建好，这里可以将其简单地理解为先将用户界面准备好，然后通过"Add to Viewport"节点将准备好的界面显示在屏幕上。

5.5 编辑场景

01 在“内容浏览器”面板中拖曳“ScoreCube”到场景中，在“细节”面板中设置“位置”为（190，-6220，170），如图5-88~图5-90所示。

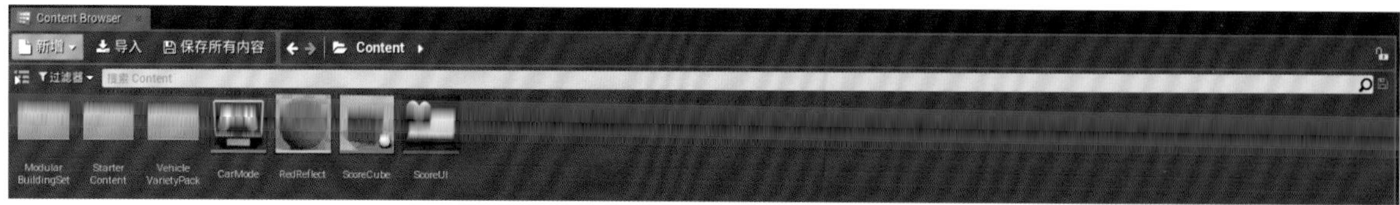

图5-88

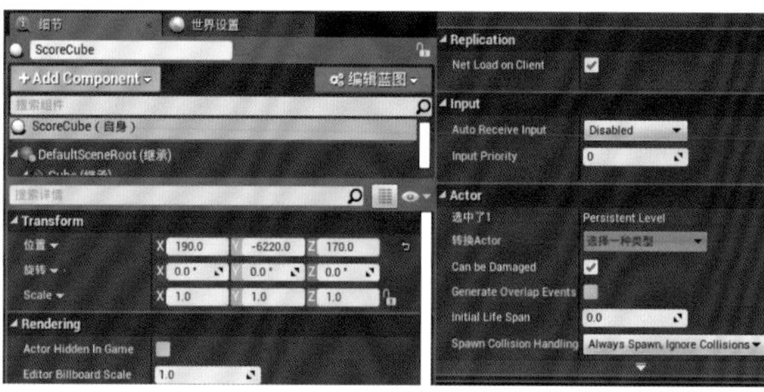

图5-89

图5-90

02 播放游戏进行测试，如图5-91和图5-92所示。当车辆碰到方块时，分数加1，同时方块消失。

图5-91

图5-92

03 测试后可知游戏功能是正常的，下面可以往场景中添加更多方块。可以在场景中的任意位置添加方块，并尝试用最短的时间“吃掉”所有方块。笔者在场景中添加了10个得分方块，其位置信息如表5-1所示，效果如图5-93所示。

表5-1

对象名称	位置坐标
ScoreCube	（190，-6220，170）
ScoreCube2	（920，-4560，170）
ScoreCube3	（30，-2410，170）
ScoreCube4	（930，-100，170）
ScoreCube5	（460，1900，170）
ScoreCube6	（1650，7110，170）
ScoreCube7	（6150，5770，170）
ScoreCube8	（6590，3500，170）
ScoreCube9	（5350，490，170）
ScoreCube10	（6290，-2090，170）

图5-93

技术答疑：如何使用粒子特效

玩家控制车辆“吃掉”方块时，可以加入音效和粒子特效来增强画面效果，为玩家提供更强烈的提示。这样玩家获得分数时会更有成就感。

01 导入音效素材。在“内容浏览器”面板中单击“导入”按钮，在弹出的“导入”对话框中找到本书配套资源中的“add_score.wav”文件，将音频文件导入，如图5-94~图5-96所示。

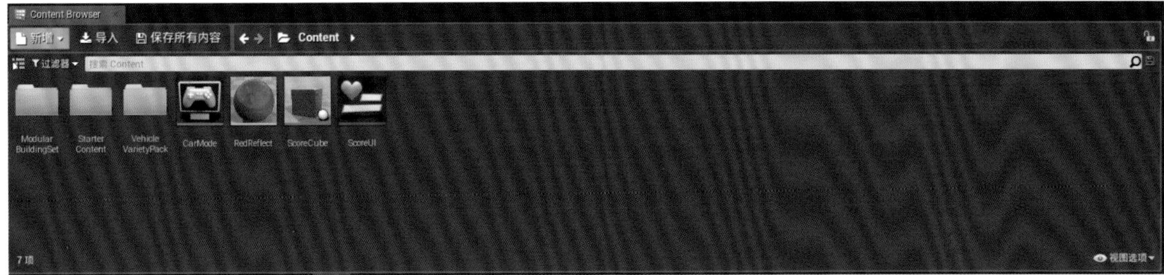

图5-94

图5-95

图5-96

02 切换到“ScoreCube”蓝图界面。在“事件图表”面板中从“DestroyActor”节点的输出项处拖曳出一条线，释放鼠标后在弹出的菜单中的搜索框内输入“playsound”，找到并选择“Play Sound 2D”命令，如图5-97所示。

03 单击“Play Sound 2D”节点中“Sound”后面的“选择资源”，在弹出的菜单中的搜索框内输入“add”，找到并选择“add_score”命令，如图5-98所示。

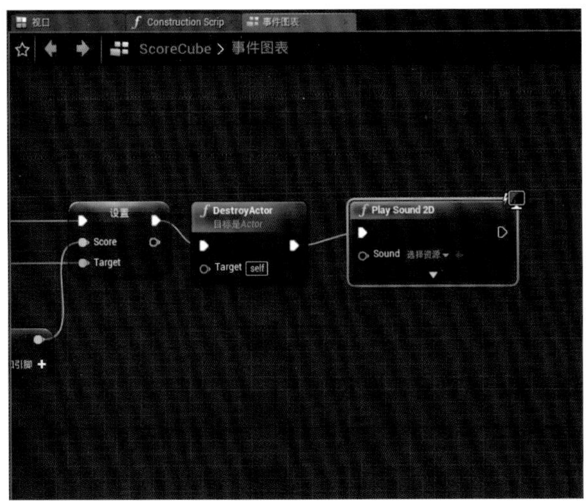

图5-97

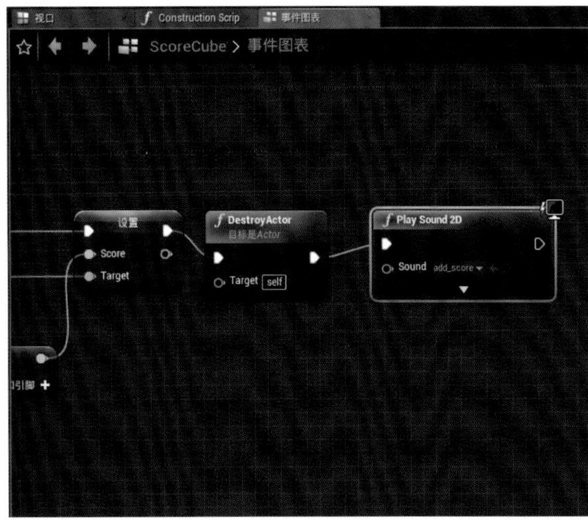

图5-98

04 从“Play Sound 2D”节点的输出项处拖曳出一条线，释放鼠标后在弹出的菜单中的搜索框内输入“emitter”，找到并选择“Spawn Emitter at Location”命令，如图5-99所示。

05 单击“Spawn Emitter at Location”节点中“Emitter Template”后的“选择资源”，在弹出的菜单中选择“P_Explosion”命令，如图5-100所示。

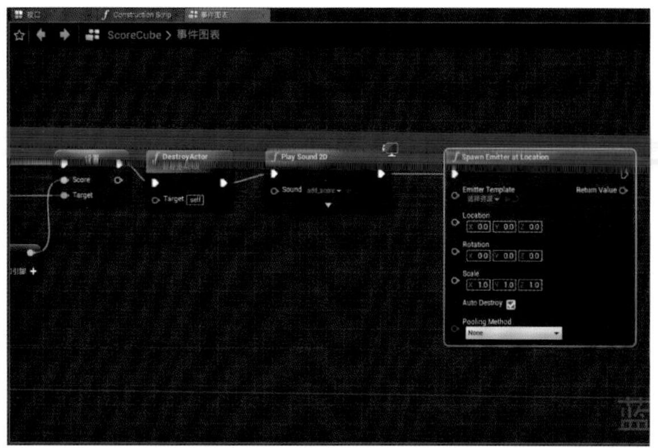

图5-99

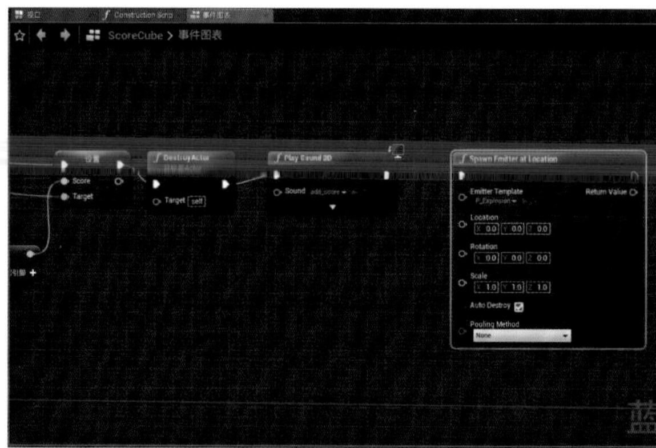

图5-100

06 从“Spawn Emitter at Location”节点的“Location”引脚处拖曳出一条线，释放鼠标后在弹出的菜单中的搜索框内输入“getactor”，找到并选择“Get Actor Location”命令，如图5-101所示。

07 单击工具栏中的“编译”按钮，切换到编辑器主界面，播放游戏。现在车辆“吃掉”方块时会有加分的音效，且方块会出现爆炸效果，如图5-102所示。

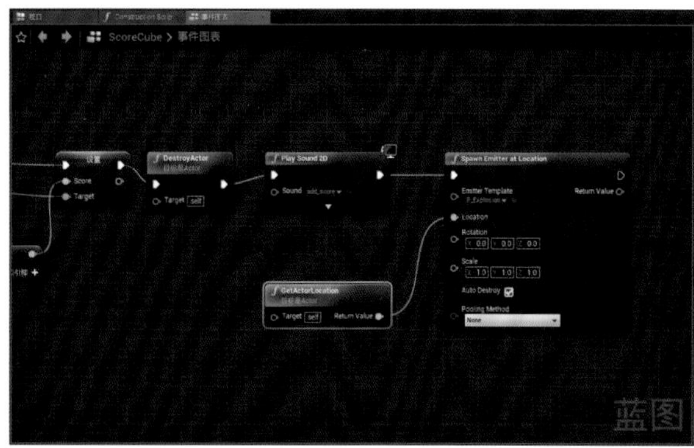

图5-101

图5-102

技巧提示 当车辆碰到方块得分并且方块消失后，播放音效“add_score”，然后在方块处播放粒子特效“P_Explosion”。

音效“add_score”是刚才导入的音频文件，粒子特效“P_Explosion”是“初学者内容”中自带的爆炸特效。

“Spawn Emitter at Location”节点是一个函数，它的功能是在指定的位置和旋转处播放指定的特效。使用“Get Actor Location”函数可以获取此Actor的位置，也就是方块的位置。将此位置传递给“Spawn Emitter at Location”节点，就可以在方块位置播放爆炸特效。同时，读者也可以通过设置此节点中的“Scale”来调整粒子特效的大小。

第6章 用户界面进阶与简单动画蓝图：换装游戏

学习目的

第 5 章制作的赛车游戏计分界面比较简单，它只负责显示信息。在大多数游戏中，用户界面都具有一定的交互性，例如，用户界面上有各种按钮，单击按钮后游戏就会执行相应的命令。

主要内容

- 在场景中显示开始界面
- 为界面添加3种不同颜色
- 在场景中显示换装界面
- 通过单击按钮切换关卡
- 在角色蓝图中使用骨架网格物体
- 制作并播放动画蒙太奇
- 使用自定义函数实现换装功能
- 调用换装函数

6.1 概要

下面将制作两个具有交互性的界面——开始界面和换装界面。玩家可以单击开始界面中的“开始游戏”按钮进入换装界面，如图6-1所示。在换装界面中，玩家可单击不同颜色来更换相应颜色的服装，同时播放换装动画，如图6-2所示。玩家可欣赏角色换装后的效果，如图6-3所示。

图6-1

图6-2

图6-3

01 创建项目。在“新建项目”选项卡中，选择“空白”和“没有初学者内容”，将项目命名为“ChangeClothes”，如图6-4所示。

02 导入美术资源。打开Epic Games启动器，切换到“虚幻商城”选项卡，在搜索框中输入“Modular SciFi Season 1 Starter Bundle”进行搜索，找到同名的资源，如图6-5所示。

图6-4

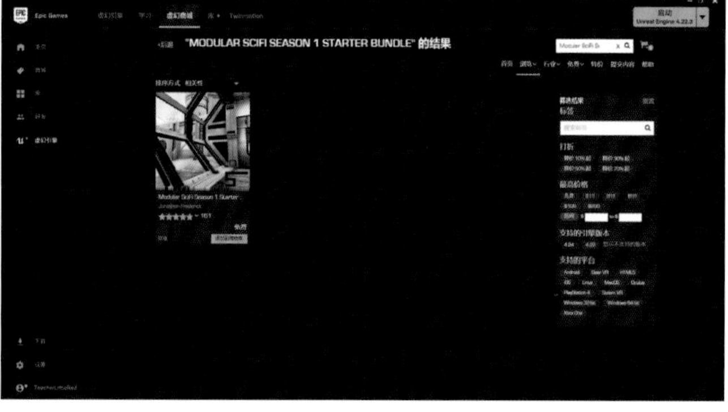

图6-5

03 单击这个资源，打开内容详情界面。此资源是一个科幻风格的实验室场景，下面将使用此资源作为换装游戏的场景。单击“免费”按钮获取此资源，将它添加到“ChangeClothes”项目中并等待它下载完成，如图6-6和图6-7所示。

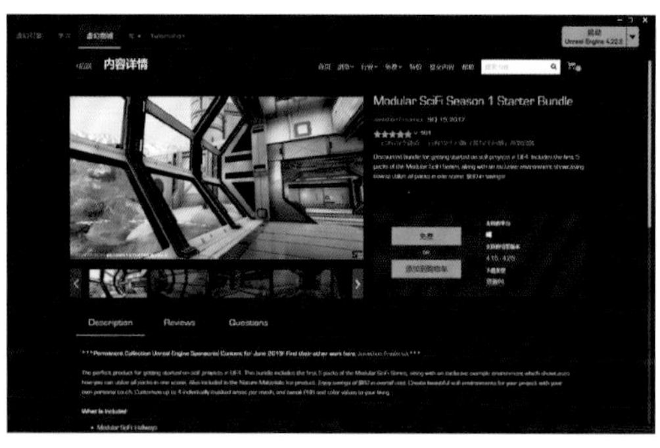

图6-6

图6-7

04 在搜索框中输入“Paragon: Shinbi”进行搜索，找到同名的资源，如图6-8所示。

05 单击此资源，打开内容详情界面。这个角色叫“心菲”，她是Epic Games出品的游戏《虚幻争霸》中的人物。下面使用这个角色作为换装游戏的主角。单击“免费”按钮获取此资源，将它添加到“ChangeClothes”项目中并等待它下载完成，如图6-9和图6-10所示。

图6-8

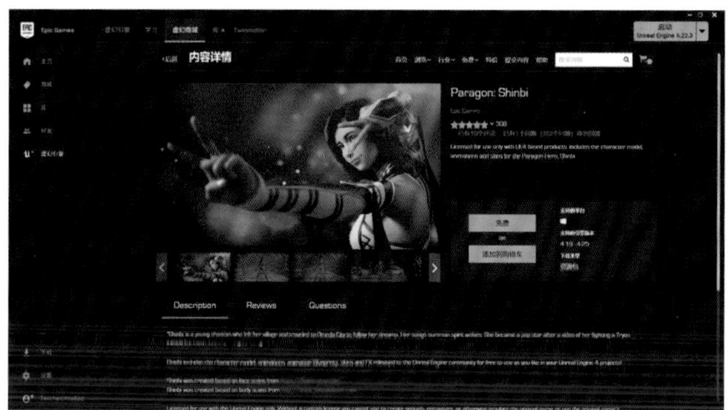

图6-9

图6-10

06 返回编辑器主界面，可以在“内容浏览器”面板中看到“ParagonShinbi”文件夹和“StarterBundle”文件夹，如图6-11所示。

图6-11

6.2 制作开始界面

在前面的章节中，我们尝试制作了几款小游戏，但是总感觉游戏缺少一些东西。没错，就是缺少“开始界面”。一个正式的游戏被打开时，一般会首先出现开始界面。玩家单击“开始游戏”按钮后，游戏才正式开始，所以换装游戏也需要一个“开始界面”。

6.2.1 在用户界面上添加按钮

01 创建用户界面。在“内容浏览器”面板的空白处单击鼠标右键，在弹出的菜单中选择“User Interface”中的“控件蓝图”命令，将新建的用户界面命名为“StartUI”，如图6-12~图6-14所示。

图6-12

图6-13

图6-14

02 双击“StartUI”，为开始界面添加元素。这里要添加一个文本组件，用来显示“换装游戏”这4个字，这是游戏的标题。在“控制板”面板中将“通用”的“Text”组件拖曳到“视口”面板中，在“细节”面板中将“插槽（Canvas Panel Slot）”中的“Anchors”设置为右上角，如图6-15和图6-16所示。

图6-15

图6-16

03 设置“位置X”为-770、“位置Y”为175，勾选“Size To Content”复选框；在“Content”中设置“Text”为“换装游戏”；在“Appearance”中设置“Color and Opacity”为黄色，当然读者也可以设置自己喜欢的颜色；设置“Font”中的“Size”为“65”，如图6-17所示。所有项都设置完成之后，效果如图6-18所示。

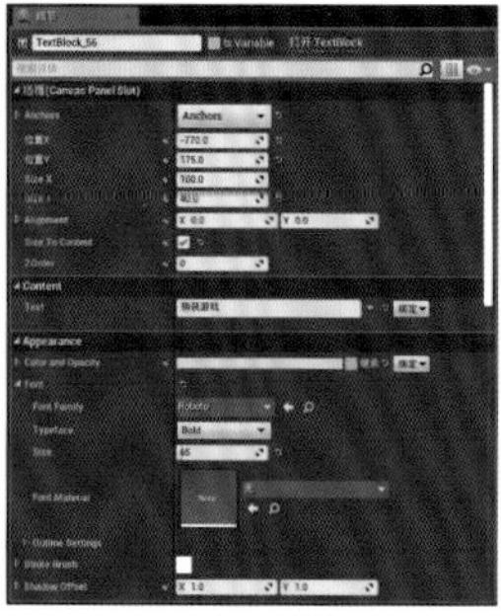

图6-17

图6-18

技巧提示 “Anchors”是“锚点”的意思，指组件的参照点。将“Text”组件的锚点设置为界面的右上角，那么界面右上角的坐标就变成了（0,0）。此“Text”组件的位置为（-770,175），这表明此组件的横坐标（x值）相对于界面右上角向左偏移770个单位，纵坐标（y值）相对于界面右上角向下偏移175个单位。通常根据界面中每个组件的位置为其设置合适的锚点。

为什么要为组件设置锚点呢?

这是因为组件要适应不同比例的屏幕，如果不设置锚点，当用户的屏幕比例不是16：9时，屏幕中的组件位置可能会错乱。当设置合适的锚点之后，组件的位置相对于锚点的位置会进行偏移，这样组件的位置就会相对稳定。例如，锚点在屏幕右上角，在16：9的屏幕中，“换装游戏”这4个字的位置相对于锚点的位置偏移（-770,175）；当屏幕比例为21：9时，“换装游戏”这4个字的位置依然相对于锚点的位置偏移（-770,175）；当屏幕比例为4：3时，“换装游戏”这4个字也会相对于锚点的位置偏移相同的距离。因此，不管屏幕比例如何，只要锚点固定在屏幕的右上角，就能保证“换装游戏”这4个字的位置一直处于屏幕的右上角，如图6-19所示。

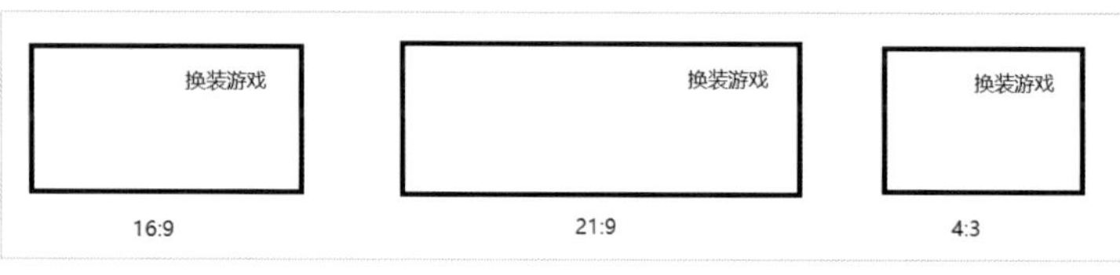

图6-19

04 为开始界面添加一个按钮。在“控制板”面板中拖曳“通用”中的“Button”到“视口”面板中，在“细节”面板中将“插槽（Canvas Panel Slot）”中的“Anchors”设置为左下角，如图6-20和图6-21所示。

05 设置“位置X”为165、“位置Y”为−215，勾选“Size To Content”复选框，同时在“层级”面板中更改此组件的名字，选择“Button_84”(注意，在项目中此组件的后缀编号可能是其他数值)，单击鼠标右键，在弹出的菜单中选择“重命名”命令，将其命名为“BtnStart”，如图6-22~图6-25所示。

图6-20

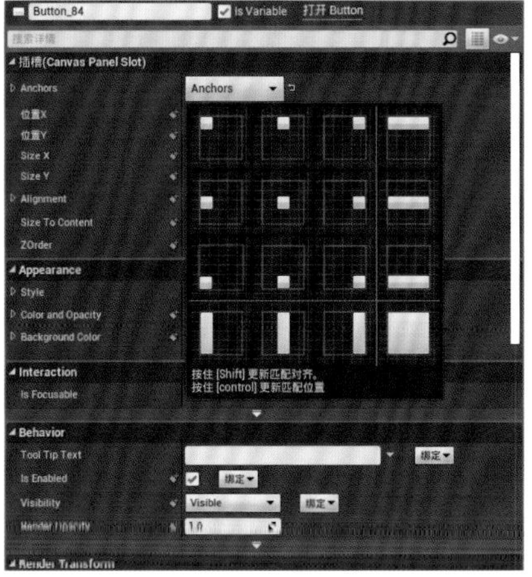

图6-21

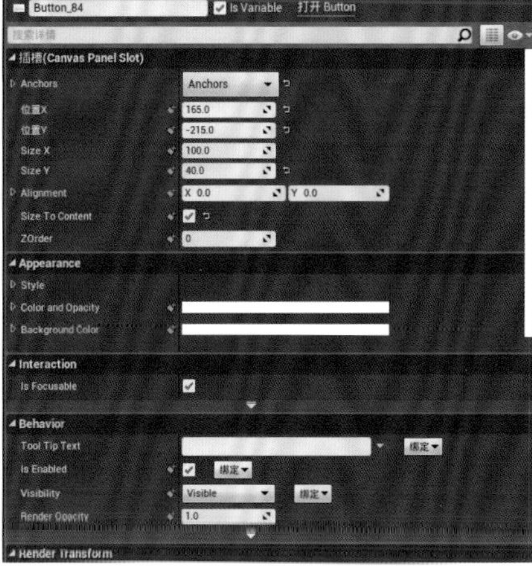

图6-22

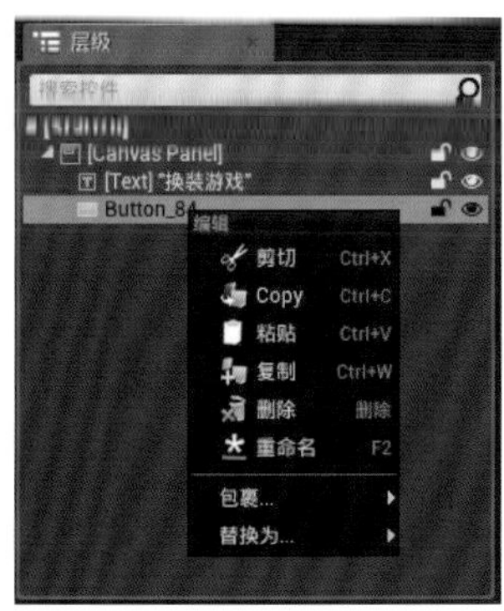

图6-23

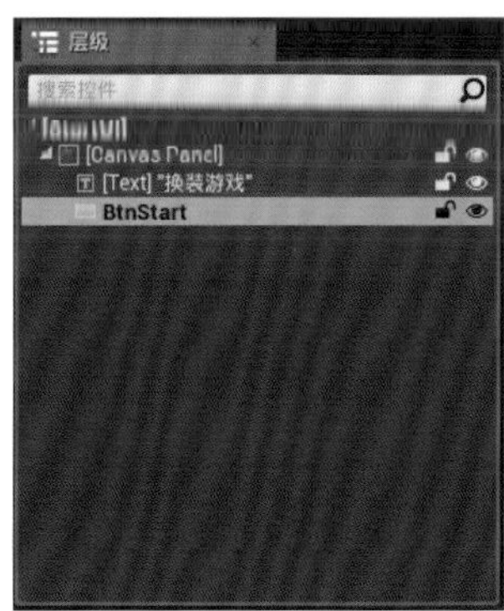

图6-24

图6-25

技巧提示 一个正方形的小按钮出现在界面的左下角区域。设置锚点一般要遵循就近原则，例如，这里想要按钮在界面的左下角区域，那么就将它的锚点设置为左下角；如果想让“换装游戏”4个字显示在界面的右上角，那么就将它的锚点设置在屏幕的右上角，这就是所谓的就近原则。

06 要在按钮上显示文字，可以将“Text”组件附加到“Button”上。在“控制板”面板中拖曳“通用”的“Text”组件到“层级”面板的“BtnStart”组件上，如图6-26~图6-28所示。

图6-26

图6-27

图6-28

技巧提示 这里要注意组件的层级关系，“Text’”组件（“换装游戏”）与“Button”组件（“BtnStart”）同级，而“Text”组件（“文本块”）的父级为“Button”组件（“BtnStart”）。

07 选择“Text”组件的“文本块”，在“细节”面板中将“Content”中的“Text”设置为“开始游戏”，将“Appearance”中“Font”的子项“Size”设置为50，如图6-29所示。这样，一个醒目的“开始游戏”按钮就出现在界面左下角，如图6-30所示。

图6-29

图6-30

6.2.2 在场景中显示开始界面

要想使用开始界面，就要找一个合适的场景作为游戏的开始场景，并在此场景中显示刚才做好的开始界面。

01 在“内容浏览器”面板中打开“Content\StarterBundle\ModularSci_Comm\Maps”目录，双击“SciFi_COMM_EX1”关卡，如图6-31和图6-32所示。这是一个科幻风格的实验室场景，下面使用此场景作为游戏的开始场景。

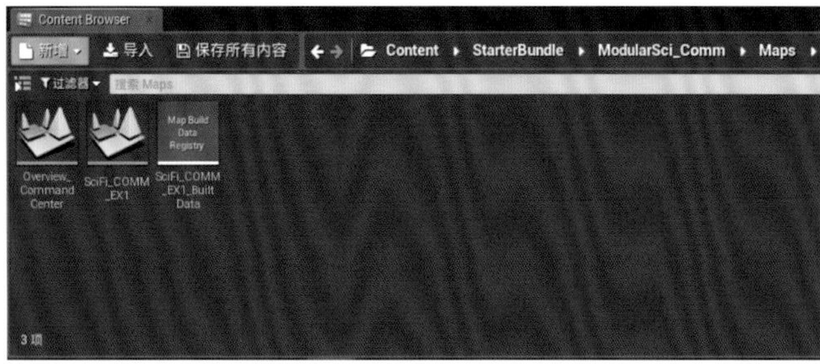

图6-31

图6-32

02 当前的场景比较暗，不易看清细节，需要增加亮度。在“世界大纲视图”面板的搜索框内输入“post”，找到并选择“PostProcessVolume1”，在“细节”面板的“Lens”中勾选“Exposure”中的“Exposure Compensation”复选框，设置参数值为1.5，增大曝光值。这样场景就变亮了许多，如图6-33~图6-35所示。

图6-33

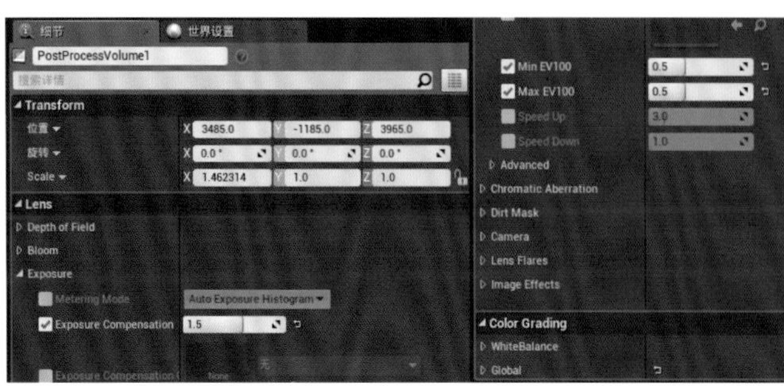

图6-34

图6-35

03 添加一个摄像机，将摄像机的视角作为开始场景的默认视角。在“模式”面板的搜索框内输入“camera”，找到“Camera”，将其拖曳到场景中。在“细节”面板中设置“位置”为(37,155,190)、“旋转”为(0°,0°,−170°)，在“Auto Player Activation”中设置“Auto Activate for Player”为“Player 0”，如图6-36~图6-38所示。

04 播放游戏，可以发现游戏的默认视角已经变成摄像机拍摄的视角，如图6-39所示。

图6-36

图6-37

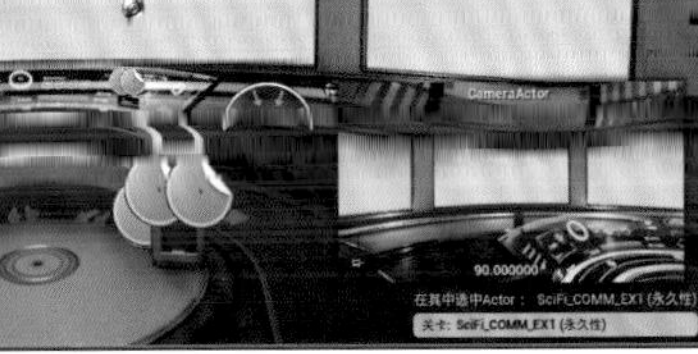

图6-38

图6-39

05 开始场景准备完毕，现在可以将开始界面显示在此场景中。在工具栏中单击“Blueprints”按钮，在弹出的菜单中选择“打开关卡蓝图”命令，进入“关卡蓝图”的“事件图表”面板，如图6-40和图6-41所示。

06 因为显示界面的程序比较简单，所以可以直接在“事件图表”面板中编写蓝图程序。从“事件BeginPlay”节点的输出项处拖曳出一条线，释放鼠标后在弹出的菜单中的搜索框内输入“createwidget”，找到并选择“创建控件”命令，此时出现了“构建NONE”节点，如图6-42所示。

图6-40

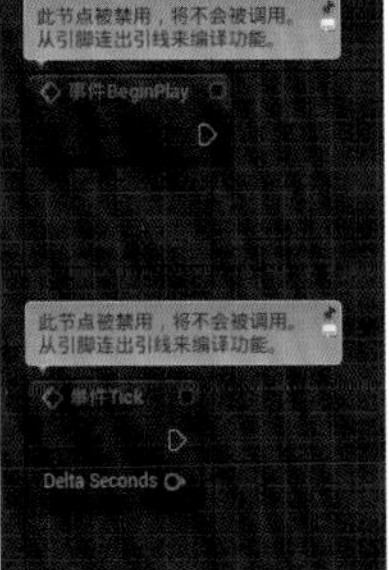

图6-41

图6-42

07 单击“构建NONE”节点中“Class”参数后的“Select Class”，在弹出的菜单中选择“StartUI”命令，节点名称就变成了“创建Start UI控件”，如图6-43所示。

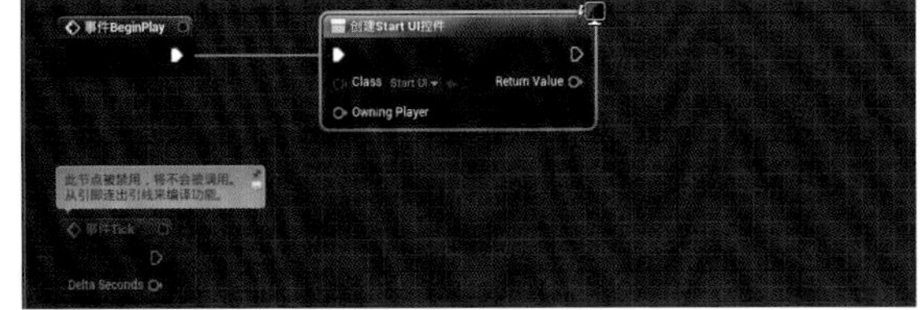

图6-43

08 从“创建Start UI控件”节点的“Return Value”引脚处拖曳出一条线，释放鼠标后在弹出的菜单中的搜索框内输入“addto”，找到并选择“Add to Viewport”命令，如图6-44所示。

09 单击工具栏中的“编译”按钮，然后切换到编辑器主界面，播放游戏。可以看到开始界面已经成功显示出来了，如图6-45所示。

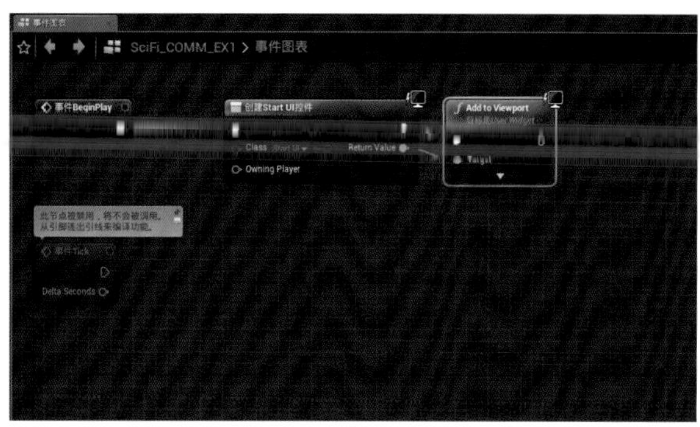

图6-44

图6-45

技巧提示 这段蓝图程序和第5章“显示计分界面”的程序如出一辙，意思也很好理解：当游戏开始时，将制作好的“StartUI”界面构建出来，然后显示到屏幕上。

10 这里有一个问题，当单击按钮之外的位置时，鼠标指针就会进入场景中，从而导致鼠标指针消失，不能对界面进行操作，也无法再次单击界面。现在来解决这个问题，切换到“关卡蓝图”的“事件图表”面板中，在面板的空白处单击鼠标右键，在弹出的菜单中的搜索框内输入“getplayer”，找到并选择“Get Player Controller”命令，如图6-46所示。

11 从“Get Player Controller”节点的“Return Value”引脚处拖曳出一条线，释放鼠标后在弹出的菜单中的搜索框内输入“showm”，找到并选择“设置Show Mouse Cursor”命令，勾选“设置Show Mouse Cursor”节点的“Show Mouse Cursor”复选框，如图6-47所示。

12 将“Add to Viewport”节点的输出项连接到“设置Show Mouse Cursor”节点的输入项，如图6-48所示。

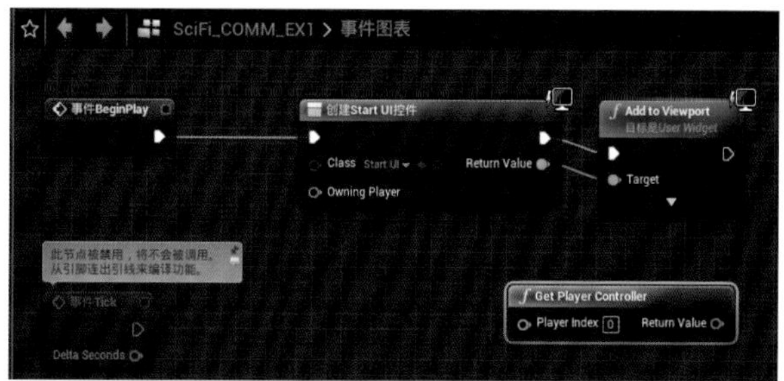

图6-46

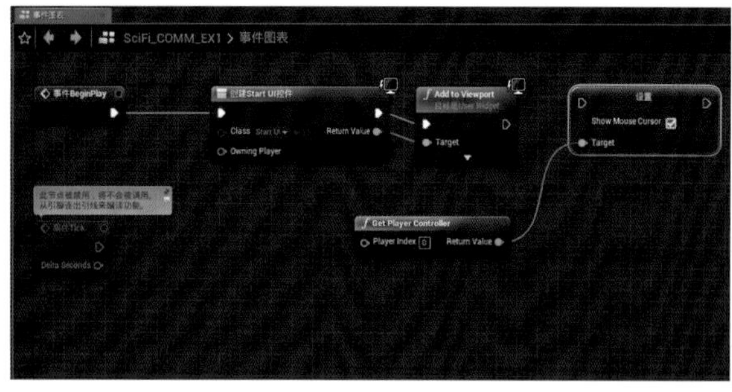

图6-47

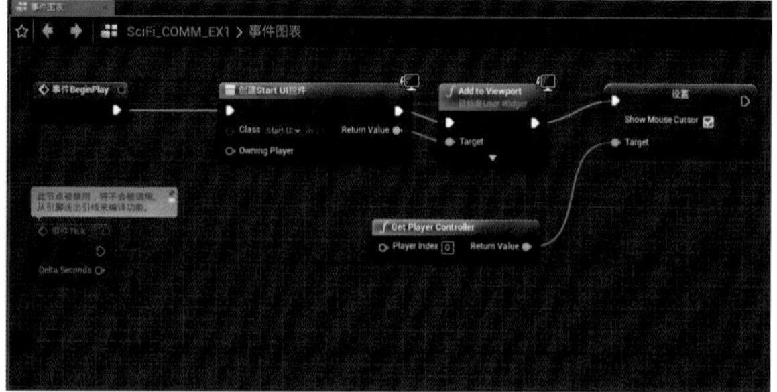

图6-48

技巧提示 创建并显示“StartUI”后，将玩家控制器中的“Show Mouse Cursor”变量设置为“真”。其中“Show Mouse Cursor”变量表示是否在游戏中显示鼠标指针，如果其值为“真”，则一直显示鼠标指针。另外，因为与鼠标相关的操作都在玩家控制器中，所以要想实现鼠标的操作功能，就要先获得玩家控制器。

单击工具栏中的“编译”按钮，切换到编辑器主界面，播放游戏。这次鼠标指针就会一直存在，问题得到解决。

13 选择“项目设置”选项卡，在“地图&模式”中设置“Default Maps”中的“Editor Startup Map”和“Game Default Map”为“SciFi_COMM_EX1”，如图6-49所示。这样每次打开游戏时，就会首先进入开始界面。

图6-49

技巧提示 现在开始界面就制作好了，但是单击“开始游戏”按钮不会有反应。想要的效果是单击此按钮后直接切换到换装界面的关卡，所以下面需要制作换装界面，然后实现单击“开始游戏”按钮就切换关卡这个功能。

6.3 制作换装界面

与开始界面类似，换装界面也要显示在一个场景中，所以下面制作换装界面，并将它显示在场景中。

6.3.1 为界面添加3种不同颜色

01 创建新的用户界面。切换到编辑器主界面，在“内容浏览器”面板中打开“Content”目录，在面板的空白处单击鼠标右键，在弹出的菜单中选择“User Interface”中的“控件蓝图”命令，将新建的用户界面命名为“ChangeUI”，如图6-50~图6-52所示。

图6-50

图6-51

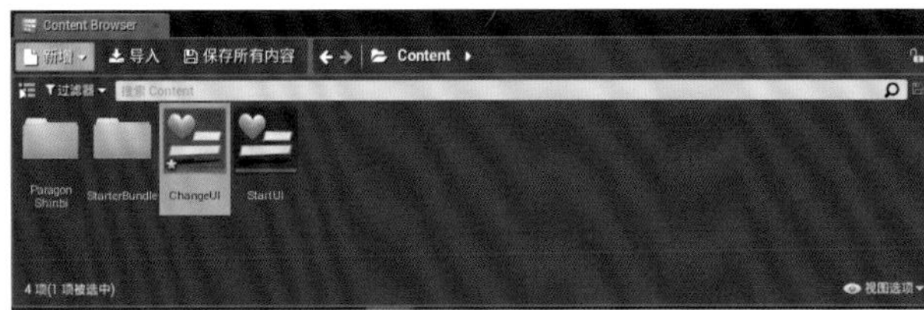

图6-52

02 双击“ChangeUI”，为换装界面添加3种不同颜色。这里的操作与之前添加“开始游戏”界面的操作类似，先添加黄色。在“控制板”面板中拖曳“通用”中的“Button”组件到“视口”面板中，在“细节”面板中将“插槽（Canvas Panel Slot）”中的“Anchors”设置为右下角，如图6-53和图6-54所示。

图6-53

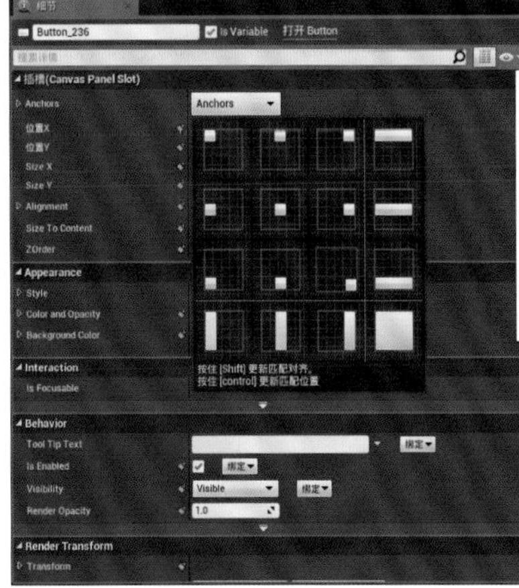

图6-54

03 设置“位置X”为-675、“位置Y”为-175、“Size X”为100、“Size Y”为100，设置“Appearance”中的“Background Color”为黄色，在“层级”面板中更改组件的名称为“BtnYellow”，如图6-55~图6-57所示。

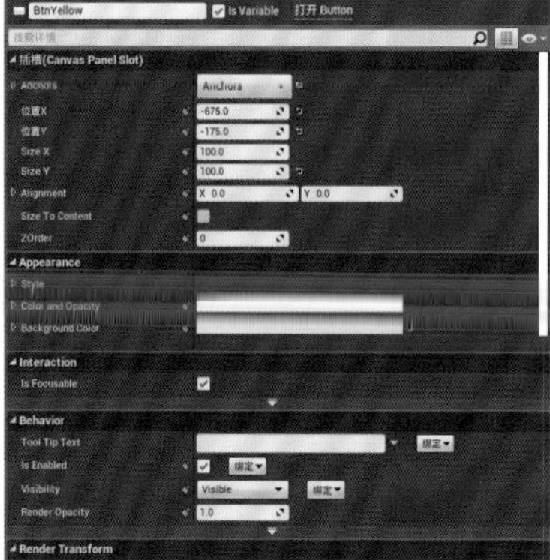

图6-55

图6-56

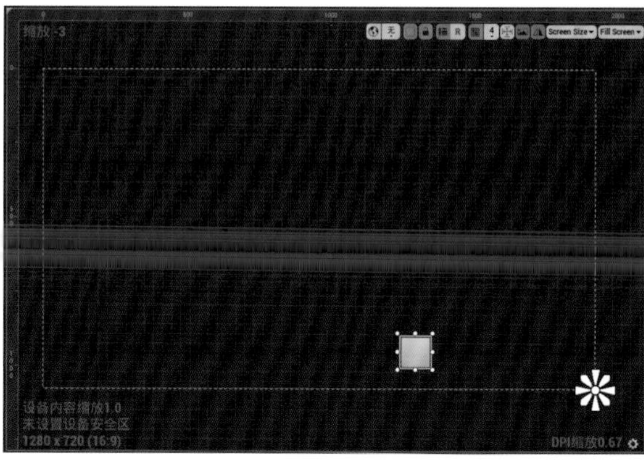

图6-57

04 添加紫色。在“控制板”面板中拖曳“通用”中的“Button”组件到“视口”面板中，在“细节”面板中将“插槽(Canvas Panel Slot)”中的“Anchors”设置为右下角，如图6-58和图6-59所示。

图6-58

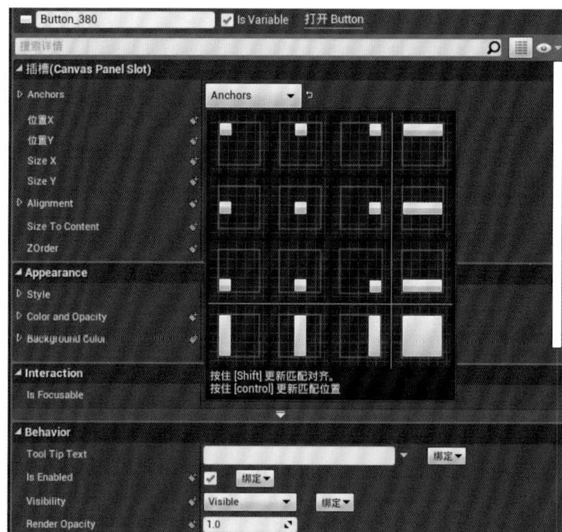

图6-59

05 设置“位置X”为-445、“位置Y”为-175、“Size X”为100、“Size Y”为100，设置“Appearance”中的“Background Color”为紫色，在“层级”面板中更改名称为“BtnPurple”，如图6-60~图6-62所示。

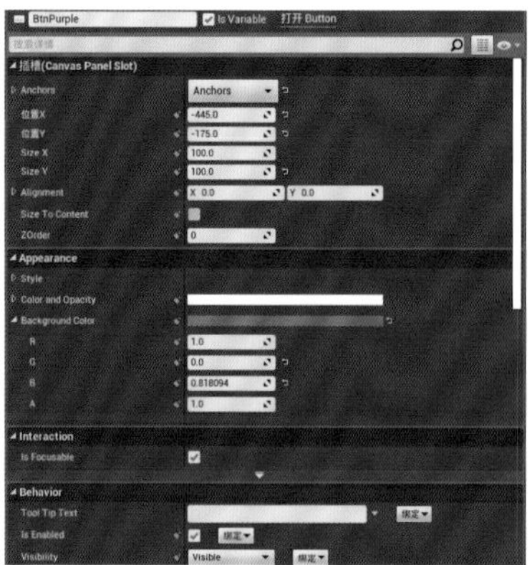

图6-60

图6-61

图6-62

06 添加绿色。在“控制板”面板中拖曳“通用”中的“Button”组件到“视口”面板中，在“细节”面板中将“插槽（Canvas Panel Slot）”中的“Anchors”设置为右下角，如图6-63和图6-64所示。

图6-63

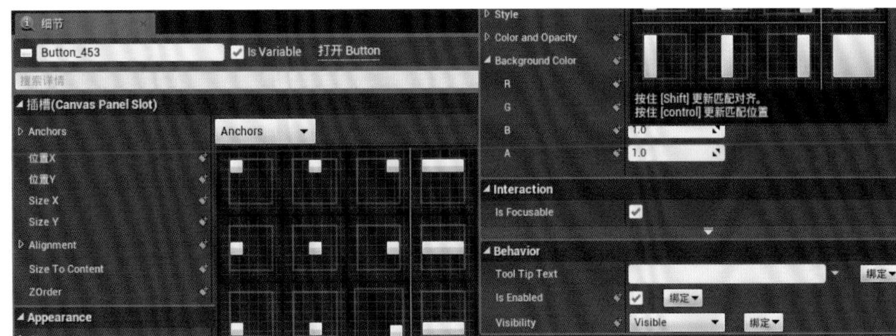

图6-64

07 设置“位置X”为−215、“位置Y”为−175、“Size X”为100、“Size Y”为100，设置“Appearance”中的“Background Color”为绿色，在“层级”面板中更改名称为“BtnGreen”，如图6-65~图6-67所示。

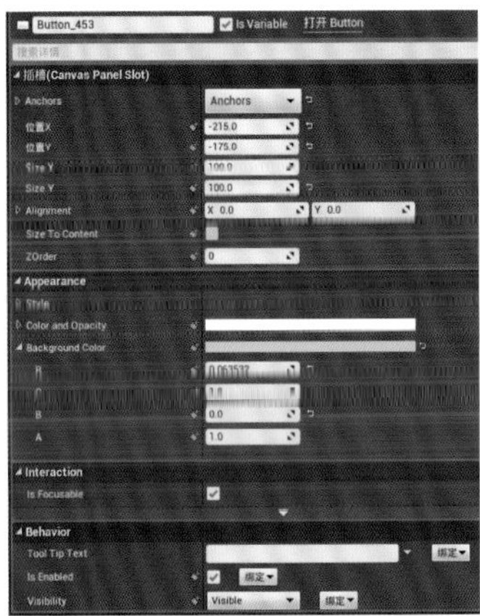

图6-65

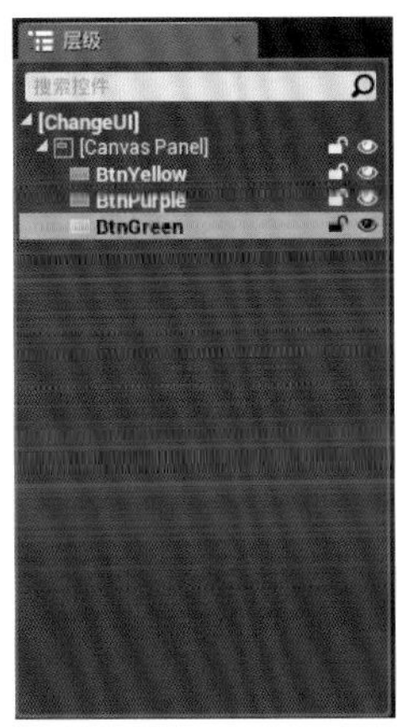

图6-66

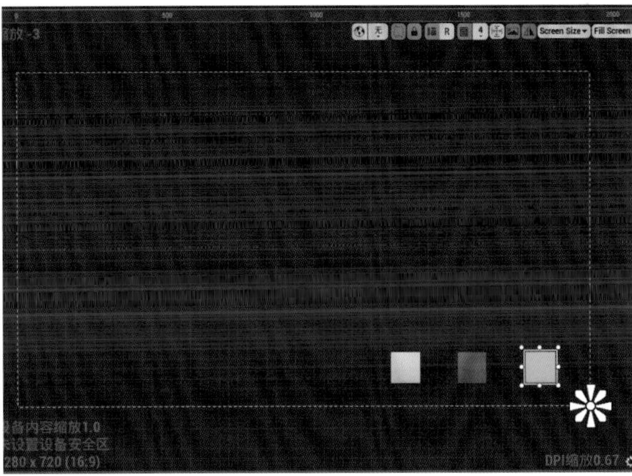

图6-67

6.3.2 在场景中显示换装界面

现在要找一个合适的场景作为游戏的换装场景，并在此场景中显示刚才做好的换装界面。

01 在“内容浏览器”面板中打开“Content\StarterBundle\CollectionMaps”目录，双击“Map1”关卡，如图6-68和图6-69所示。这是一个科幻风格的实验室场景，下面使用此场景作为游戏的换装场景。

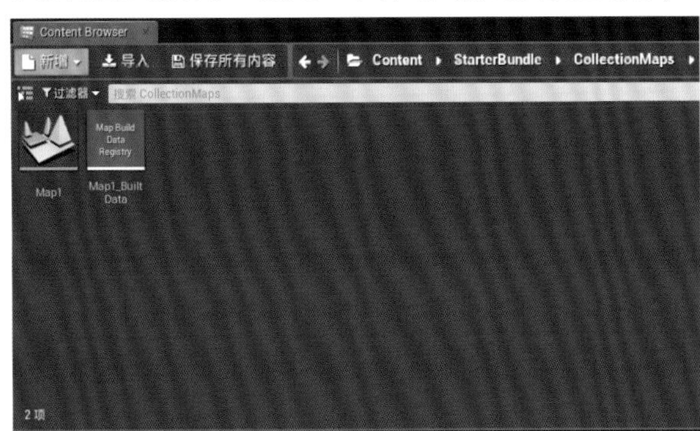

图6-68

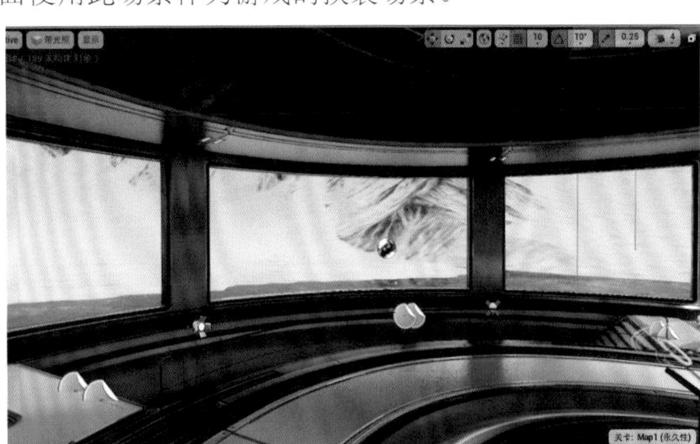

图6-69

02 当前的场景也比较暗，不易看清细节，需要增加亮度。在“世界大纲视图”面板的搜索框内输入“post”，找到并选择“PostProcessVolume1”命令，在“细节”面板的“Lens”中勾选“Exposure”中的“Exposure Compensation”复选框，设置参数值为1.5，增大曝光值。这样场景就变亮了许多，如图6-70~图6-72所示。

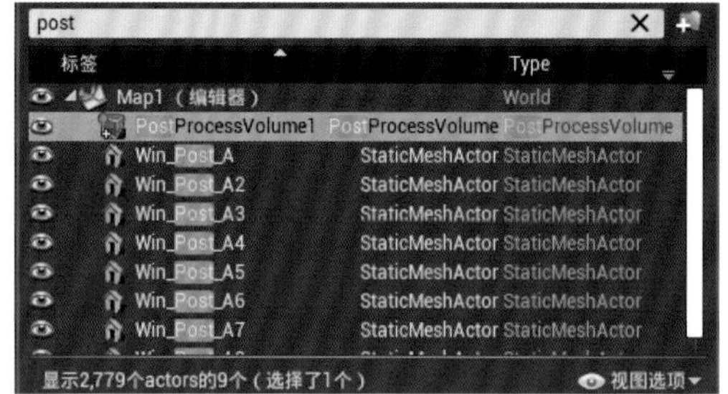

图6-70

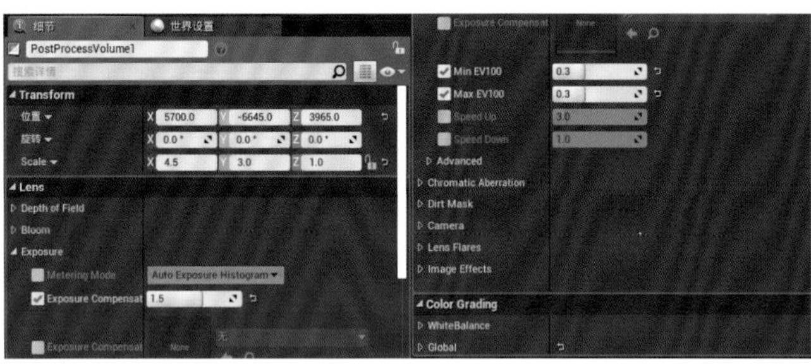

图6-71

图6-72

03 在场景中添加一个摄像机，将摄像机的视角作为换装场景的默认视角。在“模式”面板的搜索框内输入“camera”，找到“Camera”，将其拖曳到场景中，在“细节”面板中设置“位置”为（2336.36，-3237.28，193.72）、“旋转”为（0°，-10°，-140°），在“Auto Player Activation”中设置“Auto Activate for Player”为“Player 0”，如图6-73~图6-75所示。

图6-73

图6-74

图6-75

04 单击工具栏中的“Build”按钮，构建场景的光照，等待光照构建完成后播放游戏。游戏的默认视角已经变成摄像机拍摄的视角，如图6-76所示。

图6-76

05 换装场景准备完毕，现在要将换装界面显示在此场景中。在工具栏中单击“Blueprints”按钮，在弹出的菜单中选择“打开关卡蓝图”命令，进入“关卡蓝图”的“事件图表”面板，如图6-77和图6-78所示。

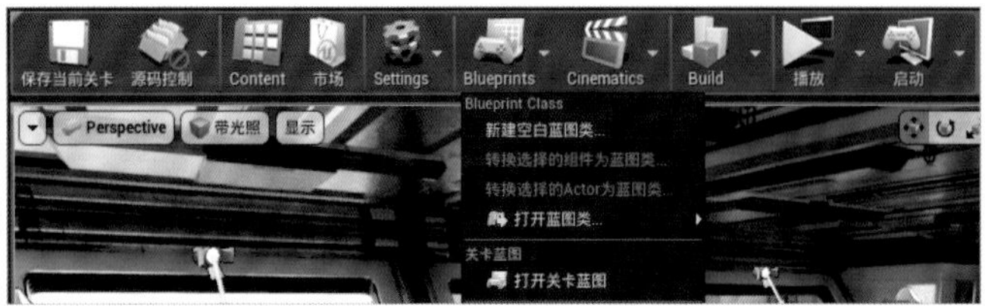

图6-77

图6-78

06 显示换装界面的程序与显示开始界面的程序大同小异。从“事件BeginPlay”节点的输出项处拖曳出一条线，释放鼠标后在弹出的菜单中的搜索框内输入“createwidget”，找到并选择“创建控件”命令，出现“构建NONE”节点，如图6-79所示。

07 单击“构建NONE”节点中“Class”参数后的“Select Class”，在弹出的菜单中选择“Change UI”命令，节点名称变成“创建Change UI控件”，如图6-80所示。

08 从“创建Change UI控件”节点的“Return Value”引脚处拖曳出一条线，释放鼠标后在弹出的菜单中的搜索框内输入“addto”，找到并选择“Add to Viewport”命令，如图6-81所示。

图6-79

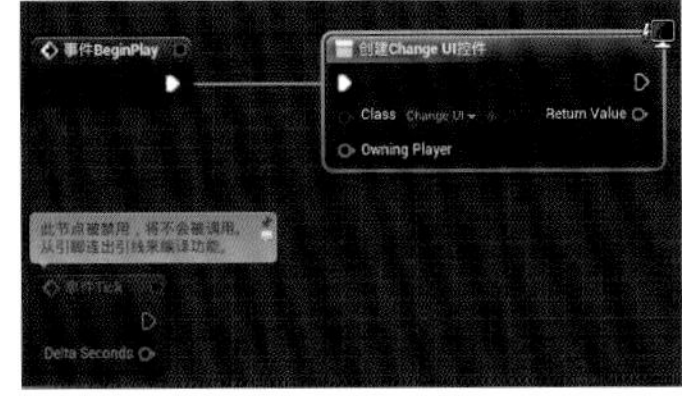

图6-80

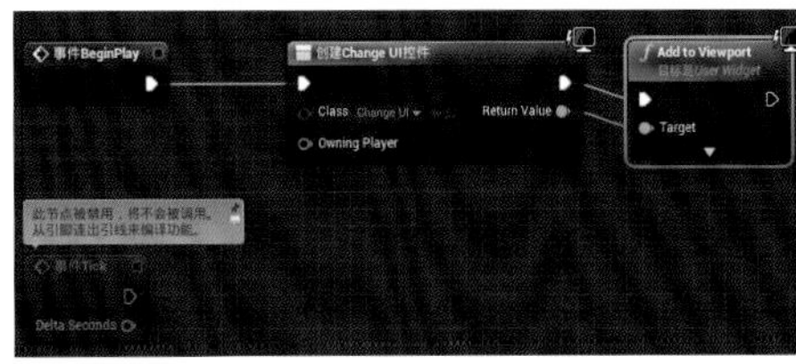

图6-81

09 在“事件图表”面板的空白处单击鼠标右键，在弹出的菜单中的搜索框内输入“getplayer”，找到并选择“Get Player Controller”命令，如图6-82所示。

10 从“Get Player Controller”节点的“Return Value”引脚处拖曳出一条线，释放鼠标后在弹出的菜单中的搜索框内输入“showm”，找到并选择“设置Show Mouse Cursor”命令。勾选“设置”节点的“Show Mouse Cursor”复选框，如图6-83所示。

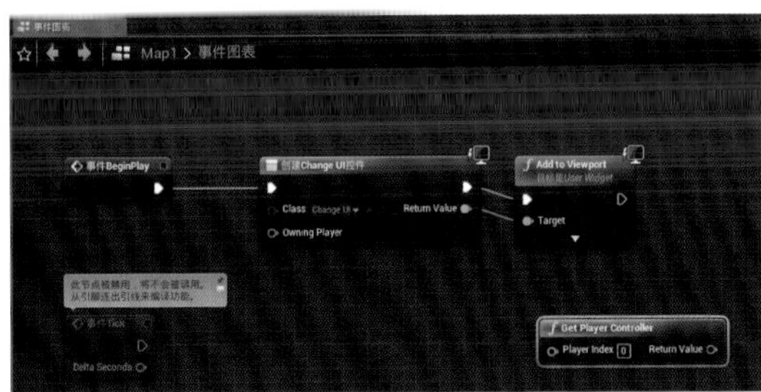

图6-82

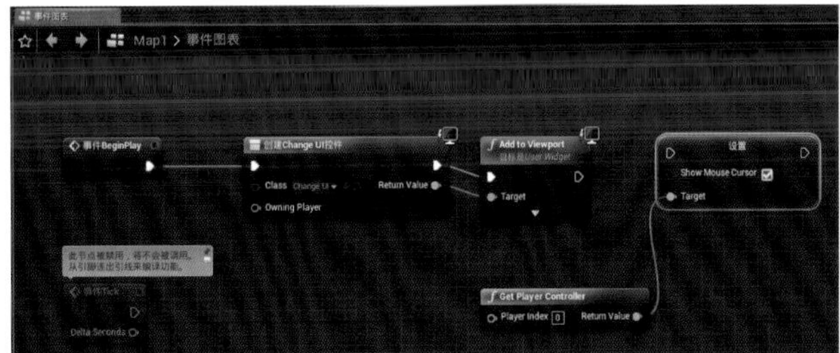

图6-83

11 将“Add to Viewport”节点的输出项连接到“设置”节点的输入项，如图6-84所示。

12 单击工具栏中的“编译”按钮，然后切换到编辑器主界面，播放游戏。换装界面已经成功显示出来，同时鼠标指针一直存在，玩家可以单击3种不同颜色，如图6-85所示。

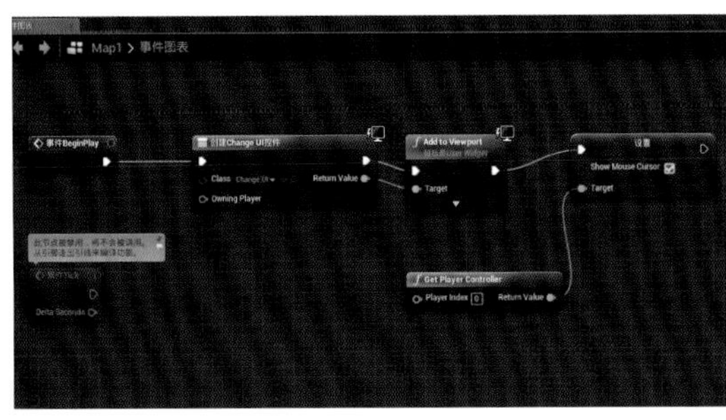

图6-84

图6-85

技巧提示 与前面显示开始界面的蓝图程序相似，当游戏开始时将制作好的“ChangeUI”界面显示到屏幕上。显示“ChangeUI”界面后，将玩家控制器中的“Show Mouse Cursor”变量设置为“真”，这样就能一直显示鼠标指针，以防止鼠标指针在屏幕中消失。

6.3.3 通过单击按钮切换关卡

现在已经将开始界面、换装界面及二者对应的场景都准备好了，下面实现单击“开始游戏”按钮切换关卡这一功能。

01 切换到“StartUI”蓝图界面，下面将在“StartUI”控件蓝图类中编写程序。单击工具栏最右侧的“图表”按钮，如图6-86所示，切换到蓝图编辑界面。

图6-86

技巧提示 之前制作用户界面是在“设计师”选项卡中进行的，而切换到“图表”选项卡后就可以在“事件图表”面板中编写蓝图程序。

02 在“我的蓝图”面板中选择“变量”的“BtnStart”，在“细节”面板的“事件”中可以看到一些事件，这里单击“On Clicked”后面的“+”按钮，此时“事件图表”面板中就出现一个名为“On Clicked(BtnStart)”的节点，如图6-87~图6-89所示。

图6-87

图6-88

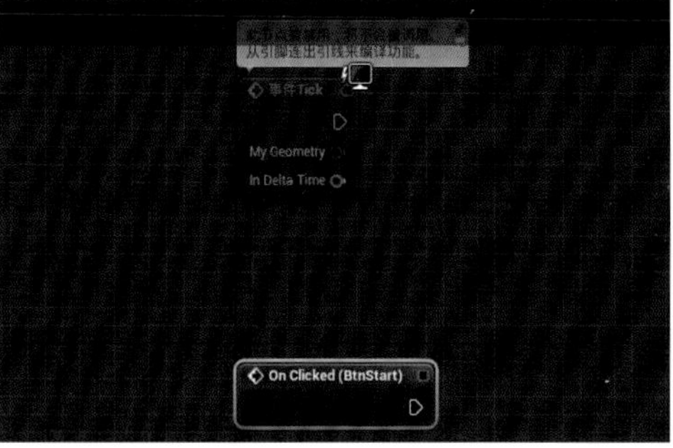

图6-89

03 从“On Clicked(BtnStart)”节点的输出项处拖曳出一条线，释放鼠标后在弹出的菜单中的搜索框内输入“open”，找到并选择“Open Level”命令，如图6-90所示。

04 将“Open Level”节点中的“Level Name”设置为“Map1”，这就是换装场景的关卡名称，如图6-91所示。

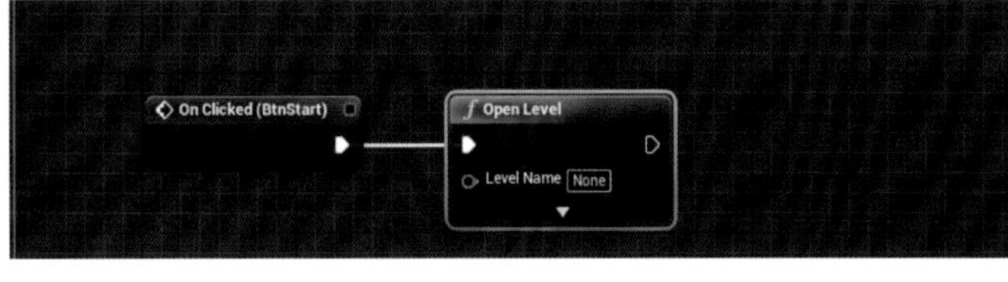

图6-90

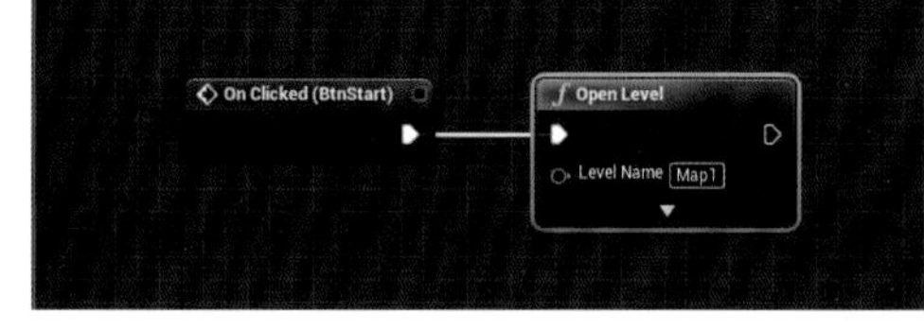

图6-91

技巧提示 当单击“开始游戏”按钮时，会打开“Map1”这个关卡，也就是打开换装场景的关卡，即从开始场景切换到换装场景。利用“Open Level”函数就可以实现切换关卡的操作，其中“Level Name”参数就是要打开的关卡名称。

“BtnStart”组件（即“Button”组件）中包含5个事件，分别是“On Clicked”“On Pressed”“On Released”“On Hovered”“On Unhovered”。根据这些事件的名称，可以推断其作用。

“On Clicked”是在被单击时调用。

“On Pressed”是在被按住时调用。

“On Released”是在被释放时调用。

“On Hovered”是鼠标指针在上方悬停时调用。

“On Unhovered”是鼠标指针不在上方悬停时调用，也就是鼠标指针离开时调用。

那么“On Clicked”和“On Pressed”有什么区别呢？这里要分清“单击”和“按住”的区别，即操作为“单击后释放”和“单击不释放”，这两种操作其实都是“单击”，但只有“单击不释放”是“按住”，所以“按住”的定义更加严格。“On Pressed”和“On Released”一般是成对出现的，有“释放”的过程才能体现“按住”的过程。

05 单击工具栏中的“编译”按钮，切换到编辑器主界面。在“内容浏览器”面板中打开“Content\StarterBundle\ModularSci_Comm\Maps”目录，双击“SciFi_COMM_EX1”关卡，也就是游戏的开始场景。播放游戏，单击“开始游戏”按钮，可以发现场景切换到了“Map1”关卡，也就是换装场景，如图6-92和图6-93所示。

图6-92

图6-93

6.4 准备主角

现在终于轮到主角登场了，下面制作换装游戏的角色蓝图，并使用动画蓝图来控制角色的动作。

6.4.1 在角色蓝图中使用骨架网格物体

01 创建一个角色蓝图。在“内容浏览器”面板中打开“Content”目录，在面板的空白处单击鼠标右键，在弹出的菜单中选择“Blueprint Class”命令。在“选取父类”对话框中单击“Character”按钮，将新建的角色蓝图类命名为“ShinbiCharacter”，如图6-94~图6-96所示。

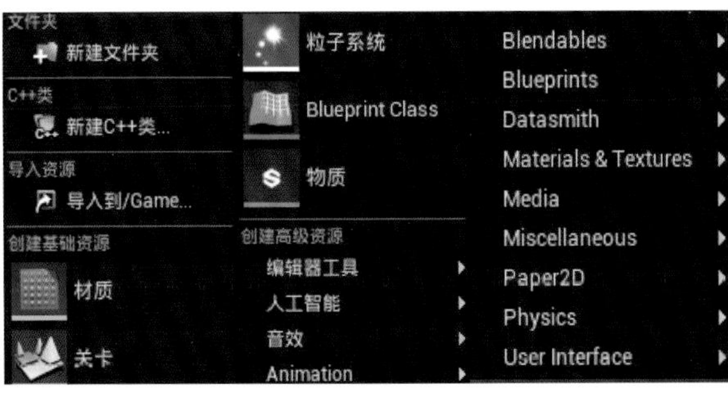

图6-94

图6-95

图6-96

02 双击“ShinbiCharacter”，打开角色蓝图界面。在“Components”面板中选择“Mesh”组件，在“细节”面板的“Mesh”中将“Skeletal Mesh”设置为“Shinbi”，即角色“心菲”的模型，如图6-97~图6-99所示。

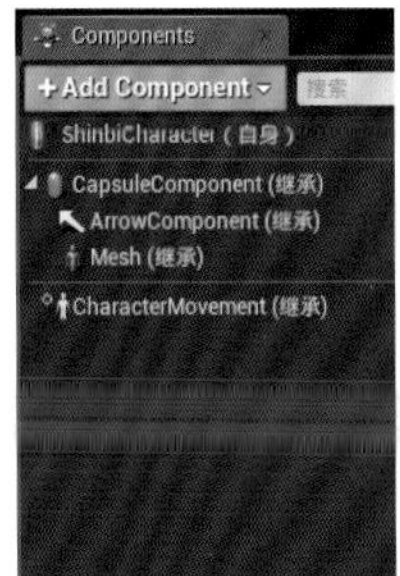
图6-97

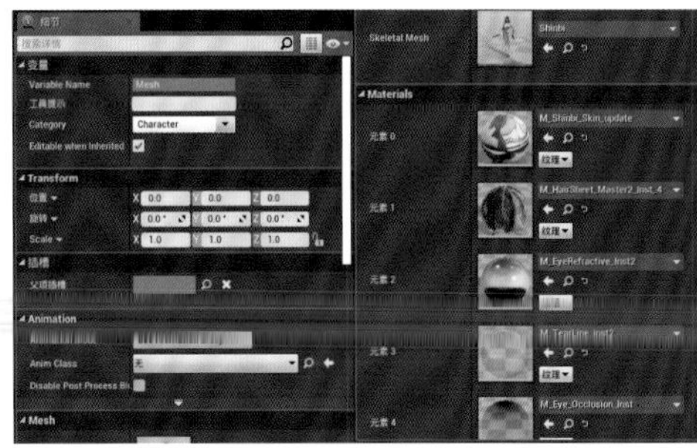
图6-98

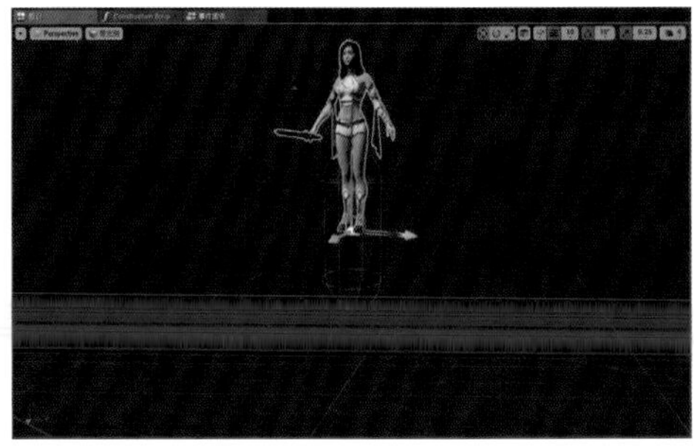
图6-99

技巧提示 此处用的方法与第4章制作小兔子模型的方法不同，这里直接将现成的角色模型添加进来。“Shinbi”是一个“Skeletal Mesh”，即“骨架网格物体”，之前的小兔子模型是用简单几何体搭建而成的，每个简单几何体都属于“静态网格物体”。

由二者的名字可知，“骨架网格物体”是一个带有骨架的模型，骨架可以驱动模型做出各种动作，这些动作就叫作“骨骼动画”，简称动画。“静态网格物体”是一个没有骨架、不含动画的静态模型。

游戏中的各种人物、动物等活物的模型通常都是“骨架网格物体”，房屋、石头、武器等不会动的物件模型都是“静态网格物体”。另外，“骨架网格物体”及其对应的“骨骼动画”一般由美术人员制作，程序员在UE4中通过程序来控制“骨架网格物体”在不同情况下播放不同的“骨骼动画”，例如，按攻击键就播放角色攻击的动画，按跳跃键就播放角色跳跃的动画。

03 调整模型的位置和角度。在“细节”面板中设置“Transform”选项中的“位置”为（0,0,－88）、“旋转”为（0°,0°,－90°），这样模型就刚好被胶囊体包裹住，并且朝向胶囊体的正方向，如图6-100和图6-101所示。

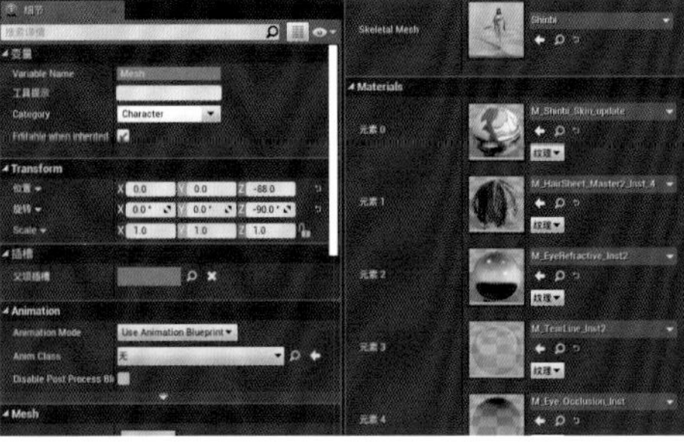
图6-100

图6-101

04 现在需要让此角色成为游戏的玩家角色。在本项目中，玩家需要通过单击来控制角色换装，所以要将当前的“ShinbiCharacter”角色设置成玩家角色。在“Components”面板中选择“ShinbiCharacter(自身)”，在“细节”面板中设置“Pawn”中的“Auto Possess Player”为“Player 0”，这样“ShinbiCharacter”就成了玩家角色，如图6-102和图6-103所示。

图6-102

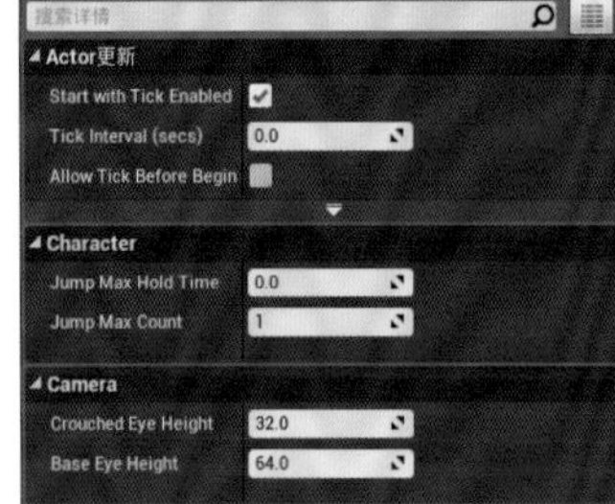

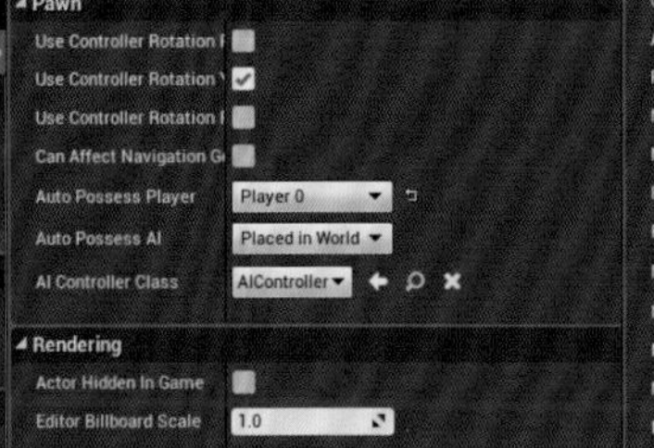

图6-103

技巧提示 角色已经设置完成，可以发现当前的角色还没有动作，这是因为还没有为角色指定对应的“动画蓝图”。

6.4.2 初识动画蓝图

动画蓝图是用来控制角色做出各种动作的蓝图类，通常与角色蓝图配合使用。

01 创建一个新的动画蓝图。在“内容浏览器”面板的空白处单击鼠标右键，在弹出的菜单中选择“Animation”中的“动画蓝图”命令，如图6-104和图6-105所示。在“创建动画蓝图”对话框中选择“Shinbi_Skeleton”作为目标骨架，表明这是一个用来控制“Shinbi”模型的动画蓝图，单击“确定”按钮，如图6-106所示。将新建的动画蓝图命名为“ShinbiABP”，其中“ABP”就是“Animation Blueprint”的缩写，用来表示动画蓝图，如图6-107所示。

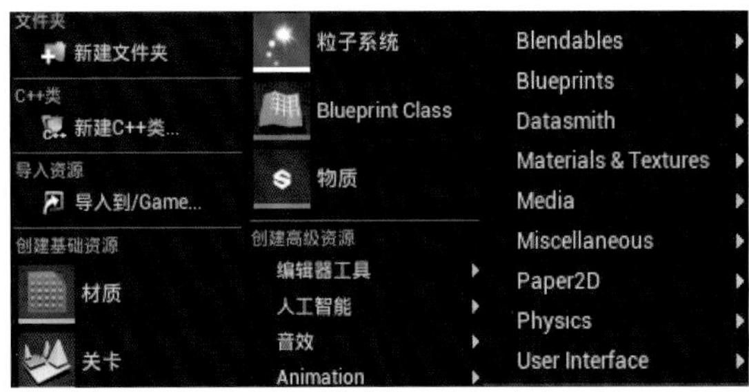

图6-104

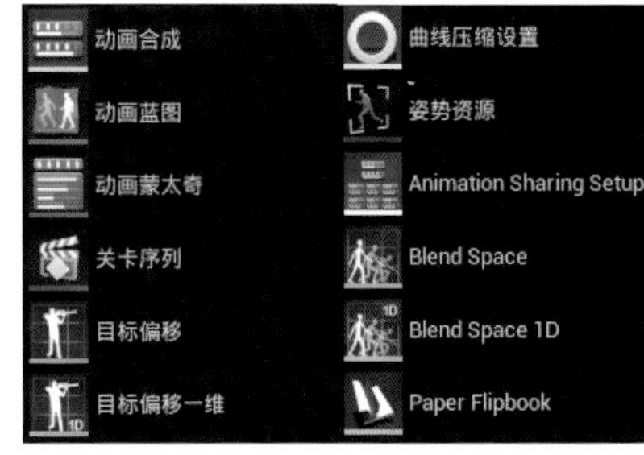

图6-105

图6-106

图6-107

02 双击“ShinbiABP”，打开动画蓝图界面，可以在“视口”面板中看到“Shinbi”模型没有任何动作，如图6-108所示。

03 为模型设置合适的动画。在“动画图表”面板中从“最终动画姿势”节点的“Result”引脚处拖曳出一条线，释放鼠标后在弹出的菜单中的搜索框内输入“slot”，找到并选择“插槽 'DefaultSlot' ”命令，如图6-109所示。

04 从“插槽 'DefaultSlot' ”节点的“Source”引脚处拖曳出一条线，释放鼠标后在弹出的菜单中的搜索框内输入“idle”，找到并选择“播放Idle”命令，如图6-110所示。

图6-108

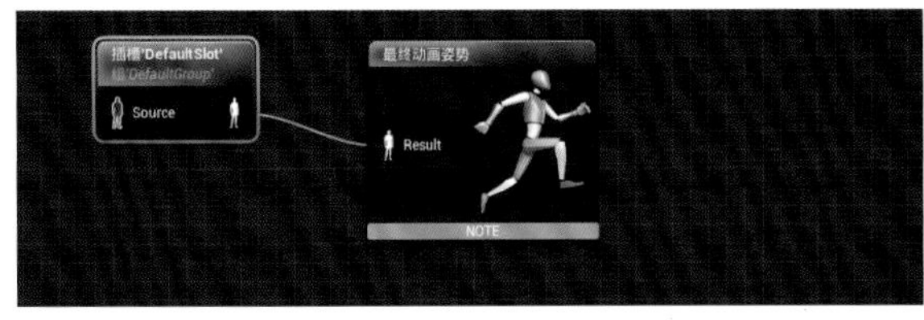

图6-109

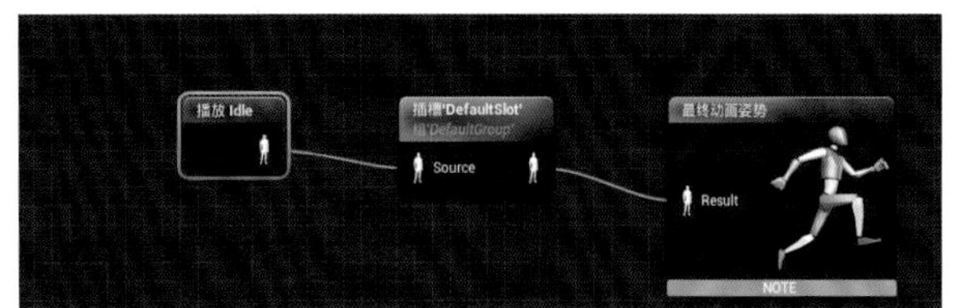

图6-110

技巧提示 播放名为“Idle”的动画，该动画在经过插槽后，输出到角色的最终动画姿势，简单来说就是让角色模型一直播放“Idle”动画。

05 “Idle”动画就是角色的待机动画，此动画是“Paragon: Shinbi”资源中已有的，可以在“内容浏览器”面板的“Content\ParagonShinbi\Characters\Heroes\Shinbi\Animations”目录下找到这个动画。同时，此目录下还包含角色的其他动画资源，如图6-111所示。

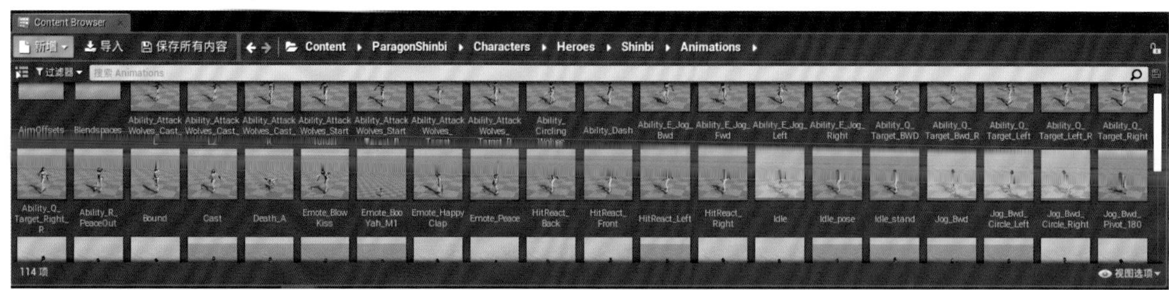

图6-111

技巧提示 插槽的作用是允许其他动画覆盖当前动画，例如，之后要实现单击后播放换装动画这一功能，那么单击时，角色当前的动画就会由待机动画切换到换装动画。如果没有插槽，那么角色就会一直播放待机动画，换装动画不能覆盖待机动画，从而导致单击时不能切换动画。

06 单击动画蓝图界面工具栏中的“编译”按钮，可以在“视口”面板中看到已经在播放“Idle”动画，在“动画图表”面板中，蓝图程序也处于激活的状态，如图6-112和图6-113所示。

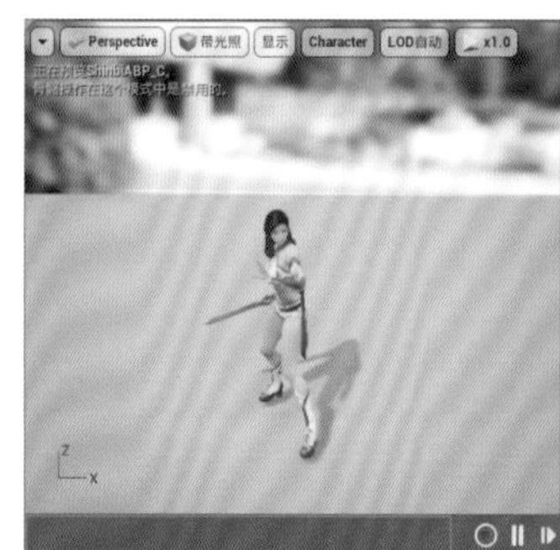

图6-112

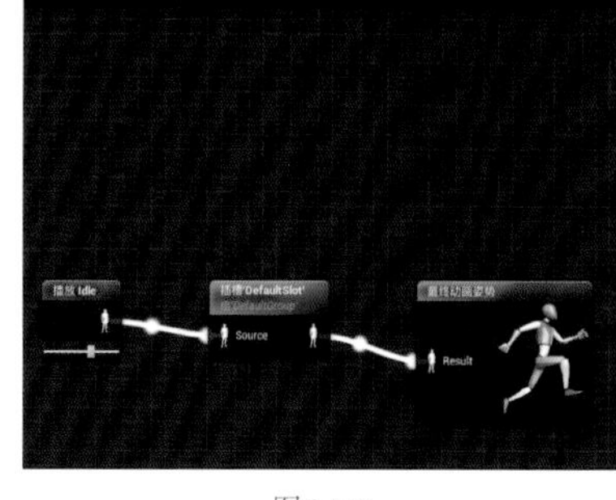

图6-113

6.4.3 制作并播放动画蒙太奇

仅仅播放待机动画略显单调，还可以再编写一些蓝图程序，实现在游戏开始时主角先摆出一个姿势，然后播放待机动画，让游戏表现更丰富。

01 制作主角的姿势。切换到编辑器主界面，在“内容浏览器”面板中打开“Content\ParagonShinbi\Characters\Heroes\Shinbi\Animations”目录，找到并双击“LevelStart”，如图6-114和图6-115所示。下面将基于此动画编辑角色的初始姿势。

02 在“动画序列”面板中，单击“动画”进度条右侧的“II”按钮，使当前动画暂停播放，如图6-116所示。

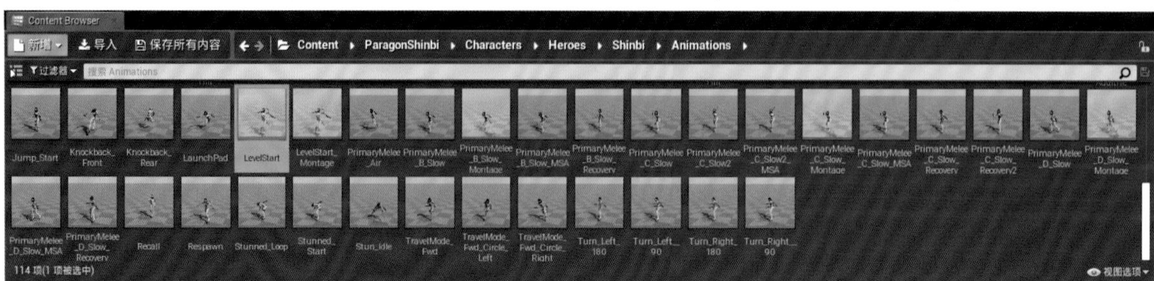

图6-114

图6-115

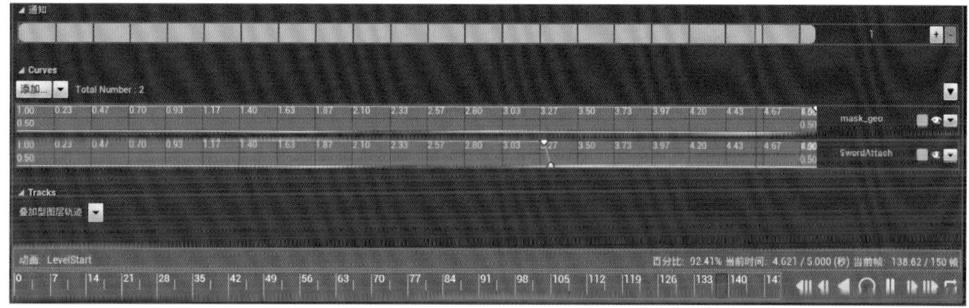
图6-116

03 将动画光标拖曳到第0秒处，即动画的开头，此时动画停在第0帧的状态，如图6-117和图6-118所示。

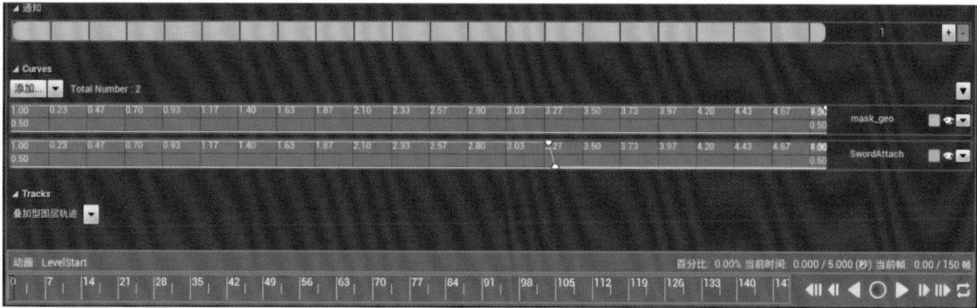
图6-117

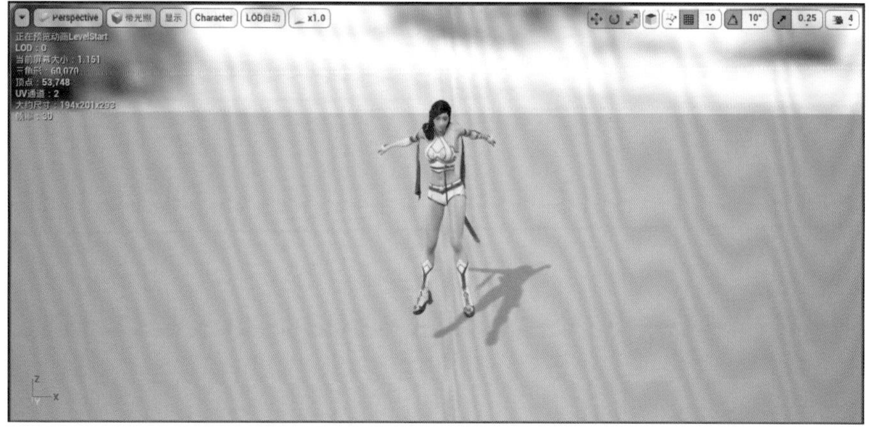
图6-118

04 在动画的第0帧处添加一段音频，让角色在做动作的同时说一句台词。在“通知”进度条的比较靠前的位置单击鼠标右键，在弹出的菜单中选择“添加通知”中的“Play Sound”命令，这样进度条上就出现了“PlaySound”的字样。拖曳“PlaySound”到进度条的左端，即第0帧的位置，这样就会在动画开始时播放一段音频，如图6-119~图6-122所示。

图6-119　　图6-120

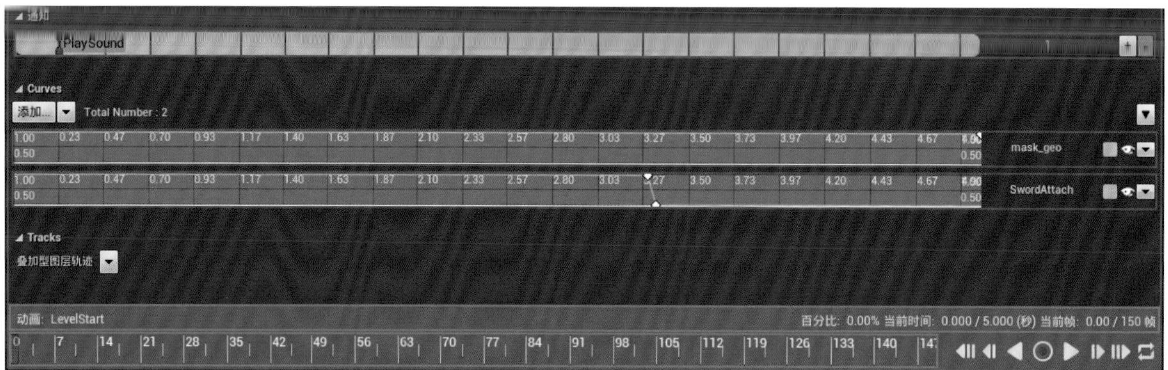

图6-121

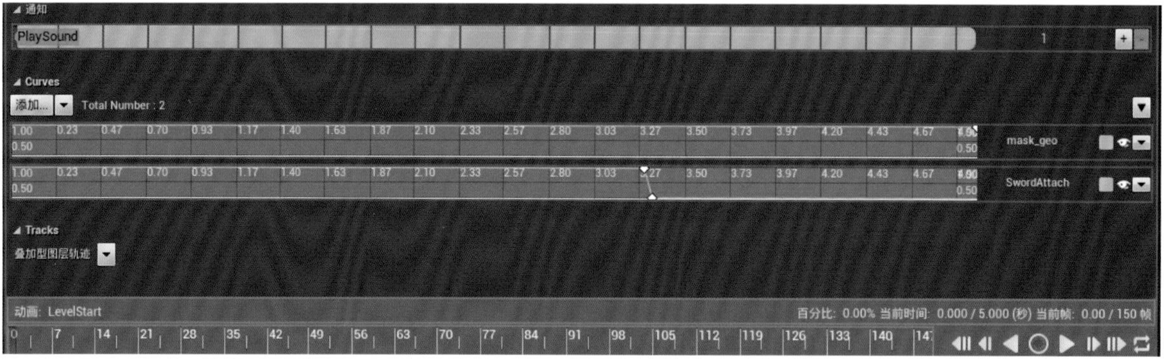

图6-122

05 选择“通知”进度条中的“PlaySound”，在“细节”面板中将“Anim Notify”的“Sound”设置为“Shinbi_DraftSelect”，这是角色的一段配音，如图6-123所示。

06 在“动画序列”面板中，单击“动画”进度条右侧的小三角按钮▶播放动画，如图6-124所示，可以听到角色在动画开头说话。

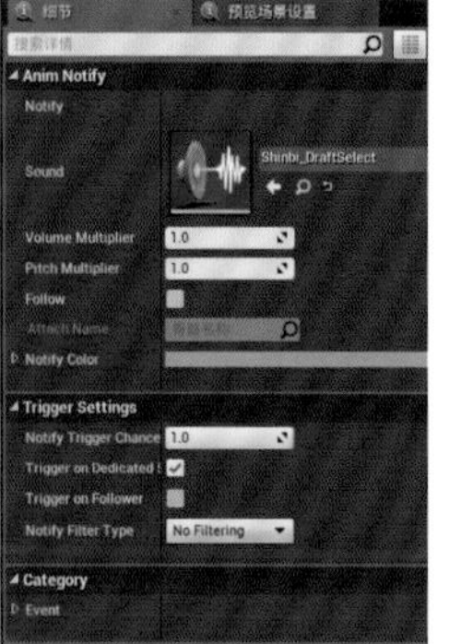

图6-123

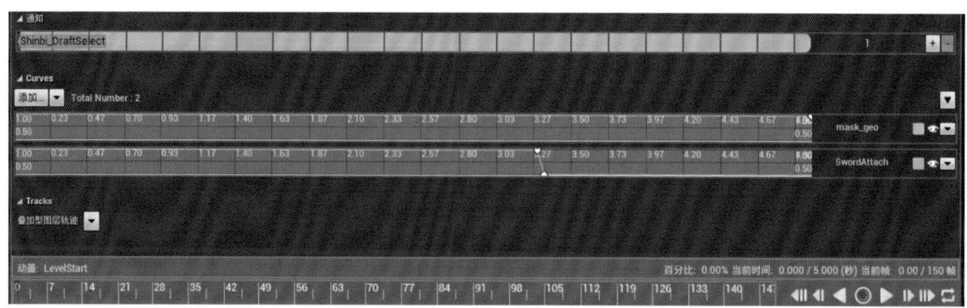

图6-124

技巧提示 “PlaySound”属于一种动画通知，是在动画播放到某一位置后触发的一个事件。这里将“PlaySound”类型的通知放在动画的开头位置，那么当动画开始播放时，就会播放一段指定的音频。

初始姿势的动画已经准备完成，切换到编辑器主界面，下面为此动画创建一个动画蒙太奇。一般情况下，在游戏中切换不同的动画，都要使用动画蒙太奇。

动画蒙太奇（Animation Montage）是一个动画片段，由一个或多个动画的全部或部分组成。“蒙太奇”一词属于电影中的概念，其意思是将不同的片段剪辑在一起，从而形成一段有意义的影像。与电影中的“蒙太奇”概念类似，UE4中的动画蒙太奇就是将不同的动画剪辑在一起，从而形成需要的一段新动画。

07 在“内容浏览器”面板中的“LevelStart”动画上单击鼠标右键，在弹出的菜单中选择“创建”中的“创建动画蒙太奇”命令，将新建的“动画蒙太奇”命名为“StartPose_Montage”，表示此动画蒙太奇将作为角色的开始姿势，如图6-125~图6-128所示。

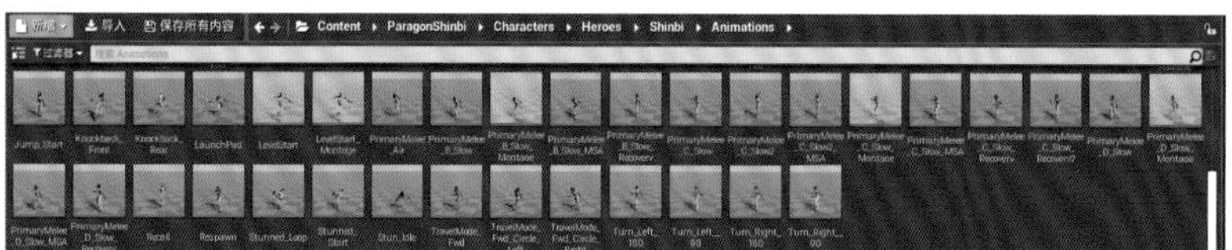

图6-125

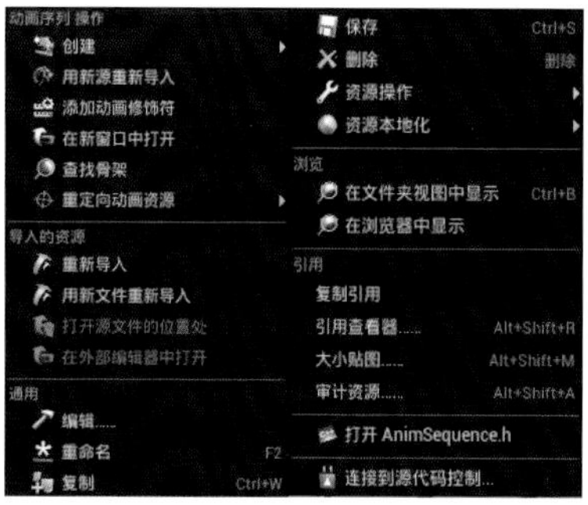

图6-126

图6-127

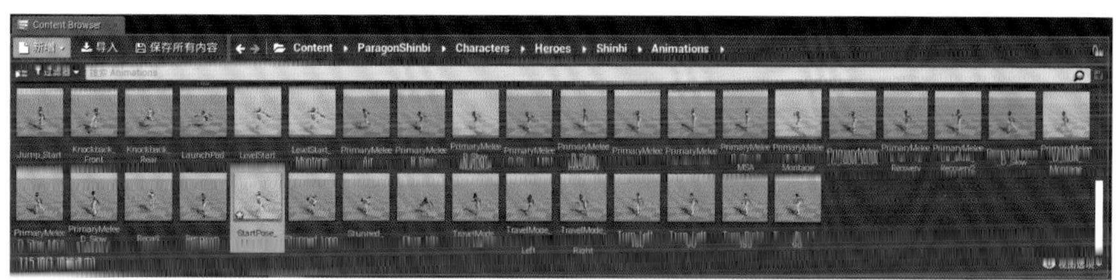

图6-128

技巧提示 “动画蒙太奇”已经做好，它含有一个完整的“LevelStart”动画。因为没有其他动画的剪辑，所以直接从动画中创建即可。

08 下面在动画蓝图中编写程序来控制动画蒙太奇的播放。切换到“ShinbiABP”动画蓝图界面，选择“事件图表”选项卡，切换到“事件图表”面板，在面板空白处单击鼠标右键，在弹出的菜单中的搜索框内输入“begin”，找到并选择“事件Blueprint Begin Play”命令，如图6-129所示。

09 从“事件Blueprint Begin Play”节点的输出项处拖曳出一条线，释放鼠标后在弹出的菜单中的搜索框内输入“montage”，找到并选择“Montage Play”命令。将“Montage Play”节点的参数“Montage to Play”设置为“StartPose_Montage”，如图6-130所示。

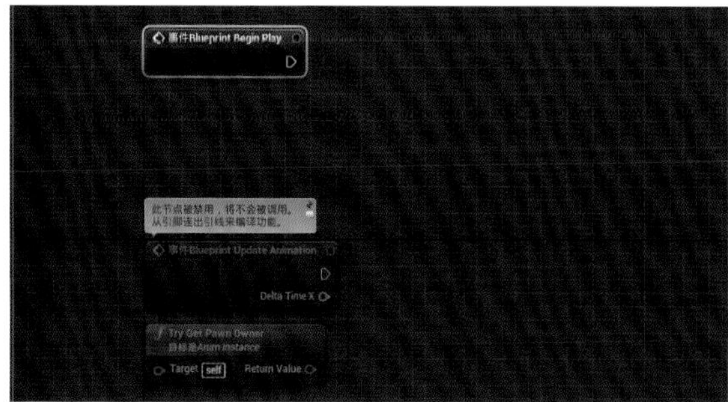

图6-129

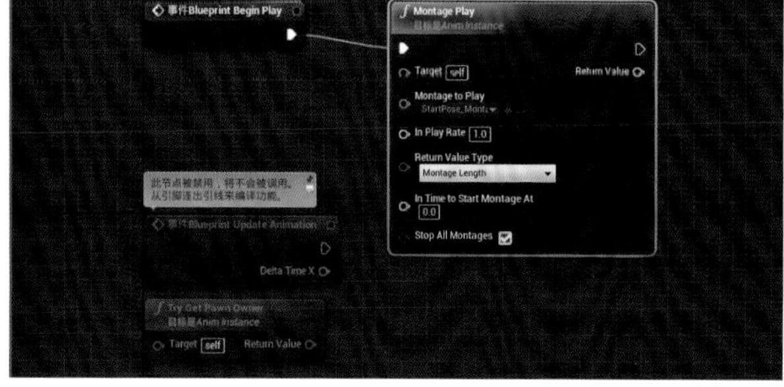

图6-130

技巧提示 当动画蓝图开始运行时，播放“StartPose_Montage”动画蒙太奇。“事件Blueprint Begin Play”节点会在动画蓝图开始运行时执行，也就是当动画蓝图起作用时执行。若想让动画蓝图起作用，则要让角色蓝图使用此动画蓝图，然后将角色添加到场景中。

10 单击工具栏中的“编译”按钮，切换到“ShinbiCharacter”角色蓝图界面，将制作好的动画蓝图设置到角色蓝图中。在“Components”面板中选择“Mesh(继承)”组件，在“细节”面板中将“Animation”中的“Anim Class”设置为“ShinbiABP”(界面显示为“ShinbiABP_C”)，观察“视口”面板，可以看到已经在播放待机动画“Idle”，如图6-131~图6-133所示。

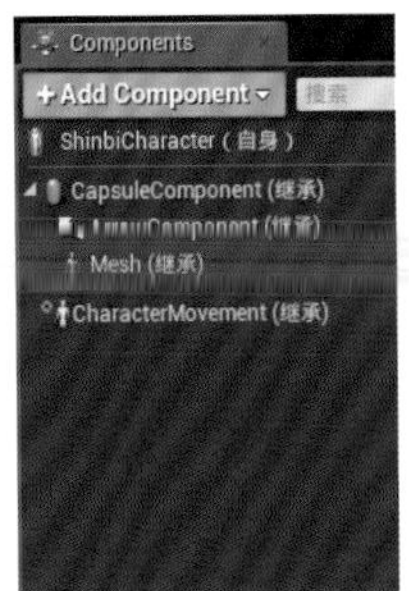

图6-131

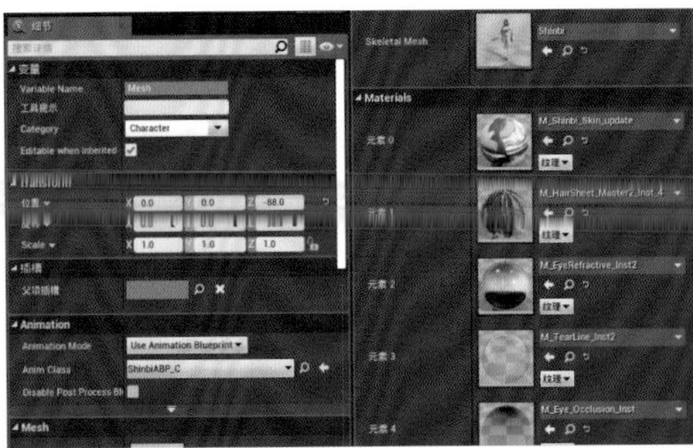

图6-132

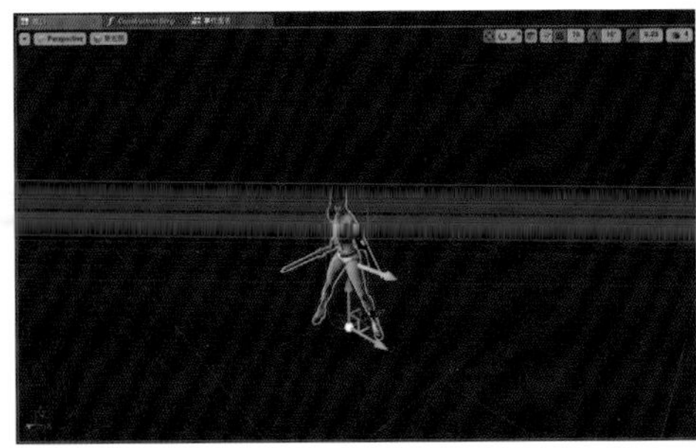

图6-133

6.4.4 将主角添加到换装场景中

01 切换到换装场景。在“内容浏览器”面板中打开“Content\StarterBundle\CollectionMaps”目录，双击“Map1”关卡，将角色添加到场景中。在“内容浏览器”面板中返回“Content”目录，拖曳“ShinbiCharacter”到场景中，在“细节”面板中设置“位置”为（2074.51,－3382.153,98）、“旋转”为（0°,0°,10°），如图6-134~图6-136所示。

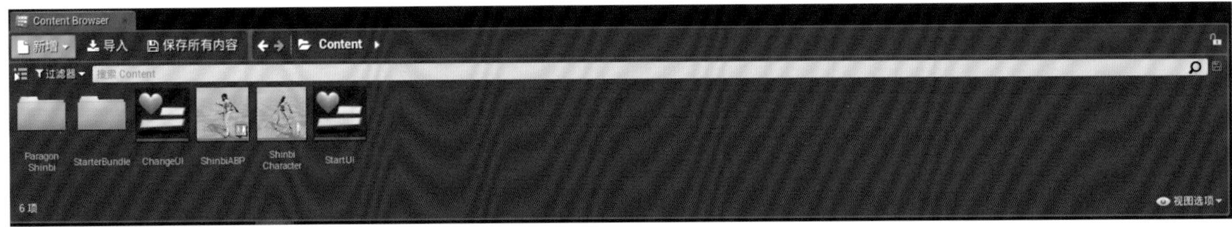

图6-134

图6-135

图6-136

02 播放游戏。角色先说出开场台词并摆出初始姿势，然后切换到待机姿势，并保持待机状态，如图6-137和图6-138所示。

图6-137

图6-138

6.5 开始换装

我们已经使用角色蓝图与动画蓝图制作出了一个主角，不要忘记游戏的主题——换装。下面开始实现单击不同颜色更换不同颜色的服装这一功能。

6.5.1 使用自定义函数实现换装功能

回顾一下前面学习的类的概念：一个类具有若干属性和行为，属性就是类的各种变量，而行为则是类的各种函数。在前面使用过很多不同的函数，每一个函数都用于实现一个功能，而且每个函数都属于某个类中的一个行为。例如，控制角色移动的“Add Movement Input”函数属于Pawn类的行为，使角色跳跃的Jump函数属于Character类的行为，显示用户界面的“Add to Viewport”函数属于“User Widget”类的行为。

这些函数都是UE4自带的，直接使用即可。但是本项目的主角“ShinbiCharacter”是一个类，这个类的父类是Character类，所以“ShinbiCharacter”类继承了其父类所有的行为，想让它具有“换装”的行为，显然要使用一个可以实现换装功能的函数。遗憾的是，UE4没有提供这样的函数，这时就要自定义一个“换装”函数。

01 切换到“ShinbiCharacter”角色蓝图界面，在“我的蓝图”面板中将鼠标指针移动到“函数”后面的“+”按钮上，如图6-139所示。现在出现两个选项：“Override”和“+Function”，这里选择“+Function”选项，新的函数就创建出来了，将新建的函数命名为“ChangeClothes”，表示此函数将为角色提供换装功能，如图6-140和图6-141所示。与此同时，与函数同名的“ChangeClothes”面板也出现了，如图6-142所示。

图6-139

图6-140

图6-141

图6-142

技巧提示 “ChangeClothes”面板中有一个同名的“Change Clothes”节点，此节点就是函数的入口。当“ChangeClothes”函数被调用时，此节点就会被激活，从而执行后面的程序。

02 现在编写蓝图程序，使“ChangeClothes”函数具备换装功能。将“Components”面板中的“Mesh(继承)”组件拖曳到“ChangeClothes”面板的空白处，如图6-143和图6-144所示。

03 从“Mesh”节点的引脚处拖曳出一条线，释放鼠标后在弹出的菜单中的搜索框内输入“setsk”，找到并选择“Set Skeletal Mesh”命令，如图6-145所示。

图6-143

图6-144

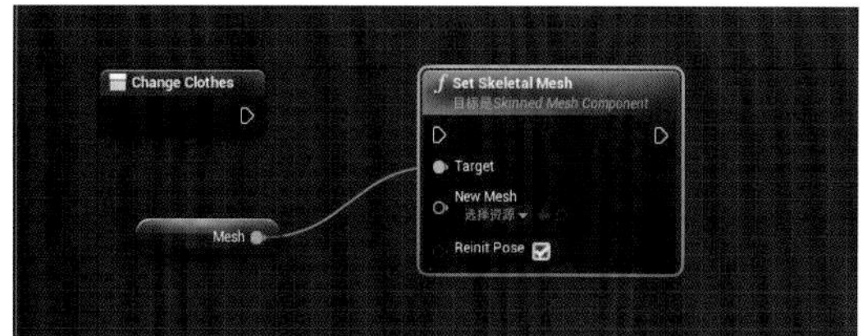

图6-145

04 选择“Change Clothes”节点，如图6-146所示。在“细节”面板中单击“Inputs”后面的“+按钮”，将新添加的输入值命名为“SkeletalMesh”，然后单击“布尔型”按钮，如图6-147和图6-148所示。

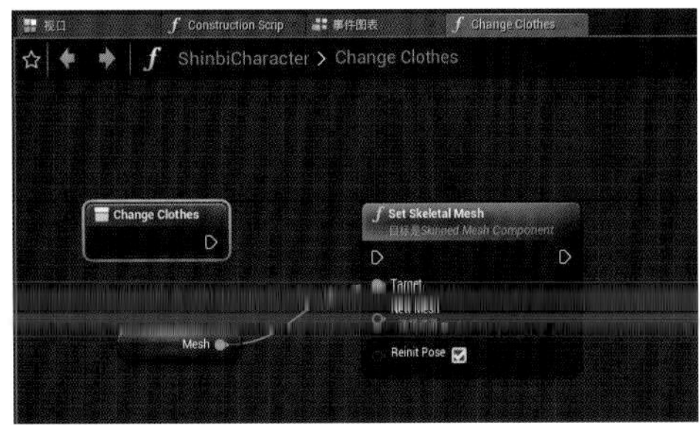

图6-146

图6-147

图6-148

05 在弹出的菜单中的搜索框内输入“skeletal”，找到并选择“Skeletal Mesh”中的“对象引用”命令，如图6-149和图6-150所示。

06 现在输入值的类型被设置为“Skeletal Mesh”，如图6-151所示。观察“Change Clothes”节点，可以发现节点中多了一个“Skeletal Mesh”引脚，如图6-152所示。

07 将“Change Clothes”节点的输出项连接到“Set Skeletal Mesh”节点的输入项，将“Change Clothes”节点的“Skeletal Mesh”引脚连接到“Set Skeletal Mesh”节点的“New Mesh”引脚，如图6-153所示。

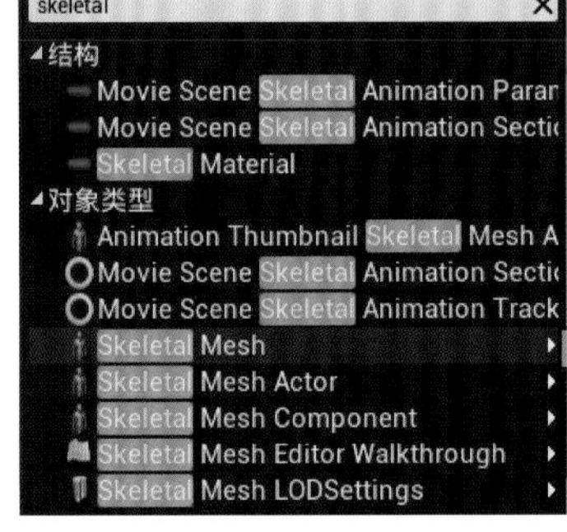

图6-149

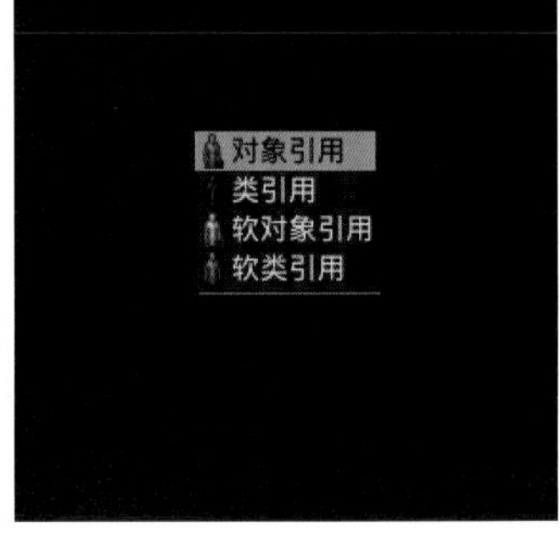

图6-150

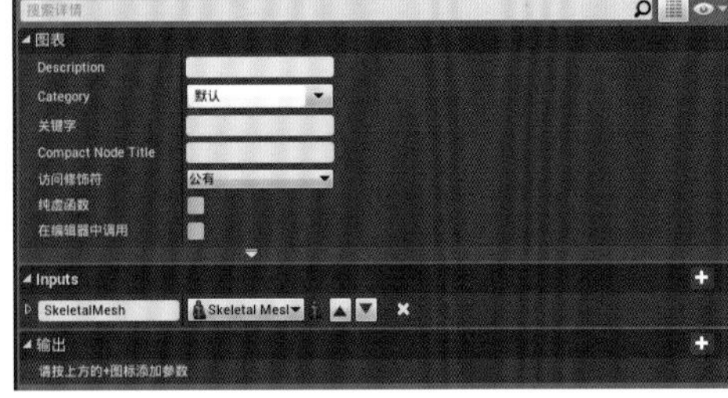

图6-151

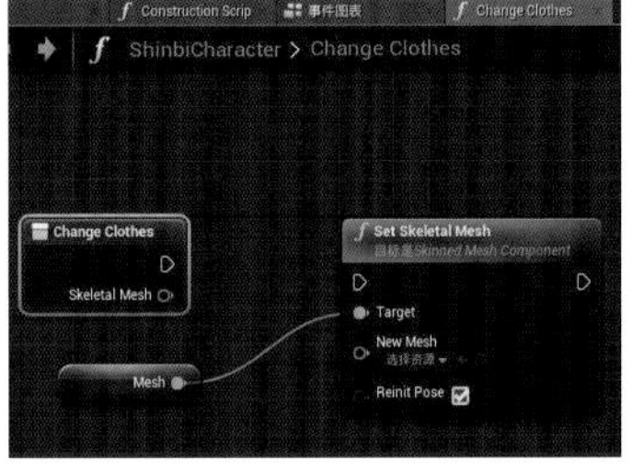

图6-152

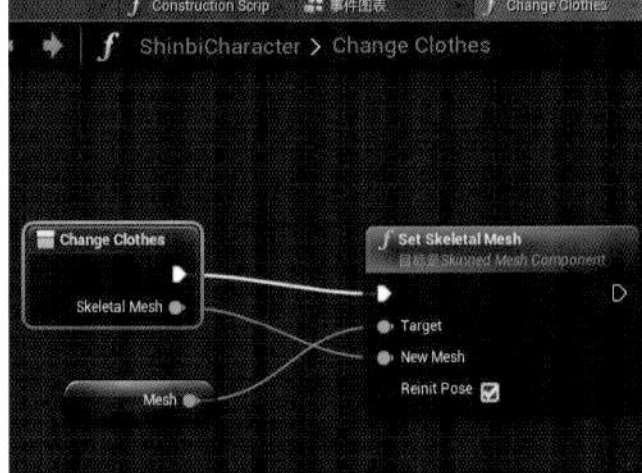

图6-153

技巧提示 当“ChangeClothes”函数被调用时，可以改变角色的骨架网格物体，也就是改变角色的模型。

“Set Skeletal Mesh”是“Mesh”组件里面的一个函数，它的作用是为当前的“Mesh”组件设置一个骨架网格体。而要使用哪个骨架网格体，可以通过“New Mesh”参数来指定。将“New Mesh”参数与“Change Clothes”节点的输入值“Skeletal Mesh”相连，可以通过“ChangeClothes”函数从外部获取想要设置的模型，简单来说就是当“ChangeClothes”函数被调用时，再指定角色使用哪个模型，而不是现在就将模型设置好。

“Change Clothes”节点是函数的入口。当函数被调用时，从此节点开始执行，可以在上面添加各种类型的输入值，这些输入值就是函数的参数。这里的“Skeletal Mesh”就是一个骨架网格体类型的参数，当“ChangeClothes”函数被调用时，要为“Skeletal Mesh”参数赋值，也就是为角色指定要使用的模型。

上面提到的“Mesh”组件是Character类中的组件。此组件的作用是告知Character类要使用哪个模型和动画蓝图，以及模型的位置、角度和大小等信息。正因为有了此组件，“Shinbi”角色模型才能顺利地被“ShinbiCharacter”角色蓝图类使用。

读者可能对上述讲解存在一些疑惑，不过没有关系，现在不必过于纠结不明白的地方。可以继续学习后面的内容，在了解函数调用的知识点后再看上述对于函数定义的讲解，思路可能就清晰了。

6.5.2 单击时调用换装函数

01 学习自定义函数的调用方法。在“ChangeUI”蓝图界面中，单击工具栏最右侧的“图表”按钮，切换到蓝图编辑界面，在此界面中为3种不同颜色的服装添加单击事件。在“我的蓝图”面板中选择“变量”中的“BtnGreen”，如图6-154所示。

02 在“细节”面板的“事件”中，单击“On Clicked”后面的“+”按钮，此时“事件图表”面板中就出现了一个名为“On Clicked(BtnGreen)”的节点，如图6-155和图6-156所示。

图6-154

图6-155

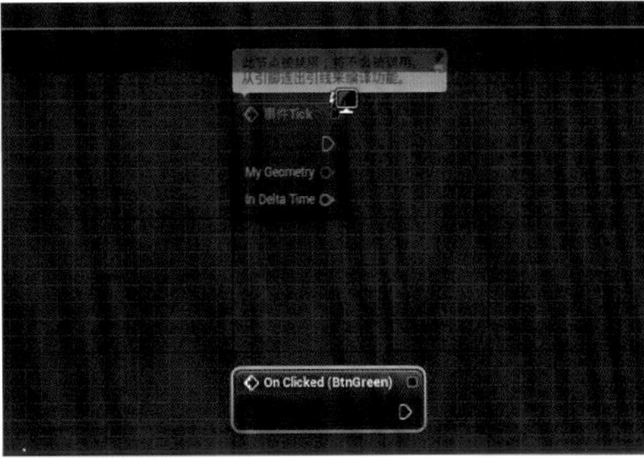

图6-156

03 在“我的蓝图”面板中选择“变量”中的“BtnPurple”，如图6-157所示。在“细节”面板的“事件”中单击“On Clicked”后面的“+”按钮，此时“事件图表”面板中就出现了一个名为“On Clicked(BtnPurple)”的节点，如图6-158和图6-159所示。

图6-157

图6-158

图6-159

04 在“我的蓝图”面板中选择“变量”中的“BtnYellow”，如图6-160所示。在“细节”面板的“事件”中单击“On Clicked”后面的“+”按钮，此时“事件图表”面板中就出现了一个名为“On Clicked(BtnYellow)”的节点，如图6-161和图6-162所示。

图6-160

图6-161

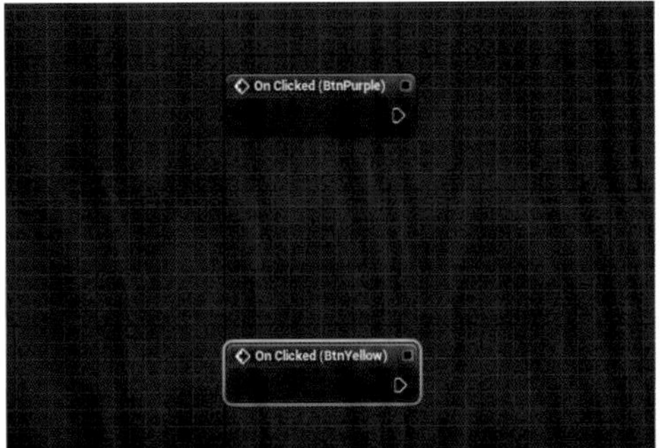

图6-162

05 在“事件图表”面板中的空白处单击鼠标右键，在弹出的菜单中的搜索框内输入“getplayer”，找到并选择“Get Player Character”命令，如图6-163所示。

06 从“Get Player Character”节点的“Return Value”处拖曳出一条线，释放鼠标后在弹出的菜单中的搜索框内输入“shinbi”，找到并选择“类型转换为ShinbiCharacter”命令，如图6-164所示。

07 从“类型转换为ShinbiCharacter”节点的“As Shinbi Character”引脚处拖曳出一条线，释放鼠标后在弹出的菜单中的搜索框内输入“change”，找到并选择“Change Clothes”命令，如图6-165所示。

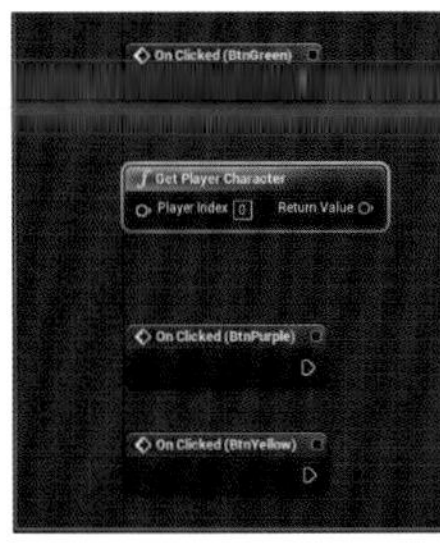

图6-163

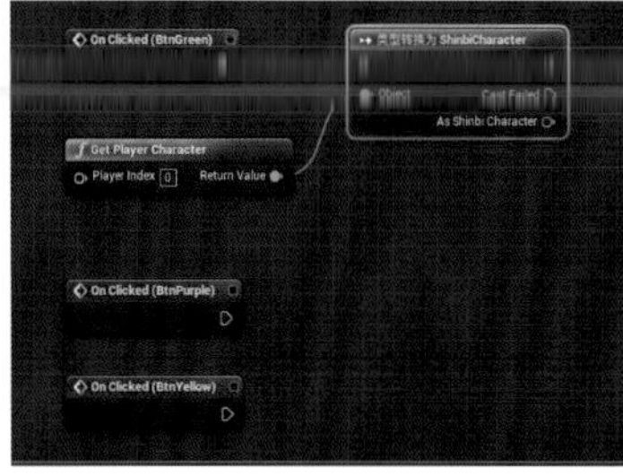

图6-164

图6-165

08 将“Change Clothes”节点的参数“Skeletal Mesh”设置为“ShinbiJade”，然后将“On Clicked(BtnGreen)”节点的输出项连接到“类型转换为ShinbiCharacter”节点的输入项，如图6-166所示。

09 从“Get Player Character”节点的“Return Value”处拖曳出一条线，释放鼠标后在弹出的菜单中的搜索框内输入“shinbi”，找到并选择“类型转换为ShinbiCharacter”命令，如图6-167所示。

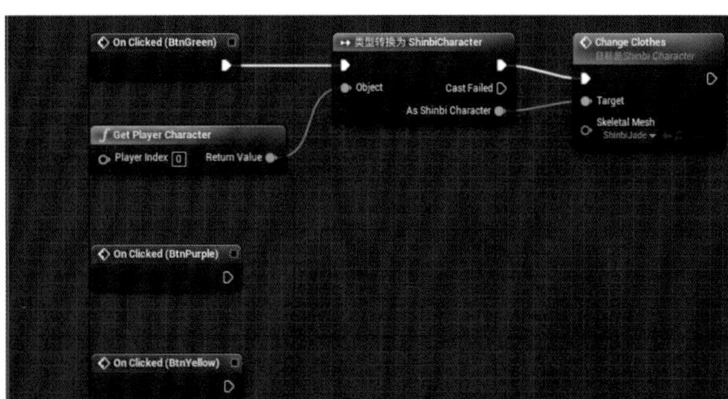

图6-166

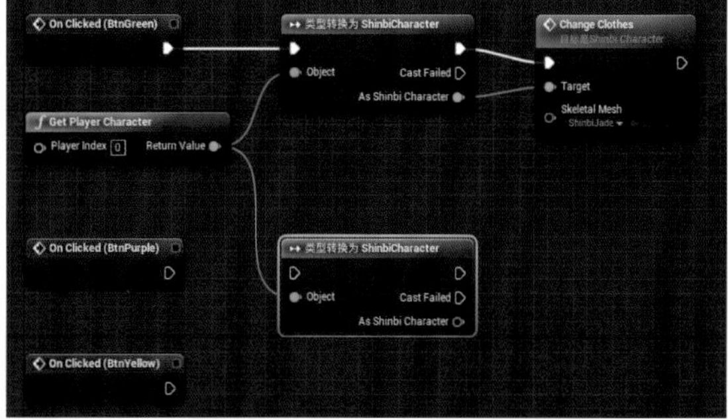

图6-167

10 从“类型转换为ShinbiCharacter”节点的“As Shinbi Character”引脚处拖曳出一条线，释放鼠标后在弹出的菜单中的搜索框内输入“change”，找到并选择“Change Clothes”命令，如图6-168所示。

11 将“Change Clothes”节点的参数“Skeletal Mesh”设置为“Shinbi”，然后将“On Clicked(BtnPurple)”节点的输出项连接到“类型转换为ShinbiCharacter”节点的输入项，如图6-169所示。

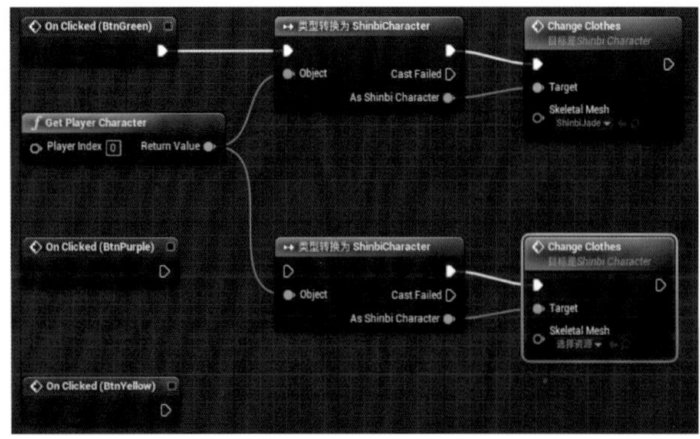

图6-168

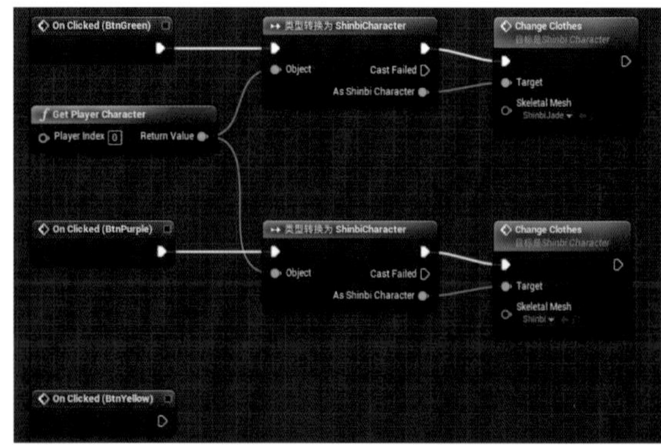

图6-169

12 从“Get Player Character”节点的“Return Value”处拖曳出一条线，释放鼠标后在弹出的菜单中的搜索框内输入“shinbi”，找到并选择“类型转换为ShinbiCharacter”命令，如图6-170所示。

13 从“类型转换为ShinbiCharacter”节点的“As Shinbi Character”引脚处拖曳出一条线，释放鼠标后在弹出的菜单中的搜索框内输入“change”，找到并选择“Change Clothes”命令，如图6-171所示。

14 将“Change Clothes”节点的参数“Skeletal Mesh”设置为“ShinbiDynasty”，再将“On Clicked(BtnYellow)”节点的输出项连接到“类型转换为ShinbiCharacter”节点的输入项，如图6-172所示。

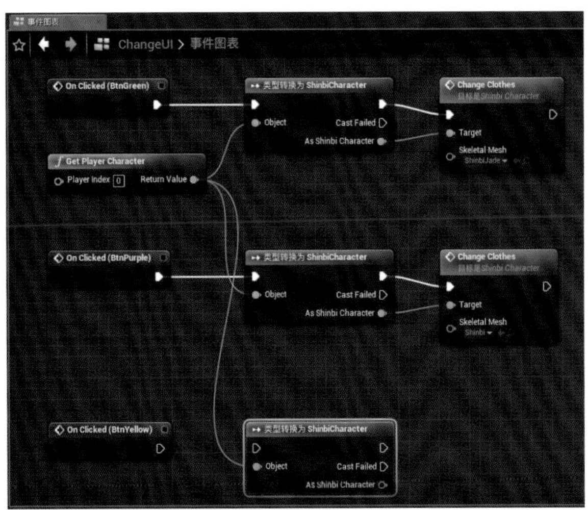

图6-170

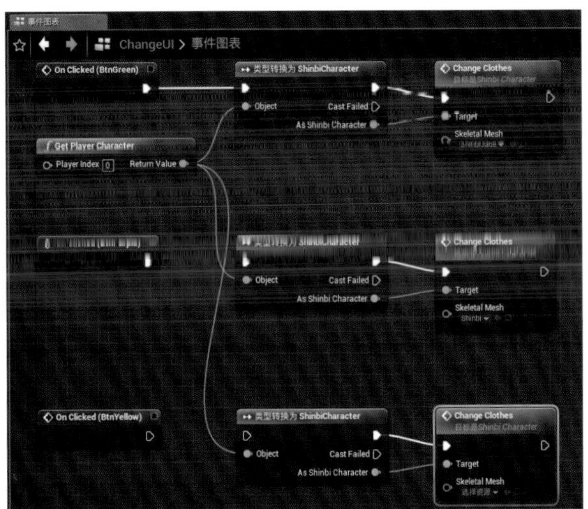

图6-171

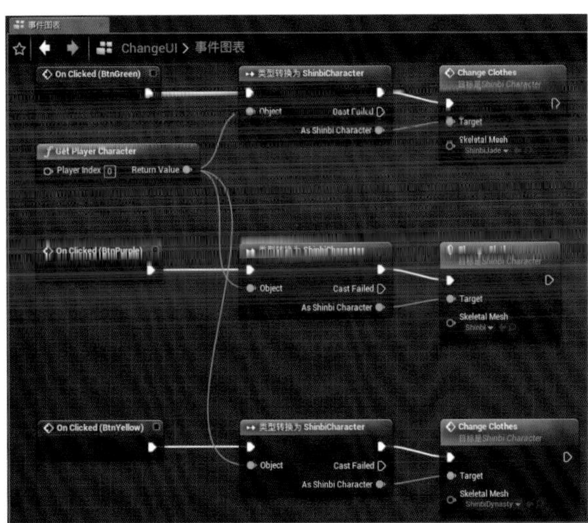

图6-172

技巧提示 这段蓝图程序有3个单击事件，先从绿色（BtnGreen）的单击事件开始讲解。

当换装界面中的绿色被单击时，调用“ShinbiCharacter”角色类中的“ChangeClothes”函数，并将此函数的参数“Skeletal Mesh”设置为“ShinbiJade”。这里的“ShinbiJade”是一个骨架网格体，可以在编辑器主界面的“内容浏览器”面板中的“Content\ParagonShinbi\Characters\Heroes\Shinbi\Skins\Tier_1\Shinbi_Jade\Meshes”目录中找到这个资源，如图6-173所示。它是一个身穿绿色衣服的“Shinbi”角色模型。

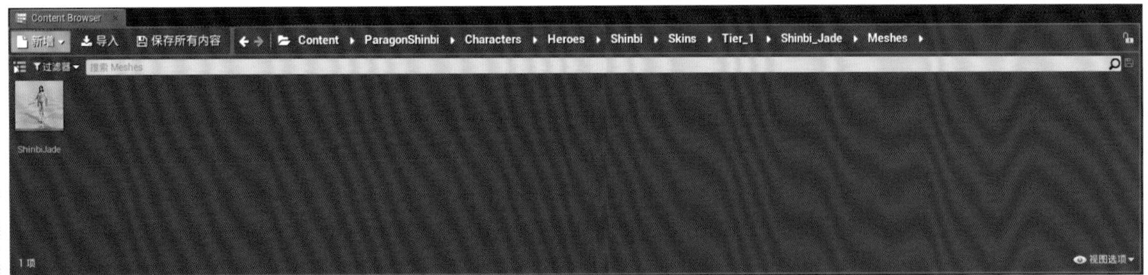

图6-173

当理解“ShinbiJade”模型后，就可以理解程序的设计思路。当绿色（BtnGreen）被单击时，通过“Get Player Character”函数获取场景中的玩家角色类，然后将玩家角色类转换成具体的“ShinbiCharacter”类，调用其中的“ChangeClothes”函数。此函数是自定义函数，它的功能是设置角色模型，在调用这个函数时将想要设置的模型作为参数传入函数中，函数就会起作用。因此，换装函数的本质就是更换角色模型。当单击绿色（BtnGreen）时，就将角色模型设置成身穿绿色衣服的模型“ShinbiJade”，从而实现换装。

同理，当单击紫色（BtnPurple）时，就将角色模型设置为身穿紫色衣服的模型“Shinbi”，此模型是角色的默认模型；当单击黄色（BtnYellow）时，就将角色模型设置为身穿黄色衣服的模型“ShinbiDynasty”。

读者可以在编辑器主界面的“内容浏览器”面板中的“Content\ParagonShinbi\Characters\Heroes\Shinbi\Meshes”目录中找到“Shinbi”资源，在“Content\ParagonShinbi\Characters\Heroes\Shinbi\Skins\Tier_1\Shinbi_Dynasty\Meshes”目录中找到“ShinbiDynasty”资源，如图6-174和图6-175所示。

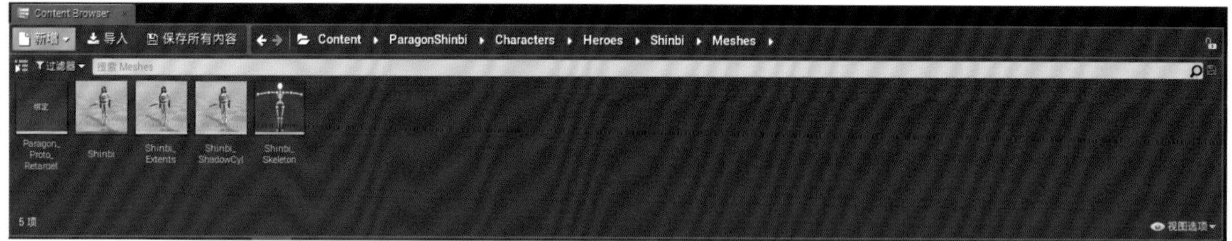

图6-174

图6-175

现在已经学习了调用自定义函数时为其传入参数的方法，再回到6.5.1小节来看“ChangeClothes”函数里的蓝图程序，就能更清晰地理解该函数的意义。

一般来说，在一个游戏项目的开发中，开发人员会创建各种各样的自定义函数，每个自定义函数都具有不同的功能，这些自定义函数可以在合适的时候被调用，与UE4自带的函数类似。自定义函数被调用时，也是以蓝图节点的形式显示的，这样就大大提高了程序的复用效率，增强了程序的可读性。如果没有自定义函数，那么要实现角色的换装功能，就要直接在单击事件后面使用“Mesh”节点和“Set Skeletal Mesh”节点，这样会使蓝图程序冗余且不易理解。但是创建自定义函数，将“Mesh”节点和“Set Skeletal Mesh”节点封装进“ChangeClothes”函数，在单击事件后面直接使用“Change Clothes”节点，这样的蓝图程序简单易懂。从节点的名称可以得知“ChangeClothes”函数的功能是换装，它比“Set Skeletal Mesh”节点更容易理解。以上就是使用自定义函数的好处。

15 单击工具栏中的“编译”按钮，切换到编辑器主界面，播放游戏。单击黄色，角色的服装就变成了黄色；同样，单击紫色，角色的服装就变成了紫色；单击绿色，角色的服装就会变成绿色。换装效果如图6-176~图6-178所示。

图6-176

图6-177

图6-178

技术答疑：如何在换装时播放动画

现在已经实现了通过调用换装函数来改变角色服装这一功能，但是目前的换装效果还不够好，只是瞬间变换模型。为了增强换装时的表现力，可以在变换模型的同时播放一个动画，让角色换装时做个动作，画面就更加生动了。

01 准备换装动画并制作动画蒙太奇。在“内容浏览器”面板中打开“Content\ParagonShinbi\Characters\Heroes\Shinbi\Animations”目录，找到动画资源“Ability_CirclingWolves”，将该动画作为角色的换装动画，如图6-179所示。

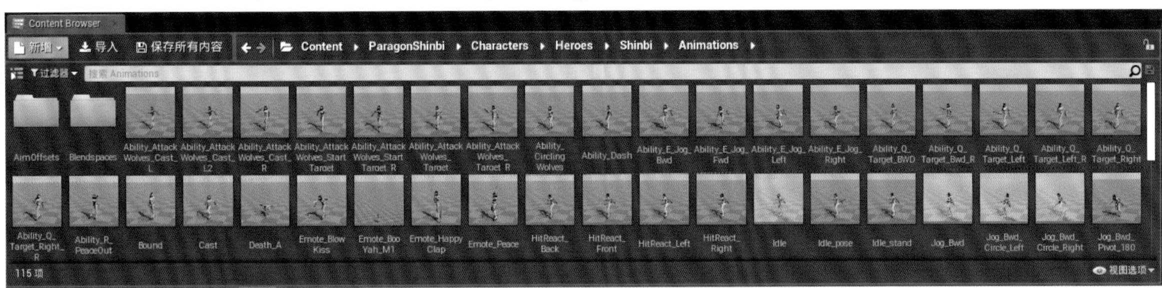

图6-179

02 双击动画“Ability_CirclingWolves”。在动画中添加一段音频，让角色在换装时说一句台词。在“动画序列”面板中单击“通知”进度条右边的“+”按钮，这时出现了一个新的“通知”进度条，将新进度条的编号保持为默认值2即可，如图6-180和图6-181所示。

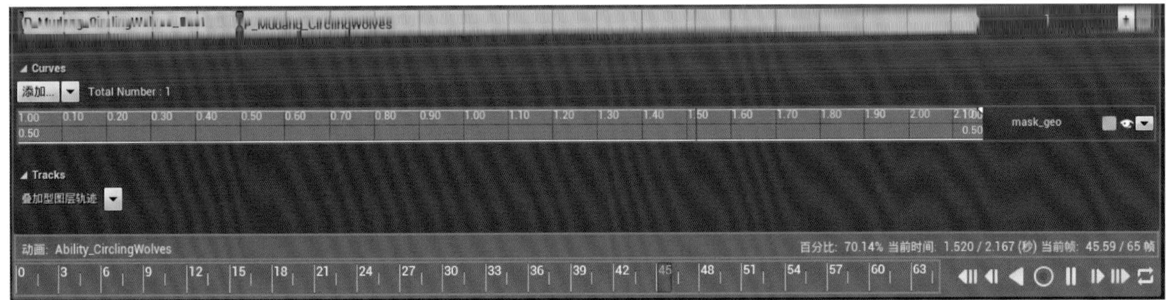

图6-180

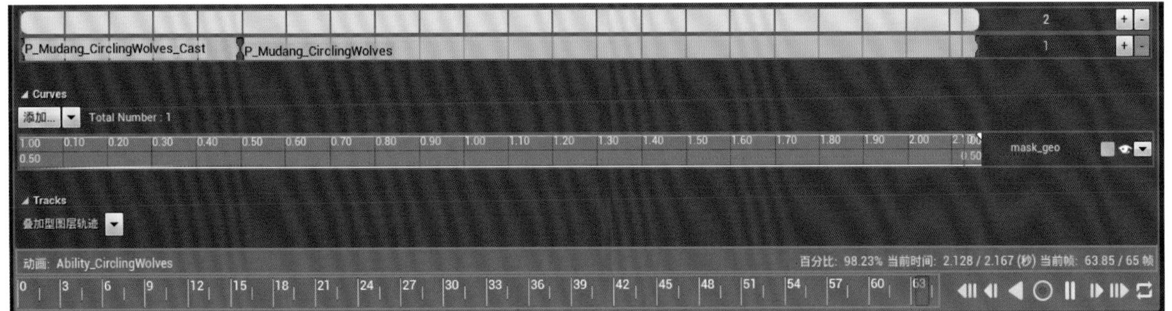

图6-181

技巧提示 添加“通知”进度条是一个实用的小技巧。添加2号进度条的原因是原来的1号进度条上已经存在两个粒子特效通知，1号进度条上没有添加其他通知的位置了。这时可以单击“+”按钮快速添加新的进度条，所有进度条上的通知都是并行的，当一个进度条被占满时，可以在新进度条的适当位置添加通知，多个进度条上的通知在设定好的位置并行执行，不会出现通知无处可放的情况。

03 添加一个“PlaySound”通知。单击“动画”进度条右边的“||”按钮暂停动画，将动画光标拖曳到0.329秒处，如图6-182所示。

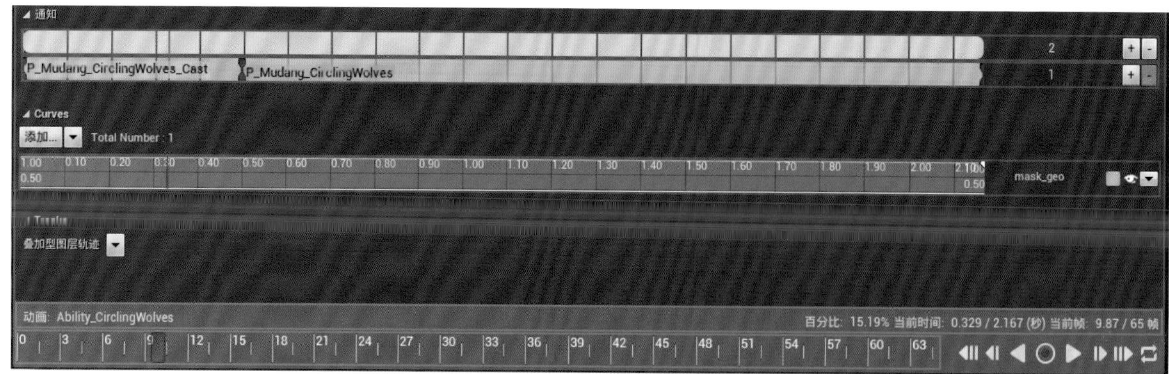

图6-182

04 在“通知”中的2号进度条的红色光标处（即0.329秒处）单击鼠标右键，在弹出的菜单中选择“添加通知”中的“Play Sound”命令，这样2号进度条上就出现了名为“PlaySound”的通知，如图6-183~图6-185所示。

图6-183 图6-184

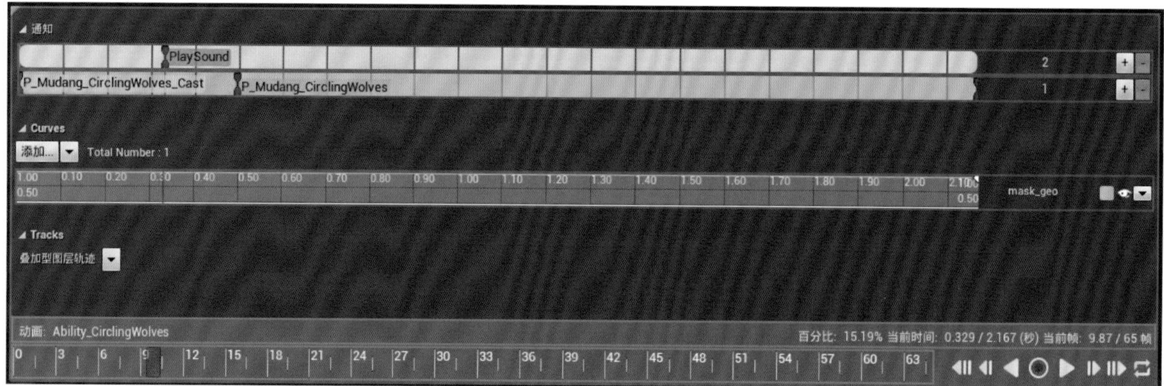

图6-185

05 选择“PlaySound”通知，在“细节”面板中将“Anim Notify”的“Sound”设置为“Shinbi_Ability_E_Engage”，这是角色的一段配音，如图6-186和图6-187所示。

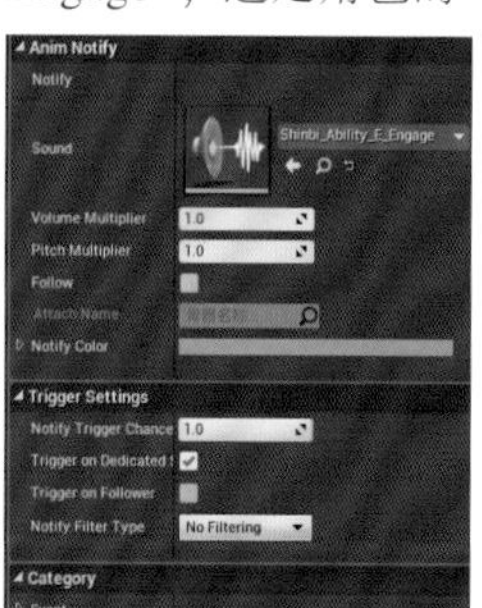

图6-186

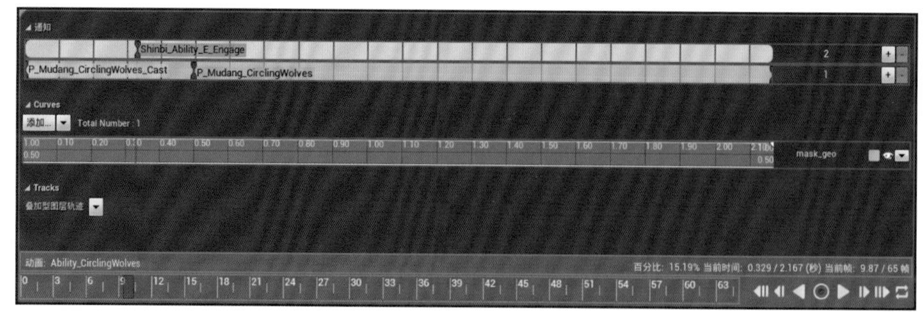

图6-187

技巧提示 单击“动画”进度条右侧的小三角按钮播放动画，可以听到角色在动画播放到0.329秒时说了一句台词，这样动画更加生动了。

06 切换到编辑器主界面。在“内容浏览器”面板中的“Ability_CirclingWolves”上单击鼠标右键，在弹出的菜单中选择“创建”中的“创建动画蒙太奇”命令，新建的动画蒙太奇名称保持默认的“Ability_CirclingWolves _Montage”即可，如图6-188~图6-191所示。

图6-188

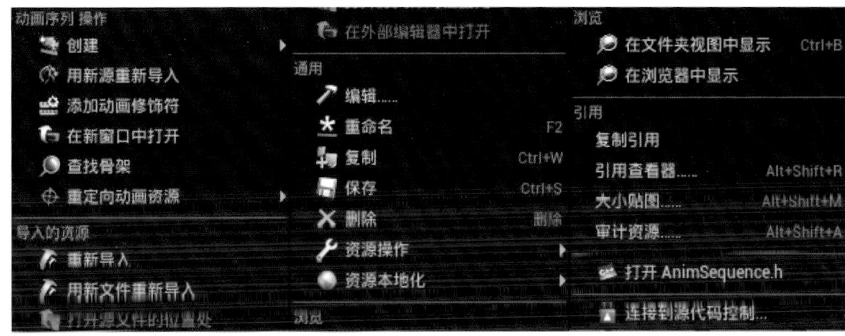

图6-189

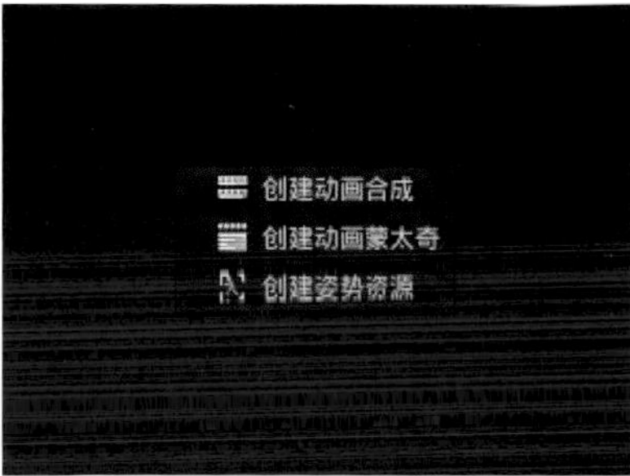

图6-190

图6-191

07 实现在角色换装时播放此动画蒙太奇。切换到“ShinbiCharacter”角色蓝图界面，在“ChangeClothes”面板中完善换装函数。在此面板的空白处单击鼠标右键，在弹出的菜单中的搜索框内输入“playanim”，找到并选择“Play Anim Montage”命令，如图6-192所示。

08 将“Play Anim Montage”节点的参数“Anim Montage”设置为“Ability_CirclingWolves _Montage”，将“Set Skeletal Mesh”节点的输出项连接到“Play Anim Montage”节点的输入项，如图6-193所示。

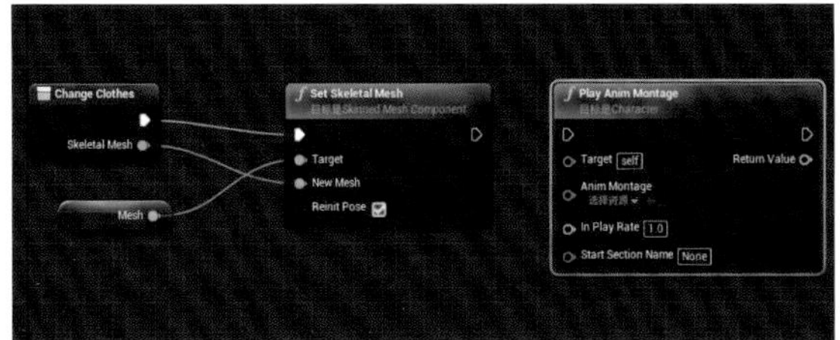

图6-192

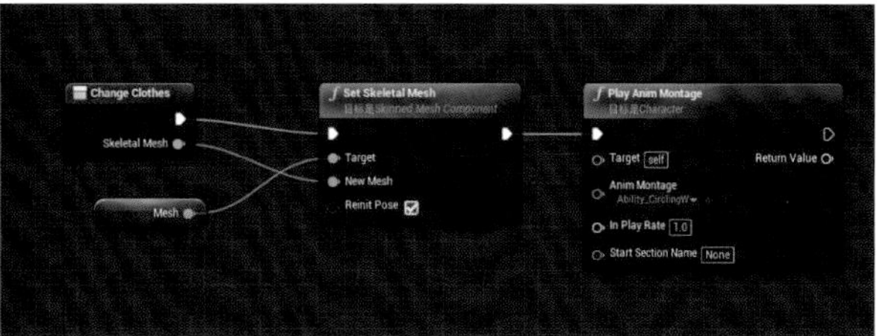

图6-193

技巧提示 当角色模型更换后，就播放动画蒙太奇“Ability_CirclingWolves _Montage”。

09 单击工具栏中的“编译”按钮，切换到编辑器主界面，播放游戏。当单击颜色换装时就会播放动画，换装过程更加生动，如图6-194所示。在这里会发现，当单击黄色、紫色或绿色，在角色换装时都会播放动画，这体现出使用自定义函数的好处，即只需一次修改，所有调用此函数的地方都会发生变化，非常便捷。其实函数的本质就是将一段程序封装成一个整体，从而使项目结构模块化，提高开发效率。

图6-194

第7章 动画蓝图进阶：跑酷游戏

■ 学习目的

在前面的换装游戏中实现了单击按钮让角色播放动画这一简单功能，但角色只有站立和换装两个动作状态。在一般的动作类游戏中，角色的状态是多种多样的，为了使角色的动作更加丰富，下面将学习动画蓝图中“混合空间”的相关知识，并尝试制作更复杂的动画蒙太奇。

■ 主要内容

- 搭建跑酷游戏场景
- 从动画蓝图中获取角色速度
- 制作玩家角色蓝图
- 让角色奔跑和跳跃
- 让角色拥有转向的能力
- 制作死亡体积
- 制作障碍物体积
- 制作宝物体积

7.1 概要

下面将制作一款横版跑酷游戏。角色一直高速奔跑，玩家要通过空格键控制角色跳跃，以此躲避障碍，同时尽可能多地“吃”到宝物，取得高分，游戏画面效果如图7-1和图7-2所示。

图7-1

图7-2

01 创建项目。在“新建项目”选项卡中选择“空白”和“没有初学者内容”，将项目命名为“Parkour”，如图7-3所示。

02 导入美术资源。打开Epic Games启动器，切换到“虚幻商城”选项卡，在搜索框中输入“Infinity Blade: Ice Lands”进行搜索，找到同名的资源，如图7-4所示。

图7-3

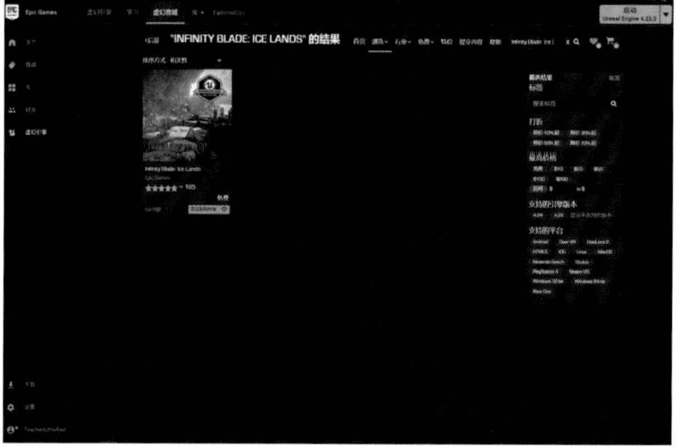

图7-4

03 单击此资源，打开内容详情界面。此资源是一个中世纪魔幻风格的雪地场景，下面将使用此资源作为换装游戏的场景。单击“免费”按钮获取此资源，将它添加到“Parkour”项目中并等待它下载完成，如图7-5和图7-6所示。

图7-5

图7-6

04 在搜索框中输入“Paragon: Sparrow”进行搜索，找到同名的资源，如图7-7所示。

05 单击此资源，打开内容详情界面，这个角色叫“Sparrow”，她是Epic Games出品的游戏《虚幻争霸》中的人物。下面将使用这个角色作为跑酷游戏的主角。单击“免费”按钮获取此资源，将它添加到“Parkour”项目中并等待它下载完成，如图7-8和图7-9所示。

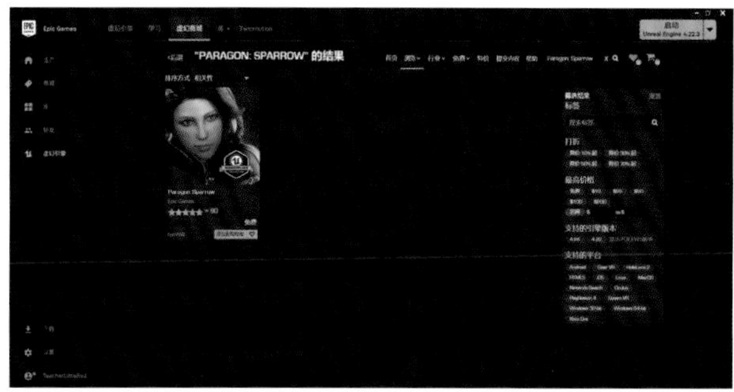

图7-7

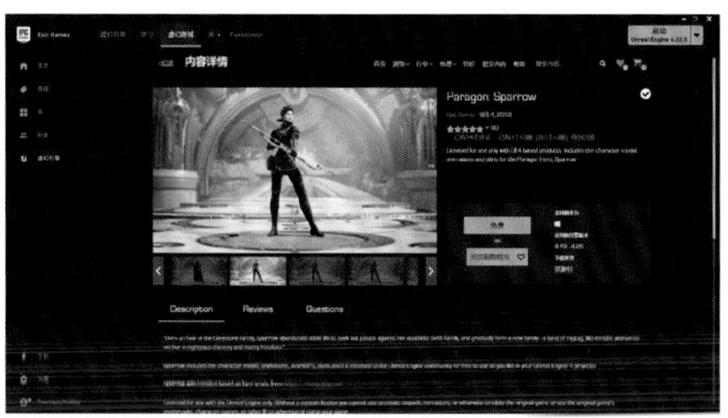

图7-8

图7-9

06 返回编辑器主界面，可以在“内容浏览器”面板中看到“InfinityBladeIceLands”文件夹和“ParagonSparrow”文件夹，如图7-10所示。

图7-10

7.2 搭建跑酷游戏场景

下面搭建游戏所需的场景。因为跑酷游戏需要角色在场景中一直快速奔跑，所以需要制作一个可以容纳角色自由奔跑的大场景。

01 在“内容浏览器”面板中打开“Content\InfinityBladeIceLands\Maps”目录，双击“FrozenCove”关卡，如图7-11所示。图7-12所示的是刚才添加到项目中的雪地场景，下面将在此场景的基础上添加道路以供角色移动和跳跃。

图7-11

图7-12

02 由于场景亮度较低，需要调整亮度。在“世界大纲视图”面板的搜索框内输入“post”，找到并选择“PostProcessVolume1”，在“细节”面板的“Lens”中勾选“Exposure”中的“Exposure Compensation”复选框，设置该参数值为4，这样场景就变得非常亮了，如图7-13~图7-15所示。

图7-13

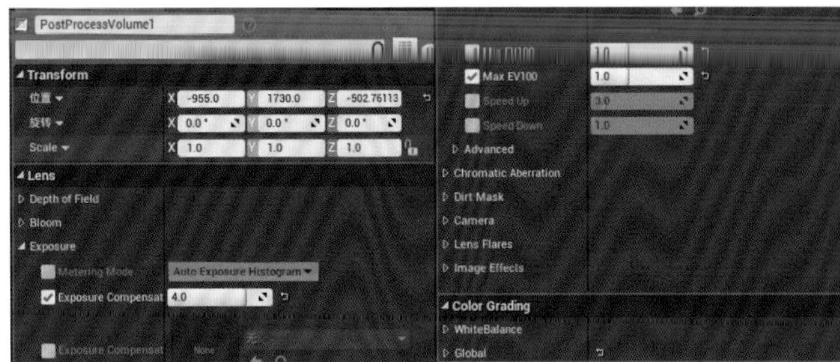

图7-14

图7-15

技巧提示 如果觉得现在场景的效果不自然，可以在搭建完场景后构建光照，效果就会有所改善。

03 选择“项目设置”选项卡，在“地图&模式”中设置“Default Maps”中的“Editor Startup Map”和“Game Default Map”为“FrozenCove”，使当前场景成为项目的默认场景，如图7-16所示。

图7-16

04 切换到编辑器主界面，搭建场景。在“世界大纲视图”面板的搜索框内输入“playerstart”，找到并选择“PlayerStart1”，在“细节”面板中设置“位置”为（-520,3540,-516.56），如图7-17~图7-19所示。

图7-17

图7-18

图7-19

05 在“内容浏览器”面板中打开“Content\InfinityBladeIceLands\Environments\Ice\Env_Ice_Buildings\StaticMesh”目录，拖曳“SM_Snowy_Bridge_Wooden_Steps”到场景中，在“细节”面板中设置“位置”为（1820,3370,140）、“Scale”为（1.25,1.25,1.25），如图7-20~图7-22所示。

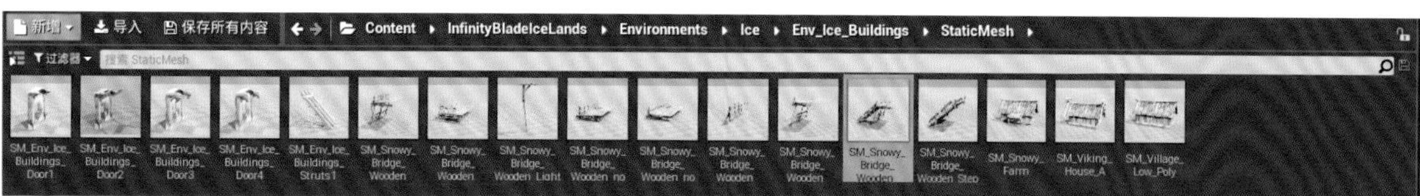

图7-20

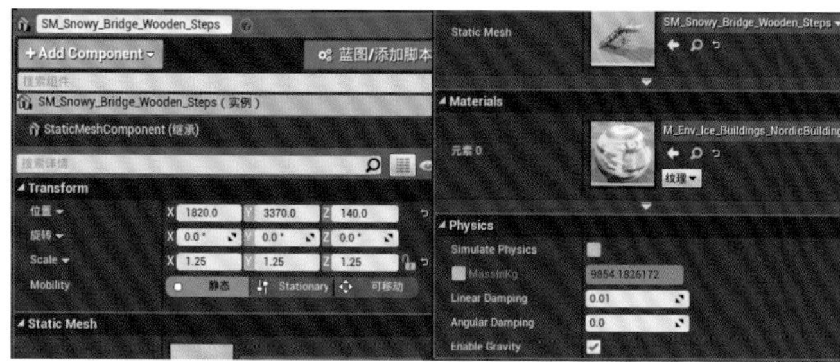

图7-21

图7-22

06 在“内容浏览器”面板中打开“Content\InfinityBladeIceLands\Environments\Ice\DR_Ice_Mountain\StaticMesh”目录，拖曳“SM_Stone_House_HI”到场景中，在“细节”面板中设置“位置”为（2460,3680,−1370）、“Scale”为（2.625,1.5,2.625），如图7-23~图7-25所示。

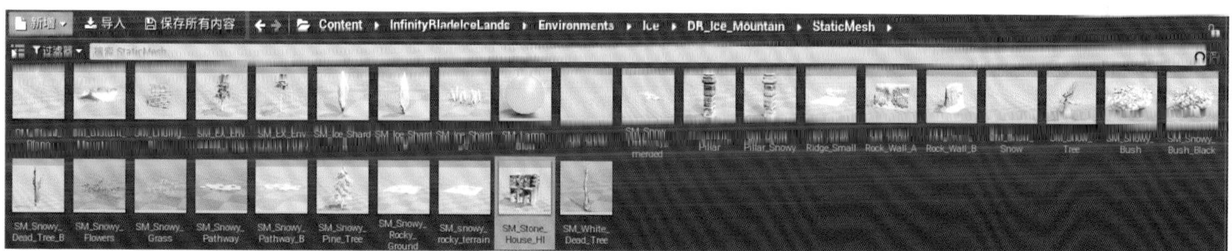

图7-23

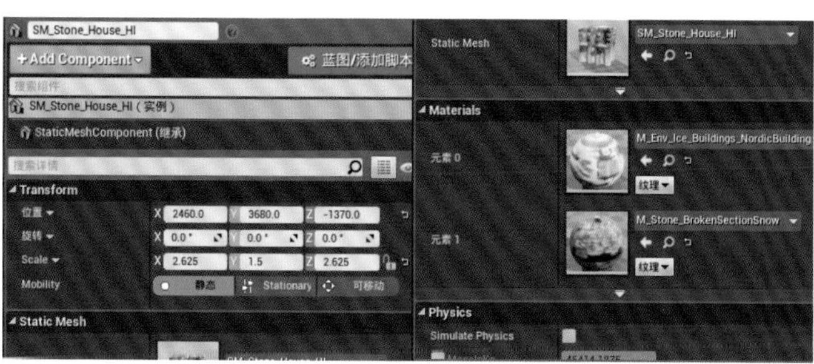

图7-24

图7-25

07 在“内容浏览器”面板中打开“Content\InfinityBladeIceLands\Environments\Ice\EXO_RockyRuins\StaticMesh”目录，拖曳“SM_REL_Battlement_Support_001”到场景中，在“细节”面板中设置“位置”为（3600,3740,360）、“Scale”为（9.75,7.125,9），如图7-26~图7-28所示。

图7-26

图7-27

图7-28

08 在“内容浏览器”面板中打开“Content\InfinityBladeIceLands\Environments\Ice\Env_Ice_Buildings\StaticMesh”目录，拖曳“SM_Snowy_Bridge_Wooden_noBase”到场景中，在“细节”面板中设置“位置”为（6730,3790,-210）、“旋转”为（-40°,0°,90°）、“Scale”为（1,1.625,1），如图7-29~图7-31所示。

图7-29

图7-30

图7-31

09 拖曳“SM_Snowy_Bridge_Wooden_noBase”到场景中，在“细节”面板中设置“位置”为（8180,3790,-710）、“旋转”为（0°,0°,90°）、“Scale”为（1,1.625,1），如图7-32~图7-34所示。

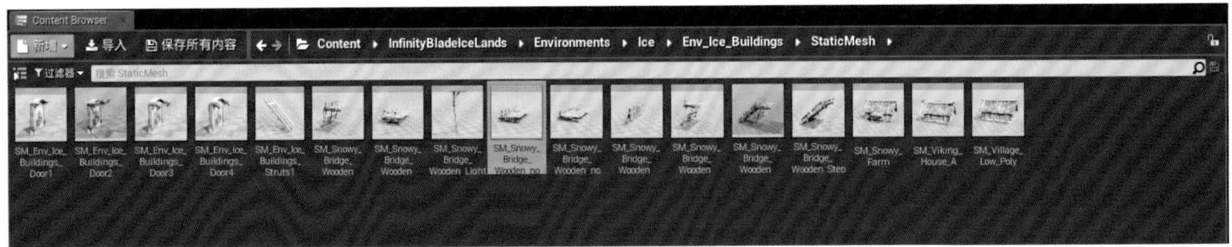

图7-32

图7-33

图7-34

10 拖曳“SM_Snowy_Bridge_Wooden_noBase”到场景中，在“细节”面板中设置“位置”为（10140, 3790, −560）、“旋转”为（0°,0°,90°）、“Scale”为（1,1.625,1），如图7-35~图7-37所示。

图7-35

图7-36　　图7-37

11 拖曳“SM Snowy_Bridge_Wooden_noBase”到场景中，在“细节”面板中设置“位置”为（10980, 2980, −560）、“旋转”为（0°,0°,180°）、“Scale”为（1,1.625,1），如图7-38~图7-40所示。

图7-38

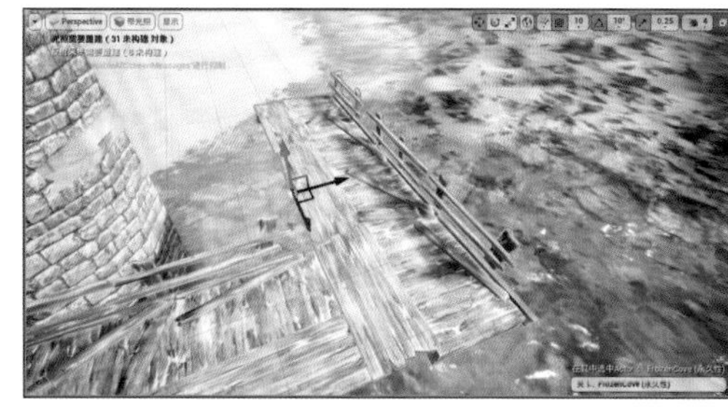

图7-39　　图7-40

12 拖曳“SM_Snowy_Bridge_Wooden_noBase”到场景中，在“细节”面板中设置“位置”为（10980, 1300, −560）、“旋转”为（0°,0°,180°）、“Scale”为（1,1.625,1），如图7-41~图7-43所示。

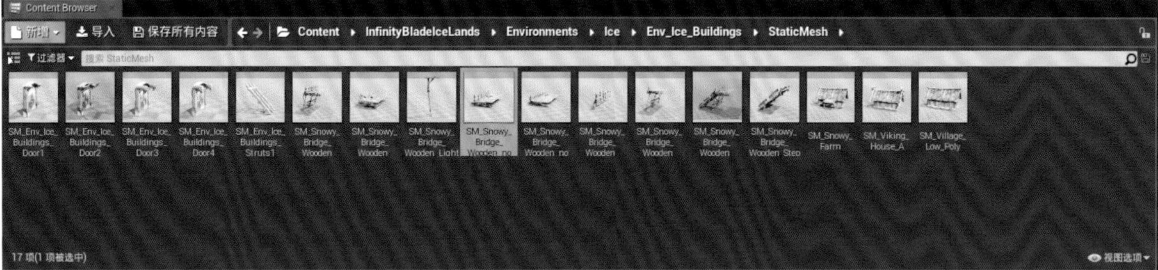

图7-41

图7-42

图7-43

13 拖曳“SM_Snowy_Bridge_Wooden_noBase”到场景中，在“细节”面板中设置“位置”为（10980,－840,－560）、“旋转”为（0°,0°,180°）、“Scale”为（1,1.625,1），如图7-44~图7-46所示。

图7-44

图7-45

图7-46

14 拖曳“SM_Snowy_Bridge_Wooden_noBase”到场景中，在“细节”面板中设置“位置”为（10650,－1700,－560）、“旋转”为（0°,0°,90°）、“Scale”为（1,1.625,1），如图7-47~图7-49所示。

图7-47

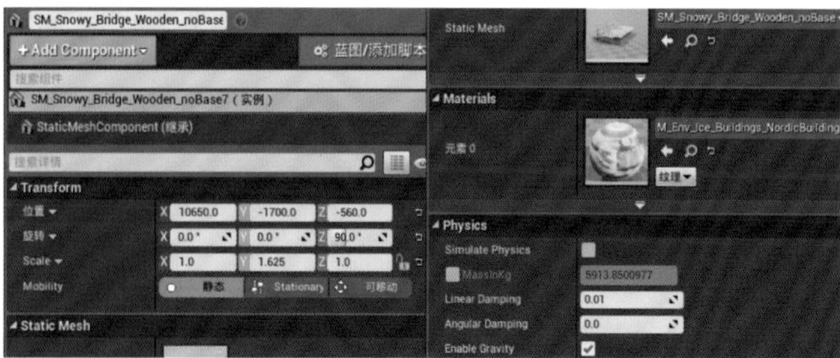

图7-48

图7-49

15 拖曳“SM_Snowy_Bridge_Wooden_noBase”到场景中，在“细节”面板中设置“位置”为（9830,－910,－260）、“旋转”为（20°,0°,180°）、“Scale”为（1,1.625,1），如图7-50~图7-52所示。

图7-50

图7-51

图7-52

16 拖曳“SM_Snowy_Bridge_Wooden_noBase”到场景中，在“细节”面板中设置“位置”为（9830,935.42,389.84）、“旋转”为（30°,0°,180°）、“Scale”为（1,1.625,1），如图7-53~图7-55所示。

图7-53

图7-54

图7-55

17 在“内容浏览器”面板中打开“Content\InfinityBladeIceLands\Environments\Ice\DR_Ice_Mountain\StaticMesh”目录，拖曳“SM_Stone_House_HI”到场景中，在“细节”面板中设置“位置”为（10090,2230,218.15），如图7-56~图7-58所示。

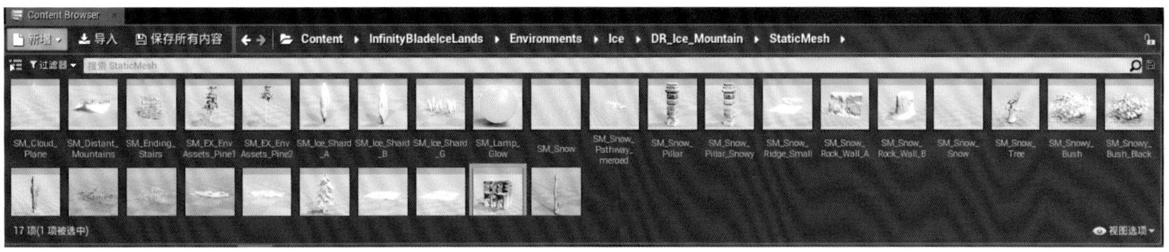

图7-56

图7-57

图7-58

18 场景已经搭建完毕，现在单击工具栏中的“Build”按钮，如图7-59所示。重新构建光照，构建光照完成后的效果如图7-60所示，可以看到，场景中的光照更加自然了。

图7-59

图7-60

7.3 制作动作平滑自然的主角

现在制作跑酷游戏的主角。在制作角色蓝图之前，需要准备好角色的动画，作为一款跑酷游戏，保证角色平滑自然地跑动非常重要。为了达到这一目的，可以使用“混合空间”。

“混合空间”可以将多个不同动画进行混合，使多个离散的动画变成一个线性的动画。例如，角色有两个动画，分别是“走路动画”和“跑步动画”，“走路动画”的行进速度是1米/秒，角色迈步的速度较慢；“跑步动画”的行进速度是6米/秒，角色迈步的速度较快。现在想让角色以3米/秒的速度行进，可以使用“混合空间”将两个动画混合。混合后就能得到一个角色以约3米/秒的速度行进的动画，角色的迈步速度介于1米/秒和6米/秒之间，这就是“混合空间”的作用。

7.3.1 制作“混合空间”

在跑酷游戏中，使用“混合空间”对角色不同速度的行走动画进行混合，并根据角色实际的速度播放对应的混合后的动画，可以使角色的奔跑动作更加自然协调。

01 制作“混合空间”。在“内容浏览器”面板的“Content”目录中的空白处单击鼠标右键，在弹出的菜单中找到并选择“Animation”中的“Blend Space 1D”命令，如图7-61和图7-62所示。

图7-61

图7-62

02 在“选择骨架”对话框中选择“Sparrow_Skeleton”，即玩家角色“Sparrow”的骨骼，将新建的“混合空间”命名为“Idle_Run_BS1D”，表示它是一个可以混合“站立”和“跑步”动画的“混合空间”，如图7-63和图7-64所示。

图7-63

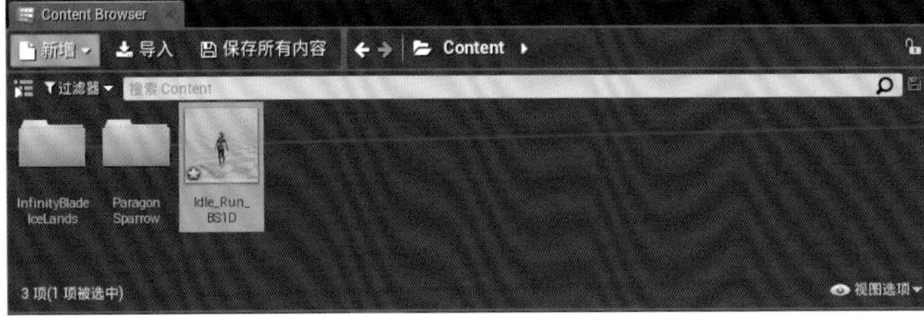

图7-64

03 双击“Idle_Run_BS1D”打开“混合空间”，在“资源详情”面板中找到“Axis Settings”，设置“水平坐标”的“Name”为“Speed”、“Maximum Axis Value”为1200，如图7-65所示。“动画序列”面板的右下角已经出现了1200.0，同时横坐标轴的名称变成了“Speed”，如图7-66所示。

图7-65

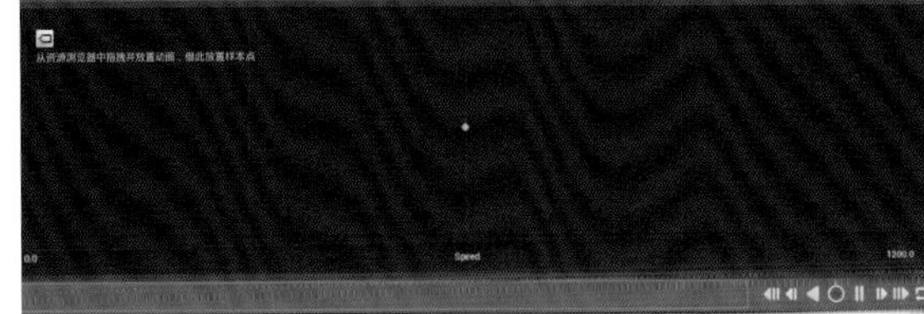

图7-66

04 在“资源浏览器”面板中找到并拖曳“Travel_mode_Idle”到“动画序列”面板中“Speed”坐标轴的“0.0”处，如图7-67和图7-68所示。

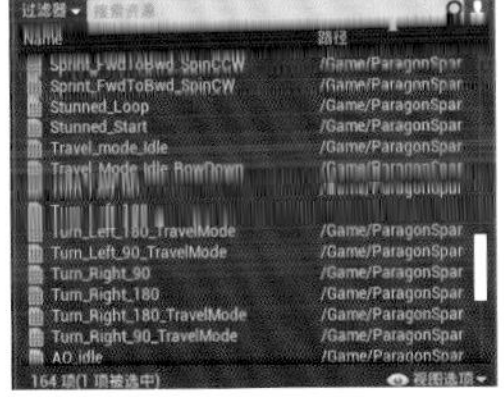

图7-67

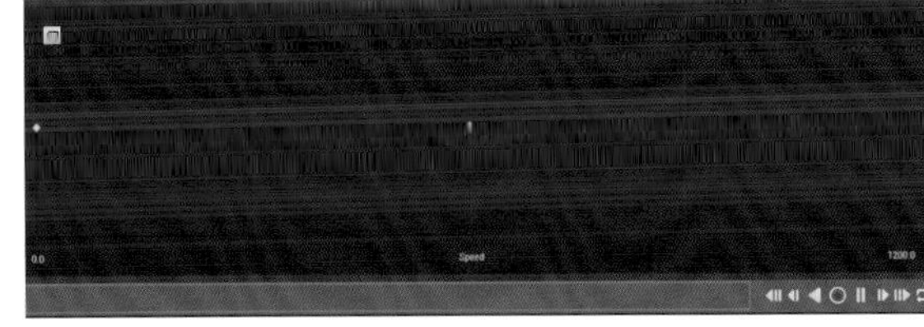

图7-68

05 在“资源浏览器”面板中找到并拖曳“Jog_Fwd”到“动画序列”面板中“Speed”坐标轴的“300.0”处，即横坐标轴的1/4处，如图7-69和图7-70所示。

图7-69

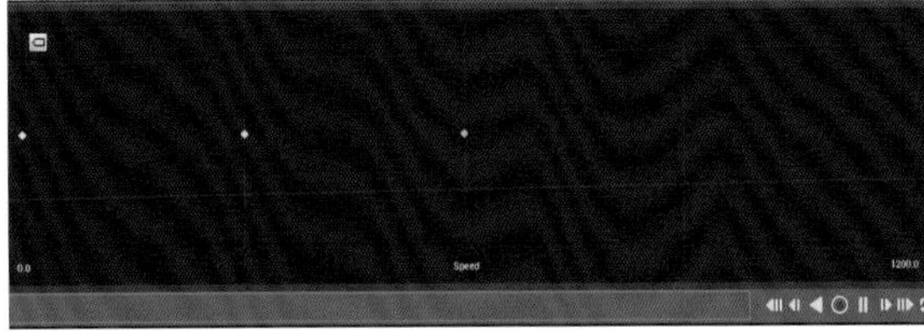

图7-70

06 在“资源浏览器”面板中找到并拖曳“Sprint_Fwd”到“动画序列”面板中“Speed”坐标轴的“1200.0”处，如图7-71和图7-72所示。

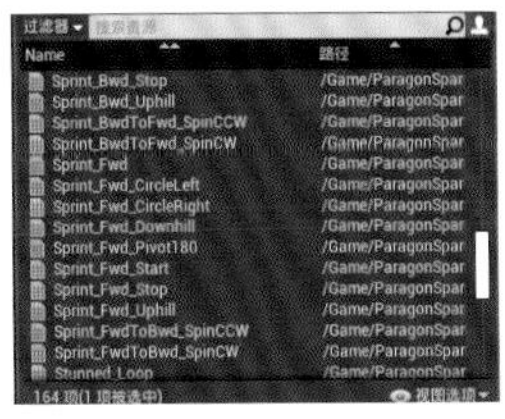

图7-71

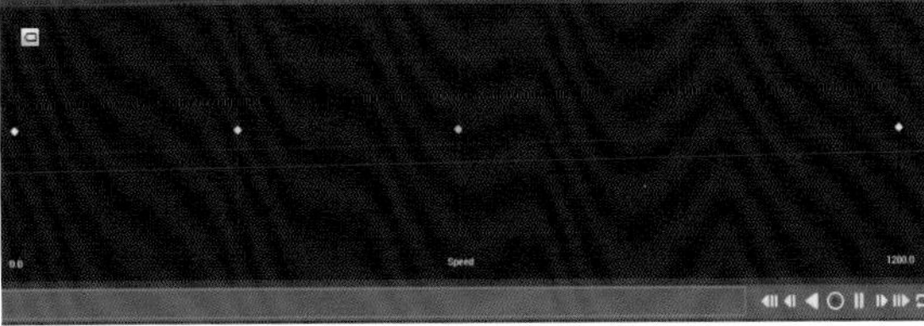

图7-72

07 “混合空间”制作好后将角色的站立、慢跑和冲刺3个动画进行混合。现在可以向左右拖曳“动画序列”面板中的绿点，观察“视口”面板中角色跑步的速度。当绿点在“Speed”坐标轴的“0.0”处，即开头处时，播放角色站立不动的动画；当绿点在“Speed”坐标轴的“1200.0”处，即末尾处时，播放角色全力冲刺的动画；当绿点在开头和末尾之间的任意位置时，角色的跑步动画速度介于站立不动和全力冲刺状态的速度之间，越往右，也就是“Speed”的值越大，角色跑得越快。可以发现，不同速度的动画之间，过渡也相当平滑，效果如图7-73~图7-75所示。

图7-73

图7-74

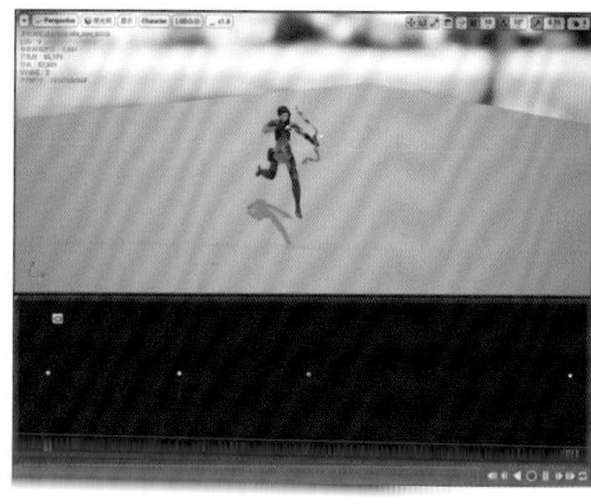

图7-75

技巧提示 通过以上操作，读者对“混合空间”的概念应该更加了解了。简单来说，只要给“混合空间”指定一个数，“混合空间”就会返回一个这个数所对应的动画。另外，“混合空间”还支持多个维度的坐标，现在创建的是只有横坐标的“1D混合空间”。在某些项目中，开发人员会创建带有横、纵两个维度的“2D混合空间”，以应对更为复杂的情况。

7.3.2 从动画蓝图中获取角色速度

“混合空间”制作好后，现在需要应用它，并给它传入一个角色的速度，这样“混合空间”才会播放对应速度的动画。下面使用动画蓝图来获取角色的速度。

01 返回编辑器主界面，在“内容浏览器”面板的空白处单击鼠标右键，在弹出的菜单中找到并选择“Animation”中的“动画蓝图”命令，如图7-76和图7-77所示。

图7-76

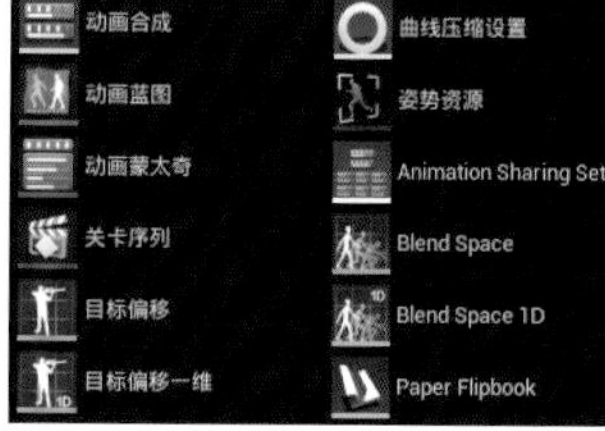

图7-77

02 在弹出的“创建动画蓝图”对话框中选择“Sparrow_Skeleton”骨架，单击“确定”按钮，将新建的动画蓝图命名为“SparrowABP”，如图7-78和图7-79所示。

图7-78

图7-79

03 双击“SparrowABP”，打开动画蓝图界面，新建一个变量来存储角色的速度。在“我的蓝图”面板中单击“变量”后的“+”按钮，将新建的变量命名为“Speed”，它表示角色的速度，在“细节”面板中设置“变量”中的“变量类型”为“Float”，即浮点型，如图7-80和图7-81所示。

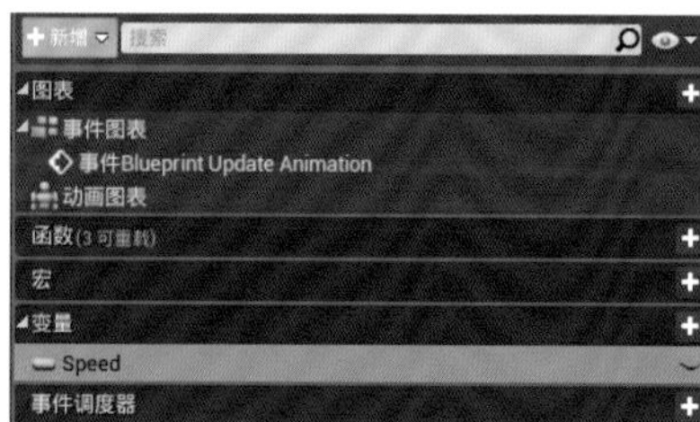

图7-80

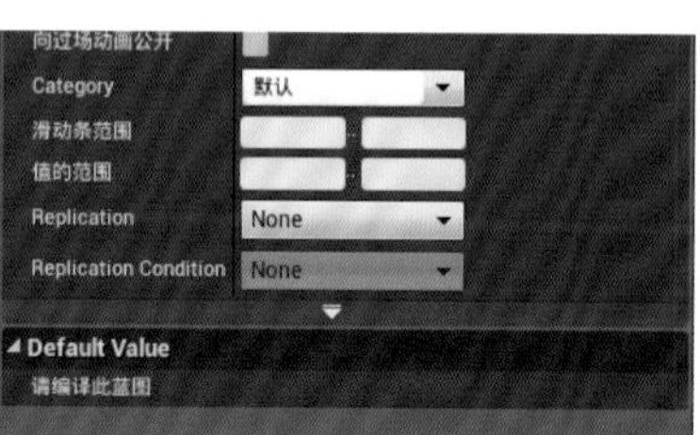

图7-81

04 切换到“事件图表”面板，编写蓝图程序来获取角色的速度。在“事件图表”面板中，从“Try Get Pawn Owner”节点的“Return Value”引脚处拖曳出一条线，释放鼠标后在弹出的菜单中的搜索框内输入“getv”，找到并选择“Get Velocity”命令，如图7-82所示。

05 从“Get Velocity”节点的“Return Value”引脚处拖曳出一条线，释放鼠标后在弹出的菜单中的搜索框内输入“length”，找到并选择“VectorLengthXY”命令，如图7-83所示。

06 从“VectorLengthXY”节点的“Return Value”引脚处拖曳出一条线，释放鼠标后在弹出的菜单中的搜索框内输入“speed”，找到并选择“设置Speed”命令。将“事件Blueprint Update Animation”节点的输出项连接到“设置”节点的输入项，如图7-84所示。

图7-82

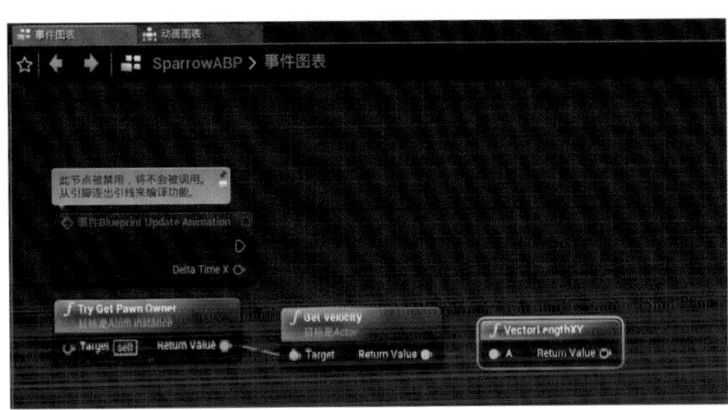

图7-83

图7-84

技巧提示 这段蓝图程序表示每一帧获取一次玩家角色的移动速度，并将移动速度的值赋给“Speed”变量，这样“Speed”变量的值就一直与玩家角色的速度保持同步。

“事件Blueprint Update Animation”节点每一帧都会执行一次，相当于角色类蓝图中的“事件Tick”。“Try Get Pawn Owner”节点的作用是获取当前动画蓝图的拥有者，也就是获取玩家角色。

使用“Get Velocity”节点可以获取角色的移动速度，它返回的值是一个向量。

“VectorLengthXY”节点将速度的方向筛选掉，只取速度的大小，“XY”表示只取x轴和y轴上的速度大小，也就是平面上的速度大小，忽略垂直方向的速度，这样就得到了角色在地面上移动的速度。

7.3.3 使用“混合空间”

现在得到了角色的移动速度，同时也制作好了“混合空间”，下面将速度传给“混合空间”。

01 选择“动画图表”选项卡，切换到“动画图表”面板。在“动画图表”面板中，从“最终动画姿势”节点的“Result”引脚处拖曳出一条线，释放鼠标后在弹出的菜单中的搜索框内输入“slot”，找到并选择“插槽'DefaultSlot'”命令，如图7-85所示。

02 从“插槽'DefaultSlot'”节点的“Source”引脚处拖曳出一条线，释放鼠标后在弹出的菜单中的搜索框内输入“idle_run”，找到并选择Idle_Run_BS1D“混合空间播放器”命令，如图7-86所示。

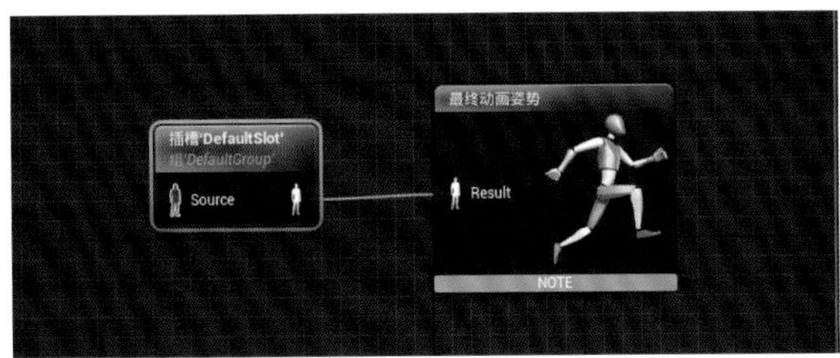

图7-85

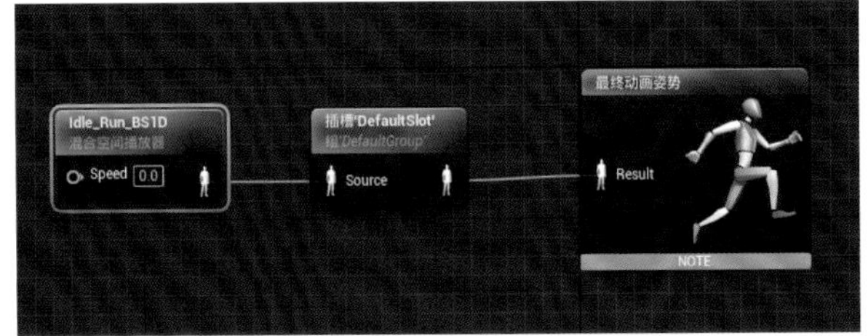

图7-86

03 从"Idle_Run_BS1D"节点的"Speed"引脚处拖曳出一条线，释放鼠标后在弹出的菜单中的搜索框内输入"speed"，找到并选择"获取Speed"命令，如图7-87所示。

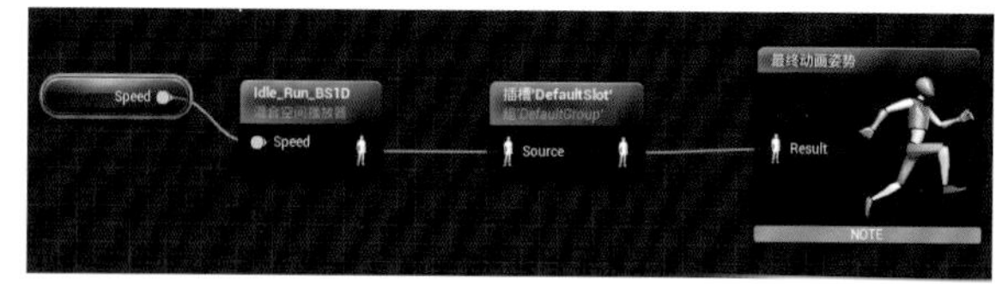

图7-87

技巧提示 这段蓝图程序表示将"Speed"变量的值传给"混合空间"(Idle_Run_BS1D)，"混合空间"会根据当前角色的速度播放对应速度的动画。

7.3.4 制作玩家角色蓝图

动画蓝图准备就绪，下面制作玩家角色蓝图。

01 在"内容浏览器"面板的空白处单击鼠标右键，在弹出的菜单中选择"Blueprint Class"命令，如图7-88所示。在"选取父类"对话框中单击"Character"按钮，将新建的角色蓝图类命名为"SparrowCharacter"，如图7-89和图7-90所示。

图7-88

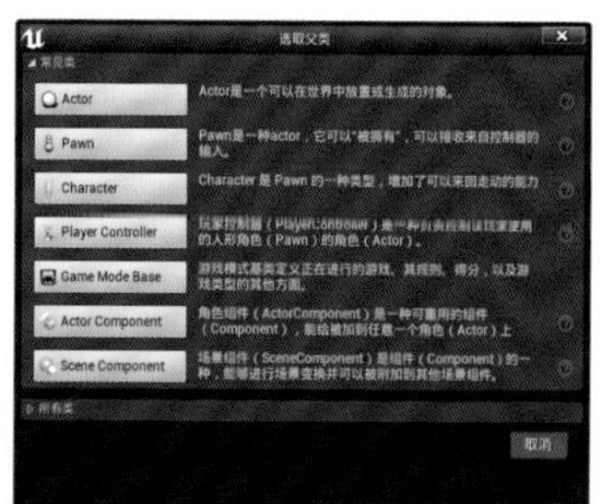

图7-89

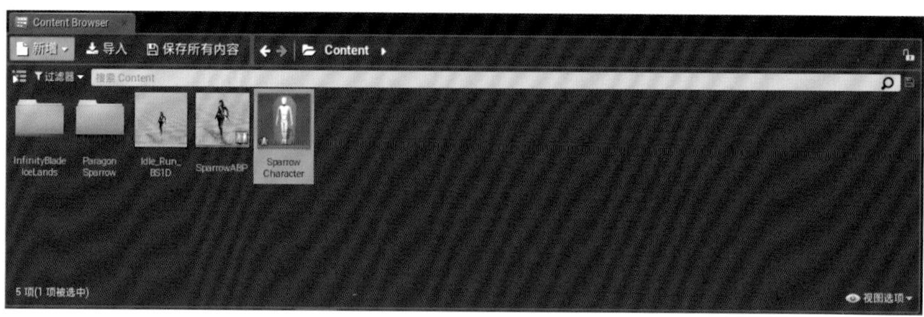

图7-90

02 双击"SparrowCharacter"，打开角色蓝图界面。在"Components"面板中选择"Mesh(继承)"组件，在"细节"面板的"Mesh"中设置"Skeletal Mesh"为"Sparrow_AutumnFire"，即身穿红色衣服的"Sparrow"角色模型，如图7-91~图7-93所示。

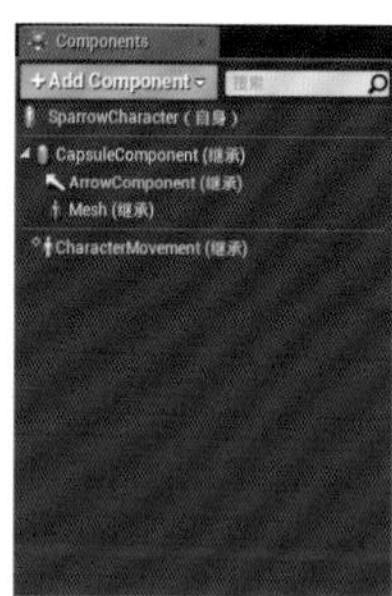

图7-91

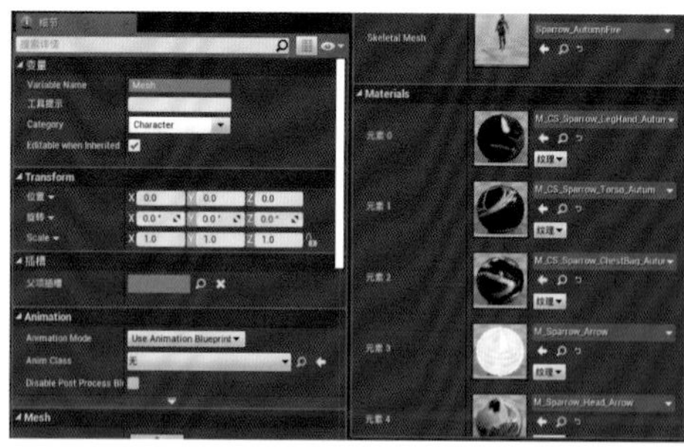

图7-92

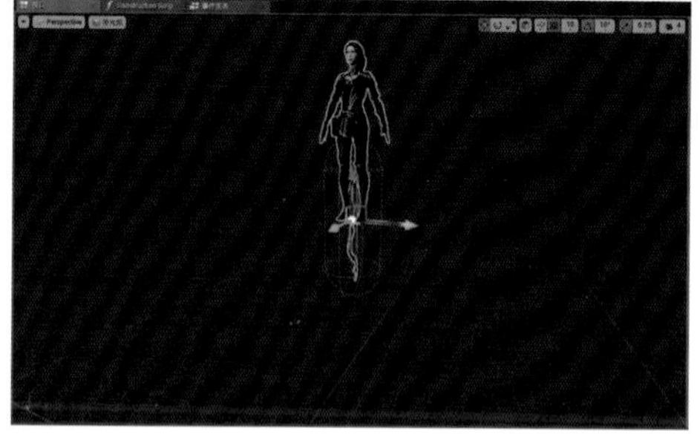

图7-93

03 设置角色模型的位置、角度和动画蓝图。在"细节"面板中设置"Transform"选项中的"位置"为(0,0,-88)、"旋转"为(0°,0°,-90°)，设置"Animation"中的"Anim Class"为"SparrowABP"(界面显示为"SparrowABP_C")，观察"视口"面板，可以看到已经在播放站立动画，如图7-94和图7-95所示。

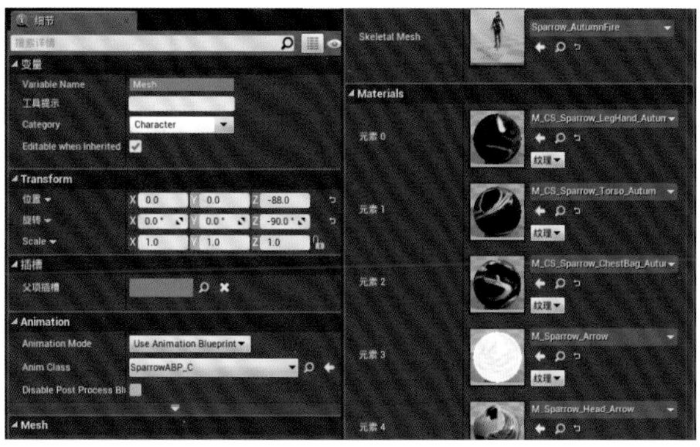

图7-94

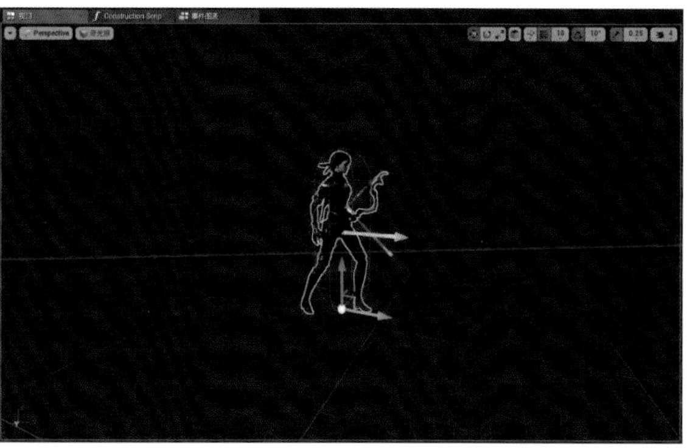

图7-95

技巧提示 因为角色没有移动，所以当前的速度为0。动画蓝图获取角色的当前速度，然后将速度传给“混合空间”。“混合空间”中速度为0时对应的动画是站立待机动画，所以角色蓝图中呈现的动画就是由“混合空间”提供的。

04 为角色蓝图添加一个摄像机组件，使游戏的视角始终追随角色。在“Components”面板中选择根组件“CapsuleComponent”，然后单击“+Add Component”按钮 +Add Component ，找到并选择“Camera”，如图7-96所示。

05 在“细节”面板中设置“Transform”选项中的“位置”为（560,700,110）、“旋转”为（0°,0°,−90°），让摄像机拍摄角色的侧面，这样就可以制作一个横版过关类型的游戏，如图7-97和图7-98所示。

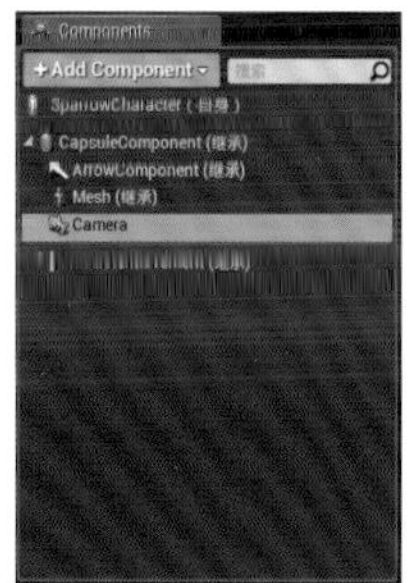

图7-96

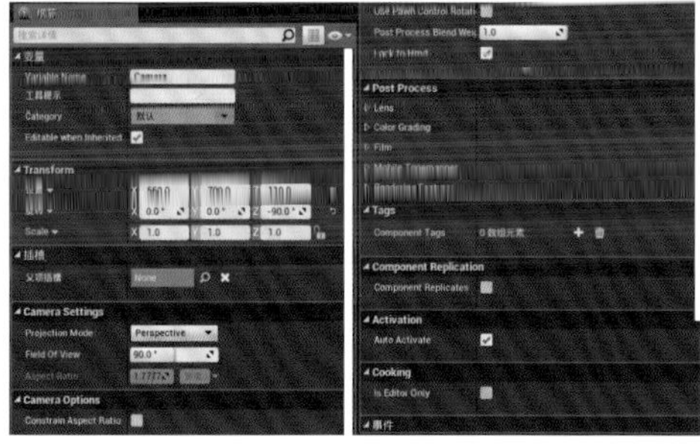

图7-97

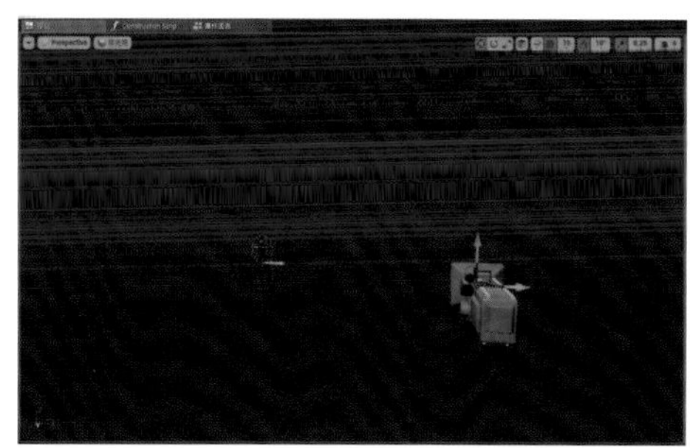

图7-98

7.3.5 让角色出现在场景中

角色蓝图与场景已经准备好，现在需要新建一个游戏模式将二者关联起来，使角色出现在场景中的“PlayerStart”处。

01 在“内容浏览器”面板的空白处单击鼠标右键，在弹出的菜单中选择“Blueprint Class”命令，如图7-99所示。在“选取父类”对话框中单击“Game Mode Base”按钮 Game Mode Base ，将新建的游戏模式类命名为“ParkourMode”，表示这是此款跑酷游戏的游戏模式，如图7-100和图7-101所示。

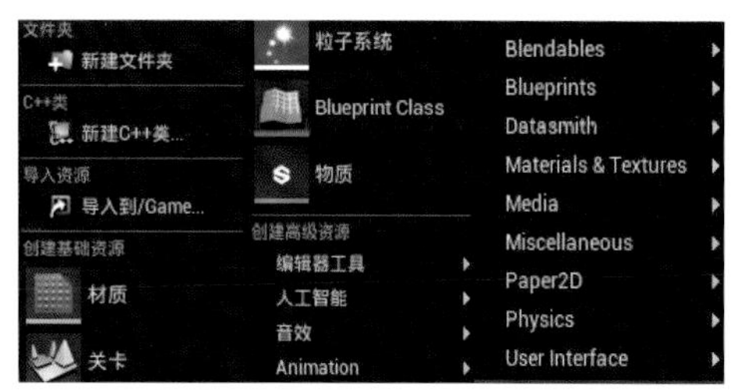

图7-99

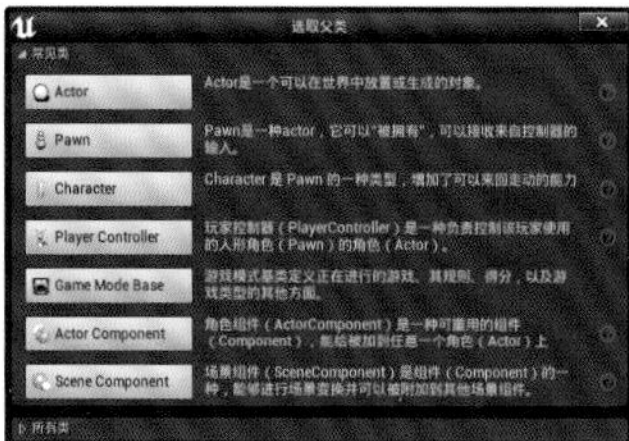

图7-100

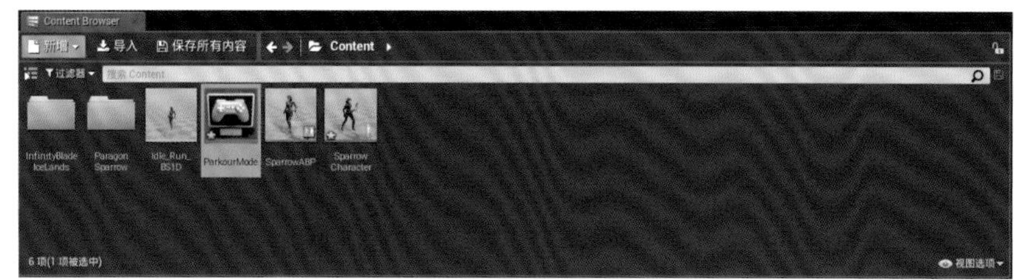

图7-101

02 双击“ParkourMode”，打开游戏模式蓝图界面。在“细节”面板中将“Default Pawn Class”设置为“SparrowCharacter”，如图7-102所示。

03 单击工具栏中的“编译”按钮，然后选择“项目设置”选项卡，在“地图&模式”中将“Default Modes”的“Default GameMode”设置为“ParkourMode”，如图7-103所示。这样就将新建的游戏模式应用到全局了。

04 切换到编辑器主界面，播放游戏。可以看到角色已经出现在场景中，如图7-104所示。

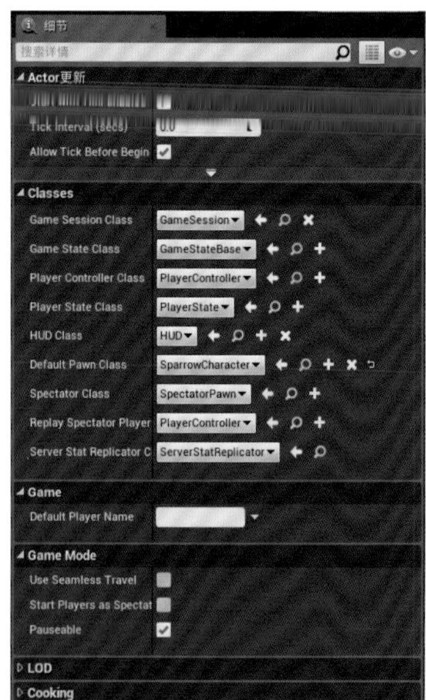

图7-102

图7-103

图7-104

7.4 奔跑、跳跃和转向

下面丰富主角的动作，本节主要通过编写蓝图程序和制作动画蒙太奇来实现主角的奔跑、跳跃和转向等功能。

7.4.1 让角色跑起来

01 切换到“SparrowCharacter”的“事件图表”面板。从“事件Tick”节点的输出项处拖曳出一条线，释放鼠标后在弹出的菜单中的搜索框内输入“addmov”，找到并选择“Add Movement Input”命令，如图7-105所示。

02 在“事件图表”面板的空白处单击鼠标右键，在弹出的菜单中的搜索框内输入“getactorrota”，找到并选择“GetActorRotation”命令，如图7-106所示。

图7-105

图7-106

03 从“GetActorRotation”节点的“Return Value”引脚处拖曳出一条线，释放鼠标后在弹出的菜单中的搜索框内输入“forward”，找到并选择“Get Forward Vector”命令，然后将“Get Forward Vector”节点的“Return Value”引脚连接到“Add Movement Input”节点的“World Direction”引脚处，如图7-107所示。

04 设置角色的最大移动速度。在“Components”面板中选择“CharacterMovement(继承)”组件，在“细节”面板中将“Character Movement:Walking”的“Max Walk Speed”设置为1200，使其与“混合空间”中“Speed”坐标轴的最大值保持一致，如图7-108和图7-109所示。现在角色奔跑时就会播放“混合空间”中速度最快的冲刺动画。

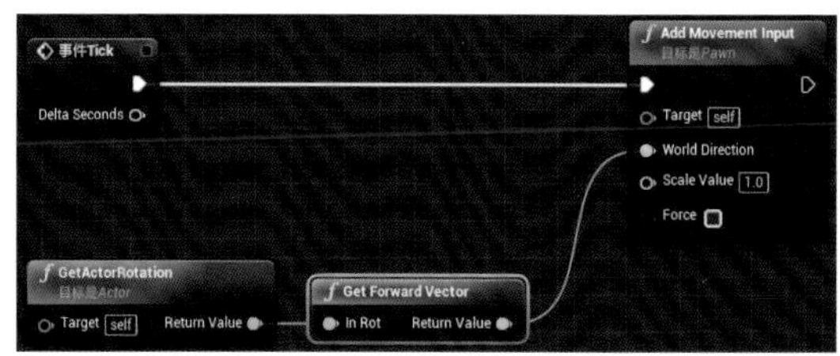

图7-107

05 单击工具栏中的“编译”按钮，切换到编辑器主界面，播放游戏。现在主角可以在场景中高速奔跑，如图7-110所示。

图7-108

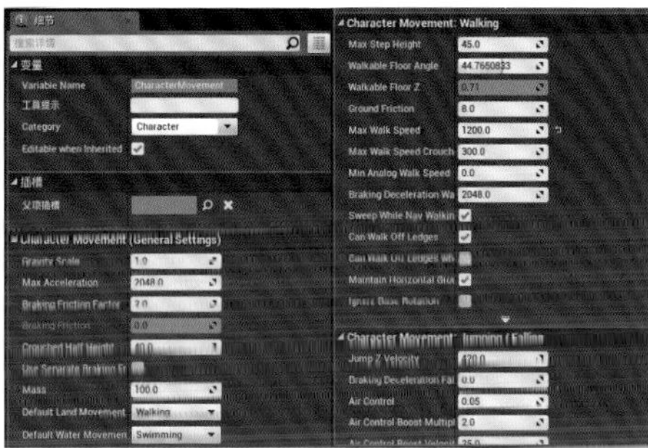

图7-109

图7-110

技巧提示 这段蓝图程序表示每一帧都让角色以最大速度向前移动，也就是始终让角色向前奔跑。“Add Movement Input”函数的“Scale Value”恒为1，表示角色会一直以最大速度移动。

7.4.2 按空格键进行跳跃

01 制作包含角色跳跃动作的动画蒙太奇。在“内容浏览器”面板的空白处单击鼠标右键，在弹出的菜单中选择“Animation”的“动画蒙太奇”命令，如图7-111和图7-112所示。在弹出的“选择骨架”对话框中选择“Sparrow_Skeleton”，将新建的“动画蒙太奇”命名为“Jump_Montage”，如图7-113和图7-114所示。

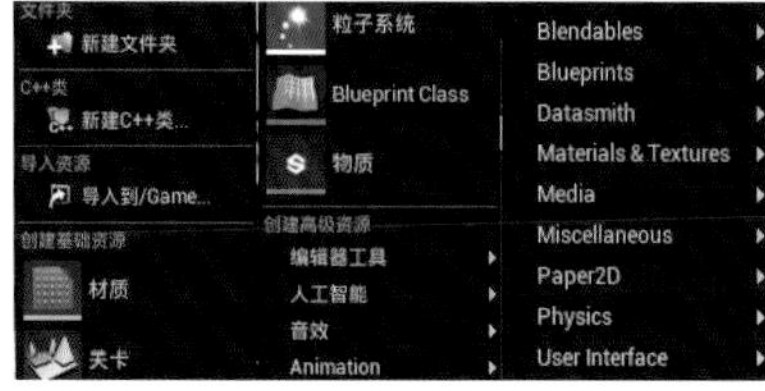

图7-111

图7-112

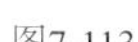
图7-113

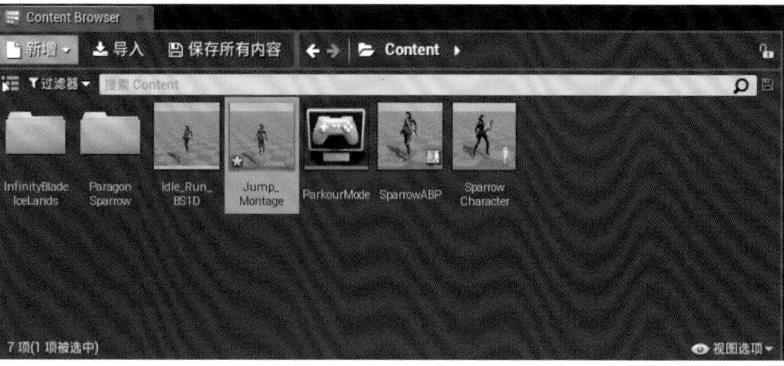

图7-114

02 双击“Jump_Montage”，打开“动画蒙太奇”界面。在“资源浏览器”面板中，找到并拖曳“JumpPad”到“动画序列”面板的“Montage”中的第2层进度条处（“Default”进度条下面的空进度条），如图7-115和图7-116所示。现在动画蒙太奇的第2层进度条就被“JumpPad”动画占据了。

图7-115

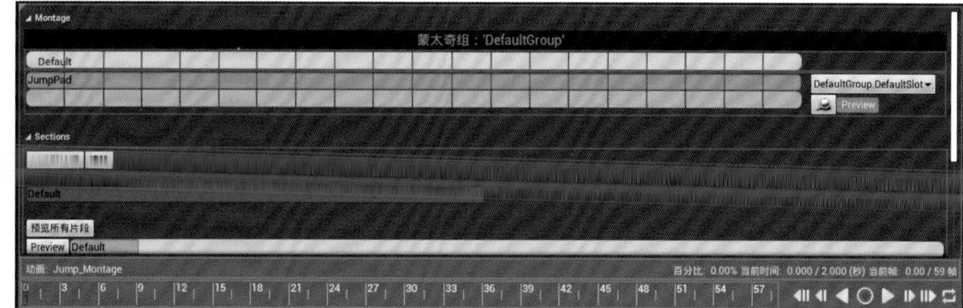

图7-116

03 在“资源浏览器”面板中，找到并拖曳“Respawn”到“动画序列”面板的“Montage”中的“JumpPad”进度条后端（大约在“JumpPad”进度条的2/3处）的下方，如图7-117和图7-118所示。现在“Respawn”动画被自动填充到“JumpPad”动画之后，且位于第3层进度条中。

图7-117

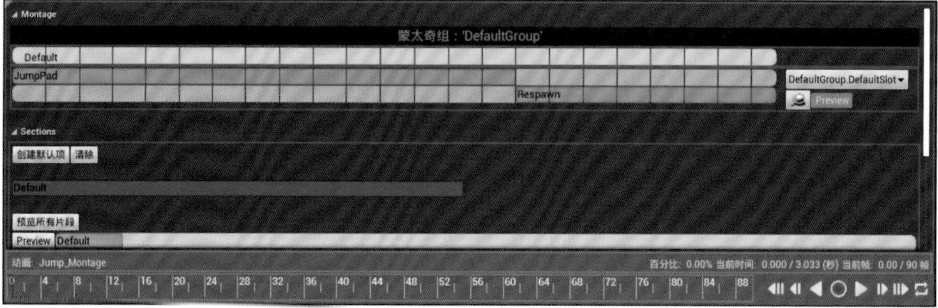

图7-118

04 选择进度条中的“JumpPad”动画，在“细节”面板中设置“动画片段”中的“End Time”为“0.323”、“Play Rate”为“0.6”，如图7-119和图7-120所示。

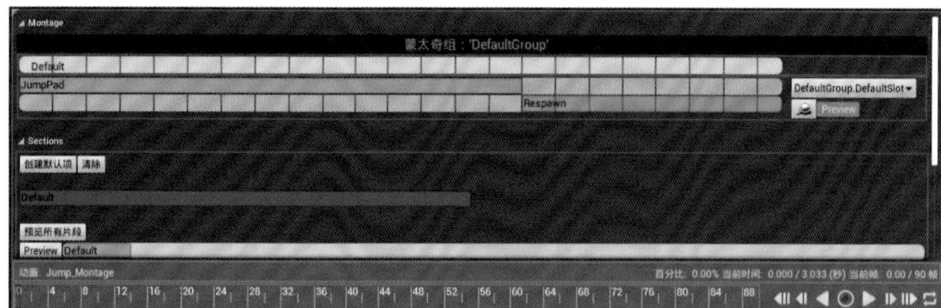

图7-119

图7-120

05 选择进度条中的“Respawn”动画，在“细节”面板中设置“动画片段”中的“Start Time”为“0.249”、“End Time”为“0.83”、“Play Rate”为“2”，如图7-121和图7-122所示。

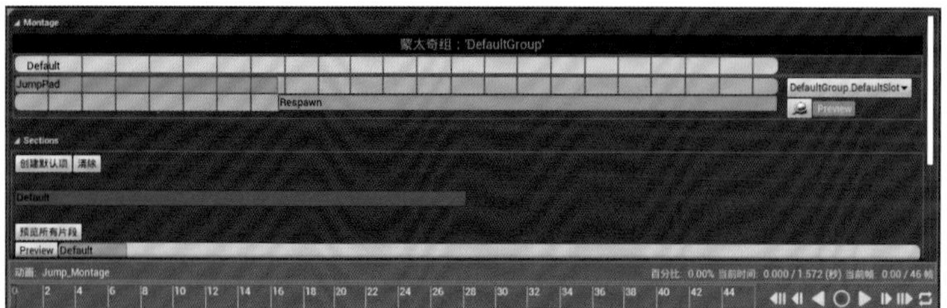

图7-121

图7-122

06 在“动画序列”面板中单击“动画”进度条右侧的小三角按钮▶，播放动画。角色的动作是一个完整的跳跃动作，包括起跳、浮空和落地3个阶段，如图7-123所示。

图7-123

> **技巧提示** 上述的完整跳跃动画是用“JumpPad”和“Respawn”两段动画剪辑而成的新动画，这是对动画蒙太奇的复杂操作。当选择“Montage”进度条中的动画片段后，可以在“细节”面板对其进行修改，其中“Start Time”和“End Time”分别表示动画片段的开始时间和结束时间，“Play Rate”表示动画的播放速度，“循环次数”可以控制动画片段循环播放的次数。
>
> 对于“JumpPad”动画，其结束时间为“0.323”，表示删掉了0.323秒之后的片段，只保留了起跳和浮空的动作；播放速度为“0.6”，表示以原动画速度的60%播放，即减慢动画播放速度，让角色在空中停留的时间长一些。
>
> 对于“Respawn”动画，保留了0.249~0.83秒的片段，也就是只取了角色落地的动作；播放速度为“2”，表示以原动画速度的2倍播放，即加快动画播放速度，让角色落地的动作快一些。

07 角色跳跃动作的动画蒙太奇准备完成，下面编写控制角色跳跃的蓝图程序。切换到“SparrowCharacter”的“事件图表”面板，在此面板的空白处单击鼠标右键，在弹出的菜单中的搜索框内输入“spacc”，找到并选择“空格键”命令，如图7-124所示。

08 在“事件图表”面板的空白处单击鼠标右键，在弹出的菜单中的搜索框内输入“isfall”，找到并选择“Is Falling(CharacterMovement)”命令，如图7-125所示。

09 从“Is Falling”节点的“Return Value”引脚处拖曳出一条线，释放鼠标后在弹出的菜单中的搜索框内输入“if”，找到并选择“分支”命令，如图7-126所示。

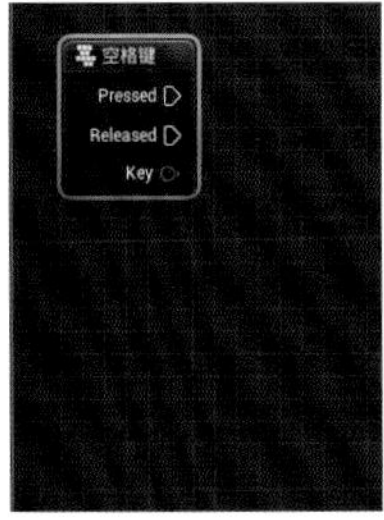

图7-124

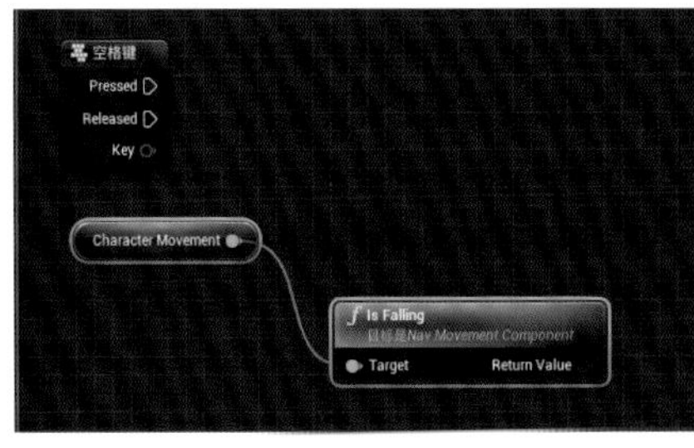

图7-125

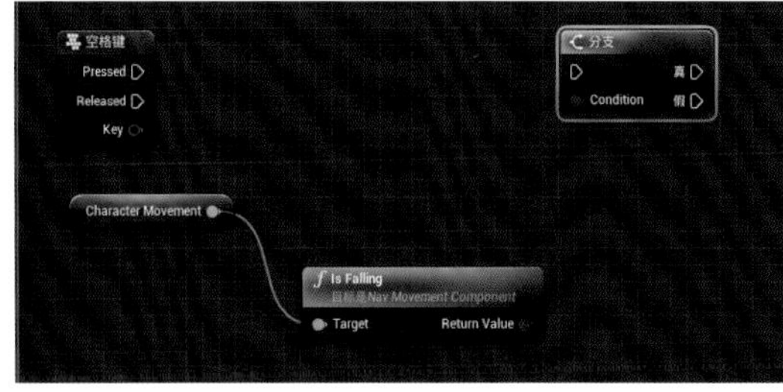

图7-126

10 从“分支”节点的“假”输出项处拖曳出一条线，释放鼠标后在弹出的菜单中的搜索框内输入“jump”，找到并选择“Jump”命令，如图7-127所示。

11 从“Jump”节点的输出项处拖曳出一条线，释放鼠标后在弹出的菜单中的搜索框内输入“montage”，找到并选择“Play Anim Montage”命令，如图7-128所示。

图7-127

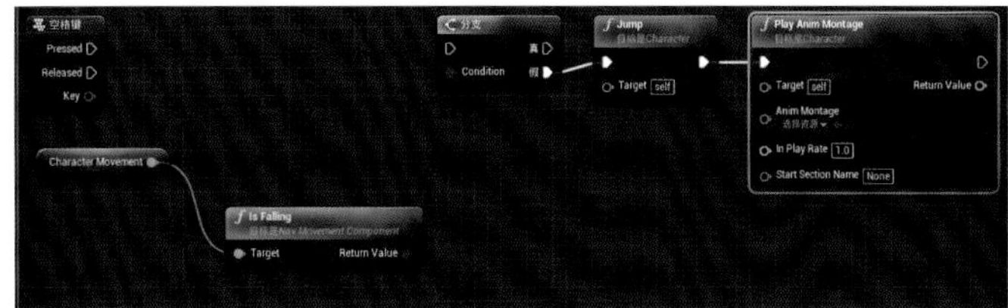

图7-128

12 将“Play Anim Montage”节点的“Anim Montage”设置为“Jump_Montage”，然后将“空格键”节点的“Pressed”输出项连接到“分支”节点的输入项，如图7-129所示。

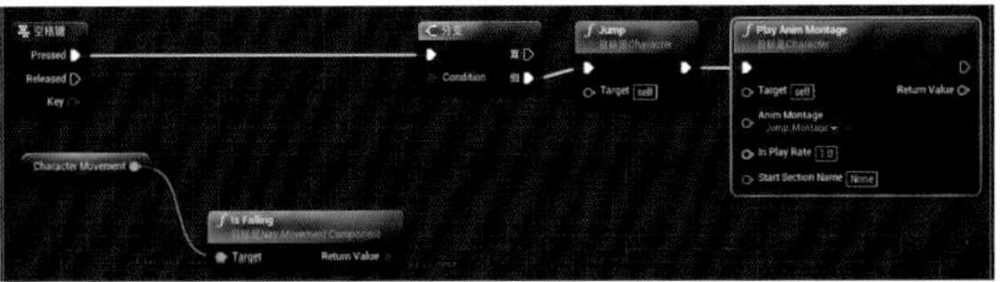

图7-129

技巧提示 当按Space键时，判断角色是否浮在空中，如果不是，则角色的胶囊体进行跳跃，同时播放刚才做好的跳跃动画蒙太奇。

“空格键”节点是一个事件，当按Space键或释放Space键时调用此节点。前者执行“Pressed”后面的程序，后者执行“Released”后面的程序。

“Is Falling”是“Character Movement”组件中的一个函数，其作用是判断角色是否正在下落，即角色是否处于浮空状态。

注意，角色的动画状态与角色胶囊体的运动状态是相互独立的，Jump函数只负责控制胶囊体的跳跃，“Play Anim Montage”函数负责控制动画蒙太奇的播放。当按Space键时，需要判断角色是否浮空，因为在浮空状态下角色正处于跳跃过程中，还没有落地，所以不能再次播放跳跃动画。也就是说，角色落地之前按Space键无效，只有角色不是浮空状态，即在地面时按Space键才能进行跳跃，这才符合“跳跃时不能跳跃”的要求，从而避免出现玩家连续按Space键导致的动画错乱跳闪问题。

13 调整角色跳跃的参数。在“Components”面板中选择“CharacterMovement(继承)”组件，在“细节”面板中设置“Character Movement(General Settings)”中的“Gravity Scale”为4，设置“Character Movement:Jumping/Falling”中的“Jump Z Velocity”为1200，“Air Control”为1，如图7-130和图7-131所示。

14 单击工具栏中的“编译”按钮，切换到编辑器主界面，播放游戏，角色已经可以跳跃，如图7-132所示。

图7-130

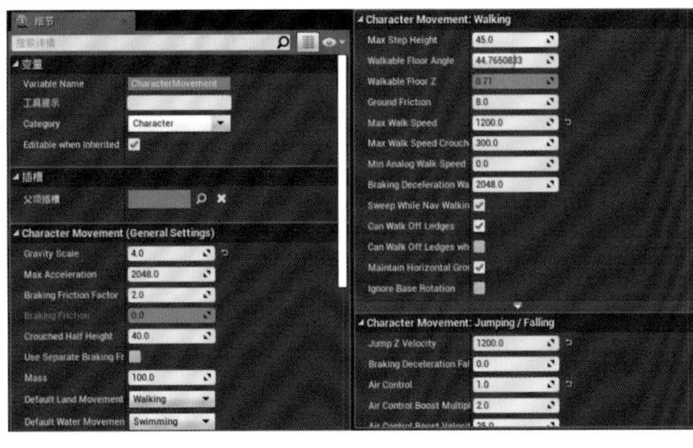

图7-131

图7-132

7.4.3 让角色拥有转向的能力

搭建场景时为木桥设置了几处直角弯，角色跑到拐角处会自动向左或向右转90°，然后继续奔跑。下面就来实现这些功能。

01 在角色蓝图中自定义一个转向事件。切换到“SparrowCharacter”的“事件图表”面板，在此面板的空白处单击鼠标右键，在弹出的菜单中的搜索框内输入“custom”，找到并选择“添加自定义事件”命令。将节点的名称命名为“Turn”，如图7-133所示。

Turn
自定义事件

图7-133

02 在“细节”面板中单击“Inputs”后面的“+”按钮，为事件添加一个输入参数，将该参数命名为“Angle Value”，并设置数据类型为“Float”，如图7-134所示。

03 为角色添加一个成员变量。在“我的蓝图”面板中单击“变量”后面的“+”按钮，添加一个新的变量。将该变量命名为“TempAngleZ”，如图7-135所示。在“细节”面板中设置“变量”中的“变量类型”为“Float”，如图7-136所示。

04 在“事件图表”面板的空白处单击鼠标右键，在弹出的菜单中的搜索框内输入“getactorrota”，找到并选择“GetActorRotation”命令，如图7-137所示。

图7-134

图7-135

图7-136

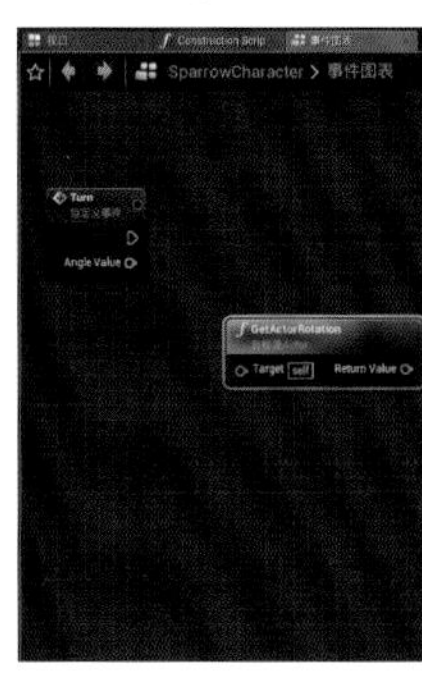

图7-137

05 在“GetActorRotation”节点的“Return Value”引脚处单击鼠标右键，在弹出的菜单中选择“分割结构体引脚”命令，将“Return Value”拆分成X、Y、Z 3个，如图7-138和图7-139所示。

06 从“GetActorRotation”节点的“Return Value Z(Yaw)”引脚处拖曳出一条线，释放鼠标后在弹出的菜单中的搜索框内输入“temp”，找到并选择“设置Temp Angle Z”命令，将“Turn”节点的输出项连接到“设置”节点的输入项，如图7-140所示。

图7-138

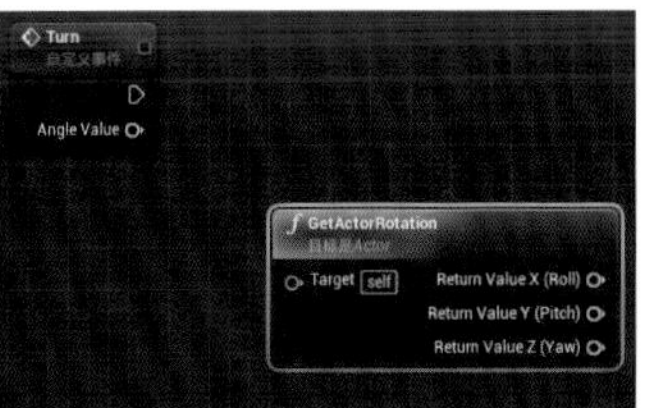

图7-139

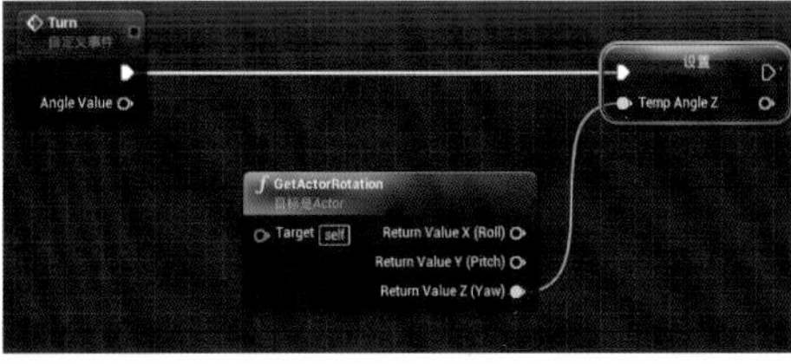

图7-140

07 在“事件图表”面板的空白处单击鼠标右键，在弹出的菜单中的搜索栏内输入“时间轴”，找到并选择“添加时间轴”命令。将新添加的时间轴节点命名为“TurnAnim”，这表示此时间轴将作为角色转向的运动轨迹，如图7-141所示。

08 双击“TurnAnim”，打开时间轴节点。在“TurnAnim”面板中设置“Length”为0.16，然后单击“f+”按钮，将新建的轨迹命名为“TurnTrack”，如图7-142所示。

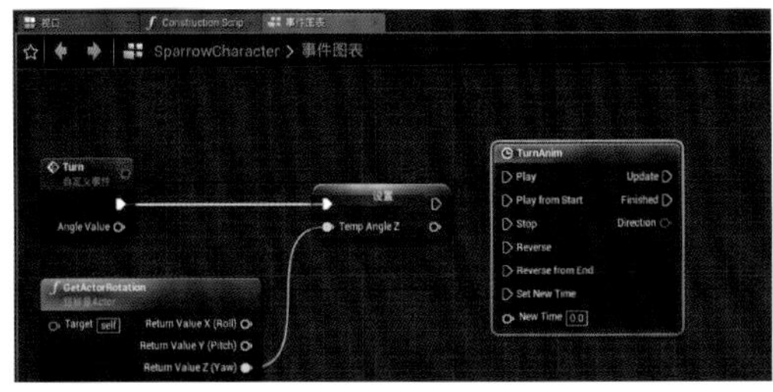

图7-141

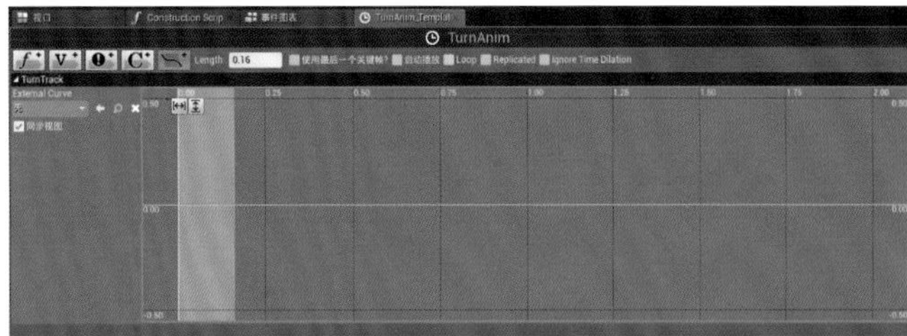

图7-142

09 在坐标原点附近单击鼠标右键，在弹出的菜单中选择“添加关键帧到CurveFloat_0”命令，选择坐标系中出现的新坐标点，设置横坐标“Time”为0、纵坐标“Value”为0，使此坐标点位于坐标原点，如图7-143和图7-144所示。

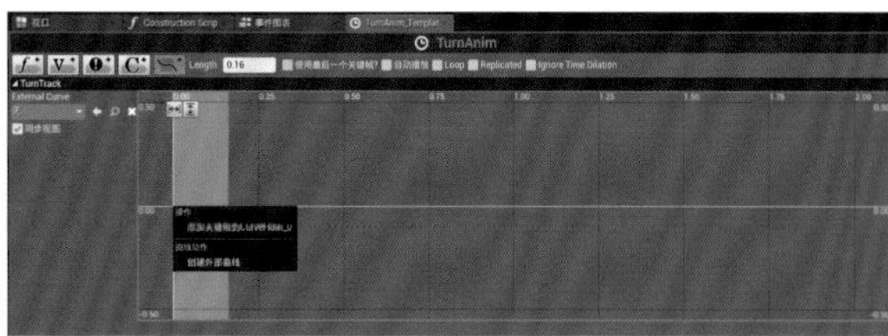
图7-143

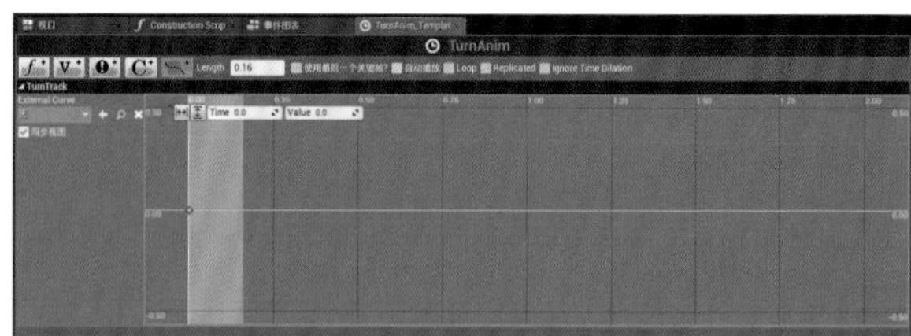
图7-144

10 在横坐标轴的0.16秒附近（白色区域的边缘）单击鼠标右键，在弹出的菜单中选择“添加关键帧到CurveFloat_0”命令，选择这个新添加的坐标点，设置横坐标“Time”为0.16，纵坐标“Value”为1，如图7-145和图7-146所示。

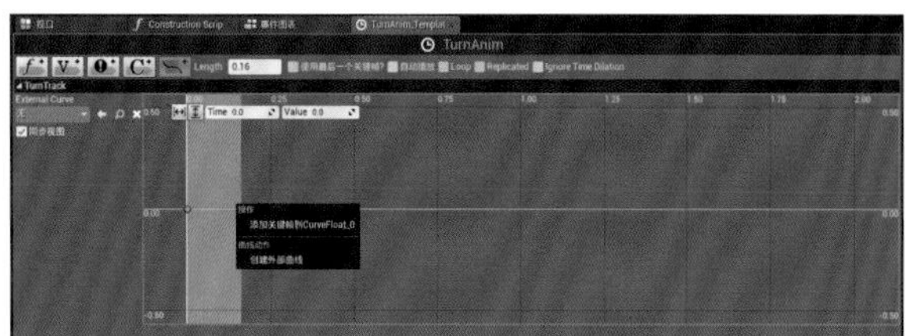
图7-145

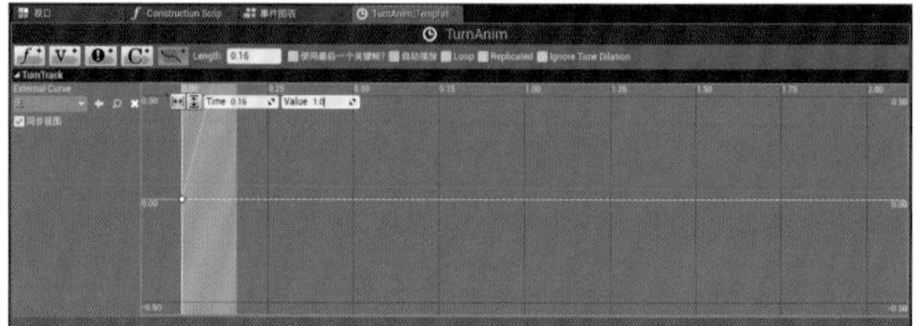
图7-146

11 依次单击坐标轴左上方的两个按钮，这样就可以让曲线适应屏幕，以显示完整的曲线，如图7-147所示。

12 选择位于坐标原点的坐标点，然后单击鼠标右键，在弹出的菜单中选择“Auto”命令，使这条直线变成平滑的曲线，如图7-148和图7-149所示。

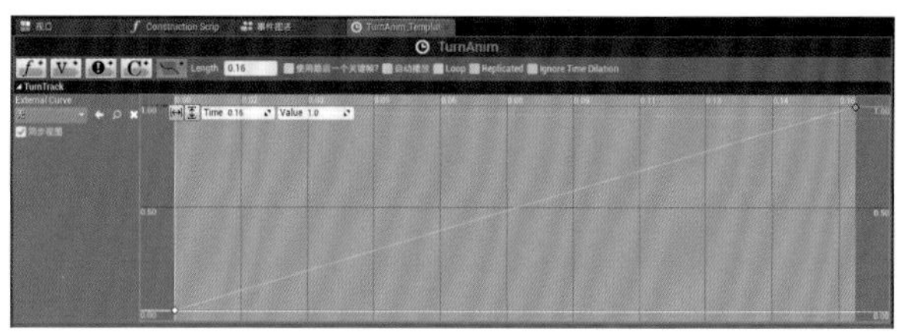
图7-147

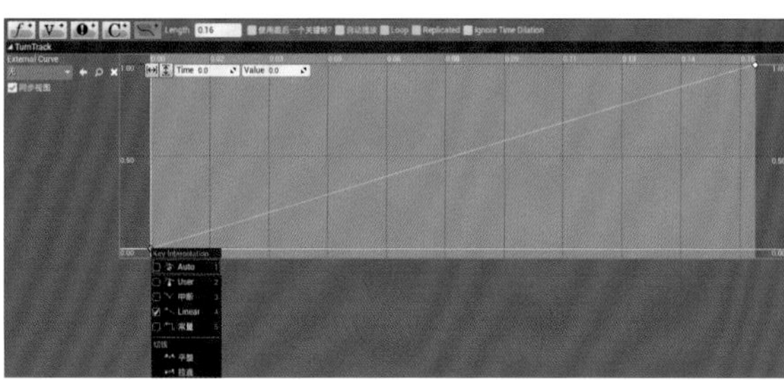
图7-148

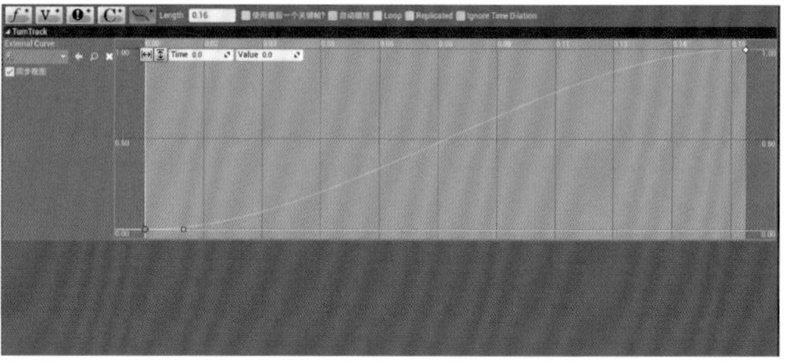
图7-149

13 时间轴编辑好后，切换回“事件图表”面板。将“设置”节点的输出项连接到“TurnAnim”节点的“Play from Start”输入项，如图7-150所示。

14 从“TurnAnim”节点的“Update”输出项处拖曳出一条线，释放鼠标后在弹出的菜单中的搜索框内输入“setactorrota”，找到并选择“SetActorRotation”命令，如图7-151所示。

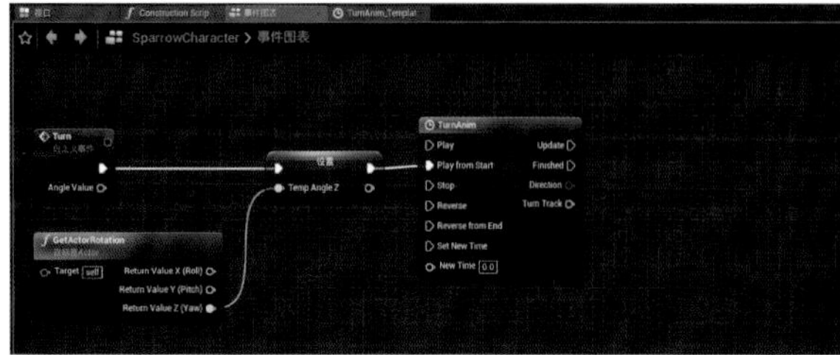
图7-150

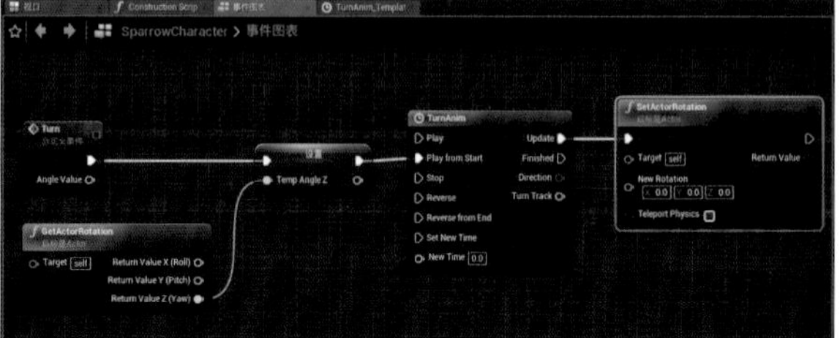
图7-151

15 在“SetActorRotation”节点的“New Rotation”引脚处单击鼠标右键，在弹出的菜单中选择“分割结构体引脚”命令，将“New Rotation”拆分成X、Y、Z 3个，如图7-152和图7-153所示。

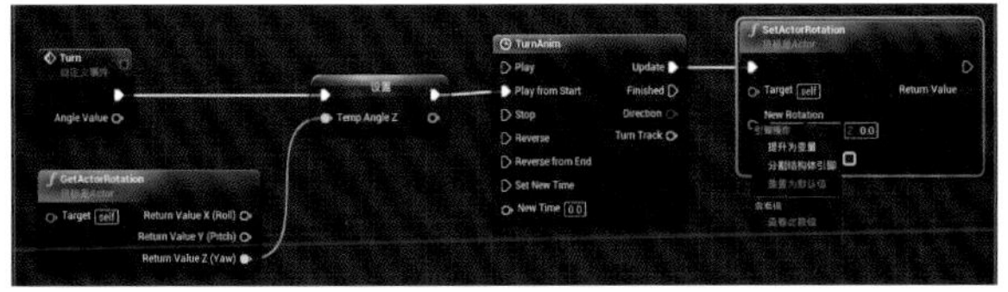

图7-152

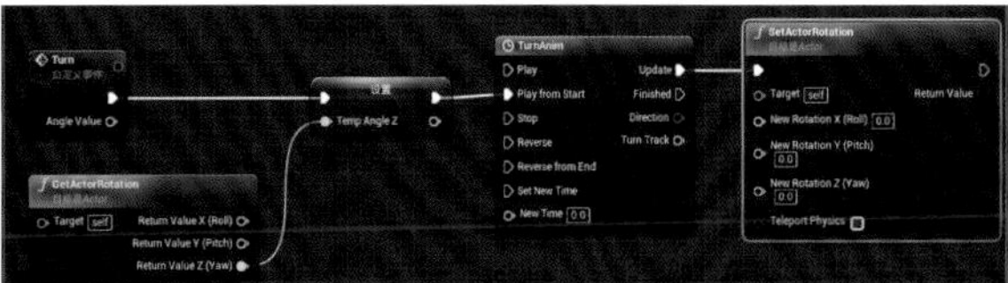

图7-153

16 从“GetActorRotation”节点的“Return Value Z(Yaw)”引脚处拖曳出一条线，释放鼠标后在弹出的菜单中的搜索框内输入“lerp”，找到并选择“Lerp”命令，如图7-154所示。

17 在“事件图表”面板的空白处单击鼠标右键，在弹出的菜单中的搜索框内输入“tempangle”，找到并选择“获取Temp Angle Z”命令，如图7-155所示。

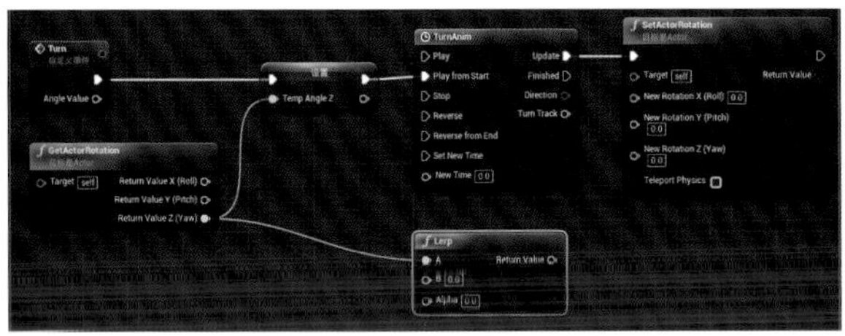

图7-154

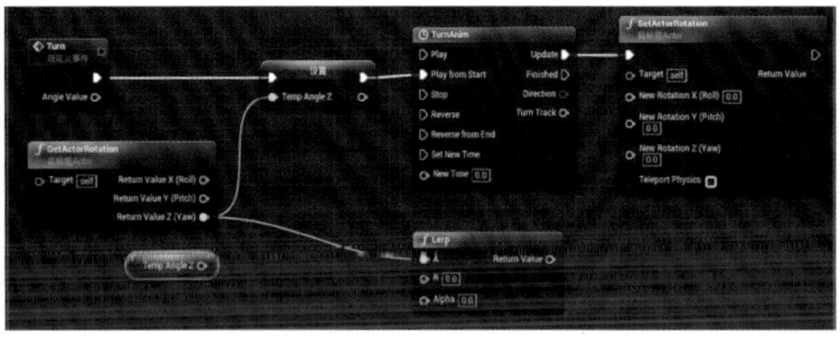

图7-155

18 从“Temp Angle Z”节点的引脚处拖曳出一条线，释放鼠标后在弹出的菜单中的搜索框内输入“+”，找到并选择“float+float”命令，如图7-156所示。

19 将“Turn”节点的“Angle Value”引脚连接到“+”节点的“1.0”引脚，将“+”节点的输出引脚连接到“Lerp”节点的“B”引脚，将“TurnAnim”节点的“Turn Track”引脚连接到“Lerp”节点的“Alpha”引脚，将“Lerp”节点的“Return Value”引脚连接到“SetActorRoation”节点的“New Rotation Z(Yaw)”引脚，将“GetActorRoation”节点的“Return Value X(Roll)”引脚连接到“SetActorRoation”节点的“New Rotation X(Roll)”引脚，将“GetActorRoation”节点的“Return Value Y(Pitch)”引脚连接到“SetActorRoation”节点的“New Rotation Y(Pitch)”引脚。节点连接完成后如图7-157所示。

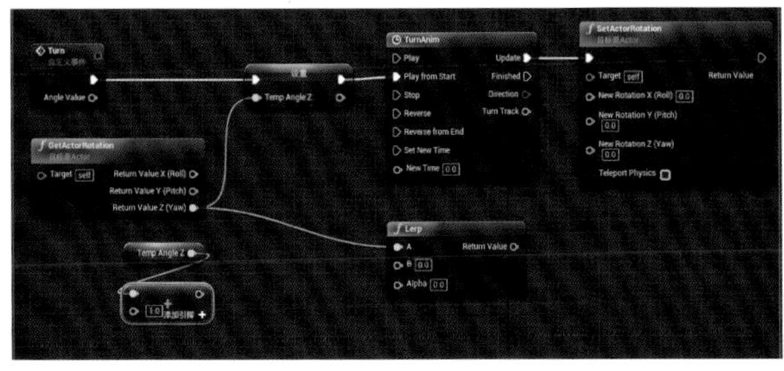

图7-156

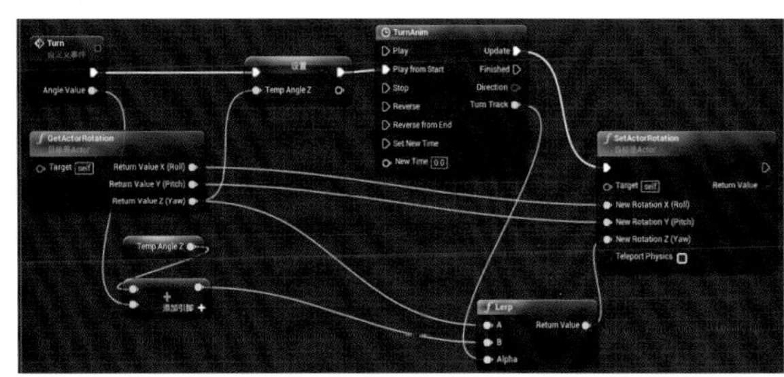

图7-157

技巧提示 当转向事件“Turn”被调用时，将角色当前“旋转”的“Z”（垂直轴，即转身的角度）的值存储在一个临时变量“TempAngleZ”中。再次播放时间轴，使角色转身的角度随时间流逝而平滑地增加，在0.16秒的时间内完成转向，转向的角度为“Angle Value”的值，这个值将在之后调用“Turn”事件时指定。

Lerp函数的作用是将数值做渐变处理，从参数A的值渐变到参数B，变化程度由Alpha的值决定。也就是说，当Alpha为0时，Lerp函数返回A作为结果；当Alpha为1时，Lerp函数返回B作为结果。时间轴在0.16秒的时间内从0变到1，那么A就会在0.16秒的时间内逐渐变到B。

在这里，A为角色转向前的角度，B为角色转向后的角度，而“转向后的角度=转向前的角度+转向角度”。将转向前的角度存储在一个临时变量“TempAngleZ”中，再将此变量的值与转向角度“Angle Value”变量的值相加，就得到转向后的角度，并将它传给B。

综上所述，时间轴与Lerp函数配合使用，可以使角色在一定时间内平滑转向。

20 在“Components”面板中选择“SparrowCharacter(自身)”，在“细节”面板中取消勾选“Pawn”中的“Use Controller Rotation Yaw”复选框，如图7-158和图7-159所示。即使用角色自身的旋转，而不是角色控制器的旋转，这样会使“Turn”事件中的角度计算更加准确。

图7-158

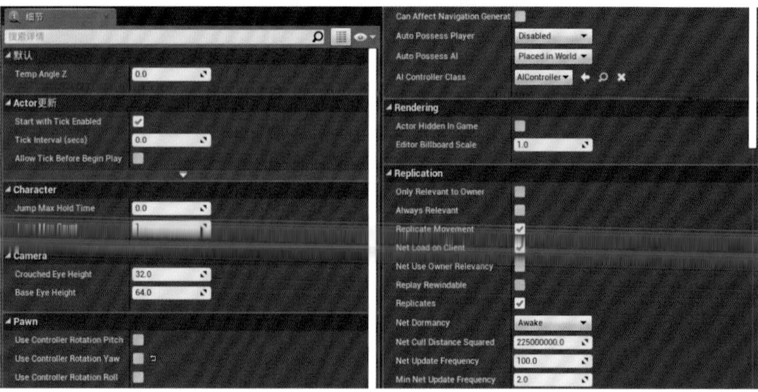

图7-159

7.4.4 在合适的时机转向

为了控制角色在合适的时机转向，可以创建一个转向碰撞体积，角色碰到此体积就会调用角色蓝图中的转向事件“Turn”进行转向。

01 在“内容浏览器”面板的空白处单击鼠标右键，在弹出的菜单中选择“Blueprint Class”命令，如图7-160所示。在“选取父类”对话框中单击“Actor”按钮，将新建的Actor蓝图类命名为“TurnVol”，它表示转向体积，如图7-161和图7-162所示。

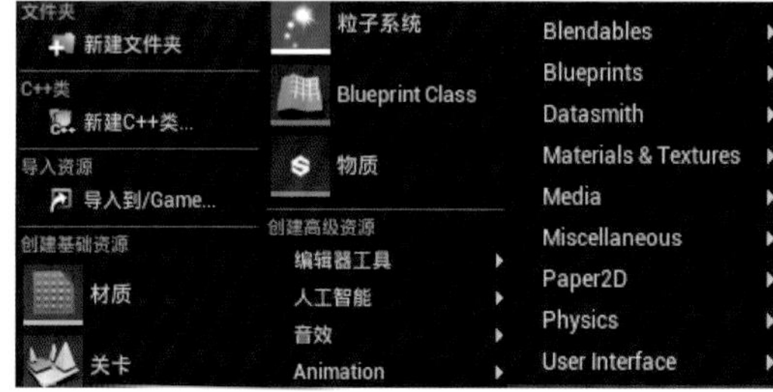

图7-160

图7-161

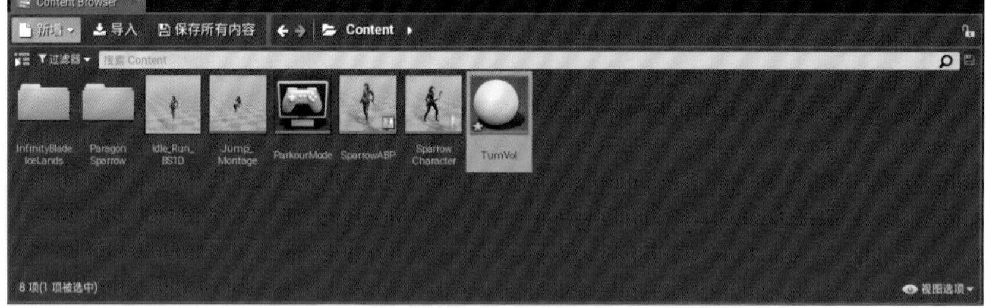

图7-162

02 双击“TurnVol”，打开Actor类蓝图界面。在“Components”面板中单击“+Add Component”按钮，找到并选择“Box Collision”命令，如图7-163和图7-164所示。

图7-163

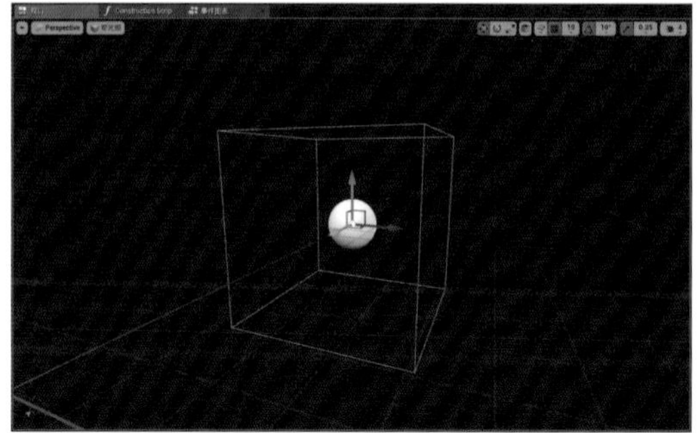

图7-164

03 在“我的蓝图”面板中，单击“变量”后面的“+”按钮![+]，添加一个新的变量，将该变量命名为“TurnAngle”，然后单击变量名后的“小眼睛按钮”![eye]。在“细节”面板中设置“变量”中的“变量类型”为“Float”，如图7-165和图7-166所示。

技巧提示 单击“小眼睛”按钮![eye]是为了能够在场景中直接设置此变量的值，后续会进行说明。

图7-165

图7-166

04 在“Components”面板中选择“Box”组件，在“细节”面板的“事件”中单击“On Component Begin Overlap”后面的“+”按钮![+]，此时“事件图表”面板中会出现一个碰撞事件节点“On Component Begin Overlap(Box)”，如图7-167和图7-168所示。

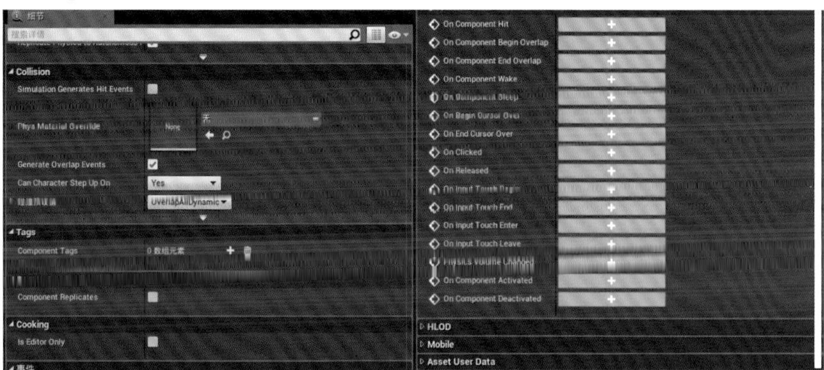

图7-167

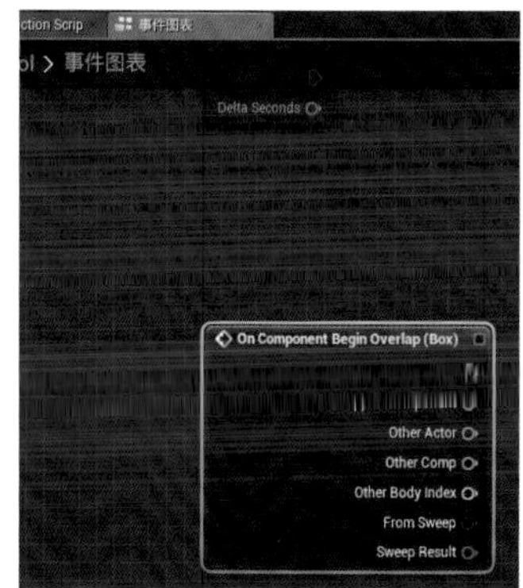

图7-168

05 从“On Component Begin Overlap(Box)”节点的“Other Actor”引脚处拖曳出一条线，释放鼠标后在弹出的菜单中的搜索框内输入“sparrow”，找到并选择“类型转换为SparrowCharacter”命令，如图7-169所示。

06 从“类型转换为SparrowCharacter”节点的“As Sparrow Character”引脚处拖曳出一条线，释放鼠标后在弹出的菜单中的搜索框内输入“turn”，找到并选择“Turn”命令，如图7-170所示。

07 从“Turn”节点的“Angle Value”引脚处拖曳出一条线，释放鼠标后在弹出的菜单中的搜索框内输入“turn”，找到并选择“获取Turn Angle”命令，如图7-171所示。

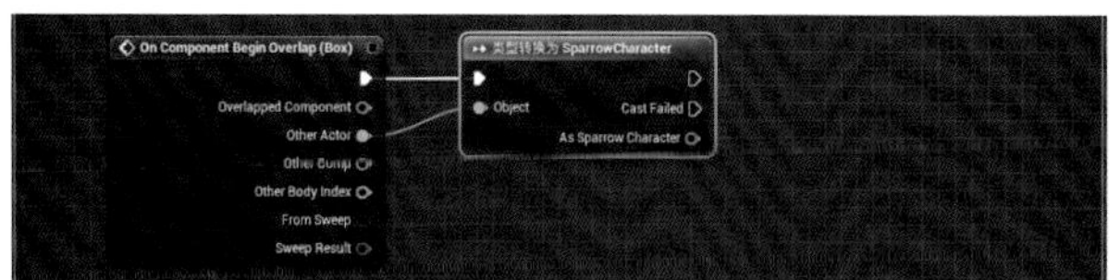

图7-169

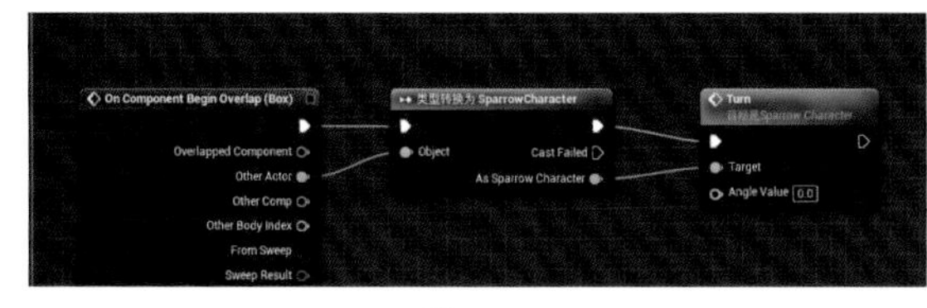

图7-170

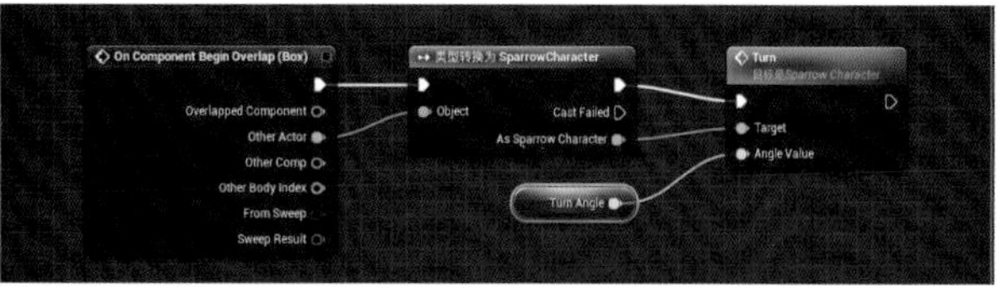

图7-171

技巧提示 当玩家角色碰到转向体积时，UE4会调用“Turn”事件进行转向，转向角度的值由变量“Turn Angle”传给“Turn”事件的“Angle Value”。

08 单击工具栏中的"编译"按钮，切换到编辑器主界面，现在将转向体积放到场景中。在"内容浏览器"面板中拖曳"TurnVol"到场景中，在"细节"面板中设置"位置"为(11040,3560,－530)、"旋转"为(0°,0°,－90°)、"Scale"为(7.5,1,1)，在"默认"中设置"Turn Angle"为－90，如图7-172~图7-174所示。

图7-172

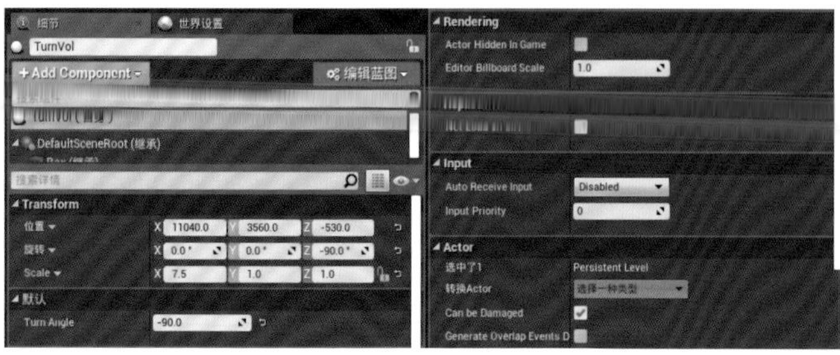

图7-173

图7-174

技巧提示 之前单击"TurnVol"类中的变量"TurnAngle"后的"小眼睛"按钮使其"睁眼"，是为了使场景中的"TurnVol"对象的"Turn Angle"参数在"细节"面板中可以设置。如果不打开"小眼睛"按钮，那么"细节"面板中就不会显示此变量。这里设置"Turn Angle"为－90，表示角色碰到转向体积后向左转90°；如果参数值为正数，则会向右转。

09 拖曳"TurnVol"到场景中，在"细节"面板中设置"位置"为(11230,－1770,－530)、"旋转"为(0°,0°,180°)、"Scale"为(8.25,1,1)，在"默认"中设置"Turn Angle"为－90，如图7-175~图7-177所示。

图7-175

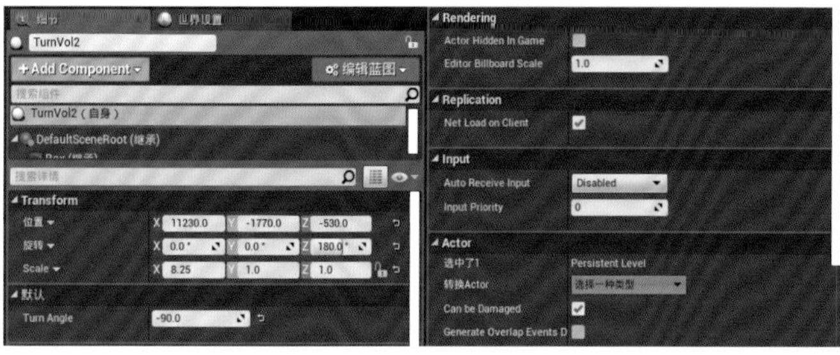

图7-176

图7-177

10 拖曳"TurnVol"到场景中，在"细节"面板中设置"位置"为(10230,－1970,－530)、"旋转"为(0°,0°,90°)、"Scale"为(7.75,1,1)，在"默认"中设置"Turn Angle"为－90，如图7-178~图7-180所示。

图7-178

图7-179

图7-180

11 现在所有拐角处都添加了转向体积，播放游戏。控制角色跳过断桥，当角色跑到拐角处时，角色会自动进行转向，如图7-181和图7-182所示。

图7-181

图7-182

7.5 惩罚与奖励

如果只是控制角色跳过断桥，游戏未免有些简单，所以可以再增加一些功能来丰富游戏的玩法，使游戏更具挑战性。首先，制作一个死亡体积，如果角色没有跳过断桥，摔下去碰到死亡体积，游戏就会重新开始；其次，制作一个障碍物体积，如果角色没有跳过障碍物，撞在障碍物上，障碍物就会爆炸，游戏重新开始，最后，制作一个宝物体积，角色吃到宝物后就可以加分。

7.5.1 制作死亡体积

因为角色碰到死亡体积就会死亡，所以要让角色拥有"死亡"的能力，即在角色蓝图中添加一个"死亡"事件。

01 准备角色的死亡动画。在"内容浏览器"面板中打开"Content\ParagonSparrow\Characters\Heroes\Sparrow\Animations"目录，双击"Death_Fwd"打开动画编辑界面，在"资源详情"面板中勾选"Root Motion"中的"EnableRootMotion"复选框，如图7-183和图7-184所示。

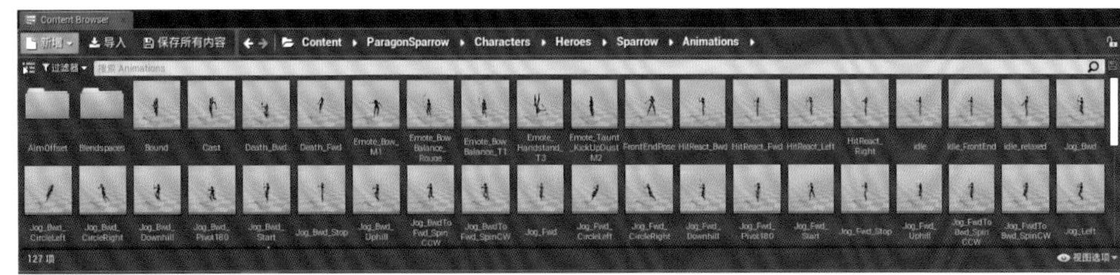

图7-183

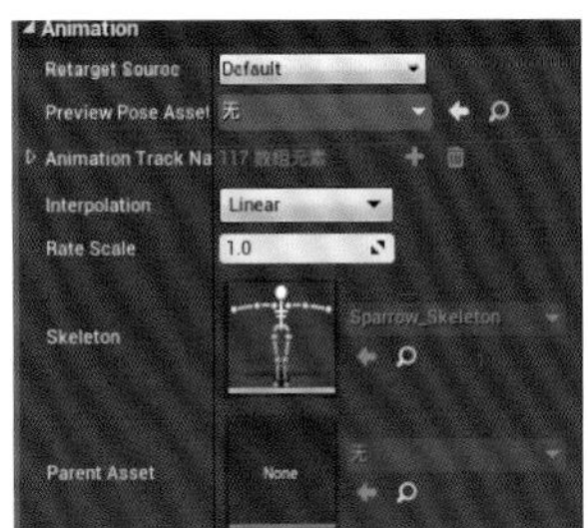

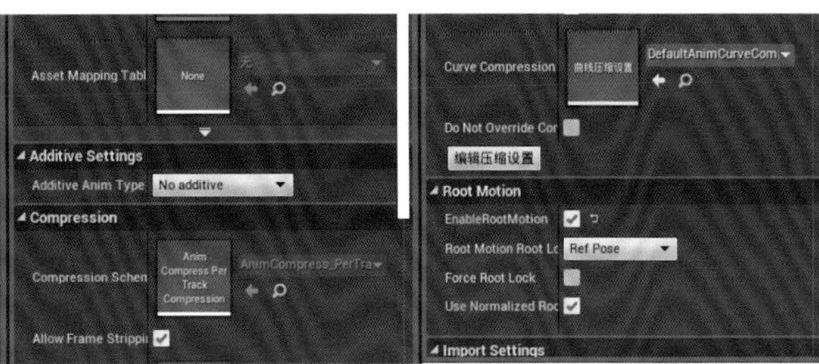

图7-184

技巧提示 "Root Motion"的相关概念较复杂，在之后的章节中会进行详细解释。这里只需知道勾选"EnableRootMotion"复选框后播放动画，，角色就不会产生位移。

02 创建角色的死亡动画蒙太奇。切换到编辑器主界面，在“内容浏览器”面板中的动画“Death_Fwd”上单击鼠标右键，在弹出的菜单中选择“创建”中的“创建动画蒙太奇”命令，如图7-185~图7-187所示。

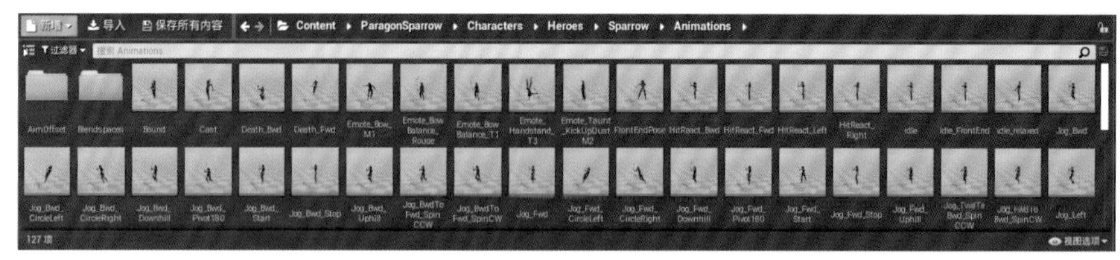

图7-185

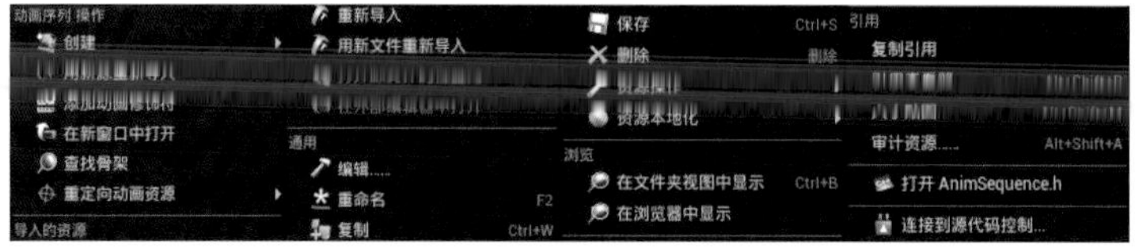

图7-186

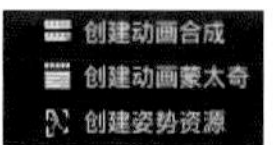

图7-187

03 双击“Death_Fwd_Montage”，打开动画蒙太奇编辑界面，在“资源详情”面板中取消勾选“Blend Option”中的“Enable Auto Blend Out”复选框，如图7-188和图7-189所示。

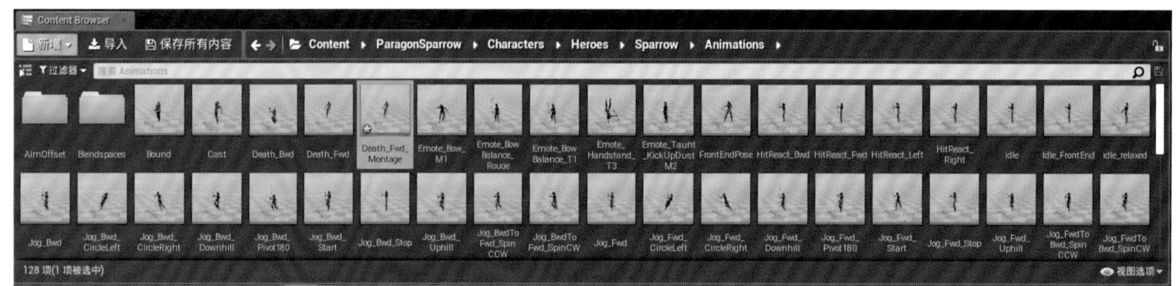

图7-188

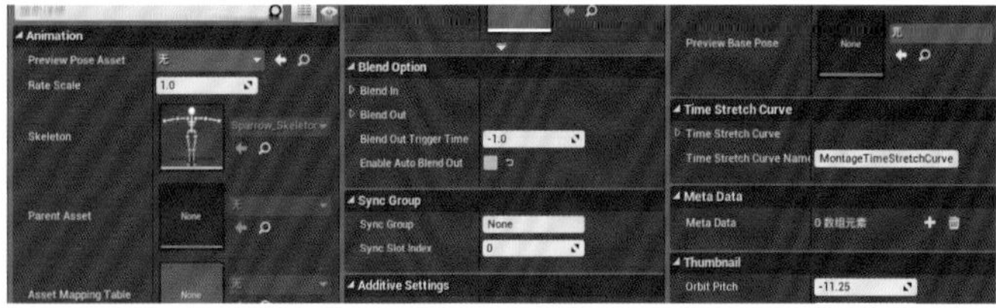

图7-189

技巧提示 取消勾选“Enable Auto Blend Out”复选框的目的就是关闭此动画蒙太奇的“自动混出”功能，即当此动画蒙太奇播放结束后，就会一直停留在最后一帧，而不会自动切换到其他动画。这样才符合角色死亡时保持倒地姿势的状态。

04 编写蓝图程序，切换到“SparrowCharacter”角色蓝图界面，在“事件图表”面板的空白处单击鼠标右键，在弹出的菜单中的搜索框内输入“custom”，找到并选择“添加自定义事件”命令。将节点命名为“Death”，如图7-190所示。

05 从“Death”节点的输出项处拖曳出一条线，释放鼠标后在弹出的菜单中的搜索框内输入“montage”，找到并选择“Play Anim Montage”命令，然后设置“Play Anim Montage”节点的“Anim Montage”为“Death_Fwd_Montage”，如图7-191所示。

06 从“Play Anim Montage”节点的“Return Value”引脚处拖曳出一条线，释放鼠标后在弹出的菜单中的搜索框内输入“delay”，找到并选择“Delay”命令，如图7-192所示。

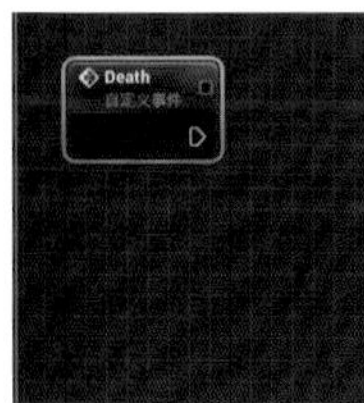

图7-190

图7-191

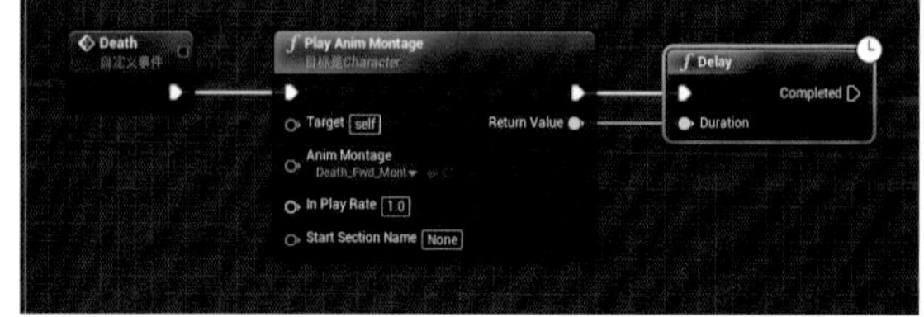

图7-192

07 从“Delay”节点的“Completed”输出项处拖曳出一条线，释放鼠标后在弹出的菜单中的搜索框内输入“levelname”，找到并选择“Get Current Level Name”命令，如图7-193所示。

08 从“Get Current Level Name”节点的输出项处拖曳出一条线，释放鼠标后在弹出的菜单中的搜索框内输入“open”，找到并选择“Open Level”命令。然后将“Get Current Level Name”节点的“Return Value”引脚连接到“Open Level”节点的“Level Name”引脚，此时会自动生成一个类型转换节点，其作用是将字符串类型转换为“Name”类型，如图7-194所示。

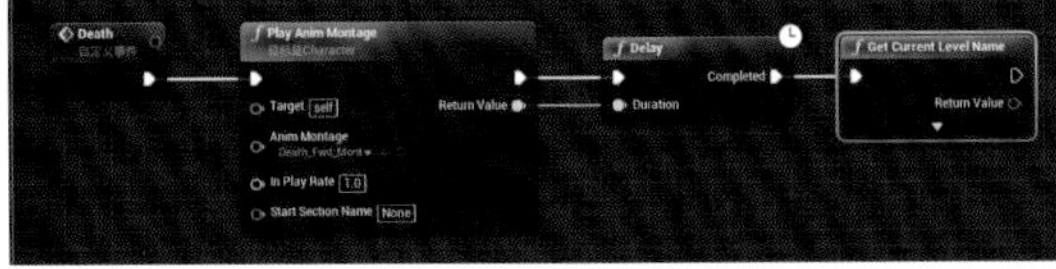

图7-193

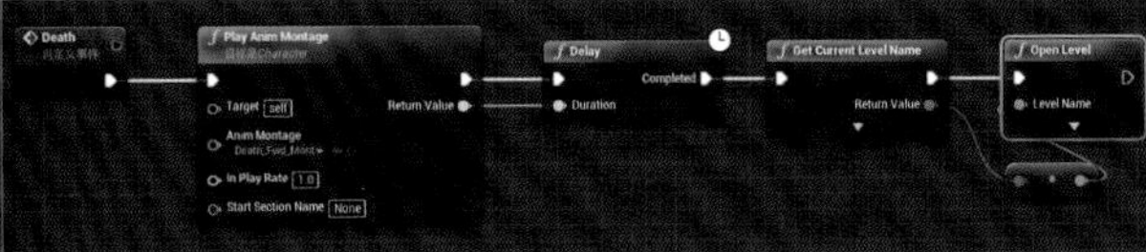

图7-194

技巧提示 当“Death”事件被调用时，播放角色的死亡动画，播放完毕后打开当前关卡，即重新开始游戏。

Delay函数的作用是延时，当程序执行到Delay函数时，会等待一段时间，再执行后面的程序。

Duration就是等待的时间，该参数的值可以根据需要进行设置。

Play Anim Montage函数的“Return Value”返回的是动画蒙太奇的播放时长，将“Return Value”引脚连接到“Duration”引脚，表示等待死亡动画播放结束后，再执行接下来的程序。

Get Current Level Name函数可以获得当前关卡的名称，将它的返回值与“Open Level”节点相连，表示打开当前关卡，这样也就达到了重新开始游戏的目的。

09 单击工具栏中的“编译”命令，切换到编辑器主界面，开始制作死亡体积。在“内容浏览器”面板中的“Content”目录空白处单击鼠标右键，在弹出的菜单中选择“Blueprint Class”命令，在“选取父类”对话框中单击“Actor”按钮 Actor ，如图7-195和图7-196所示。将新建的Actor蓝图类命名为“DeathVol”，它表示死亡体积，如图7-197所示。

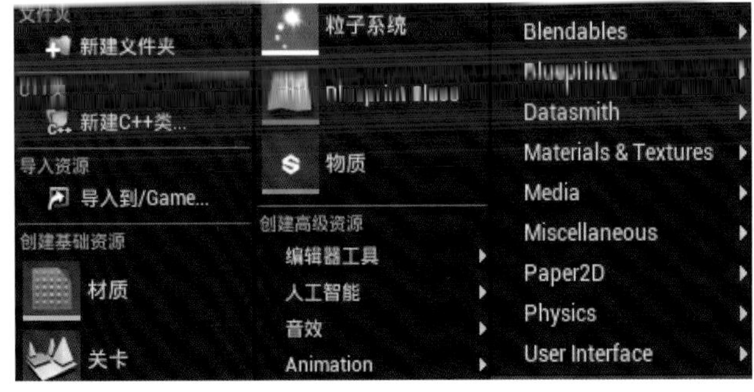

图7-195

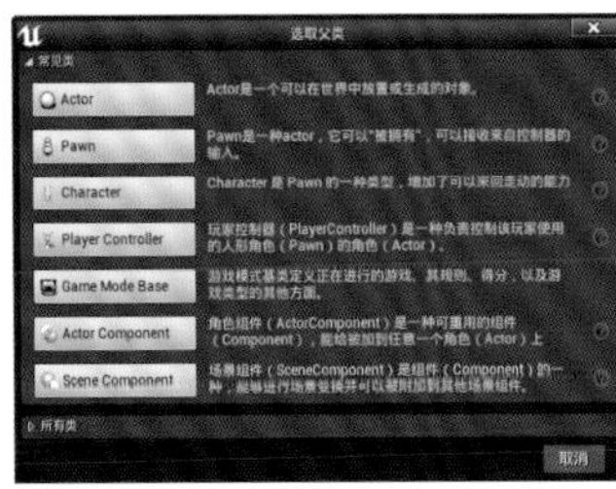

图7-196

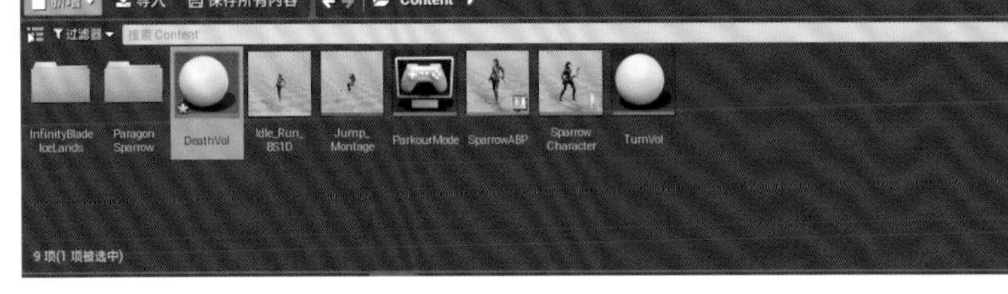

图7-197

10 双击“DeathVol”，打开Actor类蓝图界面。在“Components”面板中单击“+Add Component”按钮 +Add Component ，找到并选择“Box Collision”，如图7-198和图7-199所示。

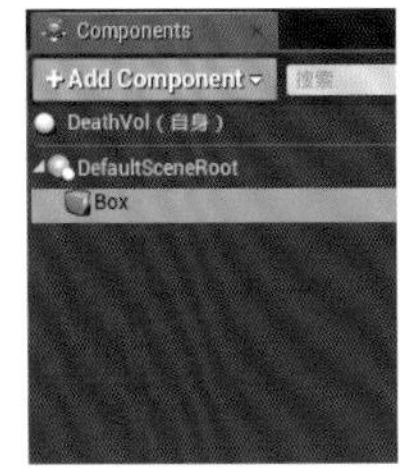

图7-198

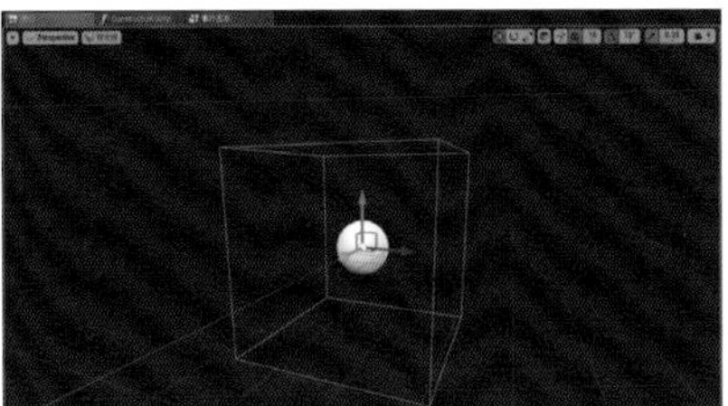

图7-199

11 在“细节”面板的“事件”中单击“On Component Begin Overlap”后面的“+”按钮，此时“事件图表”面板中会出现一个碰撞事件节点“On Component Begin Overlap(Box)”，如图7-200和图7-201所示。

图7-200

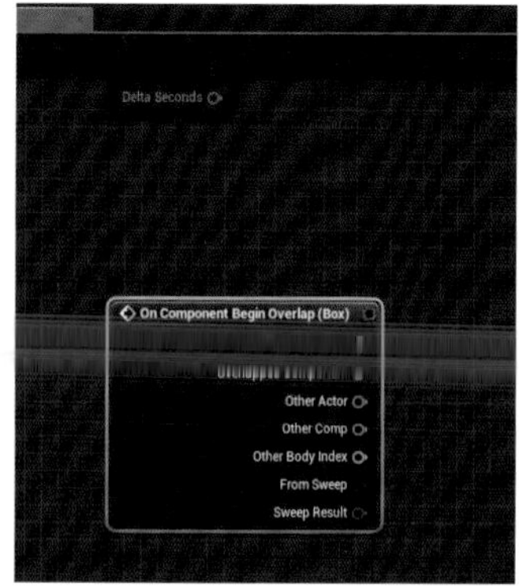

图7-201

12 从“On Component Begin Overlap(Box)”节点的“Other Actor”引脚处拖曳出一条线，释放鼠标后在弹出的菜单中的搜索框内输入“sparrow”，找到并选择“类型转换为SparrowCharacter”命令，如图7-202所示。

13 从“类型转换为SparrowCharacter”节点的“As Sparrow Character”引脚处拖曳出一条线，释放鼠标后在弹出的菜单中的搜索框内输入“death”，找到并选择“Death”命令，如图7-203所示。

图7-202

图7-203

技巧提示 当玩家角色碰到死亡体积时，调用“Death”事件，即播放完死亡动画后重新开始游戏。

14 单击工具栏中的“编译”按钮，切换到编辑器主界面，将死亡体积放到场景中。在“内容浏览器”面板中拖曳“DeathVol”到场景中，在“细节”面板中设置“位置”为(3400,3520,10)、“Scale”为(6.75,8.75,1)，如图7-204~图7-206所示，将“DeathVol”放在断桥的下面。

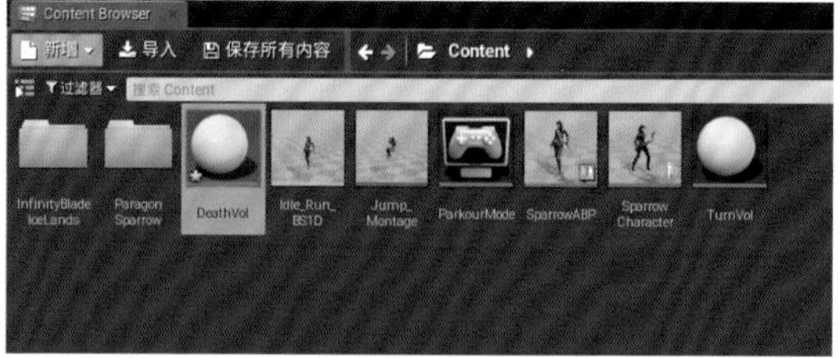

图7-204

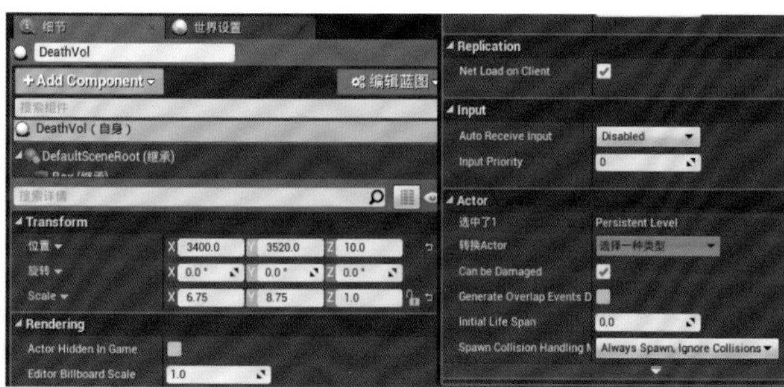

图7-205

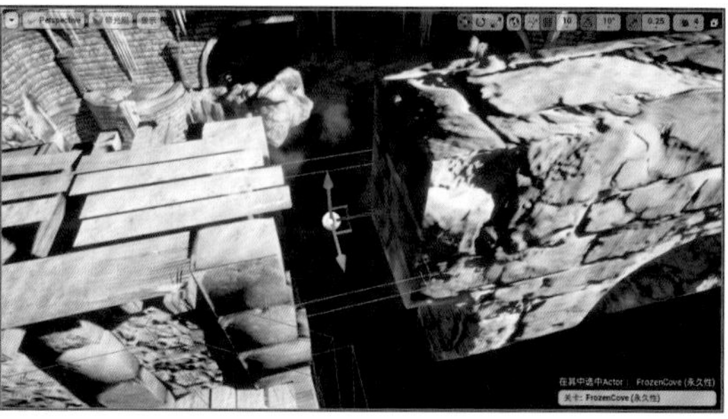

图7-206

15 拖曳“DeathVol”到场景中，在“细节”面板中设置“位置”为（9250,3570,−800）、“Scale”为（10.75,8.25,1），如图7-207~图7-209所示。

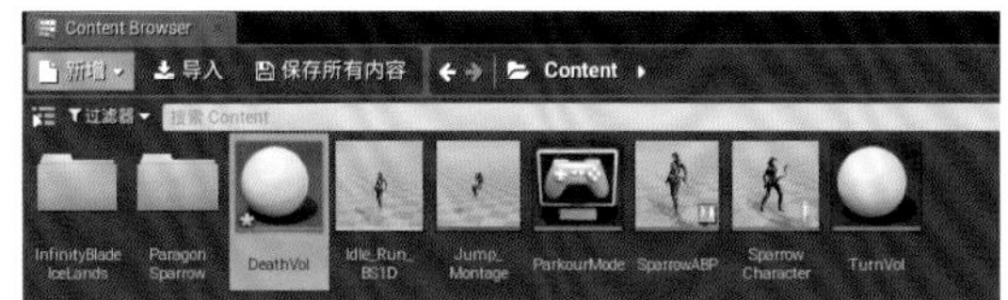

图7-207

图7-208

图7-209

16 拖曳“DeathVol”到场景中，在“细节”面板中设置“位置”为（11220,190,−822）、“Scale”为（7.375,13.25,1），如图7-210~图7-212所示。

图7-210

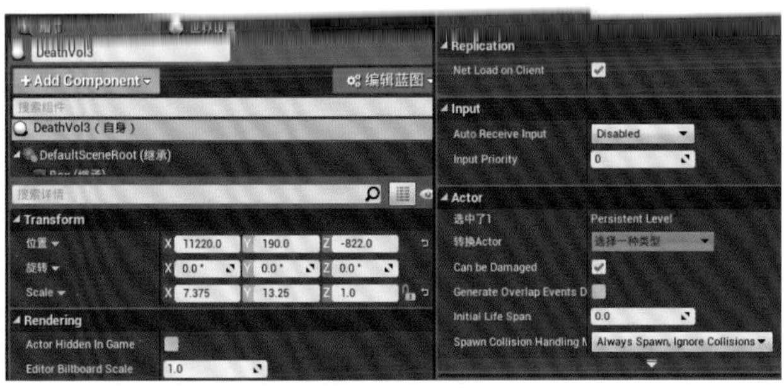

图7-211

图7-212

17 拖曳“DeathVol”到场景中，在“细节”面板中设置“位置”为（10060,50,−190）、“Scale”为（7.625,13.625,1），如图7-213~图7-215所示。

图7-213

图7-214

图7-215

18 现在所有断桥下面都已经添加了死亡体积，播放游戏。当主角摔下断桥后会“死亡”，然后从起点重生，重新开始游戏，如图7-216和图7-217所示。

图7-216

图7-217

7.5.2 制作障碍物体积

障碍物体积与死亡体积类似，角色撞到路上的障碍物后，障碍物“爆炸”，角色“死亡”，游戏重新开始。

01 制作障碍物体积。在“内容浏览器”面板的空白处单击鼠标右键，在弹出的菜单中选择“Blueprint Class”命令，在“选取父类”对话框中单击Actor按钮，如图7-218和图7-219所示。将新建的Actor蓝图类命名为“ObstacleVol”，它表示障碍物体积，如图7-220所示。

图7-218

图7-219

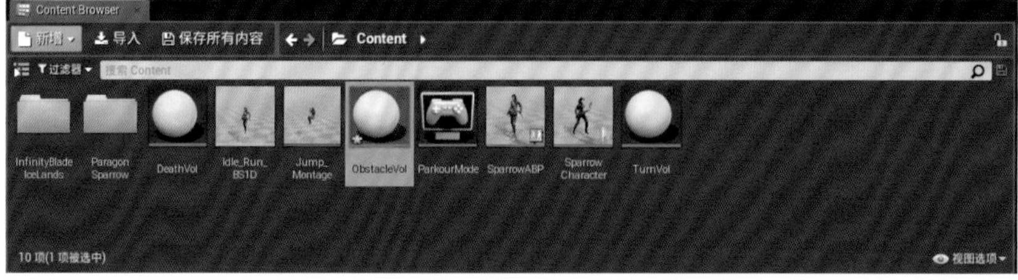

图7-220

02 双击“ObstacleVol”，打开Actor类蓝图界面。在“Components”面板中单击“+Add Component”按钮，找到并选择“StaticMesh”。在“细节”面板中设置“Static Mesh”中的“Static Mesh”为“SM_IceAttackBunch”，设置“Transform”选项中的“位置”为（0,0,－50）、“Scale”为（1.625,1.625,1.625），设置“Collision”中的“碰撞预设值”为“NoCollision”，如图7-221~图7-223所示。

图7-221

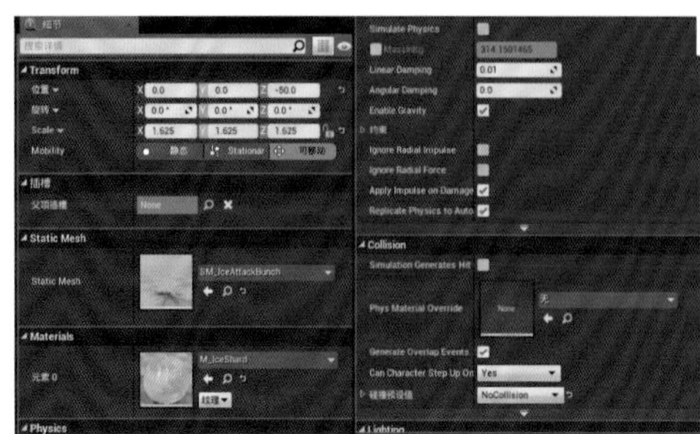

图7-222

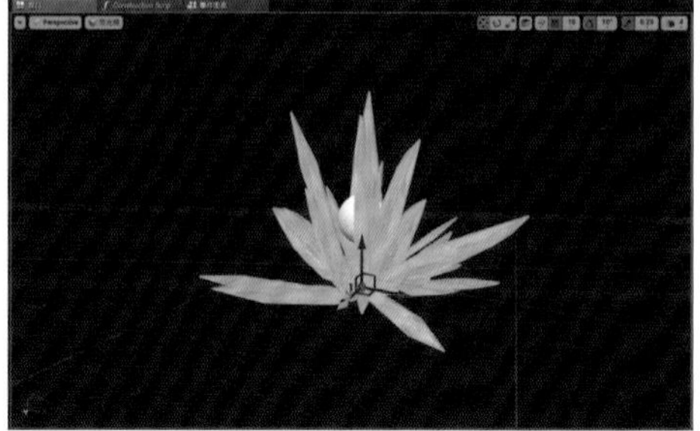

图7-223

03 在“Components”面板中选择根组件“DefaultSceneRoot”，单击“+Add Component”按钮 +Add Component ，找到并选择“Sphere Collision”，确保“Sphere”组件与“StaticMesh”组件在同一层级，然后选择“Sphere”，在“细节”面板中设置“Transform”选项中的“Scale”为（2,2,2），如图7-224~图7-226所示。

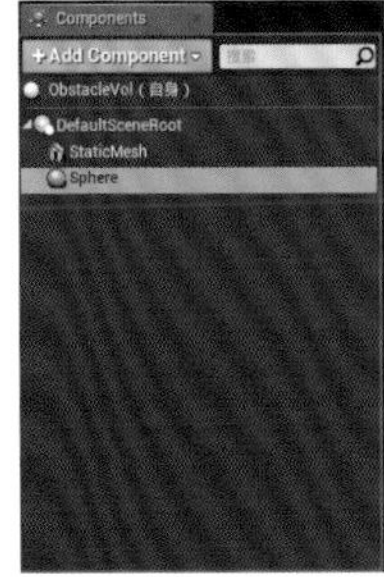

图7-224

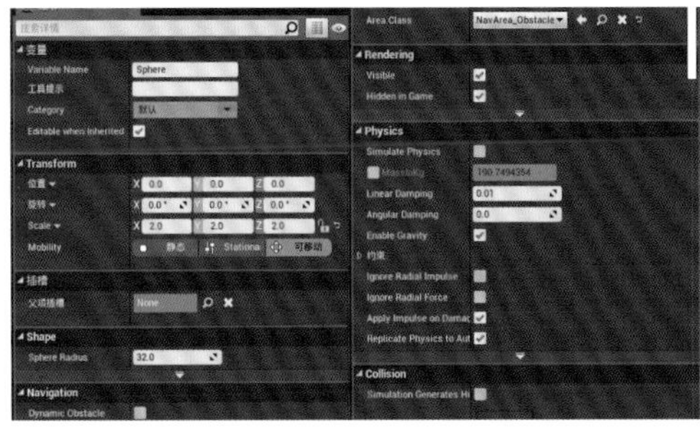

图7-225

图7-226

04 在“Components”面板中选择组件“Sphere”，在“细节”面板的“事件”中单击“On Component Begin Overlap”后面的“+”按钮 + ，此时“事件图表”面板中会出现一个碰撞事件节点“On Component Begin Overlap(Sphere)”，如图7-227和图7-228所示。

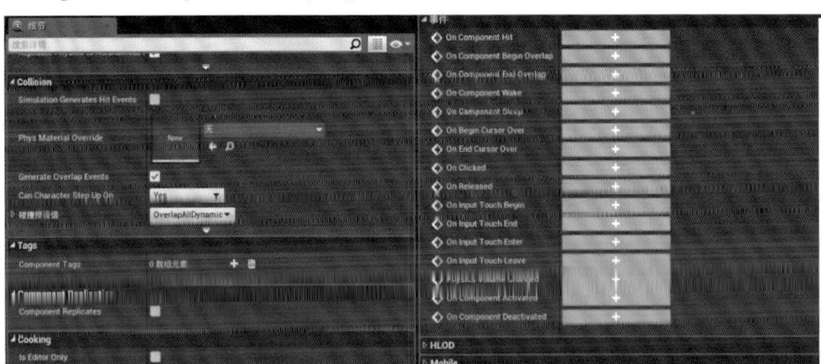

图7-227

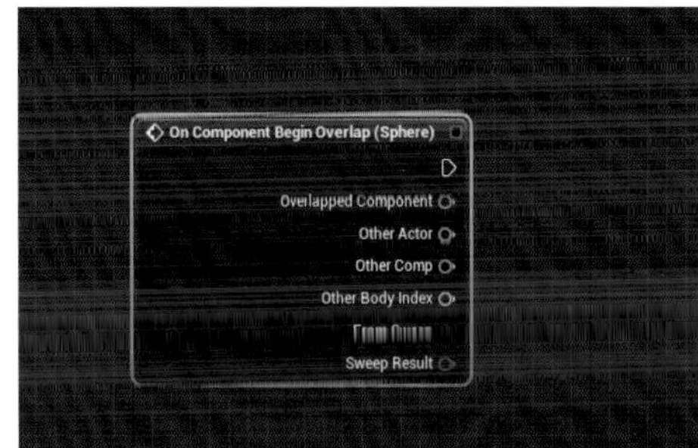

图7-228

05 从“On Component Begin Overlap(Sphere)”节点的“Other Actor”引脚处拖曳出一条线，释放鼠标后在弹出的菜单中的搜索框内输入“sparrow”，找到并选择“类型转换为SparrowCharacter”命令，如图7-229所示。

06 从“类型转换为SparrowCharacter”节点的“As Sparrow Character”引脚处拖曳出一条线，释放鼠标后在弹出的菜单中的搜索框内输入“death”，找到并选择“Death”命令，如图7-230所示。

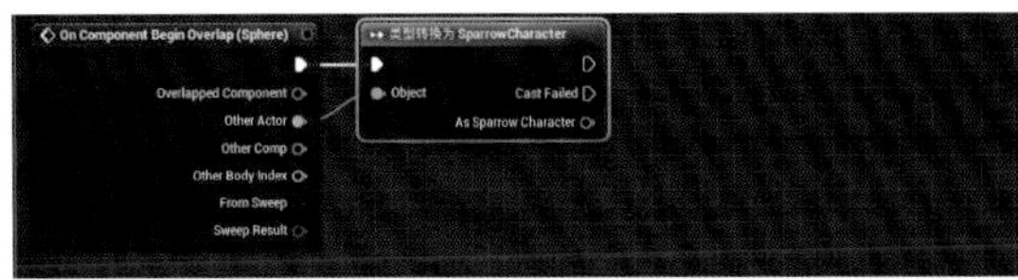

图7-229

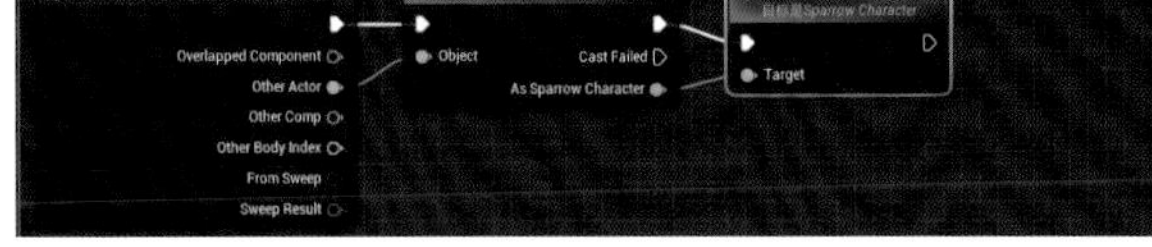

图7-230

07 从“Death”节点的输出项处拖曳出一条线，释放鼠标后在弹出的菜单中的搜索框内输入“emitter”，找到并选择“Spawn Emitter at Location”命令。设置“Spawn Emitter at Location”节点的“Emitter Template”为“P_Sparrow_UlitHitWorld”、“Scale”为（2,2,2），如图7-231所示。

08 从“Spawn Emitter at Location”节点的“Location”引脚处拖曳出一条线，释放鼠标后在弹出的菜单中的搜索框内输入“getactorloc”，找到并选择“GetActorLocation”命令，如图7-232所示。

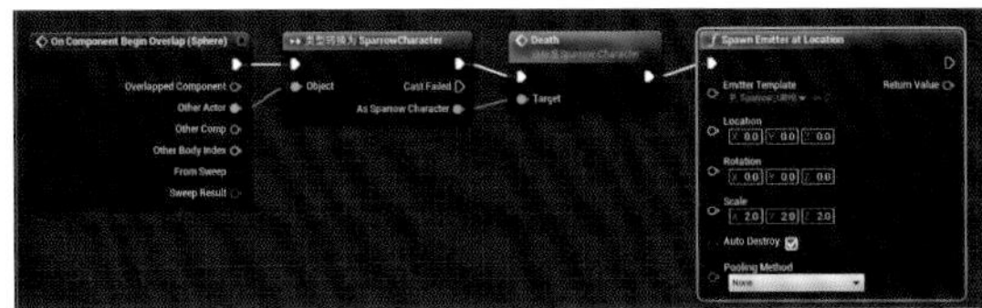

图7-231

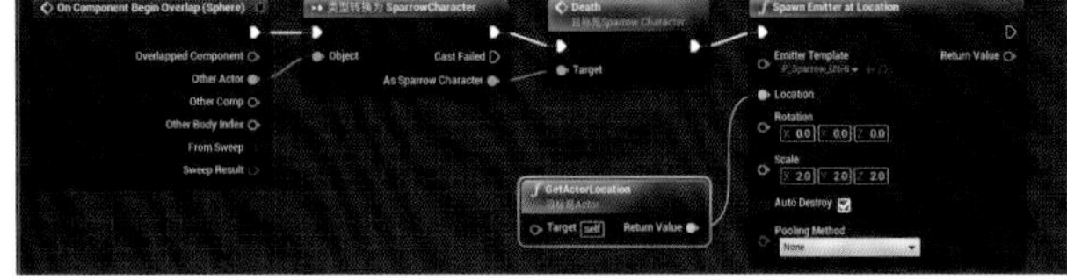

图7-232

09 从“Spawn Emitter at Location”节点的输出项处拖曳出一条线，释放鼠标后在弹出的菜单中的搜索框内输入“destroy”，找到并选择“DestroyActor”命令，如图7-233所示。

技巧提示 当角色碰到障碍物体积时，角色调用自己的“Death”事件，同时障碍物在自身位置生成爆炸效果的粒子特效，然后销毁障碍物，这样就达到了碰到障碍物就爆炸的效果。

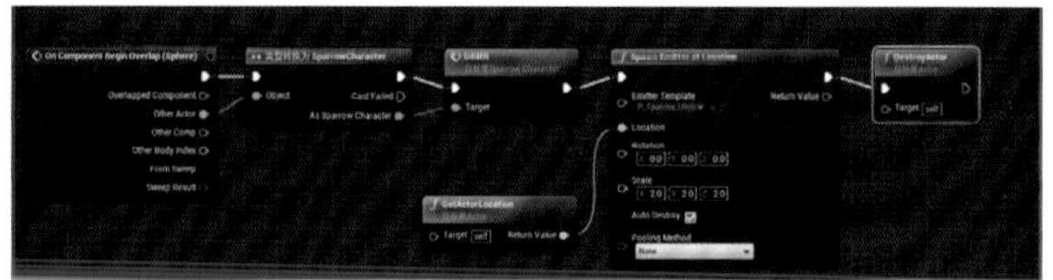

图7-233

10 单击工具栏中的“编译”按钮，切换到编辑器主界面，将障碍物体积放到场景中。拖曳“内容浏览器”面板中的“ObstacleVol”到场景中，可以将障碍物体积放在道路的任何位置，笔者在场景中添加了4个障碍物体积，其位置信息如表7-1所示。切记要将障碍物体积放在角色的移动轨迹上，否则角色永远撞不到障碍物。在场景中添加好障碍物后播放游戏，当角色撞上障碍物后，障碍物“爆炸”，角色“死亡”，游戏重新开始，如图7-234~图7-236所示。

表7-1

对象名称	位置
ObstacleVol	（2190，3540，250）
ObstacleVol2	（6040，3540，440）
ObstacleVol3	（11190，2100，-470）
ObstacleVol4	（11190，-930，-470）

图7-234

图7-235

图7-236

7.5.3 制作宝物体积

现在制作宝物体积，当角色碰到宝物体积后会得分，分数会通过用户界面显示在屏幕上。

01 在角色蓝图中添加一个用于存储分数的成员变量。切换到“SparrowCharacter”角色蓝图界面，在“我的蓝图”面板中单击“变量”后面的“+”按钮，添加一个新的变量，将变量命名为“Score”，在“细节”面板中设置“变量”中的“变量类型”为“整数”，如图7-237和图7-238所示。

图7-237

图7-238

02 单击工具栏中的“编译”按钮，切换到编辑器主界面。在“内容浏览器”面板的空白处单击鼠标右键，在弹出的菜单中选择“Blueprint Class”命令，在“选取父类”对话框中单击“Actor”按钮，如图7-239和图7-240所示。将新建的Actor蓝图类命名为“TreasureVol”，它表示宝物体积，如图7-241所示。

图7-239

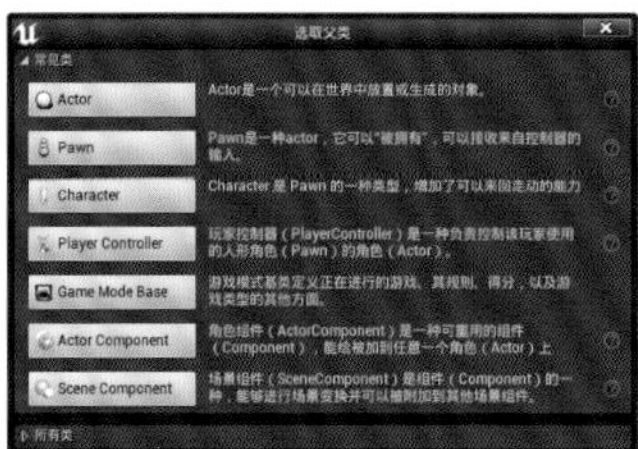

图7-240

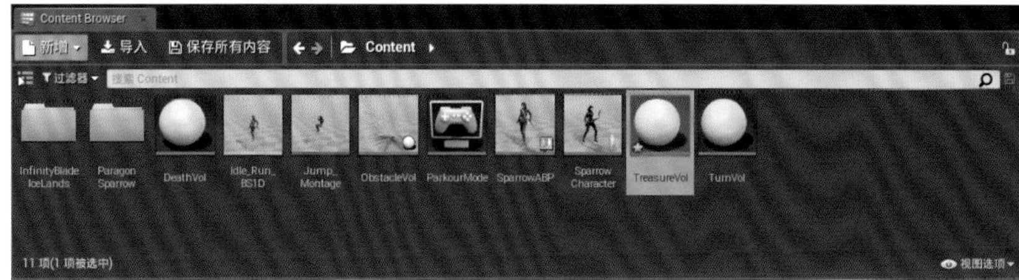

图7-241

03 双击“TreasureVol”，打开Actor类蓝图界面。在“Components”面板中单击“+Add Component”按钮，找到并选择“StaticMesh”。在“细节”面板中设置“Static Mesh”中的“Static Mesh”为“SM_Ice_Fort_Door_1”，设置“Transform”选项中的“位置”为（0,0,−30）、“Scale”为（0.125,0.125,0.125），设置“Collision”中的“碰撞预设值”为“NoCollision”，如图7-242~图7-244所示。

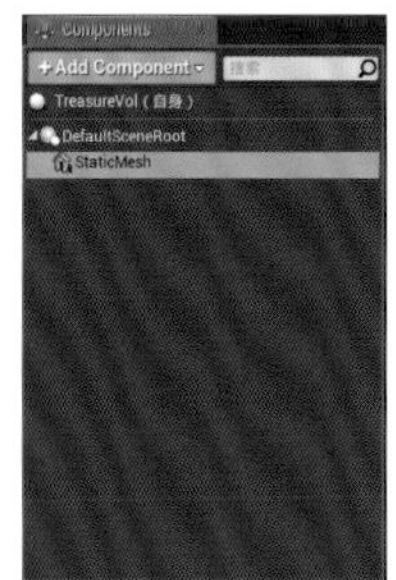

图7-242

图7-243

图7-244

04 在“Components”面板中选择根组件“DefaultSceneRoot”，单击“+Add Component”按钮，找到并选择“Sphere Collision”，确保“Sphere”组件与“StaticMesh”组件在同一层级，然后选择“Sphere”，在“细节”面板中设置“Transform”选项中的“Scale”设置为（1.625,1.625,1.625），如图7-245~图7-247所示。

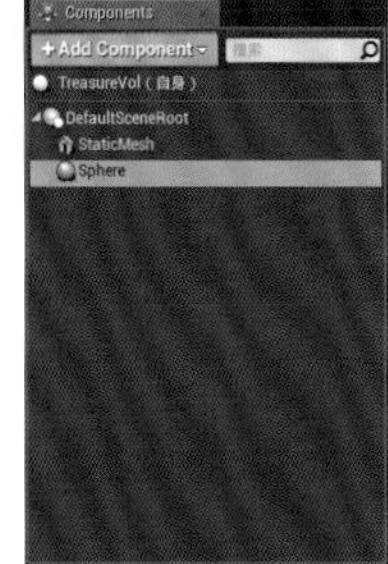

图7-245

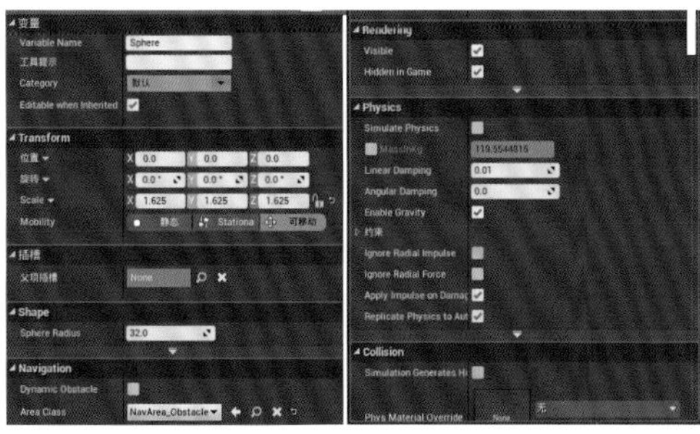

图7-246

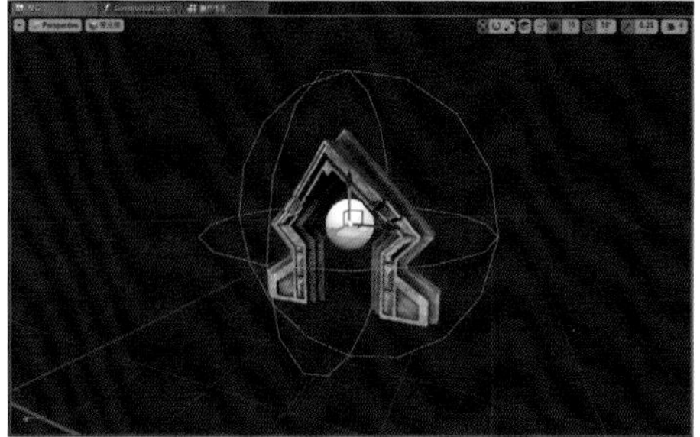

图7-247

05 为宝物体积添加粒子特效组件。在“Components”面板中选择根组件“DefaultSceneRoot”，单击“+Add Component”按钮，找到并选择“ParticleSystem”，确保“ParticleSystem”组件与“Sphere”“StaticMesh”组件在同一层级，然后选择“ParticleSystem”，在“细节”面板中设置“Transform”选项中的“位置”为（0,0,－30），设置“Particles”中的“Template”为“P_Fire_Torch_01”，如图7-248~图7-250所示。

图7-248

图7-249

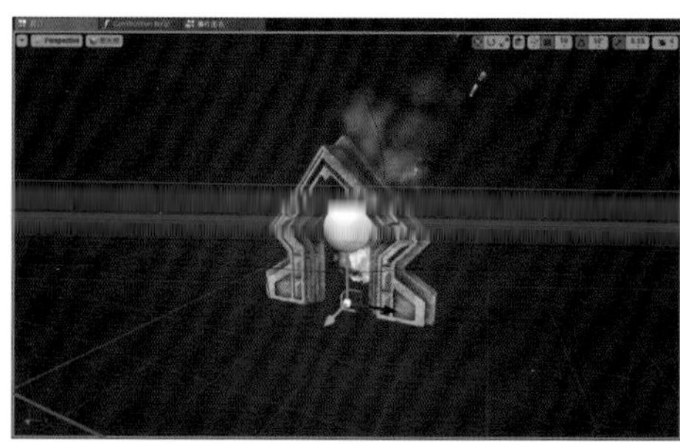

图7-250

06 在“Components”面板中选择组件“Sphere”，在“细节”面板的“事件”中单击“On Component Begin Overlap”后面的“+”按钮，此时“事件图表”面板中会出现一个碰撞事件节点“On Component Begin Overlap(Sphere)”，如图7-251和图7-252所示。

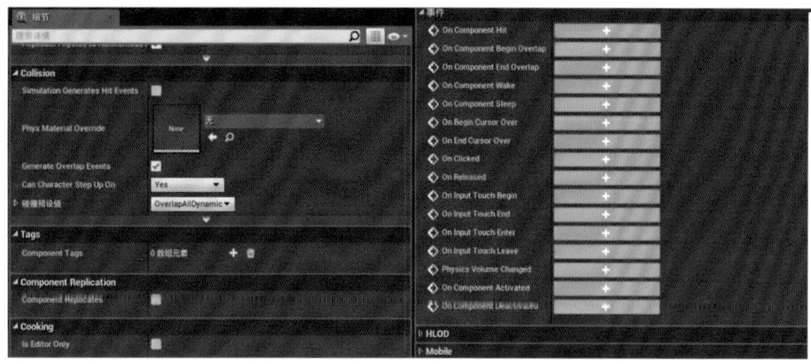

图7-251

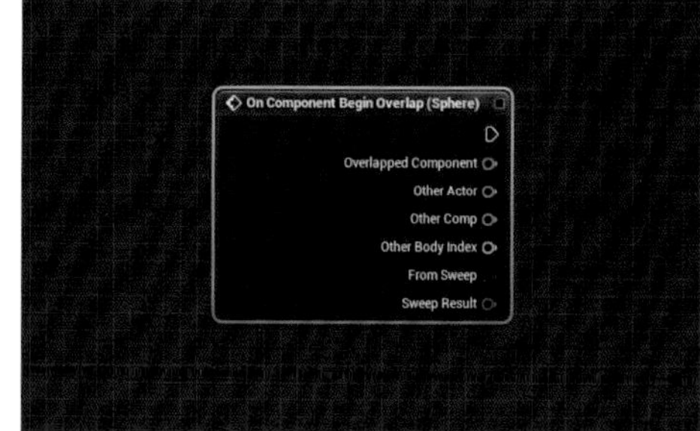

图7-252

07 从“On Component Begin Overlap(Sphere)”节点的“Other Actor”引脚处拖曳出一条线，释放鼠标后在弹出的菜单中的搜索框内输入“sparrow”，找到并选择“类型转换为SparrowCharacter”命令，如图7-253所示。

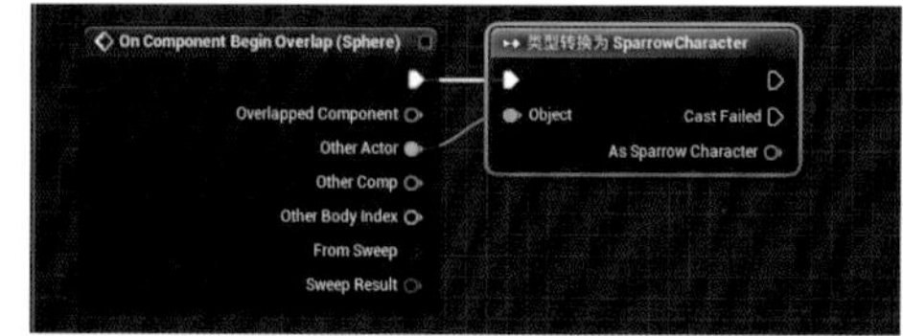

图7-253

08 从“类型转换为SparrowCharacter”节点的“As Sparrow Character”引脚处拖曳出一条线，释放鼠标后在弹出的菜单中的搜索框内输入“score”，找到并选择“获取Score”命令，如图7-254所示。

09 从“Score”节点的“Score”引脚处拖曳出一条线，释放鼠标后在弹出的菜单中的搜索框内输入“++”，找到并选择“Increment Int”命令，如图7-255所示。

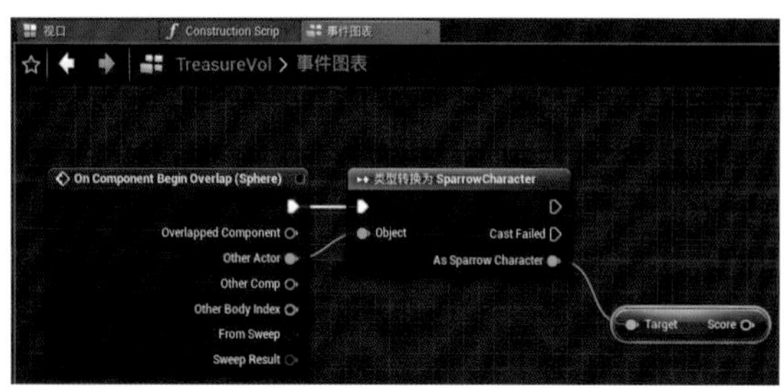

图7-254

图7-255

10 将“类型转换为SparrowCharacter”节点的输出项连接到“++”节点的输入项。从“++”节点的输出项处拖曳出一条线，释放鼠标后在弹出的菜单中的搜索框内输入“destroy”，找到并选择“DestroyActor”命令，如图7-256所示。

技巧提示 当角色碰到宝物体积后，会将其自身的成员变量“Score”的值加1，然后宝物体积被销毁，从而实现加分的逻辑。

“++”节点可实现自增运算，就是在变量当前值上加1，即每执行一次此节点，变量的值就会自增1。

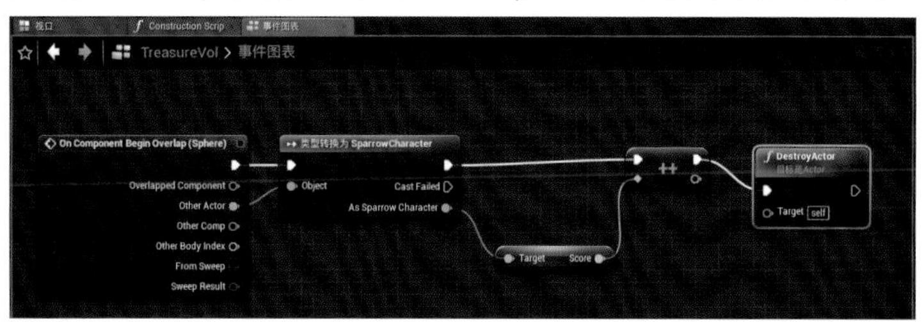

图7-256

11 单击工具栏中的“编译”按钮，切换到编辑器主界面，创建一个用户界面来显示分数。在“内容浏览器”面板的空白处单击鼠标右键，在弹出的菜单中选择“User Interface”中的“控件蓝图”命令，如图7-257和图7-258所示。将新建的用户界面命名为“ScoreUI”，表示这是一个计分界面，如图7-259所示。

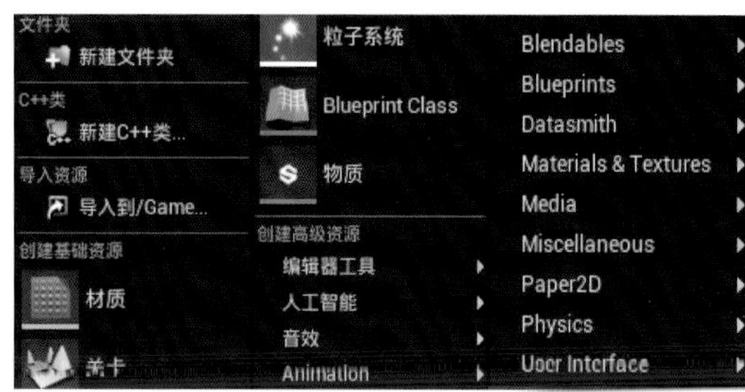

图7-257

图7-258

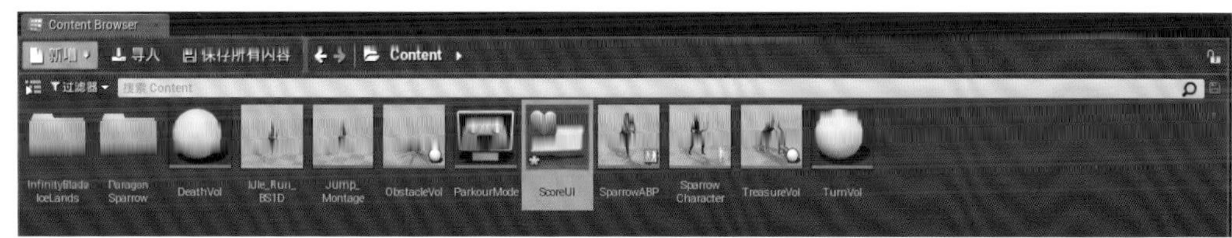

图7-259

12 双击“ScoreUI”，打开控件蓝图界面。在“控制板”面板中将“通用”中的“Text”组件拖曳到“视口”面板中，在“细节”面板的“插槽（Canvas Panel Slot）”中将“Anchors”设置为右上角，如图7-260和图7-261所示。

13 设置“位置X”为“-600”、“位置Y”为132，勾选“Size To Content”复选框；在“Content”中，设置“Text”为“得分:”；在“Appearance”中设置“Color and Opacity”为黄色、“Font”的“Size”为50，如图7-262和图7-263所示。

图7-260

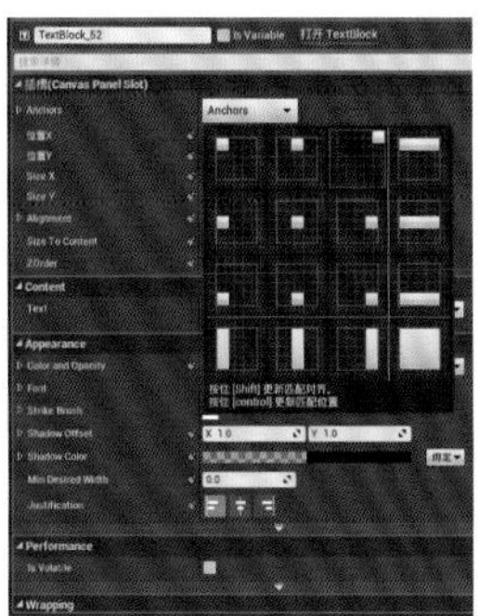

图7-261

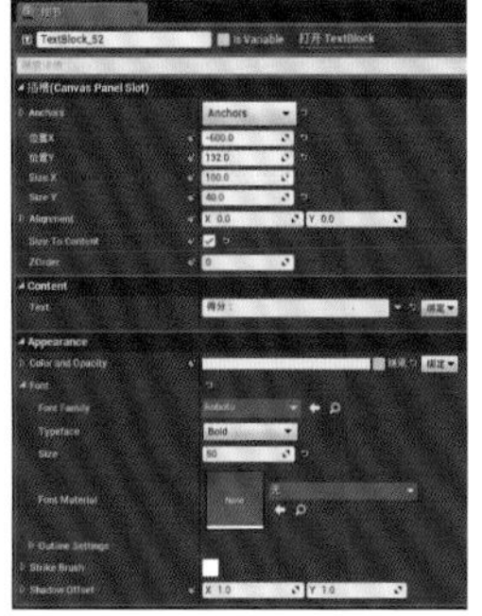

图7-262

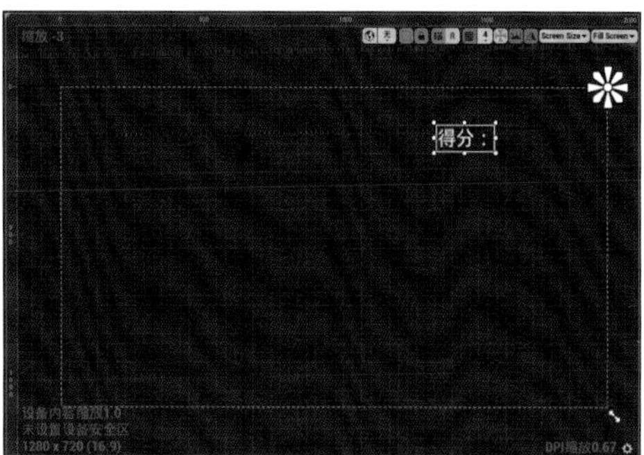

图7-263

14 在“控制板”面板中拖曳“Text”组件到“视口”面板中，在“细节”面板的“插槽（Canvas Panel Slot）”中将“Anchors”设置为右上角，如图7-264和图7-265所示。

15 设置"位置X"为–389、"位置Y"为132，勾选"Size To Content"复选框；设置"Content"中的"Text"为0、"Appearance"中的"Color and Opacity"为黄色、"Font"中的"Size"为50，如图7-266和图7-267所示。

图7-264

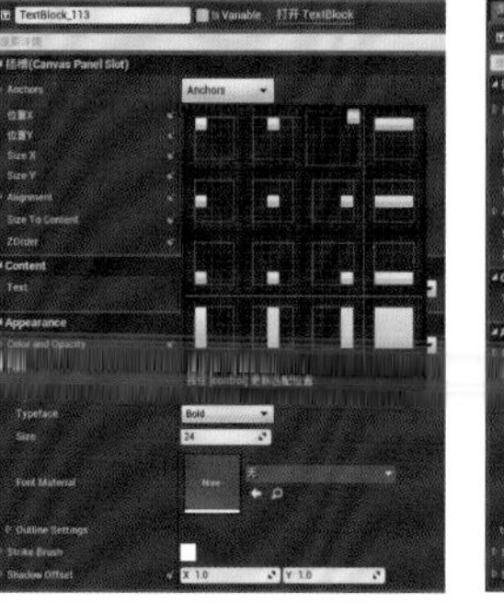
图7-265

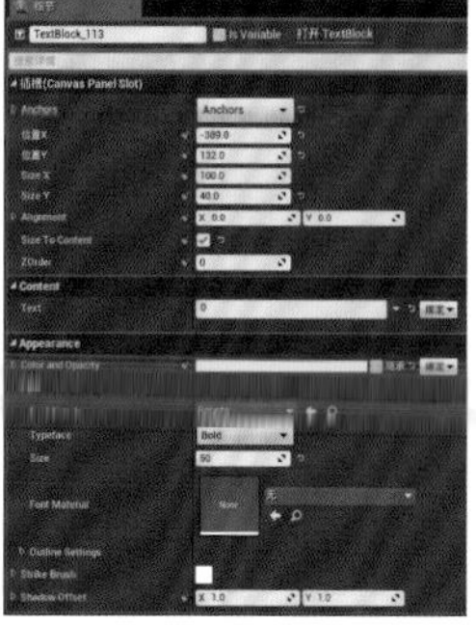
图7-266

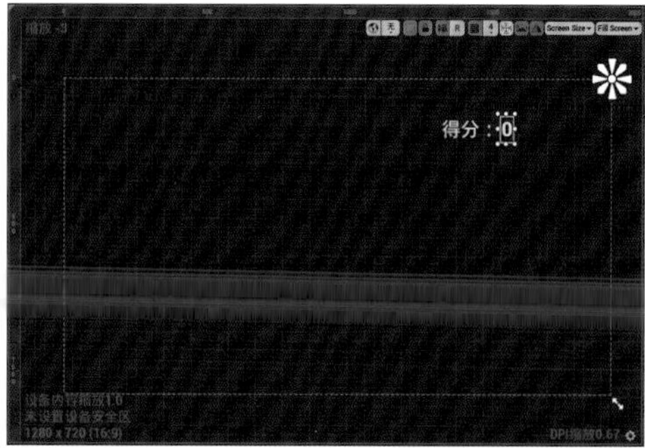
图7-267

16 在"细节"面板中，单击"Content"中"Text"的"绑定"按钮 绑定▾，在弹出的菜单中选择"+创建绑定"命令，UE4会自动生成一个名为"Get Text 0"的函数，界面会自动切换到"Get Text 0"面板，如图7-268和图7-269所示。

17 将此函数重命名以方便理解。在"我的蓝图"面板中选择"函数"中的"GetText_0"，单击鼠标右键，在弹出的菜单中选择"重命名"命令，将函数命名为"GetText_Score"，它表示获取分数，如图7-270所示。

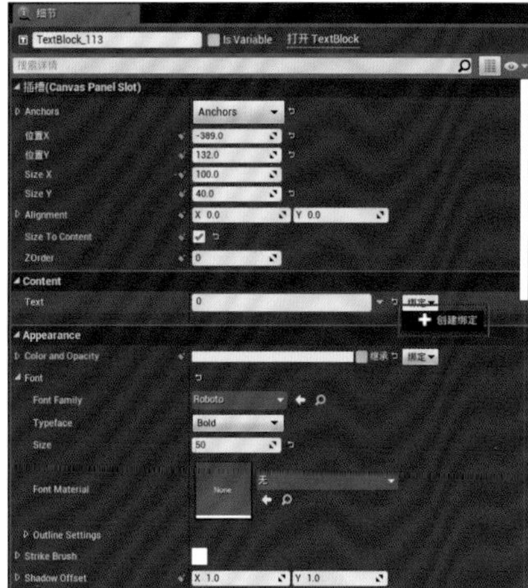
图7-268

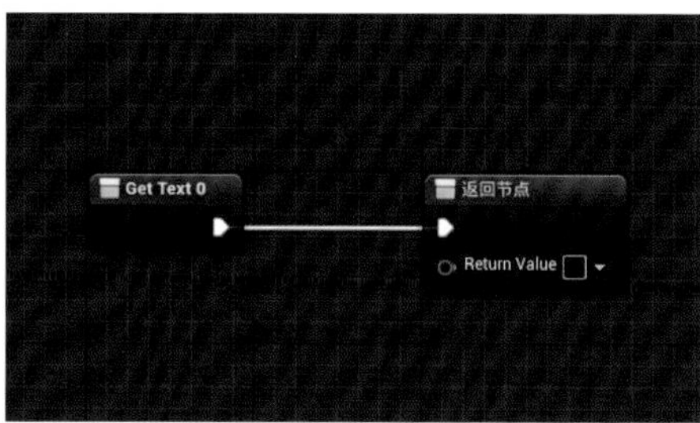
图7-269

图7-270

18 在"Get Text Score"面板的空白处单击鼠标右键，在弹出的菜单中的搜索框内输入"getplayer"，找到并选择"Get Player Character"命令，如图7-271所示。

19 从"Get Player Character"节点的"Return Value"引脚处拖曳出一条线，释放鼠标后在弹出的菜单中的搜索框内输入"sparrow"，找到并选择"类型转换为SparrowCharacter"命令，如图7-272所示。

20 从"类型转换为SparrowCharacter"节点的"As Sparrow Character"引脚处拖曳出一条线，释放鼠标后在弹出的菜单中的搜索框内输入"score"，找到并选择"获取Score"命令，如图7-273所示。

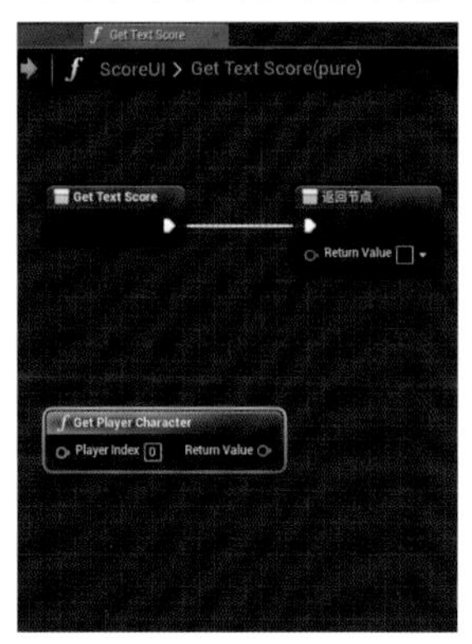
图7-271

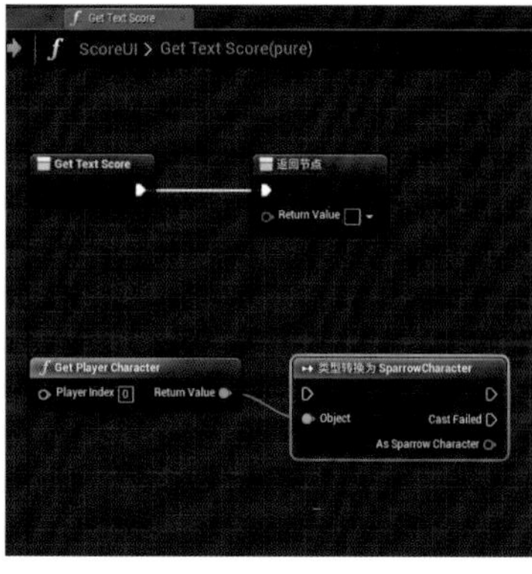
图7-272

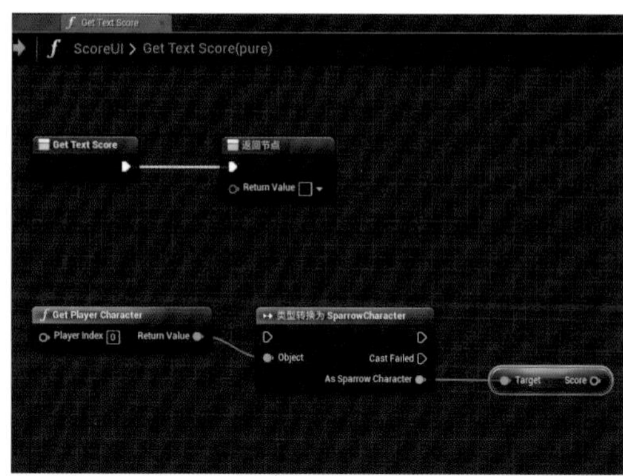
图7-273

21 将“Get Text Score”节点的输出项与“返回节点”的输入项之间的连接断开，将“Score”节点的“Score”引脚连接到“返回节点”的“Return Value”引脚，将“Get Text Score”节点的输出项连接到“类型转换为SparrowCharacter”节点的输入项，将“类型转换为SparrowCharacter”节点的输出项连接到“返回节点”的输入项，如图7-274所示。

22 单击工具栏中的“编译”按钮，切换到“SparrowCharacter”角色蓝图界面。在“事件图表”面板中找到“事件BeginPlay”节点，从“事件BeginPlay”节点的输出项处拖曳出一条线，释放鼠标后在弹出的菜单中的搜索框内输入“createwidget”，找到并选择“创建控件”命令。这时出现“创建Score UI控件”节点，将“创建Score UI控件”节点的参数“Class”设置为“Score UI”，如图7-275所示。

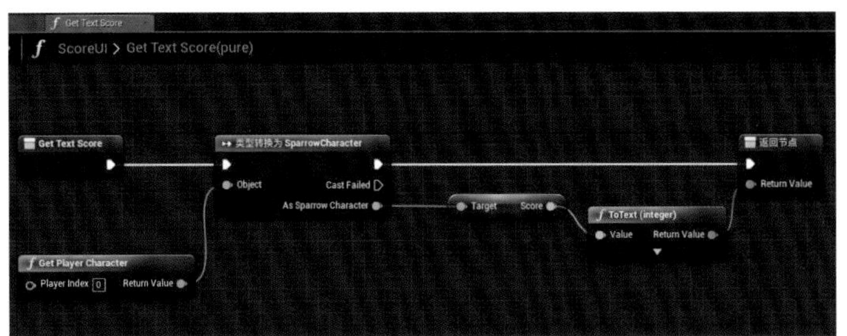

图7-274

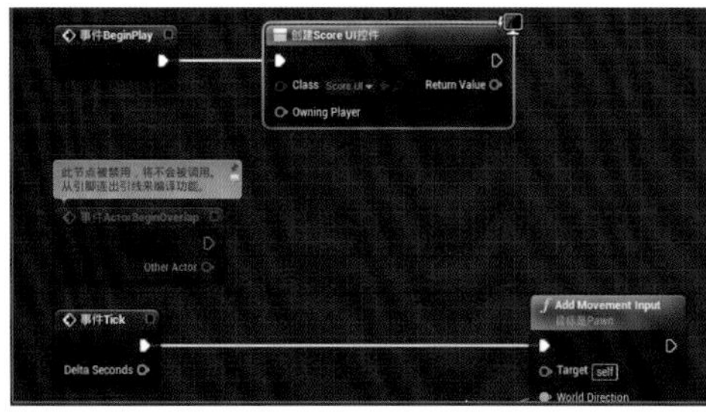

图7-275

技巧提示 从玩家角色“SparrowCharacter”中获取其成员变量“Score”，并将此变量的值传给“Text”组件。

23 从“创建Score UI控件”节点的“Return Value”引脚处拖曳出一条线，释放鼠标后在弹出的菜单中的搜索框内输入“addto”，找到并选择“Add to Viewport”命令，如图7-276所示。

技巧提示 这段蓝图程序我们已经很熟悉了，即将创建好的“ScoreUI”计分界面显示到屏幕上。

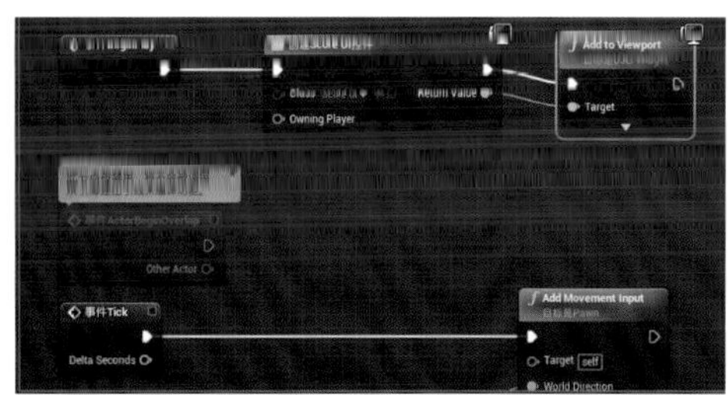

图7-276

24 单击工具栏中的“编译”按钮，切换到编辑器主界面，将宝物体积放到场景中。拖曳“内容浏览器”面板中的“TreasureVol”到场景中，可以将宝物体积放在道路的任何位置。笔者在场景中添加了13个宝物体积，相关信息如表7-2所示。同样注意要将宝物体积放在角色的移动轨迹上，且确保高度不能太高，否则角色永远获取不到宝物。在场景中添加好宝物后播放游戏，可以看到，角色获取宝物后，宝物消失，屏幕上的分数加1，如图7-277和图7-278所示。

表7-2

对象名称	位置	旋转
TreasureVol	（2280，3540，450）	（0°，0°，0°）
TreasureVol2	（3060，3540，320）	（0°，0°，0°）
TreasureVol3	（3480，3540，620）	（0°，0°，0°）
TreasureVol4	（4270，3540，510）	（0°，0°，0°）
TreasureVol5	（4970，3540，730）	（0°，0°，0°）
TreasureVol6	（5410，3540，510）	（0°，0°，0°）
TreasureVol7	（7980，3540，-580）	（0°，0°，0°）
TreasureVol8	（9160，3540，-340）	（0°，0°，0°）
TreasureVol9	（11200，260，-230）	（0°，0°，-90°）
TreasureVol10	（11200，-360，-440）	（0°，0°，-90°）
TreasureVol11	（10650，-1920，-410）	（0°，0°，180°）
TreasureVol12	（10080，70，230）	（0°，0°，90°）
TreasureVol13	（10080，850，540）	（0°，0°，90°）

图7-277

图7-278

技术答疑：如何丰富主角动作

到目前为止，跑酷游戏的各项基本功能都已实现。但是还有一个问题，那就是控制主角跳过所有障碍到达道路尽头时，主角还会继续奔跑，从而摔到海底。为了解决这个问题，需要让主角跑到终点后停下来，同时做出一个胜利姿势，这就需要制作一个胜利体积。

01 制作一个能够容纳主角胜利动作的动画蒙太奇。在“内容浏览器”面板的空白处单击鼠标右键，在弹出的菜单中选择“Animation”中的“动画蒙太奇”命令，如图7-279和图7-280所示。

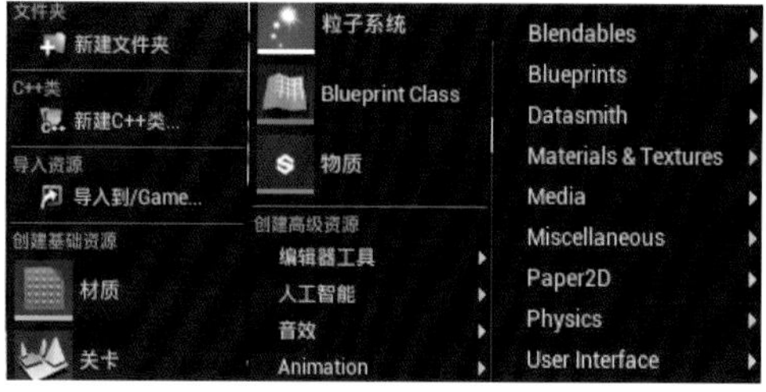

图7-279

图7-280

02 在弹出的“选择骨架”对话框中选择“Sparrow_Skeleton”，将新建的“动画蒙太奇”命名为“Victory_Montage”，如图7-281和图7-282所示。

图7-281

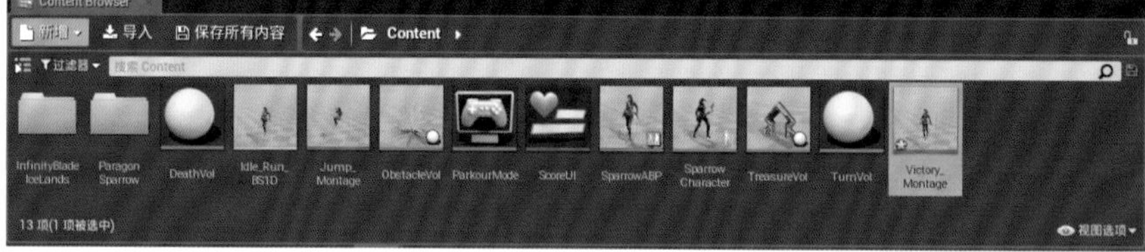

图7-282

03 双击“Victory_Montage”，打开动画蒙太奇界面。在“资源浏览器”面板中找到并拖曳“LevelStart_Alt”动画到“动画序列”面板的“Montage”中的第2层进度条处，如图7-283和图7-284所示。

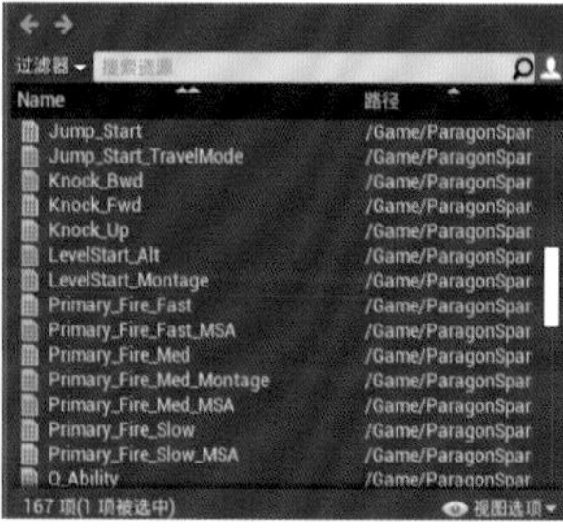

图7-283

图7-284

04 在“资源浏览器”面板中拖曳“LevelStart_Alt”动画到“动画序列”面板的“Montage”中的“LevelStart_Alt”进度条的后端（大约在进度条的2/3处），新的“LevelStart_Alt”动画被自动填充到原来的“LevelStart_Alt”动画之后，且位于第3层进度条中，如图7-285和图7-286所示。

图7-285

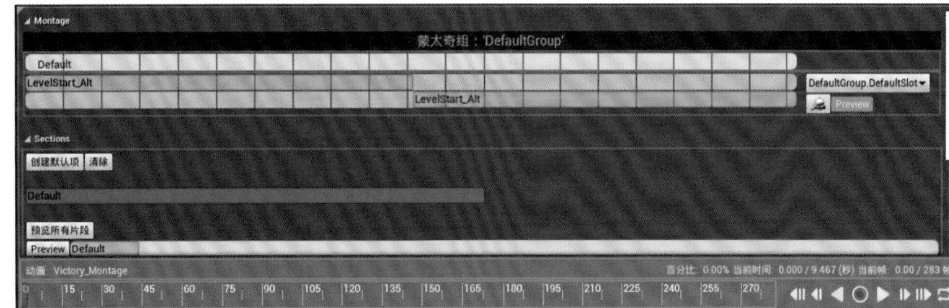

图7-286

05 在“资源浏览器”面板中拖曳“Emote_Bow_M1”动画到“动画序列”面板的“Montage”中的第3层进度条的后端（大约在进度条的3/4处），“Emote_Bow_M1”动画被自动填充到“LevelStart_Alt”动画之后，且位于第2层进度条中，如图7-287和图7-288所示。

图7-287

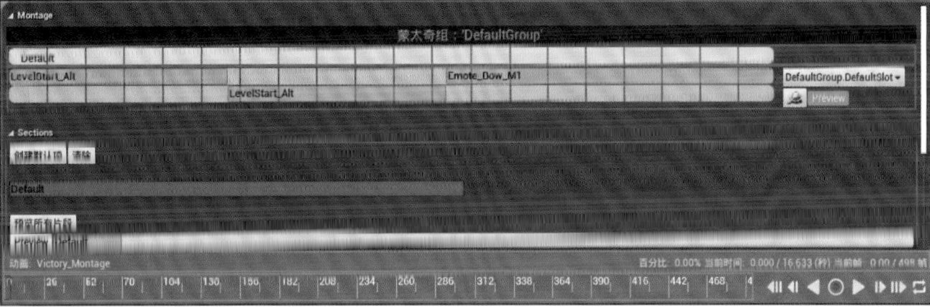

图7-288

06 选择第2层进度条中的“LevelStart_Alt”动画，在“细节”面板中将“动画片段”中的“End Time”设置为1.565，如图7-289和图7-290所示。

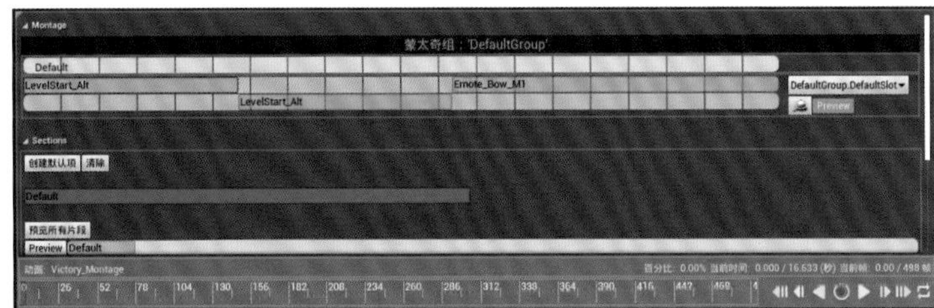

图7-289

图7-290

07 选择第3层进度条中的“LevelStart_Alt”动画，在“细节”面板中设置“动画片段”中的“Start Time”为1.566、“Play Rate”为3，如图7-291和图7-292所示。

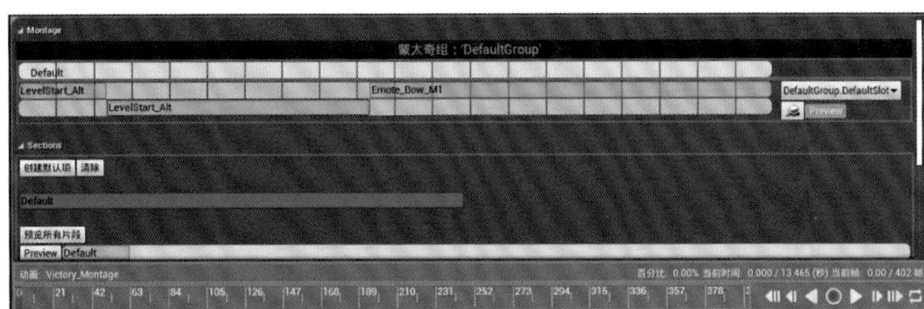

图7-291

图7-292

08 选择第2层进度条中的“Emote_Bow_M1”动画，在“细节”面板中将“动画片段”中的“End Time”设置为6.425，如图7-293和图7-294所示。

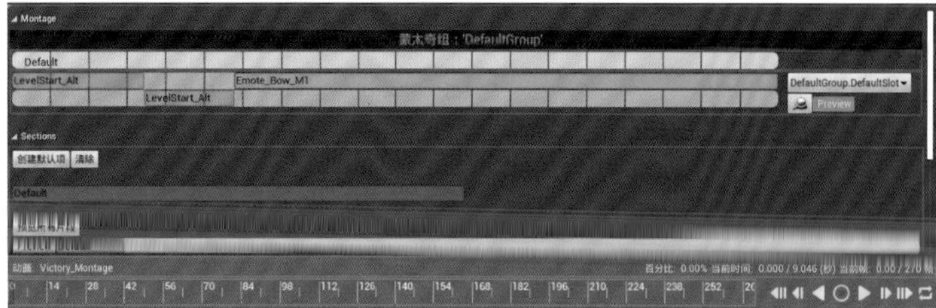

图7-293

图7-294

09 在“动画序列”面板中单击“动画”进度条右侧的“小三角”按钮▶，播放动画。主角流畅地做出了一个胜利动作，如图7-295所示。

技巧提示 这里先后两次使用了同一段动画“LevelStart_Alt”，将这个动画分成两段，这两段动画依然是连贯的，只是后段动画的播放速度更快。通过这样的操作，就可以对同一段动画进行分段控制，从而制作出更加丰富的动作。

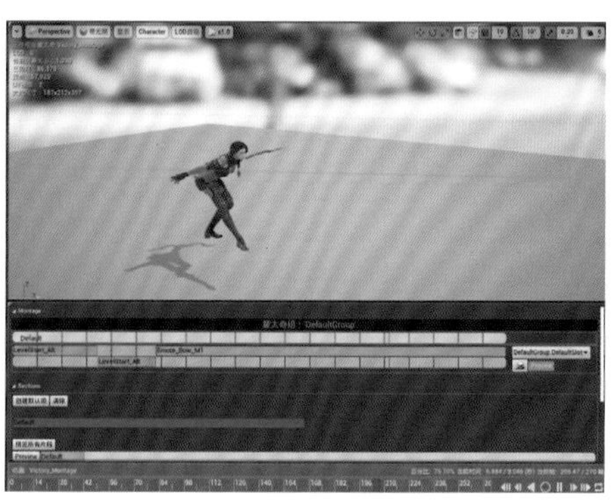

图7-295

10 切换到编辑器主界面，制作胜利体积。在“内容浏览器”面板的空白处单击鼠标右键，在弹出的菜单中选择“Blueprint Class”命令，在“选取父类”对话框中单击“Actor”按钮 Actor ，将新建的Actor蓝图类命名为“VictoryVol”，它表示胜利体积，如图7-296~图7-298所示。

图7-296

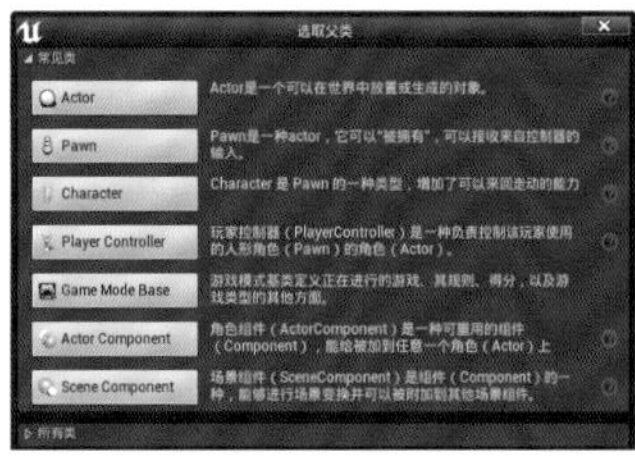

图7-297

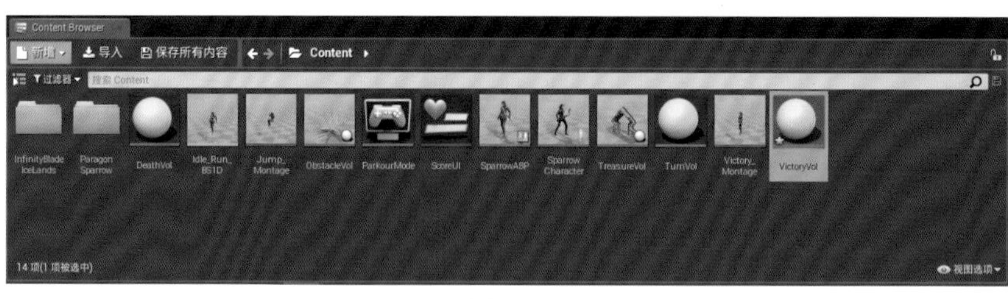

图7-298

11 双击“VictoryVol”，打开Actor类蓝图界面。在“Components”面板中单击“+Add Component”按钮 +Add Component ，找到并选择“Box Collision”，如图7-299和图7-300所示。

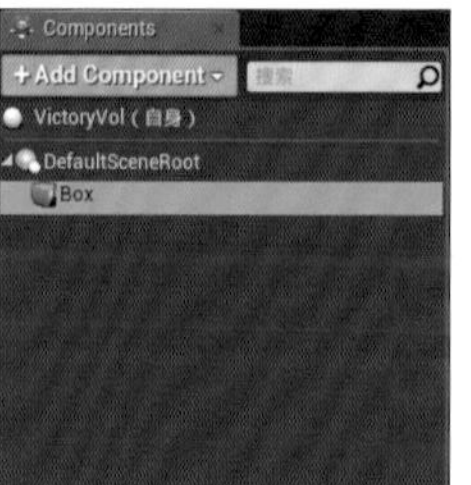

图7-299

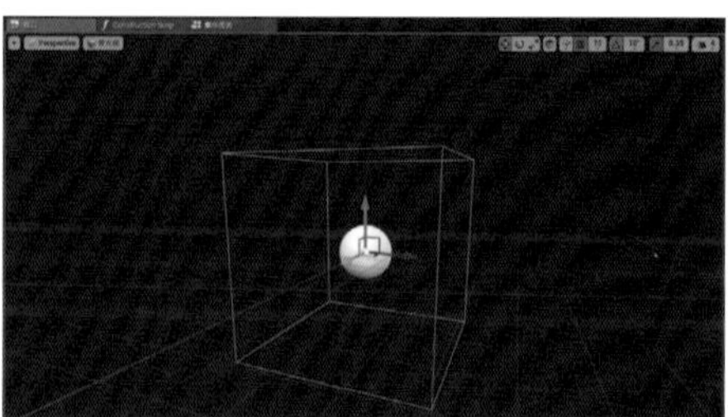

图7-300

12 在“细节”面板的“事件”中单击“On Component Begin Overlap”后面的“+”按钮，此时“事件图表”面板中会出现一个碰撞事件节点“On Component Begin Overlap(Box)”，如图7-301和图7-302所示。

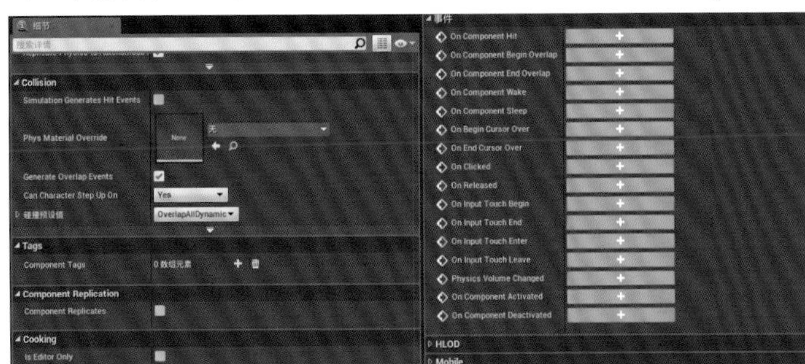

图7-301

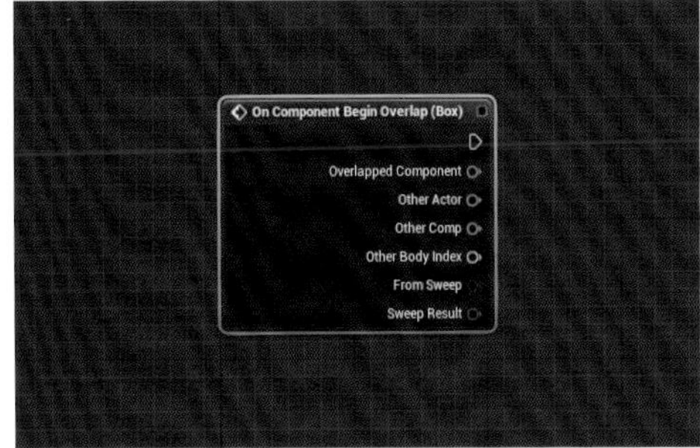

图7-302

13 从“On Component Begin Overlap(Box)”节点的“Other Actor”引脚处拖曳出一条线，释放鼠标后在弹出的菜单中的搜索框内输入“sparrow”，找到并选择“类型转换为SparrowCharacter”命令，如图7-303所示。

14 从“类型转换为SparrowCharacter”节点的“As Sparrow Character”引脚处拖曳出一条线，释放鼠标后在弹出的菜单中的搜索框内输入“movement”，找到并选择“获取Character Movement”命令，如图7-304和图7-305所示。

15 从“Character Movement”节点的“Character Movement”引脚处拖曳出一条线，释放鼠标后在弹出的菜单中的搜索框内输入“maxwalk”，找到并选择“设置Max Walk Speed”命令，如图7-306所示。

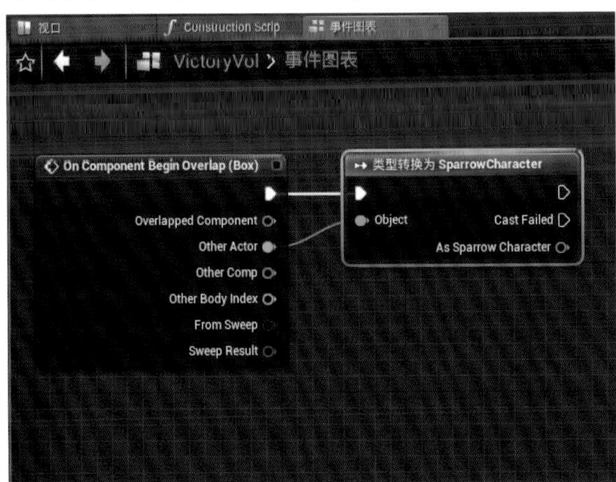

图7-303

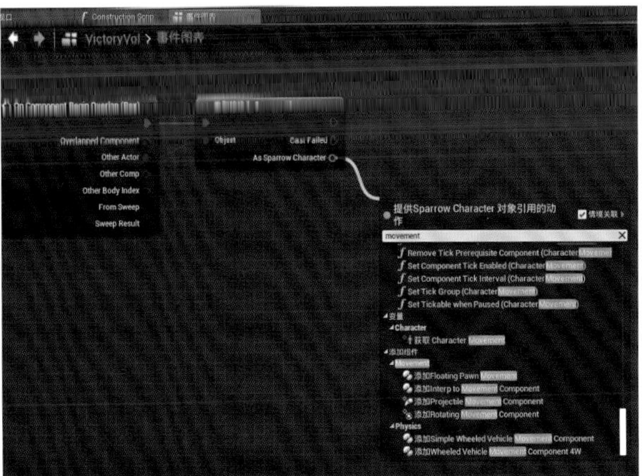

图7-304

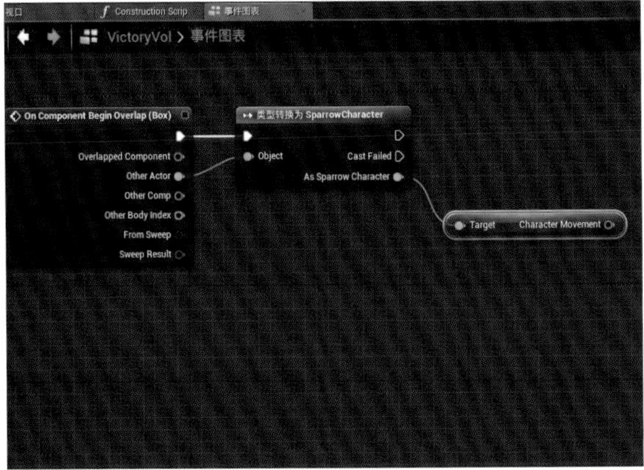

图7-305

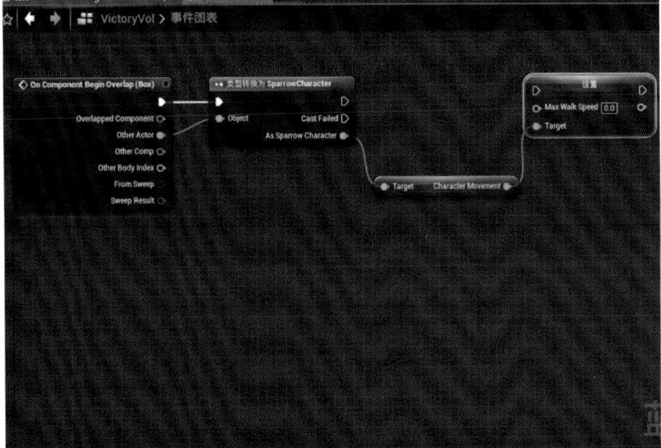

图7-306

16 将“类型转换为SparrowCharacter”节点的输出项连接到“设置”节点的输入项。从“类型转换为SparrowCharacter”节点的“As Sparrow Character”引脚处拖曳出一条线，释放鼠标后在弹出的菜单中的搜索框内输入“montage”，找到并选择“Play Anim Montage”命令。将“Play Anim Montage”节点的“Anim Montage”设置为“Victory_Montage”。将“设置”节点的输出项连接到“Play Anim Montage”节点的输入项，如图7-307所示。

> **技巧提示** 当角色碰到胜利体积时，就将角色的最大行走速度设置为“0”，这样角色就会停下不跑，然后播放含有胜利动作的动画蒙太奇“Victory_Montage”。

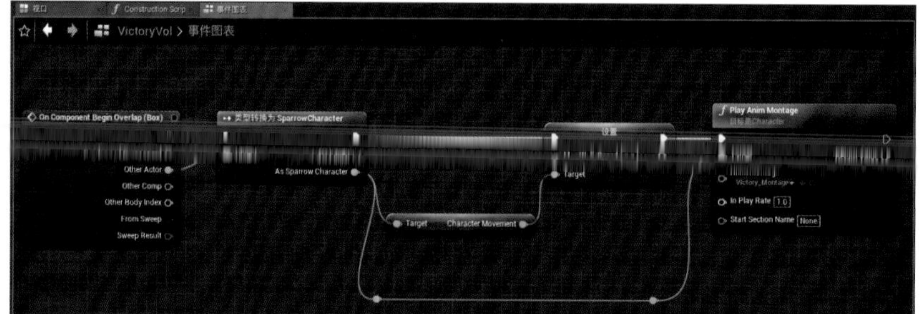

图7-307

17 单击工具栏中的“编译”按钮，切换到编辑器主界面，将胜利体积放到场景中。在“内容浏览器”面板中拖曳“VictoryVol”到场景中，在“细节”面板中设置“位置”为（10080,2200,890）、“Scale”为（8.5,5.625,3），如图7-308~图7-310所示。

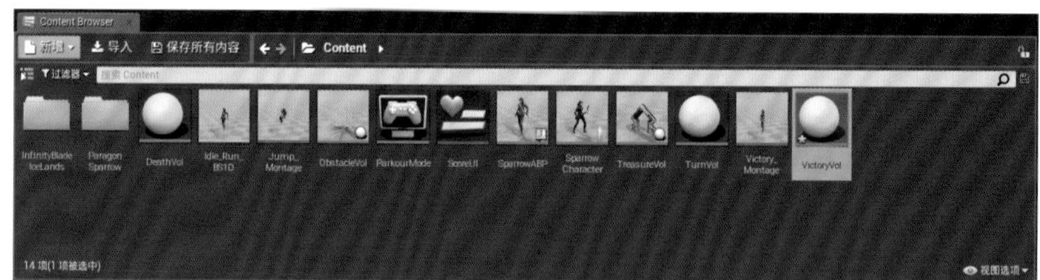

图7-308

18 播放游戏。当主角跳过重重障碍来到终点时，主角停下脚步，摆出一个胜利姿势，效果如图7-311所示。

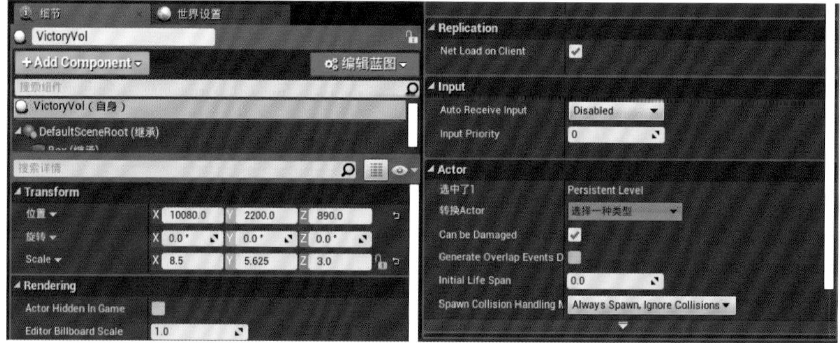

图7-309

图7-310

图7-311

第 8 章 创建人工智能：聪明的敌人角色

■ 学习目的

在之前的章节中主要学习了角色蓝图、控件蓝图和动画蓝图等相关知识，并运用它们制作了几款小游戏。到目前为止，游戏主角都是由玩家进行操控的，但是游戏中还有非玩家操控的敌人角色，这些敌人角色具有一定的自主行为，能够与玩家角色进行对抗。那么如何制作敌人角色呢？UE4 提供了人工智能（Artificial Intelligence，AI）模块。

■ 主要内容

- 创建游戏模式并编辑场景
- 在角色骨骼中添加插槽
- 制作拾取和投掷动作的动画蒙太奇
- 编辑拾取和投掷能量球的蓝图程序
- 创建敌人的角色蓝图和动画蓝图
- 创建“行为树”“黑板”
- 创建任务类蓝图和添加导航体积
- 使用球体追踪来检测主角的存在

8.1 概要

下面制作一款第三人称投掷游戏。玩家可以控制主角捡起场景中的能量球砸向敌人，如果投掷出的能量球击中敌人，那么就成功打败敌人。为了使游戏更具挑战性，敌人也会做出一些行为干扰玩家。当敌人看不到主角时，敌人会四处走动进行巡逻；当敌人发现主角时，敌人会立刻奔向主角；如果敌人碰到主角，则任务失败，游戏重新开始。游戏画面效果如图8-1和图8-2所示。

图8-1

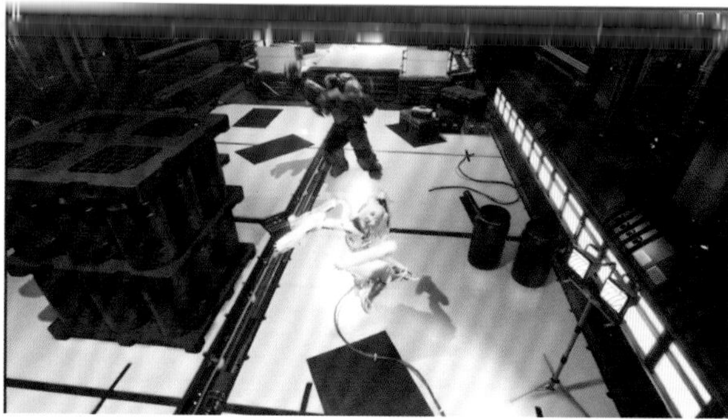
图8-2

01 创建项目。在“新建项目”选项卡中选择“空白”和“没有初学者内容”，将项目命名为“AiEnemy”，如图8-3所示。

02 导入美术资源。打开Epic Games启动器，切换到“虚幻商城”选项卡，在搜索框中输入“Modular Scifi Season 2 Starter Bundle”进行搜索，找到同名的资源，如图8-4所示。

图8-3

图8-4

03 单击此资源，打开内容详情界面。此资源是一个科幻风格的太空舱场景，下面将使用此资源作为投掷游戏的场景。单击“免费”按钮获取此资源，将它添加到“AiEnemy”项目中并等待它下载完成，如图8-5和图8-6所示。

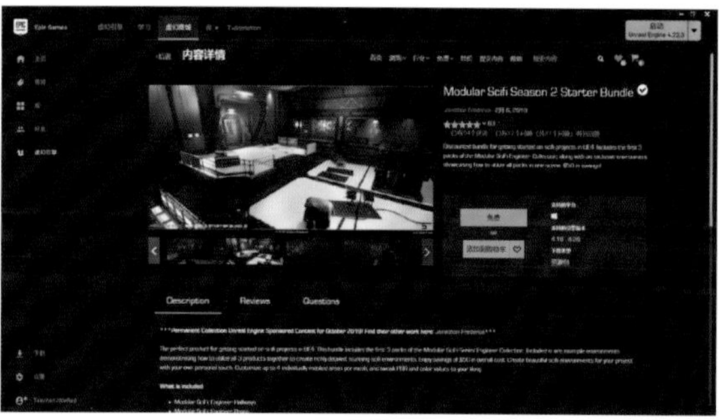

图8-5

选择要添加资源的工程

显示所有工程

AiEnemy　ChangeClothes　HelloWorld

House　Parkour　PlatformJump

添加到工程　不添加

图8-6

04 在搜索框中输入“Paragon: Muriel”进行搜索，找到同名的资源，如图8-7所示。

05 单击此资源，打开内容详情界面，这个角色叫“莫瑞尔”，她是Epic Games出品的游戏《虚幻争霸》中的人物。下面将使用这个人物作为投掷游戏的主角。单击“免费”按钮获取此资源，将它添加到“AiEnemy”项目中并等待它下载完成，如图8-8和图8-9所示。

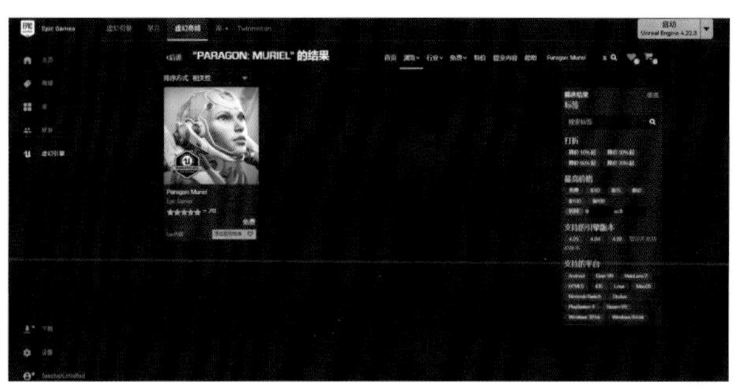

图8-7

图8-8

图8-9

06 在搜索框中输入“Paragon: Steel”进行搜索，找到同名的资源，如图8-10所示。

07 单击此资源，打开内容详情界面，这个角色叫“Steel”，他也是Epic Games出品的游戏《虚幻争霸》中的人物。下面将使用这个人物作为投掷游戏的敌人角色。单击“免费”按钮获取此资源，将它添加到“AiEnemy”项目中并等待它下载完成，如图8-11和图8-12所示。

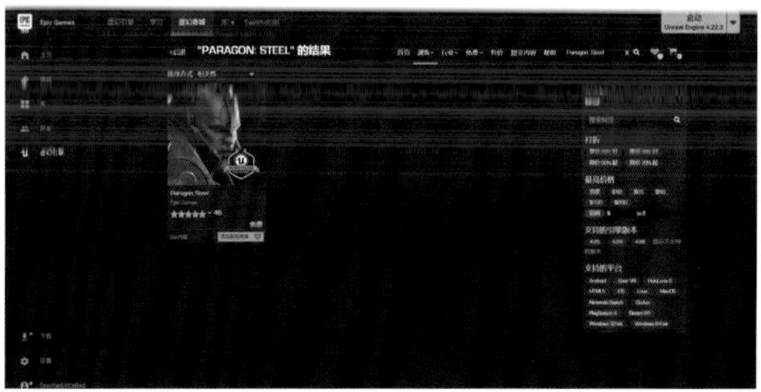

图8-10

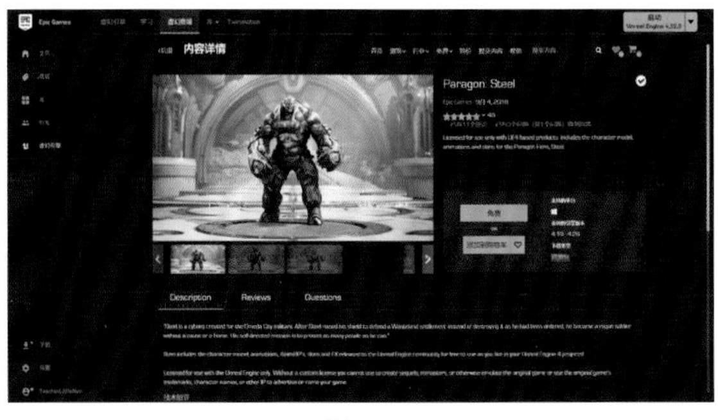

图8-11

图8-12

08 返回编辑器主界面，可以在“内容浏览器”面板中看到“ModSci_Engineer”文件夹、“ModSci_EngiProps”文件夹、“ModSciInteriors”文件夹、“ParagonMuriel”文件夹和“ParagonSteel”文件夹，如图8-13所示。

图8-13

8.2 准备投掷游戏

下面搭建投掷游戏的GamePlay框架，因为“Paragon: Muriel”资源中已经有现成的角色蓝图和动画蓝图，所以直接将这些资源套用到当前的投掷游戏项目中即可。

8.2.1 编辑输入映射与修改角色蓝图

01 选择“项目设置”选项卡，在“引擎–输入”的“Bindings”中编辑输入映射。在“Action Mappings”中添加动作映射“Jump”，将按键设置为“空格键”，表示跳跃操作；添加动作映射“Throw”，将按键设置为“鼠标左键”，表示投掷操作；添加动作映射“Take”，将按键设置为“鼠标右键”，表示捡起操作。在“Axis Mappings”中添加坐标轴映射“MoveForward”，将正按键设置为“W”，表示向前移动，将负按键设置为“S”，表示向后移动；添加坐标轴映射“MoveRight”，将正按键设置为“D”，表示向右移动，将负按键设置为“A”，表示向左移动；添加坐标轴映射“Turn”，将正设置为“鼠标X”，表示向右滑动鼠标，视角向右转动；添加坐标轴映射“LookUp”，将负设置为“鼠标Y”，表示向下滑动鼠标，视角向上转动，如图8-14所示。

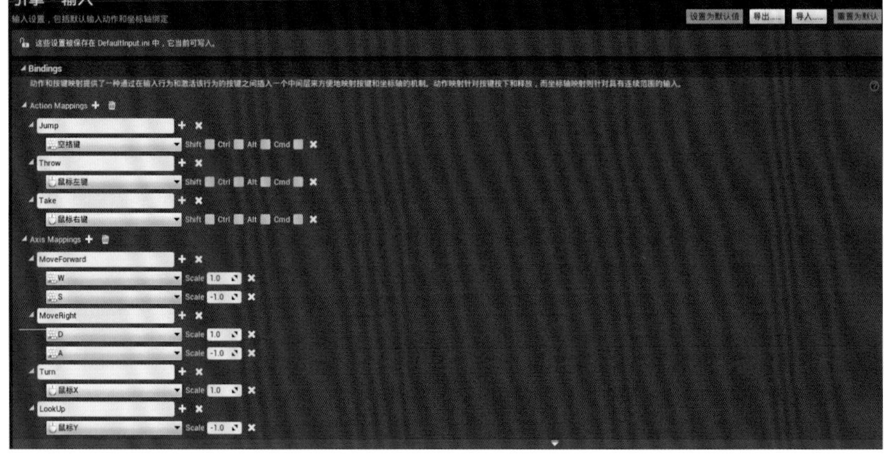

图8-14

02 修改主角的角色蓝图。切换到编辑器主界面，在“内容浏览器”面板中打开“Content\ParagonMuriel\Characters\Heroes\Muriel”目录，双击“MurielPlayerCharacter”，切换到“事件图表”面板，可以看到有些节点下方显示黄色的“WARNING”警告提示，如图8-15和图8-16所示。这是因为此角色蓝图中的一些输入事件没有绑定对应的输入映射。

图8-15

图8-16

03 有警告提示的节点分别是“输入轴TurnRate”“输入轴LookUpRate”“输入动作ResetVR”。在投掷游戏中不需要这些输入事件，所以将这些输入事件节点及其后面连接的相关蓝图程序都删除，删除后的效果如图8-17所示。另外，此角色蓝图中有一个“鼠标左键”节点，这个输入事件节点后面连接的是角色的连招程序，如图8-18所示。

图8-17

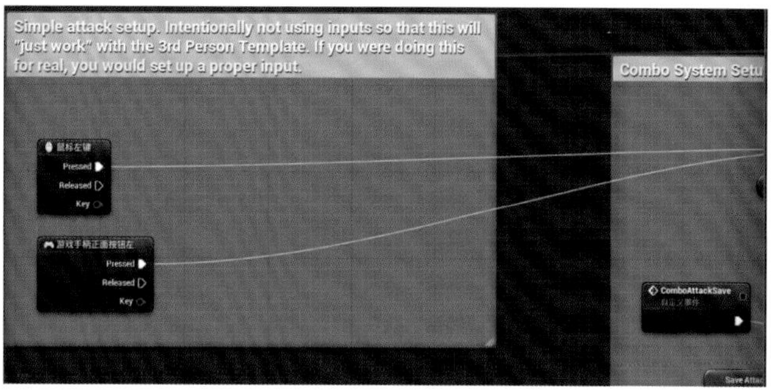

图8-18

04 在本项目中用鼠标左键来控制角色投掷能量球，这与此处的输入事件冲突，所以将此处的“鼠标左键”节点和“游戏手柄正面按钮左”节点删除，使后面的连招程序不会被触发，节点删除后的效果如图8-19所示。

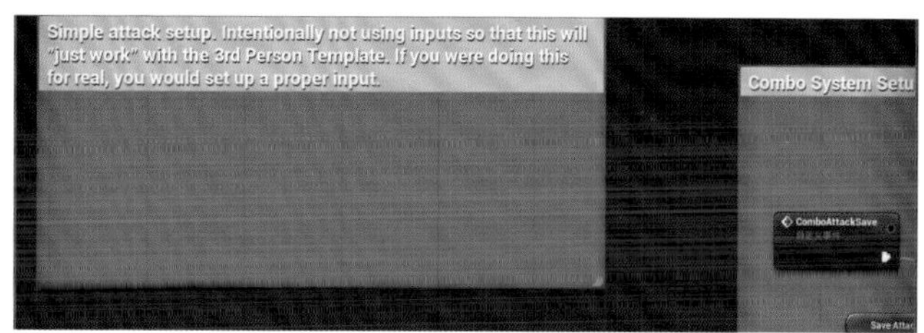

图8-19

05 调整此角色蓝图中弹簧臂组件的位置，以适应投掷游戏。在“Components”面板中选择“CameraBoom”组件，在“细节”面板中将“Transform”选项中的“位置”设置为（0,0,98.5），观察“视口”面板，可以发现带着摄像机的弹簧臂被拉高了，这样在游戏中的视野更加开阔，如图8-20~图8-22所示。

图8-20

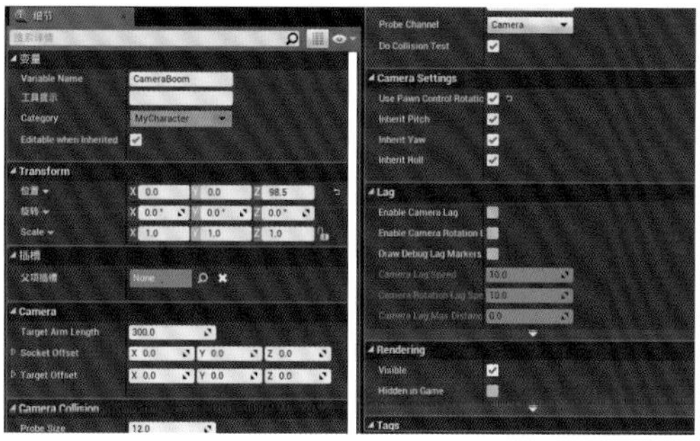

图8-21

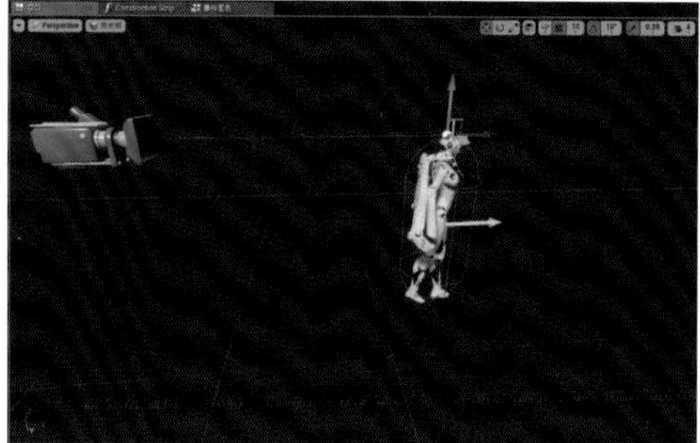

图8-22

8.2.2 创建游戏模式并编辑场景

下面将主角添加到科幻太空舱的场景中，可以创建一个新的游戏模式来将二者关联起来。

01 在“内容浏览器”面板中打开“Content”目录，在空白处单击鼠标右键，在弹出的菜单中选择“Blueprint Class”命令，在“选取父类”对话框中单击“Game Mode Base”按钮，将新建的游戏模式类命名为“ThrowMode”，这表示它是此投掷游戏的游戏模式，如图8-23~图8-25所示。

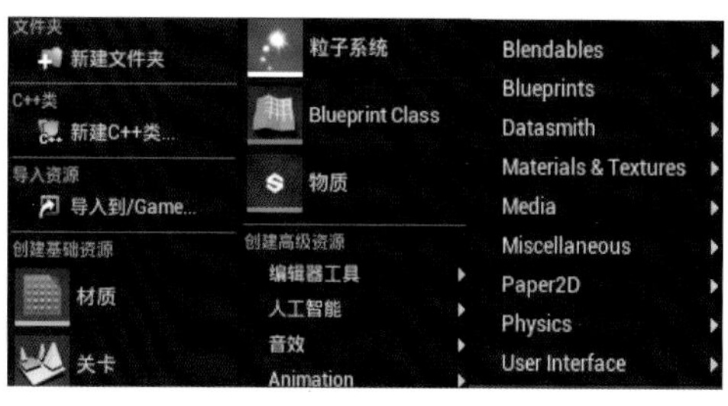

图8-23

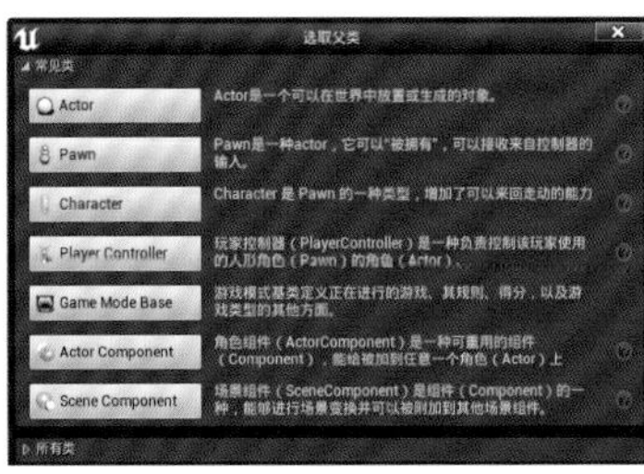

图8-24

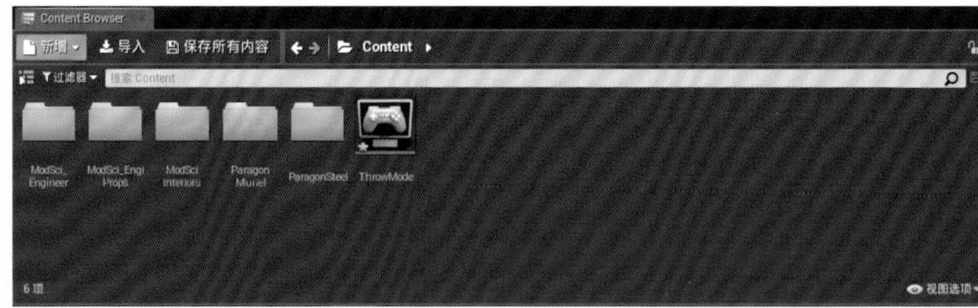

图8-25

02 双击“ThrowMode”，打开游戏模式蓝图界面，在“细节”面板中将“Default Pawn Class”设置为“MurielPlayerCharacter”，如图8-26所示。

03 单击工具栏中的“编译”按钮。选择“项目设置”选项卡，在“地图&模式”中将“Default Modes”中的“Default GameMode”设置为“ThrowMode”，并将“Default Maps”中的“Editor Startup Map”和“Game Default Map”设置为“Example_Dynamic_White”，如图8-27所示。

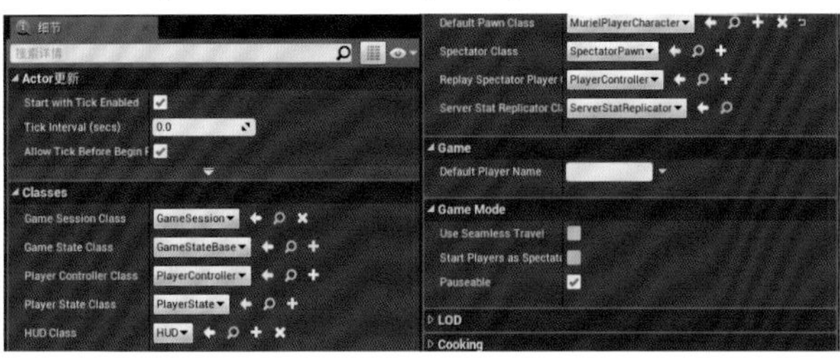

图8-26

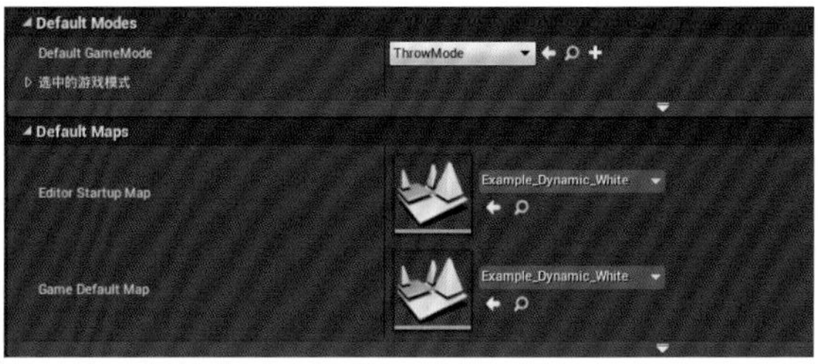

图8-27

04 编辑“Example_Dynamic_White”场景。切换到编辑器主界面，在“内容浏览器”面板中打开“Content\ModSci_Engineer\Maps”目录，双击“Example_Dynamic_White”，如图8-28和图8-29所示。

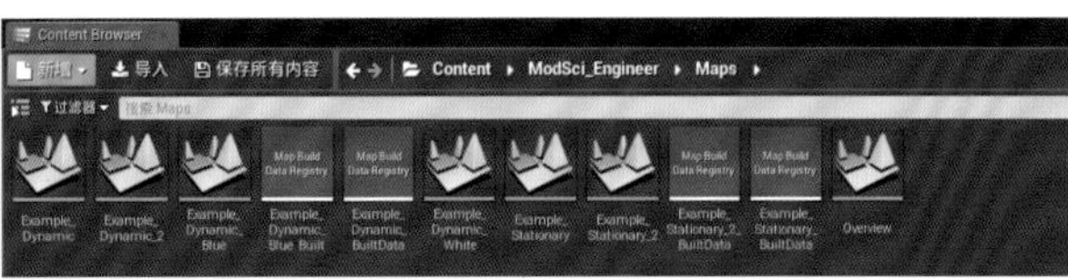

图8-28

图8-29

05 调整场景的亮度。在“世界大纲视图”面板的搜索框内输入“post”，找到并选择“PostProcessVolume2”，在“细节”面板的“Lens”中勾选“Exposure”的“Exposure Compensation”复选框，设置该参数值为2，这样场景的亮度就比较合适了，如图8-30~图8-32所示。

图8-30

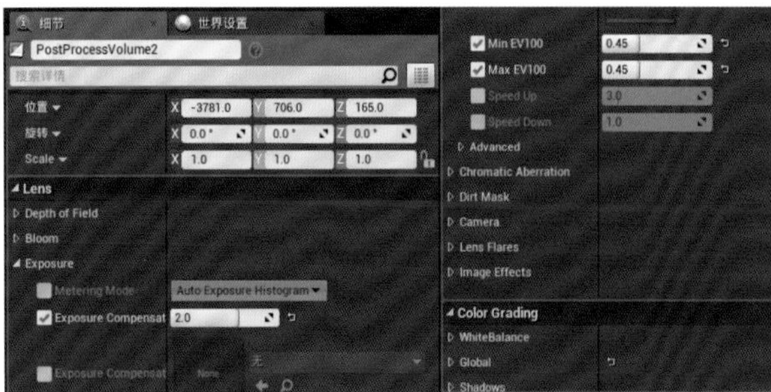

图8-31

图8-32

06 在“模式”面板中，将“Basic”选项卡中的“玩家出生点”拖曳到场景中，在“细节”面板中设置“位置”为（-6640,1560,107.45），如图8-33~图8-35所示。

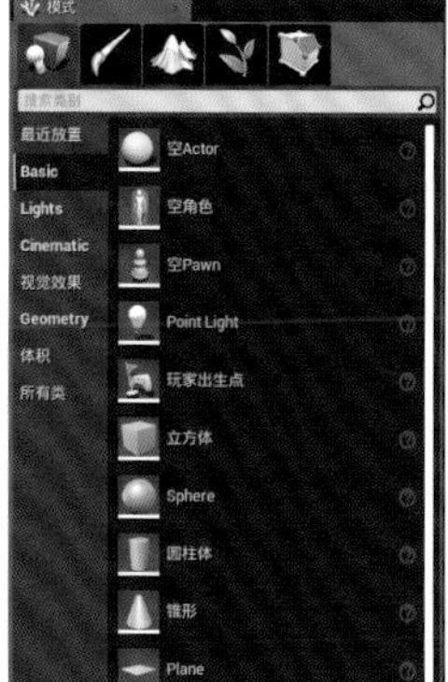

图8-33

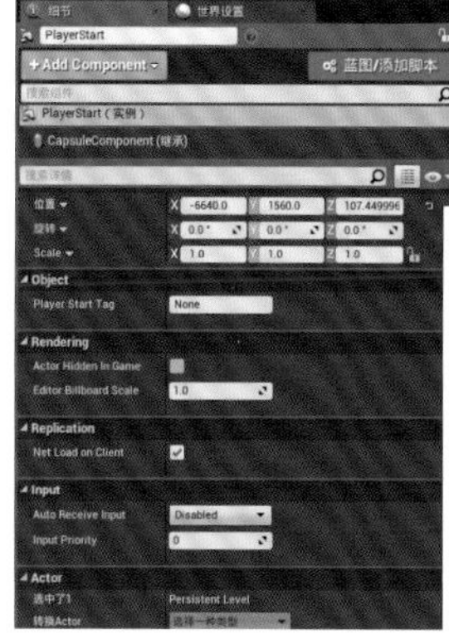

图8-34

图8-35

07 现在一切准备就绪，播放游戏。可以看到主角缓缓飞入场景中，玩家可以操控主角在场景中自由移动，如图8-36和图8-37所示。

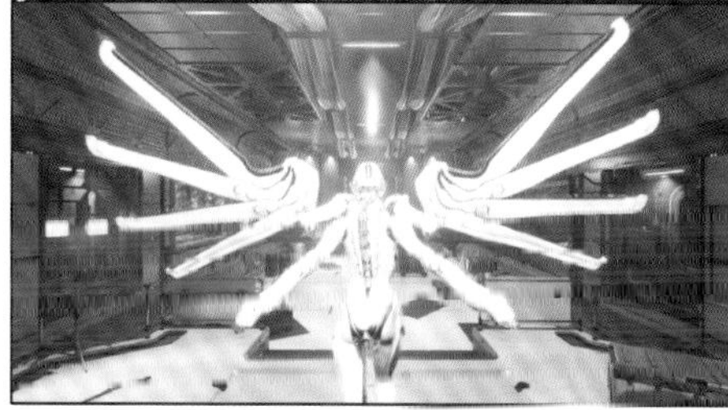

图8-36

图8-37

8.3 拾取并投掷能量球

现在要让主角拥有拾取和投掷能量球的能力。拾取能量球即让主角捡起地上的能量球，然后拿在手中；投掷能量球即让主角将手中的能量球扔出去。这两个功能看似简单，但是涉及的知识点很多，请细心进行每一步的操作。

8.3.1 创建能量球

01 想要主角拾取并投掷能量球，需要制作一个能量球的Actor类。在“内容浏览器”面板中“Content”目录的空白处单击鼠标右键，在弹出的菜单中选择“Blueprint Class”命令，在“选取父类”对话框中单击“Actor”按钮 Actor ，如图8-38和图8-39所示。将新建的Actor蓝图类命名为“EnergyBall”，它表示能量球，如图8-40所示。

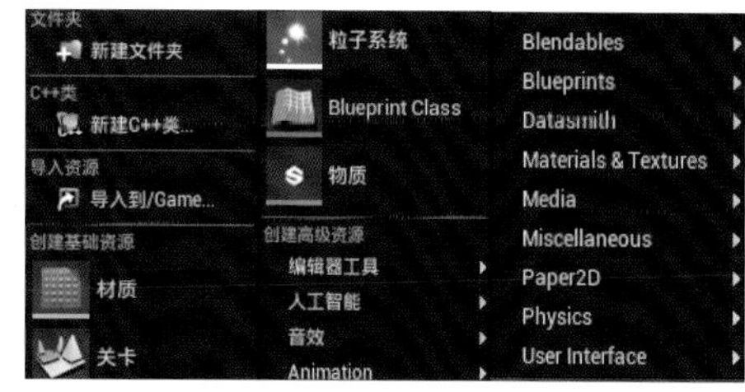

图8-38

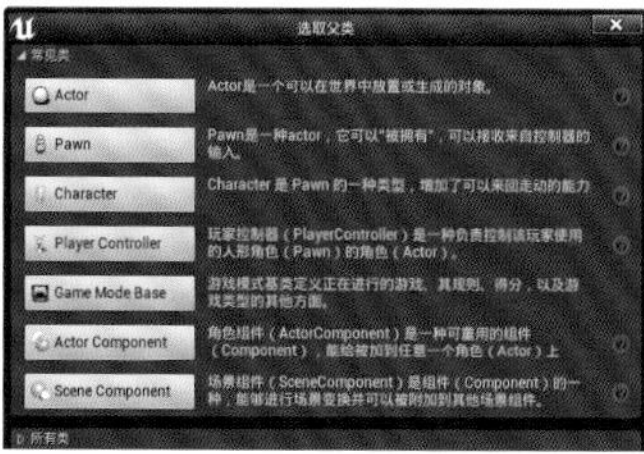

图8-39

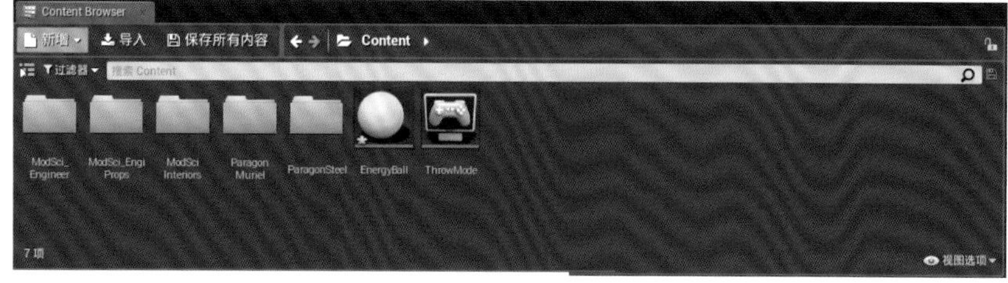

图8-40

02 双击“EnergyBall”，在“Components”面板中单击“+Add Component”按钮 +Add Component ，找到并选择“Sphere Collision”。在“细节”面板中设置“Transform”选项中的“Scale”为（2,2,2），如图8-41和图8-42所示。在“细节”面板中设置“碰撞预设值”为“Custom”，“Collision Enabled”为“Collision Enabled(Query and Physics)”，“Camera”的“碰撞响应”为“忽略”，“Pawn”的“碰撞响应”为“Overlap”，其余各项的“碰撞响应”为“区块”，如图8-43和图8-44所示。

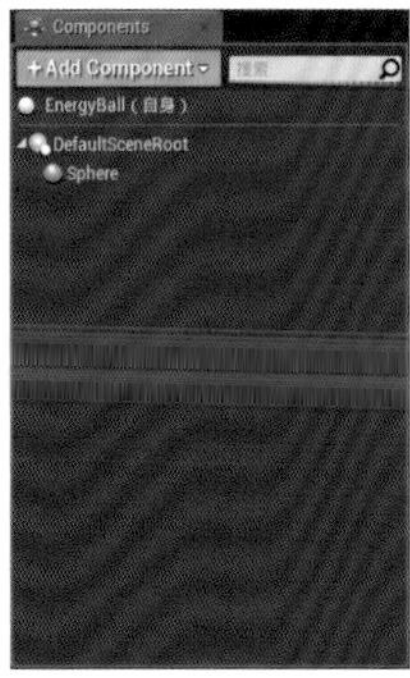

图8-41

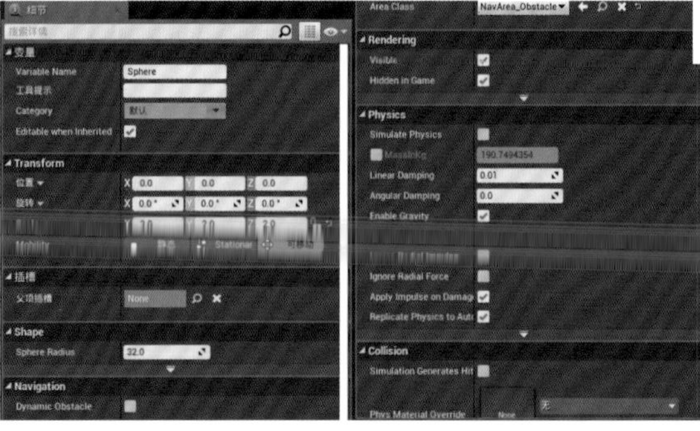

图8-42

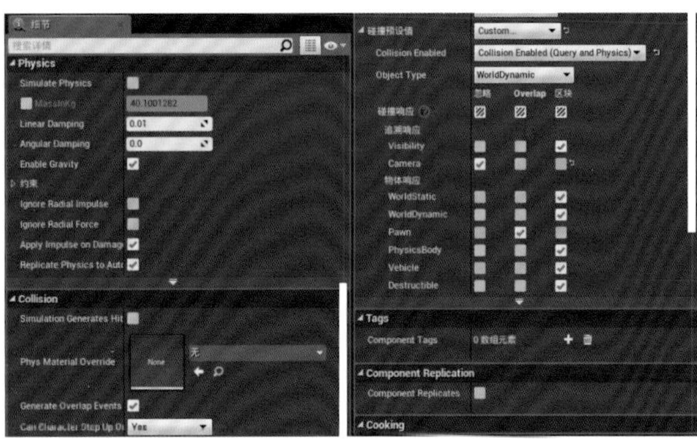

图8-43

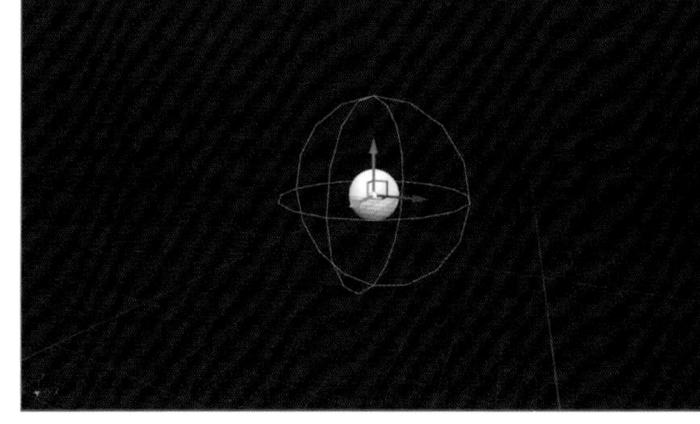

图8-44

技巧提示 “Sphere”组件的碰撞响应设置有3种类型，分别是“忽略”“Overlap”“区块”。

“忽略”表示无碰撞，将“Camera”设置为“忽略”，表示能量球对于摄像机是无碰撞的，即能量球碰到摄像机时不会阻挡摄像机的运动，会直接穿过摄像机。

“Overlap”表示发生碰撞时会触发碰撞事件，但不会阻碍物体的运动，将“Pawn”设置为“Overlap”，表示能量球碰到角色时会触发碰撞事件，同时穿过角色。

“区块”表示既能触发碰撞事件，又会阻碍物体的运动，将其他各项设置为“区块”，那么能量球对于地面、墙壁和其他物体来说，就是一个实心球体，不会发生“穿模”现象。

03 在“Components”面板中选择“Sphere”组件，单击“+Add Component”按钮 +Add Component ，找到并选择“ParticleSystem”，确保“ParticleSystem”组件是“Sphere”组件的子级，在“细节”面板中设置“Particles”的“Template”为“P_FortuneReverse_TargetingActive”，如图8-45和图8-46所示。

图8-45

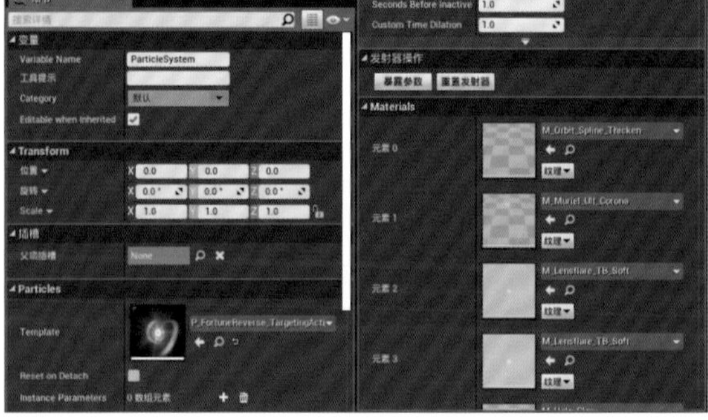

图8-46

8.3.2 让主角类引用能量球类

要想让主角捡起能量球，就需要让主角知道能量球的存在，那么如何让主角知道游戏中有能量球的存在呢？这就涉及类与类之间的引用。

01 切换到“MurielPlayerCharacter”角色蓝图类界面。在“我的蓝图”面板中单击“变量”后面的“+”按钮，如图8-47所示，新建一个变量，将新建的变量命名为“EnergyBallInHand”，它表示拿在手中的能量球。

02 在“细节”面板中，将“变量”中的“变量类型”设置为“Energy Ball”，然后单击“变量类型”后面的“布尔型”按钮，在弹出的菜单中的搜索框内输入“energy”，找到并选择“Energy Ball”中的“对象引用”命令，将“变量类型”设置为“Energy Ball”，如图8-48~图8-51所示。

图8-47

图8-48

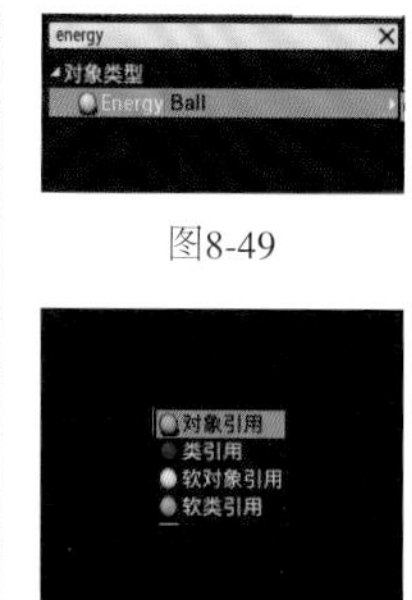

图8-49

对象引用
类引用
软对象引用
软类引用

图8-50

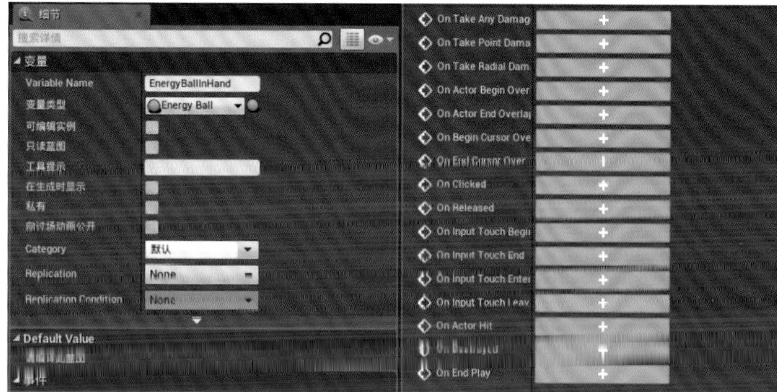

图8-51

技巧提示 上述操作实现了让主角类引用能量球类。在面向对象概念中，一个类的变量就是这个类的属性，而这个变量的类型，除了之前用过的基本数据类型（布尔型、浮点型、整数型等）以外，还可以是一个类。

一个类的成员变量可以是另外一个类，例如，A类将B类作为其成员变量，即“A类引用了B类”。主角类将能量球类作为自身的成员变量，即“主角类引用了能量球类”，让主角类引用能量球类后就可以在主角类中对能量球类进行各种操作（拾取和投掷），从而实现不同类之间的通信。

03 单击工具栏中的“编译”按钮。切换到“EnergyBall”类蓝图界面，在“Components”面板中选择组件“Sphere”，在“细节”面板的“事件”中单击“On Component Begin Overlap”后面的“+”按钮，此时“事件图表”面板中出现一个碰撞事件节点“On Component Begin Overlap(Sphere)”，如图8-52所示。

04 从“On Component Begin Overlap(Sphere)”节点的“Other Actor”引脚处拖曳出一条线，释放鼠标后在弹出的菜单中的搜索框内输入“muriel”，找到并选择“类型转换为MurielPlayerCharacter”命令，如图8-53所示。

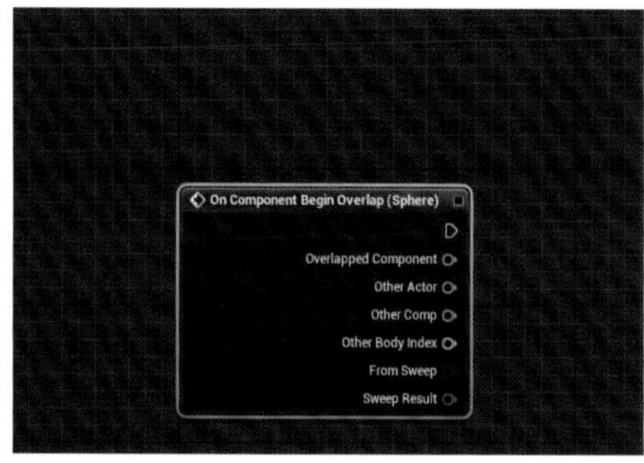

图8-52

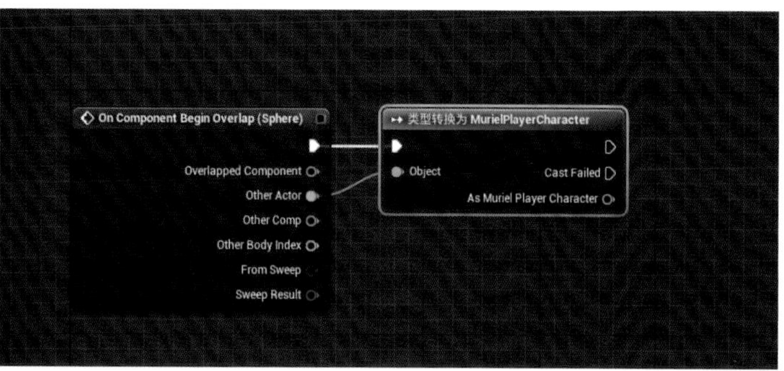

图8-53

05 从“类型转换为MurielPlayerCharacter”节点的“As Muriel Player Character”引脚处拖曳出一条线，释放鼠标后在弹出的菜单中的搜索框内输入“energy”，找到并选择“设置Energy Ball in Hand”命令，如图8-54所示。

06 从“设置”节点的“Energy Ball in Hand”的左引脚处拖曳出一条线，释放鼠标后在弹出的菜单中的搜索框内输入“self”，找到并选择“获得一个到自身的引用”命令。将“类型转换为MurielPlayerCharacter”节点的输出项连接到“设置”节点的输入项，如图8-55所示。

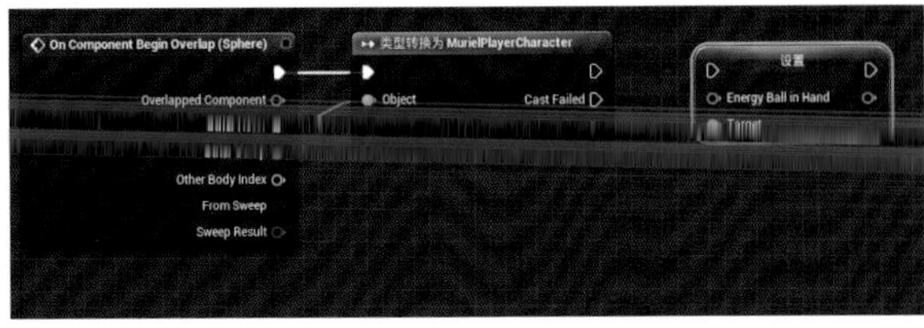

图8-54

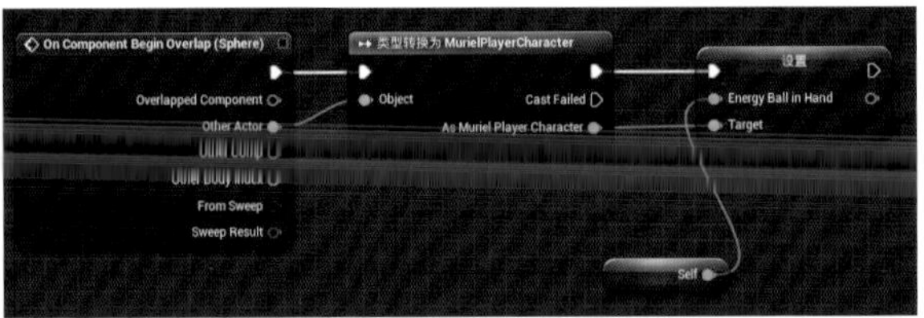

图8-55

技巧提示 当主角碰到能量球时，能量球类就将自身赋给主角类中的“EnergyBallInHand”变量，这样主角类中的“EnergyBallInHand”变量就有具体的值。可以将“Self”节点理解为能量球类自身，之前在主角类中添加了一个“EnergyBallInHand”变量，但是这个变量默认是没有的，它只是一个类型为“EnergyBall”的变量。

为了便于理解，这里使用“Float”型（即浮点型）的变量进行类比。“Float”是变量的类型，而“1.2”“3.1”“7.5”等数是变量的值。同样的，对于变量“EnergyBallInHand”而言，“EnergyBall”是变量的类型，而“在场景中间的能量球”“在箱子左边的能量球”“在人物前边的能量球”等能量球类的对象就是“EnergyBallInHand”变量的值。

将能量球类的“Self”赋给主角类的“EnergyBallInHand”变量，目的是当主角碰到场景中的某个能量球时，将这个能量球对象自身赋给主角的“EnergyBallInHand”变量。这样主角就知道拿到场景中的哪个能量球了，在扔出能量球时，就会扔出自己手中的能量球，而不是场景中的其他能量球。

8.3.3 在角色骨骼中添加插槽

要让主角捡起能量球，需要先规定主角的哪个部位捡能量球，所以要在主角骨骼模型的手部位置添加一个可以容纳能量球的插槽。

01 在“内容浏览器”面板中打开“Content\ParagonMuriel\Characters\Heroes\Muriel\Meshes”目录，双击“Muriel_Skeleton”，在“骨架树”面板中找到“middle_01_l”，它是主角左手腕处的骨骼，如图8-56和图8-57所示。

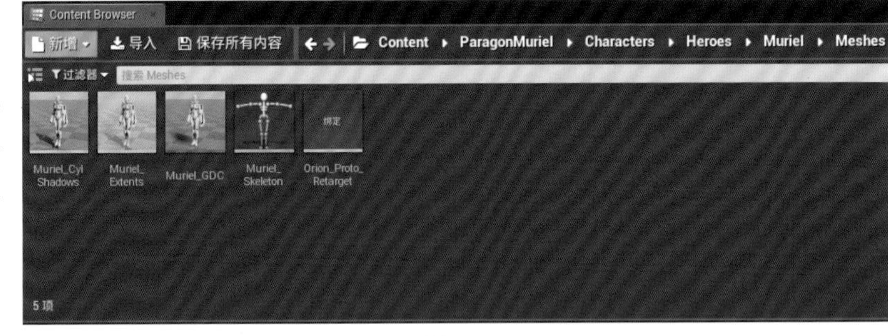

图8-56

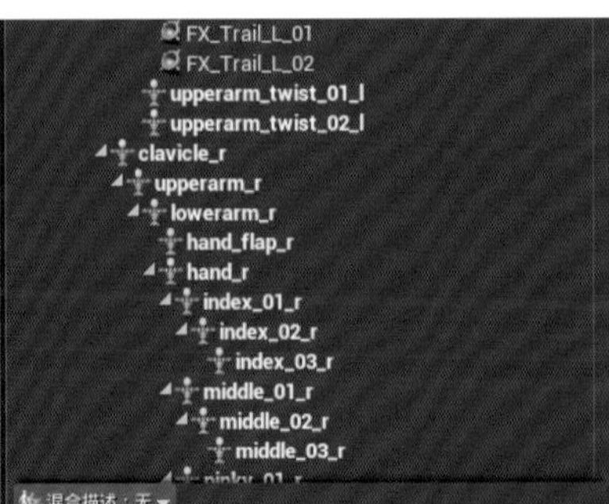

图8-57

02 在“middle_01_l”上单击鼠标右键，在弹出的菜单中选择“添加插槽”命令，此时出现一个名为“middle_01_l插槽”的新插槽，如图8-58和图8-59所示。

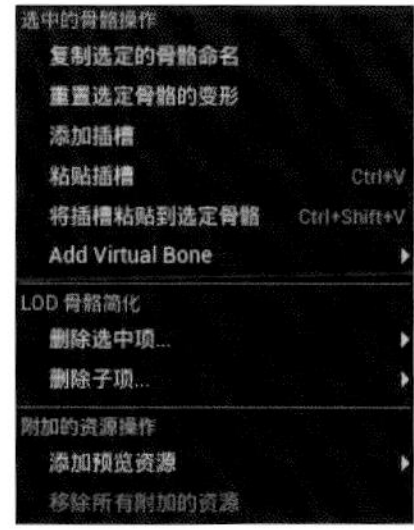

图8-58

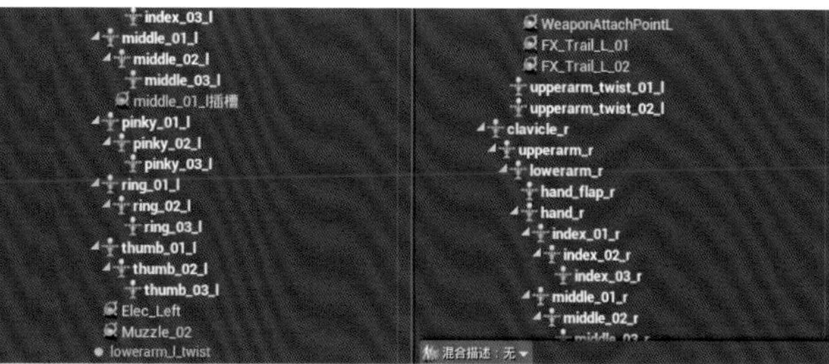

图8-59

03 为新插槽重命名。在“细节”面板中将“Socket Parameters”中的“Socket Name”更改为“LeftHandSocket”，它表示左手的插槽，如图8-60所示。此时可以在“视口”面板中看到主角的左手腕处出现了坐标轴，这便是“LeftHandSocket”插槽所在的位置，如图8-61所示。

> **技巧提示** 插槽是在指定骨骼上添加的槽位，在这个槽位中可以安插一些物件，如静态网格模型、骨架网格模型和各种Actor。在一般的动作游戏中，插槽通常用于安插角色的武器和各种装备。本项目中在角色的手部添加一个插槽，当角色执行拾取能量球这一操作时，将地面上的能量球Actor安插到此插槽中，这样角色的手中就会出现能量球了。

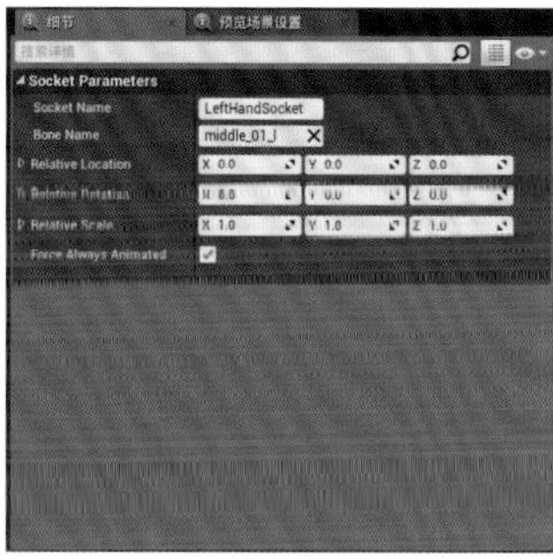

图8-60

图8-61

8.3.4 制作拾取和投掷动作的动画蒙太奇

下面制作两个动画蒙太奇，分别是主角的拾取动作和投掷动作的动画蒙太奇。

01 制作拾取动作的动画蒙太奇。切换到编辑器主界面，在“内容浏览器”面板中“Content”目录的空白处单击鼠标右键，在弹出的菜单中选择“Animation”中的“动画蒙太奇”命令，如图8-62和图8-63所示。

图8-62

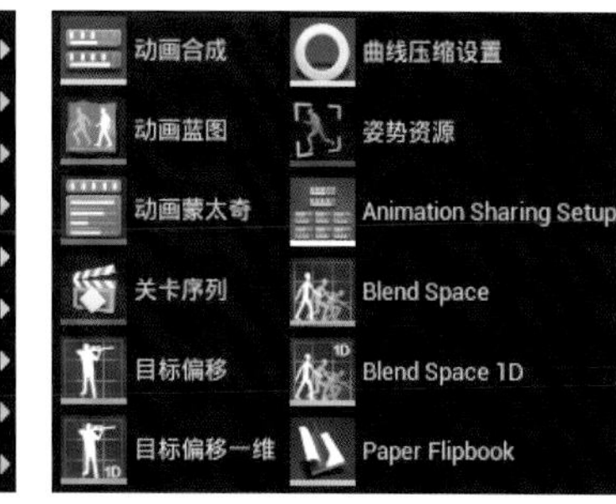

图8-63

02 在“选择骨架”对话框中选择“Muriel_Skeleton”，将新建的动画蒙太奇命名为“Take_Montage”，如图8-64和图8-65所示。

图8-64

图8-65

03 双击“Take_Montage”，打开动画蒙太奇界面。单击“动画序列”面板的“Montage”中进度条右侧的“DefaultGroup.DefaultSlot”按钮，在弹出的菜单中选择“DefaultGroup.UpperBody”命令，如图8-66~图8-68所示。

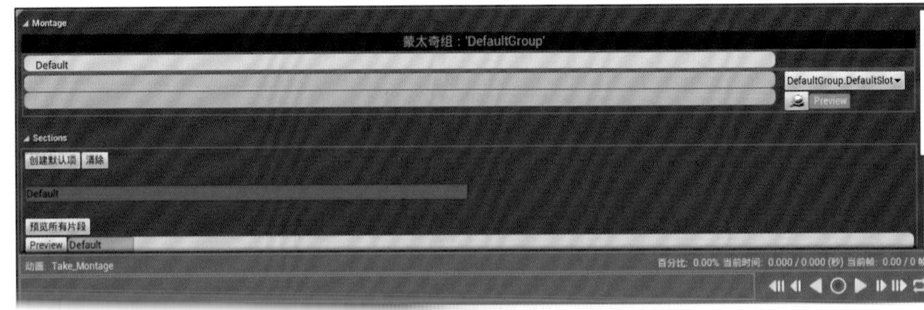

图8-66

图8-67

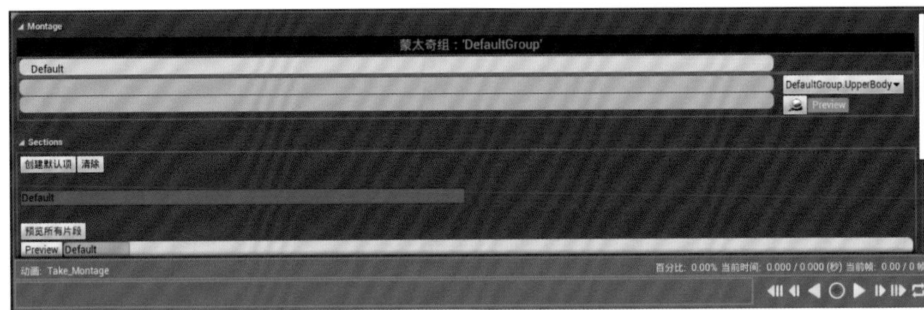

图8-68

技巧提示 主角使用的动画蓝图是美术资源自带的，其中的动画插槽是“UpperBody”，要让新建的动画蒙太奇的动画插槽与主角动画蓝图中的动画插槽保持一致。注意，动画蒙太奇中的插槽（Slot）与骨架中的插槽（Socket）是两个不同的概念，不要混淆。

04 在“资源浏览器”面板中，找到并拖曳“Ultimate_Teleport_Land”动画到“动画序列”面板中“Montage”的第2层进度条处，这样动画蒙太奇的第2层进度条就被“Ultimate_Teleport_Land”动画占据了，如图8-69和图8-70所示。

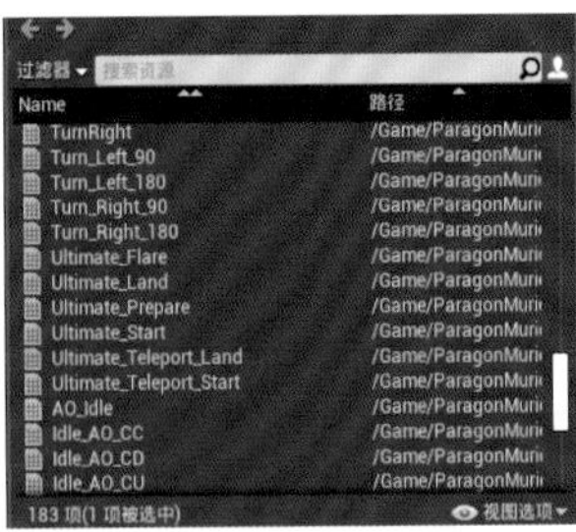

图8-69

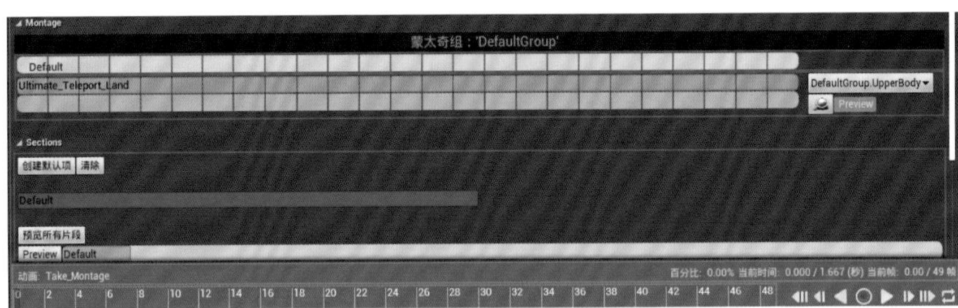

图8-70

05 在“资源浏览器”面板中拖曳“Ultimate_Teleport_Land”动画，将它放到“动画序列”面板中“Montage”的“Ultimate_Teleport_Land”进度条后端（大约在“Ultimate_Teleport_Land”进度条的2/3处），新的“Ultimate_Teleport_Land”动画被自动填充到之前添加的“Ultimate_Teleport_Land”动画后，且位于第3层进度条中，如图8-71和图8-72所示。

图8-71

图8-72

06 选择进度条中的第1个"Ultimate_Teleport_Land"动画，在"细节"面板中设置"动画片段"中的"Start Time"为1.247、"Play Rate"为-1，如图8-73和图8-74所示。

图8-73

图8-74

07 选择进度条中的第2个"Ultimate_Teleport_Land"动画，在"细节"面板中设置"动画片段"中的"Start Time"为1.247，如图8-75和图8-76所示。

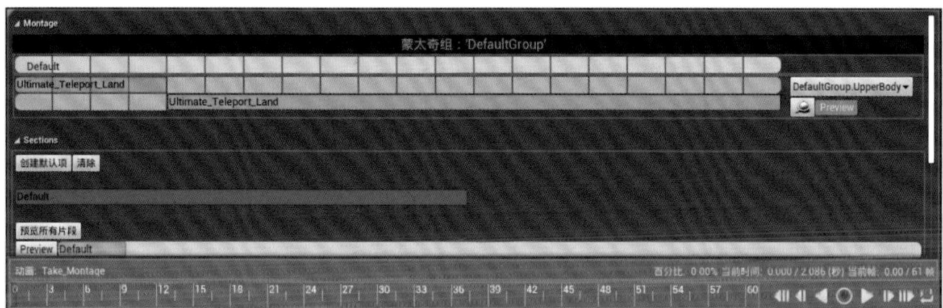

图8-75

图8-76

08 在"动画序列"面板中，单击"动画"进度条右侧的小三角按钮，播放动画，可以看到角色做出了一个拾取物品的动作，包括弯腰下蹲和起身站立两个阶段，如图8-77所示。

技巧提示 这里的拾取动作是利用两个"Ultimate_Teleport_Land"动画拼接而成的，"Ultimate_Teleport_Land"动画是一个角色从高处降落后起身站立的动画。此处截取它的后半段"起身站立"部分，将"起身站立"片段的"Play Rate"设置为-1，动画就会倒放，从而变成"弯腰蹲下"的动画，将"弯腰蹲下"动画与"起身站立"动画拼接在一起，就变成了拾取动作的动画。

图8-77

09 在"资源浏览器"面板中双击"Ultimate_Teleport_Land"动画，在"资源详情"面板中勾选"Root Motion"中的"EnableRootMotion"复选框，如图8-78和图8-79所示。这是为了确保在播放动画时角色不会产生位移，即在拾取物品时角色不移动。

图8-78

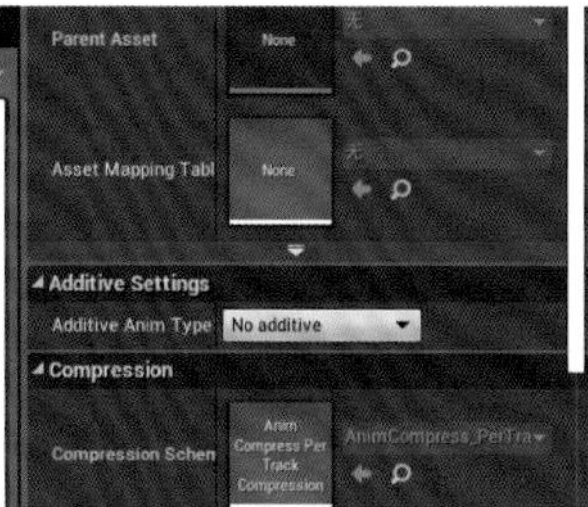

图8-79

10 制作投掷动作的动画蒙太奇。切换到编辑器主界面，在“内容浏览器”面板中“Content”目录的空白处单击鼠标右键，在弹出的菜单中选择“Animation”中的“动画蒙太奇”命令，如图8-80和图8-81所示。

图8-80

图8-81

11 在“选择骨架”对话框中选择“Muriel_Skeleton”，将新建的动画蒙太奇命名为“Throw_Montage”，如图8-82和图8-83所示。

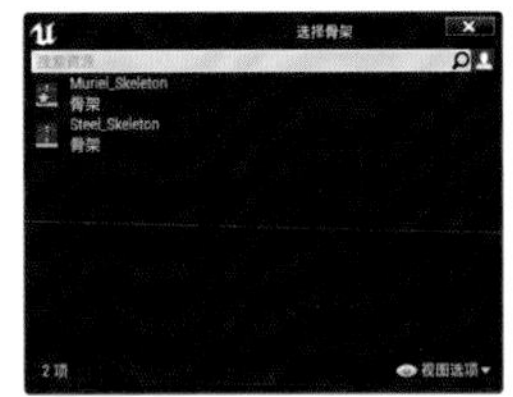

图8-82

图8-83

12 双击“Throw_Montage”，打开动画蒙太奇界面。单击“动画序列”面板中“Montage”的进度条右侧的“DefaultGroup.DefaultSlot”按钮DefaultGroup.DefaultSlot▾，在弹出的菜单中选择“DefaultGroup.UpperBody”命令，如图8-84所示。

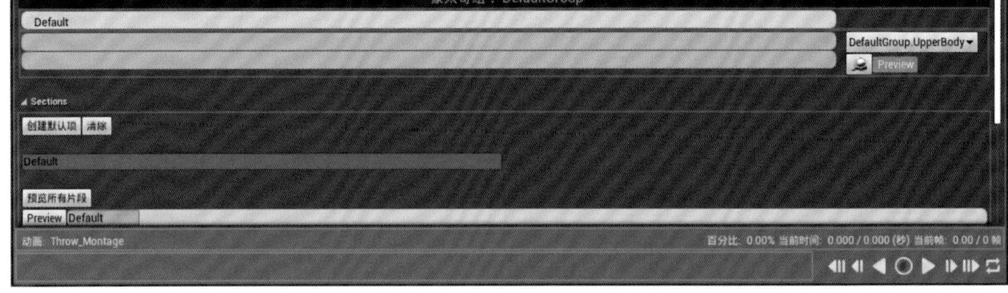

图8-84

13 在“资源浏览器”面板中找到并拖曳“Boots”动画到“动画序列”面板中“Montage”的第2层进度条处，这样动画蒙太奇的第2层进度条就被“Boots”动画占据了，如图8-85和图8-86所示。

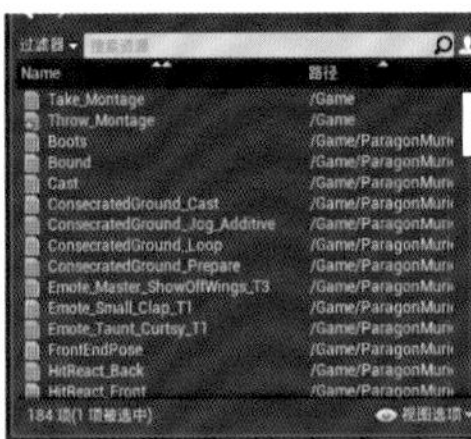

图8-85

图8-86

14 选择进度条中的“Boots”动画，在“细节”面板中将“动画片段”中的“Play Rate”设置为1.5，如图8-87和图8-88所示。

图8-87

图8-88

15 在“动画序列”面板中，单击“动画”进度条右侧的小三角按钮▶，播放动画。可以看到角色甩起左臂，跃起身体，做出一个很有力的投掷动作，如图8-89所示。

图8-89

8.3.5 编写拾取能量球的蓝图程序

现在能量球、插槽和动画蒙太奇都已准备好，下面编写蓝图程序来实现拾取能量球的功能。

01 切换到“MurielPlayerCharacter”角色蓝图界面，在“事件图表”面板的空白处单击鼠标右键，在弹出的菜单中的搜索框内输入“take”，找到并选择“Take”命令，如图8-90所示。

02 从“输入动作Take”节点的“Pressed”输出项处拖曳出一条线，释放鼠标后在弹出的菜单中的搜索框内输入“current”，找到并选择“Get Current Montage”命令，如图8-91所示。

03 从“Get Current Montage”节点的“Return Value”引脚处拖曳出一条线，释放鼠标后在弹出的菜单中的搜索框内输入“valid”，找到并选择“Is Valid”命令（前面有“f”图标的节点），如图8-92所示。

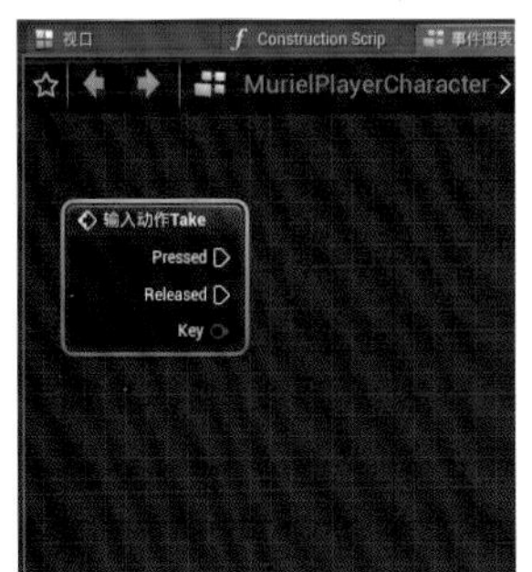

图8-90

图8-91

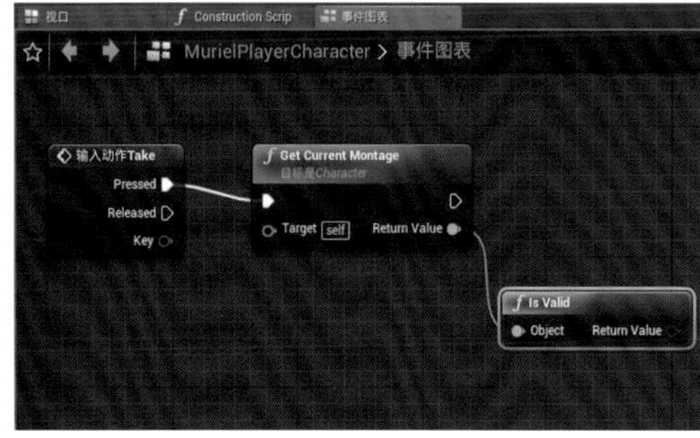

图8-92

04 从“Is Valid”节点的“Return Value”引脚处拖曳出一条线，释放鼠标后在弹出的菜单中的搜索框内输入“if”，找到并选择“分支”命令。将“Get Current Montage”节点的输出项连接到“分支”节点的输入项，如图8-93所示。

05 在“事件图表”面板的空白处单击鼠标右键，在弹出的菜单中的搜索框内输入“velocity”，找到并选择“Get Velocity”命令，如图8-94所示。

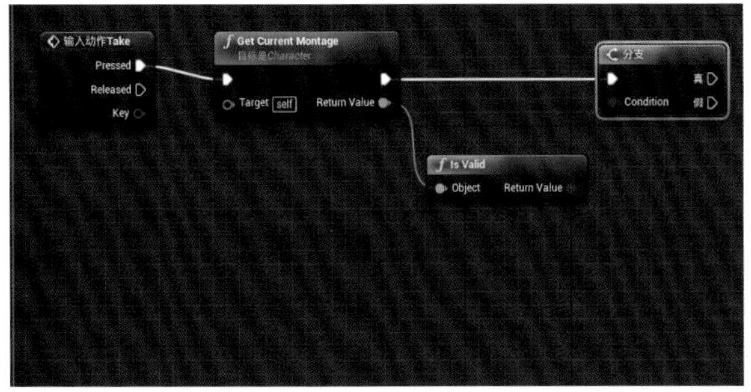

图8-93

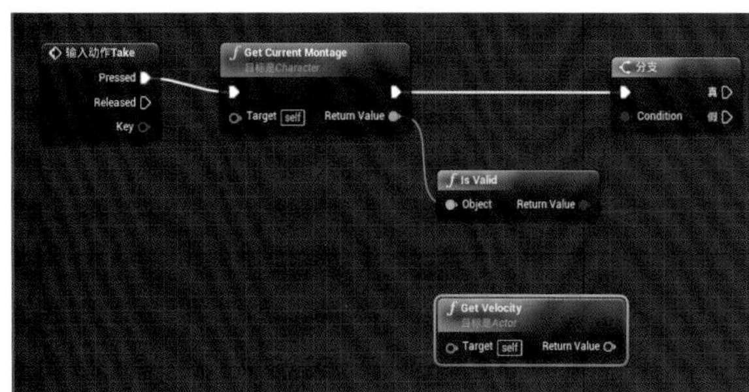

图8-94

06 从“Get Velocity”节点的“Return Value”引脚处拖曳出一条线，释放鼠标后在弹出的菜单中的搜索框内输入“length”，找到并选择“VectorLength”命令，如图8-95所示。

07 从“VectorLength”节点的“Return Value”引脚处拖曳出一条线，释放鼠标后在弹出的菜单中的搜索框内输入“==”，找到并选择“Equal(float)”命令，如图8-96所示。

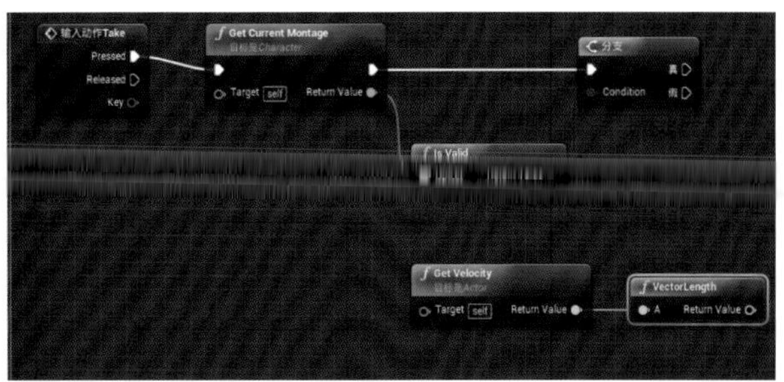

图8-95

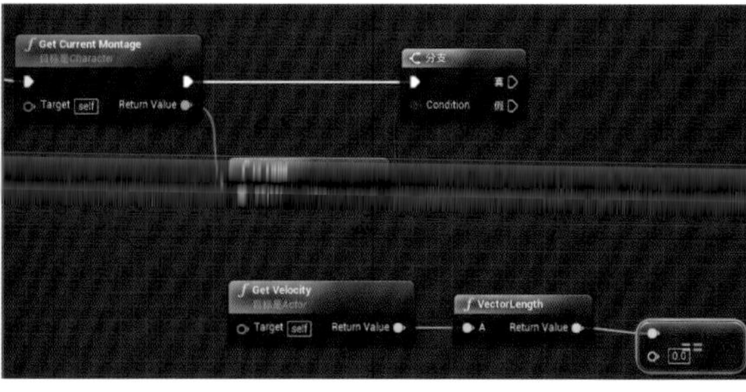

图8-96

08 从“==”节点的输出引脚处拖曳出一条线，释放鼠标后在弹出的菜单中的搜索框内输入“if”，找到并选择“分支”命令。将前面添加的“分支”节点的“假”输出项连接到新“分支”节点的输入项，如图8-97所示。

09 从新“分支”节点的“真”输出项处拖曳出一条线，释放鼠标后在弹出的菜单中的搜索框内输入“montage”，找到并选择“Play Anim Montage”命令。将“Play Anim Montage”节点的参数“Anim Montage”设置为“Take_Montage”，如图8-98所示。

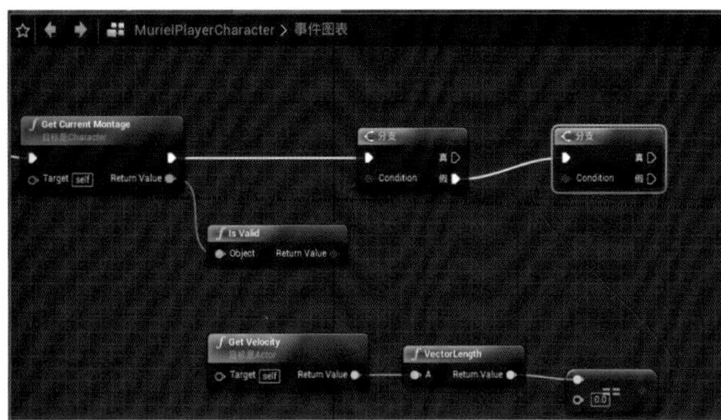

图8-97

图8-98

10 从“Play Anim Montage”节点的“Return Value”引脚处拖曳出一条线，释放鼠标后在弹出的菜单中的搜索框内输入“/”，找到并选择“float/float”命令。将“÷”节点的除数设置为2，如图8-99所示。

11 从“÷”节点的输出引脚处拖曳出一条线，释放鼠标后在弹出的菜单中的搜索框内输入“delay”，找到并选择“Delay”命令。将“Play Anim Montage”节点的输出项连接到“Delay”节点的输入项，如图8-100所示。

图8-99

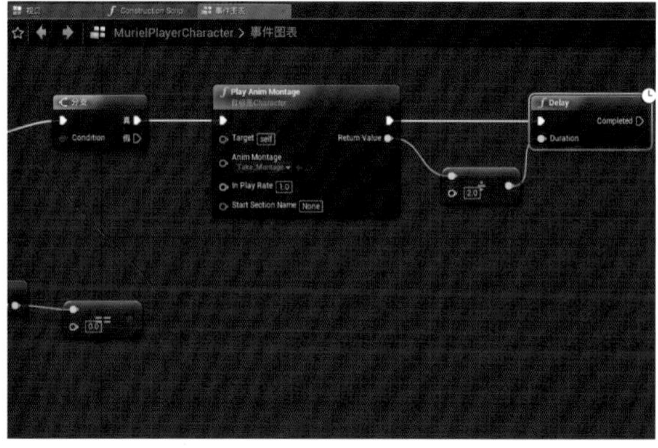

图8-100

12 在“事件图表”面板的空白处单击鼠标右键，在弹出的菜单中的搜索框内输入“energy”，找到并选择“获取Energy Ball in Hand”命令，如图8-101所示。

13 从“Energy Ball in Hand”节点的输出引脚处拖曳出一条线，释放鼠标后在弹出的菜单中的搜索框内输入“valid”，找到并选择“Is Valid”命令（前面有“？”的流程控制节点）。将“Delay”节点的“Completed”输出项连接到“Is Valid”节点的“Exec”输入项，如图8-102所示。

图8-101

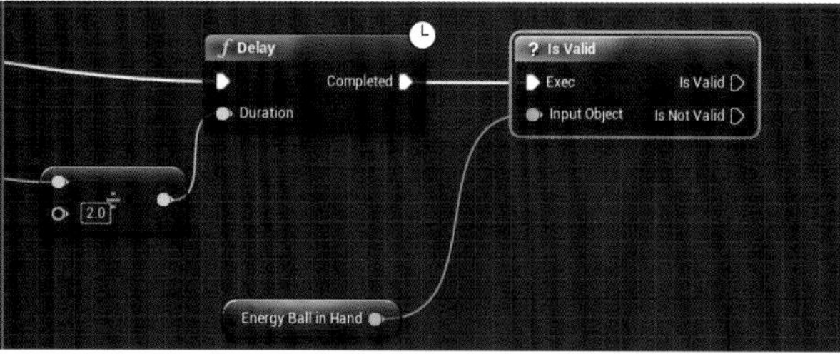

图8-102

14 从“Energy Ball in Hand”节点的输出引脚处拖曳出一条线，释放鼠标后在弹出的菜单中的搜索框内输入“simulate”，找到并选择“Set Simulate Physics(Sphere)”命令。此时“Energy Ball in Hand”节点与“Set Simulate Physics”节点之间自动出现一个“Target Sphere”节点，将“Is Valid”节点的“Is Valid”输出项连接到“Set Simulate Physics”节点的输入项，如图8-103所示。

15 从“Target Sphere”节点的“Sphere”输出引脚处拖曳出一条线，释放鼠标后在弹出的菜单中的搜索框内输入“attach”，找到并选择“AttachToComponent”命令。注意菜单中有两个“AttachToComponent”命令，选择下面那个命令，确保“AttachToComponent”节点上标注的是“目标是Scene Component”。设置“AttachToComponent”节点的“Socket Name”为“LeftHandSocket”，设置“Location Rule”“Rotation Rule”“Scale Rule”均为“Snap to Target”，将“Set Simulate Physics”节点的输出项连接到“AttachToComponent”节点的输入项，如图8-104所示。

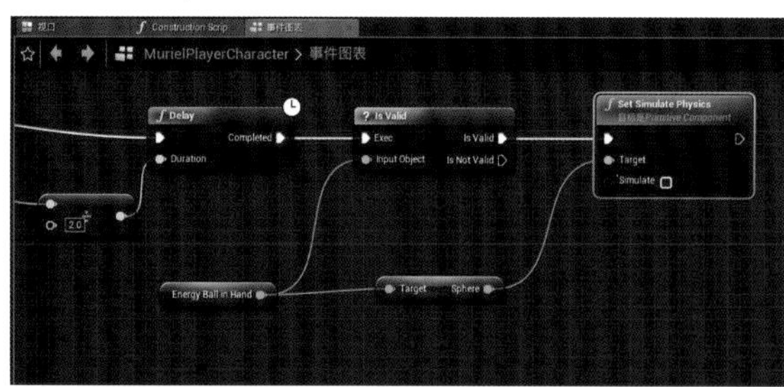

图8-103

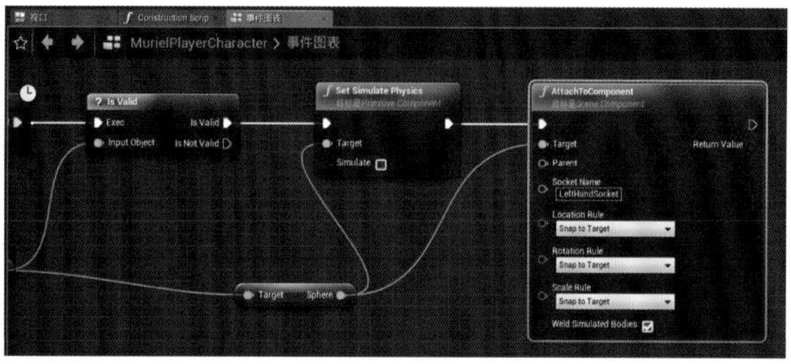

图8-104

16 从“AttachToComponent”节点的“Parent”引脚处拖曳出一条线，释放鼠标后在弹出的菜单中的搜索框内输入“mesh”，找到并选择“获取Mesh”命令，如图8-105所示。

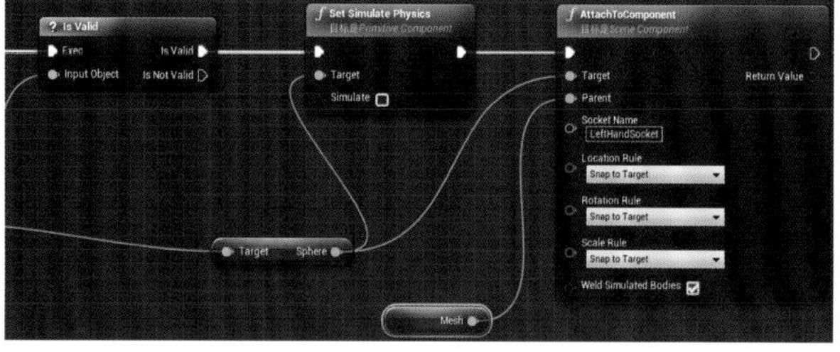

图8-105

技巧提示 这段程序比较长，但也不难理解。当单击鼠标右键后，会先判断当前是否有动画蒙太奇在播放。如果没有，则再判断角色的速度是否为0。如果角色的速度为0，则播放拾取动作的动画蒙太奇。在动画蒙太奇播放到一半时，判断角色是否有“EnergyBallInHand”变量，也就是判断角色是否碰到了能量球，如果有，则取消能量球的物理模拟，并将能量球附加到角色手部骨骼的插槽上。

这里在播放动画蒙太奇之前进行了两个判断。

第1个 判断是否有动画蒙太奇在播放，目的是防止错乱跳闪现象的发生。如果按按键就播放动画蒙太奇，那么当玩家快速地连续按按键时就会不断地从头播放动画蒙太奇，从而导致角色发生错乱跳闪现象。在按按键时，检测当前动画蒙太奇是否存在，如果存在，则什么都不做，以防止当前的动画蒙太奇被新的动画蒙太奇打断。只有当前没有播放动画蒙太奇时，程序才会往后执行。这样无论玩家多么快速地按按键，也只能等当前动画蒙太奇播完才能进行下一步的操作，从而防止了错乱跳闪现象的发生。

第2个 判断角色速度是否为0，即角色是否在走动，只有速度为0时，才能播放动画蒙太奇。这样做是使移动中的角色不能捡东西，要想拾取能量球，角色必须停下来，然后玩家单击鼠标右键。后面将动画蒙太奇的播放时长除以2，然后将此计算结果传入延迟函数，表示拾取动作的动画蒙太奇播放到一半时，正好是角色双手放到地面的时刻，此时将能量球附加到角色的手上，在视觉上的效果就是角色捡起了能量球。

"AttachToComponent"函数的功能是将Actor附加到组件上。这里将能量球Actor附加到角色的骨骼模型组件上的"LeftHandSocket"插槽上。另外，在能量球附加到手部骨骼插槽之前，取消能量球的物理效果，因为拿在手中的能量球跟随手部运动即可。

17 单击工具栏中的"编译"按钮，切换到编辑器主界面，将"内容浏览器"面板中的"EnergyBall"拖曳到场景中的任意位置，播放游戏。现在可以控制主角走到能量球边，单击鼠标右键，角色就会弯腰捡起能量球，之后能量球就一直在角色手中，如图8-106~图8-108所示。

图8-106

图8-107

图8-108

技巧提示 其实这里有一个问题，当角色碰到能量球后，先不把它捡起来，当角色走远后再单击鼠标右键，这时能量球会瞬间移动到角色的手上。也就是说，只要角色碰到过能量球，那么角色在任意位置都能捡起它，这样肯定是不对的。

这个问题产生的原因就是在编写能量球的蓝图程序时只考虑了能量球碰到角色的情况，没有考虑能量球离开角色的情况。当能量球碰到角色时，角色的"EnergyBallInHand"变量就存在了，但是此时玩家没有拾取能量球就走了，这时"EnergyBallInHand"变量依然存在。所以当玩家在别处单击鼠标右键做拾取动作时，能量球就会移动到角色手上。

18 解决上述问题的思路是当角色离开能量球时就将角色的"EnergyBallInHand"变量设置为"空"，这样角色就不能在没有能量球的地方捡能量球。切换到"EnergyBall"类蓝图界面，在"Components"面板中选择组件"Sphere"。在"细节"面板的"事件"中单击"On Component End Overlap"后面的"+"按钮，此时"事件图表"面板中出现了一个碰撞事件节点"On Component End Overlap(Sphere)"，如图8-109所示。

19 从"On Component End Overlap(Sphere)"节点的"Other Actor"引脚处拖曳出一条线，释放鼠标后在弹出的菜单中的搜索框内输入"muriel"，找到并选择"类型转换为MurielPlayerCharacter"命令，如图8-110所示。

图8-109

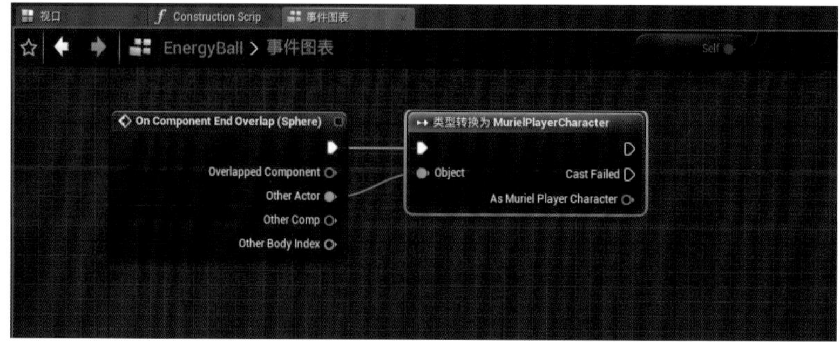

图8-110

20 从“类型转换为MurielPlayerCharacter”节点的“As Muriel Player Character”引脚处拖曳出一条线，释放鼠标后在弹出的菜单中的搜索框内输入“==”，找到并选择“Equal(Object)”命令，如图8-111所示。

21 在“事件图表”面板的空白处单击鼠标右键，在弹出的菜单中的搜索框内输入“getattach”，找到并选择“Get Attach Parent Actor”命令。将“Get Attach Parent Actor”节点的“Return Value”引脚连接到“==”节点的下端输入引脚，如图8-112所示。

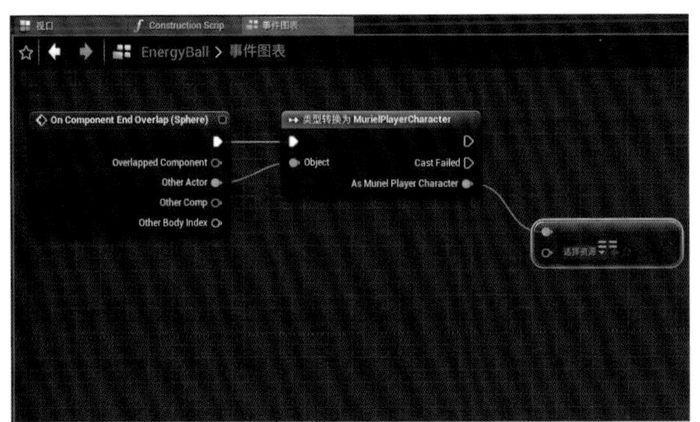

图8-111

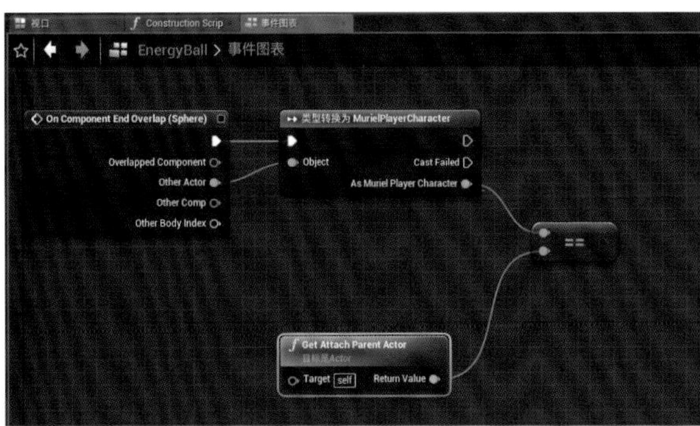

图8-112

22 从“==”节点的输出引脚处拖曳出一条线，释放鼠标后在弹出的菜单中的搜索框内输入“if”，找到并选择“分支”命令。将“类型转换为MurielPlayerCharacter”节点的输出项连接到“分支”节点的输入项，如图8-113所示。

23 从“类型转换为MurielPlayerCharacter”节点的“As Muriel Player Character”引脚处拖曳出一条线，释放鼠标后在弹出的菜单中的搜索框内输入“energy”，找到并选择“设置Energy Ball in Hand”命令。将“分支”节点的“假”输出项连接到“设置”节点的输入项，如图8-114所示。

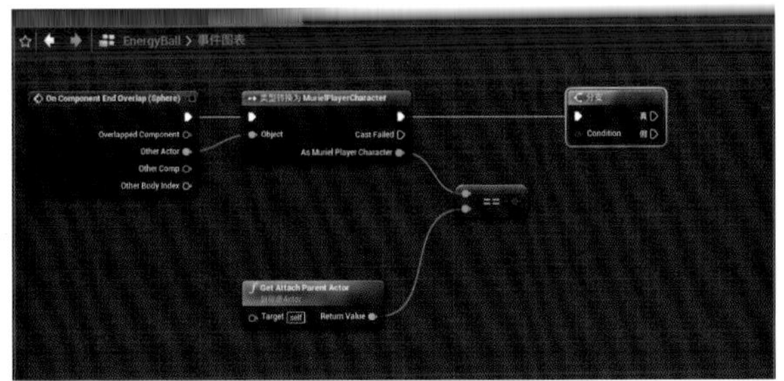

图8-113

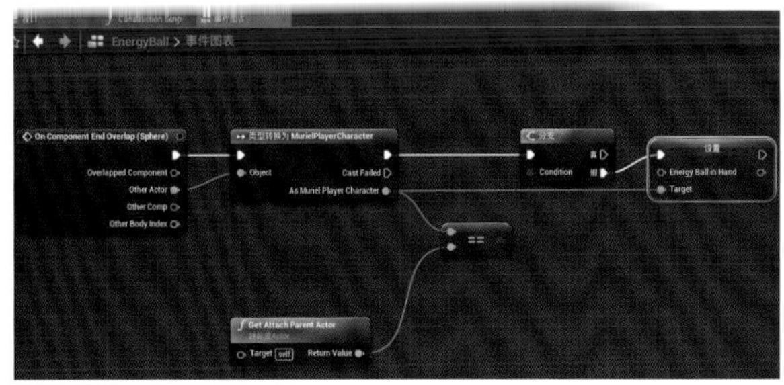

图8-114

技巧提示 当能量球离开角色时，判断能量球是否附加在角色身上。如果没有，则将角色的“EnergyBallInHand”变量的值设置为空。

在能量球离开角色时判断能量球是否在角色手上。因为角色在跑动时能量球会反复地碰到和离开角色，所以如果角色已经将能量球拿在手上，就不需要改变角色的“EnergyBallInHand”变量的值。如果角色没将能量球捡起来就离开能量球，那么将角色的“EnergyBallInHand”变量的值设置为空。

编译后播放游戏，可以发现这次角色走到能量球边就离开，在别处单击鼠标右键，角色就无法捡起远处的能量球。

8.3.6 编写投掷能量球的蓝图程序

01 切换到“MurielPlayerCharacter”角色蓝图界面。在“事件图表”面板的空白处单击鼠标右键，在弹出的菜单中的搜索框内输入“throw”，找到并选择“Throw”命令，如图8-115所示。

图8-115

02 从“输入动作Throw”节点的“Pressed”输出项处拖曳出一条线，释放鼠标后在弹出的菜单中的搜索框内输入“current”，找到并选择“Get Current Montage”命令，如图8-116所示。

03 从“Get Current Montage”节点的“Return Value”引脚处拖曳出一条线，释放鼠标后在弹出的菜单中的搜索框内输入“valid”，找到并选择“Is Valid”命令（前面有“f”的函数节点），如图8-117所示。

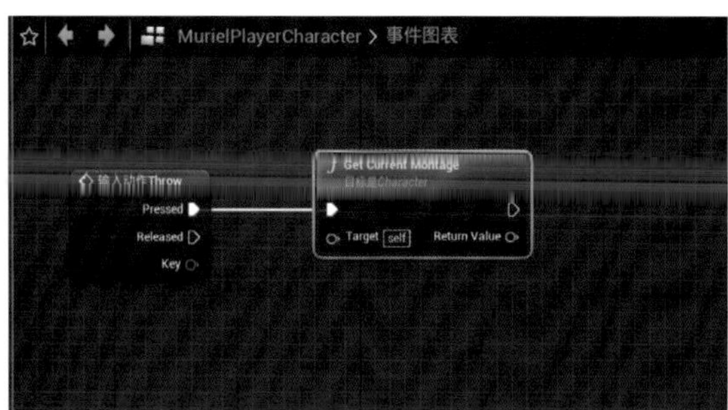

图8-116

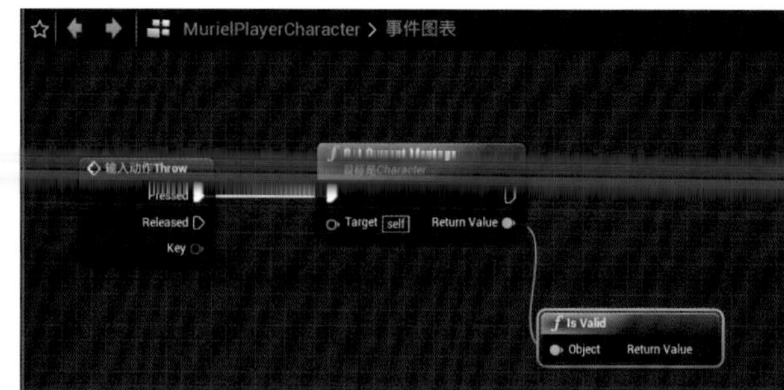

图8-117

04 从“Is Valid”节点的“Return Value”引脚处拖曳出一条线，释放鼠标后在弹出的菜单中的搜索框内输入“if”，找到并选择“分支”命令。将“Get Current Montage”节点的输出项连接到“分支”节点的输入项，如图8-118所示。

05 从“分支”节点的“假”输出项处拖曳出一条线，释放鼠标后在弹出的菜单中的搜索框内输入“montage”，找到并选择“Play Anim Montage”命令。将“Play Anim Montage”节点的“Anim Montage”设置为“Throw_Montage”，如图8-119所示。

图8-118

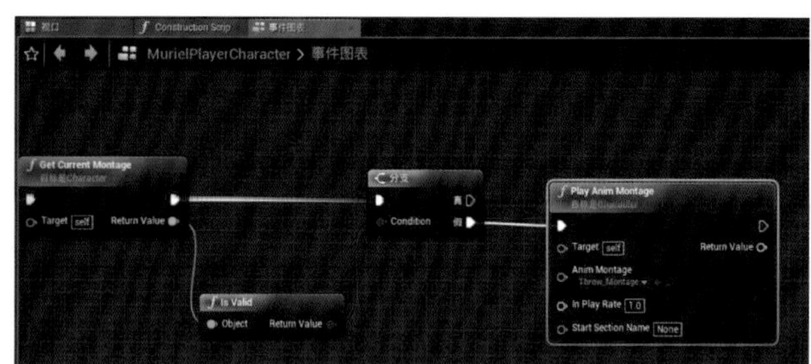

图8-119

06 在“事件图表”面板的空白处单击鼠标右键，在弹出的菜单中的搜索框内输入“energy”，找到并选择“获取Energy Ball in Hand”命令，如图8-120所示。

07 从“Energy Ball in Hand”节点的输出引脚处拖曳出一条线，释放鼠标后在弹出的菜单中的搜索框内输入“valid”，找到并选择“Is Valid”命令（前面有“？”的流程控制节点）。将“Play Anim Montage”节点的输出项连接到“Is Valid”节点的“Exec”输入项，如图8-121所示。

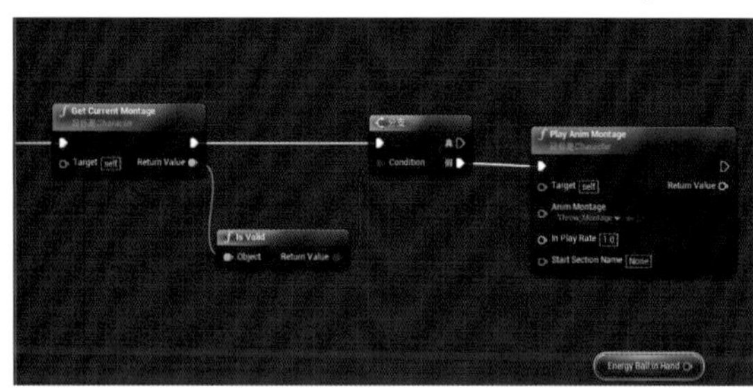

图8-120

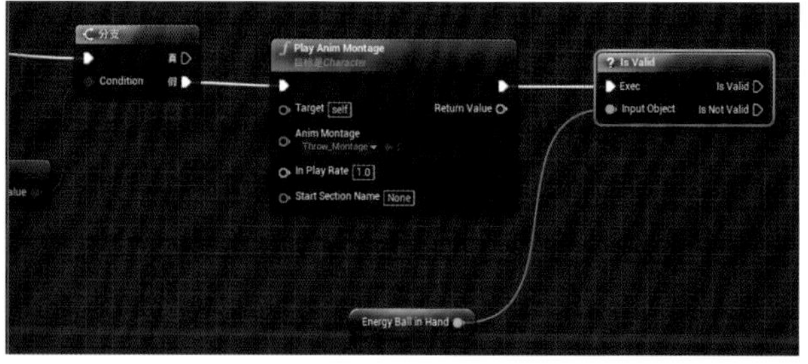

图8-121

08 从“Energy Ball in Hand”节点的输出引脚处拖曳出一条线，释放鼠标后在弹出的菜单中的搜索框内输入“detach”，找到并选择“DetachFromActor”命令。将“DetachFromActor”节点的“Location Rule”设置为“Keep World”，将“Is Valid”节点的“Is Valid”输出项连接到“DetachFromActor”节点的输入项，如图8-122所示。

09 从“Energy Ball in Hand”节点的输出引脚处拖曳出一条线，释放鼠标后在弹出的菜单中的搜索框内输入“simulate”，找到并选择“Set Simulate Physics(Sphere)”命令。此时“Energy Ball in Hand”节点与“Set Simulate Physics”节点之间自动出现一个“Target Sphere”节点，勾选“Set Simulate Physics”节点的“Simulate”复选框。将“DetachFromActor”节点的输出项连接到“Set Simulate Physics”节点的输入项，如图8-123所示。

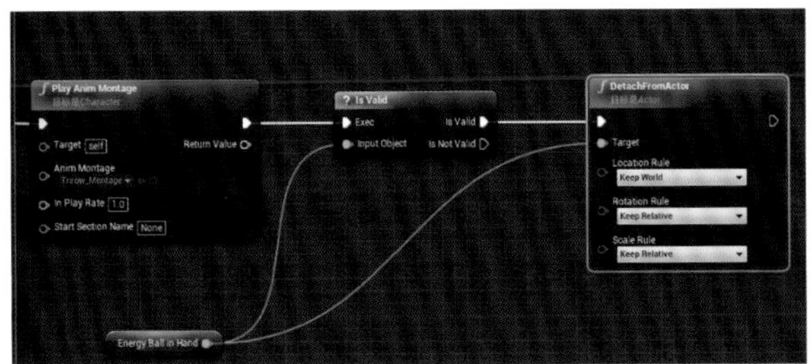

图8-122

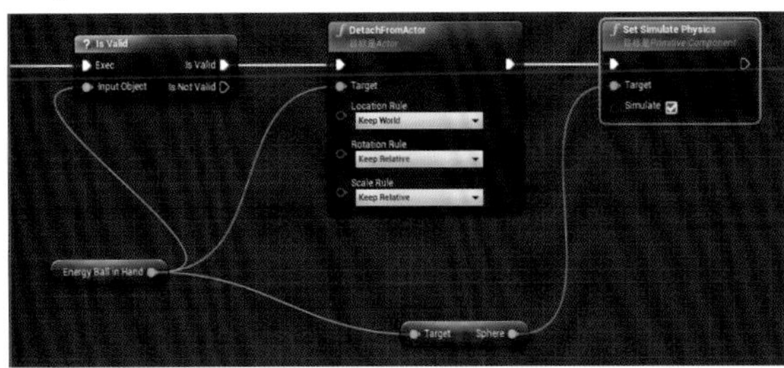

图8-123

10 从“Target Sphere”节点的“Sphere”引脚处拖曳出一条线，释放鼠标后在弹出的菜单中的搜索框内输入“addimp”，找到并选择“Add Impulse at Location”命令，如图8-124所示。

11 从“Target Sphere”节点的“Sphere”引脚处拖曳出一条线，释放鼠标后在弹出的菜单中的搜索框内输入“mass”，找到并选择“Get Center Of Mass”命令。将“Get Center Of Mass”节点的“Return Value”引脚连接到“Add Impulse at Location”节点的“Location”引脚，如图8-125所示。

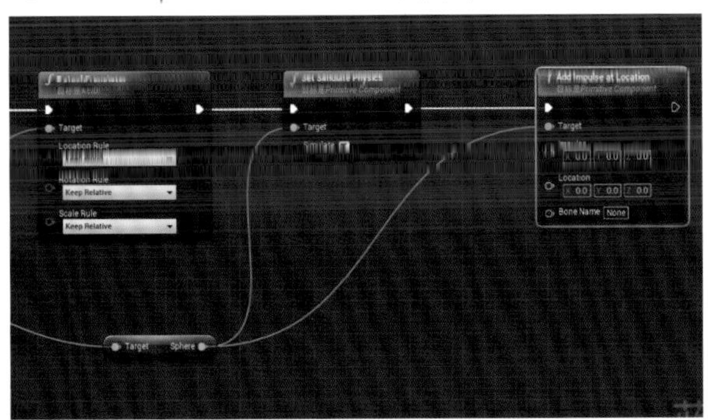

图8-124

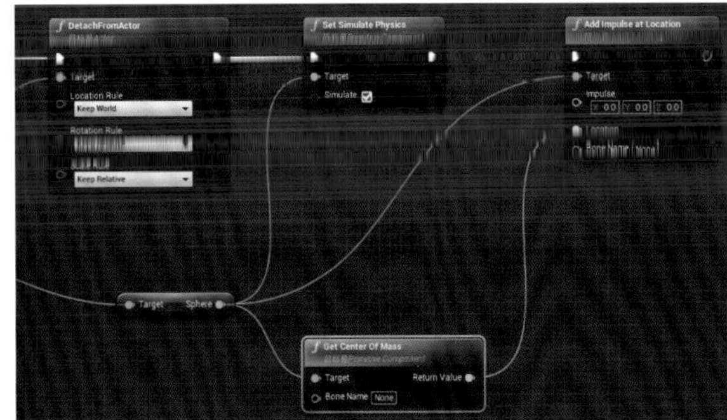

图8-125

12 从“Target Sphere”节点的“Sphere”引脚处拖曳出一条线，释放鼠标后在弹出的菜单中的搜索框内输入“mass”，找到并选择“Get Mass”命令，如图8-126所示。

13 在“事件图表”面板的空白处单击鼠标右键，在弹出的菜单中的搜索框内输入“forward”，找到并选择“Get Actor Forward Vector”命令，如图8-127所示。

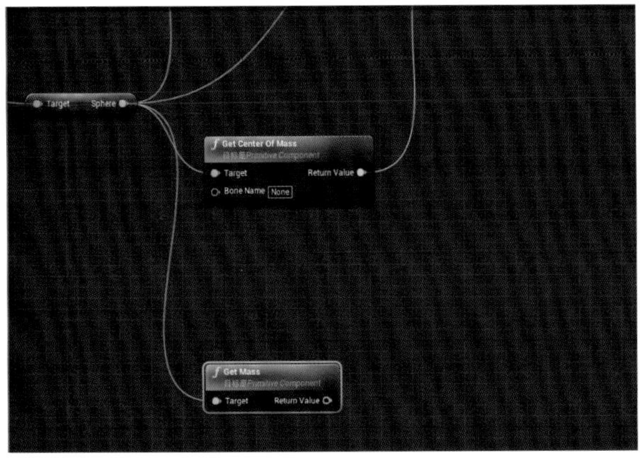

图8-126

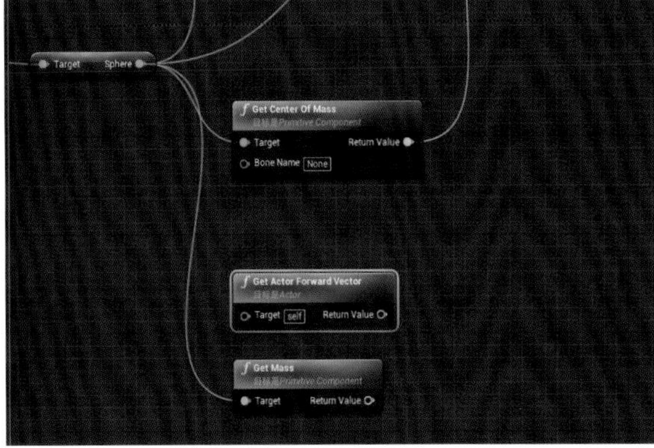

图8-127

14 从“Get Actor Forward Vector”节点的“Return Value”引脚处拖曳出一条线，释放鼠标后在弹出的菜单中的搜索框内输入“*”，找到并选择“vector * float”命令。将“×”节点的乘数设置为3000，如图8-128所示。

15 从“×”节点的输出引脚处拖曳出一条线，释放鼠标后在弹出的菜单中的搜索框内输入“*”，找到并选择“vector * float”命令。将“Get Mass”节点的“Return Value”引脚连接到新的“×”节点的乘数引脚，将新的“×”节点的输出引脚连接到“Add Impulse at Location”节点的“Impulse”引脚，如图8-129所示。

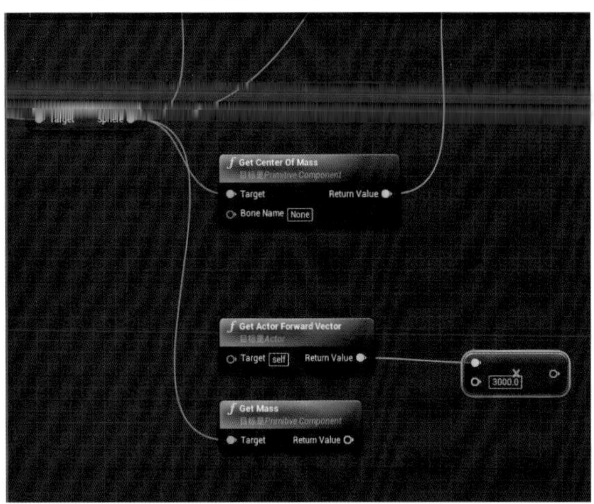

图8-128

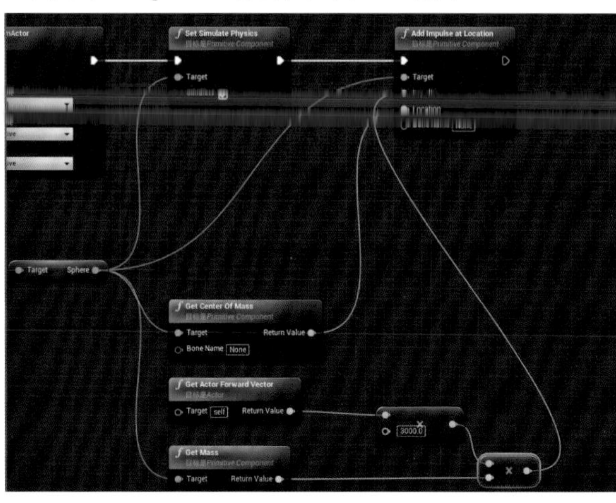

图8-129

16 从“Add Impulse at Location”节点的输出项处拖曳出一条线，释放鼠标后在弹出的菜单中的搜索框内输入“energy”，找到并选择“设置Energy Ball in Hand”命令，如图8-130所示。

技巧提示 现在投掷功能的蓝图程序就写好了。当单击后，判断是否有动画蒙太奇在播放，此处的判断是为了防止错乱跳闪现象的产生。如果没有正在播放的动画蒙太奇，就播放投掷动作的动画蒙太奇。然后判断角色的“EnergyBallInHand”变量是否存在，也就是判断能量球是否在角色的手上，如果是，则将能量球从角色手上投掷出去。

“DetachFromActor”函数的功能是将一个Actor从另一个Actor中脱离出去，然后让能量球产生物理效果，给能量球的重心施加一个朝向角色正前方、大小为3000倍能量球质量的瞬时冲力，将球发射出去。

“Add Impulse at Location”函数的功能是在指定位置上施加一个瞬时冲力，然后将角色的“EnergyBallInHand”变量的值设置为空，表示角色的手中已经没有能量球了。

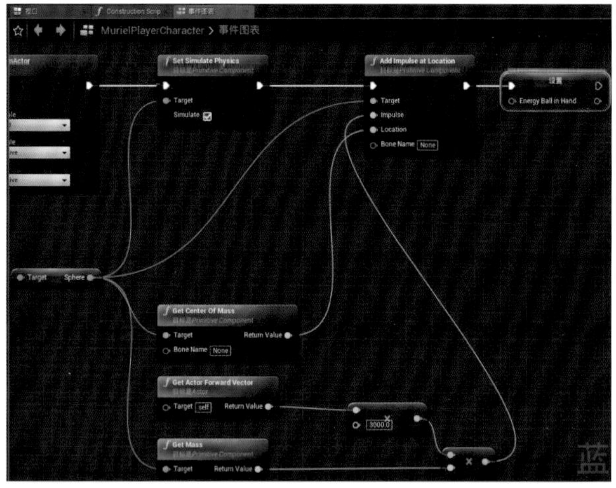

图8-130

17 单击工具栏中的“编译”按钮，切换到编辑器主界面，播放游戏。控制角色走到能量球的附近，单击鼠标右键，角色拾取了能量球，然后单击鼠标左键，角色做出一个投掷动作，能量球被狠狠地扔出去，并朝角色的正前方飞出去，速度非常快，如图8-131和图8-132所示。

图8-131

图8-132

8.4 准备人工智能程序框架

下面将制作拥有一定智能的敌人角色，使之与主角进行对抗。与GamePlay框架类似，要想实现具有智能的敌人角色，也需要多个不同模块相互配合。

8.4.1 创建敌人的角色蓝图

01 在“内容浏览器”面板的空白处单击鼠标右键，在弹出的菜单中选择“Blueprint Class”命令，在“选取父类”对话框中单击“Character”按钮，如图8-133和图8-134所示。将新建的角色蓝图类命名为“EnemyCharacter”，如图8-135所示。

图8-133

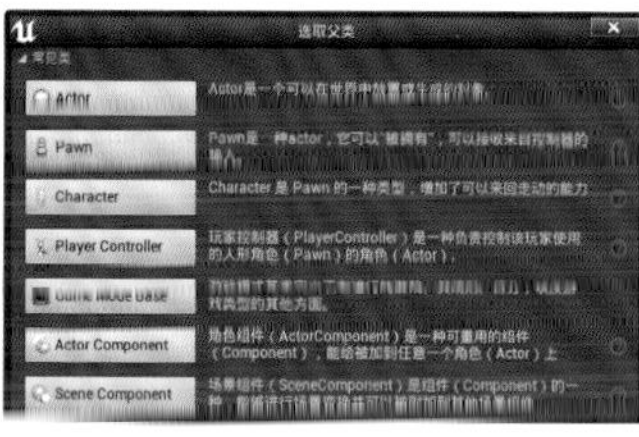

图8-134

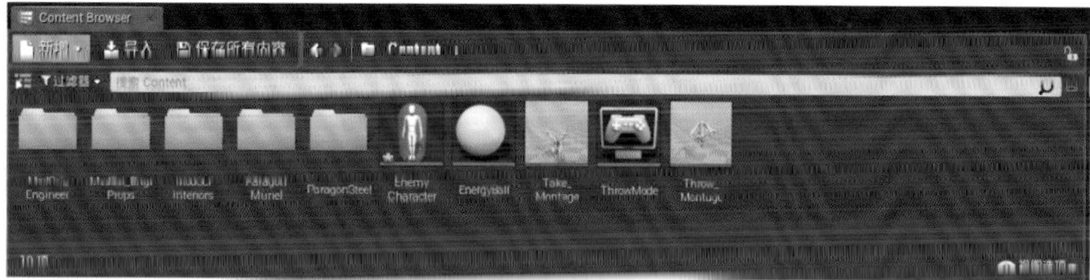

图8-135

02 双击“EnemyCharacter”，打开角色蓝图界面。在“Components”面板中选择“Mesh(继承)”组件，在“细节”面板中设置“Transform”选项中的“位置”为（0,0,－88），“旋转”为（0°,0°,－90°），设置“Mesh”中的“Skeletal Mesh”为“Steel”(即敌人角色模型)，如图8-136~图8-138所示。

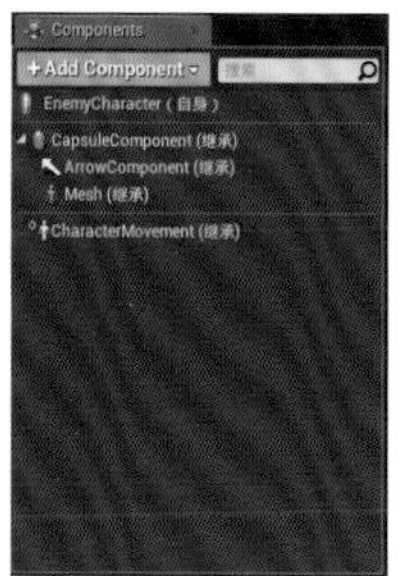

图8-136

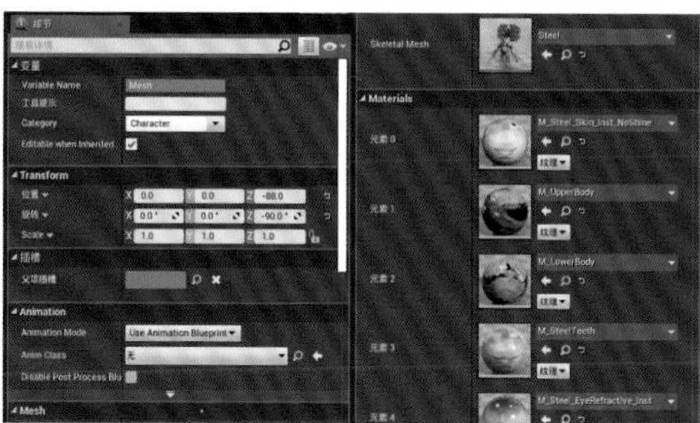

图8-137

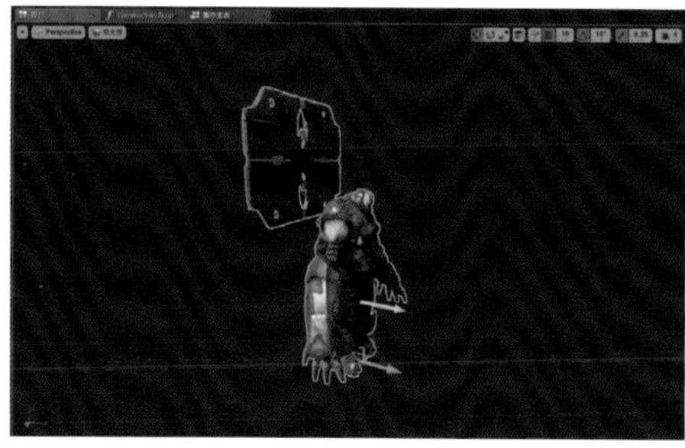

图8-138

03 让敌人角色的行走速度慢一些。在“Components”面板中选择“CharacterMovement(继承)”组件，在“细节”面板中设置“Character Movement:Walking”中的“Max Walk Speed”为100，如图8-139和图8-140所示。

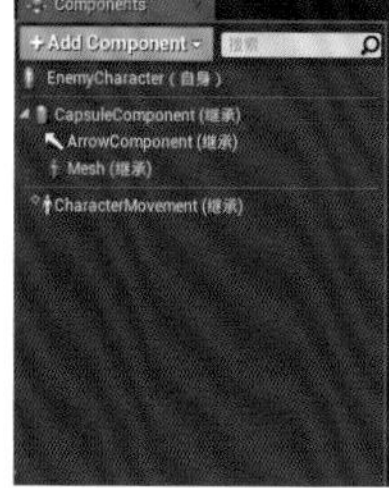

图8-139

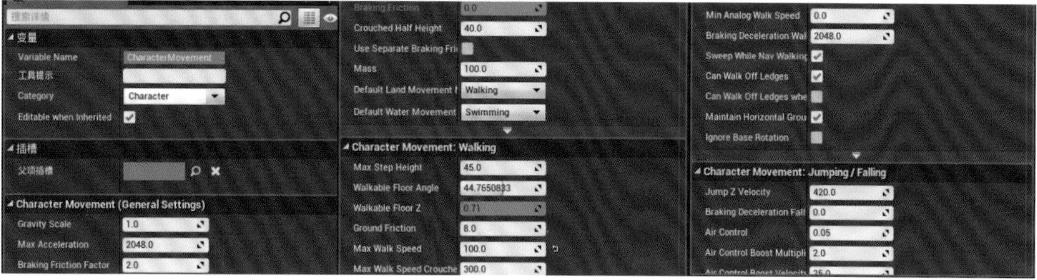

图8-140

8.4.2 创建敌人的动画蓝图

01 在“内容浏览器”面板的空白处单击鼠标右键，在弹出的菜单中找到并选择“Animation”中的“动画蓝图”命令，在弹出的“创建动画蓝图”对话框中，选择“Steel_Skeleton”骨架作为目标骨架，将新建的动画蓝图命名为“EnemyABP”，如图8-141~图8-144所示。

图8-141

图8-142

图8-143

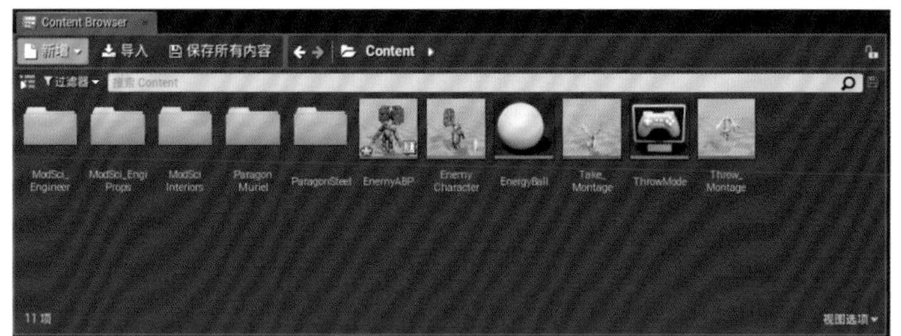

图8-144

02 双击“EnemyABP”，打开动画蓝图界面。要在动画蓝图中获取敌人角色的速度，可以新建一个变量来存储敌人角色的速度。在“我的蓝图”面板中单击“变量”后的“+”按钮，将新建的变量命名为“Speed”，它表示角色的速度，如图8-145所示。在“细节”面板中设置“变量类型”为“Float”，即浮点型。

03 在“事件图表”面板中，从“Try Get Pawn Owner”节点的“Return Value”引脚处拖曳出一条线，释放鼠标后在弹出的菜单中的搜索框内输入“getv”，找到并选择“Get Velocity”命令，如图8-146所示。

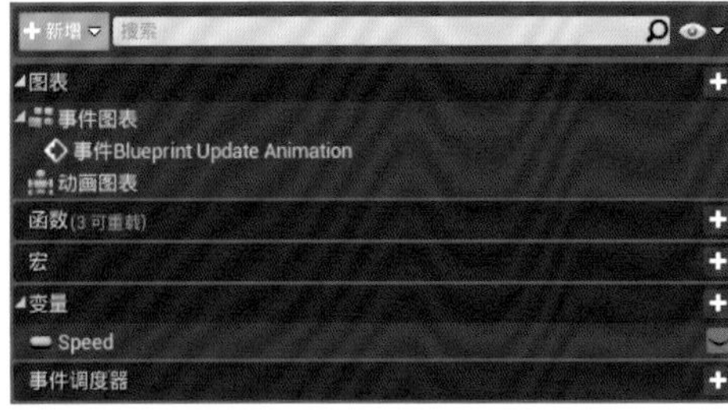

图8-145

图8-146

04 从“Get Velocity”节点的“Return Value”引脚处拖曳出一条线，释放鼠标后在弹出的菜单中的搜索框内输入“length”，找到并选择“VectorLengthXY”命令，如图8-147所示。

05 从“VectorLengthXY”节点的“Return Value”引脚处拖曳出一条线，释放鼠标后在弹出的菜单中的搜索框内输入“speed”，找到并选择“设置Speed”命令。将“事件Blueprint Update Animation”节点的输出项连接到“设置”节点的输入项，如图8-148所示。

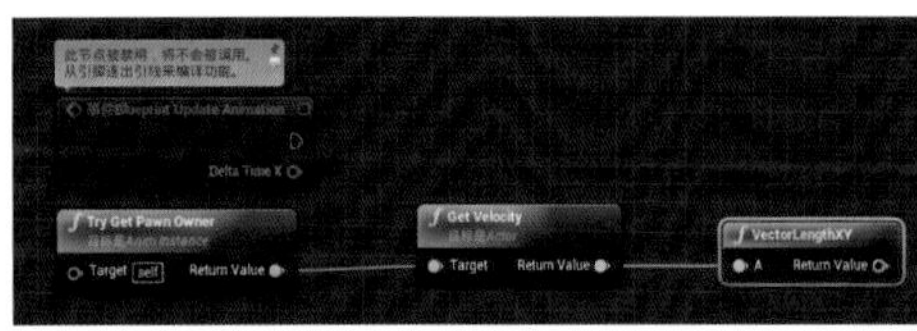

图8-147

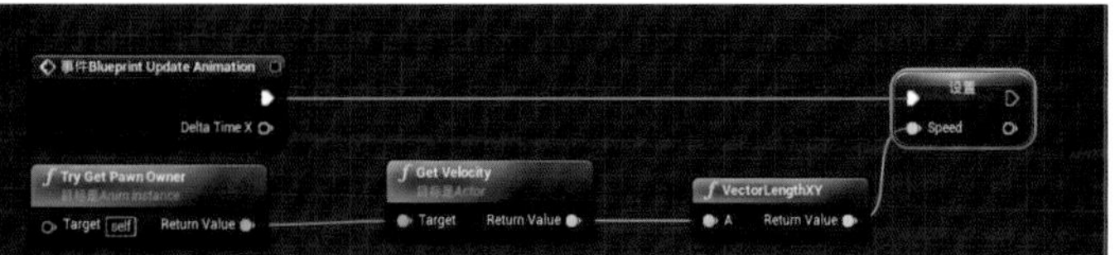

图8-148

技巧提示 每一帧获取一次玩家角色的移动速度，并将速度的值赋给“Speed”变量。

06 通过“Speed”变量来控制角色的动画。在“动画图表”面板中从“最终动画姿势”节点的“Result”引脚处拖曳出一条线，释放鼠标后在弹出的菜单中的搜索框内输入“slot”，找到并选择“插槽 'DefaultSlot' ”命令，如图8-149所示。

07 从“插槽 'DefaultSlot' ”节点的“Source”引脚处拖曳出一条线，释放鼠标后在弹出的菜单中的搜索框内输入“bool”，找到并选择“按布尔值混合姿势”命令，如图8-150所示。

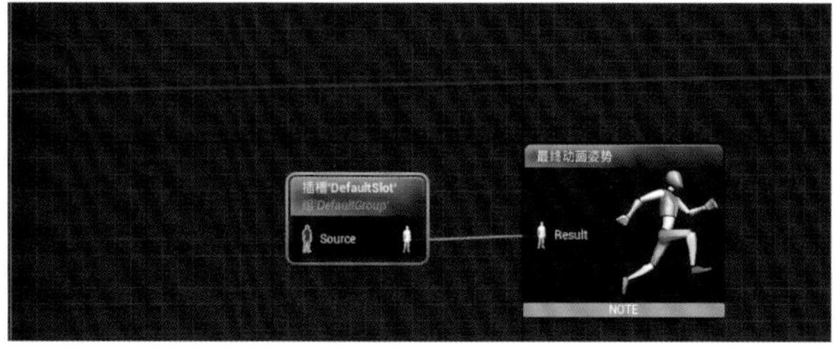

图8-149

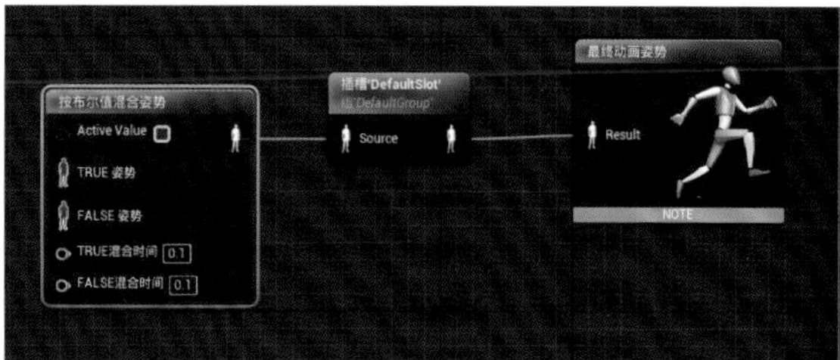

图8-150

08 在“动画图表”面板的空白处单击鼠标右键，在弹出的菜单中的搜索框内输入“speed”命令，找到并选择“获取Speed”命令，如图8-151所示。

09 从“Speed”节点的输出引脚处拖曳出一条线，释放鼠标后在弹出的菜单中的搜索框内输入“>”，找到并选择“float>float”命令。将“>”节点的输出引脚连接到“按布尔值混合姿势”节点的“Active Value”引脚，如图8-152所示。

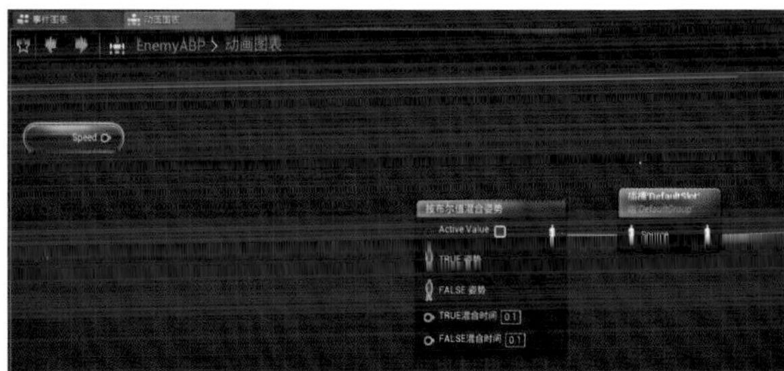

图8-151

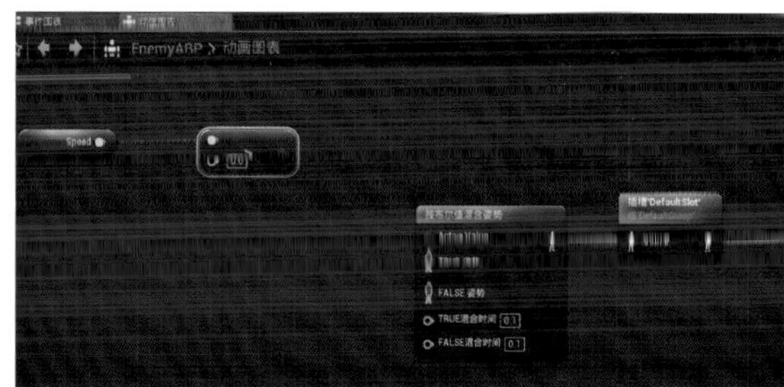

图8-152

10 从“按布尔值混合姿势”节点的“TRUE 姿势”引脚处拖曳出一条线，释放鼠标后在弹出的菜单中的搜索框内输入“walk”，找到并选择“Steel_Walk_Fwd_Combat”命令，如图8-153所示。

11 从“按布尔值混合姿势”节点的“FALSE 姿势”引脚处拖曳出一条线，释放鼠标后在弹出的菜单中的搜索框内输入“idle”，找到并选择“Steel_Idle”命令，如图8-154所示。

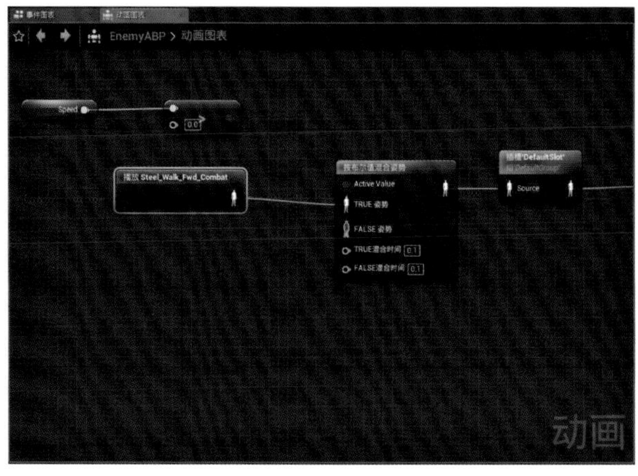

图8-153

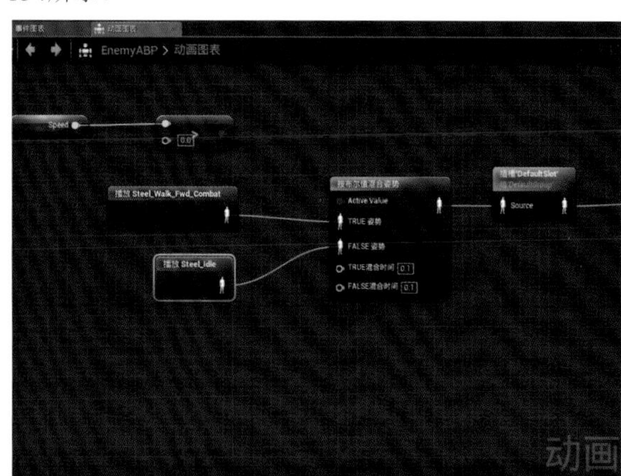

图8-154

技巧提示 判断角色的速度是否大于0，如果是，则表示角色正在移动，播放角色走路的动画；如果不是，则表示角色没有移动，播放角色站立的动画。“按布尔值混合姿势”函数的功能就是根据布尔型变量的“真”“假”播放不同的动画。

12 单击工具栏中的“编译”按钮，切换到“EnemyCharacter”角色蓝图界面，在“Components”面板中选择“Mesh（继承）”组件，在“细节”面板中设置“Animation”中的“Anim Class”为“EnemyABP”(界面显示为“EnemyABP_C”)，如图8-155和图8-156所示。观察“视口”面板，可以看到已经在播放站立动画了，如图8-157所示。

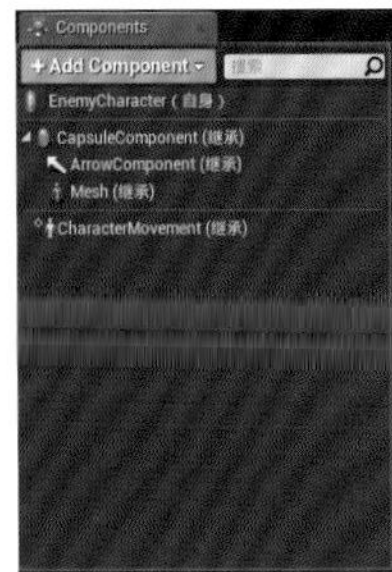
图8-155

图8-156

图8-157

8.4.3 创建“行为树”

为了自动控制敌人的行为，UE4提供了“行为树”模块，可以在“行为树”中编辑敌人的各种行动的优先级，“行为树”会在不同情境做出不同的决策，驱动敌人执行不同的命令。

01 在“内容浏览器”面板的空白处单击鼠标右键，在弹出的菜单中找到并选择“人工智能”的“行为树”命令，将新建的“行为树”命名为“Enemy_BehaviorTree”，如图8-158~图8-160所示。

图8-158

图8-159

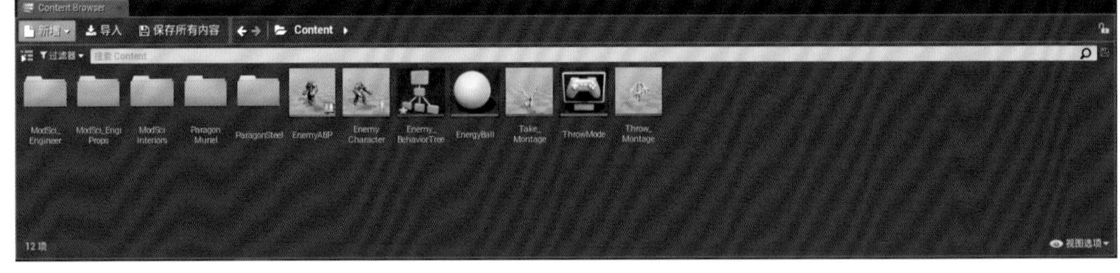
图8-160

02 在编辑“行为树”的具体内容之前，要让敌人角色使用此行为树。切换到“EnemyCharacter”角色蓝图界面，在“事件图表”面板的空白处单击鼠标右键，在弹出的菜单中的搜索框内输入“self”，找到并选择“获得一个到自身的引用”命令，如图8-161所示。

03 从“Self”节点的输出引脚处拖曳出一条线，释放鼠标后在弹出的菜单中的搜索框内输入“aicontroller”，找到并选择“Get AIController”命令，如图8-162所示。

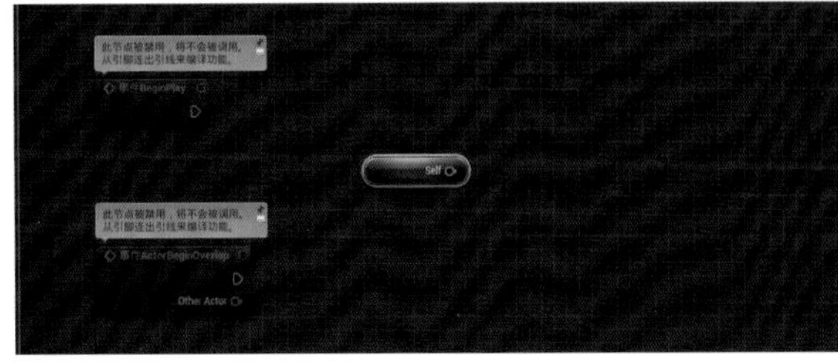
图8-161

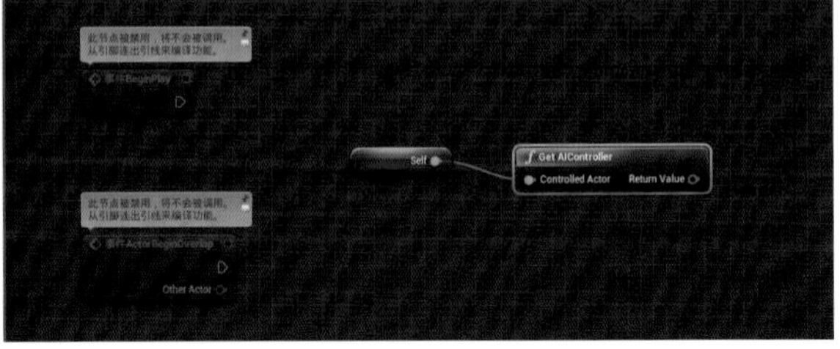
图8-162

04 从“Get AIController”节点的“Return Value”引脚处拖曳出一条线，释放鼠标后在弹出的菜单中的搜索框内输入“run”，找到并选择“Run Behavior Tree”命令。设置“Run Behavior Tree”节点的“BTAsset”为“Enemy_BehaviorTree”，将“事件BeginPlay”节点的输出项连接到“Run Behavior Tree”节点的输入项，如图8-163所示。

技巧提示 当游戏开始时获取敌人角色的AI控制器，AI控制器通过运行“行为树”来控制敌人角色的行为。“Get AIController”函数的功能是获取当前角色的AI控制器。与控制玩家的玩家控制器不同，AI控制器是专门用来控制人工智能角色的，所以这里要使用AI控制器。“Run Behavior Tree”函数用于运行指定的“行为树”。

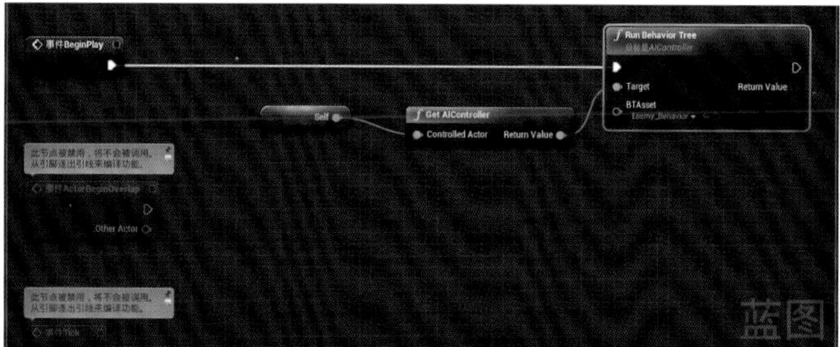

图8-163

8.4.4 创建“黑板”

“黑板”用于存储各种变量，“黑板”中的各个变量供“行为树”使用，这些变量称为“黑板键”，而这些变量的值就是“黑板键”的值。

01 在“内容浏览器”面板的空白处单击鼠标右键，在弹出的菜单中找到并选择“人工智能”中的“Blackboard”命令，将新建的黑板命名为“Enemy_ Blackboard”，如图8-164~图8-166所示。

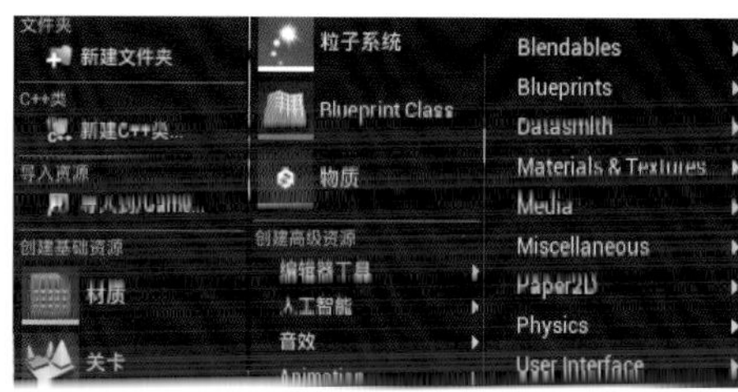

图8-164

图8-165

图8-166

02 双击“Enemy_ Blackboard”，打开黑板界面，新建两个“黑板键”，也就是新建两个变量。在“Blackboard”面板中单击“新键值”按钮，在弹出的菜单中选择“Vector”命令，将新建的“黑板键”命名为“RandomLocation”，如图8-167~图8-169所示。

图8-167

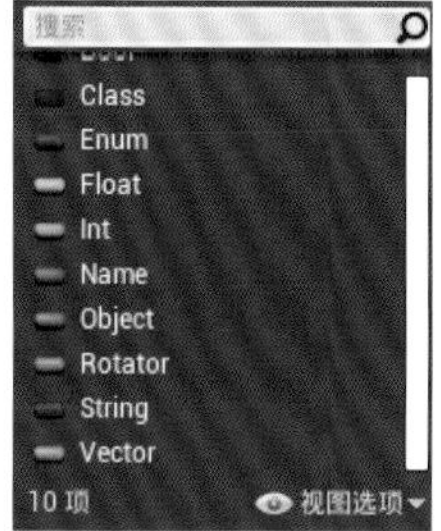

图8-168

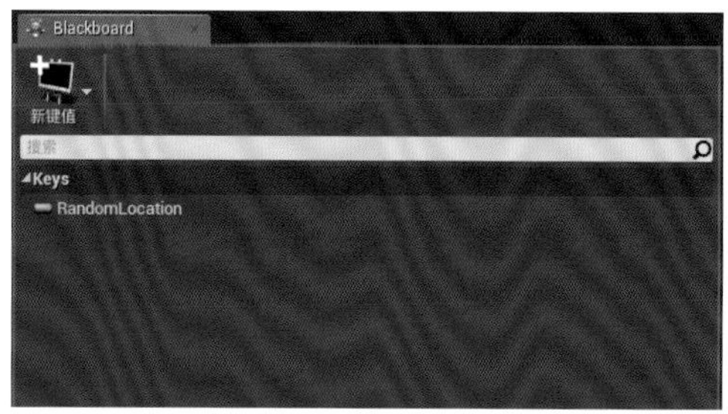

图8-169

技巧提示 现在一个向量型的“黑板键”就创建好了。后面要在此“黑板键”中存储场景中的一个随机位置，通过“行为树”控制敌人走到此随机位置，从而达到敌人四处走动巡逻的目的。

03 在“Blackboard”面板中单击“新键值”按钮，在弹出的菜单中选择“Object”命令，将新建的“黑板键”命名为“Player”，在“黑板详细信息”面板中设置“Key Type”中的“Base Class”为“MurielPlayerCharacter”，如图8-170和图8-171所示。

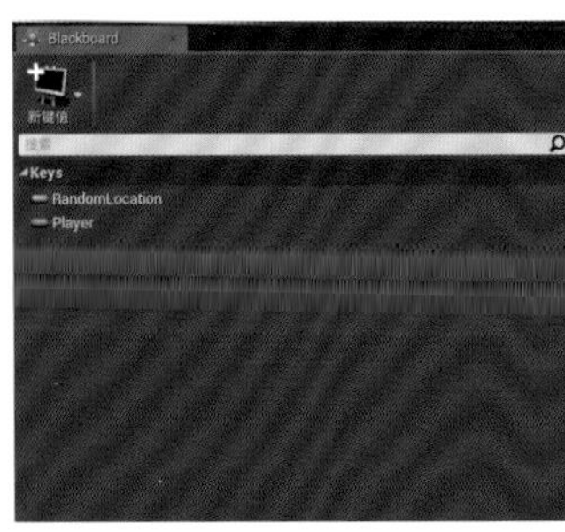

图8-170

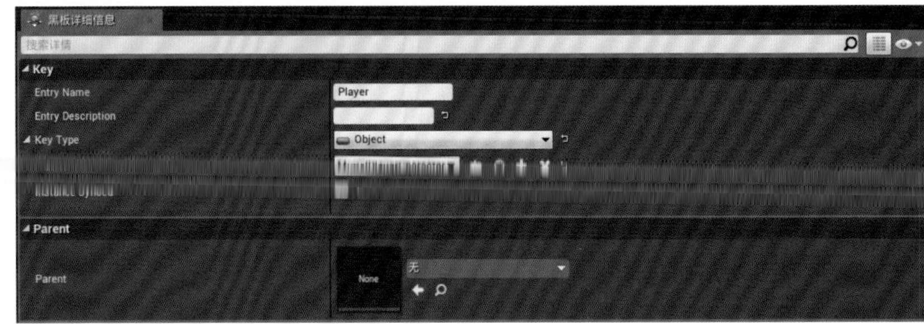

图8-171

技巧提示 新建的“Player”(黑板键)是一个类型为“MurielPlayerCharacter”的变量，此“黑板键”将用于存储玩家角色。当“行为树”知道玩家角色存在时就控制敌人朝主角移动，达到追击主角的目的。

04 将准备好的“黑板”设置到“行为树”中，使二者关联起来。切换到编辑器主界面，双击“Enemy_BehaviorTree”，打开行为树界面。在“细节”面板的“AI”中设置“BehaviorTree”的“Blackboard Asset”为“Enemy_Blackboard”(这里UE4可能会自动将“黑板”设置好)，如图8-172所示。

图8-172

8.5 巡逻

要实现敌人在场景中巡逻的功能，需要了解“任务”的概念。每个“任务”都是一种功能，这些“任务”会被“行为树”调用。下面创建一个功能为“在场景中获得一个随机位置”的“任务”。

8.5.1 创建任务类蓝图

01 在“内容浏览器”面板的空白处单击鼠标右键，在弹出的菜单中选择“Blueprint Class”命令，在“选取父类”对话框中“所有类”的搜索框内输入“task”，找到并选择“BTTask_BlueprintBase”，将新建的任务类命名为“GetRandomLocation_Task”，如图8-173~图8-175所示。

图8-173

图8-174

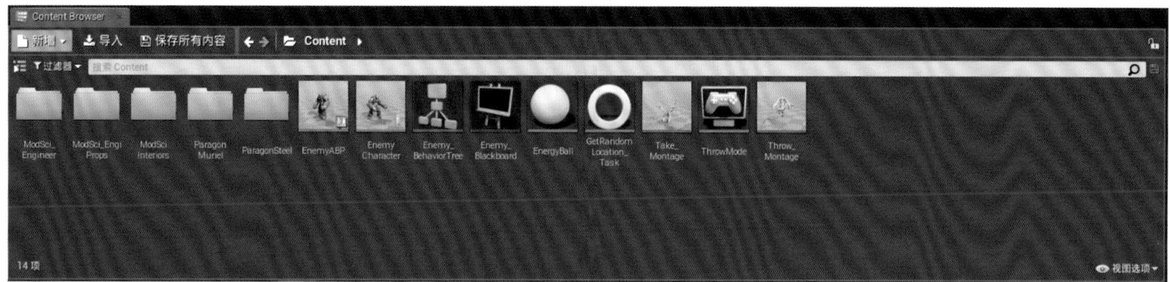

图8-175

02 双击“GetRandomLocation_Task”，打开任务类蓝图界面。在“我的蓝图”面板中单击“函数”中的“Override”按钮，在弹出的菜单中选择“Receive Execute AI”命令，如图8-176和图8-177所示。“事件图表”面板中出现一个“事件Receive Execute AI”节点，如图8-178所示。

图8-176

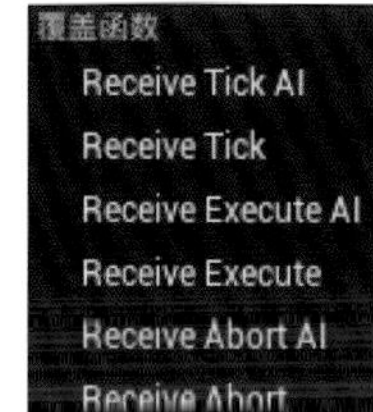

图8-177

图8-178

03 从“事件Receive Execute AI”节点的“Controlled Pawn”引脚处拖曳出一条线，释放鼠标后在弹出的菜单中的搜索框内输入“location”，找到并选择“GetActorLocation”命令，如图8-179所示。

04 从“GetActorLocation”节点的“Return Value”引脚处拖曳出一条线，释放鼠标后在弹出的菜单中的搜索框内输入“getrandom”，找到并选择“GetRandomReachablePointInRadius”命令。将“GetRandomReachablePointInRadius”节点的“Radius”设置为700，如图8-180所示。

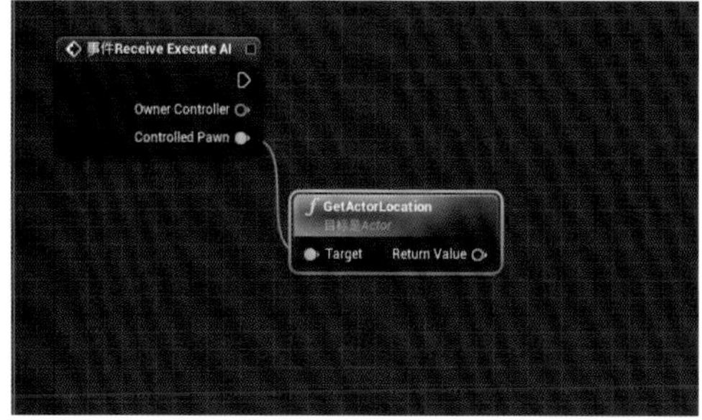

图8-179

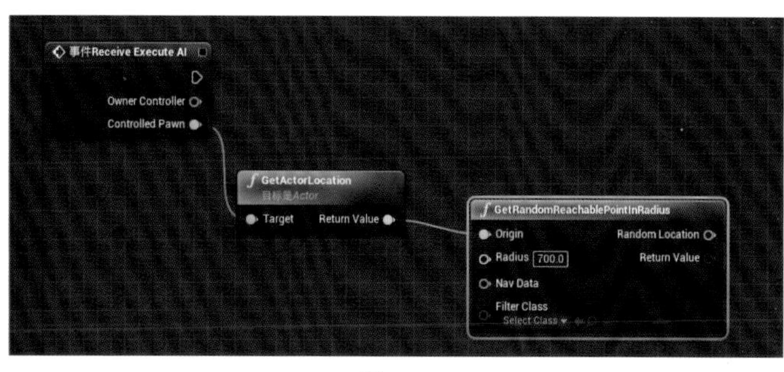

图8-180

05 从“GetRandomReachablePointInRadius”节点的“Random Location”引脚处拖曳出一条线，释放鼠标后在弹出的菜单中的搜索框内输入“black”，找到并选择“Set Blackboard Value as Vector”命令。将“事件Receive Execute AI”节点的输出项连接到“Set Blackboard Value as Vector”节点的输入项，如图8-181所示。

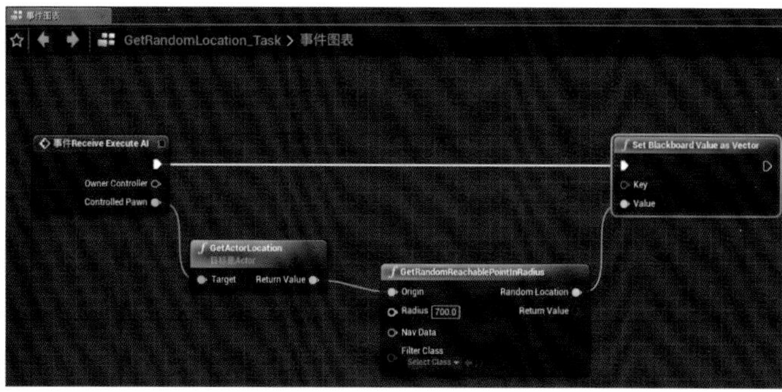

图8-181

06 从“Set Blackboard Value as Vector”节点的“Key”引脚处拖曳出一条线，释放鼠标后在弹出的菜单中选择“提升为变量”命令，此时一个新的“Blackboard Key”类型的变量就创建出来了，然后在“我的蓝图”面板的“变量”中将这个新变量命名为“RandomLocationKey”，并单击后面的“小眼睛”按钮使其“睁眼”，如图8-182~图8-184所示。

图8-182

图8-183

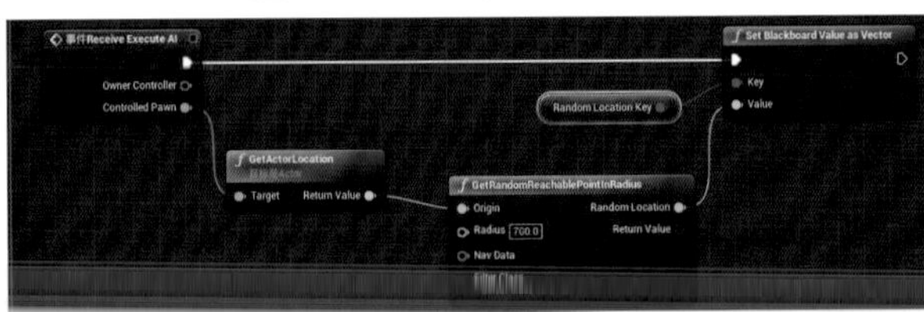

图8-184

07 从“Set Blackboard Value as Vector”节点的输出项处拖曳出一条线，释放鼠标后在弹出的菜单中的搜索框内输入“finish”，找到并选择“Finish Execute”命令，勾选“Finish Execute”节点的“Success”复选框，如图8-185所示。

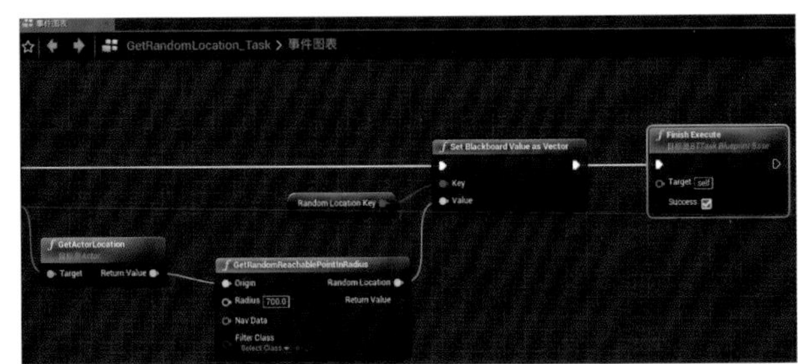

图8-185

技巧提示 当此“任务”被“行为树”调用时，就在角色可到达的地方找一个随机位置点，这个随机位置点位于以角色自身位置为圆心、半径为700cm的圆形内，然后将此随机位置点赋给“黑板键”“RandomLocationKey”，最后告诉“行为树”这个“任务”已经执行成功。

08 单击工具栏中的“编译”按钮，准备进行下一步操作。

8.5.2 在“行为树”中使用任务

01 切换到“Enemy_BehaviorTree”行为树界面，在“Behavior Tree”面板中，从“根”节点的输出项处拖曳出一条带箭头的线，释放鼠标后在弹出的菜单中选择“Sequence”命令，如图8-186所示。

02 从“Sequence”节点的输出项处拖曳出一条带箭头的线，释放鼠标后在弹出的菜单中的搜索框内输入“random”，找到并选择“GetRandomLocation_Task”命令，在“细节”面板中将“默认”中的“Random Location Key”设置为“RandomLocation”，如图8-187和图8-188所示。

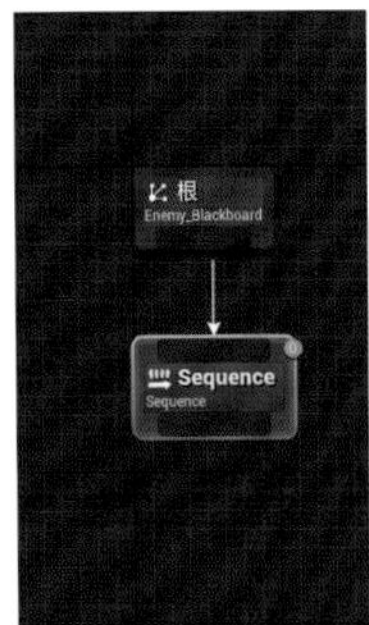

图8-186

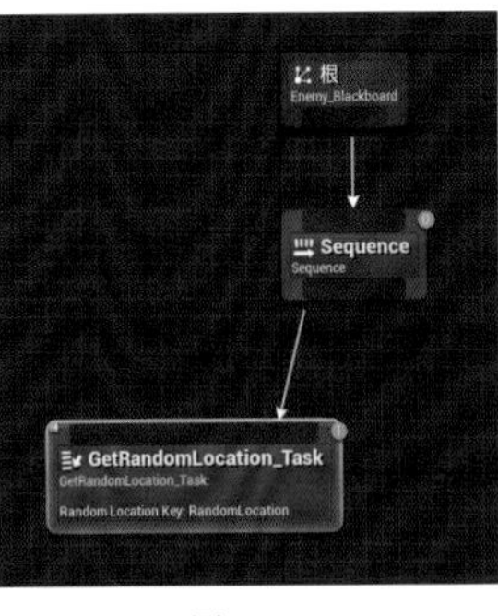

图8-187

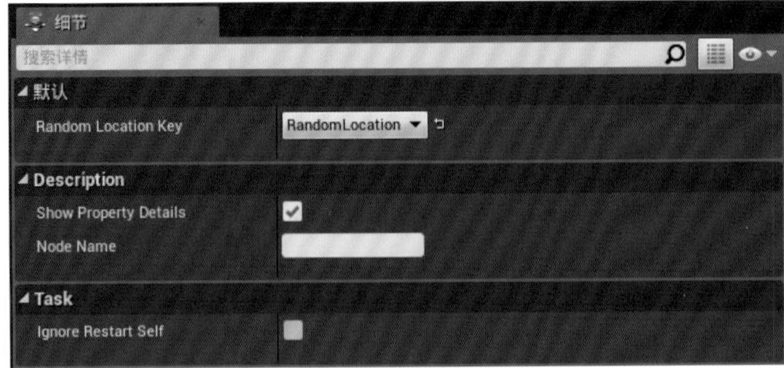

图8-188

03 从“Sequence”节点的输出项处拖曳出一条带箭头的线，释放鼠标后在弹出的菜单中的搜索框内输入“move”，找到并选择“Move To”命令，并确保“Move To”节点在“GetRandomLocation_Task”节点的右边，在“细节”面板中将“Blackboard”中的“Blackboard Key”设置为“RandomLocation”，如图8-189和图8-190所示。

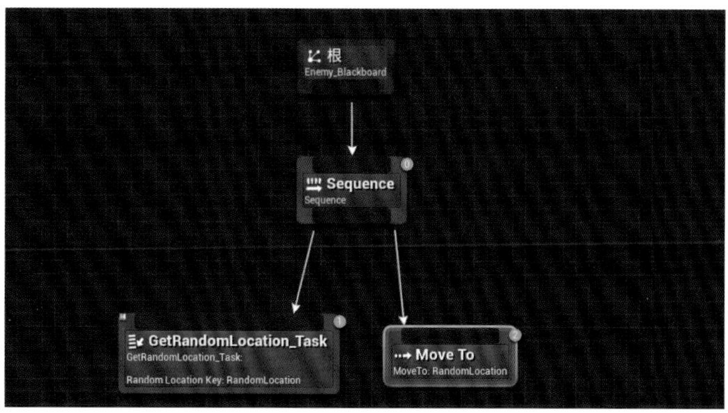

图8-189

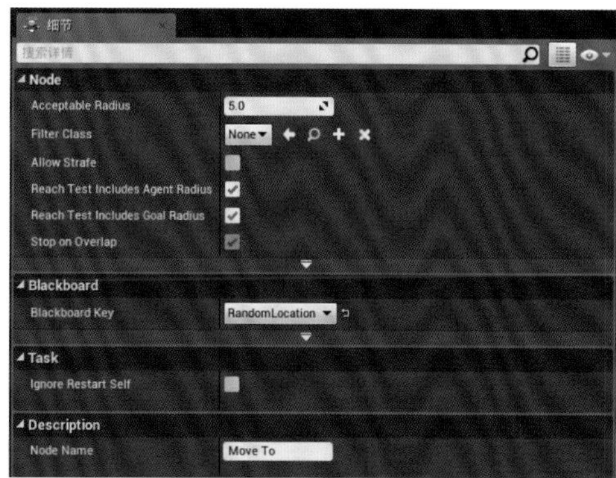

图8-190

04 从“Sequence”节点的输出项处拖曳出一条带箭头的线，释放鼠标后在弹出的菜单中的搜索框内输入“wait”，找到并选择“Wait”命令，并确保“Wait”节点在“Move To”节点的右边，在“细节”面板中将“Wait”中的“Wait Time”设置为1，如图8-191和图8-192所示。

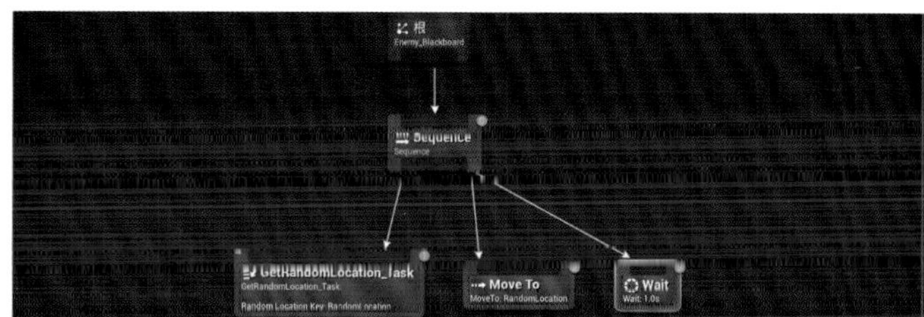

图8-191

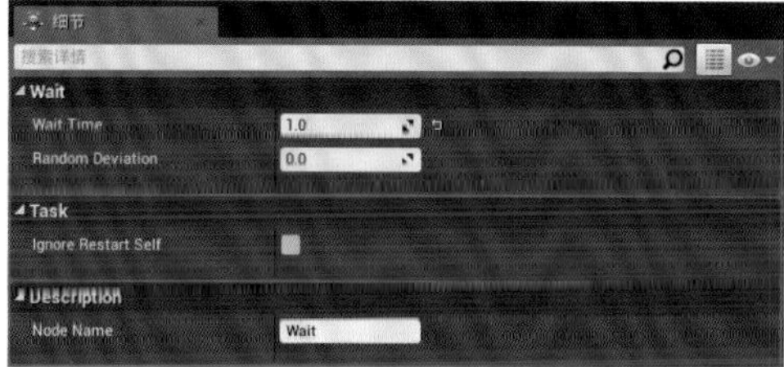

图8-192

技巧提示 当“行为树”被激活时，按照从左至右的顺序依次调用“Get Random Location_Task”“Move To”“Wait”3个任务，即先找到一个随机位置，然后让角色移动到这个随机位置，再让角色等待1秒，之后不断循环执行以上3步。这样敌人就可以一直在场景中四处走动，就像巡逻一样。

“Sequence”节点是顺序执行节点，它下面的子节点会按照从左至右的顺序依次执行。“Sequence”节点下方的3个节点都属于任务节点。

“Get Random Location_Task”是自己创建的任务，它的功能是找到一个随机位置，并将这个位置赋给“黑板键”。

“Move To”任务和“Wait”任务是UE4自带的任务。前者控制角色移动到指定位置，这里将目的地设置为已经获取的随机位置；后者让角色等待指定时间，这里将等待时间设置为1秒。

8.5.3 在场景中添加导航体积

01 切换到编辑器主界面，要想让角色在场景中自主移动，需要在场景中添加一个导航体积。在“模式”面板的“体积”选项卡中找到“Nav Mesh Bounds Volume”，将其拖曳到场景中，在“细节”面板中设置“位置”为(-5800,1500,-30)、“Scale”为(15.75,9.25,1)，使此体积覆盖整个太空舱，如图8-193~图8-195所示。

02 导航体积规定了敌人角色的行动范围。按P键，地面上就出现了绿色的区域，这些绿色的区域是敌人角色可以行走的范围(再次按P键，绿色区域就会消失)，如图8-196所示。需要注意的是，若想让敌人能够自主移动，导航体积是必不可少的。如果场景中没有导航体积，或者敌人的位置没在导航体积的覆盖范围内，则敌人是不能动的。

图8-193

图8-194

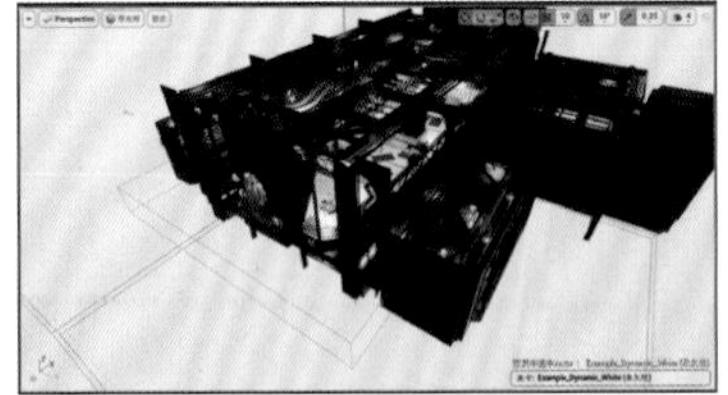

图8-195

图8-196

03 将“内容浏览器”面板中的敌人角色“EnemyCharacter”拖曳到场景中的任意位置，要注意让敌人位于绿色区域内。播放游戏，可以看到敌人按照“行为树”的指示在四处走动巡逻，如图8-197和图8-198所示。

图8-197

图8-198

8.6 追击

下面需要让敌人知道主角的存在，发现主角，然后追击主角。实现此功能的思路是为敌人规定一个视线范围，如果主角出现在此范围内，则敌人就朝主角方向移动，直至追上主角。

8.6.1 使用球体追踪来检测主角的存在

01 切换到“EnemyCharacter”角色蓝图界面，在“事件图表”面板中从“事件Tick”节点的输出项处拖曳出一条线，释放鼠标后在弹出的菜单中的搜索框内输入“multisphere”，找到并选择“MultiSphereTraceForObjects”命令。设置“MultiSphereTraceForObjects”节点的“Radius”为800、“Draw Debug Type”为“For One Frame”，如图8-199所示。

02 从“MultiSphereTraceForObjects”节点的“Object Types”引脚处拖曳出一条线，释放鼠标后在弹出的菜单中选择“提升为变量”命令，此时一个新的枚举数组类型的变量就创建出来了，在“我的蓝图”面板的“变量”中，将这个新变量命名为“OT”，如图8-200和图8-201所示。

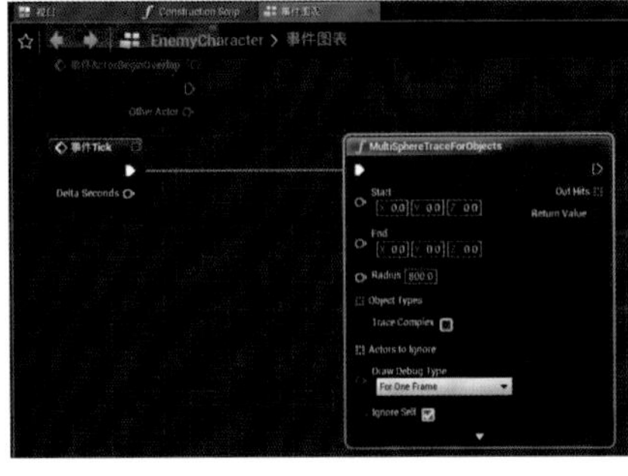

图8-199

图8-200

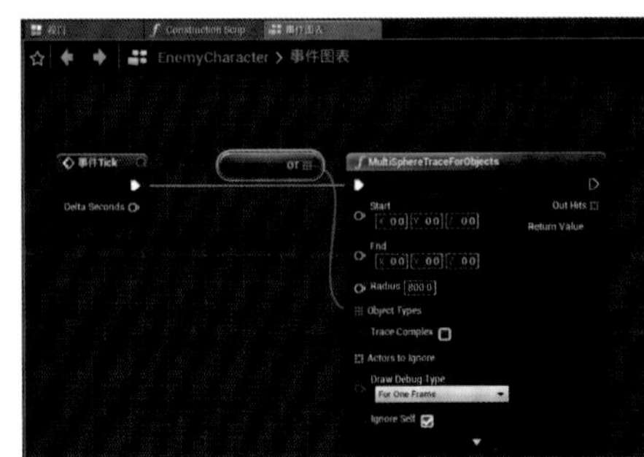

图8-201

03 单击工具栏中的“编译”按钮，此时会发出警告。在“细节”面板中单击“OT”后面的“+”按钮，添加一个数组元素，并将新添加的0号数组元素设置为“Pawn”，如图8-202所示。再次单击工具栏中的“编译”按钮，警告消失。

04 编写蓝图程序。在“事件图表”面板中，从“MultiSphereTraceForObjects”节点的“Start”引脚处拖曳出一条线，释放鼠标后在弹出的菜单中的搜索框内输入“location”，找到并选择“GetActorLocation”命令，如图8-203所示。

05 从“GetActorLocation”节点的“Return Value”引脚处拖曳出一条线，释放鼠标后在弹出的菜单中的搜索框内输入“+”，找到并选择“vector + vector”命令。将“+”节点的输出引脚连接到“MultiSphereTraceForObjects”节点的“End”引脚，如图8-204所示。

图8-202

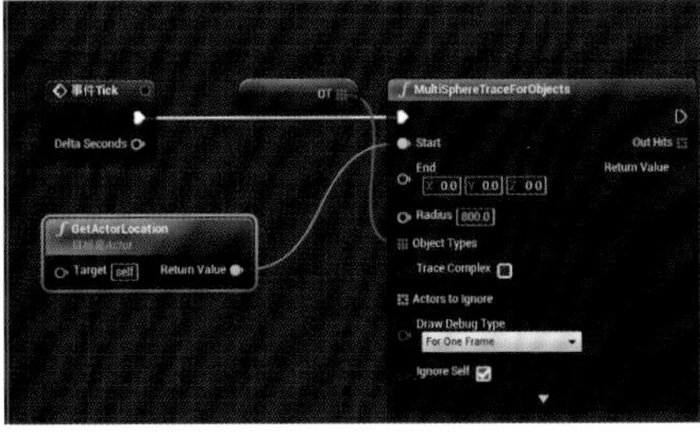

图8-203

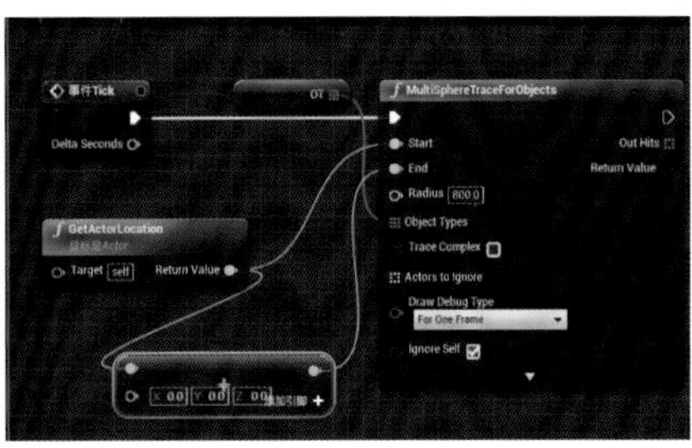

图8-204

06 在“事件图表”面板的空白处单击鼠标右键，在弹出的菜单中的搜索框内输入“forward”，找到并选择“Get Actor Forward Vector”命令，如图8-205所示。

07 从“Get Actor Forward Vector”节点的“Return Value”引脚处拖曳出一条线，释放鼠标后在弹出的菜单中的搜索框内输入“*”，找到并选择“vector * float”命令。将“×”节点的乘数设置为50，将“×”节点的输出引脚连接到“+”节点的加数参数引脚，如图8-206所示。

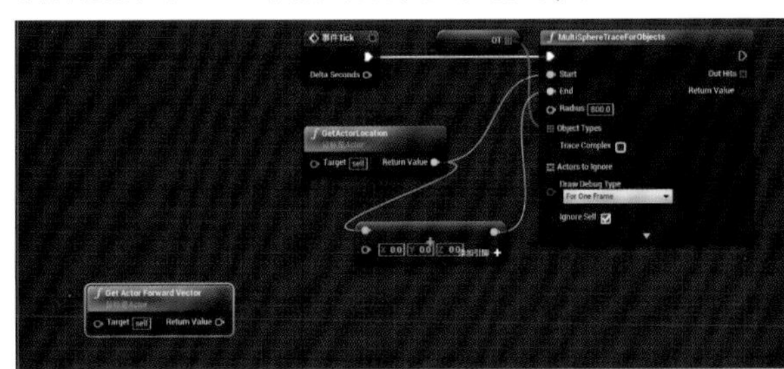

图8-205

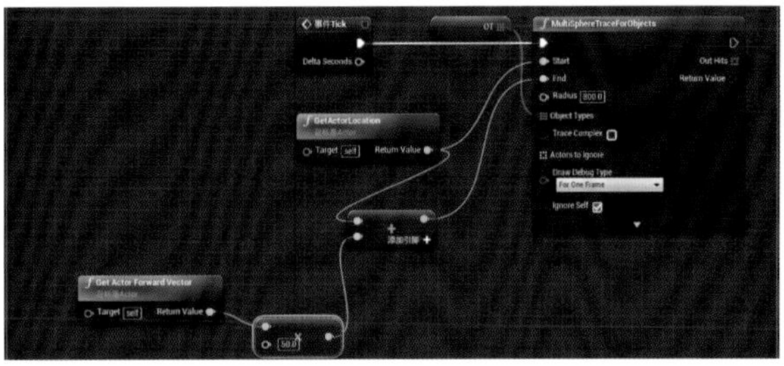

图8-206

08 从“MultiSphereTraceForObjects”节点的“Out Hits”引脚处拖曳出一条线，释放鼠标后在弹出的菜单中的搜索框内输入“for”，找到并选择“For Each Loop”命令。将“MultiSphereTraceForObjects”节点的输出项连接到“For Each Loop”节点的“Exec”输入项，如图8-207所示。

09 从“For Each Loop”节点的“Array Element”引脚处拖曳出一条线，释放鼠标后在弹出的菜单中的搜索框内输入“break”，找到并选择“Break Hit Result”命令，如图8-208所示。

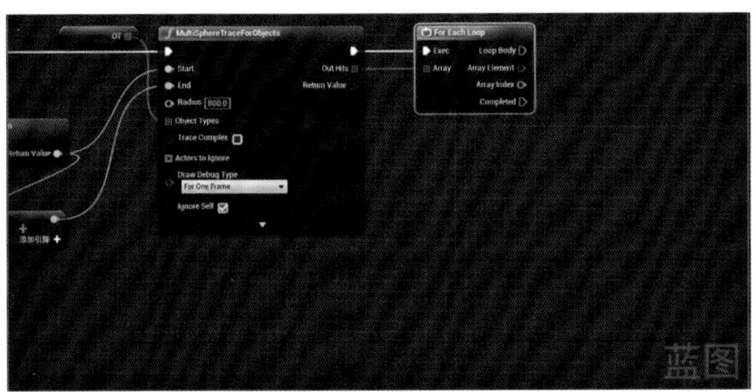

图8-207

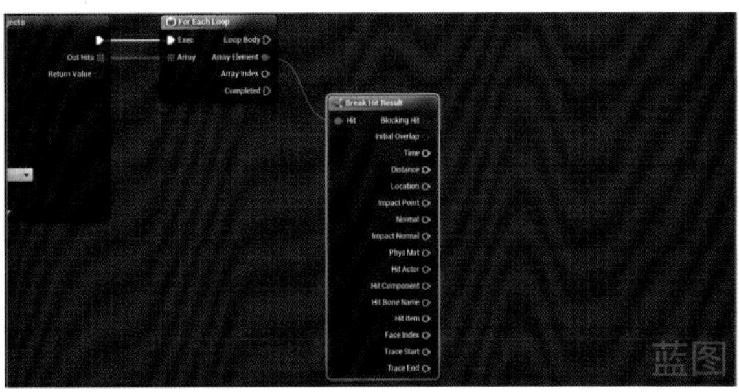

图8-208

10 从“Break Hit Result”节点的“Hit Actor”引脚处拖曳出一条线，释放鼠标后在弹出的菜单中的搜索框内输入“muriel”，找到并选择“类型转换为MurielPlayerCharacter”命令。将“For Each Loop”节点的“Loop Body”输出项连接到“类型转换为MurielPlayerCharacter”节点的输入项，如图8-209所示。

11 在“事件图表”面板的空白处单击鼠标右键，在弹出的菜单中的搜索框内输入“getblack”，找到并选择“Get Blackboard”命令，如图8-210所示。

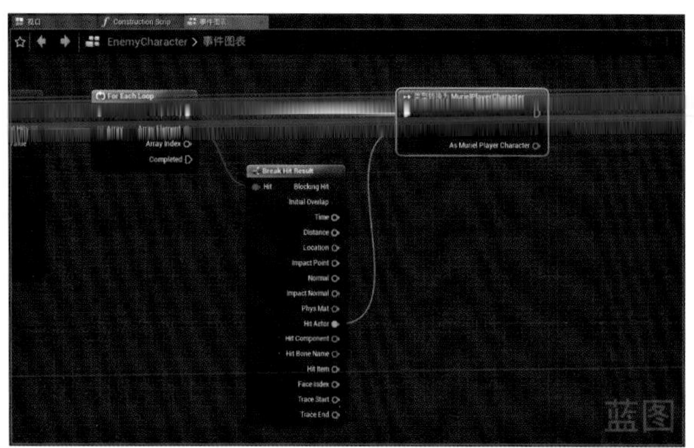

图8-209

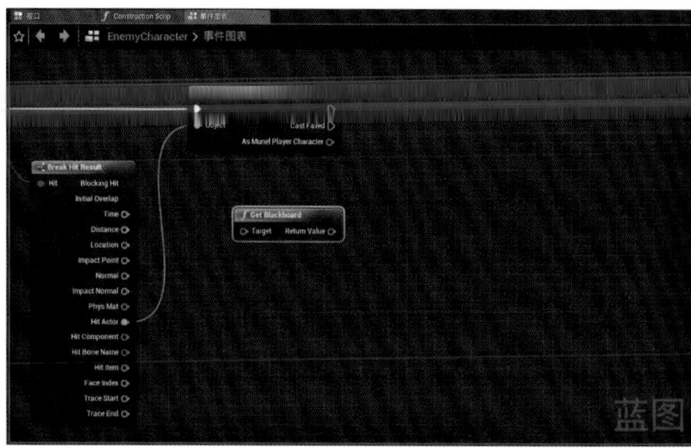

图8-210

12 从“Get Blackboard”节点的“Return Value”引脚处拖曳出一条线，释放鼠标后在弹出的菜单中的搜索框内输入“setvalue”，找到并选择“Set Value as Object”命令。将“类型转换为MurielPlayerCharacter”节点的输出项连接到“Set Value as Object”节点的输入项，如图8-211所示。

13 从“Set Value as Object”节点的“Key Name”引脚处拖曳出一条线，释放鼠标后在弹出的菜单中的搜索框内输入“literal”，找到并选择“Make Literal Name”命令。将“Make Literal Name”节点的“Value”设置为“Player”，如图8-212所示。

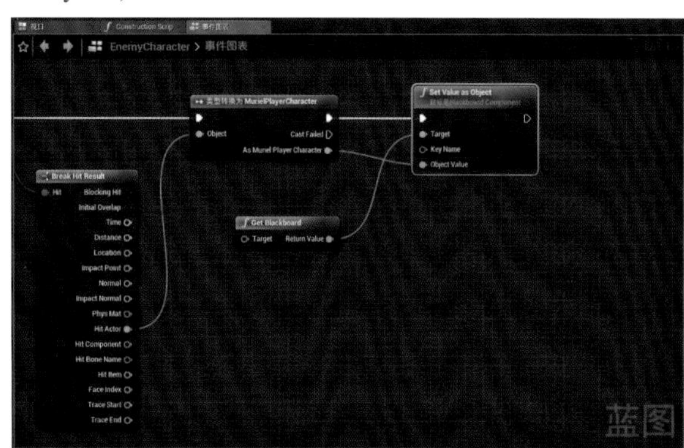

图8-211

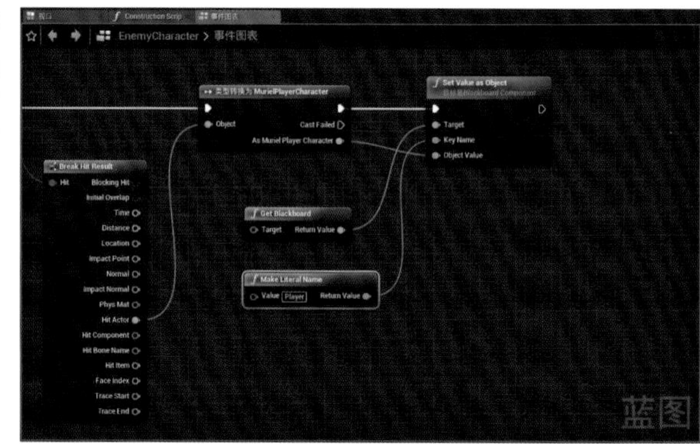

图8-212

技巧提示 每一帧都生成一个球体追踪，用于检测球体范围内是否存在角色。如果存在，则对这些角色依次进行循环判断，判断其是否为主角，如果是主角，则将主角赋给“行为树”的“Player”(黑板键)。

球体追踪指的是“MultiSphereTraceForObjects”函数，可被译为“对象的多球体追踪”。它的功能是在指定位置生成一个指定半径的球体，在被球体包裹的空间内，可以检测出指定的对象。这里生成了两个球体，如图8-213所示。两个球体的半径为700cm，第1个球心位于敌人角色自身位置，第2个球心位于敌人身体前方50cm的位置。两个球体共同组成了一个胶囊体，而此胶囊体包裹的范围就是检测范围。图8-213为思路示意图，并非按照真实比例绘制，这里读者明确设计思路即可。

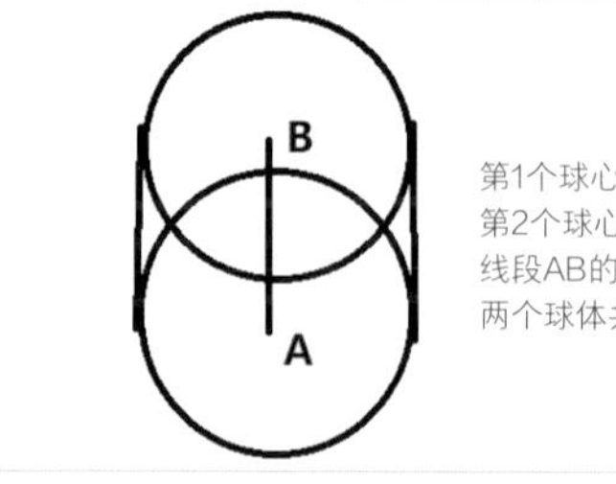

图8-213

此胶囊体包裹的范围内会存在许多物体，如地面、箱子、角色和各种Actor等，如果只想检测主角，则要指定检测对象。将“OT”设置为“Pawn”，这表示只让球体追踪检测角色类型的对象，忽略其他类型的对象，检测结果会存在“Out Hits”数组中（所谓数组，就是可以存储多个数值的变量）。例如，在胶囊体包裹的范围内，同时检测到3个敌人与1个主角，那么这4个角色的信息都会存在“Out Hits”数组中。检测后读取这个数组，因为它包含多个参数，所以要进行循环操作，“For Each Loop”节点就是进行循环操作的，即依次对数组中的每个参数进行操作，例如，数组中有4个数值连接在“For Each Loop”节点的“Loop Body”后面，所以此节点会被执行4次。在循环中，“Out Hits”中存储的信息有很多，包括检测到的对象、位置和时间等。但只需要“Hit Actor”信息，即被检测到的Actor。然后将它转换为主角，如果转换成功，则表示它是检测到的主角，再将主角对象赋给“Player”。如此一来，“行为树”就知道主角出现了。

8.6.2 使用装饰器作为“行为树”的判断条件

01 切换到“Enemy_BehaviorTree”界面。在“Behavior Tree”面板中的“根”节点的输出项处单击鼠标右键，在弹出的菜单中选择“断开连接”命令，将“根”节点与下面的“Sequence”节点断开，如图8-214所示。

02 从“根”节点的输出项处拖曳出一条带箭头的线，释放鼠标后在弹出的菜单中选择“Selector”命令，如图8-215所示。

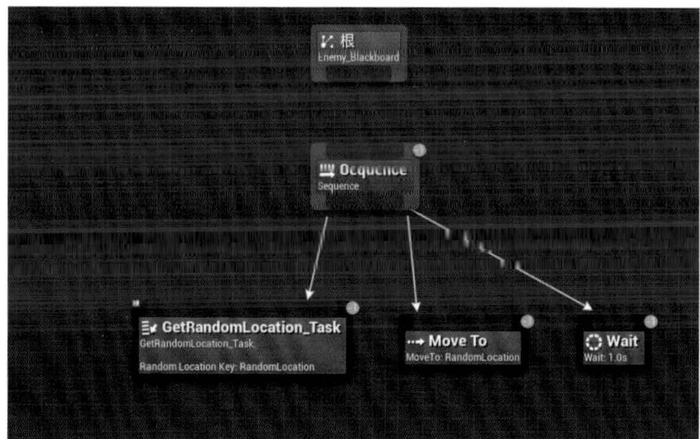

图8-214

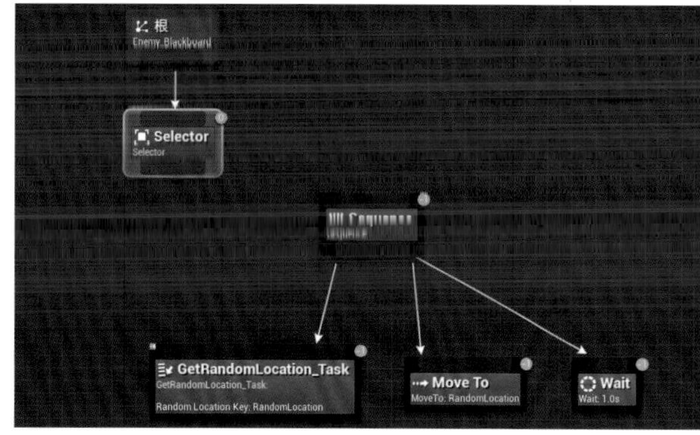

图8-215

03 从“Selector”节点的输出项处拖曳出一条带箭头的线，释放鼠标后在弹出的菜单中的搜索框内输入“seq”，找到并选择“Sequence”命令，确保新的“Sequence”节点在之前的“Sequence”节点左边，然后将之前的“Sequence”节点连接到“Selector”节点的输出项，如图8-216所示。

04 从左边的“Sequence”节点的输出项处拖曳出一条带箭头的线，释放鼠标后在弹出的菜单中的搜索框内输入“move”，找到并选择“Move To”命令，在“细节”面板中将“Blackboard”中的“Blackboard Key”设置为“Player”，如图8-217和图8-218所示。

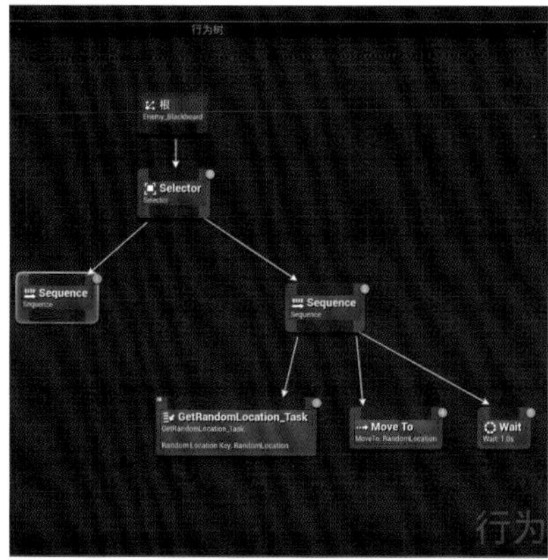

图8-216

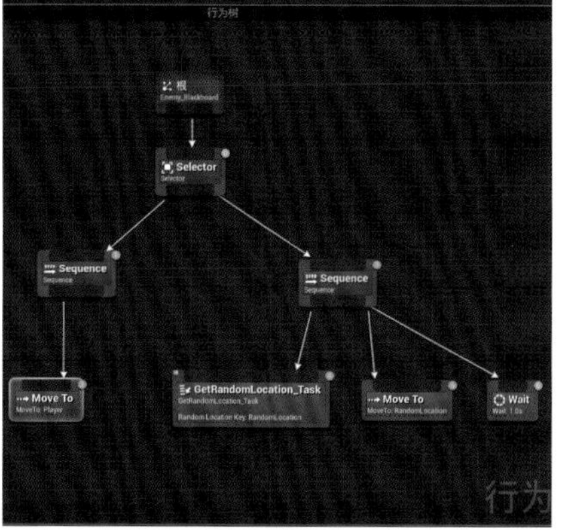

图8-217

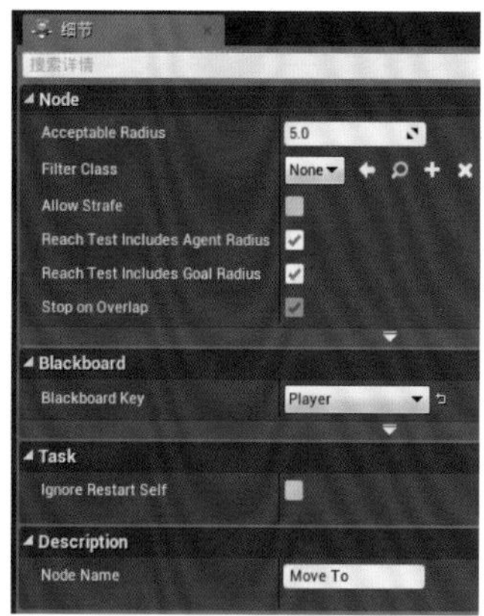

图8-218

05 在左边的“Sequence”节点上单击鼠标右键，在弹出的菜单中选择“添加装饰器”中的“Blackboard”命令，然后选择“Blackboard Based Condition”模块，在“细节”面板中将“Flow Control”中的“观察者终止”设置为“Both”，将“Blackboard”中的“Blackboard Key”设置为“Player”，如图8-219~图8-222所示。

图8-219

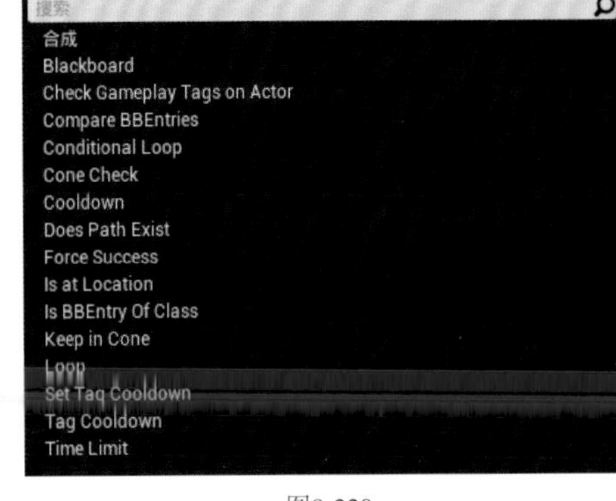

图8-220

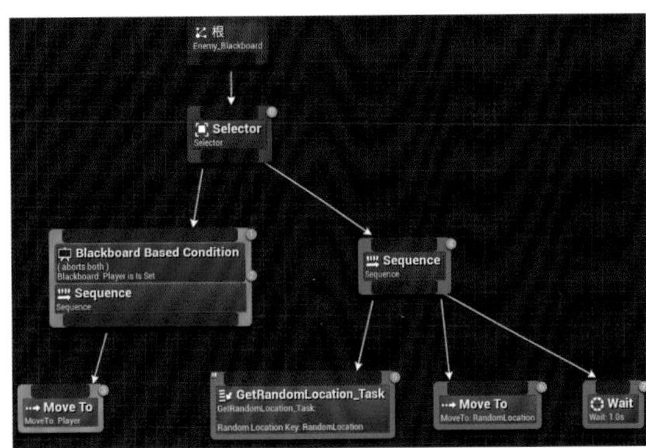

图8-221

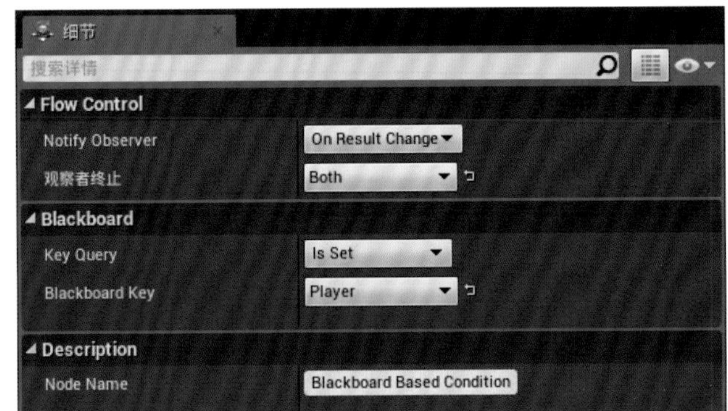

图8-222

06 在右边的“Sequence”节点上单击鼠标右键，在弹出的菜单中选择“添加装饰器”中的“Blackboard”命令，然后选择“Blackboard Based Condition”模块，在“细节”面板中设置“Flow Control”中的“观察者终止”为“Both”，“Blackboard”中的“Key Query”为“Is Not Set”、“Blackboard Key”为“Player”，如图8-223和图8-224所示。

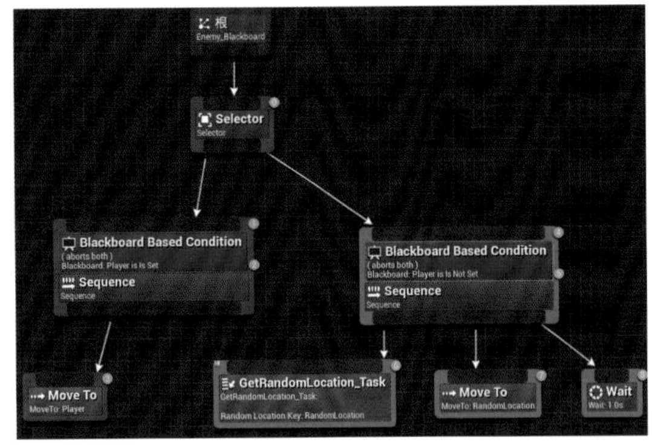

图8-223

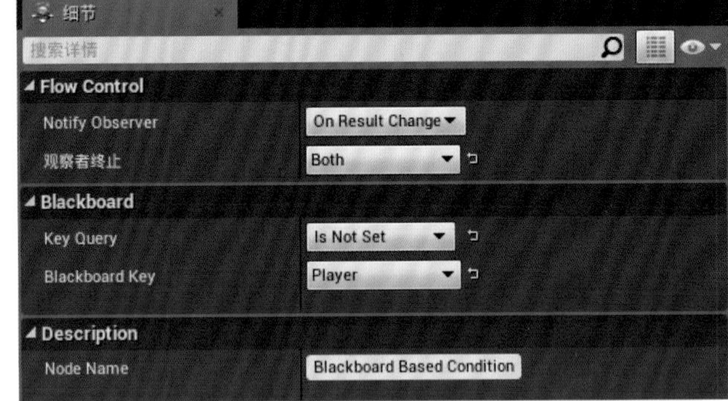

图8-224

技巧提示 上述“行为树”的执行策略是尝试移动到主角所在的位置，如果主角不存在，则四处巡逻。当作为“黑板键”的“Player”被赋值时，就向主角移动；当“Player”没有被赋值时，就四处巡逻。

“Selector”节点为选择执行节点，它只选择众多子节点的其中之一执行，且选择是有优先级的。“Selector”节点优先选择左边的子节点，如果左边第1个子节点执行失败，则选择左边第2个子节点执行，以此类推。

这里在左右两个“Sequence”节点上添加了装饰器。装饰器用于修饰限定节点的执行，可以看作为“Selector”节点提供判断条件，为左边的“Sequence”节点添加一个判断“Player”（“黑板键”）被赋值的条件。所以当且仅当球体追踪检测到主角时，才会执行左边的“Sequence”节点，即向主角位置移动。同理，为右边的“Sequence”节点添加一个判断“Player”没有被赋值的条件，所以当且仅当球体追踪没有检测到主角时，才会执行右边的“Sequence”节点，即四处巡逻。

对于装饰器的“观察者终止”参数，这里将其设置为“Both”，即当节点不满足装饰器的修饰条件时，就立刻终止当前节点及其所有子节点的执行。例如，当敌人正在巡逻时，玩家进入了球体追踪的检测范围，那么右边的“Sequence”节点不满足装饰器的修饰条件，所以敌人会立刻终止巡逻，进而朝主角的方位移动。

UE4中的“Selector”节点和“Sequence”节点能够相互嵌套，即彼此都能成为对方的子节点或父节点。这样一来，设计人员可以自由组合“行为树”中的各种节点，从而实现复杂的决策机制，创造出“聪明”的人工智能角色。

07 切换到编辑器主界面，在场景中调整敌人的位置，使其远离玩家出生点，然后播放游戏。敌人周围出现了红色线框，这是球体追踪的调试线，此范围就是敌人的视线范围。一开始敌人离主角较远，发现不了主角，所以四处巡逻；当敌人接近主角时，即主角位于球体范围内时，敌人会立刻朝主角所在的位置移动，而且当玩家控制主角移动时，敌人也会一直追着主角，如图8-225和图8-226所示。

图8-225

图8-226

08 明确了敌人的视线范围，就可以将调试线关掉。切换到“EnemyCharacter”角色蓝图界面，在“事件图表”面板中将“MultiSphereTraceForObjects”节点的“Draw Debug Type”设置为“None”，如图8-227所示。

09 现在将调试线关掉，单击工具栏中的“编译”按钮，切换到编辑器主界面，播放游戏，可以看到红色线框消失了，如图8-228所示。

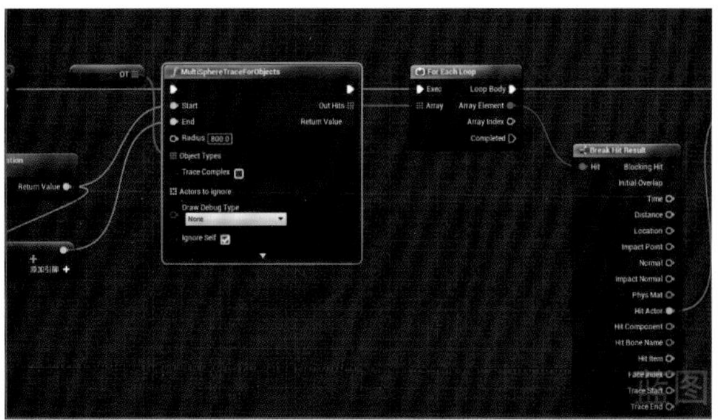

图8-227

图8-228

8.7 互相伤害

现在要让主角的攻击奏效，即当能量球打到敌人时，敌人就会死亡。同时，为了增强游戏的挑战性，当敌人碰到主角时，游戏就会重新开始。这样一来，一个完整的游戏就做好了：玩家需要在躲避敌人追击的同时，捡起地上的能量球砸向敌人，以消灭敌人。

01 要使敌人拥有死亡的能力，需准备一个死亡动画蒙太奇。在“内容浏览器”面板中打开“Content\ParagonSteel\Characters\Heroes\Steel\Animations”目录，在动画“Steel_Death_A”上单击鼠标右键，在弹出的菜单中选择“创建”中的“创建动画蒙太奇”命令，如图8-229~图8-231所示。

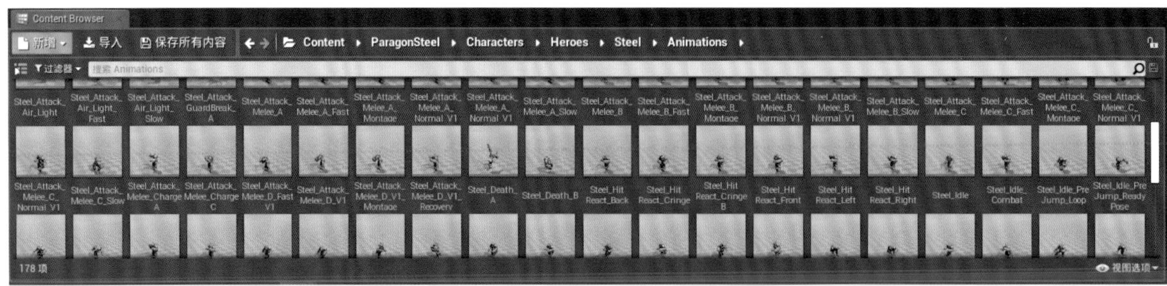

图8-229

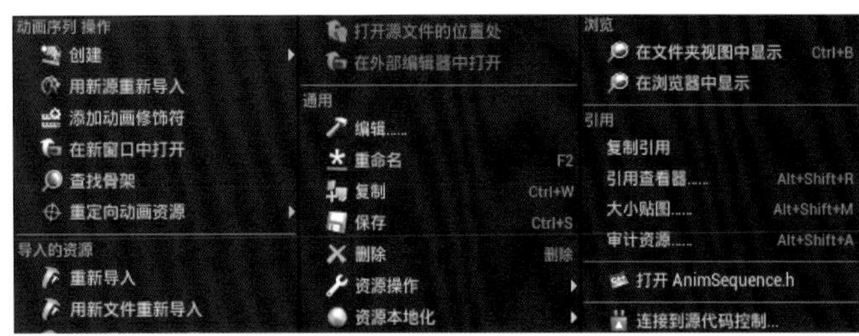

图8-230

图8-231

02 双击“Steel_Death_A _Montage”，打开动画蒙太奇编辑界面，在“资源详情”面板中取消勾选“Blend Option”中的“Enable Auto Blend Out”复选框，如图8-232和图8-233所示。

03 切换到“EnemyCharacter”角色蓝图界面。在“事件图表”面板的空白处单击鼠标右键，在弹出的菜单中的搜索框内输入“custom”，找到并选择“添加自定义事件”命令，将节点命名为“Death”，如图8-234所示。

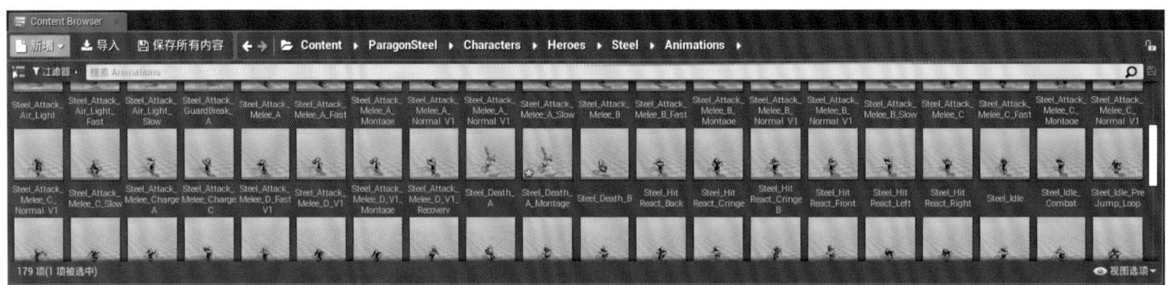

图8-232

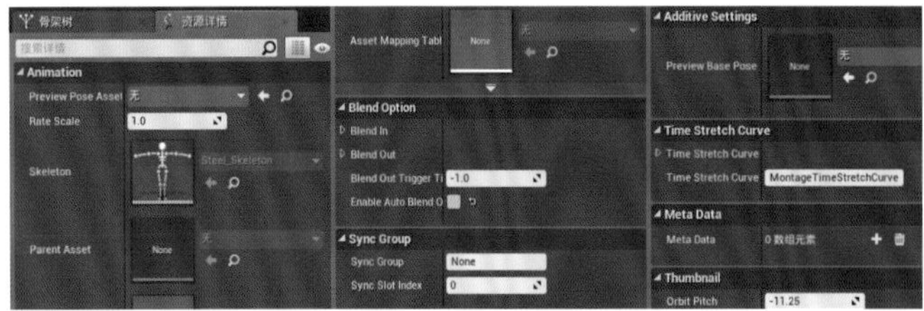

图8-233

图8-234

04 从“Death”节点的输出项处拖曳出一条线，释放鼠标后在弹出的菜单中的搜索框内输入“montage”，找到并选择“Play Anim Montage”命令。将“Play Anim Montage”节点的“Anim Montage”设置为“Steel_Death_A _Montage”，如图8-235所示。

图8-235

05 从“Play Anim Montage”节点的“Return Value”引脚处拖曳出一条线，释放鼠标后在弹出的菜单中的搜索框内输入“delay”，找到并选择“Delay”命令，如图8-236所示。

06 从“Delay”节点的“Completed”输出项处拖曳出一条线，释放鼠标后在弹出的菜单中的搜索框内输入“destroy”，找到并选择“DestroyActor”命令，如图8-237所示。

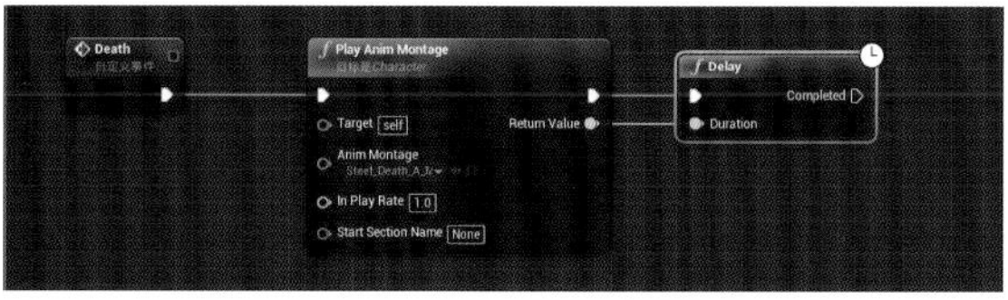

图8-236

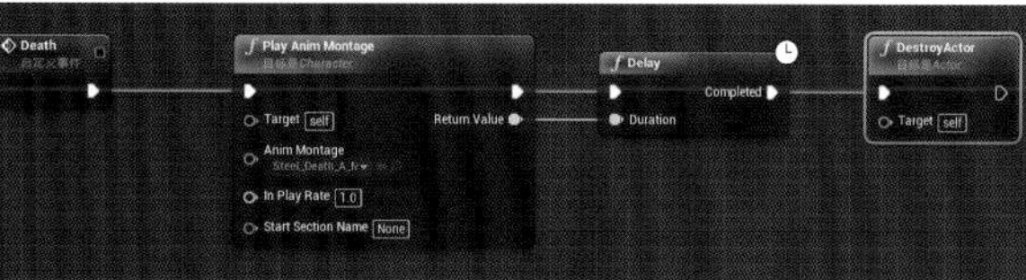

图8-237

技巧提示 当“Death”事件被调用时，播放角色的死亡动画，播放完毕后销毁角色。

07 单击工具栏中的“编译”按钮，然后切换到“EnergyBall”类蓝图界面。在“事件图表”面板中断开“On Component Begin Overlap(Sphere)”节点的输出项与“类型转换为MurielPlayerCharacter”节点的输入项之间的连接，如图8-238所示。

08 从“On Component Begin Overlap(Sphere)”节点的“Other Actor”引脚处拖曳出一条线，释放鼠标后在弹出的菜单中的搜索框内输入“enemy”，找到并选择“类型转换为EnemyCharacter”命令。断开“On Component Begin Overlap(Sphere)”节点的输出项与“类型转换为EnemyCharacter”节点的输入项之间的连接，如图8-239所示。

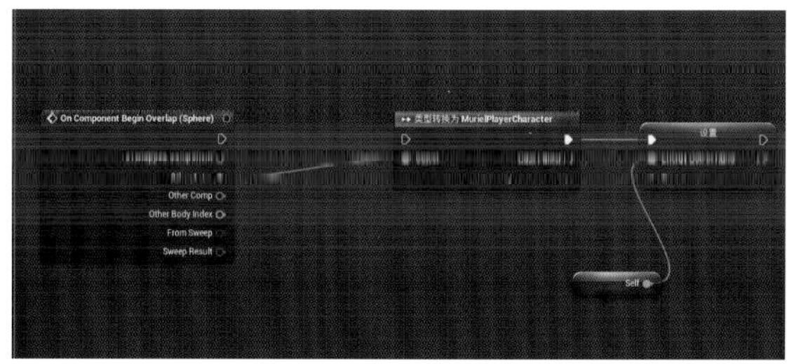

图8-238

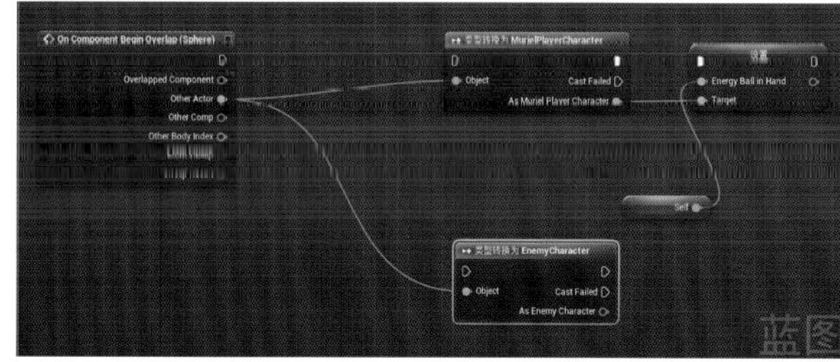

图8-239

09 从“类型转换为EnemyCharacter”节点的“As Enemy Character”引脚处拖曳出一条线，释放鼠标后在弹出的菜单中的搜索框内输入“death”，找到并选择“Death”命令，如图8-240所示。

10 从“On Component Begin Overlap(Sphere)”节点的输出项处拖曳出一条线，释放鼠标后在弹出的菜单中的搜索框内输入“seq”，找到并选择“序列”命令。将“序列”节点的“Then 0”输出项连接到“类型转换为MurielPlayerCharacter”节点的输入项。将“序列”节点的“Then 1”输出项连接到“类型转换为EnemyCharacter”节点的输入项，如图8-241所示。

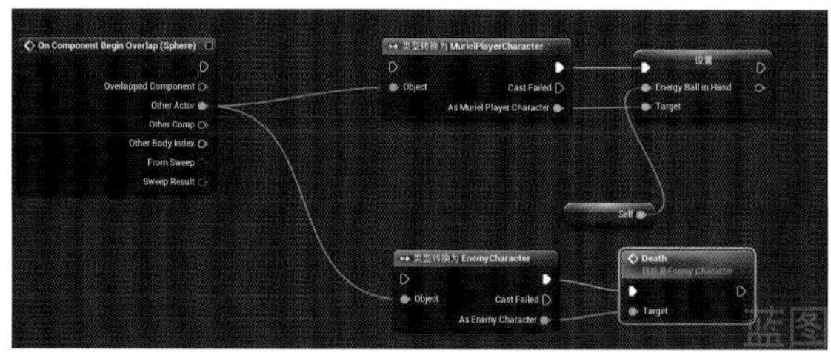

图8-240

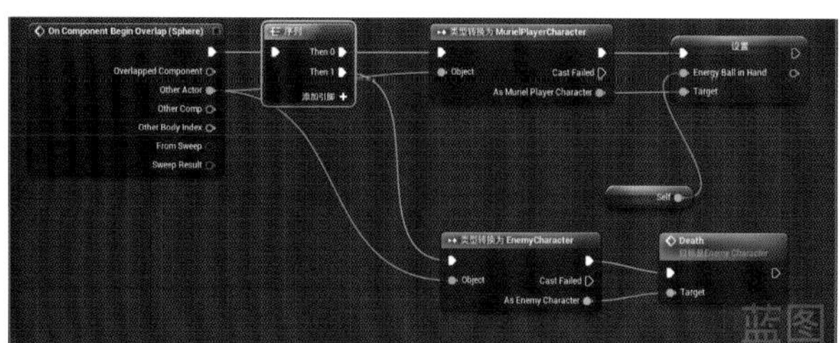

图8-241

技巧提示 当能量球碰到物体时判断此物体是主角还是敌人，如果是主角，则将自身的值赋给主角的“EnergyBallInHand”变量；如果是敌人，则调用敌人的“Death”事件，敌人死亡。

“序列”节点的作用是将执行流程一分为二，同时执行“Then 0”和“Then 1”后面的两组程序。此外，还可以单击“序列”节点中“添加引脚”后面的“+”按钮，添加更多输出项，以应对更多同步执行的程序。

11 单击工具栏中的“编译”按钮，切换到编辑器主界面，播放游戏。控制主角捡起能量球，让主角面朝敌人，将能量球投掷出去，当能量球击中敌人后，敌人倒地，如图8-242和图8-243所示。

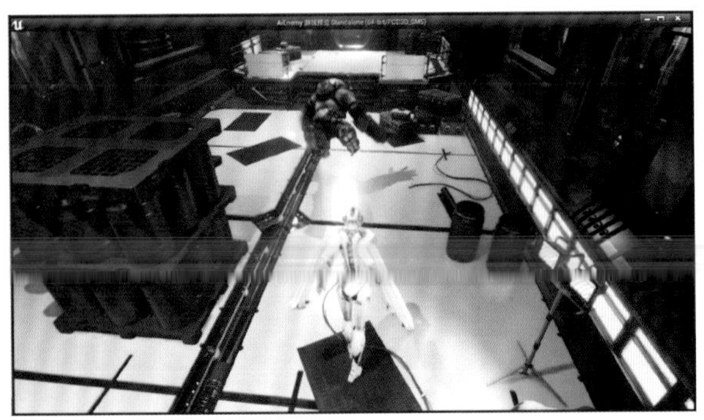

图8-242

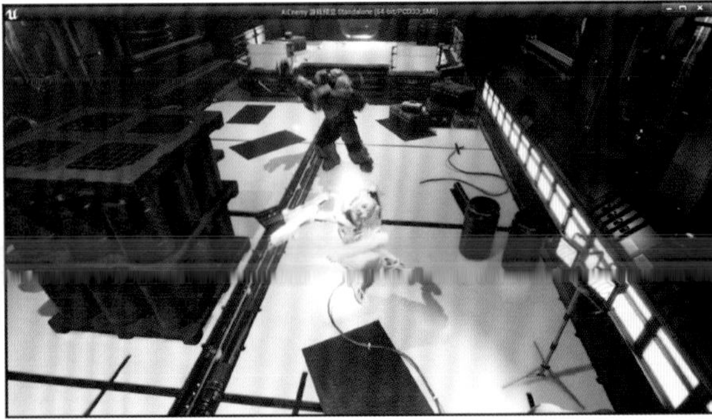

图8-243

12 使敌人伤害到主角。切换到“EnemyCharacter”角色蓝图界面，在“Components”面板中选择“CapsuleComponent（继承）”，然后单击“+Add Component”按钮[+Add Component]，找到并选择“Sphere Collision”，确保“Sphere”组件是“CapsuleComponent”组件的子级，在“细节”面板中设置“Transform”选项中的“Scale”为（3,3,3），如图8-244~图8-246所示。

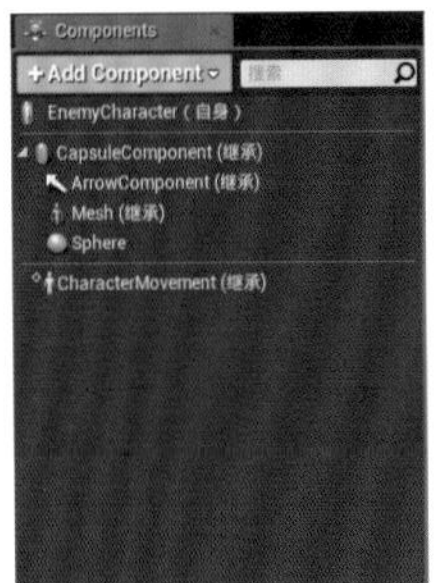

图8-244

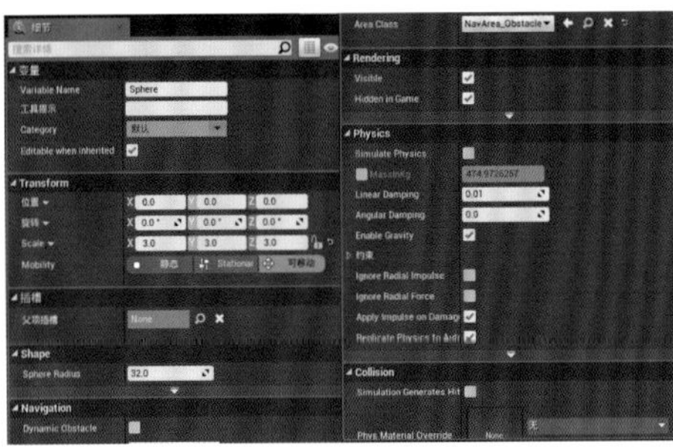

图8-245

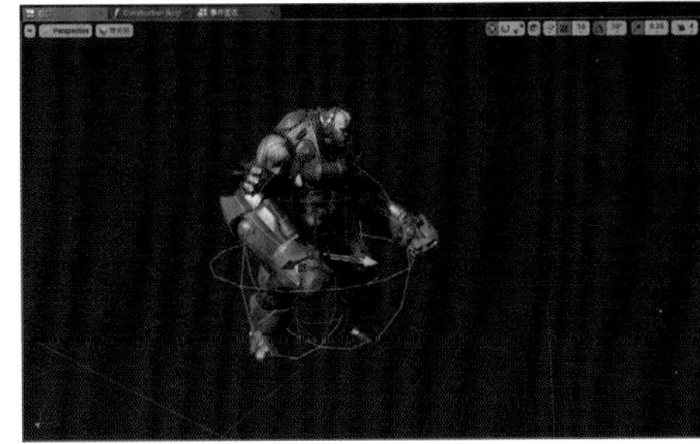

图8-246

13 在“Components”面板中选择组件“Sphere”，在“细节”面板的“事件”中单击“On Component Begin Overlap”后面的“+”按钮[+]，此时“事件图表”面板中就出现了一个碰撞事件节点“On Component Begin Overlap(Sphere)”，如图8-247所示。

14 从“On Component Begin Overlap(Sphere)”节点的“Other Actor”输出项处拖曳出一条线，释放鼠标后在弹出的菜单中的搜索框内输入“muriel”，找到并选择“类型转换为MurielPlayerCharacter”命令，如图8-248所示。

图8-247

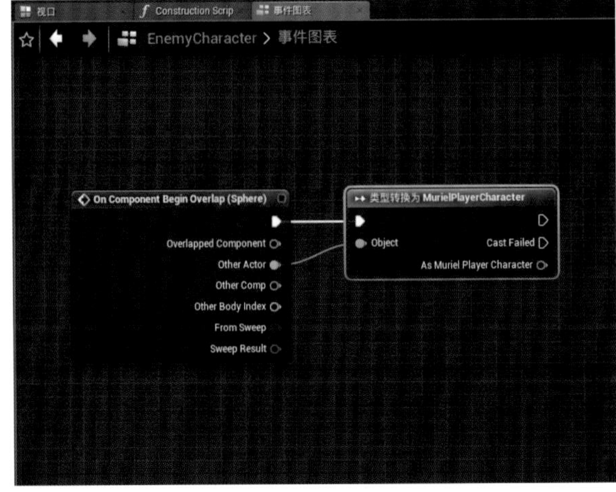

图8-248

15 从“类型转换为MurielPlayerCharacter”节点的输出项处拖曳出一条线，释放鼠标后在弹出的菜单中的搜索框内输入“levelname”，找到并选择“Get Current Level Name”命令，如图8-249所示。

16 从“Get Current Level Name”节点的输出项处拖曳出一条线，释放鼠标后在弹出的菜单中的搜索框内输入“open”，找到并选择“Open Level”命令。将“Get Current Level Name”节点的“Return Value”引脚连接到“Open Level”节点的“Level Name”引脚，如图8-250所示。

图8-249

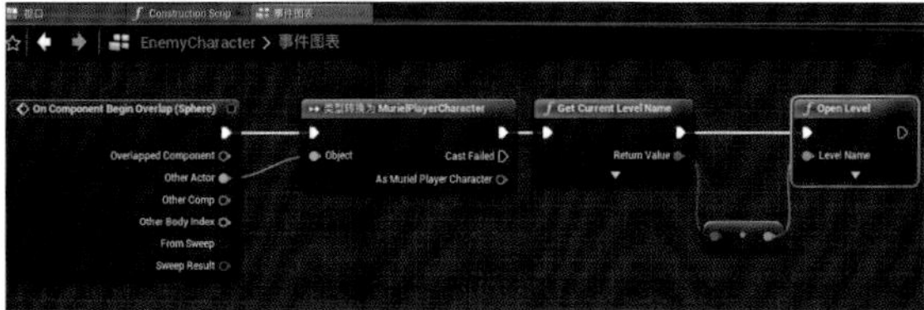

图8-250

技巧提示 当敌人身上的球体碰撞组件“Sphere”碰到主角时，关闭当前关卡，即重新开始游戏。

17 单击工具栏中的“编译”按钮，切换到编辑器主界面，播放游戏。当敌人碰到主角时，游戏会重新开始。可以在场景中多添加几个能量球与敌人，当然也可以改变能量球的大小，使游戏更具可玩性。笔者在场景中添加的敌人和能量球的相关信息如表8-1所示，效果如图8-251和图8-252所示。

表8-1

对象名称	位置	旋转	Scale
EnemyCharacter	(-4600，1560，103.46)	(0°，0°，-150°)	(1，1，1)
EnemyCharacter2	(-5150，1050，18)	(0°，0°，180°)	(1，1，1)
EnemyCharacter3	(-5560，1360，18)	(0°，0°，-180°)	(1，1，1)
EnergyBall	(-5810，1240，13.95)	(0°，0°，0°)	(2，2，2)
EnergyBall2	(-6460，1340，86.06)	(0°，0°，0°)	(2，2，2)
EnergyBall3	(-6030，1810，-0.33)	(0°，0°，0°)	(2，2，2)

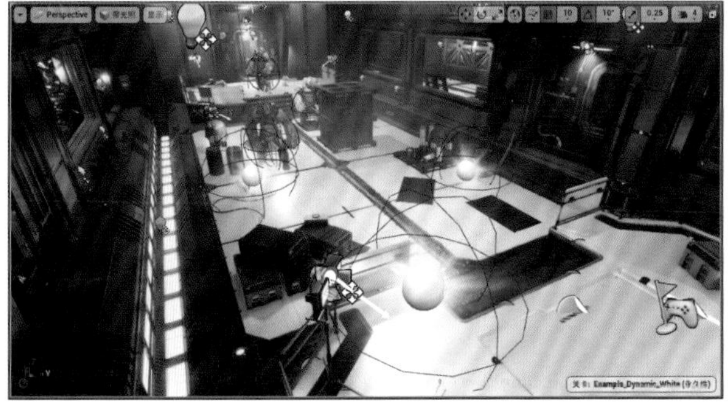

图8-251

图8-252

技术答疑：如何实现更好的瞄准手感

试玩几局游戏后也许会发现，主角投掷能量球不是很准，只能让主角尽量面朝敌人，否则会出现打歪的情况，导致操作手感不佳。为了解决这一问题，可以将瞄准的规则具体化，即单击投掷能量球时，让主角的身体瞬间转到摄像机视角方向，使主角的朝向与玩家的视线方向一致。

01 切换到“MurielPlayerCharacter”角色蓝图界面。在“事件图表”面板中找到投掷部分的蓝图程序，从“分支”节点的“假”输出项处拖曳出一条线，释放鼠标后在弹出的菜单中的搜索框内输入“actorrotation”，找到并选择“SetActorRotation”命令。在“SetActorRotation”节点的“New Rotation”引脚处单击鼠标右键，在弹出的菜单中选择“分割结构体引脚”命令，将“New Rotation”拆分成X、Y、Z 3个，如图8-253所示。

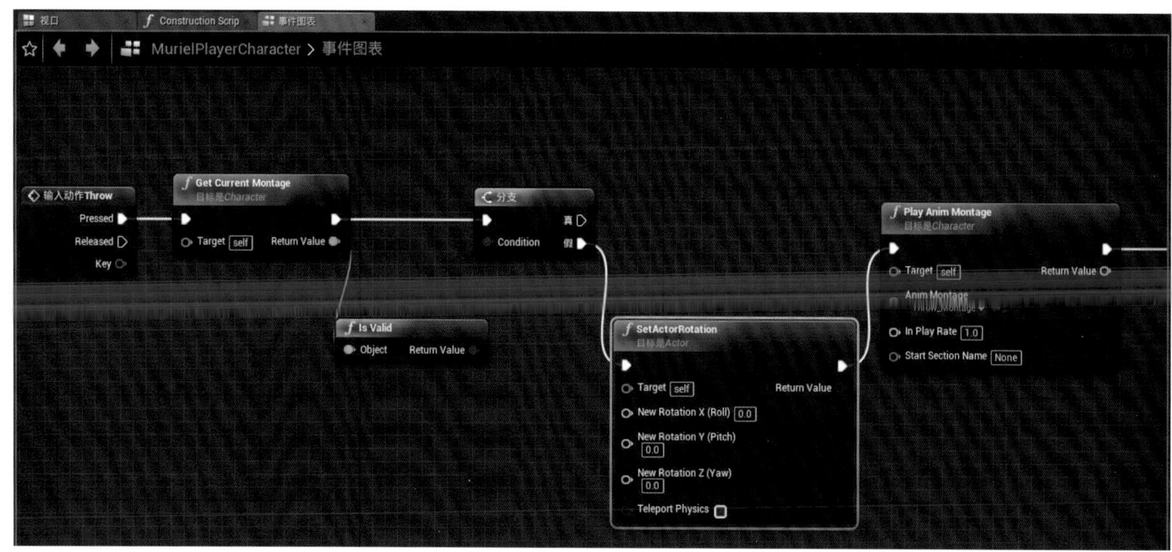

图8-253

02 在“事件图表”面板的空白处单击鼠标右键，在弹出的菜单中的搜索框内输入“controlrotation”，找到并选择“Get Control Rotation”命令。在“Get Control Rotation”节点的“Return Value”引脚处单击鼠标右键，在弹出的菜单中选择“分割结构体引脚”命令，将“Return Value”拆分成X、Y、Z 3个，然后将“Get Control Rotation”节点的“Return Value Z(Yaw)”引脚连接到“SetActorRotation”节点的“New Rotation Z(Yaw)”引脚，如图8-254所示。

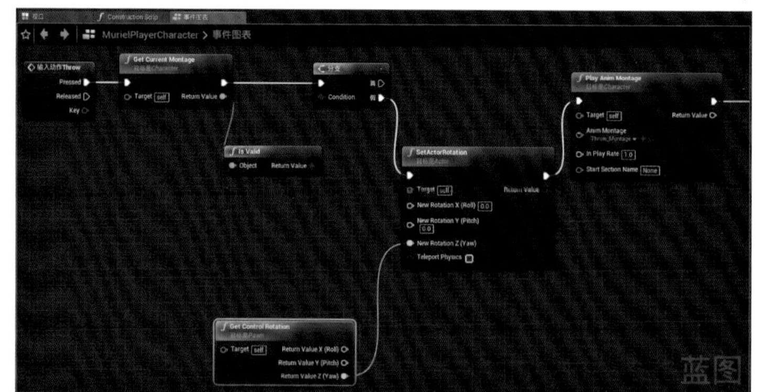

图8-254

03 在“事件图表”面板的空白处单击鼠标右键，在弹出的菜单中的搜索框内输入“actorrotation”，找到并选择“GetActorRotation”命令。在“GetActorRotation”节点的“Return Value”引脚处单击鼠标右键，在弹出的菜单中选择“分割结构体引脚”命令，将“Return Value”拆分成X、Y、Z 3个，然后将“GetActorRotation”节点的“Return Value X(Roll)”引脚连接到“SetActorRotation”节点的“New Rotation X(Roll)”引脚，将“GetActorRotation”节点的“Return Value Y(Pitch)”引脚连接到“SetActorRotation”节点的“New Rotation Y(Pitch)”引脚，如图8-255所示。

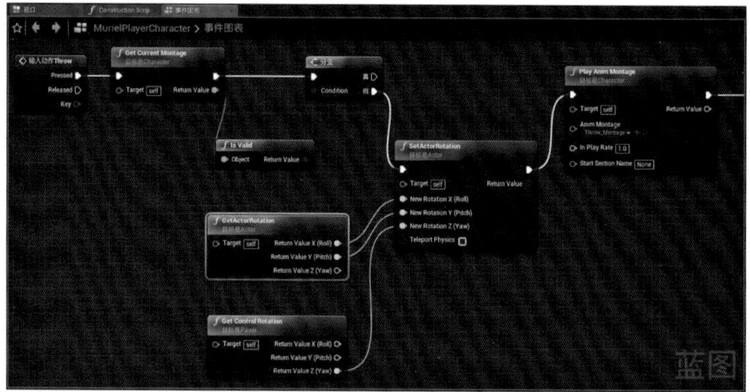

图8-255

技巧提示 现在单击，UE4判断没有动画蒙太奇在播放后，将主角的角度的z轴设置为控制器角度的z轴，x轴、y轴保持不变。然后播放投掷动画蒙太奇，并继续执行之后的投掷程序。

控制器的角度就是摄像机镜头朝向的角度。将主角的角度的z轴设置为控制器角度的z轴，可以让主角瞬间转身，朝向屏幕的正前方，也就是视线方向，这样就可以实现“看哪打哪”的功能，从而实现更好的瞄准手感。

第9章 游戏开发训练：第三人称动作游戏

■ 学习目的

到目前为止，读者已经学习了很多知识，并利用所学知识制作出了几款小游戏。不过，在之前的各章中学习的知识基本都是相互独立的，例如，可以利用用户界面的相关知识制作一个换装游戏，利用动画蓝图和蒙太奇的相关知识制作一个跑酷游戏。本章为读者提供了一个开放题目，即第三人称动作游戏，由于篇幅问题，本章不展开进行讲解，读者可以根据书中的提示自己制作该游戏，也可以观看教学视频学习，在学习资源中查阅蓝图设置。

■ 主要内容

- 设计与搭建游戏程序框架
- 准备动画资源
- 制作游戏标题界面
- 让主角与敌人能够互相攻击对方
- 控制主角的行动、连招和必杀技
- 显示主角的生命值和魔力值
- 实现敌人的巡逻和追击
- 形成闭环系统

9.1 概要

下面将运用之前学过的知识来制作一款功能完整的动作游戏。游戏的需求如下。

第1个： 游戏包含游戏标题界面，具有退出游戏的功能。

第2个： 主角拥有生命值（HP）和魔力值（MP）。

第3个： 玩家可以使用按键控制主角在场景中自由移动，使用鼠标调整视角，还可以通过鼠标左、右键控制主角发动普通攻击和必杀技。

第4个： 连续发动普通攻击可形成连招。

第5个： 游戏包括敌人角色，敌人看不见主角时，会四处走动进行巡逻；敌人发现主角后，会朝主角所在位置移动，追上主角后会攻击主角。

第6个： 敌人和主角被攻击后都会受伤，当角色的生命值为0时，就会死亡；主角死亡后，玩家可以按R键重新开始游戏。

第7个： 当玩家击杀所有敌人后，走到指定位置，便可通关，返回游戏标题界面。

游戏画面效果如图9-1~图9-3所示。

图9-1

图9-2

图9-3

本游戏使用的美术资源包为“Medieval Dungeon”“Paragon: Greystone”“Paragon: Grux” “Sound Phenomenon Fantasy Orchestra”，如图9-4~图9-7所示。

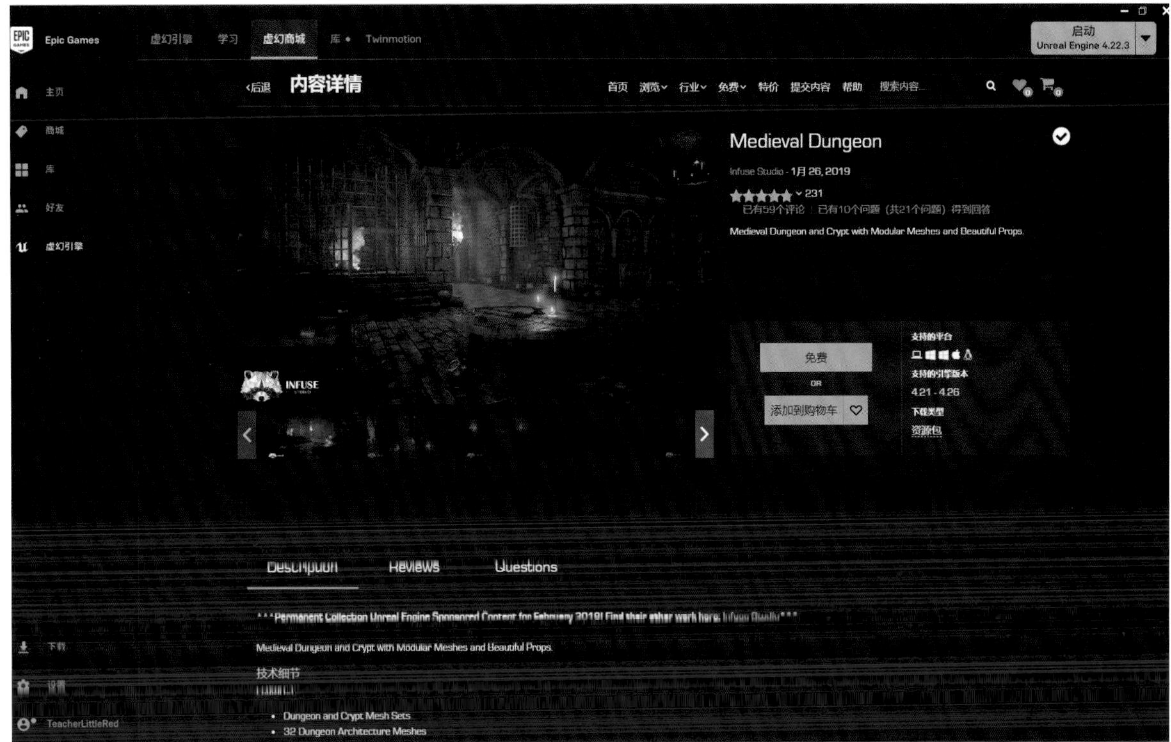

图9-4

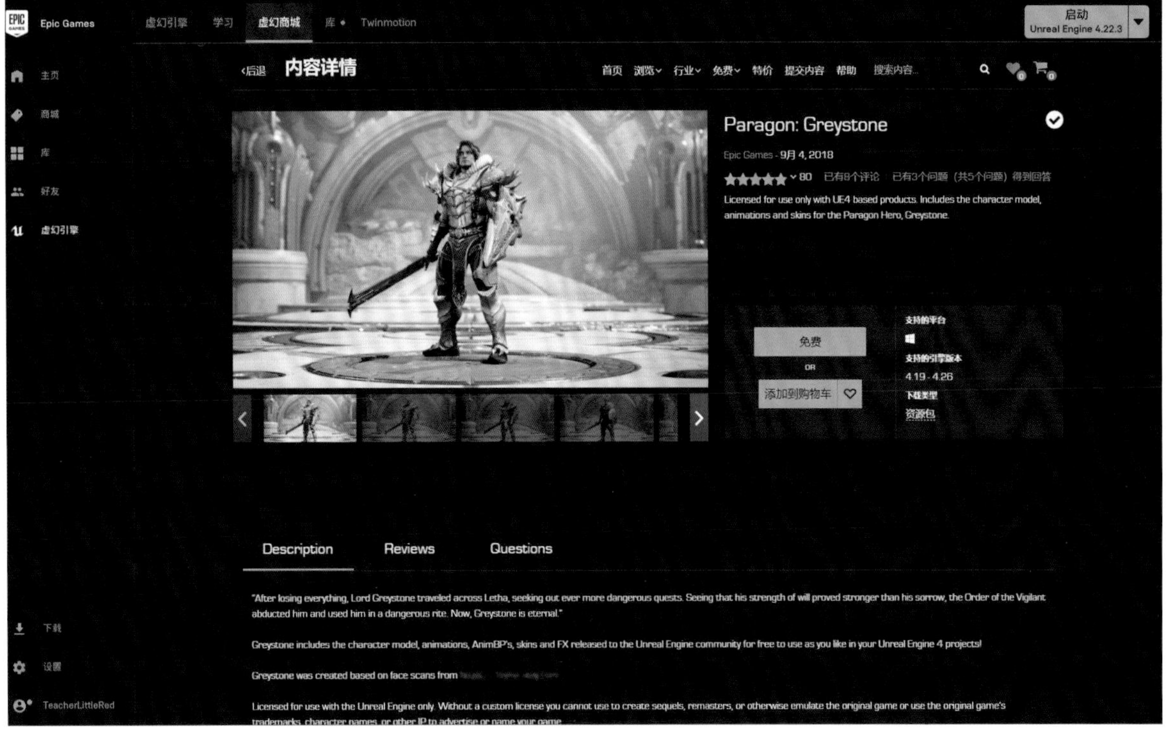

图9-5

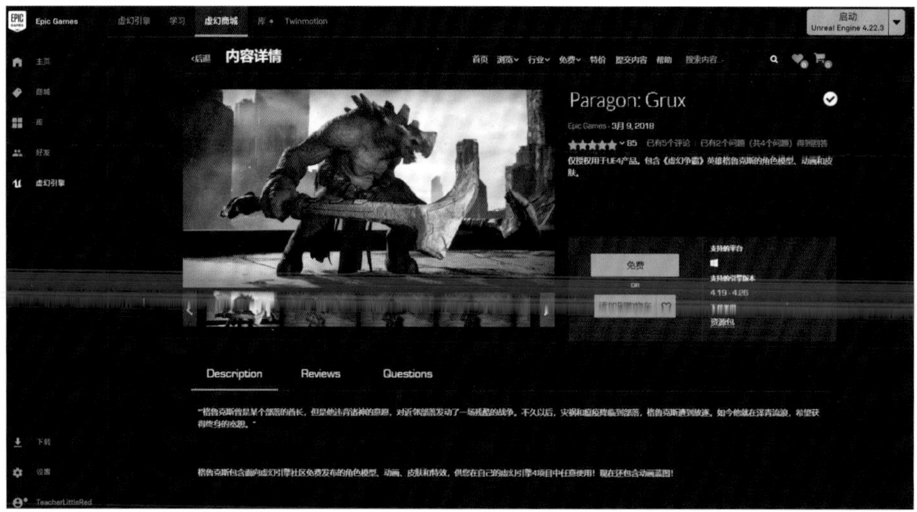

图9-6

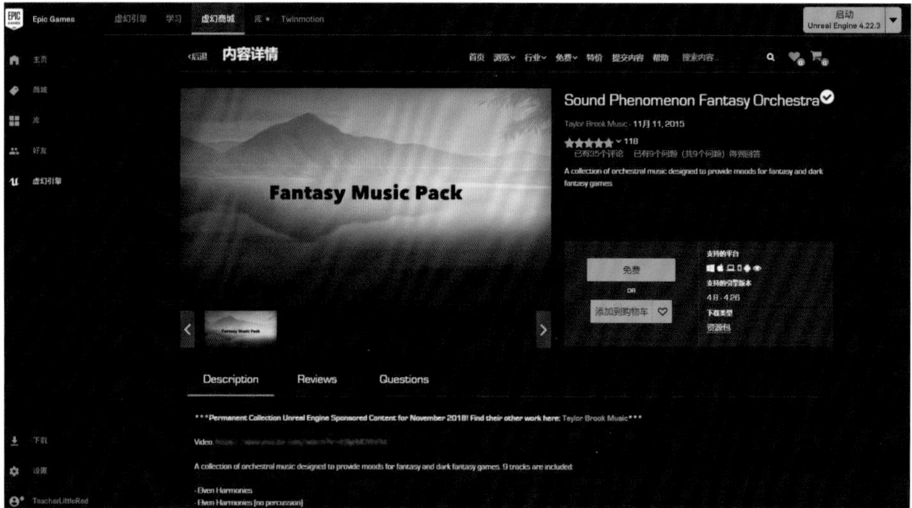

图9-7

游戏使用的音频资源包在学习资源中，包含“se_swing”“se_nirvana”“se_damage”“se_button”等文件，如图9-8所示。

图9-8

9.2 角色类结构

各角色类的结构如图9-9所示。

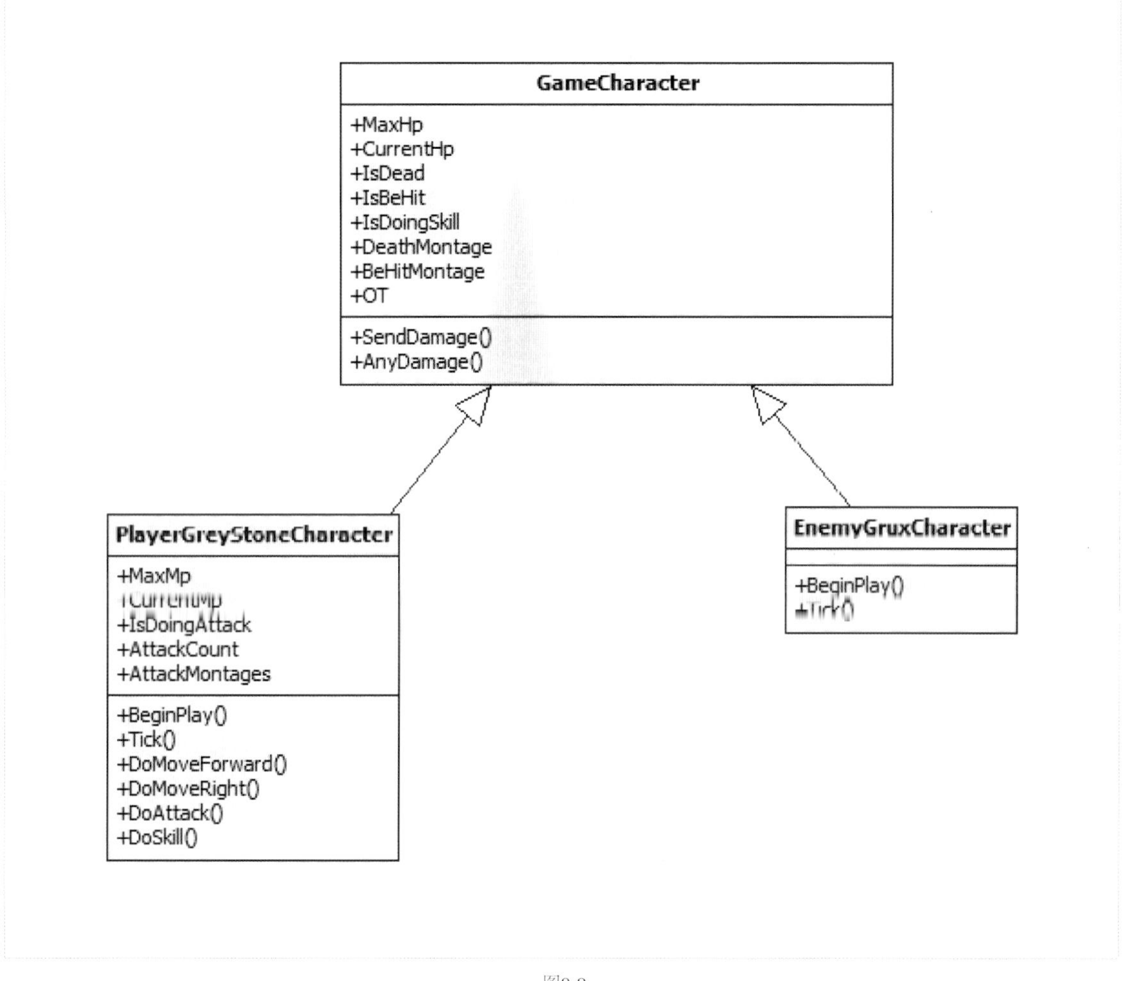

图9-9

“GameCharacter”类的属性及行为介绍

◇ MaxHp：表示最大生命值。

◇ CurrentHp：表示当前生命值。

◇ IsDead：表示角色是否已经死亡。

◇ IsBeHit：表示角色是否被打。

◇ IsDoingSkill：表示角色是否在发动必杀技，该属性为主角所有。

◇ DeathMontage：用于存储死亡动画蒙太奇。

◇ BeHitMontage：用于存储受伤动画蒙太奇。

◇ OT：ObjectTypes，用于指定球体检测的对象类型。

◇ SendDamage()：发动攻击，使对方受伤。

◇ AnyDamage()：受到攻击，自己被打。

“PlayerGreystoneCharacter”类的属性及行为介绍

◇ MaxMp：表示最大魔力值。

◇ CurrentMp：表示当前魔力值。

◇ IsDoingAttack：表示角色是否正在攻击。

◇ AttackCount：用于攻击连段计数。

◇ AttackMontages：用于存储连击动画蒙太奇。

◇ BeginPlay()：在游戏开始时显示血条和魔力条。

◇ Tick()：每帧检测一次主角是否死亡。

◇ DoMoveForward()：角色向前后方向移动。

◇ DoMoveRight()：角色向左右方向移动。

◇ DoAttack()：角色发动攻击。

◇ DoSkill()：角色发动必杀技。

“EnemyGruxCharacter”类的行为介绍

◇ BeginPlay()：在游戏开始时运行行为树。

◇ Tick()：每帧检测主角是否存在。

游戏模式和玩家控制器如图9-10和图9-11所示。

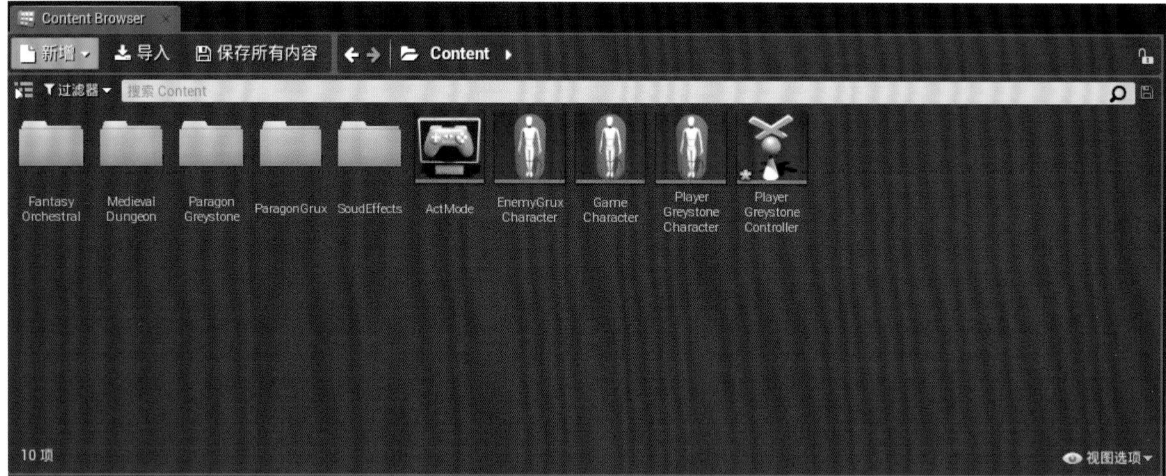

图9-10

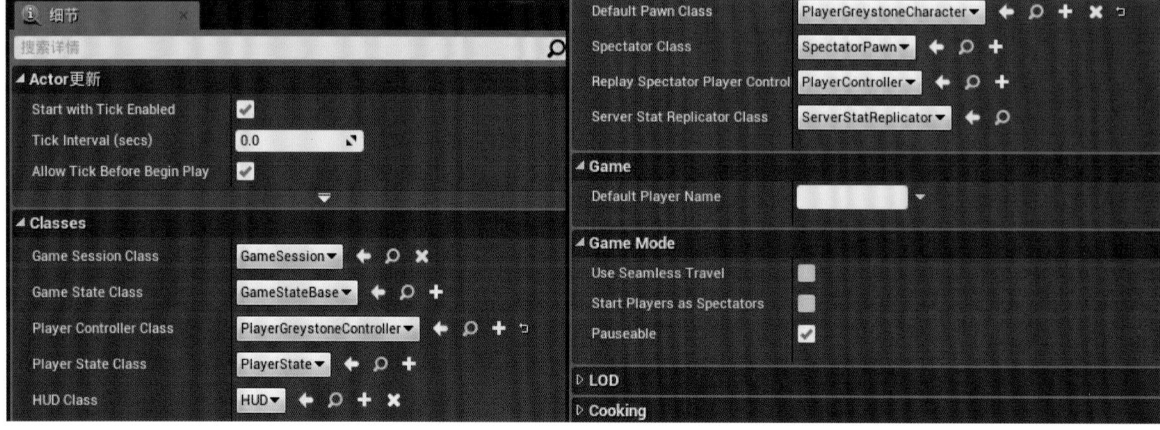

图9-11

9.3 输入映射

Attack：单击鼠标左键，发动攻击。

Skill：单击鼠标右键，发动必杀技。

Restart：按R键，重新开始游戏。

MoveForward：按W键，向前移动；按S键，向后移动。

MoveRight：按D键，向右移动；按A键，向左移动。

LookRight：鼠标X，表示向右滑动鼠标，视角向右转动。

LookUp：鼠标Y，表示向下滑动鼠标，视角向上转动。

9.4 关卡设定

在制作关卡设定的时候，关卡设定的逻辑一定要清晰，否则会发生错乱，本游戏的关卡如图9-12~图9-19所示。

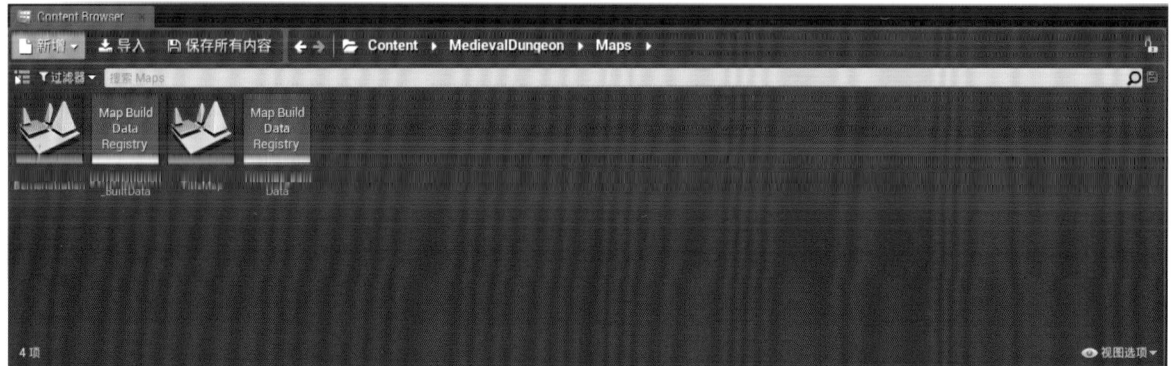

图9-12

图9-13

图9-14

图9-15

图9-16

图9-17

图9-18

图9-19

技巧提示 书中罗列了本游戏中的重要组成部分，读者可以参考这些内容和教学视频进行学习和游戏制作。笔者强烈建议读者按照自己的想法去制作这款游戏，制作完成后与学习资源中的游戏进行对比，这样可以学到更多的开发方法。